Frank Faß

Wildlebende WÖLFE

Schutz von Nutztieren – Möglichkeiten und Grenzen

Müller Rüschlikon

Einbandgestaltung: R 2 I Ravenstein, Verden

Titelfoto: Frank Faß

ISBN 978-3-275-02108-6

Postfach 103743, 70032 Stuttgart
Ein Unternehmen der Paul Pietsch Verlage GmbH & Co. KG
Lizenznehmer der Bucheli Verlags AG, Baarerstr. 43, CH-6304 Zug

1. Auflage 2018

Sie finden uns im Internet unter
www.mueller-rueschlikon-verlag.de

Redaktion: Claudia König
Innengestaltung: Kornelia Erlewein grafik+design
Druck und Bindung: Conzella Verlagsbuchbinderei, 85609 Aschheim
Printed in Germany

Widmung

Dieses Buch widme ich meinem verstorbenen besten Freund Frank, seinen Eltern und Brüdern sowie seiner Tante und seinem Onkel. Ohne diese Menschen wäre die Idee für dieses Buch nie in mir entstanden. Ihnen allen gilt meine tiefe Dankbarkeit dafür, dass ich durch sie in den vielen Jahren erfahren durfte, was landwirtschaftliche Nutztierhaltung ist, wie sie funktioniert und was sie bedeutet. Ich erkannte, welch harte Arbeit mit der Erzeugung von Kuhmilch als Grundnahrungsmittel verbunden ist. Ich lernte, dass Milchkühe uns zur Gewinnung von wichtigen Lebensmitteln dienen und betrachte sie mit Respekt und Wertschätzung.

Frank – zu Lebzeiten ein Landwirt mit Leib und Seele – sagte einmal zu mir, dass er nicht wüsste, was von Landwirten in den kommenden Jahren verlangt würde. Sollte in Ermangelung der Planungssicherheit zusätzlich zur Milchkuhhaltung besser auch noch eine Geflügelhaltung aufgebaut werden? Wohin entwickeln sich die Lebensmittelpreise? Was möchte der Verbraucher in Zukunft? In welche Richtung werden Gesetze und Verordnungen fortgeschrieben? Auf Verstandesebene habe ich damals seine Fragestellung und seine damit verbundenen Sorgen sofort erfasst. Heute, wo ich seit wenigen Jahren selbst ein Unternehmer bin, erkenne ich nach und nach, was er mit diesen Aussagen gemeint hat, wie sich die Unsicherheit bzw. Angst um fehlende Planungssicherheit im eigenen Körper anfühlt. Ich bin dabei zu erkennen, mit wie vielen Ängsten sich der Mensch auseinandersetzen muss und wie schwer es ist, sich nicht von ihnen leiten zu lassen.

Ich danke meiner Frau Christina, die mir in den vielen, vielen Stunden der erforderlichen Recherche- und Schreibarbeiten stets den Rahmen dafür ermöglicht hat. Außerdem wäre ohne sie als Ratgeberin für mich die Formulierung des Kapitels »Von Ängsten und Wut um die Nutztierhaltung und Wölfe« nicht möglich gewesen.

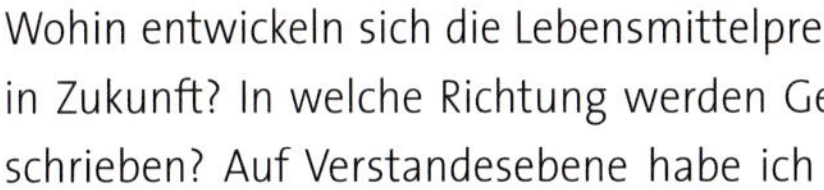

Frank Faß
Wolfcenter Dörverden

Danksagung

Dieses Buch ist in einem Zeitraum von zwei Jahre geschrieben worden. Zu Beginn der ersten Zeile stand ein grobes Konzept fest, welches ich stetig weiterentwickelt habe. Von Anfang an habe ich großen Wert auf Vielfältigkeit und Details in der Themenauswahl gelegt – allerdings ohne Anspruch auf Vollständigkeit und Perfektion, weil das Thema »Herdenschutz« dafür viel zu facettenreich ist. Mir war dabei klar, dass ich als Einzelner ein solches Buch nicht in zwei Jahren schreiben kann und dass es weiterer Autoren bedarf.

Deshalb bedanke ich mich heute bei meiner Frau Christina Faß, unseren Mitarbeitern des Wolfcenters Nicola Gölzner, Dipl.-Biol. Gesa Richter, Dipl.-Biol. Imke Mohr, Janika Hübner, Philipp Melchior und Charlene Rathjen für das ausführliche Erarbeiten verschiedener Kapitel. Bei Miriam Warwas bedanke ich mich für die Erstellung verschiedener Grafiken. Mein Dank gilt ebenso Martin Holm (Firma Highland Stall und Weide) und unserem Mitarbeiter Wolfgang Förster für die Errichtung verschiedener Anschauungsobjekte im Zaunbau auf unserem Betriebsgelände als Grundlage für diverse Fotos.

Ich bedanke mich bei unseren drei externen Autoren, Olaf Buschmann, Martin Holm und Stefan Gofferjé, die uns bei den Bereichen Tierhalterversicherungen, Zaunbau und Rechtslage des Wolfes umfangreich unterstützt haben.

Eine großartige Bereitschaft, das Buch zu unterstützen, durften wir durch die im Folgenden genannten Personen verschiedener Behörden, Verbände, Firmen und Berufe erfahren, denen ebenfalls mein großer Dank gilt:

Nicola Georgy, Verena Harms, Heiner Schumann, Jennifer Kraushaar, Martin Wendeburg, Kai Wienken, Herma Heyken, Achim Stolz, Alexander Harms, Manfred Rasper, Astrid Schulze, Dr. Olaf von Drachenfels	*Niedersächsischer Landesbetrieb für Wasserwirtschaft, Küsten- und Naturschutz*
Ulrike Struck, Antje Hamann-Thölken, Klaus Gerdes, Dirk Wahl, Michael Gertenbach, Andreas Mikutta, Matthias Brockob, Dr. Gert Kracke	*Niedersächsische Landwirtschaftskammer*
Raoul Reding, MSc.	*Landesjägerschaft Niedersachsen e.V., Wolfsbeauftragter*
Dr. Frank Krüger, Dorothea Pielke	*Niedersächsisches Ministerium für Umwelt, Energie und Klimaschutz*
Dr. Heidi Kuiper	*Niedersächsisches Ministerium für Ernährung, Landwirtschaft und Verbraucherschutz*
Andreas Koslowski	*Wasserstraßen- und Schiffahrtsamt Verden*
Sönke Zulauf	*Niedersächsische Landesbehörde für Straßenbau und Verkehr, Regionaler Geschäftsbereich Verden*
Thomas Arkenau	*Landkreis Verden, Fachdienst Wasser, Abfall und Naturschutz*
Dr. Christine Hoyer, Jürgen Kregel	*Landkreis Verden, Fachdienst Veterinärdienst und Verbraucherschutz*
Sibylle Sauer	*Landesamt für Statistik Niedersachsen*
Rainer Riesenbeck	*Staatliche Moorverwaltung Weser-Ems*
Dipl.-Ing. (FH) Paul Lippitsch, MSc.	*Senckenberg Museum für Naturkunde Görlitz*

Godehard Hennies	*Wasserverbandstag e.V. Niedersachsen*
Dr. Walter Reulecke	*Christian-Albrechts-Universität zu Kiel*
Prof. Dr. Martina Gerken	*Universität Göttingen*
Dr. Eva Tennagels	*Bundesministerium für Ernährung und Landwirtschaft*
Kristin Schalkowski, Dr. Conrad Freuling	*Friedrich-Loeffler-Institut*
Dr. Enno Hempel	*Pferdeland Niedersachsen GmbH*
Nicole Kieschnick	*Canis – Zentrum für Kynologie*
Petra Krivy	*Buchautorin im Bereich der Kynologie*
Günter Herkert, Sven Zwirner	*PATURA KG*
Patrik Schneegaß	*IProTech GmbH*
André Keute	*Kneilmann Gerätebau e.K.*
Matthias Wölki	*Allianz Deutschland AG*
Anna-Lena Christ	*R+V Allgemeine Versicherung AG, Abteilung Agrar*
Brigitte Thomsen	*BT Thomsen Drainage GmbH*
Jaco Delport	*E-shepherd, LifeTime Designs Business Trust, Südafrika*
Peter Schneekluth	*Predator control, Südafrika*
Stefan Aschwangen	*Alptracker, TECSAG Innovation AG, Schweiz*
Boris Grabrijan	*Ehemaliger Präsident der »National Association of sheep and goat producers of Slovenia«, derzeitiger Vizepräsident. Ehemaliges Mitglied des Komitees zum Management großer Carnivoren des Umweltministeriums Slovenien (Ministry for environment)*
Uta Over	*Fachjournalistin für Pferde, langjährige Eselhalterin und Mitglied der Eselnothilfe*
Hanno Pilartz	*Langjähriger Eselhalter und ehemaliges Mitglied der Eselnothilfe*
Thomas Türke	*Alpaka Zucht Verband Deutschland e.V., Stammtischleitung Nord*
Jörk Hehmsoth	*Berufsschäfer*
Jürgen Körner	*Berufsschäfer*
Dr. Marcel Holy	*Wolfsberater*
Theo Grüntjens	*Wolfsberater*
Jürgen Göttke-Krogmann	*Mutterkuhhalter*
Kay Krogmann	*Berufsschäfer*
Peter Schütte	*NABU Projekt Herdenschutz Niedersachsen*
Bettina Diercks	*Journalistin*
Dieter und Ute Kuhn	*Akamea*
Johannis Weber	*Damwildgehegehalter*
Dr. Ing. Berthold W. Seeman	*Diplom-Physiker; Ingenieur für Elektronik, Ingenieur für Biophysik*
Vladimir und Natascha Bologov	*Wolfsprojekt, Russland*
Eckhard Schulte	*väterlicher Freund*
Andreas Rudolph	*Freund der Familie*

Vorwort

Es ist schon ein paar Jahre her, dass mir Frank Faß eröffnete, er werde ein Buch über Herdenschutz schreiben. »Na, mach mal«, dachte ich. Alle möglichen Leute meinen, sie hätten der Welt etwas mitzuteilen. Ich dachte an die kaum mehr zu zählenden Faltblätter, Broschüren und Büchlein, die zum Thema Herdenschutz schon geschrieben wurden, dachte an all die gut gemeinten Ratschläge, die nicht selten in der Floskel enden: »Wir müssen wieder lernen, mit Wölfen zusammenzuleben« – als ob das jemals ein von Toleranz geprägtes Zusammenleben gewesen wäre, das wir uns heute vornehmen. Ich dachte mir auch: »Brauchen wir das? Wir haben doch unsere Managementpläne, Wolfsrichtlinien, Fachkonzepte et cetera! Da steht doch alles drin!« Ich dachte. Frank, der Tatmensch, machte.

Seit ich sein Wolfcenter in Dörverden besucht hatte, hätte ich das wissen müssen. Frank ist einer, der Nägel mit Köpfen macht. Der energische Ostfriese bohrt dicke Bretter.

Ich habe damals allerdings noch nicht geahnt, welch ein weites Feld das Thema Herdenschutz wirklich ist. Frank hat sich von dessen schierer Grenzenlosigkeit nicht entmutigen lassen. Und hat sich glücklicherweise rechtzeitig darauf besonnen, kundige Mitautoren für sein Unternehmen zu gewinnen. Das allein ist schon ein eindrucksvolles Beispiel von Teamarbeit.

Dieses Buch ist ein erster ambitionierter Wurf, um der größten Herausforderung, vor die uns die Wölfe jetzt schon stellen und in Zukunft noch mehr stellen werden – nämlich dem Schutz der Weidetiere –, eine solide fachliche Grundlage zu geben. Wir stehen erst am Anfang einer Entwicklung, die zügig voranschreitet. Mit Erfahrungen, etwa aus den scheinbar naturbelassenen italienischen Abruzzen oder den rumänischen Karpaten, sind wir in unserer Zivilisationslandschaft, die ganz anderen Einflüssen und Zwängen ausgesetzt ist, nicht immer gut beraten. Es ist deshalb nur natürlich, dass im Laufe kurzer Zeit manche Ansichten neuen Einsichten weichen, gut gemeinte Regeln neu formuliert werden müssen. Tempora mutantur – die Zeiten ändern sich. Das führt uns kaum ein Phänomen so drastisch vor Augen wie die Rückkehr der Wölfe. Mit diesem Buch hat Frank einen Stein ins Wasser geworfen. Die Wellen werden einiges in Bewegung bringen. Neben dem fachlichen Knowhow, das hier auf 384 Seiten zusammengetragen wurde, ist dies allein schon ein unschätzbarer Beitrag für das komplizierte Vorhaben, Wölfen bei uns wieder Raum zu geben.

Eine weite Verbreitung und große Leserschaft muss ich dem Buch nicht wünschen; beides ist ihm sicher.

Ulrich Wotschikowsky
Oberammergau

Inhaltsverzeichnis

1

Einleitung

Von Frank Faß

»Möge es mir geschenkt sein, mit diesem Buch zwischen allen Beteiligten im Konflikt um wild lebende Wölfe und die Nutztierhaltung eine Brücke zu bauen.«

Wölfe sind in Deutschland keine wirkliche Neuheit mehr. Längst können wir auf Erfahrungswerte mit diesen wild lebenden Großraubtieren als Rudel, als Paare ohne bisherigen Nachwuchs und als Einzeltiere zurückblicken, die sich ortstreu niedergelassen haben – also auch territorial leben. Das Bundesamt für Naturschutz gab für das abgelaufene Wolfsmonitoring-Jahr 2016/2017 per 30.04.2017 60 Wolfsrudel, 13 Wolfspaare und drei Einzelwolfsterritorien bekannt. Dazu kommt eine nicht quantifizierbare Anzahl an abgewanderten Jungwölfen, die auf der Suche nach einem eigenen Territorium sind. Zum selben Zeitpunkt sind in Niedersachsen neun Wolfsrudel, zwei Wolfspaare, ein Einzelwolf territorial lebend festzustellen. Auch hier sind zusätzlich die nicht quantifizierbaren abwandernden Jungwölfe zu benennen.

Der Motor für die Entwicklung der stetig steigenden Wolfsterritorienanzahl und deren Verbreitung auf der Landkarte verschiedener Bundesländer sind internationale Artenschutzabkommen und Richtlinien sowie nationale Gesetze und Verordnungen. Hartnäckig hält sich das Gerücht, dass Wölfe durch Menschen ausgesetzt, also bewusst in Deutschland ausgewildert wurden. Sämtliche nationalen Gesetzgebungen verbieten die Wiederauswilderung durch den Menschen vollständig. Es drängt sich der Eindruck auf, dass hier Tatsachen und Informationen aus dem Wiederansiedlungsprojekt von Luchsen vermischt werden.

Sämtliche Konflikte lassen sich meiner Auffassung nach in drei Kategorien bzw. Kreise unterteilen. So fragen sich im ersten Konfliktkreis manche Mitbürger, wie es um ihre eigene Sicherheit und ggf. die ihres Haushundes bestellt ist, wenn sie einem wild lebenden Wolf draußen »im Wald« begegnen. Der zweite Konfliktkreis beschreibt den zwischen uns Menschen, als Jäger agierend, und dem wild lebenden Wolf, der sich eben auch im Jagdrevier des Menschen bewegt und dieselbe Beute nutzt. Der dritte und meiner Meinung nach größte und komplizierteste Konfliktkreis stellt den wild lebenden Wolf und die extensive Nutztierhaltung dar. In diesem Konfliktkreis werden bisher die mit Abstand am meisten finanziellen Mittel gespeist. Dieses dürfte auch weiterhin so bleiben.

Im Bereich der Wolfsübergriffe auf Nutztiere konnten wir inzwischen in verschiedenen Bundesländern unterschiedliche Erfahrungen sammeln. Erfahrungen, die von erfolgreichen Herdenschutzmaßnahmen berichten, bis hin zu Tötungen von Schafen, die deutlich über das hinausgehen, was Wölfe – selbst als Rudel – nutzen bzw. auffressen können. Wir haben vom Lamm über Gehegedamwild bis hin zur ausgewachsenen Milchkuh Angegriffene und Getötete unter den Nutztieren feststellen müssen. Gesicherte Nachweise, bei denen Wölfe Pferde oder Ponys in Niedersachsen getötet haben, liegen bis heute nicht vor. Im Rahmen der analytischen Überprüfbarkeit stellte der zweifache Übergriff durch Wölfe an ein und derselben Herde Konik-Ponys in einem größeren

Naturschutzgebiet in Sachsen-Anhalt die einzige, bisher bekannt gewordene Ausnahme dar.

Es ist meines Erachtens nach von allerhöchster Bedeutung, dass wir diesen umfangreichen Konfliktkreis »Wolf und Nutztierhaltung« ständig beobachten, beurteilen und Maßnahmen zur Akzeptanzerhaltung oder gar -steigerung bezüglich der Wölfe bei den Nutztierhaltern weiter entwickeln. Sollte jedoch anstatt des Wortes Akzeptanz nicht eigentlich sinnvollerweise das Wort Zustimmung verwendet werden? Zustimmen heißt: Ja zu etwas zu sagen und nicht irgendwie etwas zähneknirschend zu dulden und nicht wirklich von etwas überzeugt zu sein.

An dieser Stelle betone ich deutlich, dass ein konfliktfreies Miteinander zwischen Wolf und Nutztierhaltung illusorisch ist. Alles Streben muss in der Erreichung eines konfliktarmen Zusammenlebens mit dem Wolf ausgerichtet sein. Keineswegs sollten wir vergessen, welchen gesellschaftlichen Beitrag die verschiedenen Nutztierhalter täglich aufs Neue für den Rest der Bevölkerung leisten. So dienen sie uns im Bereich der Fleisch- und Milcherzeugung. Sie pflegen nicht nur die für uns überlebenswichtigen Fluss- und Küstendeiche, sondern auch die im Flächenanteil größeren Schutzgebiete und andere Habitate, wie z.B. der Weide-, Moor- und Heidelandschaft. Die Schafwollegewinnung stellt im Vergleich mit den vorher genannten Wirtschaftszweigen leider schon lange nicht mehr den wirtschaftlich bedeutsamen Anteil dar – dennoch findet Schafwolle nach wie vor Absatz. Die Kunst- und Baumwollfaser dürfte auch weiterhin den Markt dominieren. Nutztierhalter leisten darüber hinaus noch einen weiteren wichtigen Beitrag, der vielleicht nur subjektiv beurteilbar, dem aber dennoch eine hohe Priorität beizumessen ist: sie präsentieren allen anderen Bürgern Tiere in der Landschaft. Stellen wir uns einmal vor, dass über Nacht alle Nutztiere (Schafe, Ziegen, Rinder, Pferde, Ponys und Gehegewild) aus den verschiedenen Habitattypen für immer – also rund um die Uhr – in Stallanlagen eingeholt würden. Möglicherweise würde es am Anfang niemandem auffallen, bis sich plötzlich erste Mitbürger fragen würden, wo eigentlich die Tiere abgeblieben sind. Es würde wahrscheinlich eine Diskussion entbrennen, in der die Forderungen nach der erneuten Ausbringung der Tiere auf die Flächen kundgetan würde, die dann wiederum den Landtag oder gar den Bundestag intensiv beschäftigen würde. Nun, klar ist, dass wir dieses Szenario wohl nicht erleben werden. Das wäre auch nicht erstrebenswert. Tatsächlich gibt es schon heute Forderungen aus der Bevölkerung, die extensive Weidetierhaltung zu erhalten und weiter auszubauen, also zu fördern. Dieses Ansinnen beschäftigt ebenfalls die Politik schon länger – also auch schon in den Zeiten, als der Wolf in Niedersachsen noch nicht vorhanden war. Vielleicht ist an dieser Stelle anzubringen, dass auch der Tierschutzgedanke eine immer größere Rolle in der Beurteilung von Tierhaltung einnimmt und das Tierwohl heute wie nie zuvor mit im Vordergrund steht.

Tatsächlich stelle ich als gebürtiger Ostfriese fest, dass die Anzahl von unseren »Schwarzbunten«, also

Milchkühen der Rasse »Deutsche Holsteins«, auf den Weiden einiges weniger geworden ist. Die Präsenz der Tiere draußen in der Landschaft nimmt ab, obwohl wir mit Blick in die Vergangenheit auch heute noch fast genauso viele Milchkühe in Niedersachsen haben wie vor 40 Jahren. Wie passt das zusammen? Die ganzjährige Liegeboxen-Laufstallhaltung hat zu dieser Entwicklung geführt, einhergehend mit größer gewordenen Stalleinheiten und der Steigerung des Kuhkomforts in den Ställen. So sehr mich dieser Umstand der geringeren Präsenz der Tiere draußen auch schmerzt, so muss ich zur Kenntnis nehmen, dass es eben aufgrund der heutigen wirtschaftlichen Rahmenbedingungen nicht mehr anders zu gehen scheint.

Zurück zum Wolf. In der wolfsfreien Zeit musste sich ein Nutztierhalter stets darüber Gedanken machen, wie er die Hütesicherheit in Bezug auf die Weidehaltung von Schafen, Kühen oder Pferden herstellt. Was also muss der Tierhalter dafür tun, damit seine Tiere nicht die Weide selbstständig verlassen und auf die Straße oder Eisenbahngleise laufen, wo sie dann eine große Gefahr für die öffentliche Verkehrssicherheit darstellen? Des Weiteren sollen die Nutztiere gehütet werden, um unerwünschte Fraß- und Trittschäden auf fremden Flurstücken zu vermeiden. Heute, wo Wölfe sich nach und nach vermehren und geografisch ausbreiten, muss sich der Nutztierhalter zusätzliche Gedanken darüber machen, wie es ihm gelingt, anhand von Herdenschutzmaßnahmen Wölfe von seinen Tieren fernzuhalten. Er muss sich also über die Beschaffenheit seiner Barriereanlagen (mobiler oder fester Zaun, Gehege, Pferch, Graben, Fluss, Hecke etc.) im Klaren werden und beurteilen, ob eine Auf- bzw. Umrüstung der bestehenden Barriereanlagen erforderlich ist oder nicht.

Vor diesem hier zuvor beschriebenen Hintergrund kam mir schon vor geraumer Zeit die Idee zur Erstellung dieses Buches. Im Wissen, dass sich grundsätzlich der Nutztierhalter selbst über Möglichkeiten zur Errichtung von Herdenschutzmaßnahmen informieren und bemühen sollte, muss an dieser Stelle allerdings auch klar gesagt werden, dass es aus Behördensicht nie zu leisten sein wird, sämtliche Tierhalterbetriebe individuell zu beraten mit dem Fokus auf einen effektiven Herdenschutz von Nutztieren der unterschiedlichen Arten in Bezug auf wild lebende Wölfe in Niedersachsen – auch wenn ich persönlich dieses sehr begrüßen würde bzw. fordere. Mir wurde klar, dass wir uns vor Augen zu führen haben werden, was den Tierhaltern an Herdenschutzmaßnahmen zuzumuten ist und was nicht. Dieser Aspekt im Kontext zur Akzeptanzerhaltung oder gar -steigerung hinsichtlich der Wölfe muss auch die verschiedenen Habitattypen (Weiden, Moore, Wälder, Deiche, Siedlungsstrukturen im ländlichen Raum etc.) berücksichtigen, genauso wie die Darstellung von Schwerpunkten der Nutztierdichte in verschiedenen Landkreisen und der hofnahen Tierhaltung. Herdenschutzmaßnahmen lassen sich nicht in drei Sätzen unter den verschiedenen Rahmenbedingungen erklären. Es ist gerade in Niedersachsen ein komplexes Thema, wobei wir parallel heute nicht absehen können, wo sich Wölfe dauerhaft geografisch und somit exakt territorial niederlassen werden. Dieses Buch soll keine Verunsicherung verbreiten – im Gegenteil. Tatsächlich soll es aber auch kritisch beleuchten, wie wir denn gedenken, mit verschiedenen Fragen des Herdenschutzes umzugehen, ohne gleich den Wolf auszurotten. Die Grundidee zu diesem Buch ist somit eben auch, die facettenreiche und vielschichtige Nutztierhaltung genauso in die Hände derjenigen zu tragen, die künftige Entscheidungen zur Weiterentwicklung des Wolfsmanagements treffen, wie auch dem im Allgemeinen an der Thematik interessierten Menschen. Tatsächlich sollten wir uns meines Erachtens nach davor hüten, die Nutztierhalter in Vergessenheit geraten zu lassen. Wir sollten uns, um letztlich über den Wolf mitreden zu können, auch darüber informieren, wie Nutztierhaltung grundsätzlich funktioniert und welchen anderen Herausforderungen Nutztierhalter gegenüberstehen, abseits des Wolfes. Dennoch entbindet das nicht die Nutztierhalter, sich mit Belangen des Herdenschutzes auseinanderzusetzen und diese umzusetzen.

Wenn wir über Herdenschutz bez. wild lebender Wölfe sprechen, müssen wir immer auch dabei berücksichtigen, über welche zu schützende Nutztierart wir genau sprechen und in welchem Habitat sie steht. Es ist dabei auch wichtig, die Nutztiere in ihrem Wesen zu verstehen. Ferner ist die Motivation der Tierhaltung zu benennen: Hobby, Neben- oder Haupterwerb? Reden wir dabei über extensive oder intensive Tierhaltung. Gibt es eine Stallhaltung mit oder ohne hofnaher Auslaufweide? Beziehen sich die Überlegungen auf Großtiere wie Pferde, Ponys oder Rinder oder auf kleinere wie Schafe und Ziegen? Hält jemand davon 1, 10, 100 oder mehr als 1.000 Stück? »Das Patentrezept« gibt es unter den verschiedenen Herdenschutzmaßnahmen nicht. Insofern muss meiner Meinung nach jede Nutztierhaltung individuell analysiert werden, im Hinblick auf die Entscheidung, welche Herdenschutzmaßnahme umgesetzt werden sollte.

Mit diesem Buch habe ich die Absicht, einen Beitrag zu leisten, zu erkennen, welche Möglichkeiten, aber auch welche Grenzen dem Herdenschutz aus heutiger Sicht gesetzt sind. Dieses Buch hat es nicht zum Ziel, eine wissenschaftliche Abhandlung zu sein. Es soll viel mehr ein Buch aus der Praxis für den Praktiker sein – egal ob am Schreibtisch genutzt oder auf der Weide. Ferner hat es auch genauso den Anspruch, für jeden eine Informationsquelle zu sein, um das Wolfsmanagement weiterzuentwickeln. »Jeden« meint also tatsächlich auch jeden, der mit dem Wolf »täglich« zu tun hat. Dazu zählen meines Erachtens nicht die nur Tierhalter sämtlicher Couleur, sondern auch verschiedene Behörden, Verbände, Institute, Politik, Vereine und die Bevölkerung im Allgemeinen. Auch derjenige Bürger, der sich »ehrenamtlich« oder »auf eigene Faust« für die Sache Wolf engagiert, ist hier gemeint. Dieses Buch ist im Grunde genommen ein Werk, das für fast ganz Deutschland anwendbar ist. Fraglich ist für mich allerdings schon, ob es Herausforderungen im alpinen Raum gibt, für die dieses Buch keine Lösung anbietet. Vor dem Hintergrund, dass Niedersachsen ein buntes Spektrum an Tierhaltungen in Kombination mit verschiedenen Habitaten und Anforderungen aufweist und das zweitgrößte Flächenland in Deutschland ist, sind sämtliche Fallbeispiele und Analysen hierauf bezogen. Die meisten in diesem Buch dargestellten Abbildungen sind in Niedersachsen entstanden. Es werden vorbildliche Fallbeispiele zum Herdenschutz dargestellt, wie auch Beispiele, bei denen der Herdenschutz erst noch etabliert werden muss oder vielleicht auch nicht erreicht werden kann. In den Fällen, wo Herdenschutzmaßnahmen längst zumutbar hätten umgesetzt werden können, wurden die Abbildungen derart aufgenommen, dass eine Verifizierbarkeit anhand von z.B. Wohnhäusern im Bildhintergrund ausgeschlossen werden kann. Ich habe nicht die Absicht, Mitmenschen mit diesem Buch bloßzustellen. Dennoch zeige ich auch solche Bilder, wo auch heute noch den Wölfen quasi eine Einladung zum Übergriff auf z.B. Schafe oder Ziegen ausgesprochen wird, obwohl Wölfe bereits länger in der Region leben.

Eine weitere Motivation zur Erstellung dieses Buches liegt in der Tatsache begründet, dass Wölfe strengstens geschützt sind und daher die Nutztierhalter nicht die freie Wahl darüber haben, ob sie diese Tiere in der Nähe ihrer eigenen Nutztiere haben wollen oder nicht. Sie müssen Wölfe dulden. Dieser Umstand führt nachvollziehbarerweise eher zur Ablehnung als zum Zuspruch. Dennoch sollte uns allen daran gelegen sein, für die Nutztierhaltung einzustehen und die Tierhalter nicht allein im Regen stehen zu lassen. Es gebührt dem Respekt und der Wertschätzung den Tierhaltern gegenüber, Herdenschutzmaßnahmen dort aufzuerlegen, wo sie erforderlich sind, aber auch nur dort, wo sie machbar und auch zumutbar sind. Sicherlich liegt in der Abwägung »zumutbar/nicht zumutbar« viel Streitpotential, dennoch ist es unabdingbar, in dieser Thematik stets miteinander in der Diskussion zu bleiben. »Spannend« wird die gesamte Thematik Herdenschutz erst dort, wo entsprechende Herdenschutzmaßnahmen nicht möglich, nicht zuzumuten oder nicht finanzierbar sind. Aber was machen wir in genau solchen Situationen, wenn der Wolf nicht nur gelegentlich auf Wanderschaft vorbeikommt, sondern sich territorial, also vor Ort, nieder lässt?

Dieses Buch zeigt eine Inventur auf, die sich auch beim Blick ins Ausland ergibt. So haben wir beispielsweise anhand von nordamerikanischen und europäischen Studien und Veröffentlichungen geprüft, welche Herdenschutzmaßnahmen umgesetzt werden, welche davon funktionieren und welche nicht – auch mit Blick auf andere Raubtiere. Hierfür haben wir uns z.B. auch den Herdenschutz in Bezug auf wild lebende Kojoten in Nordamerika angesehen. Für die Recherche haben wir deutsche und englischsprachige Literatur und andere Medien herangezogen. Auf anderssprachige Quellen mussten wir in der ersten Auflage wegen der Sprachbarriere noch verzichten.

Auch wenn der rechtliche Schutz der wild lebenden Wölfe in Deutschland maximal hoch ist, werden in diesem

Buch – mit dem Anspruch auf die Darstellung aller uns bekannt gewordenen Möglichkeiten – bewusst auch Maßnahmen im Umgang mit auffälligen Wölfen dargestellt und auch Verbotszonen, also wolfsfreie Gebiete, diskutiert – wohl wissend, dass das hoch emotionale Themen sind. Der oft wiederkehrende Ruf von einigen Nutztierhaltern nach der Bejagung der Wölfe wird hier ebenfalls reflektiert.

Letztlich soll die Forschung und Weiterentwicklung von Herdenschutzkonzepten nicht unerwähnt bleiben. Darauf wird in diesem Buch ebenfalls eingegangen. Forschungsergebnisse verschiedener Untersuchungen werden in diesem Buch genauso dargestellt, wie Herdenschutzmaßnahmetests an Gehegewölfen – auch an unseren im Wolfcenter Dörverden.

Lange habe ich überlegt, ob ich Schadensbilder durch den Wolf verletzter oder getöteter Nutztiere in einem Kapitel darstelle und damit einhergehend auch die Rissbegutachtung beleuchte. Ich habe mich entschlossen, darauf zu verzichten, da es zum einen ein sehr komplexes Arbeitsfeld und zum anderen ein sehr emotionales Thema ist. Manch ein Leser könnte meiner Auffassung nach von der Präsenz solcher Bilder in der Bewertung von Wölfen und in der Anwendung von Herdenschutzmaßnahmen »beeinflusst« werden. Diese Entscheidung soll in keiner Weise dazu dienen, den Wolf »gut« dastehen zu lassen – allerdings soll es den Wolf auch nicht »schlecht« darstellen.

Vor dem Hintergrund der Komplexität verzichte ich in diesem Buch auf die konkrete Darstellung finanzieller Unterstützungsmöglichkeiten der Nutztierhalter, weil ich es in seiner Vollständigkeit nicht zu beurteilen vermag. Klar ist, dass sämtliche Herdenschutzmaßnahmen Geld kosten und im Falle staatlicher Förderungen auch Steuergelder binden. Diese Tatsache erzeugt immer wieder Streitigkeiten. Klar ist jedoch auch, dass die Bundesrepublik Deutschland zu den reichsten Staaten weltweit zählt. Wenn wir in Deutschland die finanziellen Anforderungen an den Herdenschutz nicht leisten können, wer dann? Mit Blick auf unseren föderalistisch organisierten Staat ist festzustellen, dass in verschiedenen Bundesländern ebenso verschiedene »Richtlinien für Nutztierhalter zum Schadensausgleich vom Wolf verursachter Schäden und Präventionsmaßnahmen« entwickelt wurden und auch noch werden. Dieses Buch gibt keine Forderungen vor, wie derartige Richtlinien idealerweise gestaltet sein sollten. Dennoch dürfen gerne aus diesem Buch Ableitungen für die Weiterentwicklung der Richtlinien vorgenommen werden. Mehr als begrüßenswert ist meiner Auffassung nach die Harmonisierung sämtlicher Richtlinien in den verschiedenen Bundesländern auf ein Niveau.

Abschließend betone ich, dass in diesem Buch die Anwendbarkeit von Herdenschutzmaßnahmen ausschließlich auf die Nutztierhaltung untersucht werden. Ich klammere bewusst »Einsprüche« aus anderen Branchen aus, wie z.B. dem Tourismus. Die »Verhandlung« über Herdenschutzanwendungen kann nur in der Gesellschaft geführt werden und nicht in diesem Buch.

Schon heute ist es mein Wunsch, dass dieses Handbuch eines Tages in eine zweite überarbeitete Ausgabe überführt wird, sobald neue grundlegende Erkenntnisse auf das Gesamtgeschehen rund um den Herdenschutz einwirken. Daher lade ich jeden Leser herzlich dazu ein, die zielführende Diskussion mit mir zu suchen, um gemeinsam den Herdenschutz weiterzuentwickeln.

2

Von Ängsten und Wut um die Nutztierhaltung und Wölfe

Von Frank und Christina Faß

In den letzten Jahren, in denen ich vor Nutztierhaltern Vorträge gehalten habe und in denen es vor allem um die Beleuchtung von Herdenschutzmaßnahmen ging, tauchte immer wieder die Frage auf, was »das Ganze« mit wild lebenden Wölfen in Deutschland eigentlich soll. Schließlich sei man doch viele Jahrzehnte auch ohne den Wolf gut ausgekommen, und er sei ja nicht ohne Grund über viele Jahrhunderte hinweg nach und nach vollständig ausgerottet worden.

Auf den ersten Blick mögen solche Argumente plausibel klingen. Dennoch möchte ich dieses Kapitel zum Anlass nehmen, genauer hinzuschauen und auch die Vergangenheit ein wenig zu beleuchten. Alte Dokumente unserer Vorfahren legen nahe, dass der Wolf in den letzten Jahrhunderten vor dem 19. Jahrhundert als Schädling aufgefasst und daher gnadenlos verfolgt wurde. In Zeiten, in denen die Menschen anfingen, Wälder zu roden, um nach und nach Ackerbau und Weidetierhaltung zu ermöglichen, waren Wölfe dann auch mehr und mehr mit Nutztierpräsenz in der Landschaft konfrontiert. Der Wolf als kluges Raubtier lernte, dass es für ihn wesentlich leichter war, Schafe oder Ziegen zu erbeuten, anstatt sich energieaufwendig an hochflüchtigen Wildtieren zu orientieren, wie zum Beispiel an Rehen oder Hirschen oder an wehrhaften Tieren, wie Wildschweinen. Nach und nach war also zwischen Mensch und Wolf eine klassische Konkurrenzsituation entstanden. Diese hatte jedoch einen sehr ernst zu nehmenden Hintergrund: Das Leben der vielen kleinbäuerlichen Familienstrukturen hing unmittelbar vom Überleben der eigenen Nutztiere bis zu deren finalen Nutzung durch den eigenen Besitzer ab. Vor diesem Hintergrund ist es also nicht verwunderlich, dass die Bauern dem Wolf eine wachsende Abneigung entgegenbrachten, allerdings auch gegenüber anderen Wildtieren, wie zum Beispiel dem Bären, dem Luchs, dem Elch, dem Auerochsen und auch dem Wisent. Auch die hier zuletzt genannten Wildtierarten wurden nach und nach ausgerottet, weil sie als Schädlinge in Bezug auf die Nutzungsziele der Land(wirt)schaft angesehen wurden. Begriffe wie Arten- und Naturschutz, Raubtiermanagement und Herdenschutz – ohne die Raubtiere dabei auszurotten – sind noch immer junge Begriffe und Modelle im Verständnis des Menschen im Umgang mit allen Variablen der Natur.

Mit dem Blick in unsere heutige moderne Kulturlandschaft möchte ich an dieser Stelle eine Auswahl von heutigen Sorgen und Ängsten aufzeigen, die mir immer mal wieder von verschiedenen Nutztierhaltern sinngemäß genannt wurden:

- »Nach einem Übergriff durch Wölfe oder Hunde auf die Nutztierherde ist diese nicht mehr zu managen, weil die Nutztiere ihr Verhalten selbst in Bezug auf die ihnen vertrauten Menschen verändern. Die Nutztiere werden panisch, verstört oder wie bei Rindern gesehen, gar aggressiv.«
- »Wir wollen keine erneute Tollwut oder andere Krankheiten durch den Wolf auf unsere Nutztiere übertragen haben.«
- »Wir haben Angst vor dem Verlust der Existenz durch Viehverluste infolge von Wolfsangriffen.«
- »Durch einen Wolfsangriff erleiden die überlebenden Nutztiere so viel Stress, dass sie in Folge dessen Totgeburten (Verlammung, Verkalbung, Verwerfen) hervorbringen können. Es kann sogar sein, dass weibliche Tiere später nicht mehr fruchtbar sind – beweisen wird man es wahrscheinlich nie können, aber wir sind dann die Geschädigten.«

››› »Es sind Haftungsfragen infolge katastrophaler Unfälle durch das eigene Vieh ungeklärt. Sollen wir durch Insolvenz unsere Existenz verlieren, wenn die Nutztierherde auf die Autobahn flüchtet und eine Massenkarambolage verursacht mit Toten und Verletzten? Wir werden dann durch Kündigung des Haftpflichtversicherers nach einem solchen Vorfall einer ohnmächtigen Situation gegenüberstehen. Welcher Versicherer nimmt uns denn dann neu auf? Das macht doch keiner.«

››› »Wer soll die Zusatzkosten für wolfssichere Zäune und/oder Herdenschutzhunde bezahlen?«

››› »Wir Nutztierhalter haben mehr Arbeitszeitaufwand zur Installation und Wartung der Zäune zu leisten, ohne dass wir dabei unterstützt werden.«

››› »Sollen denn etwa alle Weiden so eingezäunt werden, dass die Landschaft verbarrikadiert wird?«

››› »Was ist denn, wenn die Ausbildung der Herdenschutzhunde scheitert und damit verbundene Investitionen fehlschlagen? Woher dann mal eben einen neuen Hund nehmen?«

››› »Es gibt finanzielle Defizite bei der Schadensregulierung, wenn Wölfe Nutztiere reißen, denn der Zuchtwert wird nicht ersetzt, sondern nur der Schlachtwert.«

››› »Früher sollten wir die hohen Wildgehege von außen am Zaun mit Büschen bzw. Hecken bepflanzen, damit der Metallzaun nicht so in der Landschaft auffällt. Nun sollen wir von außen am Zaun Herdenschutzmaßnahmen nachrüsten. Wie soll das denn zusammenpassen?«

››› »Sind wir eigentlich rechtlich auf der sicheren Seite, wenn der Wolf kommt?«

››› »EU-Förderkriterien und De-minimis-Regelung in Höhe von 15.000 Euro für drei Jahre werden doch niemals reichen, um Zäune zu errichten und tote Nutztiere auszugleichen.«

››› »Irgendwann holen uns die Wölfe noch die Kuhkälber aus den Kälberiglus heraus.«

››› »Eines Tages kommen die Wölfe in unsere Offentierställe und reißen unsere Tiere im Stall.«

››› »Was will die Regierung eigentlich? Sollen unsere Nutztiere nun auf den Weiden stehen oder sollen wir sie nur noch im Stall belassen, damit der Wolf sie nicht frisst? Wenn wir die Nutztiere nur noch im Stall lassen, ist das der Untergang des Natur- und Artenschutzes, weil die Weiden dann nur noch durch Maschinen gemäht werden und die Bodenbrüter gar keine Chance mehr haben. Das ist der Rückgang der Artenvielfalt! Anderenorts wird die Landschaft wieder verbuschen, weil keine Nutztiere dort mehr pflegen. Soll das etwa so sein?«

››› »Wer glaubt denn allen Ernstes, dass wir auf gepachteten Flächen für den dauerhaften Verbleib von wolfssicheren Zäunen viel Geld investieren?«

››› »Wie soll denn der Herdenschutz auf den Deichen funktionieren? Das klappt nicht!«

››› »Teurer Zaun für ein paar Mutterkühe? Das steht nicht im Verhältnis. Dann verkaufe ich die Tiere.«

››› »Nach und nach werden viele Nutztierhalter ihre Tiere abschaffen – allen voran die Hobbytierhalter. Auch solche, die seltene und vom Aussterben bedrohte Haustiernutzrassen züchten. Ist das so gewollt?«

››› »Wölfe? Wir haben in der Nutztierhaltung auch noch andere Sorgen – da brauchen wir den Wolf doch nicht auch noch!«

Die heutige Landwirtschaft lebt mit ihrer Nutztierhaltung aus der Haltung der Wirtschaftlichkeitsoptimierung heraus, egal ob im Bereich der konventionellen Tierwirtschaft oder der Bio-Tierwirtschaft. Das bedeutet, dass alle Variablen analysiert und derart angepasst werden, dass ein idealer wirtschaftlicher Erfolg erzielt werden kann.

Die Aussage »Wölfe? – Wir haben in der Nutztierhaltung auch noch andere Sorgen, da brauchen wir den Wolf doch nicht auch noch!« der am Ende zuvor dargestellten Liste, stellt meiner Meinung nach eine ganz besondere Äußerung dar. Es ist in der Tat so, dass es auch noch andere sehr ernst zu nehmende Sorgen bzw. Herausforderungen an die heutige Nutztierhaltung gibt. Eine dabei übergeordnete Sorge ist, dass wichtige Rahmenbedingungen sich »ständig« ändern, was wiederum eine zukunftsweisende und solide Planung der landwirtschaftlichen Betriebe verhindern kann, teilweise sogar zerstört oder den Bedarf an benötigten Nachwuchskräften unterbindet.

Folgend ist eine Auswahl von Sorgen bzw. Herausforderungen dargestellt, die keinen Anspruch auf Vollständigkeit hat.

Schaf-/Ziegenhaltung:

- Schmallenberg-Virus
- Elektronische Tierkennzeichnung (Ohrmarke)
- Rückläufige Zahlen unter jungen Menschen, die den Schäferberuf erlernen wollen

Gehegewildhaltung:

- Anerkennung zur Privilegierung von Laien zwecks Etablierung von Damwildgehegen
- Auflagen der Lebensmittelhygiene in Bezug auf die Fleischvermarktung

Rinderhaltung:

- Milchpreisentwicklung
- Angestrebte Verbote von effektiven Pflanzenschutzmitteln, wie z.B. Glyphosat
- Novellierung der Düngeverordnung
- Steigende Anforderungen an das Tierwohl mit daraus resultierenden baulichen Anforderungen an Neubauten bzgl. Stallanlagen
- Wiedervernässung von Moorweiden einhergehend mit Weideflächenverlusten
- Hohe Pachtpreise von Grünflächen

Pferdehaltung:

- Immer wieder diskutierte Einführung der Pferdesteuer
- Schenkelbrand-Methodik zur dauerhaften Tierkennzeichnung
- Haltungs- und Tierwohlfragen
- Novellierung der Düngeverordnung

Die Paarung der allgemeinen Sorgen mit den wolfsbezogenen Sorgen lässt in nachvollziehbarer Weise die oft von Nutztierhaltern gestellte Frage zu: »Brauchen wir den Wolf?« Diese Frage ist für sich betrachtet eine geschlossene Frage, die mit »Ja« oder »Nein« zu beantworten ist. So werden Befürworter des Wolfes diese Frage mit »Ja« beantworten, während Gegner des Wolfes selbige Frage mit »Nein« beantworten. Doch kommen wir im Ja-Nein-Streit wirklich weiter? Ich denke nicht.

Tatsächlich bin ich der Auffassung, dass sich die Frage »Brauchen wir den Wolf?« gar nicht erst stellt. 1996 hat sich der erste Wolf nach der deutsch-deutschen Wiedervereinigung in der Nähe der deutsch-polnischen Grenze auf sächsischer Seite territorial niedergelassen. Zwei Jahre später gesellte sich ein zweiter Wolf anderen Geschlechts hinzu. Ein Wolfspaar war entstanden. Im Jahre 2000 zeugten diese beiden Wölfe den ersten in Deutschlands freier Wildbahn geborenen Welpenwurf nach der langen Ausrottungsgeschichte der Vergangenheit. Wie bekannt ist, gehen insbesondere von diesen beiden Wölfen viele Nachfahren aus, die selbst wiederum Nachfahren in Deutschland produziert haben. Vor diesem Hintergrund stellt sich die Frage »Brauchen wir den Wolf?« gar nicht, weil er einfach schon länger da ist. Die Frage ist vielmehr, wie wir – ein jeder von uns, Nutztierhalter oder auch nicht – mit ihm sein wollen.

Wenn wir uns an unsere frühere Währung »die Deutsche Mark« erinnern, kommt dem einen oder anderen Leser vielleicht noch der Zehn-Mark-Schein vor Augen. Auf ihm war ein kluger Mann abgebildet: Carl Friedrich Gauß (1777–1855), Deutscher Mathematiker, Astronom, Physiker etc. Er befasste sich unter anderem mit der Messtechnik und der Auswertung von Messergebnissen. So fand er heraus, dass die immer wieder aufs Neue vorgenommene Vermessung eines Gegenstandes in seiner Länge doch immer wieder andere Messergebnisse hervorbrachte. Die verschiedenen Messergebnisse in Relation zur deren Häufigkeit derselben Messungen, brachte Carl Friedrich Gauß in einen grafischen Zusammenhang und beschrieb sie in einer mathematischen Funktion – die Gauß'sche Normalverteilung wahr gefunden. Ihm zu Ehren wurde nicht nur sein Antlitz auf dem Zehn-Mark-Schein verewigt, sondern links von seinem Gesicht auch die mathematische Funktion dargestellt, die einer Glockenform ähnelt.

Abbildung 1: Geldschein – zehn Deutsche Mark

Beim Anblick der Funktion, also der Gauß'schen Normalverteilung, fragte ich mich eines Tages, ob unsere Gesellschaft bez. der »Ja-Nein-Frage« zum wild lebenden Wolf in Deutschland grob betrachtet nicht sogar ähnlich zusammengesetzt ist.

Anhand der folgend abgebildeten Grafik soll mein zuvor beschriebener Eindruck verdeutlicht werden. Grundsätzlich gibt es drei Hauptgruppen, in die sich Menschen zur Ja-Nein-Frage einteilen lassen, wobei es innerhalb der Gruppen wiederum viele verschiedene Individualitäten mit entsprechenden Mengen gibt. Die mengenmäßig größte Gruppe ist die in der Mitte der Normalverteilung, welche also den größten Anteil der Mitmenschen hat. Diese Menschen scheinen entweder unterschiedlich verunsichert zu sein (linke Hälfte) oder sie glauben, dass es mit den Wölfen in Deutschland schon irgendwie funktionieren wird (rechte Hälfte). Links in der Normalverteilung gibt es eine Gruppe mit deutlich weniger Menschen, die die Forderung vertreten, dass ausnahmslos alle Wölfe unter allen Umständen immer leben sollen. Ganz rechts in der Abbildung der Normalverteilung gibt es eine ebenso kleine Gruppe von Menschen, die sich für die Wiederausrottung aller Wölfe ausspricht oder deren weitere Ausbreitung sofort stoppen möchte.

Natürlich sind nie alle Menschen gleich! Insofern sind innerhalb der Gruppe der vom Wolf betroffenen Nutztierhalter (Gruppe: »Rottet die Wölfe wieder aus!« in der Normalverteilung) auch unterschiedliche Meinungen und Ansichten festzustellen, die sich grob in drei Kategorien einteilen lassen:

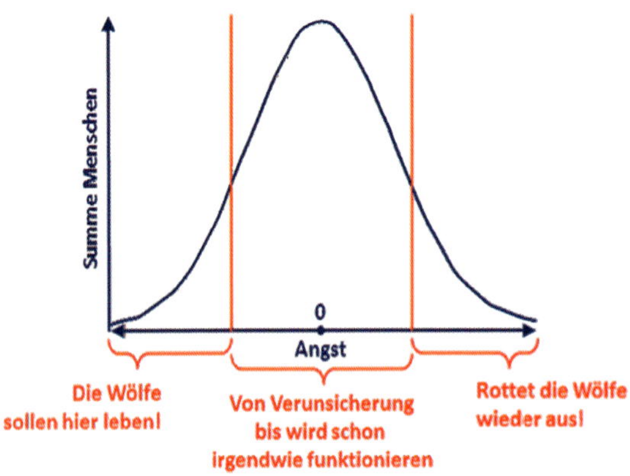

Abbildung 2: Normalverteilung

Kategorie 1:

»Die Totalablehner«; wenige Nutztierhalter, die nie dem Vorhandensein von wild lebenden Wölfen in Deutschland zustimmen werden. Im Gegenteil, wir werden bis zum letzten Tag von diesen Mitmenschen immer wieder lautstark die Forderung nach der erneuten Ausrottung der Wölfe zu hören bekommen, egal wie sich die Faktenlage darstellt.

Kategorie 2:

»Die Dulder«; gegenüberliegender Pol zu den Totalablehnern. Hierbei handelt es sich um Nutztierhalter, die sich zwar nicht über wild lebende Wölfe freuen, sich jedoch des Problems auf praktischer Ebene (Herdenschutzmaßnahmen errichten) annehmen.

Kategorie 3:

»Die Skeptiker«; liegen zwischen den beiden zuvor beschriebenen Kategorien. Diese Gruppe beinhaltet die meisten Nutztierhalter. Es sind diejenigen, die sich vor den Auswirkungen des Wolfes auf sich selbst, auf ihre Nutztiere und auf ihren Betrieb fürchten und noch nicht so recht wissen, was genau zu tun ist.

In ähnlicher Dreiteilung lässt sich auch die Gruppierung »Die Wölfe sollen hier leben!« betrachten:

Kategorie 1:

»Die Extrem-Tierschützer«; wenige Menschen, die nie einer einschränkenden Maßnahme in Bezug auf einzelne wild lebende Wölfe in Deutschland zustimmen werden. Im Gegenteil, sie initiieren und unterstützen sogar populistische Hetzaktionen gegen Menschen, die die Instrumente des Wolfsmanagements ausführen, egal wie sich die Faktenlage darstellt, egal ob einzelne Wölfe für Menschen gefährlich sind oder werden könnten.

Kategorie 2:

»Die Wolfsbefürworter«; auch sie sind für den wild lebenden Wolf und setzen sich offensichtlich für ihn in der Öffentlichkeit ein. Sie stellen einen gegenüberliegenden Pol zu den »Extrem-Tierschützern« dar. Hierbei handelt es sich um Menschen, die sich zwar über wild lebende Wölfe freuen, sich jedoch auch den Herausforderungen und Problemen mit Wölfen auf praktischer Ebene annehmen.

Kategorie 3:

»Die Träumer«; liegen zwischen den beiden zuvor beschriebenen Kategorien. Es sind diejenigen, die genauso wie die Extrem-Tierschützer fordern, dass die Nutztierhalter gefälligst einfach nur ihre Nutztiere vor Wölfen schützen sollen. Wenn geschützte Nutztiere doch gerissen werden, sei das eben Natur – Pech gehabt. Sie beteiligen sich nicht unbedingt an Hetzkampagnen, leisten aber auch keinen Beitrag zur Lösungsfindung bez. Herdenschutzinstrumente.

Auch die Gruppe der Menschen »von Verunsicherung bis wird schon irgendwie funktionieren« lässt sich wiederum in drei Kategorien unterteilen. Auf eine Beschreibung dessen wird an dieser Stelle verzichtet. Tatsächlich macht diese Gruppe den mit Abstand größten Anteil der Menschen aus.

Vor dem Hintergrund der in der Öffentlichkeit unterschiedlich wahrzunehmenden »Minderheiten« auf beiden Seiten der Normalverteilung lässt sich der Eindruck gewinnen, dass der Wolfskonflikt zum Herdenschutz nur in Schwarz-weiß-Diskussionen ausgemacht wird.

Abbildung 3: Führen Schwarz-weiß-Diskussionen zu Lösungen?

Wir sollten uns jedoch alle stets dafür sensibilisieren, dass nur die bunte Vielfalt Lösungen finden lassen kann. Es ist eine Frage des Willens. In diesem Fall bedeutet es, einen gesunden Mittelweg zu gehen.

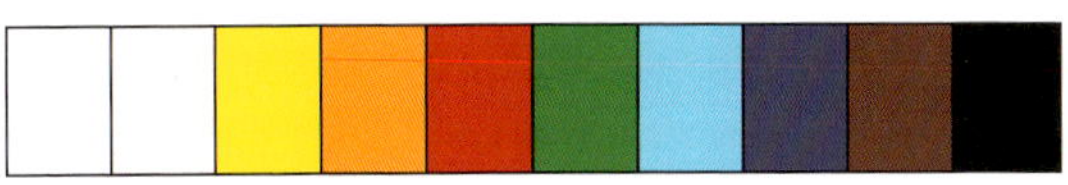

Abbildung 4: Konfliktmanagement lebt von »bunten« Ansichten

Schilder, die in Wäldern aufgehängt werden, wie das in Abbildung 5 abgebildete, stellen keinen Beitrag für eine konstruktive Diskussion und Weiterentwicklung des Wolfsmanagements dar. Hier ist buchstäblich schwarz auf weiß eine ganz bestimmte Haltung zum wild lebenden Wolf interpretierbar: »Was sollen die Viecher hier?« Was treibt einen »Extrem-Tierschützer« oder einen

Abbildung 5: Ob diese Schilder ernsthaft vor dem Wolf warnen oder nur Leute aus den Revieren fernhalten sollen, bleibt offen

»Wolfshasser« an, und was verbindet beide Minderheiten-Gruppen dennoch? Vereinfacht gesagt lehnen »Extrem-Tierschützer» tendenziell eher Menschen ab und legen ihr Augenmerk alternativ auf die Tiere. Die »Wolfshasser« lehnen grundsätzlich die Existenz von Wölfen ab und natürlich umso vehementer, je dichter die Wölfe auf der Landkarte kommen. Die Verbindung zwischen beiden ist die unbewusste Angst vor den eigenen Befürchtungen von Verlust, die wiederum ganz unterschiedlich sein können. Wenn der »Wolfshasser« ein Nutztierhalter ist, hat er Angst, dass Wölfe seine Nutztiere reißen und vor den Konsequenzen, die sich daraus ergeben. Ein Jäger, der Wölfe »hasst«, hat vielleicht Angst, dass die Wölfe den Wildbestand reduzieren und in seiner Vorstellung nichts mehr für ihn übrig bleibt. Der »Extrem-Tierschützer« hat sich vielleicht aufgrund negativer Erfahrungen von den Menschen abgewendet und findet in den Tieren seine Erfüllung. Tiere geben keine Widerworte, streiten nicht, sind vom Menschen eher abhängig und ordnen sich in der Regel unter. Die Angst bei einem »Extrem-Tierschützer« ist auch die Angst vor Verlust, wobei nicht jedes Tier gleich zählen muss. Es kann sein, dass ein Nutztier, z.B. ein Schaf, lange nicht so viel zählt, wie ein Wolf, und es in seinen Augen völlig in Ordnung ist, dass ein Wolf viele Schafe reißt und dem Wolf dafür aber kein Haar gekrümmt werden darf. Wenn ein Wolf sich z.B. als Beutespezialist entwickelt und mehrere hundert Schafe auf dem Gewissen hat und die Diskussion über eine Entnahme des Wolfes im Raum steht, fährt der »Extrem-Tierschützer« alle Geschütze auf, um diesen einen Wolf zu retten. Es kümmern ihn weder die bereits gerissenen Schafe, noch, dass dieser Wolf damit nicht aufhören wird und bei Nachwuchs evtl. sogar seine Nachfahren ebenso spezialisiert sein werden, sich in Deutschland verteilen und wir ein großes Problem mit Wölfen haben werden, die z.B. über sehr hohe Zäune springen, um weiterhin an die Schafe zu kommen und diese zu töten. Man könnte in so einem Fall die provokante Frage stellen: Wie viele tote Schafe rechtfertigen es, einen Wolf aus der freien Wildbahn zu entnehmen, der sich auf Schafe spezialisiert hat?

Letztlich könnte man sagen, dass der Wolf uns als Gesellschaft einen Spiegel vorhält. Fraglich ist allerdings, ob wir in den Spiegel hineinschauen wollen. Es geht immer um Extreme und um einen gesunden Mittelweg. Nehmen wir vergleichsweise den Bereich der Politik – auch hier gibt es die Parteien der Mitte und die Parteien am rechten und am linken Rand und auch hier liegt die Normalverteilung auf den Parteien der Mitte, auch wenn es natürlich immer wieder deutliche Schwankungen gibt, je nachdem, was gerade unsere politischen Herausforderungen sind.

Und ich will den Wolf trotzdem nicht vor der Tür haben! Aus einem Gespräch mit einer Schäferin

Vor wenigen Jahren unterhielt ich mich mit einer Besucherin im Wolfcenter. Während ich im Wolfsgehege stand und sie davor am Gehegezaun, befragte sie mich durch den Zaun hindurch, was ich gerade im Gehege genau mache. Ich erzählte ihr von der damals aktuellen Handaufzucht von Wolfswelpen durch meine Mitarbeiterinnen und mich. Nach und nach vertieften wir unser Gespräch und kamen auch auf die Nutztierhaltung in Bezug auf wild lebende Wölfe in Deutschland zu sprechen. Unsere Diskussion wurde immer detaillierter, und ich fragte mich, ob die Dame selbst eine Nutztierhalterin ist. Auf meine Nachfrage hin bejahte sie dieses. Sie sagte mir, dass sie Schäferin im Land Brandenburg sei. Ferner betonte sie in unserem Gespräch, dass sie nach wie vor gegen das Vorhandensein von Wölfen in Brandenburg ist. Darauf entgegnete ich ihr, dass ich ihren Standpunkt verstehe und ihren Befürchtungen, dass der Wolf ihr mehr Arbeitsaufwand und auch finanzielle Investitionen abverlangen wird, Glauben schenke. Im nächsten Moment entschied ich mich, ihr einige Fragen unabhängig von möglichen Wölfen in der Zukunft zu stellen, was mich allerdings auch einige Überwindung kostete. Dennoch erschien mir der Moment sehr geeignet, die Fragen zu stellen, die hier sinngemäß benannt sind:

»Kann es sein, dass Sie sich eigentlich gar nicht wirklich so sehr über den Wolf aufregen, sondern vielmehr darüber, dass ...

››› Sie mit Ihrer beruflichen Tätigkeit als Schäferin keine bzw. nur wenig Anerkennung durch Ihre Mitmenschen erfahren, die selbst keine Nutztiere haben?

››› viele Menschen gar nicht wissen, was eine Schäferei eigentlich genau macht, wozu sie dient und wie wichtig ihr Beitrag ist?

››› vielleicht viele Menschen gar nicht mitbekommen würden, wenn Ihre Schafe plötzlich gar nicht mehr draußen stünden?

››› Sie niemals damit großen wirtschaftlichen Erfolg einfahren; vielleicht sogar irgendwann scheitern könnten?

››› die viele durch die EU getriebene Papierarbeit und immer wieder neue administrative Herausforderungen auf Sie nur erschwerend wirken, während Sie sich doch viel lieber um die Schafe kümmern wollen?

››› Sie nur jene Flächen für die Schafe bekommen, die andere nicht gebrauchen können?«

Nachdem ich der Schäferin meine Fragen, wie von einer inneren Liste abgelesen, vorgetragen hatte, wartete ich – ich war zugegebenermaßen sehr nervös – ihre Reaktion ab. Würde sie mich für verrückt erklären, mich als einen Spinner bezeichnen, über mich schlecht im Internet urteilen oder mich gleich beschimpfen? Nichts von dem tat sie. Nach einigen Sekunden des Innehaltens sagte sie zu mir: »Es stimmt, was Sie sagen. So ist es.«

Neben den geglaubten und selbstverständlich auch messbaren Herausforderungen und Zusatzbelastungen für Nutztierhalter stellt der Wolf also auch einen von diesen Herausforderungen unabhängigen Stellvertreterkonflikt dar. Ich glaube, dass dieser nicht ausgesprochene Stellvertreterkonflikt den Kern aller Streitigkeiten um den Wolf und die Nutztierhaltung (und auch zur Jagd) darstellt und dass es sich dabei um einen noch relativ jungen Stellvertreterkonflikt handelt.

Denn: Kann es sein, dass die meisten Menschen sich tatsächlich nicht mehr dafür interessieren, wie die landwirtschaftliche Nutztierhaltung heute genau funktioniert? Ich denke, ja. Wenn wir uns die Statistiken anschauen hinsichtlich der stetig sinkenden Beschäftigtenanzahl in der Landwirtschaft und der wachsenden Anzahl der Mitmenschen, die im Durchschnitt pro Landwirt ernährt werden, wird klar, dass die allermeisten Menschen in Deutschland heute keinen direkten Kontakt mehr zur Landwirtschaft haben. Das war in der Vergangenheit eindeutig anders. Angenommen man hätte vor 60 Jahren die ca. 20 Jahre jungen Bürgerinnen und Bürger in Deutschland befragt, ob sie landwirtschaftliche Nutztierhalter in der eigenen Verwandtschaft haben, hätten sicherlich die meisten Menschen diese Frage bejaht. Dieselbe Befragung der heute ca. 20 Jahren jungen Menschen würde einen Tiefstand an familiärer Verbundenheit zur landwirtschaftlichen Nutztierhaltung verdeutlichen.

Werden alltägliche Grundnahrungsmittel wie Fleisch, Milchprodukte, Gemüse, Salat und Obst in unserem Land, welches zu den reichsten der Welt zählt, immer selbstverständlicher und dabei gleichzeitig auch immer weniger wertgeschätzt? Geht der mehrheitliche Wunsch nach immer günstigeren Nahrungsmitteln auch mit einer stetig steigenden und unbewussten Verachtung der Hersteller dieser Produkte, also der Landwirte, einher? Darf als Grundhaltung der Gesellschaft der provokante Satz dazu vermutet werden: »Hört auf zu jammern, ihr Bauern, und seht lieber zu, dass ihr uns billige Nahrung in den Supermarkt schafft!?« Dieser Satz ist kein »böser« Gedanke der im Verstand herrscht. Es ist vielleicht eine unbewusste Haltung, die wir einnehmen, ohne es zu merken, im überbeschäftigten Alltag unseres Lebens.

Vielleicht passt an dieser Stelle als ein Aspekt der Hinweis darauf, wie sich das Verhältnis von Stadt- und Landbevölkerungszahlen für das Land Niedersachsen darstellt. Keinesfalls will ich hier von »der« Stadtbevölkerung und von »der« Landbevölkerung sprechen. Dennoch finde ich es interessant festzustellen, dass mehr Einwohner in Städten leben, als auf dem Land.

Die folgende Grafik verdeutlicht das Verhältnis anhand von Zahlen per Ende 2015.

Ich glaube aufgrund der Tatsache, dass die Nutztierhalter nicht selbst darüber entscheiden dürfen, ob sie wild lebende Wölfe vor der eigenen Haustür haben wollen

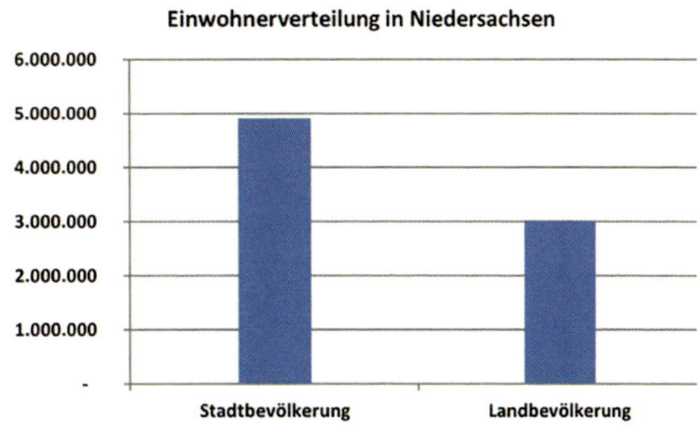

Abbildung 6: Einwohnerverteilung

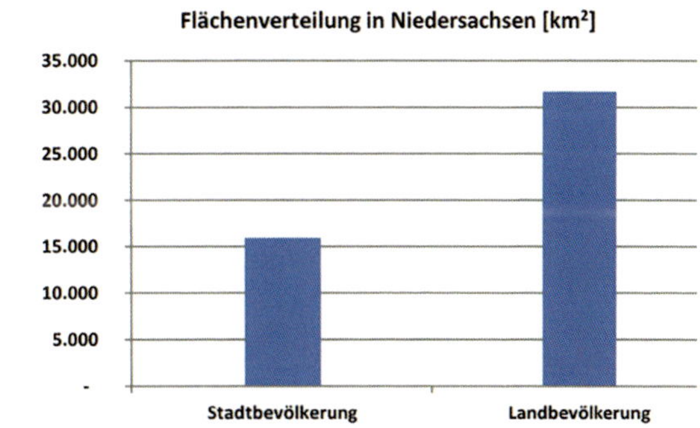

Abbildung 7: Flächenverteilung

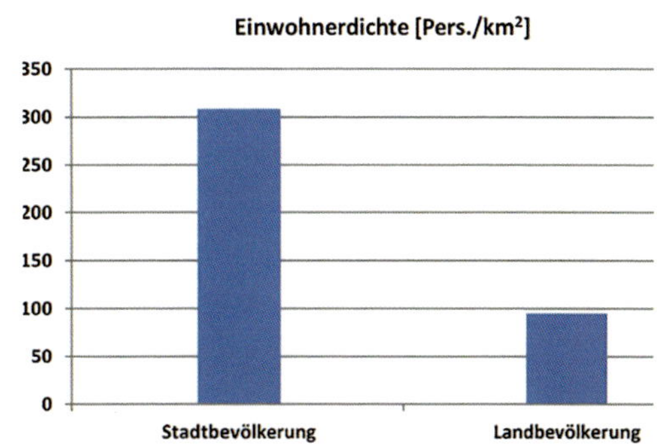

Abbildung 8: Einwohnerdichte

oder nicht, dass dies im Grunde der Tropfen ist, der – in Verbindung mit dem Stellvertreterkonflikt und echten Erfordernissen an den Aufbau von Herdenschutzmaßnahmen – das bereits randvolle Fass zum Überlaufen bringt. Der »Zwang«, dass Nutztierhalter den rechtlich streng geschützten Wolf in der Nachbarschaft dulden müssen – ob sie wollen oder nicht – führt eher zu Ablehnung als zu Zuspruch. Diese Ablehnung äußert sich in Wut, die immer wieder in der Berichterstattung, Social Media und auf Vorträgen im Publikum festzustellen ist. Ferner ist der Wolf in Deutschland noch so neu, dass wir nicht die Großeltern befragen können, wie wir mit ihm umgehen sollen. Blicke ins benachbarte Ausland geben uns zwar Aufschluss darüber, wie man dort mit Wölfen bezüglich der Nutztierhaltung lebt. Fraglich ist jedoch, ob diese Umgangsweisen direkt auf unsere Kulturlandschaft eins zu eins übertragbar sind. In Deutschland gibt es aus den letzten 20 Jahren nur erste Erfahrungswerte.

Es ist also auch die Angst vor dem Unbekannten und ein zweiter wichtiger Aspekt, der hier nicht unerwähnt bleiben soll. Wir Menschen stimmen oft unbekannten Veränderungen nicht zu, weil wir nicht wissen, welche Konsequenzen diese neue Situation für uns hat und deshalb zunächst vom schlimmsten ausgehen. Jeder Mensch hat Erfahrungen gemacht, in der sich etwas verändert hat, und diese Veränderung hat uns nicht gefallen. Ob es ein Umzug war, eine Trennung der Eltern oder der Tod von lieben Menschen. Jedes Mal sind wir verunsichert und verängstigt darüber, was das Leben wohl als Nächstes vor uns stellt. Gab es oft Ereignisse in unserem Leben, die eine Veränderung mit sich brachte, der wir nicht zugestimmt haben, könnte es sein, dass wir grundsätzlich eine Aversion gegen Veränderungen jeder Art aufgebaut haben, weil wir aufgrund unserer Erfahrungen glauben, dass sich »wieder« etwas für uns zum Nachteil verändert. Wenn wir uns dieser Angst vor Veränderungen annehmen, können wir unseren Standpunkt verändern. Auf einem neuen Standpunkt bietet jede Veränderung auch die Möglichkeit, dass diese positive Aspekte mit sich bringt, wir uns darüber freuen und dankbar sein können.

Wie der Stellvertreterkonflikt in der Praxis gelöst werden kann, weiß ich nicht. Dieses Buch kann daher keinen konkreten Lösungsansatz anbieten. Neben der Öffentlichkeitsarbeit, der Erarbeitung von Lösungen und der Forschung zur Senkung der messbaren Herausforderungen und Zusatzbelastungen (z.B. wolfsabweisende Zäune) sollten wir uns des Stellvertreterkonfliktes annehmen, denn wir sind alle ein Teil davon. Dieses kann nur gelingen, wenn ein jeder das für sich selbst auch wirklich will. Das ist für mich zurzeit allerdings nicht erkennbar – im Gegenteil: Ich frage mich, ob Werte wie Mitgefühl, Interesse an Anderen und Verständnisentwicklung für Betroffene mehr und mehr in den Hintergrund geraten. Sollte dem so sein, wird es eher nur noch mehr Nährboden für den Stellvertreterkonflikt bieten.

Eine weiterführende Frage ist, ob alle diejenigen, die direkt mit dem Wolf zu tun haben, sich zunächst ihrer Bewertung der Situation und der darunterliegenden Befürchtung klar werden und sich dem annehmen sollten, bevor sie den Wolf mit seinem »unerwünschten« Verhalten verurteilen. Vor der Wut kommt die Angst in uns hoch. Diese Angst wird von vielen Menschen nicht wahrgenommen bzw. von der Wut überlagert. Wir gehen erst einmal in einen Verdrängungsmodus, da wir Angst und Schmerz aus dem Weg gehen möchten. Es ist unangenehm und schmerzhaft und darf nicht sein, Angst zu haben oder Schmerz zuzulassen. Die Wut fällt vielen daher leichter und wirkt wie ein Ventil. Man muss sich nicht der Frage stellen: »Was ist bei mir, dass ich so reagiere? Was lässt mich in dieser Situation so wütend sein und was liegt unter der Wut wahrhaftig?« Doch so werden wir nicht geboren. Es dürfte also eine Mischung sein aus den begrenzten Möglichkeiten, die uns als Kind im Umgang mit Ängsten zur Verfügung standen, und ein Erziehungsstil, der geprägt war durch die Einteilung in Richtig und Falsch und durch ein gesellschaftliches einander verurteilendes Miteinander, welches normal, aber nicht natürlich ist. Selbstverständlich gelten diese hier sehr grob dargestellten Mechanismen nicht für alle Menschen gleich. Dennoch ist es teilweise klar ersichtlich, dass ein Wutausbruch viel leichter fällt, anstatt sich über seine eigene Befürchtung und Angst klar zu werden und sich dieser zuzuwenden. Ich bin der Meinung, dass je weniger wir gelernt haben, uns unserer Ängste anzunehmen, wir umso mehr und schneller die Wut zum Ausdruck bringen und auch einen »Schuldigen« brauchen.

Dies gilt nicht für jede Person in jeder Lebenslage. Ein Beispiel von vielen verschiedenen ist: Wenn ein Mensch in seinem Leben von jeher der festen Überzeugung ist, dass das Leben grundsätzlich von Gefahren gekennzeichnet und unsicher ist (weil dieser als Kind entsprechende Erfahrungen gemacht und daraus den Schluss gezogen hat, dass das Leben eine Gefahr ist), diesen Sachverhalt für sich noch nicht erhellt hat und somit unbewusst verleugnet, dürfte er sich mit hoher Wahrscheinlichkeit als Nutztierhalter wütend gegen Wölfe aussprechen und gegen die Etablierung von Herdenschutzmaßnahmen im Vorfeld der Wolfszuwanderung. Diesem Mitmenschen könnte man mit noch so kompetenter Herdenschutzberatung zur Seite stehen – er kann aus der Haltung bzw. aus seiner innersten Überzeugung heraus die Beratung nicht von Herzen gern annehmen und entsprechende Herdenschutzmaßnahmen umsetzen. Er muss im Widerstand bleiben, um darüber Recht zu behalten, dass das Leben voller Gefahren ist.

Wird der Wolf unsere Kulturlandschaft und die damit verbundene Nutztierhaltung verändern?

Gelegentlich gewinne ich den Eindruck, dass diese Frage zu schnell und zu einfach beantwortet wird. Es heißt dann, dass die extensive Nutztierhaltung (Weidetierhaltung) keine Zukunft mehr haben wird, wenn Wölfe sich ungehindert mehr und mehr ausbreiten. Für meinen Geschmack ist das eine zu simple Antwort.

Stellen wir uns einmal ein Spinnennetz vor. Ziehen wir an einem Faden, der aus der Mitte des Netzes nach außen gesponnen an einem Zweig befestigt ist, so wie viele weitere auch, wird sich das ganze Netz bewegen, bzw. sich in seiner geometrischen Form verschieben. In die Realität übertragen stellt der Wolf zweifelsfrei eine neue Variable im Gesamtsystem dar. Die Beantwortung nach Veränderungen vermag ich heute nicht vollständig vorherzusehen. Sicherlich dürfte die Behauptung zutreffen, dass der streng geschützte Wolf eine gewisse selektive Einflussnahme auf die Nutztierhaltung hat. Das bedeutet, dass es Nutztierhalter geben wird, die sich dem Vorhandensein des Wolfes derart anpassen, sodass sie auch weiterhin Nutztierhaltung betreiben – wenn auch vielleicht mit unterschiedlicher Gewichtung in der Anwendung von Herdenschutzmaßnahmen. Andere Nutztierhalter werden ihre Tiere abschaffen oder vielleicht die Bestandsmenge verringern.

Mit Blick auf die vier Nutztierkategorien Schafe/Ziegen, Gehegewild, Rinder und Pferde/Ponys müssen wir uns meiner Meinung nach vor Augen führen, ob wir diese Tierhaltungen im Bereich der Hobbyhaltung, der Nebenerwerbshaltung oder der Haupterwerbshaltung vorfinden. Weiterhin muss zwingend die Habitatstruktur in eine Betrachtung mit aufgenommen werden.

Es ist leicht vorstellbar, dass grundsätzlich im Bereich der hobby-motivierten Nutztierhaltung einige Tierhalter tatsächlich ihre Tiere abschaffen werden bzw. es auch schon getan haben. Insbesondere im Bereich der Schaf- und Ziegenhaltung ist das hier und dort zu erwarten – allerdings auch nicht in Gänze. Mit Blick auf die Pferde- und Pony-Hobbyhaltung erwarte ich im Grunde genommen nur selten Fälle, in denen die Tiere wirklich abgeschafft werden. Zu intensiv ist in den meisten Fällen die emotionale Bindung seitens des Menschen an das Pferd bzw. das Pony. Unter den hobbymotivierten Mutterkuhhaltern ist natürlich ebenso festzustellen, dass die Abschaffung der Tiere in Erwägung gezogen wird. Inwieweit die Menge dieser Tierhalter rückläufig sein wird, ist nur schwer vorauszusagen.

In der Nebenerwerbstierhaltung werden die finanziellen Aspekte zur Entscheidungsgrundlage, ob Tiere abgeschafft werden oder ob Herdenschutzmaßnahmen umgesetzt werden, sicherlich eine bedeutende Rolle spielen. Fraglich bleibt, ob die Nebenerwerbstierhalter, bei denen ein effektiver Herdenschutz nicht umgesetzt werden kann, tatsächlich ihre Nutztiere vollends abschaffen oder ob sie im Bereich der Schaf-, Ziegen- und Gehegewildhaltung entsprechend auftretende Nutztierrisse zähneknirschend dulden und die Tierhaltung beibehalten.

Die Beurteilung finanzieller Aspekte ist im Bereich der haupterwerblichen Nutztierhaltung »der« Treiber in Bezug auf die Frage, ob die Nutztierhaltung beibehalten wird oder nicht. Doch mit dieser einzigen Entscheidung ist es nicht getan. Fragen über die weitere berufliche und wirtschaftliche Existenz stehen genauso im Raum, wie die weitere Bedienung von betrieblich bedingten bestehenden Krediten. Es sind sicherlich weitere Faktoren an dieser Stelle mit ausschlaggebend. Letztendlich bedeutet das, dass ein Haupterwerbstierhalter nicht einfach mal eben so seine Tiere abschaffen kann – sehr wahrscheinlich auch nicht mittelfristig. Somit wird sich im Bereich dieser Art der Nutztierhaltung, an der letztlich die eigene Existenz hängt, keine gravierende Veränderung aufzeigen.

Eine weitere Facette zur Beleuchtung der Zukunftsfrage ist die Verteilung der Rissmengen durch Wölfe unter den zuvor genannten vier Nutztierkategorien. In allen Bundesländern sind es Schafe und Ziegen, die mit deutlichem Abstand die Rissstatistik anführen, gefolgt von Gehegewild (meistens Damwild). Seltener sind es Kuhkälber, wobei in Niedersachsen auch schon Färsen durch Wölfe getötet wurden. Das Schlusslicht der Rissstatistik führt das Pferd an, genauer gesagt das Pony.

Eine zusätzliche Sorge – die ich empfinde – ist die sehr wahrscheinlich bestehende Tatsache, dass geschädigte Nutztierhalter im Bereich Schafe, Ziegen und Kuhkälber teilweise mögliche Wolfsrisse unter ihren Tieren nicht mehr melden und somit bekannt geben. Wenn das »Methode« wird, werden wir kein vollständiges Faktenbild um die Wölfe mehr erhalten, was die Beurteilung von möglichen »Problemwölfen« bezüglich der Nutztierhaltung und der Auswahl entsprechender Managementmaßnahmen nur erschwert. Dies kann der Beginn einer Abwärtsspirale sein!

Wie geht es nun weiter?

Dieses Buch soll nicht den Anspruch erheben, Angst zu machen oder Angst zu nehmen. Es soll jedoch wichtige und wertvolle Informationen rund um Möglichkeiten und Grenzen zur Etablierung von Herdenschutzmaßnahmen bereitstellen, um denjenigen, der sich um sich selbst, um seine Nutztiere oder um Wölfe sorgt, einen neuen Standpunkt wählen zu lassen. Diesen Schritt kann nur ein jeder selbst vollziehen!

Im Grundsatz wird jedoch auch weiterhin die Erfordernis zur Errichtung von Herdenschutzmaßnahmen bestehen bleiben. Daher ist es von höchster Bedeutung, dass wir die Tierhalter – im Besonderen die Schaf-, Ziegen- und Gehegewildhalter – für Herdenschutzmaßnahmen an ihren eigenen Nutztieren gewinnen! Dies gilt im Bedarfsfall auch für Rinder- und Pferdehalter. Es ist ebenso wichtig, dass wir auch die Nutztierhalterverbandsvorstände für die Sache »Wolf« gewinnen, was nie durch Zwang zu erreichen sein wird. Hierfür kann nur der Weg der gewinnenden Kommunikation in Frage kommen. Gleichwohl wird die Weiterentwicklung des Herdenschutzes im gesamten Kontext betrachtet nur gelingen, wenn alle Beteiligten einen Schritt aufeinander zugehen. Das bedeutet, dass nicht nur der Nutztierhalter idealerweise einen Standpunktwechsel vollzieht, sondern auch alle anderen Beteiligten wie Politiker, Naturschutz- und Jagdverbände, Nutztierverbände, Behörden etc.

Fakt ist …

Wir können es drehen und wenden, wie wir wollen: Die einen sind gegen den Wolf, die anderen für seinen Erhalt. Wiederum andere wissen noch nicht so recht, welche Meinung sie sich über den Wolf bilden sollen. Immer wieder wird über das Pro und Contra einer vielleicht möglichen künftigen Wolfsbejagung gestritten. Immer wieder werden Fakten und Vermutungen in den verschiedenen Konfliktkreisen miteinander vermischt. Erhitzte Diskussionen im Internet steuern ihr Übriges zur übersteigerten Emotionalität bei. Ein Mittelmaß scheint in der Social Media gestützten Wolfsdiskussion nicht möglich. Aber ist es denn nicht genau das, was wir brauchen und anstreben sollten – das Mittelmaß?

Fakt ist, dass es eine erneute Ausrottung der Wölfe in Deutschland nicht geben wird. Tatsache dürfte in Zukunft vielleicht auch sein, dass nicht nur solche Wölfe in Einzelfällen aus der freien Wildbahn letal entnommen werden, die eine unmittelbare oder mindestens potentielle Gefahr für Menschen darstellen, sondern auch solche, die aus Gesichtspunkten des Herdenschutzes nicht tragbar sind. Die Sorge, dass durch die erste Entnahme eines Wolfes aus Gründen des Herdenschutzes diese Maßnahme einen Dammbruch darstellen könnte und infolgedessen immer mehr Wölfe letal entnommen werden, ist nur eine Sorge. Warum sollte es ein Dammbruch sein? Auch hier dürften hinter einer sachlichen Argumentation unterschwellige Ängste zugrunde liegen.

3

Die verschiedenen Habitate in Niedersachsen

Von Nicola Gölzner, Janika Hübner und Charlene Rathjen

Die verschiedenen Nutztierarten stehen in Niedersachsen in ebenso verschiedenen Habitat- und Landschaftstypen. Unabhängig vom regionalen Vorkommen von Wölfen sollen in diesem Kapitel genauso unabhängig vom Vorkommen der Nutztiere diese verschiedenen Habitate beschrieben werden. Diese Betrachtung mag auf den ersten Blick fragwürdig erscheinen, wo es doch um Herdenschutzmaßnahmen gehen soll. Doch genau deshalb ist die Beantwortung der Frage nach der Gestaltung unserer Niedersächsischen Landschaft von hoher Bedeutung. Erst wenn wir wissen, in welcher vielfältigen Landschaft wir leben, können wir über Möglichkeiten und Grenzen verschiedener Herdenschutzmaßnahmen diskutieren.

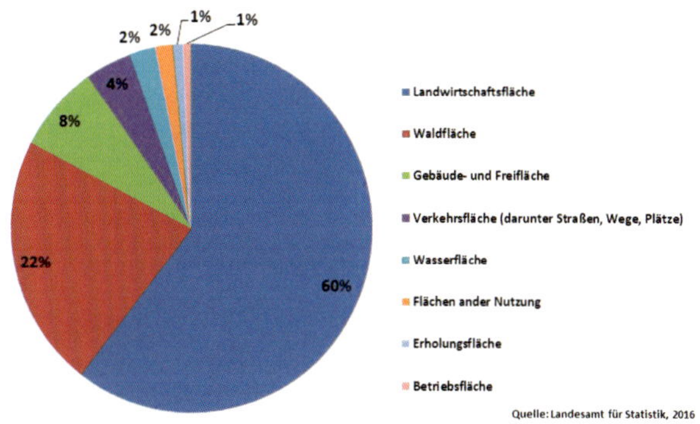

Abbildung 9: Nutzung der Landesfläche in Niedersachsen

Nach Angaben des Landesamtes für Statistik Niedersachsen wurden für das Jahr 2016 folgende Anteile der Landesfläche veröffentlicht:

Nutzungsart	Fläche	
	[ha]	[%]
Gesamtfläche Niedersachsen (ohne Küstengewässer)	4.761.600	100,0
Landwirtschaftsfläche	2.845.900	59,8
Waldfläche	1.053.200	22,1
Gebäude- und Freifläche	356.800	7,5
Verkehrsfläche (darunter Straßen, Wege, Plätze)	198.200	4,2
Wasserfläche	111.000	2,3
Flächen ander Nutzung	65.700	1,4
Erholungsfläche	47.100	1,0
Betriebsfläche	33.200	0,7

Tabelle 1: Nutzung der Landesfläche in Niedersachsen

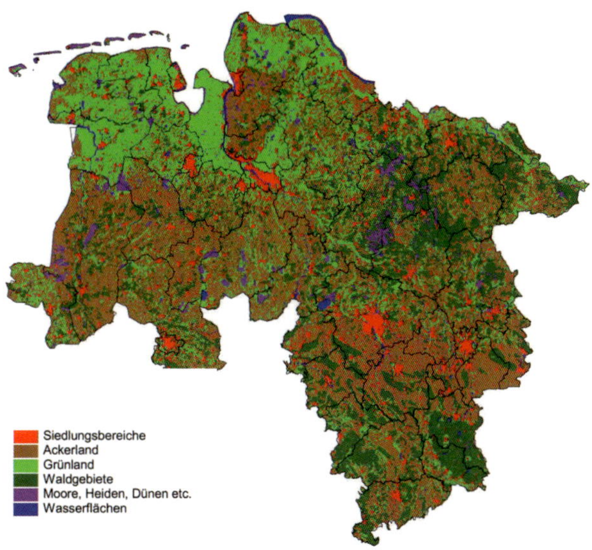

Abbildung 10: Geografische Verteilung der Habitattypen in Niedersachsen

3.1 Moore

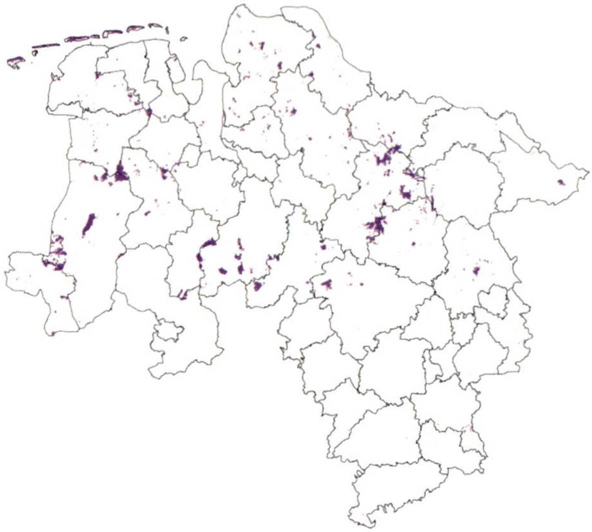

Abbildung 11: Geografische Verteilung der Moor-, Sumpf-, Heide-, Dünen- und Sandgebiete

Niedersachsen gilt mit etwa 388.788 ha Moorfläche (Hoch- und Niedermoore) als das moorreichste Bundesland. Etwa 312.000 ha werden als landwirtschaftliche Fläche genutzt, davon 84 % als Grünland (262.080 ha) und 16 % als Ackerfläche (49.920 ha) (Landwirtschaftskammer Niedersachsen 2014). Ursprünglich ist »Moor« ein germanisches Wort und wurde vor rund 2000 Jahren zur allgemeinen Bezeichnung nasser Orte in der Landschaft gebraucht, welche wir heute üblicherweise als Feuchtgebiete bezeichnen.

Weite, offene Hochmoorflächen prägten einst in Niedersachsen das Landschaftsbild. Durch systematische Trockenlegung aufgrund von Besiedlung und Landwirtschaft sowie Torfabbau sind heute über 90 % der niedersächsischen Moorflächen durch intensive Nutzung stark beeinträchtigt.

Heutige Moordefinitionen

Biologische Definition:
Moore sind regen- bzw. grundwasserabhängige Ökosysteme auf Torf mit einer besonderen, moortypischen Tier- und Pflanzenwelt.

Geologisch-bodenkundliche Definition:
Von Mooren im geologischen Sinne wird erst dann gesprochen, wenn das natürliche Torfvorkommen eine Mindestmächtigkeit von 30 cm hat.

Geobotanisch-ökologische Definition:
Als ein Moor bezeichnet man zweckmäßigerweise jede in der Natur abgegrenzte Einheit von (wenigstens größtenteils) torfbildender Vegetation auf (wenigstens zeitweise) nassen Torfböden und mit einer Reihe für diese charakteristische Arten, zusammen mit dem von dieser Vegetation seit dem Beginn der Torfbildung abgelagerten Torfe. Das Moor umfasst somit nicht nur das von seiner heutigen Organismenwelt und dessen lebloser Jetztzeitumwelt zusammengesetzte Gleichgewichtssystem oder Ökosystem, sondern auch die subfossilen Rückstände der früheren Entwicklungsstadien dieses Ökosystems (Definition des schwedischen Botanikers und Ökologen Gustaf Einar Du Rietz – 1895–1967).

Man unterscheidet zwischen Hoch- und Niedermoor, wobei Niedermoore deutlich nährstoffreicher sind und sich auf stauendem Untergrund durch das Verlanden stehender Gewässer und im Überschwemmungsbereich von Wasserläufen bilden. Hochmoore hingegen entstehen oberhalb des Grundwassereinflusses und werden nur durch nährstoffarmes Regenwasser gespeist.

HOCHMOOR (auch Regenmoor bzw. Armmoor genannt)

Hochmoore entstanden durch jahrhunderte- bzw. jahrtausendelange Prozesse, für die die Eiszeiten die besten Voraussetzungen geschaffen haben: Durch Entstehung von Senken in undurchlässigen Böden konnten sich in diesen Pflanzenreste und Schlamm sammeln, was zur teilweisen Verlandung führte und idealen Nährboden für Bruchwälder mit Birke, Erle und Kiefer bot. Deren anfallende Reste wiederum bildeten den Bruchwaldtorf, der bis heute in intakten Hochmooren zu finden ist. Torfmoose fanden in diesen Bruchwäldern günstige Wachstumsbedingungen, da ausgeglichene Temperaturen, eine hohe Luftfeuchtigkeit und viel Niederschlag vorherrschten. So kam es zu einer Überwucherung der Bruchwälder durch

Abbildung 11: Hochmoor

Torfmoos, und durch Zersetzung der Pflanzen bildeten sich die Moorkörper, die ausschließlich über die nährstoffarmen Niederschläge gespeist wurden und werden. Moorkörper haben keine Verbindung zum Grundwasser und zu den mineralstoffreichen Böden. Langfristig entstanden auf diese Weise die »klassischen« baumfreien Moorflächen aus kleinen, wassergefüllten Senken im Wechsel mit kleinen, trockeneren Hügeln.

Aufgrund ihrer speziellen Struktur galten Hochmoore jahrhundertelang als lebensfeindliche Lebensräume. Durch Kultivierungsmaßnahmen wurden ganze Landstriche bis heute erheblich verändert (Haverkamp 2011, Schmatzler 2008). In den 1970er-Jahren waren rund 60 % der Hochmoore Niedersachsens in land- und forstwirtschaftlicher Nutzung, mehr als 10 % wurden abgetorft (NLWKN 2006). Der Rest war ungenutzt, beschränkte sich aber auf kleine, unzusammenhängende Restflächen. Aufgrund der Einzigartigkeit der Tier- und Pflanzenwelt speziell in Hochmooren wurde 1981 (Teil I) und 1986 (Teil II) das Niedersächsische Moorschutzprogramm ins Leben gerufen.

Abbildung 12: Gebiet nach dem Torfabbau

Die Ziele des Moorschutzprogramms sind hauptsächlich:

- ca. 50 000 ha nicht abgetorfte
- ca. 31 000 ha nach der Abtorfung renaturierte Hochmoorflächen und
- 148 Kleinsthochmoore

als Naturschutzgebiete zu sichern (ML 1981,1986; NLWKN 2006).

Die Fachbehörde für Naturschutz hat im Auftrag des Niedersächsischen Umweltministeriums den Stand der Umsetzung des Moorschutzprogramms zum Stichtag 31.12.2005 ermittelt. Das Ziel, 81.000 ha Hochmoor als Naturschutzgebiete auszuweisen, wurde bisher bereits zu rund 50 Prozent erreicht. Vollständig kann dieses Ziel erst nach Abschluss des genehmigten industriellen Torfabbaus, der teilweise bis 2050 reicht, umgesetzt werden. Das Ziel, keine Bodenabbaugenehmigungen mehr in den für den Naturschutz wertvollsten Hochmooren zu erteilen, wurde mit wenigen begründeten Ausnahmen umgesetzt (NLWKN 2006).

Bis heute sind Landesmittel von fast 30 Mio. Euro im Rahmen des Moorschutzprogramms eingesetzt worden. Aus Sicht des Pflanzenartenschutzes kann das Moorschutzprogramm im Hinblick auf die untersuchten, für naturnahe Hochmoore typischen Arten insgesamt als positiv bewertet werden. Bei den Hochmoorinsekten zeigen sich Erfolge vor allem in wiedervernässten Hochmoorrandbereichen und bäuerlichen Handtorfstichen sowie bei der Wiedervernässung der Harzhochmoore, nicht hingegen auf überstauten Abtorfungsflächen. Für die typischen Amphibien- und Reptilienarten sind die Moore des Moorschutzprogramms ein wichtiger Lebensraum in Niedersachsen. Für verschiedene Vogelarten sind die noch vorhandenen geringen Restbestände an naturnahem Hochmoor sowie die unterschiedlichen Renaturierungsstadien (einschließlich größerer Flachgewässer in den Poldern) von besonderer Bedeutung.

Abschließend ist zu sagen, dass das primäre Ziel der Renaturierung von Hochmooren die Wachstums-

Abbildung 13: Wiedervernässung von Moorflächen

förderung von hochmoorbildenden Torfmoosen ist, aber gleichzeitig wird damit auch der Lebensraum einer ganz spezifischen arten- und individuenarmen Tier- und Pflanzenwelt wieder hergestellt. Gerade in jüngster Zeit wird darüber hinaus auch über die Klimarelevanz entwässerter Moore diskutiert. Ein intaktes Moor ist ein hervorragender Kohlenstoffspeicher, wird ein Moor trockengelegt, so wird Kohlendioxid freigesetzt.

NIEDERMOOR (auch Grundwassermoor bzw. Reichmoor genannt)

Etwa 4 % der Fläche Niedersachsens – ca. 182.000 ha – sind dem Niedermoor zuzuordnen (MU 2012). Im Gegensatz zu Hochmooren sind Niedermoore abhängig von Grund-, Quell- oder Sickerwasser. Sie entstehen durch Verlandung in feuchten Senken, Mulden oder in Flussniederungen sowie an Hängen im Bereich von Quellwasseraustritten. Auch verlandende Seen werden als Niedermoore bezeichnet. Niedermoore sind deutlich nährstoffreicher als Hochmoore und weisen einen höheren PH-Wert auf. Da der Wasserstand relativ hoch ist, wird der Abbau abgestorbener Pflanzen gehemmt, wodurch die Pflanzenreste sich am Gewässergrund sammeln und nach geraumer Zeit zu Torf werden. Diese Torfschicht ist in der Regel dünn, liegt auf dem Mineralboden auf und kann zeitweise trockenfallen. Niedermoor bleibt immer in Kontakt mit dem nährstoffreichen Grundwasser, selten überragt es den Grundwasserspiegel. Der Ph-Wert eines Niedermoores liegt zwischen 3,5 und 7,0. Je nach Kalkgehalt variiert die Anzahl der Tier- und Pflanzenarten in einem Niedermoor, ist aber deutlich höher als in einem Hochmoor.

Abbildung 14: Ohne Pflegemaßnahmen kann Verbuschung rasant erfolgen

Moorpflege

Wichtigste Maßnahme bei allen Verfahren zur Hochmoorrenaturierung ist die Wiedervernässung. Hierbei gilt es, die vorhandenen Entwässerungsgräben zu schließen, um ohne Überstauung einen möglichst konstanten Wasserstand bis an die Geländeoberfläche zu erreichen. Dieses kann – je nach Geländebeschaffenheit und Niederschlagsmengen – ein sehr langwieriger und schwieriger Prozess, selten auch unmöglich sein. Zusätzlich ist es wichtig, den Kiefern- und Birkenaufwuchs zu verringern, was durchaus allein durch Anstauung möglich sein kann, aber zusätzlich gefördert wird, indem man Schafe (gelegentlich auch Ziegen) als Landschaftspfleger einsetzt. Hierfür gibt es spezielle Rassen, die dauerhaft gut auf feuchten Böden einsetzbar sind, z.B. die Weiße Gehörnte Heidschnucke und die Weiße Hornlose Heidschnucke (Moorschnucke). Wie die Pflegemaßnahmen aussehen, entscheidet die jeweilige untere Naturschutzbehörde.

Moore und Herdenschutz

Im Hinblick darauf, dass Moore erhaltens- und schützenswerte Ökosysteme darstellen, sind Erhalt und Pflege besonders wichtig. Wie zuvor beschrieben, ist das wichtigste Element dabei die Wiedervernässung, die bereits ausreichen kann, um unerwünschte Pflanzen wie Birke und Kiefer zurückzudrängen. Wo das nicht ausreicht, haben sich Schafe (je nach Fläche auch zusammen mit einigen Ziegen) als Landschaftspfleger als besonders geeignet erwiesen, da sie den Birken- und Kiefernaufwuchs kurz halten, d.h. sie verhindern die Verbuschung der Flächen. Auch sind sie bei richtigem Management in der Lage, das Pfeifengras zurückzudrängen, welches sowohl in Moor- als auch in Heidelandschaften jenen Pflanzen Licht, Nährstoffe und somit die Existenz raubt, die Naturschützer eigentlich wachsen sehen wollen: Torfmoose und Wollgras einerseits, Erika, Rausch- und Heidelbeeren andererseits. Die Besenheide wird verbissen, was zu ihrer Regeneration führt, und zusätzlich werden durch das Scharren der Hufe kleinflächige, offene Flächen geschaffen, die wiederum den Wuchs des Heidekrautes fördern. Diese Vorteile hat eine Beweidung durch Schafe tatsächlich nur bei richtigem Einsatz, d.h. für jede Fläche ist individuell festzulegen, wie viele Schafe pro Hektar und zu welchen Zeiten diese eingesetzt werden sollten, um z. B. durch Überweidung einen Rückgang des Heidekrautes zu vermeiden oder durch das Freischarren von Flächen eine Begünstigung des Gehölzaufwuchses zu bewirken. Auch ist die Wahl der geeigneten Rassen entscheidend, die Weiße Gehörnte Heidschnucke und die Hornlose Heidschnucke (Moorschnucke) sind für derartige Flächen besonders geeignet.

Aus diesen vorgenannten Gründen bedarf es geeigneter Herdenschutzmaßnahmen in Moorgebieten.

3.2 Heide

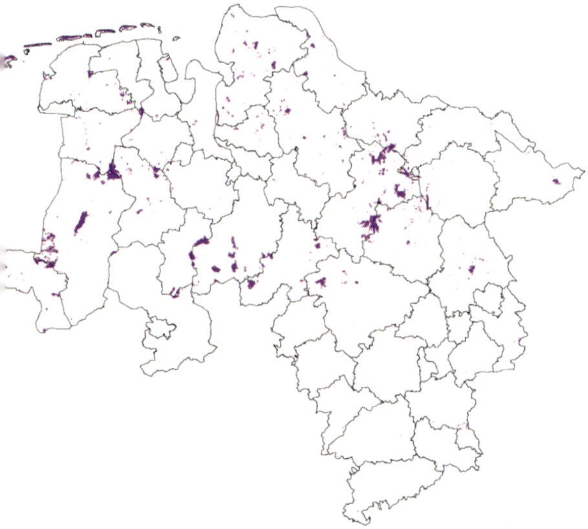

Abbildung 15: Geografische Verteilung der Moor-, Sumpf-, Heide-, Dünen- und Sandgebiete

Bei Heideflächen handelt sich um uralte Kulturlandschaften, die es in ganz Europa von Portugal im Süden bis Norwegen im Norden bereits vor etwa 5.000 Jahren gab. Sie entstanden durch das Abholzen von Wäldern und anschließende extensive Schafbeweidung auf trockenen Sandböden. Diese Böden sind meist nährstoffarm und haben einen sauren pH-Wert. Typisch für die Heiden ist zum einen die im Spätsommer violett blühende Besenheide, charakteristisch sind aber auch verschiedene Ginster-Arten und die Heidelbeere. Einzelne Wacholder ergänzen das typische Bild einer Heidelandschaft, die nach wie vor auf Nutzung angewiesen ist. Ohne Beweidung oder – als technische Alternative – Abplaggen oder Mähen würde die Heide rasch wieder zu Wald werden. An feuchteren Stellen, in Senken oder im Bereich von aus den Hängen austretendem Quellwasser wachsen Feuchtheiden, bei denen die im Sommer hellrot blühende Glockenheide die beherrschende Pflanzenart ist. Hier kommen auch das Pfeifengras, seltener der Lungenenzian, Sonnentau oder Haarsimse vor. Eine sehr große Anzahl an Insekten hat sich auf diesen Lebensraum spezialisiert, zahlreiche Wildbienen, Wanzen, Laufkäfer, Heuschrecken und Schmetterlinge, aber auch Wald- und Zauneidechse sind hier zuhause.

Ihre größte Ausdehnung erreichten die Heiden im 18. Jahrhundert, als die seit dem Mittelalter praktizierte Übernutzung der Wälder zur Entwaldung der Landschaft geführt hatte. Aufgrund der Einzigartigkeit dieses Landschaftstyps und der Artenvielfalt gelten große zusammenhängende Heideflächen aus Naturschutzsicht als wertvoll und werden als Schutzgebiete ausgewiesen (Landschafts- bzw. Naturschutzgebiet, FFH-Gebiete). Für die landwirtschaftliche Nutzung besteht die Möglichkeit, aus den Agrarumweltmaßnahmen (AUM) der EU Fördergelder zu bekommen. Dafür werden seit dem Jahr 2000 auf freiwilliger Basis und für jeweils fünf Jahre Verträge abgeschlossen. Im Nordosten Niedersachsens liegt der Naturpark Lüneburger Heide mit einer Fläche von 107.000 ha – das Gebiet mit den größten zusammenhängenden Heideflächen Mitteleuropas. Das eigentliche Naturschutzgebiet innerhalb des Naturparks umfasst dabei eine Fläche von 23.440 ha. Bereits seit 1921 ist die Lüneburger Heide geschützt, durch die NSG-VO vom 17.06.1993 wurde ihr Schutz auf eine neue rechtliche Grundlage gestellt. Für den Erhalt und die Pflegemaßnahmen in der Lüneburger Heide hat das Land Niedersachsen 1993 eine öffentlich-rechtliche Vereinbarung mit dem »Verein Naturschutzpark e.V.« (VNP, seit 2002 »VNP Stiftung Naturschutzpark Lüneburger Heide«) geschlossen. Aus der Vereinbarung erhält die Stiftung jährlich einen festen Betrag, von 1993 bis zum Jahr 2000 belief sich dieser auf jährlich ca. 426.000 Euro. Im Jahr 2001 wurde ein Teil der Flächen aus dem Vertrag genommen und seitdem durch die AMU (also aus EU- und Landesmitteln) gefördert, so dass sich die Zuwendungen des Landes auf 342.000 Euro jährlich reduzierten. Aktuell läuft die Vereinbarung zwischen Land und Stiftung bis zum 31.12.2017.

Es gestaltet sich recht schwierig, genaue Flächenangaben über die Heideflächen Niedersachsens zu finden. Die Flächengrößen des Landesamtes für Statistik unterscheiden sich dabei deutlich von den Flächengrößen des NLWKN. Deshalb möchten wir uns an dieser Stelle auf die Daten des NLWKN stützen, dessen »Vollzugshinweise zum Schutz der FFH-Lebensraumtypen sowie weiterer Biotoptypen mit landesweiter Bedeutung in Niedersachsen« auflisten, welche Heideflächen besonders relevant und schützenswert sind (zum Teil geschützt nach §30 BNatSchG). Der Großteil aller hier erwähnten Biotoptypen befindet sich in FFH-Gebieten, jedoch liegen nicht aus allen FFH-Gebieten aktuelle Erfassungsdaten vor. Folgende Heidetypen werden aufgelistet:

Sandheide mit Besenheide und Ginster auf Binnendünen

Diese gehören zu den am stärksten gefährdeten Lebensraumtypen in Niedersachsen, da sie erheblich seltener und empfindlicher sind als die noch großflächig vorhandenen Heiden auf anderen Sandstandorten. Typisch für diese Heideform sind kleine, nicht mehr beweidete oder anderweitig offen gehaltene Flächen, die in Wald übergehen und im Tiefland vorkommen. Typischer Bewuchs (Besenheide, Ginster, stellenweise Preisel- oder Heidelbeere) und offene Sandflächen sind charakteristisch. Der aktuelle Bestand in Niedersachsen wurde im Rahmen des FFH-Berichts 2007 auf 582 ha geschätzt. (NLWKN 2011)

Sandheiden mit Krähenbeere auf Binnendünen

Ebenfalls zu den am stärksten gefährdeten Lebensraumtypen Niedersachsens gehörend, wurde der aktuelle Bestand in Niedersachsen im Rahmen des FFH-Berichts 2007 auf 120 ha geschätzt. Typischer Bewuchs auch hier Besenheide und Ginster, aber zusätzlich auch die Krähenbeere, die ein feucht-kühles Klima bevorzugt.

Trockene (europäische) Heiden

Trockene Heiden gibt es in zahlreichen Erscheinungsformen, sowohl als artenarme als auch als artenreiche Biotope, bei denen die Besenheide als Hauptbewuchs überwiegt, aber auch Heidel-, Preisel- und Krähenbeere vorkommen können. Neben den typischen Zwergstrauchheidebereichen kommen durchaus Bereiche mit Wacholder und lockeren Baumbeständen vor. Der aktuelle Bestand in Niedersachsen wurde im Rahmen des FFH-Berichts 2007 auf 12.000 ha geschätzt.

Feuchte Heiden mit Glockenheide

Hauptbewuchs ist hier die Glockenheide, Torfmoose und Pfeifengras kommen ebenfalls vor. Aber auch Zwergsträucher (Besenheide, Krähenbeere) und Moorlilie können zahlreich vorhanden sein. Der aktuelle Bestand in Niedersachsen wurde im Rahmen des FFH-Berichts 2007 auf ca. 1.000 ha geschätzt.

Heidepflege

Es ist für den Erhalt intakter, wertvoller Heideflächen unerlässlich, diese zu pflegen. Das kann durch Beweidung (mit Schafen und (wenigen) Ziegen), Mähen, Entbuschung/Holzentnahme, kontrolliertes Abbrennen oder Abplaggen geschehen. Welche Maßnahmen zum Einsatz kommen, entscheidet die jeweils zuständige Naturschutzbehörde und hängt vom Zustand der einzelnen Gebiete ab.

Beweidung:
Beweidung ermöglicht eine hohe Flexibilität in Bezug auf unterschiedlichste Situationen im zu pflegenden Areal. Die Wirkung der Schafe erfolgt über Verbiss und Tritt. Beweidung erfordert ein fachkundiges Management, um das angestrebte Pflegeziel zu erreichen und gleichzeitig den Ansprüchen der Tiere gerecht zu werden. Zu berücksichtigen ist einerseits der Verbiss durch die Tiere – hierbei empfiehlt sich bei Flächen mit Bir-

Abbildung 16: Beweidung durch Schafe zur Pflege von Besen- und Glockenheide

ken- und Kiefernbewuchs auch der Einsatz von Ziegen, die diese ganzjährig verbeißen andererseits auch der Nährstoffeintrag bzw. die Nährstoffverteilung durch Kotabsetzen. Je nach Gegebenheiten ist auch eine ganzjährige Beweidung möglich, bei der die Schafe sowohl gekoppelt als auch gehütet werden.

Mähen:
Um ein ausreichendes Wachstum der Jungtriebe und eine gute Ausschlagfähigkeit zu gewährleisten, ist das Mähen geeignet für Bestände im Alter von 10–15 Jahren. Hierbei ist zu beachten, dass das Mähgut entsorgt werden muss, was mit einem finanziellen Aufwand verbunden ist. Bei großen Mähflächen (>50 ha) gibt es mitunter Abnehmer im Industriebereich, z.B. als Rohstoff für Industriefilter. Bei Bewuchs mit stärkeren Gehölzen ist vor dem Mähen eine Entbuschung bzw. Entkusselung (Beseitigung junger Gehölze) nötig.

Entbuschung/Holzentnahme:
Unter Entbuschung versteht man die vollständige Entnahme von Gehölzaufwuchs in gering verholzten Flächen. Hier kommen Motorsensen und -sägen, Schlegelmäher und Forstmulcher zum Einsatz.

Abbrennen:
Kontrolliertes Abbrennen ist eine traditionelle Pflegemaßnahme für überalterte Heide(Calluna)bestände. Dadurch erhöhen sich die Keimfähigkeit der Bestände und die Strukturvielfalt. Vor allem im Hinblick auf die Brutvögel sollten Brände im Spätwinter erfolgen, sind jedoch umstritten, da bestimmte Tierartengruppen geschädigt werden könnten.

Abplaggen:
Unter Abplaggen versteht man das Abschieben einer Schicht von 3–10 cm Dicke zur Verjüngung der Callunabestände. Früher per Hand getätigt (das Material wurde als Einstreu genutzt), setzt man heute Maschinen ein (Raupen, Bagger oder spezielle Plaggmaschinen). Dieses Verfahren ist recht kostenintensiv durch den Maschineneinsatz und das Entsorgen des Materials, sollte dieses nicht anderweitig genutzt werden können.

Heide und Herdenschutz

Große zusammenhängende Heideflächen sind aufgrund ihrer Einzigartigkeit und speziellen Flora und Fauna als Schutzgebiete ausgewiesen. Ihr Erhalt und ihre Pflege werden aus EU- und Landesmitteln gefördert. Hier gelten Schafe (je nach Fläche auch zusammen mit einigen Ziegen) traditionell als besonders gute Landschaftspfleger, die das Pfeifengras zurückdrängen, um den Wuchs von z. B. Erika, Rausch- und Heidelbeeren, in Moorheideflächen auch von Torfmoos und Wollgras zu fördern. Aus naturschutzfachlicher Sicht hat die Beweidung von Biotopen durch Schafe (und hier in der so genannten Hütehaltung) die größte Bedeutung. Sie vereinigt durch die Vielfältigkeit der Beweidung und die geringen negativen Auswirkungen auf Flora und Fauna die Anforderungen des Naturschutzes mit den ökonomischen und sozialen Ansprüchen der Schäfer am besten. Deshalb gilt es, geeignete Herdenschutzmaßnahmen einzusetzen, die gewährleisten, dass eine Beweidung der Heide- und Moorflächen weiterhin erfolgen kann.

Auf der Lüneburger Heide,
In dem wunderschönen Land
Ging ich auf und ging ich unter
Allerlei am Weg ich fand ...

Hermann Löns; aus dem Lied: Auf der Lüneburger Heide

3.3 Forst

Abbildung 17: Geografische Verteilung der Forstgebiete

Abbildung 18: Kiefernwald

Die Gesamtwaldfläche Deutschlands umfasst etwa 11.400.000 ha. Die Waldfläche Niedersachsens umfasst lt. Statistischem Landesamt (2016) 1.053.200 ha, das sind ca. 22,1 % der Gesamtfläche Niedersachsens (4.761.600 ha). Hierbei unterscheidet man zwischen Holzboden (hier stehen Bäume oder werden diese künftig stehen) und Nichtholzboden (hierzu zählen z.B. Wiesen, Äcker, Teiche, Seen und Waldwege). Auf den Nichtholzboden entfallen in Niedersachsen etwa 43.000 ha. Die Waldflächen sind in Niedersachsen sehr unterschiedlich verteilt, die Schwerpunkte befinden sich in Harz und Solling sowie in der Heide. Der größte Teil davon (59 % bzw. 706.823 ha) ist Privat- oder Genossenschaftseigentum, 28 % bzw. 335.813 ha gehören den Niedersächsischen Landesforsten, 5 % bzw. 55.048 ha sind in Bundeshand und 8 % bzw. 106.907 ha gehören Körperschaften. (MELV, 2016).

Niedersachsens Hauptbaumart ist die Kiefer (29 %), gefolgt von Fichte (17 %), Buche (14 %), Eiche (13 %), Laubholz mit niedriger Lebensdauer (16 %) und Laubholz mit hoher Lebensdauer (4 %) sowie Lärche 5 % und Douglasie (2 %). Dementsprechend hat Niedersachsen überwiegend Nadelwälder mit Laubholzanteil (26 %) zu gleichen Teilen Laubmischwälder und reine Nadelwälder (je 19 %), etwa 18 % entfallen auf Laubwald mit Nadelbeimischung, Nadelmischwald (10 %) und reine Laubholzbestände (8 %).

Wald hat für den Menschen eine zentrale Bedeutung, er dient uns in vielerlei Hinsicht: Zur Erholung, als Wirtschafts- oder Erlebnisraum, als Arbeitgeber und Lieferant für den Rohstoff Holz, er erfüllt eine unerlässliche Funktion im Kreislauf der Natur, was seinen Einfluss auf Böden, den Wasserhaushalt, die Luft und das Klima betrifft, und natürlich ist er Lebensraum unzähliger Organismen. Die Wälder in Deutschland werden nachhaltig bewirtschaftet, so dass davon auszugehen ist, dass die Erhaltung der Waldfläche Deutschlands sichergestellt ist. Der Begriff Nachhaltigkeit wurde bereits vor 300 Jahren aufgeworfen, damals herrschte aufgrund von Übernutzung akute Holzknappheit und bereits 1713 prägte Hans Carl von Carlowitz den Begriff der Nachhaltigkeit in seinem Buch *Sylvicultura oeconomica* mit dem dringenden Appell, für jeden gerodeten Baum einen neuen zu pflanzen.

Bundes- und Landeswaldgesetz schreiben für alle Waldbesitzer die Bewirtschaftung ihres Waldes nach den Grundsätzen einer ordentlichen, nachhaltigen Forstwirtschaft fest. Dies soll sicherstellen, dass Wald auch zukünftig ein wichtiger Umweltfaktor bleibt. Die Waldbesitzer müssen der Bedeutung des Waldes für die Umwelt Rechnung tragen. Dies gilt insbesondere für die günstige Wirkung des Waldes für unser Klima, den Wasserhaushalt, das Landschaftsbild und für die Erholung.
Zur statistischen Erhebung der Gesamtwaldfläche Deutschlands, deren Entwicklung und Bewirtschaftung und des Zustandes gibt es seit 1986 die sogenannte Bundeswaldinventur, mittlerweile in Version III von 2012.

Zum Wald gehört das Wild, zum Wild gehört der Wald, wobei festzustellen ist, dass etwa ein Viertel aller jungen Bäume durch Wildverbiss geschädigt wird. Knospen und Triebe werden gern von Rehen und Hirschen, mitunter auch von Hasen, genommen. Laubbäume (etwa jeder dritte) sind häufiger betroffen als Nadelbäume (etwa jeder zehnte). Für den erfolgreichen Waldbau ist ein angepasster Wildbestand zwingend erforderlich, damit der Jungwuchs eine Mindesthöhe von 1,30 Metern erreichen kann, was zu einer deutlich geringeren Verbissgefährdung führt. Etwa 6 % des Jungwuchses sind landesweit durch Wildschutzzäune geschützt. Von der Gesamtwaldfläche sind etwa 4,5 % (etwa 52.000 ha) eingezäunt. Die durchschnittliche Zaunlänge je ha liegt bei 300 laufenden Metern, d.h. etwa 15.000 km Zaun sind im niedersächsischen Wald verbaut. Gekostet haben diese über etliche Jahre hinweg errichteten Schutzzäune mindestens 100.000.000 €, meist aus öffentlichen Mitteln finanziert. Zusammenfassend bleibt festzustellen, dass eine nachhaltige Entwicklung der Waldbestände nur möglich ist, wenn gleichzeitig der Wildbestand in einer der Waldgröße und des Waldbestandes angemessenen Menge vorhanden ist. Im Wald muss immer eine Regulierung der Wildbestände erfolgen.

Wald und Herdenschutz

Wald besteht natürlich nicht nur aus Bäumen. Wald kann auch Grünflächen, Heide- und Moorflächen enthalten, auf denen Tiere gehalten werden. Deshalb sei an dieser Stelle darauf verwiesen, dass wir im Hinblick auf Herdenschutz die unterschiedlichen Habitate in den entsprechenden Unterkapiteln betrachten. Da Pflanzenfresser den Baumbestand nachhaltig schädigen können, ist (Holzboden-)Wald grundsätzlich keine geeignete Fläche, um landwirtschaftliche Nutztiere zu halten.

3.4 Grünland und Ackerbau

Landläufig wird Grünland häufig als Wiese oder Weide bezeichnet, und tatsächlich ist das Grünland in der Landwirtschaft ein wichtiger Bestandteil der Flächennutzung: Es dient einerseits zur Viehfuttergewinnung (sowohl durch Maschinen als auch durch die Tiere selbst), bietet andererseits – gerade bei extensiver Be-

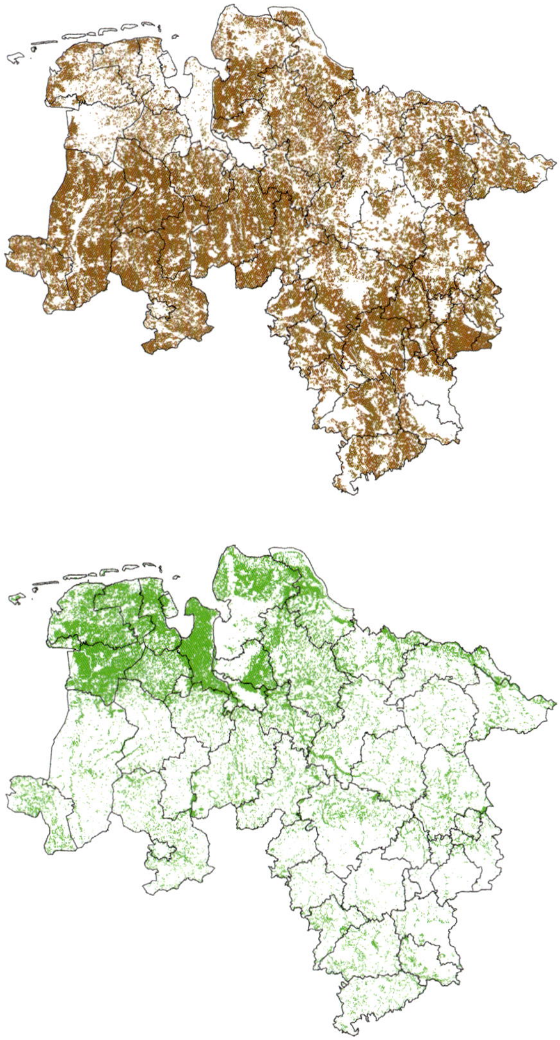

Abbildung 19: Geografische Verteilung von Ackerflächen (oben) und Gründland (unten)

wirtschaftung – zahlreichen Tieren und Pflanzen einen wichtigen Lebensraum. Häufig findet man im Grünland seltene und standorttypische Pflanzen. Wird die Nutzung intensiviert oder umgewandelt, kann dieses zu einem Verlust der Artenvielfalt führen, was wiederum das Gleichgewicht im Ökosystem Grünland stören kann. Man unterscheidet zwischen Dauergrünland, Wechselgrünland und Grünlandbrache. Für die Grünlandbewirtschaftung gelten unterschiedliche Rechtsvorschriften, in denen der Begriff Grünland nicht einheitlich definiert ist, was für die Besitzer dieser Flächen zu keiner konkreten Rechtssicherheit führt, sollte eine Umnutzung des Grünlandes in Ackerflächen geplant sein. Nach Bundes Naturschutzgesetz (BNATSCHG 2009) ist ein Grünlandumbruch auf erosionsgefährdeten Hängen, in Überschwemmungsgebieten, auf Standorten mit hohem Grundwasserstand sowie auf Moorstandorten grundsätzlich untersagt. In den Leitlinien der ordnungsgemäßen Landwirtschaft der Landwirtschaftskammer Niedersachsen (2009) wird der Begriff »absolutes Grünland« definiert. Danach lassen absolute Grünlandstandorte aufgrund spezifischer Standortgegebenheiten keine ordnungsgemäße Ackernutzung zu. In den Beihilferegelungen der Europäischen Kommission (KOM 2010) wird Grünland definiert als *»Ackerland, auf dem Gras erzeugt wird, wobei es sich um eingesätes oder natürliches Grünland handeln kann.« Dauergrünland ist definiert als »Flächen, die durch Einsaat oder auf natürliche Weise (Selbstaussaat) zum Anbau von Gras oder anderen Grünfutterpflanzen genutzt werden und mindestens fünf Jahre nicht Bestandteil der Fruchtfolge des landwirtschaftlichen Betriebes waren. Zu diesem Zweck sind Gras oder andere Grünfutterpflanzen alle Grünpflanzen, die herkömmlicherweise in natürlichem Grünland anzutreffen oder normalerweise Teil von Saatgutmischungen für Grünland oder Wiesen in dem Mitgliedstaat sind.«* (KOM 2010)

Eine Umwandlung von Dauergrünland in Ackerflächen ist genehmigungspflichtig. Voraussetzung für eine positive Entscheidung ist die Verpflichtung zur Schaffung einer Dauergrünlandfläche an anderer Stelle und die Berücksichtigung naturschutzrelevanter Aspekte. Im Rahmen der Agrarumweltmaßnahmen (AUM) hat das Land Niedersachsen am 01.11.2016 gemeinsam mit Bremen die *Richtlinie über die Gewährung von Zuwendungen für Niedersächsische und Bremer Agrarumweltmaßnahmen – NiB-AUM Richtlinien* verfasst. Unter finanzieller Beteiligung der EU und des Bundes werden land- und forstwirtschaftlichen Unternehmen Zuwendungen gewährt – diese sind nicht rechtsverbindlich. Diese dienen zur

- ››› Einführung oder Beibehaltung extensiver, Ressourcen schonender oder besonders umweltverträglicher Anbauverfahren als zusätzlichem Anreiz zur Erhaltung der Landschaft und der natürlichen und wirtschaftlichen Produktionsbedingungen,
- ››› Gewässer schonenden Landbewirtschaftung in bestimmten Gebieten zwecks Erreichung einer Verminderung von schädlichen Einflüssen auf den Wasserhaushalt sowie dem Schutz der Ressource Trinkwasser sowie
- ››› naturschutzgerechten Landbewirtschaftung in bestimmten Gebieten, in denen der Arten- und Biotopschutz eine besondere Bedeutung hat (u. a. Europäisches Schutzgebietsnetz Natura 2000), zwecks Erhalt und der Wiederherstellung der Biodiversität.

Für Dauergrünland gilt der Förderschwerpunkt GL mit einer jeweiligen Grundförderung für extensive Grünlandbewirtschaftung (GL 1), Einhaltung einer Frühjahrsruhe (GL 2), Weidenutzung in Hanglagen (GL 3), zusätzlichen Bewirtschaftungsbedingungen zum Erschwernisausgleich (GL 4) und für artenreiches Grünland (mit einer unterschiedlichen Anzahl an Kennarten) (GL 5). Innerhalb dieser Kategorien gibt es die Möglichkeit, Zusatzförderungen zu erhalten (z.B. für naturschutzgerechte Bewirtschaftung). Die Agrarumweltmaßnahmen sind derart umfangreich, dass wir an dieser Stelle nicht auf sämtliche Fördermaßnahmen, Ausnahmen davon, Sonderregelungen u.ä. eingehen können, zumal sich diese immer wieder ändern. Aktuell gültige Fassungen sind jederzeit im Internet zu finden.

Als Wechselgrünland bezeichnet man Flächen, die über mehrere Jahre als Grünland und dann ein- oder mehrjährig als Ackerfläche genutzt werden. Hierbei nutzt man die bodenfruchtbarkeitsfördernde Wirkung des Grünlandes für den Ackerbau.

Grünlandbrachen sind Flächen, die keinerlei landwirtschaftlicher oder sonstiger Nutzung durch den Menschen unterliegen und in denen sich dadurch Sukzessionsprozesse zeigen. Langfristig würde auf Grünlandbrachen wieder Wald entstehen. Dadurch sind sie klar von den Rotations- oder Dauerbrachen im Ackerbau zu unterscheiden, die durch agrarpolitische Entscheidungen mit dem Ziel von Marktentlastungen herbeigeführt werden. Diese sind meist nicht von Dauer, sondern an die Marktsituation angepasst.

Kommen wir noch einmal zurück zu Wiese und Weide: Als Wiese bezeichnet man eine Fläche, die nicht beweidet, jedoch regelmäßig gemäht wird. Das Schnittgut dient als Viehfutter in Form von Gras, Silage oder Heu. Je nach Intensität der Nutzung werden Wiesen nie gedüngt und ein- bis zweimal pro Jahr gemäht (extensive Nutzung) oder sowohl mehrmals pro Jahr gedüngt (mit Gülle oder Kunstdünger) als auch gemäht (intensive Nutzung).

Abbildung 20: Wiese zur maschinellen Gewinnung von Viehfutter

Eine Weide ist eine Fläche, die – wie der Name schon sagt – regelmäßig beweidet wird, auch hier unterscheidet man zwischen intensiver und extensiver Nutzung. Intensiv genutzte Weiden sind kurzgefressen – um eine gleichmäßige Wuchshöhe zu erreichen, finden zusätzliche Pflegeschnitte statt. Hier findet man nur wenige Pflanzenarten. Extensiv genutzte Weiden hingegen werden ein- bis dreimal im Jahr für eine begrenzte Zeit beweidet und nicht zusätzlich gemäht. Dadurch findet man hier über- und unternutzte Flächen mit einer breiten Palette an Pflanzen- und Tierarten. Je nach Nutzungsform unterscheidet man folgende Weidearten:

Portionsweide:

Das den Tieren zur Verfügung stehende Areal wird täglich – gelegentlich sogar zu jeder Mahlzeit – gewechselt, um bestimmte Flächen sauber abzuweiden. Das erfordert einen hohen Arbeitsaufwand und bewirkt auf der Fläche eine hohe Trittbelastung, gleichzeitig ist das Futterangebot relativ gleichmäßig.

Umtriebsweide:

Hier wird die Weidefläche in mehrere Areale (Koppeln) unterteilt, und die Tiere bleiben so lange in einer Koppel, bis diese abgeweidet ist. Hierdurch ist das Mähen erschwert und die Zaunkosten können recht hoch sein, die Futterausnutzung ist nicht immer optimal.

Standweide:

Während der gesamten Weidesaison werden die Tiere nicht umgetrieben, was einen deutlich geringeren Arbeitsaufwand und geringere Zaunkosten bewirkt, auch sind die Tiere häufig ruhiger. Die Futterausnutzung ist allerdings relativ gering.

Mähstandweide:

Die Tiere stehen auf einer Fläche, die je nach Futterbedarf und Aufwuchs allmählich vergrößert wird, bis am Ende die gesamte Fläche beweidet wird. Zur Gewinnung von Winterfutter wird die zu beweidende Fläche vorab gemäht. Je nach Fläche kann hier ein Zufüttern nötig sein.

Abbildung 21: Umtriebsweide mit Beweidung durch Milchkühe

Eine regionale Besonderheit im Elbe-Weser-Dreieck sind die buckelartig anmutenden Weiden. Die topografische Formgebung liegt in der Vergangenheit begründet: Um das Niveau des Weidelandes anzuheben, huben unsere Vorfahren seinerzeit »von Hand« Grüppen (Senken, Furchen) aus (siehe Bildmitte unten) und warfen den Aushub jeweils nach rechts und links. Heute werden die Weiden von mehreren parallel angeordneten Senken durchzogen.

Abbildung 22: Besonderheit einer von Grüppen durchzogenen Weide

Die folgende Abbildung verdeutlicht nochmals den vielseitigen Unterschied zwischen einer Wiese und einer Weide in einem Moorgebiet.

Abbildung 23: Im Moorgebiet: Wiese (links) und Weide (rechts)

Grünlandmanagement bzw. Pflege

In der EG-Verordnung über die Förderung der Entwicklung des ländlichen Raums (ELER) sowie in der Nationalen Rahmenregelung der BRD für die Entwicklung ländlicher Räume ist niedergelegt, wie Weidepflege durchgeführt werden sollte, um einen ökologisch wertvollen Zustand zu erhalten bzw. zu fördern: *»Durch extensive Bewirtschaftung und ein an die jeweiligen Schutzziele angepasstes Weidemanagement (keine Düngung mit chemisch synthetischen Düngemitteln, kürzere Beweidungsdauer und ergänzende Arbeiten) kann eine agrarökologisch wertvolle Grünlandvegetation sowie die davon abhängige Fauna in dem erwünschten Zustand erhalten oder in diesen zurückgeführt werden. Ein extensives Weidemanagement trägt darüber hinaus zur Biotopvielfalt, und somit einer wichtigen Voraussetzung für Biodiversität in Agrarlandschaften bei. Ohne entsprechendes Weidemanagement, d. h. durch reine Schnittnutzung oder entsprechende Maßnahmen zur Aufrechterhaltung einer Mindestbewirtschaftung (Mulchen usw.) verändern sich viele extensive Weidestandorte in einen nicht gewünschten Zustand. Die Maßnahme trägt zur Erreichung der Ziele I, II und III des nationalen Strategieplans bei.«*

Im Nordwesten Deutschlands ist ein vergleichsweise starker Rückgang von Dauergrünland zu verzeichnen: Hier ist der Anteil von Mais, der zur Futter- und Energienutzung angebaut wird, als dominierender Kultur auf ehemaligen Grünlandflächen besonders hoch. (Thünen)

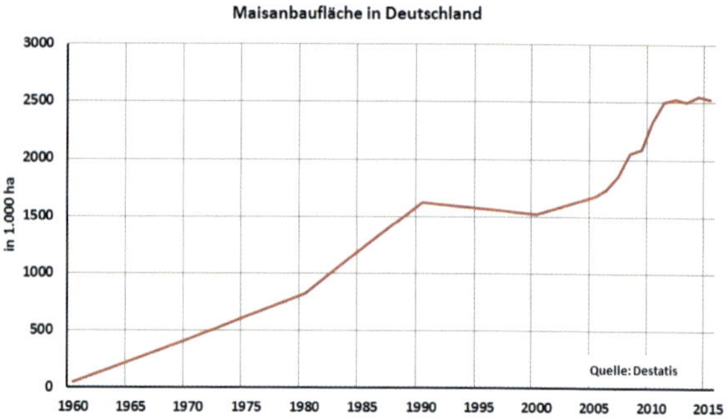

Abbildung 24: Entwicklung der Maisanbauflächen

Abbildung 25: Biogasanlage

Von den 4.761.600 ha Gesamtfläche Niedersachsens werden laut Landwirtschaftskammer etwa 2.600.000 ha landwirtschaftlich genutzt (LWK 2014), davon 72 % (entspricht 1.872.000 ha) als Ackerland und 27 % (702.000 ha) als Dauergrünland, 1 % für Dauerkulturen.

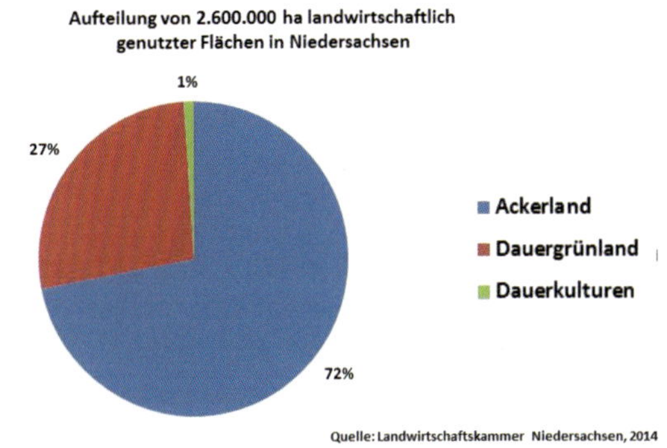

Abbildung 26: Flächennutzung bzgl. Ackerland und Dauergrünland

Die Landwirtschaft hat in Niedersachsen einen hohen Stellenwert, jeder achte Arbeitsplatz ist von ihr abhängig. Je nach Region gibt es unterschiedliche Schwerpunkte, so z.B. den Gartenbau im Ammerland oder den Obstanbau im Alten Land an der Unterelbe. Von den 40.000 Landwirtschaftsbetrieben sind etwa 41 % im Futterbau, 27 % im Ackerbau, 13 % in der Veredelung, 2 % im Gartenbau und 15 % als Verbundbetriebe tätig, 2 % bewirtschaften Dauerkulturen. Das bedeutet, dass mindestens 50 % des Einkommens dieser Betriebe aus der jeweiligen Kategorie stammt.

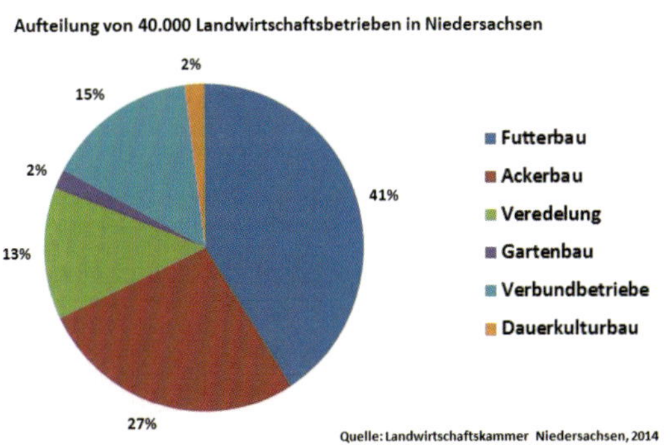

Abbildung 27: Aufteilung von 40.000 Landwirtschaftsbetrieben

Futterbau:

Anbau von Futter für Rinder, Schafe, Ziegen und sonstige Tiere (z.B. Gehegewild)

Ackerbau:

Anbau von Getreide, Hülsenfrüchten, Kartoffeln, Zuckerrüben, Mais, Freilandgemüse und Erdbeeren

Veredelung:

Hierzu zählen alle Betriebe, die Zuchtvieh und Geflügel halten.

Dauerkultur:

Anbau von Obst (ohne Erdbeeren) und Wein, auch von Christbäumen

Gartenbau:

Anbau von Gemüse, Blumen und Zierpflanzen, auch von Pilzen. Hierzu zählen auch Reb- und Baumschulen, Forstbaumschulen und Forstgärten.

Verbundbetrieb:

Keine der genannten Kategorien erwirtschaftet mindestens 50 % des Einkommens.

Abbildung 28: Ackerbau – Ernte von Kartoffeln (oben) und Getreide (unten)

Grünland und Herdenschutz

In Bezug auf Weidetierhaltung ist das Grünland ein wichtiger Bestandteil, den es zu erhalten gilt. Es wird klassisch zwischen Weiden und Wiesen unterschieden. Auf Weiden werden Tiere zur Nahrungsaufnahme gehalten. Auf Wiesen wird maschinell Futter für die Tiere gewonnen (Heuballen, Grassilage). Der Status »Weide« kann sich in »Wiese« und umgekehrt wandeln, je nachdem, was der Tierhalter benötigt oder was andere Anforderungen verlangen.

Auf Grünlandweiden sind alle Nutztierhaltungen anzutreffen – bzgl. Schafe, Ziegen, Gehegewild, Rinder, Pferde und Ponys.

Vor dem Hintergrund des Herdenschutzes ist es nicht von Bedeutung, ob Nutztiere intensiv oder extensiv auf Weiden gehalten werden. Das heißt, die Nutztierdichte ist nicht relevant.

Die meisten Regionen in Niedersachsen weisen im Vergleich zum Nordwesten eine »geringe« Gründlanddichte auf, während diese im Nordwesten sehr hoch ist. In dieser Region ist daher z.B. auch der größte Milchkuhbestand samt Nachwuchs vorhanden (siehe Kapitel 4.4.1).

Der Befürchtung, dass »ganz« Niedersachsen nach und nach durch wolfabweisende Festzäune verbarrikadiert wird, kann hier nicht vollständig zugestimmt werden. Tatsächlich ist diese Fragestellung in einigen Regionen mit ausgeprägtem Gründlandvorkommen des Nordwestens nicht ganz abwegig, wo insbesondere junge Rinder auf den Weiden zu schützen wären.

Ackerbauflächen sind als nicht herdenschutzrelevant zu betrachten.

3.5 Brachen

Vereinfacht kann man sagen, eine Brachfläche ist eine ungenutzte Fläche. Diese gibt es sowohl innerstädtisch als auch im landwirtschaftlichen Bereich, aufgrund der Thematik befassen wir uns an dieser Stelle jedoch ausschließlich mit der landwirtschaftlichen Brache. Hier bezeichnet der Begriff Brache klassischerweise eine Fläche, die zur Regeneration der Bodenfruchtbarkeit nicht bestellt wird, d.h. es findet eine Bewirtschaftungsruhe statt, während die Fläche sich selbst überlassen oder beweidet wird. Diese Art der Bewirtschaftung bewirkt u.a. eine verbesserte Bodenstruktur, die Mineralisation von Nährstoffen und die Zufuhr organischer Substanzen. Aus Ertragsgründen ist ein Brachfallen der Flächen in der heutigen Landwirtschaft häufig unerwünscht. Brachflächen haben folgende Vorteile:

››› der Lebensraum Acker wird gefördert (Bodenbrüter, Niederwild, Insekten, Bienenweide)

››› der Nährstoffaustrag wird vermindert

››› die Grundwasserneubildung wird gefördert

››› landwirtschaftliche Überproduktion kann verringert werden

››› die Landschaft wird offen gehalten und der Ackercharakter bleibt erhalten

Flächenstilllegungen für einen begrenzten Zeitraum – initiiert, um landwirtschaftliche Überproduktion zu begrenzen – sind seit 1988 fester Bestandteil der Gemeinsamen Agrarpolitik (GAP) innerhalb der EU. Die Stilllegung erfolgte zunächst auf freiwilliger Basis. Um langfristig die Agrarproduktion zu senken, wurden ab 1993 Landwirte dazu verpflichtet, einen bestimmten Prozentsatz der Flächen aus der Produktion herauszunehmen. Anfangs waren das 15 %, dieser Satz wurde jährlich neu angepasst und lag zuletzt bei 9 % (immer angepasst an die jeweilige Marktsituation). Die Flächenstilllegung war bis zum Jahr 2007 verpflichtend, um im Rahmen der EU-Agrarförderung Direktzahlungen in Anspruch nehmen zu können. Da die Nachfrage (und damit auch der Preis) für Agrarrohstoffe im Jahre 2007 weltweit stark angestiegen war (die Nachfrage nach Getreide war u.a. durch Bioethanolproduktion deutlich höher, dazu kamen Ernteausfälle u.ä.), wurde seitens der EU diese Stilllegungsverpflichtung zunächst für ein Jahr ausgesetzt (2008) und 2009 endgültig abgeschafft. Die Zahl der stillgelegten Flächen in Deutschland halbierte sich im Jahre 2008 schlagartig. Flächenstilllegung findet heute auf freiwilliger Basis statt – im Rahmen der Cross-Compliance-Regelungen ist es den Landwirten weiterhin möglich, hierfür Direktzahlungen in Anspruch zu nehmen. Um diese zu bekommen, müssen die Flächen in einem guten landwirtschaftlichen und ökologischen Zustand erhalten werden, d.h. sie müssen ab dem 15. Juni mindestens einmal jährlich gemulcht, oder das Schnittgut muss alle zwei Jahre abgefahren werden (das gilt nur für Grünlandbrachen), Ackerflächen müssen entweder begrünt oder der Selbstbegrünung überlassen werden (BMEL 2006).

Es wird zwischen folgenden Brachetypen unterschieden:

Rotationsbrache

Bei einer Rotationsbrache wird eine Ackerfläche über einen kurzen Zeitraum aus dem landwirtschaftlichen Prozess ausgegliedert. In den Anfängen der Landwirtschaft herrschte die Zweifelderwirtschaft vor, bei der die Hälfte der Ackerfläche bestellt wurde, während die andere Hälfte brachlag, damit sich der Boden regenerieren konnte. Im Mittelalter entwickelte sich daraus die Dreifelder-Landwirtschaft, bei der zunächst die gesamte Anbaufläche in drei Teile geteilt wurde. Auf einem Teil wurde das Wintergetreide ausgesät (Weizen, Roggen, Dinkel), auf dem zweiten Teil Sommergetreide (Hafer, Gerste, auch Gemüse), der dritte Teil lag brach. Während der Brachezeit wurde die Fläche entweder sich selbst überlassen oder beweidet, anschließend im Herbst mit Wintergetreide bestellt.

In der heutigen Landwirtschaft wird größtenteils die Fruchtfolge praktiziert, d.h. über mehrere Jahre hinweg werden unterschiedliche Kulturen angebaut. Aus wirtschaftlichen Gründen liegen die Felder eher selten brach.

Dauerbrache

Hierbei wird eine Fläche über längere Zeit aus der Fruchtfolge eines Betriebes ausgegliedert. Je nach vorheriger Nutzung unterscheidet man zwischen Acker-, Grünland- und Weinbergsbrache. Flächen, die länger als fünf Jahre nicht Bestandteil der Fruchtfolge eines Betriebes sind – auch wenn sie durch Einsaat oder Selbstbegrünung zum Anbau von Gras oder anderen Grünfutterernten genutzt werden – werden zu Dauergrünland oder Dauerweiden (EuGH 2014). Nachträglich kann eine Umwandlung in Ackerland beantragt werden, allerdings nur dann, wenn das Dauergrünland nicht als »umweltsensibel« eingestuft wird. Als umweltsensibel gilt Dauergrünland, wenn es in einem (vor 2015 ausgewiesenen) FFH-Gebiet liegt und schon vor dem 1. Januar 2015 bestanden hat. In diesem Falle ist eine Umwandlung in Ackerland nicht möglich.

Grünbrache

Auf dieser Form der Brache hat sich eine Vegetationsdecke selbst entwickelt oder wurde – vor allem zur Verbesserung der Bodenstruktur, zur Bodenanreicherung mit Mineralstoffen und Zufuhr organischer Substanzen sowie zur Unkrautminimierung – angesät, d.h. systematisch begrünt. Nach einiger Zeit wird der Bewuchs in den Boden eingearbeitet oder auch geschnitten. Die Brachezeit ist sehr unterschiedlich, abhängig vom Betrieb und der Bodenstruktur. Zusätzlich gibt es auch die Schwarzbrache ohne Vegetation, bei dieser handelt es sich um absichtlich unbebautes Land zur vorübergehenden Nichtnutzung (aber innerhalb einer ansonsten geregelten Nutzung, z.B. Dreifelderwirtschaft).

Abbildung 29: Brache

Brachflächen und Herdenschutz

Brachflächen sind ausgegliedert aus dem landwirtschaftlichen Prozess (d.h. keine Tierhaltung), daher nicht relevant beim Thema Herdenschutz.

Abbildung 30: Flussaue

3.6 Auen

Entlang von Flüssen und Bächen befinden sich teilweise natürliche Überflutungsflächen, die sogenannten Auen. Auen sind ganz unterschiedliche, miteinander verzahnte Lebensräume, die durch eine besondere Dynamik aufgrund der wechselnden Wasserstände geprägt sind. Dadurch bedingt beherbergen sie eine ausgesprochen große Vielfalt an Tier- und Pflanzenarten und zählen zu den artenreichsten Ökosystemen Mitteleuropas. Die typische Vegetationsform sind die Auwälder mit Bäumen, die einen länger anhaltenden hohen Wasserstand gut aushalten können. Hierzu zählen Weiden und Pappeln, aber auch Erlen, Eschen, Ulmen und sogar Eichen.

Da Gewässer nicht nur für Tiere und Pflanzen, sondern auch für den Menschen eine wichtige Lebensgrundlage darstellen, haben sich die Auenlandschaften im Laufe der letzten Jahrhunderte erheblich verändert. Die Nutzung der Flüsse für die Schifffahrt, zum Antreiben von Mühlen aber auch für den Bergbau im Mittelgebirge führte nicht nur unweigerlich dazu, dass in vielen Regionen eine Besiedlung in unmittelbarer Gewässernähe stattfand, auch Flüsse wurden begradigt, wodurch sich nicht nur das Landschaftsbild erheblich veränderte, sondern auch viele zusammenhängende Auenflächen als wichtige Lebensräume für Flora und Fauna zerstört wurden. Zerstörte bzw. nicht mehr vorhandene Auen führten unweigerlich zu Hochwasser in Gebieten, in denen dieses normalerweise nicht vorkommen sollte. Als Folge davon begann der Mensch mit dem Bau von Deichen und anderen Schutzvorrichtungen. Ein derartiger Eingriff in die Natur hat häufig auch negative Folgen, in diesem Falle sind mittlerweile einige der auf den Lebensraum Aue spezialisierten Tier- und Pflanzenarten vom Aussterben bedroht. Da diese Problematik nicht nur auf Deutschland beschränkt ist, haben die Vereinten Nationen 1993 die internationale Konvention zum Schutz und Erhalt der Biologischen Vielfalt (CBD = Convention on biological diversity) in Kraft gesetzt, der sich mittlerweile 191 Mitgliedsstaaten angeschlossen haben. Die Bundesregierung hat 2007 mit der Nationalen Strategie zur biologischen Vielfalt darauf reagiert, die Umsetzung erfolgt in den einzelnen Bundesländern mittels unterschiedlicher Programme, so hat das Niedersächsische Ministerium für Umwelt, Energie und Klimaschutz (MU) das Niedersächsische Auenprogramm entwickelt, mit dem Ziel, seltene Lebensräume und Arten zu schützen und zu entwickeln und Lebensräume zu vernetzen. Die fachliche Grundlage für das Auenprogramm bilden die vom Niedersächsischen Landesbetrieb für Wasserwirtschaft, Küsten- und Naturschutz (NLWKN) erarbeiteten »Vollzugshinweise für Arten und Lebensraumtypen« sowie die »Prioritätenlisten der Arten und Lebensraum-/Biotoptypen mit besonderem Handlungsbedarf«.

Sämtliche Auwälder stehen unter Naturschutz, einige sind FFH-Gebiete bzw. liegen in diesen. Man unterscheidet zwischen Weichholz-Auwäldern (mit Weide und Pappel, auch Erle und Esche) und Hartholz-Auwäldern (mit Eiche, Ulme und Esche), wobei die Hartholzauwälder einen höher gelegenen Standort haben und dadurch seltener und nicht so langanhaltend überflutet werden. Diese Lebensräume sind besonders gefährdet durch veränderte Wasserdynamiken (z.B. aufgrund von Gewässerausbau oder -veränderung in jeglicher Form), aber auch durch Entwässerung, Schadstoffbelastung, landwirtschaftliche Nutzung oder Wege- und Straßenbau (NLWKN, 2009).

Auen und Herdenschutz

In Auengebieten ist eine Beweidung durchaus möglich, hier können Rinder, Pferde und auch Schafe und Ziegen stehen. Daher müssen auch hier geeignete Herdenschutzmaßnahmen eingesetzt werden.

3.7 Wasserwirtschaft

Für die weiteren Darstellungen in diesem Buch über die Möglichkeiten und Grenzen des Herdenschutzes, ist das Verständnis der Wasserwirtschaft, insbesondere vom Abfluss der Niederschlagsmengen (Regen, Schmelzwasser) und der kontrollierten Beherrschung von Hochwassermassen durch Fluten oder Niederschläge in die Nordsee von elementarer Bedeutung. Betrachten wir hierzu die verschiedenen Definitionen, Zuständigkeiten und Besonderheiten:

Wasserwirtschaft Deutschland

Die Wasserwirtschaft in Deutschland unterscheidet vier verschiedene Bereiche:

››› die Bewirtschaftung von ober- und unterirdischen Gewässern,

››› die Trinkwassergewinnung und -verteilung,

››› die Bewirtschaftung von Abwässern,

››› die Entwässerung von niederschlagsreichen oder die Bewässerung von niederschlagsarmen Gebieten.

Abwässer sind:

››› Häusliches Abwasser

››› Industrielle und gewerbliche Abwässer

››› Niederschlagswasser

››› Kühlwasser aus der Industrie

Im folgenden Kapitel widmen wir uns der Bewirtschaftung von ober- und unterirdischen Gewässern in Niedersachsen.

Wasserwirtschaft in Niedersachsen

Die Wasserwirtschaft ist definiert als die zielbewusste Ordnung aller menschlichen Einwirkungen auf das ober- und unterirdische Wasser. Sie trägt zur nachhaltigen Entwicklung und Erhaltung einer lebenswerten Umwelt bei: Sie schützt die Gewässer als Bestandteile von Natur und Landschaft und schreibt schonende Methoden für Maßnahmen vor, die der Wassernutzung und der Gefahrenabwehr bei Hochwasser und Sturmfluten dienen.

Flüsse, Seen, Kanäle usw. – Struktur in Niedersachsen

Niedersachsen ist eines der wasserreichsten Bundesländer. Dabei ziehen sich die zahlreichen Bäche und Flüsse vom Harz bis hin zu den Deichen an der Küste, wo sie direkt oder indirekt in die Nordsee fließen. Sieben der Flüsse münden direkt in die Nordsee: Sie heißen Elbe, Weser, Ems, Vechte, Harle, Jade und Maade. Zudem gibt es mehr als 400 Seen in Niedersachsen und Kanäle, die künstlich angelegt wurden und der Entwässerung sowie als Transportweg dienen. Die größten Kanäle in Niedersachsen sind der Mittellandkanal, der Dortmund-Ems-Kanal und der Elbe-Seiten-Kanal.

Im Folgenden betrachten wir die Flüsse in Niedersachsen. Um nicht nur eine Aufzählung, sondern eine möglichst realistische Darstellung der Gewässerhierarchie zu erreichen, ist diese mit Hilfe von Aufzählungszeichen und Einrückungen von der Mündung in Richtung Quelle aufgebaut. Die Zahl der Einrückungen entspricht jeweils der Hierarchiestufe. Bei Zuflüssen kann es sich um einen orografisch linken (l) oder rechten (r) Nebenfluss des übergeordneten Gewässers handeln.

Elbe

Die Elbe hat eine Gesamtlänge von 1.094 Kilometern. Davon liegen 1.027 Kilometer auf bundesdeutschem Gebiet. 272 Kilometer entfallen auf Niedersachsen, auf 238 Kilometern ist die Elbe schiffbar. Die Fließgeschwindigkeit der Elbe liegt, je nach jahreszeitlicher Wasserführung, bei 0,8 m/s.

• Elbe (1.094 km)	Gewässer 1. Ordnung
o Medem (l)	Gewässer 2. Ordnung
• Emmelke	Gewässer 3. Ordnung
o Oste (l)	Gewässer 2. Ordnung
• Mehe (l)	Gewässer 3. Ordnung
• Bever (r)	Gewässer 3. Ordnung
• Twiste (r)	Gewässer 3. Ordnung
• Ramme (r)	Gewässer 3. Ordnung
o Schwinge (l)	Gewässer 2. Ordnung
o Lühe (l)	Gewässer 2. Ordnung
• Aue	Gewässer 3. Ordnung
o Este (l)	Gewässer 1. Ordnung
o Seeve (l)	Gewässer 2. Ordnung
o Ilmenau (l)	Gewässer 2. Ordnung
• Luhe (l)	Gewässer 2. Ordnung
• Neetze (r)	Gewässer 2. Ordnung
• Gerdau	Gewässer 2. Ordnung
• Stederau	Gewässer 2. Ordnung
o Jeetzel (l)	Gewässer 2. Ordnung
o Aland (l)	Gewässer 2. Ordnung
o Ohre (l)	Gewässer 2. Ordnung
o Saale (l) (Sachsen-Anhalt)	Gewässer 2. Ordnung
• Bode (l)	Gewässer 2. Ordnung
• Unstrut (l) (Thüringen)	Gewässer 2. Ordnung
• Helme (l) (Thüringen)	Gewässer 2. Ordnung
• Zorge (l)	Gewässer 2. Ordnung
• Wieda (r)	Gewässer 2. Ordnung
• Uffe (r)	Gewässer 2. Ordnung

Weser

Die Weser hat eine Gesamtlänge von 452 km auf bundesdeutschem Gebiet. Davon entfallen ca. 225 Kilometer auf Niedersachsen. Auf einer Gesamtlänge von 430 km ist die Weser schiffbar. Die Fließgeschwindigkeit der Weser liegt, je nach jahreszeitlicher Wasserführung, bei 0,8 m/s.

• Weser (452 km)	Gewässer 1. Ordnung
o Geeste (r)	Gewässer 1. Ordnung
o Abbehauser Sieltief (l)	Gewässer 2. Ordnung
o Lune (r)	Gewässer 2. Ordnung
o Schweiburg (linker Nebenarm der Weser)	Gewässer 2. Ordnung
• Strohauser Sieltief (l)	Gewässer 2. Ordnung
o Drepte (r)	Gewässer 2. Ordnung
o Rechter Nebenarm der Weser	Gewässer 2. Ordnung
• Aschwardener Flutgraben	Gewässer 2. Ordnung
o Braker Sieltief (l)	Gewässer 2. Ordnung
o Käseburger Sieltief (l)	Gewässer 2. Ordnung
o Hunte (l)	Gewässer 2. Ordnung
• Haaren (l)	Gewässer 2. Ordnung
• Lethe (l)	Gewässer 2. Ordnung
o Westergate (linker Wesernebenarm)	Gewässer 2. Ordnung
o Schönebecker Aue (r)	Gewässer 2. Ordnung
o Lesum (r)	Gewässer 1. Ordnung
• Hamme	Gewässer 1. Ordnung
• Scharmbecker Bach (r)	Gewässer 2. Ordnung
• Wienbeck (r)	Gewässer 2. Ordnung
• Beek (r)	Gewässer 2. Ordnung
• Wümme	Gewässer 1. Ordnung
• Wörpe (r)	Gewässer 2. Ordnung
• Wieste (r)	Gewässer 2. Ordnung
• Wiedau (l)	Gewässer 2. Ordnung
• Rodau (l)	Gewässer 2. Ordnung
• Vissel (l)	Gewässer 2. Ordnung
• Veerse (l)	Gewässer 2. Ordnung
• Fintau (l)	Gewässer 2. Ordnung
o Ochtum (l)	Gewässer 1. Ordnung
• Delme (l)	Gewässer 2. Ordnung
• Varreler Bäke (l)	Gewässer 1. Ordnung
• Hache (l)	Gewässer 2. Ordnung
o Eiter (l)	Gewässer 2. Ordnung
o Aller (r)	Gewässer 2. Ordnung
• Gohbach (r)	Gewässer 2. Ordnung
• Lehrde (r)	Gewässer 2. Ordnung
• Vethbach (l)	Gewässer 2. Ordnung

• Böhme (r)	Gewässer 2. Ordnung
• Jordanbach (r)	Gewässer 2. Ordnung
• Fulde (r)	Gewässer 2. Ordnung
• Warnau (r)	Gewässer 2. Ordnung
• Bomlitz (r)	Gewässer 2. Ordnung
• Fischendorfer Bach (l)	Gewässer 2. Ordnung
• Große Aue (l)	Gewässer 2. Ordnung
• Soltau (r)	Gewässer 2. Ordnung
• Leine (l)	Gewässer 1. Ordnung
• Grindau (r)	Gewässer 2. Ordnung
• Westaue (l)	Gewässer 2. Ordnung
• Südaue (r)	Gewässer 2. Ordnung
• Möseke (r)	Gewässer 2. Ordnung
• Haferriede (l)	Gewässer 2. Ordnung
• Kirchwehrener Landwehr (r)	Gewässer 2. Ordnung
• Sachsenhäger Aue	Gewässer 2. Ordnung
• Rodenberger Aue	Gewässer 2. Ordnung
• Waltershagener Bach (r)	Gewässer 2. Ordnung
• Eimbeckhäuser Bach (r)	Gewässer 2. Ordnung
• Fösse (l)	Gewässer 2. Ordnung
• Ihme (l)	Gewässer 2. Ordnung
• Mühlbach (l)	Gewässer 2. Ordnung
• Hirtenbach (l)	Gewässer 2. Ordnung
• Alte Leine (l)	Gewässer 2. Ordnung
• Gestorfer Beeke (l)	Gewässer 2. Ordnung
• Innerste (r)	Gewässer 2. Ordnung
• Lamme (l)	Gewässer 2. Ordnung
• Nette (l)	Gewässer 2. Ordnung
• Haller (l)	Gewässer 2. Ordnung
• Saale (l)	Gewässer 2. Ordnung
• Aue (Leine) (r)	Gewässer 2. Ordnung
• Ilme (l)	Gewässer 2. Ordnung
• Dieße (r)	Gewässer 2. Ordnung
• Rhume (r)	Gewässer 2. Ordnung
• Söse (r)	Gewässer 2. Ordnung
• Oder (r)	Gewässer 2. Ordnung
• Sieber (r)	Gewässer 3. Ordnung
• Garte (r)	Gewässer 2. Ordnung
• Wietze (l)	Gewässer 2. Ordnung
• Örtze (r)	Gewässer 2. Ordnung
• Ilster (r)	Gewässer 2. Ordnung
• Kleine Örtze (l)	Gewässer 2. Ordnung
• Wietze (r)	Gewässer 2. Ordnung
• Schmarbeck (l)	Gewässer 2. Ordnung
• Sothrieth (l)	Gewässer 2. Ordnung
• Brunau (r)	Gewässer 2. Ordnung
• Weesener Bach (l)	Gewässer 2. Ordnung
• Fuhse (l)	Gewässer 2. Ordnung
• Erse (r)	Gewässer 2. Ordnung
• Lachte (r)	Gewässer 2. Ordnung
• Lutter (r)	Gewässer 2. Ordnung
• Köttelbeck (l)	Gewässer 2. Ordnung
• Schmalwasser (l)	Gewässer 2. Ordnung
• Aschau (r)	Gewässer 2. Ordnung
• Oker (l)	Gewässer 2. Ordnung
• Schunter (r)	Gewässer 2. Ordnung
• Wabe (l)	Gewässer 2. Ordnung
• Lutter (l)	Gewässer 2. Ordnung
• Altenau (r)	Gewässer 2. Ordnung
• Warne (l)	Gewässer 2. Ordnung
• Ilse (r)	Gewässer 2. Ordnung
• Ecker (r)	Gewässer 2. Ordnung
• Radau (r)	Gewässer 2. Ordnung
• Abzucht (l)	Gewässer 2. Ordnung
• Gose (l)	Gewässer 2. Ordnung
• Kellwasser (r)	Gewässer 2. Ordnung
• Ise (r)	Gewässer 2. Ordnung
o Meerbach (r)	Gewässer 2. Ordnung
o Große Aue (l)	Gewässer 2. Ordnung
• Siede (l)	Gewässer 2. Ordnung
• Eschbach (l)	Gewässer 2. Ordnung
• Speckenbach (l)	Gewässer 2. Ordnung
• Päpser Bach (l)	Gewässer 2. Ordnung
• Allerbeeke (l)	Gewässer 2. Ordnung
• Sule (l)	Gewässer 2. Ordnung
• Kleine Aue (l)	Gewässer 2. Ordnung
• Kuhbach (r)	Gewässer 2. Ordnung
• Wickriede (r)	Gewässer 2. Ordnung
• Großer Dieckfluss (l)	Gewässer 2. Ordnung
o Bückeburger Aue (r)	Gewässer 2. Ordnung
o Werre (l) (Nordrhein-Westfalen)	Gewässer 2. Ordnung
• Else (l)	Gewässer 2. Ordnung
• Warmenau (r)	Gewässer 2. Ordnung
• Hase	Gewässer 2. Ordnung
o Hamel (r)	Gewässer 2. Ordnung
o Emmer (l)	Gewässer 2. Ordnung
o Ilse (r)	Gewässer 2. Ordnung
o Lenne (r)	Gewässer 2. Ordnung
o Schwülme (r)	Gewässer 2. Ordnung
• Ahle (r)	Gewässer 2. Ordnung
o Fulda	Gewässer 1. Ordnung
o Werra	Gewässer 1. Ordnung

Ems

Die Ems hat eine Gesamtlänge von 371 km auf bundesdeutschem Gebiet. Davon entfallen 241 Kilometer auf Niedersachsen. Auf 206 km ist die Ems schiffbar. Die Fließgeschwindigkeit der Ems liegt, je nach jahreszeitlicher Wasserführung, bei bis zu 3 m/s.

• Ems (371 km)	Gewässer 1. Ordnung
o Knockster Tief (r)	Gewässer 2. Ordnung
o Fehntjer Tief (r)	Gewässer 2. Ordnung
• Fehntjer Tief (südlicher Arm)	Gewässer 2. Ordnung
• Fehntjer Tief (nördlicher Arm)	Gewässer 2. Ordnung
• Flumm (r)	Gewässer 1. Ordnung
o Leda (r)	Gewässer 1. Ordnung
• Jümme (r)	Gewässer 1. Ordnung
• Barßeler Tief	Gewässer 1. Ordnung
• Soeste (l)	Gewässer 2. Ordnung
• Sagter Ems (l)	Gewässer 1. Ordnung
o Nordradde (r)	Gewässer 2. Ordnung
o Hase (r)	Gewässer 2. Ordnung
• Düte(l)	Gewässer 2. Ordnung
• Mittelradde (r)	Gewässer 2. Ordnung
• Südradde (r)	Gewässer 2. Ordnung
• Nette (r)	Gewässer 2. Ordnung
• Wierau (r)	Gewässer 2. Ordnung
• Belmer Bach (r)	Gewässer 2. Ordnung
o Große Aa (r)	Gewässer 2. Ordnung

Vechte

Die Vechte hat eine Gesamtlänge von 182 km, davon liegen 107 km auf bundesdeutschem Gebiet. Die Fließgeschwindigkeit der Vechte liegt, je nach jahreszeitlicher Wasserführung, bei unter 1 m/s.

• Vechte (182 km, in das Zwarte Water, Niederlande)	Gewässer 2. Ordnung
o Dinkel (l)	Gewässer 2. Ordnung
o Coevorden-Vecht-Kanal (r) (Niederlande)	Gewässer 1. Ordnung
• Coevorden-Piccardie-Kanal (l) (Niederlande)	Gewässer 1. Ordnung
• Grenzaa (r)	Gewässer 2. Ordnung

Harle

Die Harle hat eine Gesamtlänge von 23,5 km und liegt ausschließlich im Bundesland Niedersachsen.
Die Fließgeschwindigkeit der Harle liegt, je nach jahreszeitlicher Wasserführung, bei ca.0,5 m/s.

• Harle (23,5 km)	Gewässer 2. Ordnung

Jade

Die Jade hat eine Gesamtlänge von 22 km und liegt ausschließlich im Bundesland Niedersachsen.

• Jade (22 km)	Gewässer 2. Ordnung
o Wapel	Gewässer 2. Ordnung

Maade

Die Maade hat eine Gesamtlänge von 14,5 km und liegt ausschließlich im Bundesland Niedersachsen.

• Maade (14,5 km)	Gewässer 2. Ordnung
o Heete (r)	Gewässer 2. Ordnung

Gewässerordnung

Im Rahmen der Flussverläufe erkennen wir Gewässer I., II. und III.Ordnung. Dies begründet sich im Niedersächsischen Wassergesetz (NWG), nach dem die oberirdischen Gewässer in drei Kategorien eingeteilt werden (§§ 38 bis 40 NWG). Niedersachsen durchziehen zahlreiche Gewässer I. bis III.Ordnung, die Gesamtlängen und Zuständigkeiten werden hier genannt:

Gewässer I. Ordnung

Als schiffbare Gewässer bzw. Gewässer mit erheblicher Bedeutung für die Wasserwirtschaft sind dies in Niedersachsen rund 2.116 km (einschl. 1.440 km Binnen-

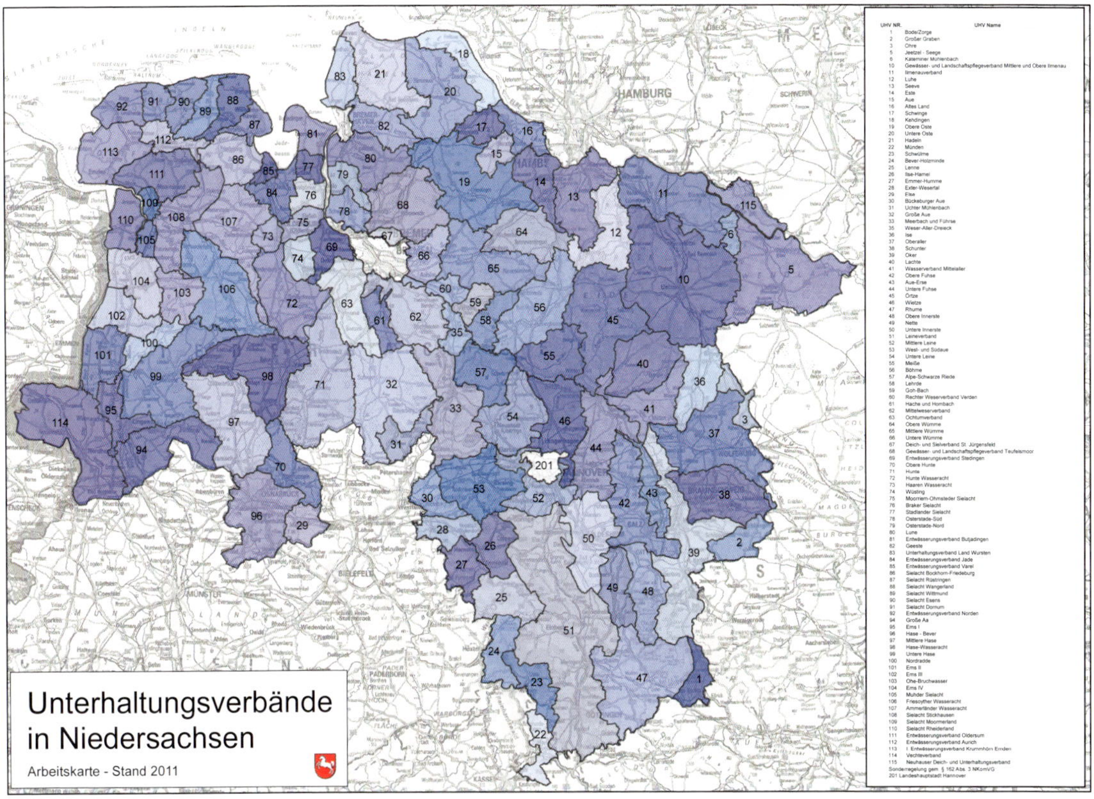

Abbildung 31: Unterhaltungsverbände Niedersachsens

wasserstraßen gemäß Bundes-Binnenwasserstraßengesetz) die Elbe, Weser & Ems (Anlage 1) sowie die in Anlage 3 des Bundeswasserstraßengesetz (WaStrG) aufgeführten Gewässer. Die Unterhaltungspflicht liegt bei den jeweiligen Gewässereigentümern, meist also der Wasser- und Schifffahrtsverwaltung des Bundes oder dem Land Niedersachsen. Für das Land führt die Unterhaltung der NLWKN (Niedersächsische Landesbetrieb für Wasserwirtschaft, Küsten- und Naturschutz) durch.

Gewässer II. Ordnung

Diese Gewässer mit überörtlicher Bedeutung für das Gebiet eines Unterhaltungsverbandes bilden in Niedersachsen mit rund 28.500 km das Kernelement der Entwässerung. Gewässer II. Ordnung werden grundsätzlich von den in Niedersachsen flächendeckend gebildeten rund 115 Verbänden unterhalten.

Gewässer III. Ordnung

Gewässer, die nicht Gewässer I. oder II. Ordnung sind; in Niedersachsen haben Sie eine Gesamtlänge von über 130.000 km und bilden somit den größten Anteil an Gewässern.

Zu den Gewässern III. Ordnung werden natürliche Fließgewässer, aber auch künstliche Gräben gezählt, beispielsweise in der Elbmarsch. Ihre Funktion ist es, Flächen zu entwässern und das Wasser in größere Fließgewässer wie die Neetze oder die Ilmenau zu leiten. Für den gesamten Wasserhaushalt sind die kleinen Bäche und Gräben deshalb von großer Bedeutung.

Im Gegensatz zu den Gewässern I. und II. Ordnung haben Gewässer III. Ordnung verschiedene Zuständigkeiten. Neben der primären Zuständigkeit der jeweiligen Eigentümer bzw. Anlieger gibt es weitere Unterhaltungspflichtige: das Land Niedersachsen als Eigentümer, Kommunen, Realverbände als Körperschaften öffentlichen Rechts sowie Wasser- und Bodenverbände und Deichverbände als Körperschaften öffentlichen Rechts.

Die Sielacht Wittmund schreibt in ihrem Leitfaden für Gewässerunterhaltung 2011 beispielsweise: »Die überwiegende Zahl der Gewässer III. Ordnung wird durch private Eigentümer/Anlieger unterhalten. Teilweise obliegt den Kommunen die Schaupflicht an diesen Gewässern. So unterschiedlich wie die Unterhaltungszuständigkeit stellen sich auch die Struktur und der (Unterhaltungs-)Zustand dieser Gewässer dar. Der Unterhaltungsumfang reicht vom natürlichen Gewässer ohne Unterhaltung bis zu extremen Eingriffen in regelmäßigen Abständen.«

Unterhaltungspflichten und -zuständigkeiten

Das niedersächsische Ministerium für Umwelt, Energie und Klimaschutz beschreibt die Unterhaltungspflichten und Zuständigkeiten auf seiner Homepage wie folgt: »Die Unterhaltungspflicht für die Gewässer ergibt sich aus den Gesetzen und ist eine öffentlich-rechtliche Verpflichtung (Unterhaltungslast) nach § 39 Wasserhaushaltsgesetz des Bundes (WHG). Der Umfang der Unterhaltung ist in § 61 Niedersächsisches Wassergesetz (NWG) wie folgt festgelegt und umfasst im Wesentlichen den ordnungsgemäßen Wasserabfluss und an schiffbaren Gewässern auch die Erhaltung der Schiffbarkeit sowie die Pflege und Entwicklung. Maßnahmen der Gewässerunterhaltung sind insbesondere die Reinigung, die Räumung, die Freihaltung und der Schutz des Gewässerbetts einschließlich seiner Ufer, die Erhaltung und Anpflanzung standortgerechter Ufergehölze, die Pflege von im Eigentum des Unterhaltungspflichtigen stehenden Flächen entlang der Ufer, soweit andernfalls eine sachgerechte Unterhaltung des Gewässers nicht gewährleistet ist, sowie die Unterhaltung und der Betrieb der Anlagen, die der Abführung des Wassers dienen.«

Die Gewässerunterhaltung ist also unumgänglich. Für den Laien ist es selbstverständlich, dass das Wasser (z.B. nach starkem Regen) im Erdreich versickert. Auf dem langen Weg ins Meer hat das Wasser jedoch etliche Gräben, Bäche, Flüsse und das örtliche Kanalnetz zu überwinden. Damit es immer ungehindert fließen kann, müssen die Gewässer in Ordnung gehalten werden.

Der Mittelweserverband beschreibt, welche Maßnahmen der Gewässerunterhaltung es genau gibt:

»Die Gewässerunterhaltung umfasst die Beseitigung von Abflussstörungen im Abflussquerschnitt, aber auch die Instandhaltung technischer Gewässeranlagen wie z.B. Sohlgleiten, -rampen oder Wehre und auch die Pflege und Entwicklung des Gewässers (§ 61 NWG). Dazu gehört im Einzelnen:

- *Wasserbereich: Freihaltung, Reinigung und Räumung des Gewässerbettes (Entfernung von Krautbewuchs, Auflandungen und Entschlammungen)*
- *Uferbereich: Sicherungsarbeiten (Ufersicherung durch naturschonende Baustoffe, Schnitt von Uferröhricht und Uferstauden)*
- *Landbereich: die Pflanzen- und Gehölzpflege sowie die Ufersicherung (etwa Pflanzen und Pflegen von Gehölzen, Böschungsschnitt zur Sicherung oder Herstellung einer geschlossenen Grasnarbe, Verfüllen von Uferabbrüchen, Sicherung der Uferböschungen, Vorländer und wasserbaulicher Konstruktionen)«*

Gewässerschau

Die Gewässer sind nach § 78 NWG grundsätzlich durch die zuständige Wasserbehörde zu schauen. Diese Aufsichtsschau hat für die Gewässer I. und II. Ordnung regelmäßig, bei Gewässern III. Ordnung nach Bedarf zu erfolgen. Die unteren Wasserbehörden führen nur in Ausnahmefällen eigene Schauen durch. Sie haben die Schaupflicht weitgehend mit deren Zustimmung auf die Unterhaltungsverbände übertragen, sowohl für Gewässer II. als auch Gewässer III. Ordnung. Für einige Gewässer III. Ordnung ist die Schau auch auf Kommunen übertragen worden.

Abbildung 32: Nasse Weiden sind in der Landwirtschaft nicht erwünscht

Die Entwässerung der Landschaft an einem Beispiel in Ostfriesland

Um den Gesamtzusammenhang der Wasserwirtschaft in Niedersachsen zu verstehen, betrachten wir im Folgenden den Weg des Niederschlagswassers exemplarisch an einem konkreten Beispiel in Ostfriesland, genauer im Leda-Jümme-Gebiet. Der Transport eines Regentropfens wird von einer Kuhweide bis in die Nordsee aufgezeigt. Hier wird die wasserbauliche Komplexität im Naturraum besonders sichtbar.

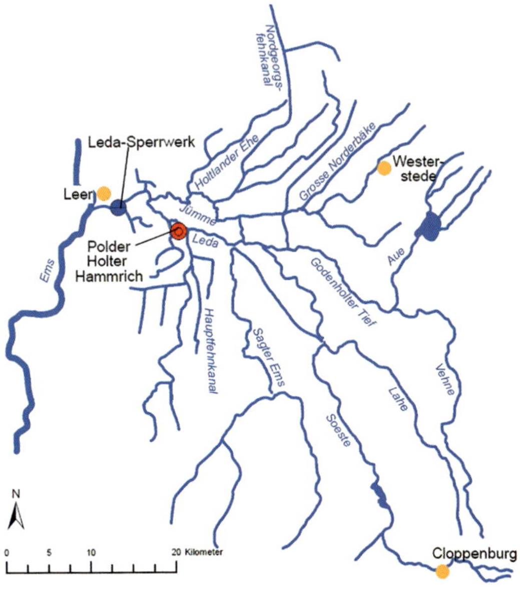

Abbildung 33: Einzugsgebiet Leda-Jümme

Drainage – perfekte Bedingungen für das Feld

Beginnen wir auf einer der zahlreichen Weide- und Ackerflächen im Gebiet Südwest-Ostfrieslands, gelegen im Moorgebiet »Esterweger Dose«.

Um die Moorweiden im Bedarfsfall zu entwässern werden drei verschiedene Verfahren angewandt. Ein Verfahren ist das Fräsen von Entwässerungsfurchen (auch Grüppen genannt) in die Weideoberfläche. Das sich dort sammelnde Wasser fließt selbstständig aus der Grüppe direkt in einen Graben.

Abbildung 34: Frisch gefräste Entwässerungsfurchen (Grüppen) in der Weideoberfläche

Das zweite Verfahren nutzt ebenfalls Grüppen, die allerdings an beiden Enden begrenzt sind. Durch ein unterirdisch verlegtes Abflussrohr gelangt das Wasser aus der Grüppe in den Graben.

Abbildung 35: Grüppe mit unterirdischem Abflussrohr

Beim dritten Verfahren werden im tieferen Erdreich der Moorweide, wie anderenorts auch, Drainagerohre verlegt. Diese zumeist geschlitzten oder perforierten Kunststoffrohre (früher wurde häufig Ton verwendet) schützen das Erdreich vor Vernässung durch Grund- oder Stauwasser.

Abbildung 36: Drainagerohre

In der folgenden Abbildung ist eine Maschine zu sehen, die benannten Drainagerohre in aufeinanderfolgenden Arbeitsschritten (Furche ziehen, Drainagerohr verlegen, Furche schließen) verlegt.

Abbildung 37: Verlegen von Drainagerohren

Der Wasserüberschuss wird über die Drainagerohre aufgenommen und größeren Leitungen zugeführt (den sogenannten Sammlern). Diese Sammler münden in sogenannten Vorflutern (Gräben, Bäche, usw.). Im konkreten Beispiel der Moorweide wird das Wasser in einen Graben namens »Ramsloher Schloot« drainiert. Das Wort Schloot ist eine plattdeutsche Bezeichnung für einen Graben der an Weiden oder Äckern vorbeiführt und deren Wasser abtransportiert.

Abbildung 38: Moorweide am Ramsloher Schloot

Abbildung 39: In den Ramsloher Schloot mündendes Drainagerohr

Durch die Drainage erhält man eine gute Bodenqualität mit idealem Bodenklima, welches ein verbessertes Pflanzenwachstum und gesteigerte Erträge bedeutet. Tatsächlich kann auch an Flussdeichen eine Drainage erforderlich sein, um Deichbrüche bei Hochwasser zu vermeiden. Damit das drainierte Wasser jederzeit abfließen kann, ist es wichtig, dass die angrenzenden Gräben und Bäche (auch Vorfluter genannt) durch die Privateigentümer bzw. Anlieger freigehalten und regelmäßig gereinigt werden.

Abbildung 40: Grabenräumung mit Seitenarm

Abbildung 42: Ramsloher Schloot kurz vor Mündung in die rote Riede (links) und Mündung (rechts)

Die Entscheidung darüber, ob der Graben/Bach gereinigt werden muss, wird bei der regelmäßig stattfindenden Gewässerschau getroffen.

Abbildung 41: Kürzlich gereinigter Graben

Aus dem Ramsloher Schloot gelangt der exemplarische Regenwassertropfen als Grabenwasser in einen zunächst noch kleinen Vorfluter namens »Burlage-Langholter-Tief«.

Im Bereich der Lanholter Heubrücke wird das Burlage-Langholter Tief in die »Rote Riede« umbenannt. In diesem Abschnitt der Roten Riede sind die Uferböschungen ausreichend, um das Wasser zu führen. Deiche sind hier also noch nicht erforderlich.

Abbildung 43: Stauklappe, durch die weitere Oberflächenwassermassen in die rote Riede eingeleitet werden

Wie überall in Niedersachsen, summieren sich die zahlreichen Wasserzuströme mehr und mehr auf. Dadurch werden die Kanäle, Bäche und Flüsse zunehmend größer. Teilweise münden Abwassergräben direkt in die Kanäle. In Rhauderfehn mündet die Rote Riede in den Hauptfehnkanal.

Im weiteren Verlauf stromabwärts präsentiert sich der Hauptfehnkanal mit erkennbaren Uferbefestigungen durch größere Steine und durch beiderseitigen Schilfbewuchs. Hier sind nun auch an beiden Seiten des Ufers aufgeschüttete Erdwälle zu erkennen, die keine Flussdeiche darstellen (gemäß Definition NLWKN), auch wenn sie optisch so wirken mögen. Da hier eine Verbuschung weder auf dem Wall noch an der Uferkante gewünscht ist, werden regelmäßig zu groß gewachsene Büsche zurückgeschnitten.

Abbildung 44: Hauptfehnkanal

Abbildung 45: Zurückgeschnittene Büsche am Hauptfehnkanal

Abbildung 46: Erster Abschnitt für Schafhaltung am Hauptfehnkanal

An der Stelle wo dem Hauptfehnkanal das sogenannte Langholter Meer zufließt, präsentiert sich erstmals ein festinstallierter Metallknotengeflechtzaun (Tornadozaun), der an Holzpfählen montiert ist – die Deichpflege durch Schafe beginnt abschnittsweise ab hier, wenngleich andere Deichabschnitte noch maschinell gemäht werden.

Mit beachtlicher Breite strömt das Wasser des Hauptfehnkanals, welches »unterwegs« mehr und mehr Wasser aus Schöpfwerken aufnimmt, in Richtung des Flusses Leda. In der folgenden Abbildung sind die beiden Kanaldeiche und der Schilfbewuchs an der Uferkante gut zu sehen.

Abbildung 47: Hauptfehnkanal

Die Mündung des Hauptfehnkanals in den 75 km langen Fluss, namens Leda, welcher wiederum ein linker Nebenfluss der Ems ist, weist eine besondere wassertechnische Gegebenheit auf: den Entlastungspolder »Holter Hammrich«.

Abbildung 48: Teilweise gefüllter Entlastungspolder

Entlastungspolder »Holter Hammrich«

Direkt an der Leda im Gebiet des Holter Hammrich (»Hammrich« steht in Ostfriesland für als Wiese oder Weide genutztes Land) begegnet uns eines der zahlreichen Bauwerke zum Hochwasserschutz, ein sogenannter »Entlastungspolder«; ein riesiges Auffangbecken mit einem Ein- und Auslassbauwerk. Der Grund für das Bauwerk: Früher breitete sich an der Leda eine Flussaue aus, heute ist sie durch Deiche auf ein schmales Fluss-

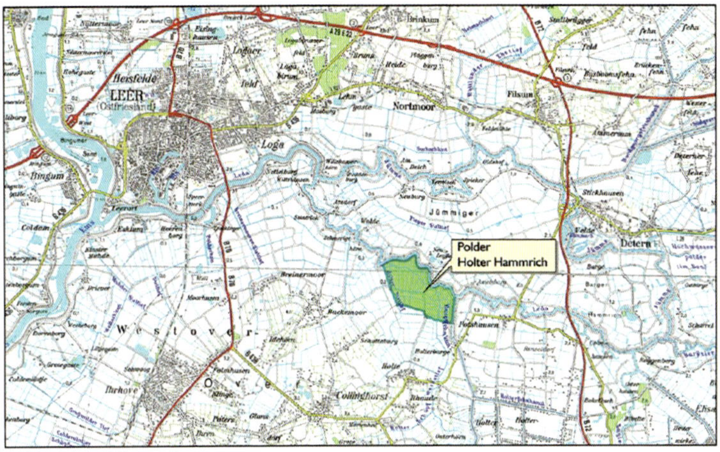

Abbildung 49: Entlastungspolder Holter Hammrich

Abbildung 50: Entlastungspolder Holter Hammrich

Abbildung 51: Ein- und Auslassbauwerk des Entlastungspolders

bett begrenzt. Der Polder hat eine Gesamtgröße von 240 ha und das Wasserstauvolumen beträgt 3,8 Mio. m^2. So können bei Hochwasser durch gezielte Überflutung des Entlastungspolders große Wassermengen aufgenommen und zwischengespeichert werden. Nach Beendigung der Hochwasserperiode wird das Stauwasser kontrolliert in die Leda zurückgespeist.

Weiteres Beispiel einer Überlastungspolderinstallation für die Zukunft zur Umsetzung

Aktuell gibt es im Dreiländereck Brandenburg, Mecklenburg-Vorpommern und Niedersachsen ein weiteres Beispiel für einen Flutungspolder (der sogenannte Flutungspolder »Lenzer Wische«) zur Entlastung bei extremen Hochwasserereignissen. Mitte März 2017 beschlossen die Minister der Bundesländer den Ausbau dieses Polders als Teil des Nationalen Hochwasserschutzprogramms als Reaktion auf die Hochwasserkatastrophe in 2013. Künftig soll der Polder genutzt werden, um im Hochwasserfall den Wasserspiegel der Elbe um bis zu 25 cm zu senken.

Gründe für Hochwasser

Bauwerke wie dieser Entlastungspolder sind im Be- und Entwässerungssystem in Deutschland nicht mehr weg zu denken. Hochwasser hat zahlreiche Gründe, die wir hier kurz beleuchten wollen: Speziell in Niedersachsen gibt es von November bis März die Gefahr des sogenannten Schmelzhochwassers, welches durch Schneeschmelze in den Mittelgebirgen entsteht, in den Sommermonaten hingegen spricht man vermehrt von Hochwasser aufgrund Vb-Wetterlagen (gesprochen: »Fünf-B-Wetterlage«, V = römisch 5), die starke Regenfälle mit sich bringen.

Grundsätzlich werden mehrere Arten von Hochwasser unterscheiden:

Flusshochwasser:

Flusshochwasser entstehen meist durch anhaltende, großräumige Niederschläge. Aber auch die Be- und Entwässerung und die Bodenbeschaffenheit des Einzugsgebietes sind entscheidende Faktoren. Daher ist es umso wichtiger, dass die Pflege der Gewässer regelmäßig übernommen wird.

Sturmflut:

Bei einer Sturmflut treiben starke Winde das Wasser von den Meeren oder großen Seen an die Küste und überfluten so das Land. Hier ist der Einsatz von Deichen, wie oben bereits beschrieben, unerlässlich.

Sturzfluten:

Sturzfluten sind auf starke Niederschläge in kurzer Zeit zurück zu führen. Im Gegensatz zu den anderen Hochwasserarten können diese aber auch fernab von Gewässern auftauchen. Sobald der Boden gesättigt ist, fließt das Wasser auf der Oberfläche ab und bahnt sich seinen Weg als Hochwasserwelle. Durch die Kraft des Wassers, wird meist alles mitgerissen, was nicht fest genug verankert ist.

Qualifikation von Hochwassern

Hochwasser werden meistens mit einer statistischen Bewertung versehen, hierfür werden langjährige Messreihen der Pegelstände als Grundlage genommen. Hochwasser mit dem Zusatz »HQ« gibt so die Werte Hochwasser (H) und die Durchflussmenge (Q= lat., Menge) an. Ein sogenanntes HQ100 beispielsweise, bezeichnet ein statistisch alle 100 Jahre auftretendes Hochwasserereignis, ein so genanntes Jahrhunderthochwasser. Sogenannte HQ10 oder HQ30 treten also in der Wahrscheinlichkeit häufiger auf, sind aber in den Auswirkungen kleiner.

Abbildung 52: Hochwasserführender Fluss

Abbildung 53: Überschwemmungsgebiete Niedersachsen

Überschwemmungsgebiete

Nach § 76 Abs. 1 Wasserhaushaltsgesetz (WHG) des Bundes gelten Gebiete zwischen oberirdischen Gewässern und Deichen, die bei Hochwasser überschwemmt oder durchflossen oder die für Hochwasserentlastung oder Rückhaltung beansprucht werden, als Überschwemmungsgebiete. Diese werden als eine wichtige Maßnahme im vorbeugenden Hochwasserschutz definiert. Im § 76 heißt es ferner, dass mindestens diejenigen Gebiete, in denen ein Hochwasserereignis statistisch einmal in 100 Jahren zu erwarten ist (also HQ100) als Überschwemmungsgebiete festgelegt werden.

Ergänzend dazu hat das Land Niedersachsen im Niedersächsischen Wassergesetz (NWG) weitere Verordnungen erlassen.

Zum Thema Zaunbau in Überschwemmungsgebieten heißt es in einer hier als Beispiel dargestellten Verordnung der Bezirksregierung Lüneburg über die Festsetzung des Überschwemmungsgebietes der Aller im § 3 Besondere Bestimmungen:

»4) Genehmigungsfrei im Überschwemmungsgebiet sind

a) das Lagern von Stroh-, Heu- und Silageballen sowie Lesesteinhaufen in der Zeit vom

01. April bis zum 30. Oktober eines jeden Jahres mit der Maßgabe, dass sie bei Hochwassergefahr zu entfernen sind

b) das Aufstellen von Weidezäunen (ortsübliche Stacheldrahtzäune, Elektrozäune und Fanggatter) und selbsttätigen Viehtränken«

Durch Nutztierhalter wird in Diskussionen um die Errichtung von wolfsabweisenden, mehrreihigen und bodennahen (Elektro-)zäunen in Überschwemmungsgebieten zurecht immer wieder daraufhin gewiesen, dass der Eintrag von natürlichem Treibgut (Pflanzenteile, wie z.B. Halme), teilweise Kunststoffmüll und Eisgang ein großes Problem darstellt. Das Treibgut verfängt sich aufgrund der Strömung in den Drähten und bleibt dort dauerhaft hängen. Mit Zunahme der Treibselmenge am Zaundraht steigt der Staudruck und der Zaun wird durch die Strömung mitgerissen. Um im Falle des Einsatzes elektrischer Weidezäune eine einwandfreie Funktion zu gewährleisten, müssten die Elektrodrähte nach dem Abfluss der Hochwassermassen wieder vom Treibgut befreit werden – ein immenser Arbeitsaufwand wäre die Folge.

Abbildung 54: Hängen gebliebenes Treibsel am Ufer der Aller und in der Weide

Abbildung 55: Hängen gebliebenes Treibsel am Metallknotengeflecht am Beispiel des Nordseedeiches

Nachdem nun Gründe für Hochwassersituationen und die daraus resultierende Erfordernis nach einem Entlastungspolder beschrieben wurden, setzen wir an dieser Stelle den Weg des »Regentropfens« weiter fort. Am Entlastungspolder Holter Hammrich tritt erstmals der Fluss »Leda« und mit ihm ein Flussdeich in Erscheinung. Grundsätzlich wird zwischen Fluss- und Seedeichen unterschieden. An dieser Stelle werden zunächst Flussdeiche erläutert.

Flussdeiche

Wie zuvor bereits erwähnt, dienen auch Deiche als Schutzanlagen vor Überflutungen. Insgesamt laufen durch Niedersachsen mehr als 1.000 km Deich (davon läuft 610 km Hauptdeichlinie an der Nordseeküste, die restlichen Kilometer entfallen auf die Inseln und die tidebeeinflussten Flussmündungen). Auf das Leda-Jümme-Gebiet entfallen ca. 250 km Flussdeich. Des Weiteren entfallen ca. 1000 weitere km auf Hochwasserdeiche, Schutzdeiche und die 2. Deichlinie (die genauen Längen sind nicht näher definiert und dementsprechend hier auch nicht grafisch dargestellt).

Flussdeich der Leda

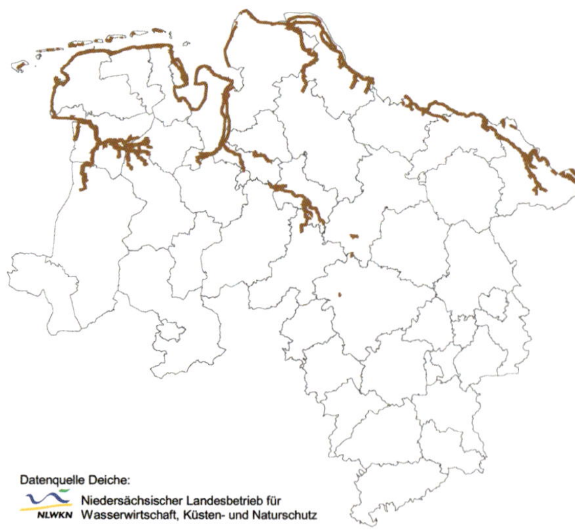

Fluss- und Seedeiche in Niedersachsen

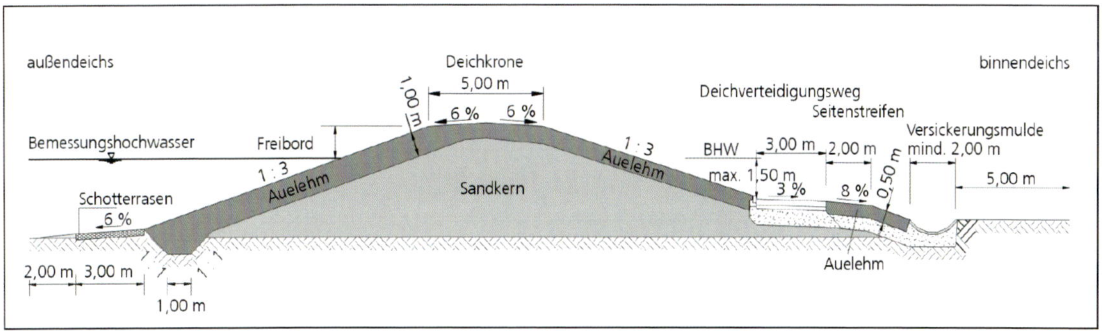

Abbildung 56: Querschnitt Flussdeich

Deichgesetz

Niedersachsen ist das einzige deutsche Küstenland, das ein spezielles Deichgesetz besitzt. Es legt Verantwortlichkeiten fest, enthält Normen für die Nutzung und Benutzung, Erweiterung und Veränderung sowie die Kontrolle. Der wohl wichtigste Punkt des Gesetzes für das Thema Herdenschutz und Zaunbau ist der §15 Besondere Bauwerke, auf diesen wird im Kapitel Zaunbau separat eingegangen:

> *Bauwerke innerhalb der Grenzen des Deiches, die der Ent- und Bewässerung oder dem Verkehr dienen, dürfen nur mit Erlaubnis der Deichbehörde nach Anhören des Trägers der Deicherhaltung angelegt, geändert oder beseitigt werden. Das Gleiche gilt für Wasser-, Gas-, Öl- und elektrische Leitungen innerhalb der Grenzen des Deiches.*

Flussdeiche müssen vor allem Durchfeuchtung aushalten, weil ein Flusshochwasser unter Umständen wochenlang steht. Daher sind sie meist zur Wasserseite zusätzlich verstärkt.

Deichverteidigungsweg

Die Landseite eines Deiches (Flussdeiche und Seedeiche) sollte einen Deichwehrweg (Deichverteidigungsweg) besitzen, über den zum Beispiel Sandsäcke herantransportiert werden können. Dessen Befestigung verbessert die Widerstandsfähigkeit beim Überspülen. Einige sehr alte Deiche haben nur schlechte oder keine Deichwehrwege, hier sind die Deichschauen zur Feststellung der Mängel und der baulichen Veränderung im Rahmen des Hochwasserschutzes unerlässlich.

Abbildung 57: Anstehendes Flusshochwasser am Leda-Deich

Abbildung 58: Von links nach rechts: Deichschulter, Deichverteidigungsweg, Zaun

Die sogenannten Deichschauen, ähnlich der Gewässerschau, finden meist halbjährlich oder jährlich statt. Dabei werden die Deiche auf Standsicherheit sowie der ordnungsgemäße Zustand geprüft. Die Zuständigkeit und Unterhaltung sowie Anlage der Deiche obliegt in Niedersachsen den 23 Deichverbänden (auch Deichachten oder Deichbände genannt). Deichverbände sind Körperschaften des öffentlichen Rechts. Die Aufgabe der Deichverbände ist es, ihr Zuständigkeitsgebiet vor Sturmfluten zu schützen. Die Basis dafür ist das Wasserverbandsgesetz vom 12.02.1991, sofern das Niedersächsische Deichgesetz nicht anderes bestimmt.

Die folgende Tabelle soll eine Übersicht über die Flussdeichverbände und die Länge der entsprechenden Hochwasserdeiche bieten:

Deichverband	Deiche	Länge (km)	Landkreis	Gewässerordnung
Aller/Weser				
Deichverband Eilte	Allerdeich	3,2	Heidekreis	2. Ordnung
Deichverband Bierde-Eilte	Allerdeich	2,5	Heidekreis	2. Ordnung
Deichverband Bosse	Allerdeich	2,6	Heidekreis	2. Ordnung
Deichverband Hodenhagen	Allerdeich Rückstaudeiche	2,0 9,5	Heidekreis	2. Ordnung
Deichverband Frankenfeld-Hedern	Allerdeich	2,4	Heidekreis	2. Ordnung
Deichverband Rethem-Wohlendorf	Allerdeich	9,3	Heidekreis	2. Ordnung
Deichverband Kirchwahlingen-Rethem	Allerdeich	16,0	Heidekreis	2. Ordnung
Deichverband Hülsen	Allerdeich	3,0	Verden	2. Ordnung
Westener Deichverband	Allerdeich	9,9	Verden	2. Ordnung
WBV Westen-Diensthop	Allerdeich	2,5	Verden	2. Ordnung
Stedorfer Deichverband	Allerdeich	6,2	Verden	2. Ordnung
Mittelweserverband	Weserdeich	55,0	Diepholz, Verden, Nienburg	1. Ordnung
Stedorfer Deichverband	Weserdeich	11,5	Verden	1. Ordnung
WBV Achim-Bierden	Weserdeich	3,0	Verden	1. Ordnung
WBV Bierden-Bollen-Uphusen	Weserdeich	4,4	Verden	1. Ordnung
Leine				
Neustadt am Rübenberge	Leinedeich	2,9	Hannover	1. Ordnung
Gemeinde Gilten	Leinedeich	4,7	Heidekreis	1. Ordnung
Ems				
Deichverband Heede-Aschendorf-Papenburg	Emsdeiche Verwallung Dersumer Schloot	11,6 1,8	Emsland Emsland	1. Ordnung 1. Ordnung
Elbe				
Artlenburger Deichverband	Tidebereich: Elbedeich Ilmenau-Deiche Neetze-Deiche Hochwasserbereich: Elbedeich	 13,4 13,9 3,2 42,5	Lüneburg	 1. Ordnung 2. Ordnung 2. Ordnung 1. Ordnung
Dannenberger Deich- und Wasserverband	Elbedeiche Jeetzeldeiche	23,0 3,4	Lüchow-Dannenberg	1. Ordnung 1. Ordnung
Gartower Deich- und Wasserverband	Elbedeich Seegedeiche Alanddeich	12,9 25,3 2,7	Lüchow-Dannenberg	1. Ordnung 1. Ordnung 1. Ordnung
Jeetzeldeichverband	Elbedeiche Jeetzeldeiche Deiche Lübelner Mühlenbach Deiche Jamelner Mühlenbach Lucie-Kanaldeiche Deiche am Prisserscher Bach	3,5 40,8 3,6 4,5 13,2 0,7	Lüchow-Dannenberg	1. Ordnung 1. Ordnung 3. Ordnung 3. Ordnung 3. Ordnung 3. Ordnung
Neuhauser Deich- und Unterhaltungsverband	Elbedeich Krainkedeiche Sudedeich Rögnitzdeich	46,6 6,0 1,7 4,2	Lüneburg	1. Ordnung 3. Ordnung 3. Ordnung 3. Ordnung
	Summe	**438,0**		

Tabelle 2: Übersicht der Deichabschnitte

Zurück zum Weg des Wassers: Nachdem der beispielhafte Regentropfen in die Leda gemündet ist, sind es nur wenige Kilometer stromabwärts, bis ein rechter Nebenfluss der Leda in diese mündet: die Jümme. Doch zuvor strömt der Regentropfen noch an einem Bauwerk vorbei, wie es dutzende Male in Niedersachsen an verschiedensten Orten verbaut ist: einem Schöpfwerk, welches Wasser aus dem Binnenland in einen Fluss hineinfördert. Im konkreten Fall ist es das Schöpfwerk Holte.

Schöpfwerke und Siele zur Binnenentwässerung – Schöpfwerk Holte

Auf dem Weg in die Ems gibt es im Fluss der Leda noch eine weitere Be- und Entwässerungsart, die sogenannten Siele bzw. Schöpfwerke. Die Sielachten (Verbände mit der Aufgabe der Entwässerung des jeweiligen Verbandsgebietes) sind verantwortlich für den Bau. Über ein Siel kann das Grabenwasser aus den Flächen hinter dem Deich in den Fluss abgegeben werden. Um auch bei Hochwasser ableiten zu können, wurden zusätzlich Schöpfwerke gebaut, die das überschüssige Wasser aus dem Binnenland in die eingedeichten Fließgewässer pumpen. Das Schöpfwerk Holte ist eines von zahlreichen Schöpfwerken im Leda-Jümme-Gebiet. Dabei dient das Schöpfwerk als Hebevorrichtung für Wasser aus dem Holter Sieltief, so kann be- und entwässert werden.

Die Jümme hat eine Länge von 25 km. Ca. 9 km vor der Einmündung in die Ems fließt der Leda die Jümme zu. Gemeinsam durchqueren sie vorher die 35.000 ha große Emsniederung Ostfriesland, als Leda-Jümme-Gebiet bezeichnet.

Sperrwerke

Kurz vor der Mündung der Leda in die Ems nahe der Stadt Leer strömt das gesamte Wasser der Leda durch ein großes Sperrwerk. Das nur durch niedrige Flussdeiche gesicherte Leda-Jümme-Gebiet soll hier vor höheren Tiden einschließlich Sturmfluten geschützt werden. Daher wird das Sperrwerk bei höher anlaufenden Tiden geschlossen, es ergänzt damit in der Funktionsweise die zahlreichen Deiche, die ebenfalls dem Hochwasserschutz dienen.

Abbildung 60: Ledasperrwerk

Abbildung 59: Schöpfwerk Holte, Einlass binnenlandseitig

Abbildung 61: Schöpfwerk Holte, Auslass flussseitig

Abbildung 62: Emssperrwerk

Aber auch kurz vor der Mündung der Ems in die Nordsee befindet sich ein Sperrwerk. Das sogenannte Emssperrwerk, welches seit 2002 in Betrieb ist, dient ebenfalls dem Schutz vor Flut, bei geschlossenem Sperrwerk verhindert man so das Einlaufen von Hochwasser in den Emslauf.

Wie im zuvor beschriebenen Beispiel, sind es das Leda- und das Emssperrwerk, das die verschiedenen betroffenen und zu entwässernden Regionen vor Hochwasser schützen soll. Etwaige Sturmfluten sollen also kein Wasser »rückwärts« ins Binnenland drücken und somit zur Wasseraufstauung und ggf. Überschwemmung führen. Mit Blick auf das Land Niedersachsen finden wir an verschiedenen Orten Sperrwerke vor, die alle die gleiche Hauptaufgabe haben.

Zusätzlich treten an der Küste erstmals sogenannte Seedeiche, eine weitere Form von Deichen, auf. Sie sind im Vergleich zu den Flussdeichen, die wir bereits einige Absätze vorher kennen gelernt haben, flach und stabil, weil sie die auflaufende Wasserwellenenergie abfangen müssen. Durchfeuchtung, wie bei einem Flussdeich, ist hier seltener ein Problem, da eine normale Sturmflut in der Regel 24 Stunden anhält. Auch die Rückseite ins Landesinnere ist flach, damit überlaufendes Wasser den Deich nicht von hinten aushöhlt.

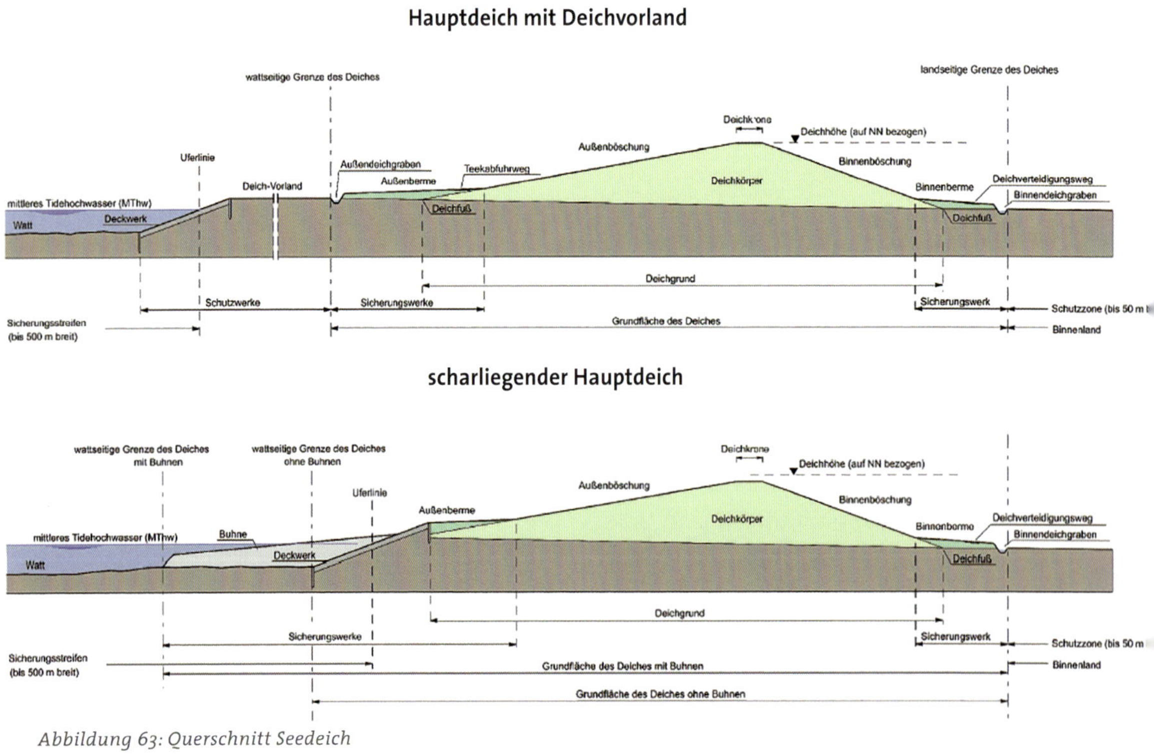

Abbildung 63: Querschnitt Seedeich

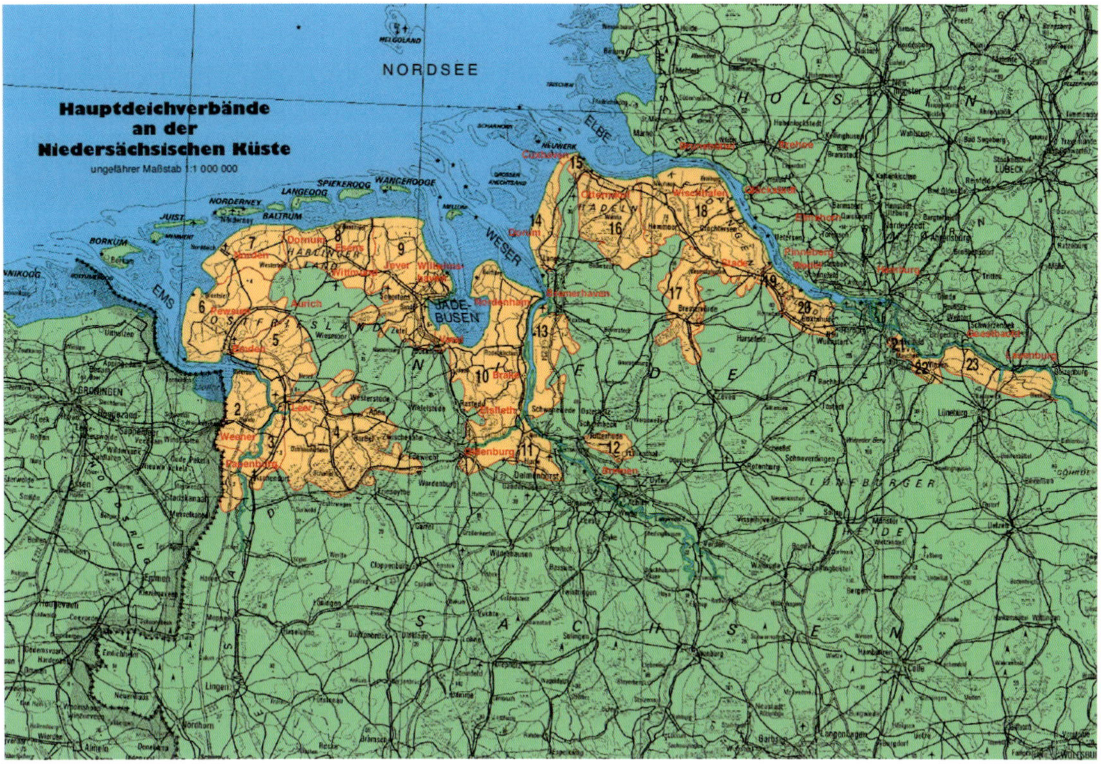

Abbildung 64: Hauptdeichverbände Niedersächsische Küste

Die Karte bietet einen Überblick über die 23 Hauptdeichverbände an der Niedersächsischen Küste. Auch hier wird die Komplexität des Hochwasserschutzes in Niedersachsen sichtbar.

Tiden: Hoch- und Niedrigwasser

Neben Hochwasser, die zu jeder Zeit aufgrund extremer Wetterlagen im Landesinneren vorkommen können, ist an den Küsten die sogenannte Tide, also Ebbe und Flut (Niedrig- und Hochwasser), das »tägliche Geschäft« und ein natürlicher, wiederkehrender Vorgang. Der mit den Tiden einhergehende Wasserhub ist dabei eine Folge der Gezeitenkräfte von Erde, Sonne und Mond, wobei der stärkste Einfluss vom Mond ausgeht. Während des Mondumlaufs von knapp 25 Stunden gibt es je zweimal Hochwasser (Flut) und zweimal Niedrigwasser (Ebbe).

Der sogenannte Tidenhub (Wasserhub) beschreibt dabei den Unterschied zwischen dem Scheitelpegel (Hochwasser) und dem untersten Pegelstand (Niedrigwasser). Der Tideeinfluss (Anstieg und Abfall des Wasserpegels aufgrund Ebbe und Flut) endet in der Weser in Bremen-Hemelingen, in der Elbe in Geesthacht und in der Ems an der Schleuse Herbrum bzw. geht auch bis in das Leda-Jümme-Gebiet. Der mittlere Tidenhub, also der durchschnittliche Unterschied zwischen den Wasserständen, liegt bei allen drei tidebeeinflussten Flüssen zwischen 3 bis 4 m.

Zäune, Tore, Steighilfen, Cattle Grids und Gräben

Entlang der Fluss- und Seedeiche sind eine Reihe von technischen Bauten vorzufinden, die sich aus der Haltung von Schafen oder teilweise auch Rindern auf den Deichen ergeben. Diese sollen hier kurz beschrieben werden.

Sehr oft ist der sogenannte »Tornado«-Zaun an Deichen zu sehen. Dabei handelt es sich um ein sehr stabiles und 80 cm hohes Metallgeflecht. Dieses ist an ins

Abbildung 65 (beide Bilder): Metallknotengeflechtzaun am Deich

Erdreich gerammten Holzpfählen befestigt. Der Zaun ist meistens bodenschlüssig verlegt. Gelegentlich ist zusätzlich ein in ca. 90 cm Höhe montierter Stacheldraht zu sehen. Teilweise wird das Metallgeflecht jedoch auch mit Abstand zur Oberkante des Erdreiches – also auf Lücke – verlegt, wobei die Oberkante des Zaunes dann auch ca. 90 cm misst. Zwischen zwei Holzpfählen gesetzte Holzkreuze ermöglichen die mechanische Spannung des Geflechtzaunes, ohne dabei die Pfähle in Schieflage zu ziehen.

In Fällen, wo Zäune Gräben queren, wurde in der Vergangenheit das Hauptaugenmerk beim Zaunbau darauf gelegt, dass die Schafe die für sie vorgehaltene Deichfläche nicht verlassen können.

Abbildung 66: Metallknotengeflechtzaun quert einen Graben

Abbildung 67: Spannkreuze halten den Zaun in Form

Auch an Deichen sind vielerorts Weidetore installiert, um je nach Jahreszeit die Be- und Entladung von z.B. Schafen zu ermöglichen. Schilder der zuständigen Organisationen weisen unter Umständen auf ein Hundeverbot auf dem Deich hin.

Abbildung 68: Weidetor mit Hinweisschild

Abbildung 69: Cattle Grid für Fußgänger und Radfahrer am Holter tief

Abbildung 70: Stabiles Cattle Grid für Kraftfahrzeuge am Nordseedeich

Cattle Grids sind rechteckige, tiefe Gruben, die durch Stahlrohre oder -stangen mit regelmäßiger Lückenteilung (ähnlich einem Grillrost) abgedeckt sind. Sie verhindern, dass Schafe den Deich verlassen und ermöglichen Fußgängern und Radfahrern ein barrierefreies Passieren der Weidetoranlage. Es ist durch die Anatomie der Füße begründet, dass Schafe, Ziegen und Rinder – sie sind alle Huftiere – nicht über das Cattle Grid laufen. In der Bauform größere und massivere Cattle Grids ermöglichen das Befahren mit Fahrzeugen unterschiedlicher Gewichtsklassen.

Übersteighilfen dienen dem Menschen zum Überwinden von Zäunen, ohne diese zu beschädigen, bzw. ohne sie herunterdrücken zu müssen, was wiederum einer Beschädigung gleichkommt. Sie sind am Fuße von Deichen zu finden, aber auch auf der Deichkrone neben Weidetoren.

Abbildung 71: Übersteighilfe für Fußgänger am Deichfuß

Abbildung 72: Übersteighilfe für Fußgänger neben einem Weidetor auf der Deichkrone

Damit Fußgänger auf dem Deich spazieren gehen können, müssen sie nicht zwingend nur Übersteighilfen, sondern auch Tore passieren. Diese Tore dürfen nicht versehentlich aufgelassen werden, weil dann Schafe herauswandern könnten. Um dies zu verhindern sind die Tore derart konstruiert, dass sie stets durch Eigengewicht wieder zufallen mittels exzentrischer Scharnierachsen (Schwerkraftrückfalltore).

Abbildung 73: Selbstschließendes Fußgängertor auf dem Deich

Deichpflege ist zwingend erforderlich!

Manch einer wird sich noch an die schwere Sturmflutkatastophe an der Nordsee vom 16./17.02.1962 erinnern. Infolge dieser Sturmflut kam es an 61 Stellen des niedersächsischen Nordseedeiches auf insgesamt ca. 300 km zu Brüchen, bei denen große Wassermassen ins Binnenland hineinliefen und auf ca. 370 km^2 Fläche Schäden anrichteten. Die größten Schäden ergaben sich im Bereich der Unterelbe bei Hamburg. Damals starben 340 Menschen infolge dieser Naturkatastrophe und ein riesiger Sachschaden war ebenfalls die Folge. Ferner ertranken etliche Nutztiere in den Wassermassen. In der Nachbetrachtung dieser Flutkatastrophe wurde festgestellt, dass es an der niederländischen Nordseeküste keine Deichbrüche gab. Warum nicht? Als Fazit wurde festgestellt, dass dort schon seit längerem die Deichpflege mit Schafen betrieben wurde. Schafe auf Deichen sollte also besser ein Muss sein! Heute sind es an vielen Abschnitten der Deiche Schafe, die diesen pflegen.

Abbildung 74: Deichpflege mit Schafen

Im Laufe der vergangenen Jahrzehnte sind durch baulich vorgenommene Weiterentwicklungen der Deiche, insbesondere der Seedeiche, die Böschungswinkel nach und nach flacher geworden. Diese geometrische Veränderung der Deiche zog die teilweise Deichbeweidung mit Rindern nach sich, während auch Schafe nach wie vor überwiegend im Einsatz sind.

Abbildung 75: Deichpflege mit Rindern

Die stets umzusetzenden Deichpflegemaßnahmen umfassen das Kurzhalten der Gräser in Verbindung mit der Oberbodenverdichtung des Deiches und die Vermeidung von Verbuschung. Vor diesem Hintergrund sind Auflockerungen bzw. Aufweichungen des Oberbodens durch Maulwurf- und Wühlmausbohrgänge ebenfalls unerwünscht, weil es der »Widerstandsfähigkeit« des Deiches im Sturmflutfall schadet (gilt ebenfalls für Bisam und Biber). Zur Erreichung dieser Anforderungen eignet sich der Einsatz von Schafen am besten. Die Besatzdichte von Schafen (Menge pro Hektar) am Deich kann dabei nur im Einzelfall beurteilt werden. Verschiedene Aspekte sind dafür zu bewerten: Jahreszeit, Witterungsbedingungen, Zustand der Grasnarbe, usw. Festzustellen ist, dass je öfter Schafe auf der Grasnarbe treten, diese die Graswurzeln leicht, aber verträglich, aufreißen. Dieser Vorgang führt dazu, dass die betroffenen Graswurzeln neue Nebenwurzeln ausbilden, was wiederum ein dichteres Gesamtwurzelwerk in der Grasnarbe erwirkt. Die Widerstandsfähigkeit des Deiches wird somit erhöht. Durch das permanente Antreten des Oberbodens durch Schafe werden Maulwürfe und Wühlmäuse ebenfalls vom Deich ferngehalten bzw. verdrängt. Um eine nachteilhafte »Überpflege« der Deiche durch Schafe zu vermeiden, werden sie weitestgehend nur vom Frühjahr bis zum Herbst auf Deichen gehalten.

Abbildung 76: Maulwürfe und Wühlmäuse schaden dem Deich

Entscheidet man sich für den Maschineneinsatz und gegen die Schafe, sind verschiedene Nachteile zu benennen. Nach dem Mähen, Schlegeln oder Mulchen bleibt das Grasschnittgut auf dem Deich liegen. Hierdurch bietet sich für Wühlmäuse ein vorteilhaftes Milieu, in dem sie sich gut verstecken und vermehren können. Greifvögel wie auch Eulen haben infolge dessen nur geringe Chancen, die Nager zu greifen. Auch das vorteilhafte »Antreten der Grasnarbe durch Schafhufe« bleibt bei dieser Mähweise aus, sollte allerdings durch den Einsatz einer Trippelwalze nachgeahmt werden.

Abbildung 77: Grasschnitt durch Maschineneinsatz

Abbildung 78: Grasschnitt nach dem Maschineneinsatz

Das Land Niedersachsen fördert im Rahmen des Küstenschutzes Maßnahmen im Deichbau. Antragsteller sind die Deichverbände des Landes. Die Deichverbände sind nach dem Niedersächsischen Deichgesetz im Anschluss an den Bau, der Verstärkung oder Erhöhung des Deiches für die Unterhaltung der Anlagen in ihrem Verbandsgebiet zuständig. Über die Art der Unterhaltung gibt es keine Vorschriften (Einsatz von Schafen, Rindern oder Maschinen als Pflegemaßnahme). Im Rahmen der Beweidung ist die Haltung von Großvieh jedoch nicht gewünscht, da Kühe die Kleischicht und die Grasnarbe mit ihrem Gewicht zerstören können. Hier sollen vorzugsweise Schafe eingesetzt werden.

Ein gesetzliches Verbot über die Deichbeweidung mit Rindern gibt es in Niedersachsen nicht. In der »Schriftenreihe der Sächsischen Landesanstalt für Landwirtschaft, Heft 11–10. Jahrgang 2005, Bewirtschaftung von Deichen« lässt sich im Kapitel »Einfluss der Mahd und Beweidung auf die Grasnarbe« nachlesen – hier als Zitat:

»Die Beweidung wird meist durch zwei Tierarten durchgeführt. Einmal Beweidung durch Schafe und Beweidung durch Rinder. Das Schaf verbeißt die Pflanzen tiefer als das Rind. Es erfasst die Bestockungszonen der Gräser und flachliegenden Kriechtriebe. Junge, zarte, blattreiche Gräser werden bevorzugt und alle gröberen und härteren Pflanzenteile gemieden (KLAPP, 1971). Der tiefe und scharfe Verbiss der Schafe fördert Untergräser (HILLER, 1974). Hierzu zählen die wertvollsten Süßgräser des Deichgrünlandes wie Lolium perenne, Cynosurus cristatus, Poa pratensis und Poatrivialis (JITTLER, 2001).

Das Rind zieht das Futter mit der Zunge drehend in das Maul und reißt es wegen der fehlenden Schneidezähne im Oberkiefer quetschend ab. Sehr kurzes Gras wird ohne Mitwirkung der Zunge abgerissen, ohne die Pflanzen bis auf den Boden abzufressen. Das Rind frisst selektiv und speit ältere Halmteile und weniger schmackhafte Teile aus. Dornig-stachlige und nicht schmackhafte Pflanzen werden gemieden (KLAPP, 1971).

Bewährt hat sich für die Deichgrasnarben das Beweiden mit Schafen, was auch in DIN 19712 (1997) und im Wassergesetz des Freistaates Sachsen (zuletzt geändert am 24. Juni 2004) empfohlen wird, denn Schafe weiden nicht nur die Grasnarbe kurz ab, sondern verfestigen auch den Boden mittels ihrer so genannten »Trippelwalze«. Damit vermindern sie gleichzeitig das Aufkommen von deichschädlichen Bodenwühlern, wie Mäusen und Maulwürfen. JITTLER (2001) hat in ihren Untersuchungen nachgewiesen, dass auch die Möglichkeit der Rinderbeweidung besteht, aber nur bei sehr flachen Neigungen der Hochwasserschutzdeiche und einer Begrenzung der Masse pro Tier von 400 kg. In der DIN 19712 (1997) ist zu lesen, dass Deiche für eine Beweidung mit Großvieh nicht geeignet sind. In Sachsen ist davon auszugehen, dass die Rinderbeweidung aufgrund der Böschungsneigungen der Deiche nicht möglich ist.

In der Literatur wird ebenfalls auf die Beweidung mit Gänsen eingegangen. Dies wird jedoch einheitlich abgelehnt, da die Gänse den kompletten Bestockungsknoten und Kriechtriebe der Gräser herausreißen und somit die Grasnarbe eher schädigen.

Bei der maschinellen Mahd werden die Pflanzen im Gegensatz zur Beweidung auf eine einheitliche Höhe geschnitten und verlieren dadurch den größten Teil ihrer Assimilationsfläche. Diesem »Stress« sind nicht alle Pflanzen gewachsen, sondern nur Arten, die vor dem Schnitt genügend Reserven für den Wiederaustrieb sammeln konnten und nach dem Schnitt so rasch wachsen, dass die Ansiedlung wiesenfremder Arten fast unmöglich ist. Im Gegensatz zur Beweidung kommt es bei der Mahd nicht zu einem Nährstoffeintrag, sondern ohne Düngung zu einem stetigen Nährstoffentzug. JITTLER (2001) kommt in ihren Untersuchungen zu dem Schluss, dass die Bewirtschaftung der Deichvegetation flexibel gehandhabt werden sollte, um die Auswirkungen der Beweidungsintensität und der Mahd in ihrer gesamten Bandbreite nutzen zu können. Das bedeutet, dass Deichgrasnarben mit auffälliger floristischer Komposition oder großen Lücken entweder durch eine abweichende Beweidungsintensität oder zusätzliche Mahd bewirtschaftet werden sollten. Dies hat zum Ziel, einen möglichst hohen Deckungsanteil der horstförmig wachsenden Süßgräser zu erreichen.«

Verbote im Zaunbau

Zaunbau entlang an Flussufern 1. Ordnung

Grundsätzlich ist nach WaStrG § 31 (2) festzuhalten, dass derjenige, der eine Bundeswasserstraße benutzen oder Anlagen in, über oder unter einer solchen Wasserstraße oder an ihrem Ufer errichten, verändern oder betreiben will, dieses dem Wasser- und Schifffahrtsamt anzuzeigen hat.

Zäune sind im Sinne des Wasseramtes ein Betrieb einer Anlage, die genehmigungspflichtig ist. Bei der Verwendung von mobilen Zäunen (Elektronetz oder -litzenzaun) steht der Betreiber in der Nachweispflicht, dass der Zaun nicht abtreibt und sich beispielsweise in einer Schiffsschraube verfängt. Eine Genehmigung gibt es nur dann, wenn der Zaun unter allen denkbaren Umständen den Belastungen des Gewässers standhält (Staudruck). Diese Kriterien erfüllen mobile Zäune nicht.

Der Aufbau von z.B. Elektronetzen am binnenlandseitigen Deichfuß ist genauso gestattet, wie der Aufbau von E-Netzen quer zur Deichlinie.

Abbildung 79: Dreiseitig gesicherte Schafherde mit Elektronetzzäunen an einem Gewässer 1. Ordnung

Abbildung 80: Zaunfreie Uferzone an einem Gewässer 1. Ordnung

Zaunbau entlang an Ufern Gewässer 2. und 3. Ordnung

Es ist dem Tierhalter gestattet z.B. einen mobilen Elektrozaun entlang am Fluss- bzw. Gewässerufer aufzustellen. Der Aufbau von z.B. Elektronetzen am binnenlandseitigen Deichfuß ist genauso gestattet, wie der Aufbau von E-Netzen quer zur Deichlinie.

Abbildung 81: Vierseitig gesicherte Schafherde mit Elektronetzzäunen an einem Gewässer 2. Ordnung

Hundeverbot auf Deichen

Ob Spaziergänger angeleinte Hunde auf den Deichen mitführen dürfen oder nicht entscheidet der jeweilige zuständige Deichverband. So gibt es Deichverbände, die ganzjährig Hunde auf Deichen verbieten. Andere gestatten z.B. das Mitführen von angeleinten Hunden im Zeitraum vom 16.11. bis zum 30.03., während es den Rest des Jahres verboten ist.

Die Verbote stützen sich auf zwei Gefahren, die potentiell von Hunden für die Schafhaltung ausgehen. Zum einen soll unterbunden werden, dass unangeleinte, wie auch angeleinte Hunde an langer Schleppe Schafe hetzen und dadurch die Herde beunruhigen, bzw. im äußersten Fall in Panik versetzen. Zum anderen soll Hundekot auf Deichen möglichst vermieden werden, weil darin Wurmeier bzw. Glieder vom Band- und Spulwurm enthalten sein können. Die Wurmglieder können sich mittels eigener Bewegung bereits vom Kothaufen entfernen und auf umliegende Grashalme absetzen. Durch Grasaufnahme der Schafe gelangen die Glieder oder Eier dann in den Verdauungstrakt der Schafe. Das Schaf stellt dann einen Zwischenwirt bzw. Fehlwirt dar. Die Anlage von Bandwurmfinnen im Schaf (Leber, Gehirn, Darmgekröse) ist nicht behandelbar. Nimmt ein Schaf Spulwurmeier auf, was seltener der Fall ist, schlüpfen die Eier im Darm und wandern zur Leber. Dieses stellt wiederum eine Stoffwechselbelastung dar, die nicht behandelbar ist. Weiterführende Informationen sind im Kapitel 9 enthalten.

Abbildung 82: Beschilderungen weisen auf Hundeverbote am Deich hin

Wasserwirtschaft und Herdenschutz

Entwässerungsfurchen auf Weiden

Sollen Zäune (mobile, wie auch festinstallierte) auf Weiden errichtet werden, ist ein »lückenloser« Zaunbau unerlässlich! Entwässerungsfurchen, bzw. Grüppen (und auch andere Vertiefungen) auf feuchten bzw. nassen Weiden zwecks Drainagezwecke müsse zwingend mit abgesichert werden, um den wolfsabweisenden Schutz zu erreichen. Ansonsten bieten sich Lücken im Zaunsystem.

Kanalrohre in Gräben

Je nach Konstellation von verschiedenen zusammenhängenden Weiden und Gräben, kann es Fälle geben, in denen trockene Gräben und Kanalrohre (unter Weidezufahrten) den Zugang für Wölfe ermöglichen. In diesen Fällen sollten die Kanalrohre für die Zeit der Tierhaltung durch Metallgitter abgesichert werden.

Festzaunbau entlang Gräben

Sollen Festzäune entlang von Gräben installiert werden, darf infolge dessen der Einsatz von Maschinen (z.B. Traktor oder Bagger) zum Loten nicht behindert werden. Es wird zusätzlich empfohlen, das örtliche Bauamt, sowie den zuständigen Wasser- und Bodenverband mit Blick auf baurechtliche Vorgaben (max. Zaunhöhe und Abstand zum Graben) zu befragen. Im äußersten Fall könnte ansonsten der Rückbau des Zaunes angeordnet werden oder dem Tierhalter werden Kosten in Rechnung gestellt, die das manuelle Ausmähen der Grabenabschnitte entlang am neu errichteten Festzaun erfordern.

Zäune am Flussdeich

Grundsätzlich gibt es Flussdeiche (unabhängig vom Wolfsvorkommen), bei denen die Schafhaltung nur mittels mobiler Elektrozäune durch den Tierhalter vorgenommen wird. Ferner gibt es jedoch auch viele Flussdeichabschnitte, die landseitig mit Metallknotengeflechtzäunen (mindestens 80 cm hoch) am Deichfuß eingezäunt sind, während die Deichuferseite nicht mit Festzäunen ausgestattet ist. Hier begrenzt das Flussufer die Schafhaltung. Diese Zaunkonfiguration stellt keinen wolfsabweisenden Schutz dar. Es muss untersucht werden, in wie fern eine nachträgliche Erhöhung des Zaunes und eine nachträgliche Installation eines Untergrabeschutzes vorgenommen werden kann. Je nach Vertragslage sind auch die den Deichabschnitt bewirtschaftenden Schäfer für die Instandhaltung der Festzaunanlagen zuständig. Dieses kann enorme finanzielle nicht zu erfüllende Anforderungen bedeuten, wenn ihnen vertraglich begründet die Umrüstung der Zaunanlagen auf einen wolfsabweisenden Bauzustand übertragen wird.

Zaunbau entlang an Flussufern 1. Ordnung

Grundsätzlich ist nach WaStrG § 31 (2) festzuhalten, dass derjenige, der eine Bundeswasserstraße benutzen oder Anlagen in, über oder unter einer solchen Wasserstraße oder an ihrem Ufer errichten, verändern oder betreiben will, dieses dem Wasser- und Schifffahrtsamt anzuzeigen hat.

Zäune sind im Sinne des Wasseramtes ein Betrieb einer Anlage, die genehmigungspflichtig ist. Bei der Verwendung von mobilen Zäunen (Elektronetz- oder -litzenzaun) steht der Betreiber in der Nachweispflicht, dass der Zaun nicht abtreibt und sich beispielsweise in einer Schiffsschraube verfängt. Eine Genehmigung gibt es nur dann, wenn der Zaun unter allen denkbaren Umständen den Belastungen des Gewässers standhält (Staudruck). Diese Kriterien erfüllen mobile Zäune nicht.

Fazit: Es sollten strömungstechnische Untersuchungen angestellt werden, um solide Festzaunkonfigurationen (Menge gerammter Zaunpfähle pro 100 m und Dimensionierung, Menge elektrisch abschaltbarer Glattdrahtlitzen, Pflegeintervalle zur Entfernung von Treibsel) zu ermitteln. Der Aufbau von z.B. Elektronetzen am binnenlandseitigen Deichfuß ist genauso gestattet, wie der Aufbau von E-Netzen quer zur Deichlinie.

Zaunbau entlang an Ufern Gewässer 2. Ordnung

Es ist dem Tierhalter gestattet z.B. einen mobilen Elektrozaun entlang am Flussufer aufzustellen. Der Aufbau von z.B. Elektronetzen am binnenlandseitigen Deichfuß ist genauso gestattet, wie der Aufbau von E-Netzen quer zur Deichlinie.

Überschwemmungsgebiete

Solche Gebiete bringen ebenfalls besondere Anforderungen an den Zaunbau mit sich. Es ist ein dauerhaft stabiler Zaunbau erforderlich, der dem Staudruck bei Hochwasserströmung standhält. Das Problem hierbei ist das Treibsel – Pflanzenhalme bzw. -teile und auch unnatürliche Fremdkörper, die in den Zaunlitzen und an den Zaunpfählen hängenbleiben und dadurch wiederum den Staudruck und somit mechanische Belastungen des Zaunes erhöhen.

Zäune am Küstendeich

Alle Küstendeichabschnitte sind binnenlandseitig mit Metallknotengeflechtzäunen (mindestens 80 cm hoch) am Deichfuß eingezäunt. Hierdurch wird die Schafhaltung in der Fläche begrenzt. Diese Zaunkonfiguration stellt keinen wolfsabweisenden Schutz dar. Es muss untersucht werden, inwiefern eine nachträgliche Erhöhung des Zaunes und eine nachträgliche Installation eines Untergrabeschutzes auf ca. 610 km Küstendeich vorgenommen werden kann. Je nach Vertragslage sind auch die den Deichabschnitt bewirtschaftenden Schäfer für die Instandhaltung der Festzaunanlagen zuständig. Dieses kann enorme finanzielle nicht zu erfüllende Anforderungen bedeuten, wenn ihnen vertraglich begründet die Umrüstung der Zaunanlagen auf einen wolfsabweisenden Bauzustand übertragen wird.

Festzaunbau bezgl. Gräben an Deichen

Dort, wo Metallknotengeflechtzäune Gräben queren zur Herstellung der Hütesicherheit, sind oft Lücken zwischen Unterkante Zaun und der Wasseroberfläche festzustellen. Diese Lücken könnten dem Wolf als Durchschlupfmöglichkeit dienen.

Weidetore an Deichen

Sämtliche Weidetore sind heute grundsätzlich als nicht wolfsabweisend einzustufen. Sie sind nicht hoch genug gebaut, verfügen über keinen Untergrabeschutz und gestatten es einem Wolf, teilweise hindurch zu schlüpfen.

Übersteighilfen an Deichen

Es ist schwer abschätzbar, ob Wölfe Übersteighilfen für sich ebenfalls nutzen. Im Rahmen einer Worst-Case-Betrachtung darf dieser Fall jedoch nicht ausgeschlossen werden.

Cattle Grids an Deichen

Cattle Grids gibt es in verschiedenen Bauformen und -konstruktionen. Solche, die mittels Stahlstäben (Vollmaterial) den Bodenrost bilden (für Fußgänger und Radfahrer). Bei den durch Kraftfahrzeuge (PKW, Traktor, LKW) befahrbaren Cattle Grids mit verschweißten Vierkantrohrprofilen ist davon auszugehen, dass sie für Wölfe keine besondere Barriere darstellen. Gerade das Vierkantrohrprofil könnte im Vergleich zu Rundstäben mit kleinem Durchmesser geeignete Überwindungsmöglichkeiten für Wölfe bieten. Vor diesem Hintergrund sollten Cattel Grids beider Bauformen (und auch anderer Bauformen) an Gehegewölfen getestet werden.

Fußgängertore an Deichen

Sämtliche Fußgängertore sind heute grundsätzlich als nicht wolfsabweisend einzustufen. Sie sind nicht hoch genug gebaut, verfügen über keinen bzw. unzureichenden Untergrabeschutz und können ohne Weiteres wegen des Schwerkraftrückfallprinzips vom Wolf aufgedrückt werden, um an Schafe zu gelangen.

Schlauchartige Herdenhaltung an Flussdeichen mit Mobilzäunen

Gelegentlich wird von Schafhaltern die Sorge geäußert, dass die auf den Flussdeichen eingezäunten Schafherden für Wölfe leicht anzuhetzen sind und folglich die Herden in die Flucht versetzt würden. Kommt die Herde am Ende der Einzäunung (quer zum Deich) an, würden die ersten Schafe zwar noch stoppen, doch der Großteil der Herde würde diese Schafe vollständig durch den Zaun drücken. Der Zugriff für den Wolf wäre dann möglich. Bisher ist kein solcher Fall bekannt geworden. Die Wahrscheinlichkeit, dass so etwas auftritt, kann als gering eingeschätzt werden – dennoch ist ein solches Szenario denkbar.

Abbildung 83 (beide Bilder): Schafhaltung am Deich. Eine schlauchartige Einzäunung ist unerlässlich

3.8 Schutzgebiete

In nachfolgender Tabelle sind die verschiedenen Schutzgebiete (in Niedersachsen) in übersichtlicher Form dargestellt. Grundsätzlich sind die Kriterien zur Ausweisung geschützter Teile von Natur und Landschaft im Bundesnaturschutzgesetz (BNatSchG) sowie im Niedersächsischen Ausführungsgesetz zum Bundesnaturschutzgesetz (NAGBNatSchG) niedergeschrieben.

Schutzkategorie	Unterschutzstellung durch	Schutzwürdigkeit, Allgemeiner Schutzzweck	Schutzintensität	Räumliche Ausdehnung
Nationalpark § 24 BNatSchG § 17 NAGBNatSchG	Gesetz	Großräumige, weitgehend unzerschnittene Gebiete von besonderer Eigenart, in überwiegendem Teil des Gebietes soll der möglichst ungestörte Ablauf der Naturvorgänge in ihrer natürlichen Dynamik gewährleistet werden.	hoch (wie Naturschutzgebiete, mit Ausnahmen wegen Großräumigkeit und Besiedlung)	großräumig: 15.832 ha (Harz) bzw. 345.844 ha (Niedersächsisches Wattenmeer)
Nationales Naturmonument § 24 BNatSchG § 17 NAGBNatSchG	Verordnung der obersten Naturschutzbehörde	herausragende Bedeutung aus wissenschaftlichen, naturgeschichtlichen, kulturhistorischen oder landeskundlichen Gründen und Seltenheit, Eigenart und Schönheit	hoch (wie Naturschutzgebiete)	bisher kein Nationales Naturmonument in Niedersachsen ausgewiesen
Naturschutzgebiet § 23 BNatSchG § 16 NAGBNatSchG	Verordnung der Landkreise, bestimmter Städte und der Region Hannover als untere Naturschutzbehörde	Erhaltung, Entwicklung oder Wiederherstellung von Lebensstätten, Biotopen oder Lebensgemeinschaften bestimmter wild lebender Tier- und Pflanzenarten, wissenschaftliche, naturgeschichtliche oder landeskundliche Gründe oder Seltenheit, besondere Eigenart oder hervorragende Schönheit	hoch	sehr unterschiedlich, landesweiter Durchschnitt rund 240 ha je NSG
Naturdenkmal § 28 BNatSchG § 21 NAGBNatSchG	Verordnung der Landkreise, bestimmter Städte, der Region Hannover sowie Satzungen einzelner Gemeinden in der Region Hannover als untere Naturschutzbehörde	wissenschaftliche, naturgeschichtliche oder landeskundliche Gründe oder Seltenheit, Eigenart oder Schönheit	hoch	einzelne Naturschöpfungen (überwiegend Bäume), zum Teil mit (geringer) flächenhafter Ausprägung
Biosphärenreservat[1] § 25 BNatSchG § 18 NAGBNatSchG	Gesetz	Erhaltung, Entwicklung oder Wiederherstellung einer durch hergebrachte vielfältige Nutzung geprägten Landschaft und der darin historisch gewachsenen Arten- und Biotopvielfalt, einschließlich Wild- und früherer Kulturformen wirtschaftlich genutzter oder nutzbarer Tier- und Pflanzenarten und beispielhafte Entwicklung und Erprobung von Wirtschaftsweisen, die die Naturgüter besonders schonen	differenziert in Zonen: geschützt wie NSG, wie LSG, ohne besonderen Schutz	großräumig: 56.760 ha (Niedersächsische Elbtalaue)

Schutzkategorie	Unterschutz-stellung durch	Schutzwürdigkeit, Allgemeiner Schutzzweck	Schutz-intensität	Räumliche Ausdehnung
Landschafts-schutzgebiet § 26 BNatSchG § 19 NAGBNatSchG	Verordnung der Landkreise, bestimmter Städte und der Region Hannover als untere Naturschutzbe-hörde	Erhaltung, Entwicklung oder Wiederherstellung der Leistungs- und Funktionsfähigkeit des Naturhaushalts oder der Regenerationsfähigkeit und nachhaltigen Nutzungsfähigkeit der Naturgüter, einschließlich des Schutzes von Lebensstätten und Lebensräumen bestimmter wild lebender Tier- und Pflanzenarten, Vielfalt, Eigenart und Schönheit oder besondere kulturhistorische Bedeutung der Landschaft oder besondere Bedeutung für die Erholung	weniger hoch	sehr unterschiedlich, landesweiter Durchschnitt rund 710 ha je LSG
Geschützter Land-schafts-bestandteil § 29 BNatSchG § 22 NAGBNatSchG	Satzung der Gemeinden bzw. Verordnung der Landkreise, bestimmter Städte und der Region Hannover als untere Naturschutzbe-hörde	Erhaltung, Entwicklung oder Wiederherstellung der Leistungs- und Funktionsfähigkeit des Naturhaushalts, Belebung, Gliederung oder Pflege des Orts- und Landschaftsbildes, Abwehr schädlicher Einwirkungen oder Bedeutung als Lebensstätten bestimmter wild lebender Tier- und Pflanzenarten	weniger hoch	Bäume, Hecken, Wasserläufe u.a. Landschaftsbestandteile (überwiegend Bäume bzw. Baumschutz- Satzungen), zum Teil mit (geringer) flächenhafter Ausprägung
Wallhecke § 29 BNatSchG § 22 Abs. 3 NAGB-NatSchG	Naturschutzgesetz direkt	Mit Bäumen oder Sträuchern bewachsene Wälle, die als Einfriedung dienen oder dienten, auch wenn sie zur Wiederherstellung oder naturräumlich-standörtlich sinnvollen Ergänzung des traditionellen Wallheckennetzes neu angelegt worden sind.	relativ hoch	unterschiedliche Längen
Gesetzlich geschützter Biotop § 30 BNatSchG § 24 NAGBNatSchG	Naturschutzgesetz direkt	besondere Bedeutung als Biotop (nur für die in den Naturschutzgesetzen aufgeführten Biotoptypen)	relativ hoch	unterschiedlich, überwiegend kleinere Flächen
Naturpark § 27 BNatSchG § 20 NAGBNatSchG Mehr Infos beim MU...	Erklärung der obersten Naturschutzbehörde	Gebiete, die sich wegen der landschaftlichen Voraussetzungen für die Erholung besonders eignen und in denen ein nachhaltiger Tourismus angestrebt wird, die nach den Erfordernissen der Raumordnung für Erholung vorgesehen sind, der Erhaltung, Entwicklung oder Wiederherstellung einer durch vielfältige Nutzung geprägten Landschaft und ihrer Arten- und Biotopvielfalt dienen und in denen zu diesem Zweck eine dauerhaft umweltgerechte Landnutzung angestrebt wird und die besonders geeignet sind, eine nachhaltige Regionalentwicklung zu fördern.	großteils aus Natur- und Landschafts-schutzgebieten bestehend, kein zusätzlicher Schutz	großräumig

Tabelle 3: Schutzgebiete in Niedersachsen

Die einzelnen Bundesländer schlagen der EU-Kommission über den Bund geeignete FFH-Gebiete vor, und auf Grundlage dieser Vorschläge erstellt die Kommission eine Liste der »Gebiete von gemeinschaftlicher Bedeutung«, und zwar für jede der fünf biogeografischen Regionen (alpin, atlantisch, kontinental, makaronesisch, mediterran). Die europäischen Mitgliedstaaten sind verpflichtet, ihre FFH-Gebiete innerhalb von sechs Jahren nach Aufstellung der nationalen FFH-Gebietslisten so zu sichern, dass ein günstiger Erhaltungszustand gewahrt bzw. wiederhergestellt werden kann (NDS MU, Homepage). Die rechtlichen Regelungen dazu finden sich im eingangs erwähnten BNatSchG sowie dem NAGBNatSchG.

Ein wichtiges Instrument zum Lebensraum- und Artenschutz ist durch die Flora-Fauna-Habitat-Richtlinie (FFH-Richtlinie, 92/43/EWG des Rates vom 21. Mai 1992) in Verbindung mit der EU-Vogelschutzrichtlinie (Richtlinie 79/409/EWG) geschaffen worden. Es geht darum, *die biologische Vielfalt in Europa zu erhalten und den Fortbestand von Arten und Lebensraumtypen von gemeinschaftlichem Interesse in ihrem natürlichen Verbreitungsgebiet zu gewährleisten* (NDS MU, Homepage). Ausgewiesene FFH-Gebiete plus EU-Vogelschutzgebiete bilden zusammen ein Netz europäischer Schutzgebiete, genannt NATURA 2000. Innerhalb dieses Netzes sollen in ihrem Bestand gefährdete Tier- und Pflanzenarten sowie natürliche und naturnahe Lebensräume langfristig gesichert, erhalten und – falls erforderlich – entwickelt werden.

4

Allgemeine Grundsätze zur Nutztierhaltung

Von Frank Faß, Christina Faß, Nicola Gölzner und Olaf Buschmann

In diesem Kapitel werden verschiedene gesetzliche Rahmenbedingungen und Haltungsformen von Schafen, Ziegen, Gehegewild, Rindern und Pferden bzw. Ponys betrachtet. Alle dargelegten Informationen stehen im Kontext der Fragestellung, was für den Herdenschutz daraus abzuleiten ist. Es muss diesem Buch fernliegen, sämtliche gesetzliche Anforderungen zur Nutztierhaltung darzustellen, weil es das Ziel dieses Buches verfehlen würde und ansonsten das Buch in seiner Seitenzahl noch umfangreicher darstellen müsste.

Mit Blick auf die Nutztierhaltung wird grundsätzlich zwischen extensiver und intensiver Nutztierhaltung unterschieden. Allein die ausführliche Darstellung dieser beiden Produktionssysteme würde ein eigenes Buch füllen mit Betrachtung der Betriebsgrößen, Nutztierart und -bestände, Flächenverfügbarkeit, Düngemöglichkeiten u.v.m. Insofern kann an dieser Stelle nur eine sehr grobe Rahmenbeschreibung erfolgen.

Die extensive Nutztierhaltung, extensive Weidewirtschaft genannt, ist als Produktionsform dadurch gekennzeichnet, dass verhältnismäßig wenig Nutztiere auf größeren bis hin zu sehr großen Flächen gehalten werden (z.B. 6 Mutterkühe auf 12 ha zu Landschaftspflegezwecken). Die Tierdichte, bzw. der Viehbesatz, ist also gering. Diese Wirtschaftsform gestattet, dass entsprechende Nutztierarten und -rassen durchaus das ganze Jahr über draußen gehalten werden können. Dieses liegt auch darin begründet, dass eine Zufütterung von weiteren Futterstoffen (z.B. Kraftfutter) abseits dessen, was die Weiden anbieten, nicht erforderlich ist. Üblicherweise findet keine Düngung über das, was durch die Nutztiere selbst eingetragen wird, statt. Teilweise ist zu beobachten, dass zwei verschiedene Nutztierarten extensiv auf denselben Flächen nebeneinander gehalten werden, um einen entsprechenden Weidedruck (Fraßbelastung der Fläche) zu erzielen. Neben den vielen Vorteilen dieser Haltungsform, sind als Nachteile der große Flächenbedarf, die erschwerte Kontrolle der Nutztiere sowie die Konfrontation mit Beutegreifern zu benennen.

Weltweit stellt die extensive Weidewirtschaft die häufigste Form dar. Bekannte Beispiele aus dem Ausland sind unter anderem die stationäre Form der Schafhaltung in Neuseeland, Rentierhaltung der Samen in Skandinavien und auch die nomadische Form der Pferde-, Rinder- und Schafhaltung in der Mongolei.

Die intensive Nutztierhaltung ist das Gegenteil zur extensiven Nutztierhaltung und wird unterschieden in Stallhaltung und Weidehaltung. Mit Blick auf die Weidehaltung ist eine hohe Tierdichte festzustellen. Die zur Verfügung stehenden Flächen reichen teilweise nicht aus, um den Futterbedarf ganzjährig zu decken, weshalb durch Einkauf zugefüttert werden muss (z.B. Kraftfutter). Ein Beispiel für die intensive Nutztierhaltung im Stall ist z.B. diejenige Form der Milchkuhhaltung in großen Boxenlaufställen. Hier befinden sich die Milchkühe teilweise dauerhaft im Stall, um sie zweimal täglich melken zu können.

4.1 Allgemeine Anforderungen an den Tierhalter

Wer landwirtschaftliche Nutztiere im Sinne dieses Buches (Schaf, Ziege, Gehegewild, Rind, Pferd, Pony, Esel, Herdenschutzhund, Alpaka, Lama) hält, muss – auch ohne das Vorhandensein von Wölfen – eine Reihe von Gesetzen, Verordnungen und anderen Auflagen beachten.

Im Sinne dieses Buches kann hier im Besonderen die folgende Verordnung benannt werden:

»Verordnung zum Schutz landwirtschaftlicher Nutztiere und anderer zur Erzeugung tierischer Produkte gehaltener Tiere bei ihrer Haltung (Tierschutz-Nutztierhaltungsverordnung – TierSchNutzV)«

In dieser Verordnung sind verschiedene Vorgaben und Voraussetzungen an die Haltung von landwirtschaftlichen Nutztieren beschrieben.

4.1.1 Herdenschutzrelevante Richtlinien, Gesetze und Verordnungen

Dieses Buches kann in diesem Kapitel nur diejenigen Richtlinien, Gesetze und Verordnungen beschreiben, die letztlich in Bezug auf den Herdenschutz von Nutztieren durch den Tierhalter zu berücksichtigen sind. Die Darstellung weiterer Dokumente würde den Rahmen gänzlich übersteigen. Im Wesentlichen sind es die im Folgenden beschriebenen und rechtlich bindenden Dokumente, die anzuwenden sind. Hierbei sind hier nur diejenigen Artikel, Paragraphen, Absätze und Nummern abgebildet, die den Kern der Anwendungsvorgaben beschreiben.

Richtlinie 98/58/EG DES RATES vom 20. Juli 1998 über den Schutz landwirtschaftlicher Nutztiere

DER RAT DER EUROPÄISCHEN UNION – gestützt auf den Vertrag zur Gründung der Europäischen Gemeinschaft, insbesondere auf Artikel 43, auf Vorschlag der Kommission (1), nach Stellungnahme des Europäischen Parlaments (2), nach Stellungnahme des Wirtschafts- und Sozialausschusses (3),

In Erwägung nachstehender Gründe:

Alle Mitgliedstaaten der Gemeinschaft haben das Europäische Übereinkommen zum Schutz von Tieren in landwirtschaftlichen Tierhaltungen (im Folgenden »Übereinkommen« genannt) ratifiziert. Auch die Gemeinschaft hat dieses Übereinkommen mit dem Beschluss 78/923/EWG (4) genehmigt und ihre Genehmigungsurkunde hinterlegt.

Relevanz: Artikel 4 i.V.m. Nummer 12 des Anhangs

Artikel 4

Die Mitgliedstaaten tragen dafür Sorge, dass die Bedingungen, unter denen die Tiere (mit Ausnahme von Fischen, Reptilien und Amphibien) gezüchtet oder gehalten werden, den Bestimmungen des Anhangs genügen, wobei die Tierart, der Grad ihrer Entwicklung, die Anpassung und Domestikation sowie ihre physiologischen und ethologischen Bedürfnisse entsprechend praktischen Erfahrungen und wissenschaftlichen Erkenntnissen zu berücksichtigen sind.

Anhang, Nummer 12

Nicht in Gebäuden untergebrachte Tiere

12. Tiere, die nicht in Gebäuden untergebracht sind, sind, soweit erforderlich und möglich, vor widrigen Witterungsbedingungen, Raubtieren und Gefahren für die Gesundheit zu schützen.

Die Berücksichtigung der zuvor zitierten Auszüge aus der Richtlinie 98/58/EG DES RATES finden mit Blick auf die Umsetzung in nationales Recht sowohl im Tierschutzgesetz und in der Tierschutz-Nutztierhaltungsverordnung Berücksichtigung. Dieses ist wie folgt beschrieben.

Tierschutzgesetz (TierSchG)

Relevanz: § 2

Zweiter Abschnitt, Tierhaltung

§ 2

Wer ein Tier hält, betreut oder zu betreuen hat,

1. muss das Tier seiner Art und seinen Bedürfnissen entsprechend angemessen ernähren, pflegen und verhaltensgerecht unterbringen,

2. darf die Möglichkeit des Tieres zu artgemäßer Bewegung nicht so einschränken, dass ihm Schmerzen oder vermeidbare Leiden oder Schäden zugefügt werden,

3. muss über die für eine angemessene Ernährung, Pflege und verhaltensgerechte Unterbringung des Tieres erforderlichen Kenntnisse und Fähigkeiten verfügen.

Tierschutz-Nutztierhaltungsverordnung (TierSchNutzV)

Verordnung zum Schutz landwirtschaftlicher Nutztiere und anderer zur Erzeugung tierischer Produkte gehaltener Tiere bei ihrer Haltung (Tierschutz-Nutztierhaltungsverordnung – TierSchNutztV)

Relevanz: § 3, Absatz 2, Punkt 3

§ 3 Allgemeine Anforderungen an Haltungseinrichtungen

(2) Haltungseinrichtungen müssen

3. so ausgestattet sein, dass den Tieren, soweit für den Erhalt der Gesundheit erforderlich, ausreichend Schutz vor widrigen Witterungseinflüssen geboten wird und die Tiere, soweit möglich, vor Beutegreifern geschützt werden, wobei es im Fall eines Auslaufes ausreicht, wenn den Nutztieren Möglichkeiten zum Unterstellen geboten werden.

Betrachtungen in Bezug auf den Herdenschutz

In den drei Dokumenten Richtlinie 98/58/EG, TierSchG und TierSchNutzV wird der Schutz der Nutztiere vor Raubtieren (auch als Beutegreifer benannt) gesetzlich vorgeschrieben.

Vor dem Hintergrund von Eigentumsverhältnissen, kann nicht gefordert sein, dass Nutztiere auf Pachtflächen durch Festzäune geschützt werden. Den erforderlichen Investitionsaufwand zur Errichtung von wolfsabweisenden Festzäunen für z.B. Rinder oder Pferde wird ein Pächter nicht leisten, da es unverhältnismäßig ist, nach Beendigung des Pachtverhältnisses die Zäune wieder abzubauen.

Auch die teilweisen besonderen baulichen Gegebenheiten an Fluss- und Küstendeichen stehen im Praxisfall einer vollständigen Herdenschutzerfüllung entgegen.

In einigen Regionen stellen insbesondere »nasse« Weiden besondere Rahmenbedingungen dar, die die Errichtung eines wolfsabweisenden Grundschutzes nicht ohne erhebliche Aufwendungen ermöglichen.

4.1.2 EU Agrarzahlungen/Cross Compliance

Durch die Gemeinsame Agrarpolitik der EU (GAP) verspricht sich die EU verlässliche und stabile Rahmenbedingungen für die kommenden Jahre. Mit den über die GAP bereitgestellten Mitteln werden sowohl die Landwirte als auch die ländlichen Regionen gefördert. Insgesamt stehen für die Agrarförderung in Deutschland von 2014 bis 2020 jährlich rund 6,2 Milliarden Euro an EU-Mitteln zur Verfügung.

Die EU-Förderung verteilt sich auf zwei Säulen:

Erste Säule

Die erste Säule bilden Direktzahlungen an Landwirte, die je Hektar landwirtschaftlicher Fläche (Flächenprämie) gewährt werden, sofern die Auflagen erfüllt werden, für die nachhaltige und umweltschonende Bewirtschaftung dieser Flächen.

Diese Förderung soll die vielfältigen gesellschaftlichen Leistungen der Landwirtschaft honorieren und deren Fortbestand sichern. Landwirte tragen eine große Verantwortung für den Erhalt von Kulturlandschaften, der Versorgung der Bevölkerung mit hochwertigen Lebensmitteln und schaffen Beschäftigungsmöglichkeiten im ländlichen Raum. Außerdem sind die Förderungen als Ausgleich dafür gedacht, dass Landwirte in Europa deutlich höhere Standards einhalten müssen, als in vielen anderen Teilen der Welt und somit eine hohe Produktsicherheit und Qualität gewährleistet wird. Des Weiteren sollen die Direktzahlungen zur Einkommenssicherung und -stabilisierung der Landwirte bei Preisschwankungen beitragen, da diese unabhängig von Produktionszahlen sind.

Diese Direktzahlungen bilden rund 40 % des Einkommens der Betriebe und unterteilen sich in vier Bereiche:

Basisprämie (Flächenprämie):

ca. 154–191 Euro pro Hektar Fläche. Forderungen nach einer europaweit einheitlichen Flächenprämie wurden bisher abgelehnt, weil die Regionen innerhalb Deutschlands und Europas unterschiedlich sind und sich dies in der Prämie ausdrückt.

Umweltleistungen:

Außerdem können rund 85 Euro pro Hektar für konkrete Umweltleistungen, die als »Greening« bezeichnet werden, bezuschusst werden. Das Greening umfasst folgende drei Maßnahmen: den Erhalt von Dauergrünlandflächen (Wiesen und Weiden), die Vielfalt beim Anbau von Kulturen auf Ackerflächen sowie die Bereitstellung »ökologischer Vorrangflächen« auf fünf Prozent des Ackerlands (z.B. Stilllegungsflächen, Terrassen, Pufferstreifen, Hecken, Knicks oder Baumreihen). Damit werden Leistungen der Landwirtschaft für Klimaschutz, Erhaltung von Arten, vielfältige Kulturlandschaften und eine nachhaltige Produktion gefördert.

Zuschlag für kleine und mittlere Betriebe:

Alle Betriebe erhalten für die ersten 30 Hektar zusätzlich etwa 50 Euro pro Hektar, für weitere 16 Hektar etwa 30 Euro pro Hektar. Damit werden kleine und mittlere Betriebe bis 95 Hektar zusätzlich unterstützt.

Zusatzförderung für Junglandwirte:

Junglandwirte bis 40 Jahre erhalten auf Antrag seit 2015 für maximal fünf Jahre und 90 Hektar Landwirtschaftsfläche eine Zusatzförderung von etwa 44 Euro pro Hektar.

Die Grundvoraussetzungen für den Erhalt der Flächennutzungsprämie ist, dass mindestens 1 ha Grünland oder Acker bewirtschaftet werden. Dabei wird nicht unterschieden, ob die Nutztierhaltung im Haupt- oder Nebenerwerb geschieht oder als Hobby. Eine Ausbildung zur Nutztierhaltung ist ebenfalls keine Voraussetzung.

Im Jahr 2005 wurden Deichflächen in die 1. Säule zur Zahlung von Flächenprämien mit aufgenommen. Heideflächen sind 2013 ebenfalls in gleicher Weise in die 1. Säule aufgenommen worden.

Für die erste Säule stehen Deutschland von 2014 bis 2020 jährlich rund 4,85 Milliarden Euro zur Verfügung.

Zweite Säule

Die zweite Säule dient der Entwicklung im ländlichen Raum. Hier liegt das Augenmerk auf freiwilligen Agrarumwelt- und Klimaschutzmaßnahmen der Landwirtschaft, wie z.B. Extensivierungsmaßnahmen wie Weidehaltung von z.B. Milchkühen, Mutterkühen oder auch Schafen mit geringem Tierbestand auf großer Fläche und wenig Zusatzfutter oder dem ökologischen Anbau von Lebensmitteln.

Ein zweiter wichtiger Bereich ist die Stärkung landwirtschaftlicher Betriebe durch Investitionen in die Landwirtschaft, aber auch in den Tourismus, die Landschaftspflege und in Hofläden.

Der dritte Bereich unterstützt die wirtschaftliche Entwicklung in ländlichen Gebieten sowie lokale Dorfentwicklungsprojekte, um attraktive und ländliche Räume und Dörfer mit Zukunft zu gestalten, um Menschen zu animieren, hier zu leben und zu arbeiten.

Im Rahmen des LEADER-Ansatzes als viertem Bereich erzeugen die Erarbeitung einer regionalen Entwicklungsstrategie und eine breite Bürgerbeteiligung einen regionalspezifischen Mehrwert für die Unterstützung der ländlichen Entwicklung.

Im Rahmen des »Europäischen Landwirtschaftsfonds für die Entwicklung des ländlichen Raums«, kurz ELER genannt, stehen in Deutschland bis 2020 jährlich rund 1,35 Milliarden Euro zur Verfügung, die mit weiteren nationalen Mitteln von Bund, Ländern und Kommunen kofinanziert werden müssen.

»Cross-Compliance«-Regelung

Durch die Landwirte eingegangene Verpflichtungen (Auflagen) zum Erhalt der Flächenprämien werden durch die sogenannte »Cross-Compliance«-Regelung überprüft. Diese sind nachzulesen in der VERORDNUNG (EU) Nr. 1306/2013 DES EUROPÄISCHEN PARLAMENTS UND DES RATES vom 17. Dezember 2013 über die Finanzierung, die Verwaltung und das Kontrollsystem der Gemeinsamen Agrarpolitik und zur Aufhebung der Verordnungen (EWG) Nr. 352/78, (EG) Nr. 165/94, (EG) Nr. 2799/98, (EG) Nr. 814/2000, (EG) Nr. 1290/2005 und (EG) Nr. 485/2008 des Rates.

Die »Cross-Compliance«-Regelung umfasst in allen EU-Mitgliedstaaten:

1. Die so genannten »Grundanforderungen an die Betriebsführung« (kurz GAB): Hier werden Regelungen überprüfbar festgelegt und an die entsprechenden Zuwendungen geknüpft. Für Tierhalter sind z.B. Bestandskontrolle, Tierzucht und Freilandhaltung wichtige Regelungen, die getroffen und eingehalten werden müssen.
2. Die so genannten Standards zur Erhaltung landwirtschaftlicher Flächen in »gutem landwirtschaftlichen und ökologischen Zustand« (kurz GLÖZ): Dazu zählen sieben Standards, mit denen unter anderem die Bodenerosion reduziert, die Beseitigung von Landschaftselementen verhindert, aus der Erzeugung genommene Flächen begrünt und Gewässer geschützt werden sollen.

Die Einhaltung der Auflagen wird von den fachlich zuständigen Behörden (z.B. Veterinärämter, Naturschutzbehörden oder Zahlstellen vor Ort) bei Stichproben von ca. 1 % der Zahlungsempfänger überprüft. Gegebenenfalls werden Kontrollen aufgrund konkreter Anlässe in einzelnen Betrieben zusätzlich durchgeführt. Festgestellte Verstöße werden nach Schwere, Ausmaß und Dauer bewertet und die Zahlungen entsprechend gekürzt. Im Regelfall erfolgt eine Kürzung um 3 % des gezahlten Zuschusses.

Die Sanktionierung wird dabei unabhängig von den Eigentumsverhältnissen vorgenommen. Zwei Beispiele verdeutlichen den Zusammenhang

Beispiel 1: Ein Mutterkuhhalter bewirtschaftet eigene Weiden mit Rindern

Ein Mutterkuhhalter bringt mit Beginn des Frühlings seine insgesamt 50-köpfige Mutterkuhherde auf verschiedenen eingezäunten Weiden (dreireihig Stacheldrahtzaun) unter. Für alle Weiden erhält er Flächenprämien, weil sie als solches anerkannt sind. Dem Mutterkuhhalter ist bekannt, dass es in der Region ein territorial lebendes Wolfsrudel gibt. Da der Zaun nicht den Anforderungen eines wolfsabweisenden Grundschutzes entspricht, gelingt es den Wölfen immer wieder an der Mutterkuhherde Kälber zu reißen. Infolgedessen wird er mehrfach vom zuständigen Veterinäramt aufgefordert, einen wolfsabweisenden Grundschutz zu etablieren, um künftige Schäden an den Kälbern durch Wölfe abzuwenden. Der Mutterkuhhalter entscheidet sich jedoch auch weiterhin dazu, dieser Forderung nicht nachzukommen. Anstatt den dafür erforderlichen finanziellen Aufwand zu investieren nimmt er die getöteten Kälber in Kauf, weil es für ihn nach eigener finanzieller Abwägung der geringere Verlust ist. Als Resultat dieser Verweigerung wird dem Mutterkuhhalter eine finanzielle Sanktion in Bezug auf die Flächenprämie verordnet.

Beispiel 2: Ein Mutterkuhhalter bewirtschaftet mit Rindern gepachtete Flächen

Ein Mutterkuhhalter bringt mit Beginn des Frühlings seine insgesamt 50-köpfige Mutterkuhherde auf verschiedenen eingezäunten Weiden (dreireihig Stacheldrahtzaun) unter, die alle von ihm gepachtet sind. Er bekommt für diese Flächen die durch den Agrarantrag beantragten Flächenprämien, weil seine Tiere länger als vier Wochen auf den Flächen verbringen. Dem Mutterkuhhalter ist bekannt, dass es in der Region ein territorial lebendes Wolfsrudel gibt. Da der Zaun (dreireihig Stacheldrahtzaun) nicht den Anforderungen eines wolfsabweisenden Grundschutzes entspricht, gelingt es den Wölfen immer wieder, Kälber zu erbeuten. Mehrfach wird er vom zuständigen Veterinäramt aufgefordert, einen wolfsabweisenden Grundschutz zu etablieren, um künftige Schäden an den Kälbern durch Wölfe abzuwenden. Der Mutterkuhhalter entscheidet sich jedoch auch weiterhin dieser Forderung nicht nachzukommen. Anstatt den dafür erforderlichen finanziellen Aufwand zu investieren, nimmt er die getöteten Kälber in Kauf. Als Resultat dieser Verweigerung wird dem Mutterkuhhalter eine finanzielle Sanktion in Bezug auf die Flächenprämie verordnet, obwohl er nicht der Eigentümer der betroffenen Weiden ist.

Die Beispiele 1 und 2 verdeutlichen, dass es unerheblich ist, ob ein Tierhalter selbst Eigentümer oder Pächter einer Fläche zur Unterbringung seiner Tiere ist. Letztlich kann ihm im begründeten Fall eine Sanktionierung auferlegt werden.

		Schaf, Ziege		**Gehegewild**		**Rind**		**Pferd, Pony**	
		Anspruch auf FP?	**CC-Sanktionen möglich?**	**Anspruch auf FP?**	**CC-Sanktionen möglich?**	**Anspruch auf FP?**	**CC-Sanktionen möglich?**	**Anspruch auf FP?**	**CC-Sanktionen möglich?**
Haupterwerb	**Eigentumsflächen**	Ja	Ja	Ja	Ja	Ja	Ja	Ja	Ja
	Pachtflächen	Ja	Ja	Ja	Ja	Ja	Ja	Ja	Ja
Nebenerwerb	**Eigentumsflächen**	Ja	Ja	Ja	Ja	Ja	Ja	Ja	Ja
	Pachtflächen	Ja	Ja	Ja	Ja	Ja	Ja	Ja	Ja
Hobby	**Eigentumsflächen**	Ja	Ja	Ja	Ja	Ja	Ja	Ja	Ja
	Pachtflächen	Ja	Ja	Ja	Ja	Ja	Ja	Ja	Ja

Tabelle 4: Cross Compliance

Eine Cross-Compliance-Checkliste anhand derer Betriebe überprüft werden, ist wie folgt strukturiert und am Beispiel »1.7 Freilandhaltung« mit Blick auf wild lebende Wölfe tabellarisch dargestellt (LKW NRW, Cross-Compliance-Checkliste, 2017).

Betrieb

1. *Lebens- und Futtermittelsicherheit*
2. *Schutz des Grundwassers gegen Verschmutzung und Lagerung von Gefahrstoffen*
3. *Eigenverbrauchstankstellen für Dieselkraftstoff*
4. *Lagerung von Gülle, Jauche, Silagesickersäften, Festmist, Kompost und Silagen*
5. *Entsorgung*
6. *Erhaltung von Flächen in gutem landwirtschaftlichen und ökologischen Zustand*
7. *Natur- und Artenschutz*

Pflanzenbau

1. *Bodenschutz*
2. *Pflanzenschutz*
3. *Düngung*
4. *Bewässerung*

Tierhaltung

1. *Haltung*

1. 1. Registrierung und Meldung

1.2. Gebäude und Stalleinrichtung

1. 3. Stallklima

1. 4. Beleuchtung

1. 5. Bestandskontrolle und -betreuung

1. 6. Notfallvorsorge für elektrisch betriebene Einrichtungen

1.7. Freilandhaltung

1.8. Tierzucht

2. *Fütterung*
3. *Hygiene*
4. *Tierärztliche Behandlungen und Tierarzneimittel*
5. *Tierkrankheiten*

Schnittstellen			Anforderungen	Erfüllung			Bemerkungen
Gesetz	**QS**	**Prog.**		**Ja**	**Nein**	**Entf.**	
			1.7. Freilandhaltung **Tiere erforderlichenfalls geschützt vor**				
CC			- Witterung (z.B. Unterstand vorhanden)				
CC			- Raubtieren (z.B. Füchse, Beutegreifer)				
CC			- gesundheitlichen Schäden (z.B. durch geeignete Einzäunung)				

Schweinehaltung

1. *Haltung – alle Betriebe*

Rinderhaltung und Milchgewinnung

1. *Haltung und Fütterung*
2. *zusätzlich bei Milchgewinnung zur Lebensmittelerzeugung*

Schaf- und Ziegenhaltung

1. *Schaf- und Ziegenhaltung*

Geflügelhaltung

1. *Haltung – alle Betriebe*
2. *Legehennen – alle Betriebe*
3. *Legehennen – Boden- und Freilandhaltung*

Betrachtungen in Bezug auf den Herdenschutz

Die strikte Anwendung von Sanktionen in Bezug auf Cross-Compliance-Regelungen kann nur zu einer Intensivierung der ablehnenden Haltung von Nutztierhaltern gegenüber wild lebenden Wölfen führen.

Dies begründet sich in der Tatsache, dass es aus verschiedenen rechtlichen, finanziellen und praktischen Gründen nicht möglich und zumutbar ist, in kürzester Zeit sämtliche Flächen, auf der Nutztierhaltung betrieben wird, wolfsabweisend zu sichern.

Eine Sanktionierung in solchen Fällen, kann vor diesem Hintergrund dazu führen, dass die Tierhaltung seitens Besitzer in Frage gestellt wird.

Der im Folgenden zitierte Runderlass vom 09.01.2017 des Niedersächsischen Ministeriums für Ernährung, Landwirtschaft und Verbraucherschutz hat diesen Gesamtzusammenhang entsprechend rechtsgültig formuliert:

Tierschutz und Cross Compliance; Schutz von Nutztieren vor Raubtieren

RdErl. D. ML v. 9.1.2017-204.3-0122-94-1 –

VORIS 78530

Bezug: RdErl. D. MU v. 6.11.2014 (Nds.MBl. S. 755, 802), zuletzt geändert durch RdErl. v. 5.10.2016

(Nds. MBl. S. 1001) – VORIS 28100 –

1 . Gemäß Artikel 4 i. V. m. Nummer 12 des Anhangs der Richtlinie 98/58/EG des Rates vom 20.7.1998 über den Schutz landwirtschaftlicher Nutztiere (ABl. EG Nr. L 221 S. 23), zuletzt geändert durch Verordnung (EG) des Rates vom 14.4.2003 (ABl. EU Nr. L 122 S. 1), sind Tiere, die nicht in Gebäuden untergebracht sind, soweit erforderlich und möglich u.a. vor Raubtieren zu schützen, wobei u. a. die Tierart sowie ihre physiologischen und ethologischen Bedürfnisse entsprechend praktischen Erfahrungen und wissenschaftlichen Erkenntnissen zu berücksichtigen sind. Diese Vorgabe ist Cross-Compliance-relevant.

Umgesetzt in nationales Recht findet sich diese Vorgabe in § 2 des Tierschutzgesetzes i. V. m. § 3 Abs. 2 Nr. 3 TierSchNutztV wieder. Danach müssen Haltungseinrichtungen so ausgestattet sein, dass u. a. die Tiere, soweit möglich, vor Beutegreifern geschützt werden. Die Formulierungen in der EG-Richtlinie, ebenso wie die in der TierSchNutztV, verdeutlichen, dass ein absoluter Schutz vor Raubtieren oder Beutegreifern nicht möglich und insofern auch nicht gefordert ist.

Bei der Abwägung der Frage, ob und ggf. welche (Mindest-) Anforderungen, auch im Rahmen von Cross Compliance, in diesem Zusammenhang von Seiten der Behörde gestellt werden müssen, ist unter Berücksichtigung des Verhältnismäßigkeitsgrundsatzes einzelfallbezogen zu urteilen. Faktoren, die hier zu berücksichtigen sind, sind z. B.

- *die tatsächliche Gefährdungslage (Vorkommen von Raubtieren oder Beutegreifern, wie z. B. Wölfen, Füchsen oder Greifvögeln etc. in der Umgebung, beobachtetes Rissverhalten oder Beuteschema);*
- *vorliegende Möglichkeiten, Schutzmaßnahmen zu ergreifen (z. B. rechtliche Möglichkeit zum Errichten von Zäunen, Verbringen der Tiere in geschützte Räumlichkeiten in den Dämmerungs- und Nachtstunden, Herdenschutztiere);*
- *die Art der Nutztierhaltung (Stallhaltung oder Freiland- bzw. Weidehaltung oder Wander(schaf)haltung);*
- *die gehaltene Tierart (z. B. Schafe sind bezüglich Wölfen gefährdeter als Rinder, aber bezüglich Füchsen oder Greifvögeln weniger gefährdet als Geflügel, Schutz von Jungtieren durch die Herde z. B. bei Rindern).*
- *Beispiel 1: Für Milch- oder Fleischrinder stellt die gängige Form der Weidehaltung (Herdenhaltung – bei der Fleischrinderhaltung auch einschließlich Kälbern – unter Einzäunung mit ein bis zwei Reihen Stacheldraht oder einem eindrahtigen Elektrozaun) in der Regel auch in Wolfsgebieten einen ausreichenden Schutz dar, der tierschutzrechtlichen Vorgaben nicht widerspricht und daher auch nicht als Cross-Compliance-relevanter Verstoß zu ahnden ist.*
- *Beispiel 2: Bei der Freilandhaltung von Geflügel können – abhängig von Art und Alter der Tiere – für den erforderlichen Schutz vor Greifvögeln Unterschlupfmöglichkeiten, z. B. durch Gebüsch, als ausreichend angesehen werden.*

Gemäß Artikel 97 i. V. m. Artikel 99 der Verordnung (EU) Nr. 1306/2013 des Europäischen Parlaments und des Rates vom 17.12.2013 über die Finanzierung, die Verwaltung und das Kontrollsystem der Gemeinsamen Agrarpolitik (ABl. EU Nr. L 347 S. 549; 2016 Nr. L 130 S. 9), zuletzt geändert durch Verordnung (EU) 2016/791 des Europäischen Parlaments und des Rates vom 11.5.2016 (ABl. EU Nr. L 135 S. 1), ist eine Sanktionierung im Rahmen von Cross Compliance nur dann vorzunehmen, wenn der betreffenden Betriebsinha-

berin oder dem betreffenden Betriebsinhaber ein festgestellter Verstoß unmittelbar anzulasten ist oder ihr oder ihm fahrlässiges oder vorsätzliches Handeln nachzuweisen ist.

Sofern etwaig getroffene Schutzmaßnahmen von der zuständigen Behörde geprüft und aus fachlicher und rechtlicher Berücksichtigung der Umstände des Einzelfalles als ausreichend oder Schutzmaßnahmen als nicht notwendig eingestuft wurden, ist davon auszugehen, dass bei der Verletzung eine Nutztieres durch ein Raubtier oder einen Beutegreifer kein Verstoß nach Fachrecht und dann auch kein Cross-Compliance-relevanter Verstoß vorliegt. In Zweifelfällen wird eine Abstimmung zu den erforderlichen und umsetzbaren Maßnahmen zwischen Tierhalterin oder Tierhalter und Veterinärbehörde angeraten. Die Anforderungen der »Richtlinie Wolf« (siehe Bezugserlass) sind als Voraussetzung für die Zahlung von Billigkeitsleistungen erlassen worden. Solche Billigkeitsleistungen werden als freiwillige Unterstützung des Staates zur Minderung der Schäden bei Nutztieren durch die Rückkehr der Tierart Wolf nach Niedersachsen gewährt. Diese Richtlinie stellt nicht die (Mindest-)Anforderungen zur Einhaltung der tierschutzrechtlichen Erfordernisse dar. Grundsätzlich kann die Umsetzung der Anforderungen aber erforderlich werden, wenn die Gefahrenlage dieses geboten erscheinen lässt. Es ist nachzuregulieren, wenn ein Übergriff nicht einmalig erfolgt, sondern häufigere Übergriffe auf dieselbe Tierhaltung vorkommen.

Die Frage, ob etwaig getroffene Schutzmaßnahmen zur Erfüllung der Anforderungen der Richtlinie 98/58/EG und der TierSchNutztV hinsichtlich des Schutzes von Nutztieren vor Raubtieren oder Beutegreifern ausreichend sind, ist einzelfallbezogen zu beantworten. Das gilt sowohl im Rahmen der fachlichen Anforderungen als auch im Rahmen von Cross Compliance.

2 . Dieser RdErl. Tritt am 10.1.2017 in Kraft und mit Ablauf des 31.12.2022 außer Kraft.

Der zitierte Erlass besagt, dass von einer CC-Sanktionierung im Hinblick auf Wölfe als mögliche Verursacher abgesehen werden darf. Sollten sich allerdings diejenigen Tierhalter, bei denen die Errichtung von wolfsabweisenden Grundschutzmaßnahmen als machbar angesehen wird, wiederholte Male nicht um die Etablierung von Herdenschutzmaßnahmen gekümmert haben und infolgedessen immer wieder Risse unter z.B. eigenen Schafen durch den Wolf beklagen, darf dann doch eine Sanktionierung erfolgen.

4.1.3 Melde- und Kennzeichnungspflichten

In diesem Kapitel wird exemplarisch die Erstanschaffung einer Gruppe von Schafen schematisch beschrieben. Die Darstellung der folgenden Sachverhalte ist dabei als grobe Rahmenbeschreibung zu verstehen. Es ist jedem Nutztierhalter – und jedem, der es werden möchte – geboten, sich eigeninitiativ darüber zu informieren, welche exakten Melde- und Kennzeichnungspflichten für ihn bestehen.

Veterinäramt

Der künftige Schafhalter muss die angestrebte Schafhaltung bzw. den Betrieb zunächst beim zuständigen Veterinäramt (Landkreis oder Stadt) anmelden. Dieses ist rechtlich vorgeschrieben durch:

Verordnung zum Schutz gegen die Verschleppung von Tierseuchen im Viehverkehr (Viehverkehrsverordnung – ViehVerkV)

§ 26 Anzeige und Registrierung

(1) Wer Rinder, Schweine, Schafe, Ziegen, Einhufer, Hühner, Enten, Gänse, Fasane, Perlhühner, Rebhühner, Tauben, Truthühner, Wachteln oder Laufvögel halten will, hat dies der zuständigen Behörde oder einer von dieser beauftragten Stelle vor Beginn der Tätigkeit unter Angabe seines Namens, seiner Anschrift und der Anzahl der im Jahresdurchschnitt voraussichtlich gehaltenen Tiere, ihrer Nutzungsart und ihres Standortes, bezogen auf die jeweilige Tierart, anzuzeigen. Änderungen sind unverzüglich anzuzeigen. Im Falle einer Wanderschafherde gilt der Betriebssitz als Standort im Sinne des Satzes 1.

Es sind Angaben zur Anzahl der im Jahresdurchschnitt gehaltenen Tiere, ihrer Nutzungsart und ihres Standortes anzuzeigen. Ferner muss der künftige Tierhalter den Sachkundenachweis (gilt übrigens für alle Nutztierhaltungen! → Tierschutzgesetz, § 2) vorweisen sowie alle anderen erforderlichen Unterlagen, die die angestrebte Haltung der Schafe beschreibt.

Der künftige Schafhalter beantragt dadurch automatisch auch eine Registriernummer, die aus einem Zahlencode besteht. Die Registriernummer gibt Aufschluss darüber, wo sich der Betrieb befindet:

››› EU-Land, Bundesland, Landkreis, Gemeinde, Betrieb

Die Vergabe der Registriernummer erfolgt allerdings nicht durch das Veterinäramt selbst, sondern jedes Bundesland hat ein eigenes beauftragtes Rechenzentrum dafür. In Niedersachsen ist es der VIT w.V. (Vereinigte Informationssysteme Tierhaltung wirtschaftlicher Verein).

Tierseuchenkasse

Bei der Anmeldung einer Tierhaltung ist gleichzeitig die Anmeldung bei der Niedersächsischen Tierseuchenkasse enthalten. Eine gesonderte/zweite Anmeldung ist nicht vorgesehen bzw. notwendig. Jeder bei der Tierseuchenkasse bekannte Tierhalter bekommt am Jahresende eine Meldekarte, mit der er seinen Viehbestand für das nächste Beitrags-/Kalenderjahr melden muss. Alle Nutztierhalter sind zur Mitgliedschaft bei der Tierseuchenkasse verpflichtet. Der Stichtag für die Tierbestandsmeldung ist in jedem Jahr der 03.01.

Es sind alle Besitzer von Rindern, Schweinen, Schafen und Ziegen, Geflügel und Pferden melde- und beitragspflichtig gegenüber der Niedersächsischen Tierseuchenkasse. Hierbei ist es unerheblich, zu welchem Zweck (gewerbliche Tierhaltung, landwirtschaftliche Nutztierhaltung, Pensionstierhaltung, Reitställe oder auch Hobbyhaltung) die Tiere gehalten werden. Die Melde- und Beitragspflicht gilt ab dem ersten Tier, Ausnahmen für Kleinsttierhaltungen gibt es nicht.

Für Gehegewild ergibt sich die Melde- und Anzeigepflicht aus § 45 ViehVerkV.

Aus dem Beitragsaufkommen werden unter anderem die Ohrmarkenbeschaffung, Brucellose-Pflichtuntersuchung und die Tierkörperbeseitigung finanziert. Die Anmeldung beim örtlich zuständigen Veterinäramt erfolgt mit einem landesweit verbindlich vorgeschriebenen Antragsformular. Bei der Anmeldung bzw. Erfassung einer Nutztierhaltung wird zusätzlich durch die Landwirtschaftskammern geprüft, ob der Tierhalter gleichzeitig auch Prämienantragsteller ist, siehe dazu auch die obigen Kapitel REF _Ref484729908 \r \h 4.1.2. Nach Abschluss der fachlichen Prüfung durch die Veterinärbehörden und Prämienbehörden wird der Erfassungsantrag an das Rechenzentrum des Bundeslandes weitergeleitet. Dort wird dann die Betriebsnummer und auch Registriernummer vergeben. Abschließend werden alle vier Beteiligten des Verfahrens über die zugeteilte Registriernummer informiert:

››› Tierhalter (er erhält zusätzlich Informationsmaterial zu Melde-, Dokumentations- und Kennzeichnungsvorschriften);

››› Tierseuchenkasse (inklusive erster Bestandsmeldung, welche auch Bestandteil des Anmeldevordruckes beim Veterinäramt ist);

››› Veterinäramt;

››› Landwirtschaftskammer (sofern der Tierhalter gleichzeitig auch Prämienantragsteller ist).

Tierkennzeichnungspflicht ist in verschiedenen Paragraphen zu den verschiedenen Nutztierkategorien geregelt:

Verordnung zum Schutz gegen die Verschleppung von Tierseuchen im Viehverkehr (Viehverkehrsverordnung – ViehVerkV)

§ 27 Kennzeichnung:

Kennzeichnung und Registrierung von Rindern nach der Verordnung (EG) Nr. 1760/2000

§ 34 Kennzeichnung:

beschreibt die Kennzeichnung und Registrierung von Schafen und Ziegen nach der Verordnung (EG) Nr. 21/2004

Demnach sind Schafe im Ursprungsbestand vom Tierhalter spätestens im Alter von 9 Monaten oder vor dem Verbringen aus dem Bestand mit den amtlich zugeteilten Ohrmarken dauerhaft zu kennzeichnen.

§ 44 Kennzeichnung:

Kennzeichnung von Einhufern nach der Verordnung (EG)

Nr. 504/2008

§ 45 Kennzeichnung:

Kennzeichnung von Gehegewild und Kameliden (u.a. auch Alpakas und Lamas)

Der Schafhalter hat ein Bestandsregister zu führen *(ViehVerkV, § 35)*. Darin ist die Gesamtzahl der am 1. Januar eines jeden Jahres im Bestand vorhandenen Schafe sowie die Zu- und Abgänge an Schafen unter Angabe ihrer Ohrmarken anzugeben. Bei Zukäufen von Schafen ist der frühere Besitzer und bei Abgängen der Erwerber und das Datum anzugeben.

Der Verkäufer von Schafen hat dem Empfänger ein Begleitpapier zu übergeben, welches die Namen und Anschriften von Käufer und Verkäufer enthält sowie Angaben zur Tierzahl, Tierkennzeichnung und dem Transportfahrzeug *(ViehVerkV, § 36)*. Angaben zum Transportfahrzeug und Transportunternehmen sind nur dann erforderlich, sofern es sich beim Transporteur um einen gewerblichen und gemäß der Viehverkehrsverordnung angemeldeten Betrieb handelt.

Eine Kennzeichnungspflicht für Gehegewild im Sinne der landwirtschaftlichen Nutztiere besteht nicht. Der Gehegebetreiber ist verpflichtet, ein Bestandsbuch (Bestandsregister) zu führen. Hierdurch muss der Tierbestand einmal pro Jahr an das zuständige Veterinäramt gemeldet werden.

Vereinigte Informationssysteme Tierhaltung w.V. (VIT w.V.) und HI-Tier (HIT)

Jedes Bundesland kann selber entscheiden, wer bestimmte gesetzliche Aufgaben wahrnehmen soll. Für die Datenverarbeitung hat es sich in vielen Bereichen bewährt, professionelle Rechenzentren damit zu beauftragen. Das Bundesland Niedersachsen hat von Anbeginn der elektronischen Datenverarbeitung im Bereich der Tierseuchenbekämpfung entschieden, alle logistischen Erfassungs- und Verarbeitungsaufgaben durch den VIT w.V. erledigen zu lassen.

Vom Bundesland Bayern wurde Mitte der 1990er-Jahre angefangen, namentlich alle bekannten Nutztierhaltungen in einer Datenbank zu speichern. Der Name dieser Datenbank lautet Herkunftssicherungs- und Informationssystem für Tiere, kurz: HI-Tier oder auch HIT genannt.

Diese Datenbank mit ihren technischen Auswertungsmöglichkeiten für die Tierseuchenbekämpfung fand schnell bundesweit Anerkennung und ist zum 26.09.1999 in den Echtbetrieb gegangen.

Die Erfahrungen verschiedener Tierseuchengeschehen machten deutlich, dass der Schwerpunkt eines jeden Tierseuchengeschehens und auch das größte Seuchenausbreitungsrisiko der Handel mit Tieren ist. Aus diesem Grundgedanken sind die Lebensläufe für Rinder entstanden. Dafür muss jeder Besitzer von Rindern an die Datenbank melden, wenn er ein Rind bekommt oder abgibt (gleiches gilt für Geburten, Schlachtungen, Verendungen usw.)

Aus dem gemeldeten Datenbestand ist es für die Veterinärämter möglich, sowohl den Rinderbestand eines einzelnen Tierhalters taggenau auszuwerten als auch verschiedene Aufenthaltsorte einzelner Tiere zu ermitteln. Somit können Kontaktbetriebe und damit Infektionswege ermittelt werden. Die schnelle Verfügbarkeit dieser Daten ist entscheidend für eine effektive Tierseuchenbekämpfung.

Die verantwortlichen Stellen bei der Tierseuchenbekämpfung haben schnell erkannt, dass diese technischen Hilfsmittel in der Tierseuchenbekämpfung auch für andere Tierarten und Tierseuchen hilfreich sein können.

Somit wurde 2003 für die Schweinehaltungen ein Meldesystem eingerichtet, wonach jede Übernahme von Schweinen an HI-Tier gemeldet werden muss. Zusätzlich wurde eine Verpflichtung zur Meldung des Stichtagsbestandes (Stichtag 1. Januar) eingeführt.

Das gleiche Meldesystem wurde dann ab 2007 auch für Schaf- und Ziegenhaltungen eingeführt.

Für die Pferde- bzw. Equidenhaltungen wurde die HI-Tier-Datenbank weiterentwickelt, um Equidenpässe ausgeben zu können. Die ursprüngliche und bis 2010 gegoltene Praxis und Rechtslage, wonach ein Pferd/Einhufer für den Pferdepass »gezeichnet« werden musste, wurde durch Verpflichtung zur Kennzeichnung mit Mikrochip/Transponder ersetzt. Jeder Pferdehalter kann jetzt über die Datenbank HI-Tier einen Transponder bestellen, welcher dann durch einen Kennzeichnungsberechtigten (Brennbeauftragter des Zuchtverbandes, Tierarzt usw.) dem Tier eingesetzt wird. Die Kennzeichnung wird dokumentiert und an den VIT w.V. gemeldet. Daraufhin wird von dort der Equidenpass ausgestellt und dem Tierhalter zugesandt.

Neben dem Rechenzentrum gibt es weitere Stellen, die Equidenpässe ausstellen dürfen. Das sind Zuchtorganisationen und Wettkampfverbände. Diese dürfen aber nur Erstpässe ausstellen, die Frist dafür endet sechs Monate nach Geburt des Fohlens oder am 31.12. des Geburtsjahres des Fohlens (es gilt die später ablaufende Frist). Nach dieser Frist darf nur noch das Rechenzentrum einen Equidenpass ausstellen.

Zusammengefasst gibt es folgende Meldepflichten von Nutztierhaltern an die HI-Tier-Datenbank:

- Rinderhalter: jede Bestandsveränderung
- Schweine-, Schaf- und Ziegenhalter: Zukauf von Tieren sowie Bestandsmeldung zum 01.01. eines jeden Jahres.

Meldefristen an HI-Tier:

- für Rinderhalter: jede Änderung innerhalb von 7 Tagen. Ausnahme: Die Kennzeichnung eines neugeborenen Kalbes ist sofort zu melden
- für Schweine-, Schaf- und Ziegenhalter: Übernahme von Tieren innerhalb von 7 Tagen, die jährlichen Stichtagsmeldungen innerhalb von 14 Tagen

Landesamt für Statistik

Bevor die Darstellung der Mengenerhebung für die einzelnen Nutztierkategorien beschrieben wird, ist es wichtig zu wissen, dass es zwei Arten von Erhebungen gibt. Alle 10 Jahre wird in Deutschland eine große (totale) Landwirtschaftszählung, die gleichzeitig Agrarstrukturerhebung ist, durchgeführt.

Alle drei bis vier Jahre wird darüber hinaus eine (repräsentative) Agrarstrukturerhebung durchgeführt. Dabei sind die Tierhalter auskunftspflichtig, wenn sie u.a. mehr als 5,0 ha landwirtschaftliche Fläche oder u.a. mindestens 20 Schafe oder mindestens 20 Ziegen oder mindestens 10 Kühe besitzen.

<u>Schafe und Ziegen</u>

Seit 2011 befragt das Landesamt für Statistik jährlich im November (vorher in einem anderen Rhythmus) 1/3 der Schafhalter – egal ob Hobby oder Erwerbsbetriebe – wie viele Schafe vorhanden sind. Es werden solche Betriebe befragt, die mindestens 20 Schafe halten.

Daten über die Ziegenhaltung werden nicht jährlich erhoben. Diese werden ausschließlich über eine Agrarstrukturerhebung (letzte in 2016) erhoben, wobei Halter mit mindestens 20 Ziegen auskunftspflichtig sind.

<u>Gehegewild</u>

Gehegewild wird nicht erhoben.

<u>Rinder</u>

Auf jährlicher Basis werden stets im Mai und im November durch das Landesamt für Statistik Daten aus der HIT (Herkunftssicherungs- und Informationssystem für Tiere) zur Erhebung aufgenommen.

<u>Einhufer</u>

Die Erfassung von Einhufern (Pferde, Esel und Mischformen daraus) geschieht im Rahmen der Agrarstrukturerhebungen.

Finanzamt

Aus der Sicht des Finanzamtes wird der Nutztierhalter beurteilt, ob die Tierhaltung der Liebhaberei (Hobby), dem Nebenerwerb oder dem Haupterwerb dient. Anhand dreier Beispiele sollen diese Kategorien exemplarisch beschrieben werden. Tatsächlich ist jedoch auch hier nur eine grobe Beschreibung von Zusammenhängen möglich. Letztendlich hat sich der Nutztierhalter auch in Fragen des Steuerrechtes eigeninitiativ zu erkundigen und entsprechend der Nutztierhaltung Angaben zu machen.

Abweichungen zu den Beispielen können völlig andere steuerliche Folgen haben, daher sollte jeder Einzelfall unbedingt mit einem Steuerberater/Landwirtschaftliche Buchstelle und dem zuständigen Finanzamt abgestimmt werden. Diese Beispiele ersetzen daher ausdrücklich keine steuerliche Beratung.

Schafhaltung als Liebhaberei (Hobby) – Beispiel:

Herr M. schafft sich zwei Schafe an, damit diese den Rasen des hinteren Teiles seines großen Wohnhausgrundstückes kurz halten. Bei den Schafen handelt es sich um ein Mutterschaf und um einen Bock. Es besteht seitens Herrn M. keinerlei Gewinnerzielungsabsicht durch Verkauf von z.B. Fleisch, Wolle, lebender Tiere etc. Tatsächlich tätigt er geringe Einnahmen durch den Verkauf von zwei Lämmern pro Jahr an einen Schlachtbetrieb. Da jedoch die Ausgaben (Investitionen für Zäune, Stallgebäude, Fütterungs- und Tränkeeinrichtungen sowie regelmäßige Kosten für Nahrung, Tierpflege etc.) die Einnahmen dauerhaft deutlich übersteigen, wird diese Schafhaltung steuerrechtlich in den meisten Fällen als Liebhaberei (Erzielung von dauerhaften Verlusten, das private Interesse überwiegt) eingestuft – umgangssprachlich auch Hobbyhaltung genannt. Herr M. hat für die Hobbyhaltung in diesem Fall keine Einkommensteuer an das Finanzamt abzuführen, solange sich Verhältnisse nicht ändern.

Für die Frage, ob man im Sinne des Umsatzsteuergesetzes ebenfalls kein Unternehmer ist, kommt es nach der derzeitigen Gesetzeslage nicht auf die Gewinnerzielungsabsicht an. Hier ist vielmehr entscheidend, ob man gewerblich oder beruflich (auch nebenberuflich) die Absicht hat, Einnahmen zu erzielen und die Tätigkeit nachhaltig auszuüben, also wie ein Händler wiederholt am Markt aufzutreten. Gelegentliche Veräußerungen von Privatpersonen ohne diese Absicht fallen nicht darunter. Daher wäre im oben genannten Ausgangsfall zu prüfen, ob er bewusst zwei Elterntiere angeschafft hat, um Lämmer zu verkaufen, oder ob es vordringlich um die Rasenpflege geht und das Lammen und der Verkauf der Lämmer ein eher ungeplantes Ereignis ist.

Mutterkuhhaltung im Nebenerwerb – Beispiel:

Herr K. geht seinem Beruf als Maler nach. Es ist Arbeitnehmer in einem örtlichen Handwerksbetrieb und arbeitet dort im Vollzeitbeschäftigungsverhältnis. Im Nebenerwerb hält er aktuell 20 Mutterkühe. Herr K. verfügt über 3 ha eigene Weiden. Dazu hat er einige Hektar Weiden gepachtet, auf denen er zeitweise seine Mutterkühe zur Landschaftspflege unterbringt. Herr K. stellt den größten Futterbedarf für seine Tiere selbst her und kauft den Rest dazu. Im Winter sind die Mutterkühe in seinem eigenen Stall untergebracht. Herr K. erzielt jährlich Einnahmen durch besagte Landschaftspflegeaufträge, aber auch durch die Vermarktung der geschlachteten Kälber. Er lässt jedes Jahr alle männlichen Kälber schlachten. Die weiblichen Kälber verkauft er weiter. Herr K. verfolgt durch den Nebenerwerb eine Gewinnerzielungsabsicht, die nachhaltig und mit Wiederholungsabsicht besteht. Er nimmt somit am wirtschaftlichen Verkehr teil. Sein jährlicher Gesamtumsatz übersteigt leicht die Obergrenze der Kleinunternehmerregelung. Er muss also eine Umsatzsteuer abführen. Herr K. beschäftigt einen Mitarbeiter auf der so genannten 450-Euro-Basis, der ihn regelmäßig bei der Erledigung von verschiedenen Aufgaben rund um die Mutterkuhhaltung unterstützt. Insgesamt ist der zeitliche Aufwand der Mutterkuhhaltung von Herrn K. im Vergleich zum Hauptbeschäftigungsverhältnis gering. Ebenso verhält es sich mit den jährlichen Einnahmen durch die Mutterkuhhaltung im Vergleich zu den Einkünften aus der Malertätigkeit.

Die Mutterkuhhaltung wurde vom Finanzamt als Nebenerwerb eingestuft.

Seine Einkünfte aus der landwirtschaftlichen Tätigkeiten unterliegen grundsätzlich der Einkommen- und Umsatzsteuer. Da hier Spezialvorschriften greifen, wie z.B. die Durchschnittbesteuerung für Landwirte gem. § 13a Einkommensteuergesetz und die Durchschnittsumsatzsteuersätze gem. § 24 Umsatzsteuergesetz und eventuell auch ein Freibetrag in Betracht kommt, sollte in diesem Fall dringend ein steuerlicher Berater (s.o.) zu Rate gezogen werden, da es etliche Ausnahmen vom Grundsatz gibt und je nach Ausgangslage zahlreiche Steuerfallen auftreten können, welche für den Laien auf den ersten Blick nicht erkennbar sind.

Mutterkuhhaltung im Haupterwerb – Beispiel:

Frau T. hielt in der Vergangenheit, ähnlich wie Herr K. aus dem zuvor beschriebenen Beispiel, eine kleine Mutterkuhherde im Nebenerwerb und ging in der hauptberuflichen Tätigkeit ihrem Beruf als Kauffrau nach. Im Wesentlichen übernahm sie Aufgaben mit ihren Mutterkühen in der Landschaftspflege. Im Laufe der Zeit wurden Frau T. immer mehr Möglichkeiten zur Landschaftspflege angeboten, die sie nach und nach annahm. Sie schaffte damit einhergehend immer mehr Mutterkühe an. Auch in der Fleischvermarktung erlangte Frau T. einen guten Ruf. Der Mutterkuhbestand wuchs, die Aufträge und die Nachfrage nach Fleischprodukten ebenso. Frau T. stellte nach und nach mit ihrem Steuerberater fest, dass der mit der Mutterkuhhaltung verbundenen Zeitaufwand deutlich über die hauptberufliche Tätigkeit hinaus wachsen wird. Ferner ist ebenfalls klar abzusehen, dass auch die durch die Mutterkuhhaltung erwirtschafteten Umsätze die Einnahmen durch die Tätigkeit als Kauffrau übersteigen. Frau T. verfolgt eine Gewinnerzielungsabsicht, die nachhaltig und mit Wiederholungsabsicht besteht, zusätzlich möchte sie den Betrieb weiter ausbauen. Das Ergebnis der Zukunftspläne ist, dass Frau T. ihre berufliche Tätigkeit als Kauffrau aufgeben wird, um sich voll und ganz im Rahmen einer selbstständigen Tätigkeit der Mutterkuhhaltung zu widmen.

Die steuerliche Einschätzung entspricht in diesem Fall dem Beispiel zum Nebenerwerb, da steuerlich grundsätzlich nicht zwischen Haupt- und Nebenerwerb differenziert wird. Aber auch hier gilt, dass eine steuerliche Beratung unumgänglich ist und möglichst vor der Umsetzung der beruflichen Veränderung die steuerlichen Folgen und mögliche zulässige Gestaltungsmöglichkeiten (beispielsweise die Prüfung, ob die Umstellung auf die umsatzsteuerliche Regelbesteuerung anstelle der Durchschnittsbesteuerung bei geplanten größeren Investitionen sinnvoll ist) erörtert werden sollten.

Landwirtschaftliche Berufsgenossenschaft

An dieser Stelle kann keine Beurteilung vorgenommen werden, ab wann eine Beitragspflicht besteht und wann nicht. Dieses muss stets individuell geklärt werden und bedarf dabei der Erkundigung durch den Tierhalter.

Landwirtschaftskammer

An dieser Stelle kann keine Beurteilung vorgenommen werden, ab wann eine Beitragspflicht besteht und wann nicht. Dieses muss stets individuell geklärt werden und bedarf dabei der Erkundigung durch den Tierhalter.

Zuchtverbände

Die Mitgliedschaft in Zuchtverbänden ist freiwillig.

4.1.4 Schwengelrecht

Wer einen Festzaun zur Nutztierhaltung errichten will, um einen wolfsabweisenden Schutzzaun zu errichten, sollte sich im Vorfeld detailliert darüber informieren, welcher Abstand zu evtl. benachbarten Flächen rechtlich einzuhalten ist.

Fragestellungen dazu beantworten in den verschiedenen Bundesländern die so genannten Nachbarrechtsgesetze (NachbG). Nach dem Niedersächsischen Nachbarrechtsgesetz (NNachbG) ist der Abstand wie folgt definiert:

NNachbG, § 31 Abstand von der Grenze

(1) Die Einfriedung eines Grundstücks muß von der Grenze eines landwirtschaftlich genutzten Nachbargrundstücks auf Verlangen des Nachbarn 0,6 m zurückbleiben, wenn beide Grundstücke außerhalb eines im Zusammenhang bebauten Ortsteiles liegen und nicht in einem Bebauungsplan als Bauland ausgewiesen sind. Der Geländestreifen vor der Einfriedung kann bei der Bewirtschaftung des landwirtschaftlich genutzten Grundstücks betreten und befahren werden.

(2) Die Verpflichtung nach Absatz 1 erlischt, wenn eines der beiden Grundstücke Teil eines im Zusammenhang bebauten Ortsteiles wird oder in einem Bebauungsplan als Bauland ausgewiesen wird.

Die Begründung für das Zurückbleiben von der Grundstücksgrenze resultiert aus der Vergangenheit. In Zeiten, in denen noch mit Zugtieren auf dem Acker gearbeitet wurde, war es aufgrund der unsymmetrischen Gesamtgeometrie von Zugtier, Geschirr und z.B. Pflug unumgänglich, das benachbarte Grundstück zu betreten, um den eigenen Acker bis an die Grundstücksgrenze zu bewirtschaften. Ein wesentliches, am Geschirr befestigtes, Bauteil, war der sogenannte etwa 0,5 m breite Schwengel. Er ragte seitlich heraus und musste sich daher über dem benachbarten Grundstück im Luftraum bewegen dürfen.

Diese zwingende Erfordernis machte es also früh erforderlich, eine Regelung zum Eingriff in fremdes Eigentum zu definieren – das Schwengelrecht war entstanden. Hätten Zäune damals genau auf Grundstücksgrenzen gestanden, hätte somit nicht bis an die Ackergrenze gewirtschaftet werden können. Es war geboten, den 0,5 m breiten Grenzstreifen entlang der Ackergrenze freizuhalten von Bepflanzungen oder Einfriedungen. Auch wenn heute moderne Maschinen einen Acker bestellen und die Nutzung des Randstreifens des Nachbarn nicht mehr erforderlich ist, hat das Schwengelrecht noch immer Bedeutung.

Fordert jemand von seinem Nachbarn das Schwengelrecht ein, so muss er selbst das eigene Grundstück landwirtschaftlich nutzen (Weide- und Wiesenwirtschaft, Tierhaltung auf überwiegend eigener Futtergrundlage, Ackerbau). Das Schwengelrecht sollte nur eingefordert werden, wenn die Freihaltung des Grenzstreifens auch wirklich zur Bewirtschaftung der eigenen Fläche erforderlich ist.

Soll eine Einfriedung in einem Abstand von weniger als 0,6 m errichtet, wesentlich verändert, beseitigt oder eine bestehende ersetzt werden, muss dieses dem Nachbarn angezeigt werden. Stimmt der Nachbar der Unterschreitung von 0,6 m nicht zu, muss er unverzüglich die Einhaltung des Grenzabstandes verlangen, sich also auf das Schwengelrecht berufen.

NNachbG, § 37 Anzeigepflicht

(1) Die Absicht, eine Einfriedung auf oder an der Grenze oder in weniger als 0,6 m Abstand von der Grenze zu errichten, zu beseitigen, durch eine andere zu ersetzen oder wesentlich zu verändern, ist dem Nachbarn einen Monat vorher anzuzeigen. Bei einer Einfriedung von mehr als ortsüblicher Höhe ist die Anzeige bei einem Grenzabstand bis zu 1,5 m erforderlich.

(2) Die Anzeigepflicht besteht auch dann, wenn der Nachbar weder die Einfriedung verlangen kann noch zu den Kosten beizutragen braucht.

(3) Im Übrigen ist § 8 entsprechend anzuwenden.

Versäumt der Nachbar Veränderungen bezüglich der eigenen Einfriedung anzuzeigen, kann der Grundstückseigentümer binnen einer Ausschlussfrist von zwei Jahren die Beseitigung verlangen:

NNachbG, § 33 Ausschluss von Beseitigungsansprüchen

(1) Der Anspruch auf Beseitigung einer Einfriedung, die einen geringeren als den in § 31 vorgeschriebenen Grenzabstand hat, ist ausgeschlossen,

1. wenn die Einfriedung bei Inkrafttreten dieses Gesetzes vorhanden ist und ihr Grenzabstand dem bisherigen Recht entspricht, oder

2. wenn der Nachbar nicht spätestens im zweiten Kalenderjahr nach Errichtung der Einfriedung Klage auf Beseitigung erhoben hat.

Der Ausschluss gilt nicht, wenn die Einfriedung durch eine andere ersetzt wird.

(2) Absatz 1 ist entsprechend anzuwenden, wenn eine Einfriedung die Grenze überschreitet, ohne dass dies nach § 30 statthaft ist.

Nach dem NNachbG, § 33, haben ältere Einfriedungen einen Bestandsschutz, selbst wenn sie seinerzeit abstandsrechtswidrig errichtet wurden. Werden solche Einfriedungen eines Tages durch andere ersetzt, kann sich der Grundstückseigentümer wieder auf das Schwengelrecht berufen und die abstandsgerechte Errichtung der Einfriedung fordern.

4.1.5 Tierhalterversicherungen

Bei Betrachtung der Nutztierhaltung muss zwischen verschiedenen Versicherungstypen unterschieden werden. Ferner ist es wichtig zu wissen, dass es keine Pflichtversicherungen gibt. Somit ist eine Tierhalterhaftpflichtversicherung auch keine Pflichtversicherung, sondern eine Versicherung, die die gesetzlich vorgeschriebene Haftung des Tierhalters vertraglich finanziell decken kann. Der Abschluss aller Versicherungen erfolgt in Höhe und Umfang immer freiwillig.

Im Grundsatz stellen sich zwei Fragen an die eigene Nutztierhaltung:

1. Tierhalter sollten sich grundsätzlich fragen, welchen

Schaden die eigenen Nutztiere an anderen anrichten könnten:

- an Menschen
- an anderen bzw. fremden Tieren
- an Sachen (z.B. Fahrzeuge, Flurschäden, Fraßschäden)

2. Welchen Schaden kann das eigene Tier nehmen aufgrund welchen Risikos:

- Diebstahl
- Übergriffe durch andere Tiere (z.B. Wolf, Hund, Luchs)
- Blitzschlag
- In Folge Sturm (umfallende Bäume)
- Verletzungen während der Flucht aufgrund Panikverhaltens
- Krankheiten
- Unfälle
- Tierquäler
- etc.

Versicherer unterscheiden in den Möglichkeiten der verschiedenen Versicherungen zur Tierhaltung grundsätzlich zwei Kategorien:

- Haftpflicht
- Tierleben (nur für Pferde vorgesehen)

Bei Nutztieren kann

- Eine Sachversicherung für landwirtschaftlichen Inhalt abgeschlossen werden, die die Gefahren Feuer, Blitzschlag (inkl. Tötung und Verletzung von Weidetieren) und Weidetierdiebstahl einschließt oder in Erweiterung
- Eine Ertragsschadenversicherung Rind/Schwein/Geflügel abgeschlossen werden, deren eigentlicher Zweck darin liegt, Ertragsausfälle durch anzeigepflichtige Tierseuchen/Sperrbezirksregelung in Ergänzung der gesetzlichen Tierseuchenkassen abzusichern. Diese Versicherung schließt auch immer unfallartige Schadenereignisse im Tierbestand mit ein.

Grundsätzlich haftet ein Tierhalter für einen durch sein Tier bzw. seine Tiere verursachten Schaden, egal ob ein Verschulden seinerseits vorliegt oder nicht. Der Grund hierfür liegt in der Unberechenbarkeit des Tierverhaltens und der dadurch hervorgerufenen Gefahr für unbeteiligte Dritte. Die Gefährdung umfasst Leben, Gesundheit und Eigentum.

Rechtsgrundlage der Haftungsvorschriften sind die §§ 833/34 BGB. Es kommt dabei allein auf die Schadensverursachung durch das Tier an, fahrlässiges oder gar vorsätzliches Verhalten des Tierhalters oder -aufsehers wird nicht vorausgesetzt.

Bürgerliches Gesetzbuch (BGB) § 833 Haftung des Tierhalters

Wird durch ein Tier ein Mensch getötet oder der Körper oder die Gesundheit eines Menschen verletzt oder eine Sache beschädigt, so ist derjenige, welcher das Tier hält, verpflichtet, dem Verletzten den daraus entstehenden Schaden zu ersetzen.

Die Ersatzpflicht tritt nicht ein, wenn der Schaden durch ein Haustier verursacht wird, das dem Beruf, der Erwerbstätigkeit oder dem Unterhalt des Tierhalters zu dienen bestimmt ist, und entweder der Tierhalter bei der Beaufsichtigung des Tieres die im Verkehr erforderliche Sorgfalt beobachtet oder der Schaden auch bei Anwendung dieser Sorgfalt entstanden sein würde.

Bürgerliches Gesetzbuch (BGB) § 834 Haftung des Tieraufsehers

Wer für denjenigen, welcher ein Tier hält, die Führung der Aufsicht über das Tier durch Vertrag übernimmt, ist für den Schaden verantwortlich, den das Tier einem Dritten in der in § 833 bezeichneten Weise zufügt.

Die Verantwortlichkeit tritt nicht ein, wenn er bei der Führung der Aufsicht die im Verkehr erforderliche Sorgfalt beachtet oder wenn der Schaden auch bei Anwendung dieser Sorgfalt entstanden sein würde.

Als Nutztiere gelten Haustiere im Sinne des § 833(2) BGB die dem Menschen in seiner Wirtschaft zu seinem Nutzen gehaltene zahme Tiere, wie Schaf, Ziege, Rind, Pferd, Esel, Hund, etc. und dienen dem Beruf, der Erwerbstätigkeit oder dem Unterhalt des Halters.

Nutztiere werden weiterhin unterteilt in:

- Berufstiere, z. B. Polizeihund, Hüte- und Herdenschutzhunde
- Erwerbstiere, z.B. Zuchtpferde
- Unterhaltstiere, z.B. Milchkühe

Als Luxustiere gelten Haustiere, die zum Zeitvertreib gehalten werden, sie sind somit keine Haustiere im Sinne des §833(2) BGB. Es gilt also klar zu unterscheiden, ob z.B. ein Pferd als Nutztier oder als Luxustier gehalten wird.

Absicherungen gegen Schadensersatzansprüche

Vor dem Hintergrund möglicher Schadensersatzansprüche, aber auch zur Abwehr unberechtigter Ansprüche, ist der Abschluss einer Haftpflichtversicherung unerlässlich. Die Versicherungswirtschaft bietet für jede Art der Tierhaltung entsprechende Einzelversicherungen bzw. Versicherungspakete an. Generell ist es empfehlenswert, sich als Tierhalter von mehreren Versicherern individuell beraten zu lassen, um den best möglichen Versicherungsschutz herauszuarbeiten. Dabei ist nicht nur die Versicherungsleistung im Schadensfall von Bedeutung, mindestens ebenso wichtig ist die Schnelle der Schadensregulierung. Deshalb ist eine Versicherung mit Erfahrung auf dem Sektor der Landwirtschaft sicherlich von Vorteil. Alle großen deutschen Versicherer sind auf diesem Gebiet vertreten, wobei ihre Marktanteile in den einzelnen Bundesländern durchaus unterschiedlich sind.

Grundsätzlich besteht für die Versicherungswirtschaft ein Unterschied zwischen Tierhaltern mit gewerblichem und nichtgewerblichem Hintergrund.

Gewerbliche Betriebe in der Landwirtschaft sind Betriebe, die nur 30 % des Futterbedarfs ihrer Tiere selber herstellen.

Landwirtschaftliche Betriebe sind Betriebe, die mindestens 70 % des Futterbedarfs ihrer Tiere selber herstellen. Sie unterliegen nicht der Gewerbesteuer. Die Errechnung der Höhe der Versicherungsprämie erfolgt über die genutzte Landfläche in Hektar/Tier. Ist der Betrieb vorsteuerabzugsberechtigt, ist in aller Regel von einem Gewerbebetrieb auszugehen (z.B. Intensivtierhaltung).

Deckungssummen

Bei 70–80 % aller in der Landwirtschaft auftretenden Schadensfällen entsteht eine Schadenshöhe bis maximal 15.000 Euro. Die empfohlene Deckungssumme für Personen- und Sachschäden sollte jeweils 3 Mio. Euro betragen. In amtlich bestätigten Wolfsgebieten empfehlen einige Versicherer eine Aufstockung der Deckungssumme auf jeweils 5–10 Mio. Euro für Weidegebiete im Risikobereich 3. Die Definition dieses Risikobereiches [nach aid-Infodienst, 2016, Sichere Weidezäune] umfasst Weiden, die im Bereich bis 500 m Entfernung von Gefahrenquellen liegen, wie z.B. Autobahnen, Bundesstraßen, Flugplätze, Bahnlinien.

Art der Tierhaltung	Versicherung
Tierhaltung ohne gewerblichen Hintergrund bzw. Luxustiere	Tierhalterhaftpflichtversicherung für Pferde und Hunde (Regulierung aufgrund Besitz und nicht aus Verschulden)
Private Nutztierhaltung ohne Gewinnerwirtschaftung, z.B. Schafe als Hobby	Einschluss gegen Mehrbeitrag in eine Privathaftpflichtversicherung. Zumindest das Risiko und die Anzahl der Tiere sollten dem Versicherer bekannt sein, damit eine Abgrenzung zu Gewerbebetrieben stattfinden kann.
Tierhalter, die z.B. Pferde für Dritte unterstellen, ohne gewerblichen Hintergrund	Privathaftpflichtversicherung
Alle gewerblichen oder landwirtschaftlichen Betriebe mit einer Betriebsnummer, gilt ebenfalls für Betriebe im Nebenerwerb	Betriebshaftpflichtversicherung Nebenerwerbshaftpflichtversicherung
Gewerbliche Zuchtbetriebe z.B. Pferde	Betriebshaftpflichtversicherung

Schadensregulierung

Grundsatz: Jeder Schaden wird reguliert.

Die Regulierung eines Schadens wird zwischen der Versicherung des Schadenverursachers und des Geschädigten abgewickelt. Kommt es zu keiner einvernehmlichen Lösung, entscheidet das Gericht. Wenn der Entlastungsbeweis geführt werden kann (Exkulpation), dann haftet der vermeintliche Schadenstifter nicht. Die Versicherungsleistung des Versicherungsunternehmens ist in diesem Fall nicht die Zahlung einer Regulierung, sondern die Freistellung des vermeintlichen Verursachers gegen den Anspruchsteller bis hin zur Führung von entsprechenden Gerichtsprozessen. Der Geschädigte kann, soweit das betroffene Risiko von ihm selbst versichert wurde (Sachversicherungen gegen Feuer, Ertragsschadenversicherungen, Kfz-Kaskoversicherungen), eine Regulierung des dann durch den Verursacher nicht zu regulierenden Schadens durch seine eigenen, durch ihn selbst vorgehaltenen Versicherungen beantragen.

Die Versicherer empfehlen die Protokollierung der Hütesicherheit durch ein lückenlos geführtes Zauntagebuch. Ohne ein ordnungsgemäß geführtes Zauntagebuch gilt der Grundsatz: »Starke Behauptung – schwacher Beweis!«

Einfache oder grobe Fahrlässigkeit

Handelt ein Tierhalter bei Herstellung oder Erhaltung der Hütesicherheit fahrlässig oder grob fahrlässig, so übernimmt der Versicherer dennoch die Regulierung entstandener Schäden. Kommt es zu einem Schadensereignis, wird der Versicherer einen betriebseigenen Gutachter mit der Überprüfung der Hütesicherheit auf der betroffenen Fläche beauftragen. Werden Mängel festgestellt, so wird der betroffene Tierhalter auf diese aufmerksam gemacht, mit dem Hinweis, diese innerhalb einer Frist zu beseitigen. Grundlage für die Beurteilung der Hütesicherheit ist die Broschüre »Sichere Weidezäune« des AID-Infodienstes. Sollte die Hütesicherheit bei einer nachfolgenden Kontrolle noch immer nicht korrekt sein, wird eine Prämienerhöhung fällig.

Vorsatz

Der Versicherer prüft bei einem erneuten Schaden, ob ein vorher fahrlässig oder grob fahrlässig herbeigeführter Umstand durch den Verursacher im Rahmen der Mitwirkungspflichten beseitigt wurde, da ihm ja nun bekannt ist, dass der Zustand nicht den Erwartungen entspricht. Sollte eine Nachbesserung durch den Verursacher unterbleiben, ist spätestens jetzt von Vorsatz auszugehen und der Schaden würde genau aufgrund dieses Vorsatzes nicht mehr reguliert werden können.

Tierlebensversicherung

Weidetierhalter haben bei verschiedenen Versicherern unterschiedliche Möglichkeiten, ihre Tiere gegen Tod, Nottötung, Unfall, Diebstahl und andere Ereignisse abzusichern. Dies hat häufig bei wertvollen Zuchttieren eine Bedeutung. Mögliche Wolfsübergriffe auf derart versicherte Tiere mit den direkten oder indirekten Folgen werden von den Versicherern als Unfall gewertet und sind somit mitversichert. In erster Linie sind Rinder und Pferde über diesen Schutz abgesichert. Doch auch Schafe können je nach Versicherer auf diese Weise abgesichert werden. Eher neu ist das Modell eines Versicherers, der für Schaf- und Ziegenzuchtverbände Rahmenverträge anbietet. Davon würden Schaf- und Ziegenhalter als Verbandsmitglieder derart profitieren, dass im Falle eines Wolfs-, Luchs- oder und auch Hundeübergriffes (Großkarnivoren) mögliche Differenzen zwischen Zahlungen aus Billigkeitsleistungen der Länder und einem vorgegebenen Tierwert-Tabellenwerk des Versicherers subsidiär ausgeglichen werden. Das bedeutet konkret, dass der Geschädigte je nach Richtlinien des jeweiligen Bundeslandes Billigkeitsleistungen für tote Schafe bekommen kann und der Differenzbetrag zum Tierwert-Tabellenwert von der Versicherung zusätzlich getragen wird.

Vier Fallbeispiele

Die folgenden vier Beispiele sind frei erfunden und sollen daher nur eine grobe Möglichkeiten für ein generelles Verständnis sein. Im Falle eines Falles kann es erforderlich sein, dass durch ein Gericht beurteilt wird, wer für entstandene Schäden aufzukommen hat oder nicht. Zum Nachlesen einer Auswahl von tatsächlich gefällten Gerichtsurteilen empfiehlt es sich die Broschüre »AID-Infodienst – Sichere Weidezäune, 2016« heranzuziehen.

Beispiel 1

Die 12-köpfige Pferdeherde eines gewerblichen Zuchtbetriebes geriet – wodurch auch immer ausgelöst – in Panik und verließ flüchtend die Weide. Die Pferde überwanden den nach den Vorgaben des Haftpflichtversicherers errichteten Zaun und erreichten eine nahegelegene Kreisstraße. Zwei Pferde aus der Herde kollidierten mit insgesamt zwei PKW, die wiederum selbst mit einem weiteren PKW und einem Tanklastzug zusammenstießen. Es gab unter den Fahrzeuginsassen Teilnehmer mit leichten, aber auch sehr schweren Verletzungen. Der Tanklastzug verlor den größten Anteil des Treibstoffes aus dem Anhängertank. Der Treibstoff versickerte im Erdreich. Ein Pferd starb sofort durch die Kollision. Das andere Pferd musste am Unfallort durch einen Tierarzt eingeschläfert werden.

Wer haftet für den Schaden?

Der Tierhalter konnte nachweisen, dass die Hütesicherheit der Pferde durch den einwandfreien und korrekt errichteten Zaun gegeben war. Auch durch die Vorlage eines geführten Weidezauntagebuches konnte er die elektrische Funktion des Zaunes belegen. Hierdurch führte er den Entlastungsbeweis seinerseits an. Die gesundheitlich und sachlich geschädigten Personen aus den Kraftfahrzeugen klagten über verschiedene Anwälte Schadensersatzansprüche in Höhe von 6 Mio. Euro an den Tierhalter vor Gericht ein. Da der Tierhalter hinsichtlich der Tierhaltung alles richtig gemacht hat und ihn somit kein Verschulden am Unfall traf, wehrte dessen Betriebshaftpflichtversicherer sämtliche Ansprüche Dritter durch die Bereitstellung eines Anwaltes ab. Dem Tierhalter entstanden keinerlei Kosten.

Der Tierhalter hatte für die Pferde keine Tierlebensversicherung abgeschlossen. Daher wurden die beiden toten Pferde nicht ersetzt. Die Tierarztkosten musste der Tierhalter selbst tragen.

Beispiel 2

Zwei Reitpferde waren im Besitz einer Familie und wurden aus Liebhaberei gehalten. Die Pferde wurden auf einer auf dem Privatgrundstück gelegenen Koppel mit Stall gehalten. Eines Tages gerieten beide Pferde – wodurch auch immer ausgelöst – in Panik und verließen flüchtend die Koppel, wobei sie durch die vierreihig montierten Breitbandstromlitzen hindurch rannten. Die Pferde überwanden den nach den Vorgaben des Haftpflichtversicherers errichteten Zaun und erreichten eine nahegelegene Bundesstraße. Beide nebeneinanderher rennenden Pferde kollidierten auf der Straße mit einem PKW. Es gab unter den Fahrzeuginsassen Teilnehmer mit leichten aber auch schweren Verletzungen. Ein Fahrzeuginsasse kam sofort ums Leben. Beide Pferde starben durch die Kollision um Unfallort. Nach dem der Pferdehalter feststellte, dass seine Pferde weggelaufen waren, überprüfte er die Zaunanlage und fand die Stelle, an der die Pferde ausbrachen. Bei der Überprüfung des Weidezaungerätes im Pferdestall musste der Tierhalter feststellen, dass jemand den Netzstecker aus der Steckdose gezogen und nicht erneut eingesteckt hatte. Der gesamte Weidezaun war also stromlos.

Wer haftet für den Schaden?

Der Tierhalter konnte zum Ausbruchszeitpunkt nicht nachweisen, dass die Hütesicherheit der Reitpferde durch den einwandfreien und korrekt errichteten Koppelzaun gegeben war. Ein Weidezauntagebuch führte er nicht. Einen Entlastungsbeweis seinerseits konnte er also nicht führen – wurde allerdings auch nicht erwartet, weil er ein nicht-gewerblicher Tierhalter war. Obwohl der Tierhalter hinsichtlich seiner Reitpferdehaltung einen Fehler machte (stromloser Zaun) und ihn deshalb ein Verschulden am Ausbruch der Pferde und dem Unfall traf, glich der Haftplichtversicherer des Tierhalters aufgrund

der vorliegenden Luxustierhaltung (Luxustiere nach Def. BGB § 831) den Schaden vollständig aus. Dem Tierhalter entstanden keinerlei Kosten.
Anmerkung: Hätte der Tierhalter keine Pferdehalterhaftpflichtversicherung abgeschlossen, hätte er selbst vollständig für den verursachten Schaden aufkommen müssen.

Beispiel 3

Einzelne Rinder einer größeren Herde verließen die Weide und liefen auf die angrenzende Bundesstraße. Die Ursache, die die Tiere veranlasste, die Weide zu verlassen, konnte nicht geklärt werden. Die Rinder hatten auf der Bundesstraße einen Sach- und Personenschaden in Höhe von 2,9 Mio. verursacht, weil sie mit verschiedenen PKWs zusammenstießen. In Folge der Kollisionen starben zwei Rinder auf der Straße. Drei Rinder mussten eingeschläfert werden. Ein Rind blieb unversehrt.

Wer haftet für den Schaden?

Bei der Beurteilung der Hütesicherheit vor Ort musste festgestellt werden, dass die Rinder nur ungenügend eingezäunt waren. Einige Holzpfähle waren marode und dadurch abgebrochen, weshalb der daran befestigte und zweireihig vorhandene Stacheldraht am Boden lag. Ein Weidezauntagebuch wurde vom Tierhalter nicht geführt. Die Grundlage für einen Entlastungsnachweis war somit nicht gegeben.

Der Tierhalter verfügte über eine Betriebshaftpflichtversicherung mit einer Deckungssumme in Höhe von 3,0 Mio. Euro für Personen- und Sachschäden. Da der Tierhalter der Verschuldende war, zahlte seine Haftpflichtversicherung den entstandenen Schaden in Höhe von 2,9 Mio. Euro.

Die durch die Kollision getöteten Rinder und die eingeschläferten Rinder wurden vom Versicherer nicht ersetzt, weil für sie keine Tierlebensversicherung abgeschlossen wurde. Die Tierarztkosten mussten vom Tierhalter getragen werden.

Der Tierhalter wurde im Nachgang des Schadens von seinem Versicherer aufgefordert, die erforderliche Hütesicherheit zur Haltung von Rindern auf Weiden herzustellen.

Beispiel 4

Ähnliche Unfallkonstellation wie in Beispiel 3, jedoch mit höheren Schäden:

Einzelne Rinder einer größeren Herde verließen die Weide und liefen auf die angrenzende Bundesstraße. Die Ursache, die die Tiere veranlasste, die Weide zu verlassen, konnte nicht geklärt werden. Die Rinder hatten auf der Bundesstraße einen Sach- und Personenschaden in Höhe von 4,7 Mio. verursacht, weil sie mit verschiedenen PKW zusammenstießen. In Folge der Kollisionen starben zwei Rinder auf der Straße. Drei Rinder mussten eingeschläfert werden. Ein Rind blieb unversehrt.

Wer haftet für den Schaden?

Bei der Beurteilung der Hütesicherheit vor Ort musste festgestellt werden, dass die Rinder nur ungenügend eingezäunt waren. Einige Holzpfähle waren marode und dadurch abgebrochen, weshalb der daran befestigte und zweireihig vorhandene Stacheldraht am Boden lag. Ein Weidezauntagebuch wurde vom Tierhalter nicht geführt. Die Grundlage für einen Entlastungsnachweis war somit nicht gegeben.

Der Tierhalter verfügte über eine Betriebshaftpflichtversicherung mit einer Deckungssumme in Höhe von 3,0 Mio. Euro für Personen- und Sachschäden. Da der Tierhalter der Verschuldende war, zahlte seine Haftpflichtversicherung den entstandenen Schaden in Höhe von 3,0 Mio. Euro, also bis zur maximalen Deckungssumme der Versicherung. Die restlichen 1,7 Mio. Euro Schadenssumme waren vom Tierhalter selbst zu tragen! Da er diese Summe Geld selbst nicht bereitstellen konnte, musste er Insolvenz anmelden.

Die durch die Kollision getöteten Rinder und die eingeschläferten Rinder wurden vom Versicherer nicht ersetzt, weil für sie keine Tierlebensversicherung abgeschlossen wurde. Die Tierarztkosten mussten vom Tierhalter getragen werden.

Der Tierhalter wurde im Nachgang des Schadens von seinem Versicherer aufgefordert, die erforderliche Hütesicherheit zur Haltung von Rindern auf Weiden herzustellen.

Grundsätzliche Empfehlung zum Herdenschutz

Es sollte grundsätzlich geboten sein, sich mit dem eigenen (Betriebs-)Haftpflichtversicherer frühzeitig in Verbindung zu setzen und gemeinsam einen Vororttermin zur Beurteilung der Tierhaltungsflächen (Weide, Koppel, Gehege, etc.) vorzunehmen. Ergebnis dieser Beurteilung sollte sein, festzustellen, ob eine Modifikation an vorhandenen Zäunen vorzunehmen ist oder nicht – unabhängig davon ob es Wölfe gibt oder nicht. Ferner sollte die Anpassungswürdigkeit von vorhandenen Schadensdeckungssummen geprüft werden. Waren in der Vergangenheit Deckungssummen in Höhe von 3,0 Mio. Euro üblich, geht der Trend seit einigen Jahren in Richtung 5,0 Mio. Euro – unabhänig von der Präsenz von Wölfen in Deutschland.

4.1.6 Tierkörperbeseitigung

Das »Gesetz über die Beseitigung von Tierkörpern, Tierkörperteilen und tierischen Erzeugnissen (Tierkörperbeseitigungsgesetz – TierKBG), beschreibt u.a. den Umgang mit toten Nutz- und Haustieren im Allgemeinen und somit auch den Umgang mit Resten von toten Nutztieren infolge eines Wolfsangriffes bzw. Fraß durch Wölfe.

Gesetz über die Beseitigung von Tierkörpern, Tierkörperteilen und tierischen Erzeugnissen (Tierkörperbeseitigungsgesetz – TierKBG)

§ 1 Begriffsbestimmungen

(1) Im Sinne dieses Gesetzes sind

1. Tierkörper:

Verendete, tot geborene oder ungeborene Tiere sowie getötete Tiere, die nicht zum menschlichen Genuss verwendet werden;

...

(2) Die Beseitigung im Sinne dieses Gesetzes umfasst das Abliefern, Abholen, Sammeln, Befördern, Lagern, Vergraben, Verbrennen, Behandeln und Verwerten von Tierkörpern, Tierkörperteilen und Erzeugnissen.

§ 3 Grundsatz

(1) Tierkörper, Tierkörperteile und Erzeugnisse sind so zu beseitigen, dass

1. die Gesundheit von Mensch und Tier nicht durch Erreger übertragbarer Krankheiten oder toxische Stoffe gefährdet,

2. Gewässer, Boden und Futtermittel durch Erreger übertragbarer Krankheiten oder toxische Stoffe nicht verunreinigt,

3. schädliche Umwelteinwirkungen im Sinne des Bundes-Immissionsschutzgesetzes nicht herbeigeführt,

4. die öffentliche Sicherheit und Ordnung sonst nicht gefährdet oder gestört werden.

Die Belange des Naturschutzes und der Landschaftspflege sowie des Städtebaues sind bei Errichtung und Betrieb von Tierkörperbeseitigungsanstalten zu wahren.

...

§ 4 Verpflichtung zur Beseitigung

(1) Die nach Landesrecht zuständigen Körperschaften des öffentlichen Rechts haben, soweit in diesem Gesetz die Beseitigung in Tierkörperbeseitigungsanstalten vorgeschrieben ist, die in ihrem Gebiet anfallenden Tierkörper, Tierkörperteile und Erzeugnisse zu beseitigen (Beseitigungspflichtige). Sie können sich zur Erfüllung dieser Pflicht Dritter bedienen.

§ 5 Beseitigung von Tierkörpern

(1) In Tierkörperbeseitigungsanstalten sind zu beseitigen

1. Körper von Einhufern, Klauentieren, Hunden, Katzen, Geflügel, Kaninchen und Edelpelztieren, die sich im Haus, Betrieb oder sonst im Besitz des Menschen befinden,

2. Körper von Tieren, die in Zoologischen Gärten oder ähnlichen Einrichtungen sowie in Tierhandlungen gehalten werden,

3. herrenlose Tierkörper der in Nummer 1 genannten Tierarten, ausgenommen solche von frei lebendem Wild.

Dies gilt auch für Körper anderer Tiere, einschließlich solcher von frei lebendem Wild, soweit es zur Wahrung des Grundsatzes des § 3 erforderlich ist und die zuständige Behörde dies anordnet. Vor der Beseitigung dürfen Tierkörper zu diagnostischen Untersuchungen in tierärztliche Untersuchungsanstalten verbracht werden.

(2) Absatz 1 Satz 1 gilt nicht für einzelne Körper von Hunden, Katzen, Ferkeln, Kaninchen, unter vier Wochen alten Schaf- und Ziegenlämmern sowie einzelne Körper von Geflügel oder in Tierhandlungen gehaltenen Kleintieren und Vögeln, die auf geeigneten und von der zuständigen Behörde hierfür besonders zugelassenen Plätzen oder auf eigenem Gelände, jedoch nicht in Wasserschutzgebieten und nicht in unmittelbarer Nähe öffentlicher Wege und Plätze, vergraben oder in dafür zugelassenen Abfallbeseitigungsanlagen verbrannt werden. Die Tierkörper müssen so vergraben werden, dass sie mit einer ausreichenden, mindestens 50 Zentimeter starken Erdschicht, gemessen vom Rande der Grube an, bedeckt sind. § 26 Abs. 2, die §§ 32b und 34 Abs. 2 des Wasserhaushaltsgesetzes bleiben unberührt.

§ 9 Meldepflicht

(1) Der Besitzer hat der Tierkörperbeseitigungsanstalt, in deren Einzugsbereich die Tierkörper anfallen, oder dem Beseitigungspflichtigen unverzüglich zu melden, wenn Körper von Einhufern und Klauentieren (§5 Abs. 1 Satz 1 Nr. 1) oder von Zootieren oder Tieren in Tierhandlungen (§ 5 Abs. 1 Satz 1 Nr. 2) angefallen sind. Das Gleiche gilt für Körper von Hunden, Katzen, Geflügel, Kaninchen und Edelpelztieren (§ 5 Abs. 1 Satz 1 Nr. 1), wenn nicht nur einzelne Tierkörper anfallen.

...

Der guten Ordnung halber soll an dieser Stelle beschrieben werden, unter welchen rechtlichen Bedingungen im Jagdwesen »Raubtierfutter« in den Jagdrevieren ausgelegt werden darf und mit welcher Zielsetzung. Hierbei sind immer die jeweiligen Landesjagdgesetze zu beachten! Im Anschluss daran wird anhand des Tierkörperbeseitigungsgesetzes (TierKBG) auszugsweise erläutert, wie mit nicht nutzbaren toten Haus- und Wildtieren zu verfahren ist.

Im Niedersächsischen Jagdgesetz (NJagdG) steht geschrieben:

§ 32 Füttern

(1) Wenn Wild Not leidet (Notzeit), ist für seine ausreichende artgerechte Ernährung zu sorgen. Die Kreisjägermeisterin oder der Kreisjägermeister gibt Beginn und Ende einer Notzeit für die betroffenen Bereiche bekannt. Die Jagdausübung (§ 1 Abs. 4 Bundesjagdgesetz) ist in diesen Bereichen in dieser Zeit nicht zulässig.

(2) In der Zeit vom 1. Januar bis 30. April darf Wild auch außerhalb von Notzeiten mit artgerechtem Futter gefüttert werden. Wird in dieser Zeit Schalenwild in einem Jagdbezirk gefüttert, so ist die Jagdausübung auf Schalenwild mit Ausnahme der Bejagung von Schwarzwild im Rahmen der Jagdzeitenverordnungen nicht zulässig.

(3) In der Zeit vom 1. Mai bis 31. Dezember darf Wild, Schalenwild jedoch nur mit Genehmigung der Jagdbehörde, artgerecht gefüttert werden, um ausgesetztes Wild einzugewöhnen oder als Ablenkung zur Vermeidung übermäßiger Wildschäden im Einzelfall. In Fremdenverkehrsgebieten können mit Genehmigung der Jagdbehörde für die Allgemeinheit zugängliche Schaufütterungen für Schalenwild errichtet und ganzjährig mit artgerechtem Futter beschickt werden, wenn dieses nicht zu übermäßigen Wildschäden im Umfeld führt. Die Genehmigungen können mit Auflagen versehen und befristet werden.

(4) Im Umkreis von 200 m um beschickte Fütterungen darf nicht auf Schalenwild gejagt werden.

(5) Die Jagdbehörde kann aus Gründen der ordnungsgemäßen Wildbewirtschaftung im Einzelfall Ausnahmen von den Regelungen der Absätze 1 bis 4 zulassen.

Der § 32 beschreibt also Situationen, in denen Jägerinnen und Jägern die im Landesjagdgesetz aufgeführten jagdbaren Wildtierarten unterstützt, in dem sie gefüttert werden.

Weiterhin heißt es im Niedersächsischen Landesjagdgesetz (NJagdG):

§ 33 Kirren

Futter darf zum Anlocken und Erlegen des Wildes nur

1. *in geringen Mengen,*
2. *als artgerechtes Futter und*
3. *ohne Verwendung von Fütterungseinrichtungen und -behältern*

ausgebracht werden (Kirren).

§ 33a Futtermittel

Das Füttern und Kirren des Wildes mit

1. *proteinhaltigen Erzeugnissen oder Fetten aus Gewebe warmblütiger Landtiere,*
2. *Fischen, Fischteilen oder proteinhaltigen Erzeugnissen von Fischen oder*
3. *Mischfuttermitteln, die diese Einzelfuttermittel enthalten, ist verboten. Für das Kirren von Füchsen, Waschbären, Marderhunden und Minken dürfen Aufbrüche oder Teile von Wild, bei dem kein Verdacht auf Vorliegen auf Mensch oder Tier übertragbare Krankheiten besteht, verwendet werden.*

Kirren ist vom Füttern scharf abzugrenzen. Eine Kirrung stellt auf einer zusammenhängenden Fläche von 75 ha eine oder zwei Stellen dar, auf der bzw. denen in Summe max. 4 kg heimische Feld-, Baum- und sonstige Waldfrüchte während der Jagdzeit der betreffenden Wildtierart ausgebracht werden dürfen. Kirrungen werden meistens in Bezug auf die Bejagung von Schwarzwild mittels der Ansitzjagd angelegt.

Zu den Kirrungen zählen auch die sogenannten Luderplätze, die im Rahmen der Kirrjagd für jagdbare Raubtiere angelegt werden. Luderplätze sind bestimmte Stellen im Jagdrevier, die vor allem zum Anlocken von Füchsen dienen. Luderplätze stellen eine jagdliche Einrichtung – Bejagungshilfe – dar, weil sie von Füchsen aufgesucht und kontrolliert werden. In §33a, NJagdG, ist beschrieben, was als Lockmittel (Luder) auf Luderplätzen ausgebracht werden darf. Im Umkehrschluss ist es verboten, dorthin z.B. Schlachtabfälle, Totgeburten oder verendete Körper von Nutz- und Haustieren auszubringen. Ferner ist die Anlage von Luderplätzen in Wasserschutzgebieten untersagt. Luderplätze sollen nur abseits von durch Menschen frequentierten Wegen und anderen Bereichen angelegt werden.

Eine weitere Betrachtung ist der Umgang mit Fallwild und verunfalltem Wild. Hierzu zählen Wildtiere, die auf unterschiedliche Weise verendet sind (z.B. Altersschwäche, im Zaun gesetzter Damwildhirsch). Zum verunfallten Wild zählen diejenigen Wildtiere, die z.B. in Folge einer Kollision mit einem PKW getötet wurden. In beiden Fällen hat der Jäger zwar das Aneignungsrecht, jedoch nicht die Aneignungspflicht. Insofern darf er es entweder am Fundort liegen lassen oder wenn er es am Wegerand liegend auffindet z.B. zur Seite unter einen Busch ziehen und dort liegen lassen. Verschiedene Aasfressser wie Fuchs, Wildschwein, Wolf und weitere verzehren nach und nach den toten Wildtierkörper. Stellt der Jäger vor Ort bedenkliche Merkmale fest, die auf eine Tierseuche hinweisen könnten, ist die Veterinärbehörde umgehend zu informieren und der tote Tierkörper in einer Tierkörperbeseitungsanlage zu entsorgen. Die in der Vergangenheit vorgeschriebene Praxis, den toten Wildtierkörper zu vergraben, wird nicht mehr gefordert.

4.2 Schafe und Ziegen

In Deutschland sind ca. 2,3 Millionen Schafe registriert. Davon stehen 230.000 (10 %) in Niedersachsen bei ca. 12.000 Schafhaltern. Über 400 Herdbuchzüchter halten in Niedersachsen mehr als 30 verschiedene Schafrassen. Alle niedersächsischen Schafzuchtverbände (4 Stück, zzgl. 1 Ziegenzuchtverband) sind Mitglieder in der Vereinigung Deutscher Landesschafzuchtverbände e.V. (VDL), die als bundesweiter Dachverband der deutschen Schafzucht die Interessen der Schafzucht und Schafhaltung auf Bundes- und EU-Ebene vertritt.

In Ergänzung der Schafbestände sind die knapp 20.000 Ziegen zu benennen, die sich auf ca. 4.200 Halter verteilen. Die weiteren Darstellungen in diesem Kapitel beziehen sich im Wesentlichen jedoch auf die Schafhaltung, was die Wertigkeit der Ziegen in keinster Weise in Abrede stellen soll. Nach Angaben des Landesverbandes Niedersächsischer Ziegenzüchter e.V. war es die Ziege, die als »Kuh des kleinen Mannes« das Überleben vieler Familien in früheren Zeiten sicherte. Die heutzutage von ihr gewonnen Produkte sind begehrte Delikatessen von hoher Qualität.

Verschiedene Schafhalter setzen in der unterschiedlichen Landschaftspflege parallel zu Schafen ebenfalls Ziegen aufgrund der unterschiedlichen Nahrungspräferenzen ein.

In der Vergangenheit selektierten Mensch und Natur nach Landschaft, Klima und Vegetation stark angepasste Rassen. Diese sind auf dem Rückzug – in den letzten dreihundert Jahren züchtete man auf höhere Produktivität, weiße Wolle, Hornlosigkeit und auch extreme Marschfähigkeit. Es ist betriebswirtschaftlich mindestens fragwürdig, Schafhaltung zu betreiben – und trotzdem gibt es immer noch Menschen, die dieses Handwerk mit Begeisterung weiterführen wollen und solche, die ihrem Hobby nachgehen und mit viel Aufwand besondere Populationen und kleine Spezialgebiete erhalten (Humpert, 2016, Pers. Kommunikation).

Die weite Verbreitung der Schafhaltung ergibt sich aus der Vielfalt der Rassen, ihrer Anpassungsfähigkeit an unterschiedliche Gegebenheiten sowie die Eignung für verschiedene Haltungsformen.

Den »Leitlinien für gute landwirtschaftliche Praxis in der Schafhaltung (Landwirtschaftskammer Niedersachsen, 2016« und den »Empfehlungen für die ganzjährige und saisonale Weidehaltung von Schafen, LAVES, 2016«) sind die verschiedenen Grundsätze zur Haltung und zum Einsatz von Schafen zu entnehmen. Das Ziel der tiergerechten Schafhaltung ist dabei

Abbildung 84: Photovoltaikanlage

Abbildung 86: Seedeich

Abbildung 85: Flussdeich

Abbildung 87: Heide

die Haltung von gesunden Schafen unter natürlichen Umweltbedingungen. Schafe sind Herdentiere, die sich folglich in der Herde wohlfühlen und neugierig sein können. Das Leitschaf führt die Herde an, weshalb einer engen Bindung zum Schäfer eine hohe Bedeutung zukommt. Als Wiederkäuer gelten Schafe als relativ anspruchslos gegenüber dem Nahrungsangebot des Weidewuchses mit Blick auf selektives Weideverhalten. Da sie klimatisch ebenfalls anpassungsfähig sind, vertragen sie relative große Temperaturunterschiede, weshalb sie auch ganzjährig im Freien gehalten werden können.

Das ausgeprägte Sozialverhalten, welches auch in Form des Herdentriebes sichtbar ist, wird mütterlicherseits auf die Nachkommen übertragen.

Nutzungs- bzw. Einsatzzwecke

Die Nutzungs- bzw. Einsatzzwecke (Umsatzquellen) umfassen nach Angaben der niedersächsischen Landesschafzuchtverbände: Fleisch, Schafmilch, Wolle, Felle, Häute und Landschaftspflege. Die verschiedenen Einsatzbereiche von Schafen in der Landschaftspflege sind nach der »KTBL-Datensammlung, 2014, Landschaftspflege mit Schafen« wie folgt zu unterteilen:

- Streuobstwiesen
- Photovoltaikflächen
- Feuchtwiesen
- Küstendeiche
- Flussdeiche
- Heiden
- Magerweiden

Betriebsformen und Haltungsformen

Grundsätzlich kann die gesamte Schafhaltung nach der Herdenhaltung und den Betriebsformen unterschieden werden.

Herdenhaltung:

Es wird grundsätzlich zwischen der standortgebundenen Herdenhaltung (z.B. eine Deichschäferei oder auch die Schafhaltung des Vereins Naturschutzpark Lüneburger Heide) und der Wanderschäferei unterschieden. Bei der standortgebundenen Herdenhaltung zieht der Schäfer jeden Abend mit der Herde zurück in den Stall, was allerdings am Deich nicht die Regel ist. Der Wanderschäfer zieht jahreszeitlich bedingt im Winterhalbjahr von Fläche zu Fläche und ist immer mit seinen Schafen draußen.

Darüber hinaus gibt es jedoch noch viele andere »vermischte« Haltungsformen unterschiedlicher Ausprägungen, bei denen pro Betrieb mehrere Herdenhaltungen an verschiedenen Standorten ausgeübt werden. Hierbei sind durchaus 5 und mehr Herden pro Betrieb festzustellen, wobei je Herde durchschnittlich 100–300 Schafe im Einsatz sind. Festzustellen ist bei solchen Betrieben, dass ein Teil der Herden auf eingezäunten Flussdeichen stehen kann, während gleichzeitig der Rest der Herden in z.B. Moor- und auch Heidegebieten steht. Die Schafe werden vom Betriebshof zum Einsatzgebiet oder von einem zum anderen Einsatzgebiet mittels Fahrzeug und Anhänger transportiert. Es wird also nicht gewandert.

Betriebsformen:

Die unterschiedlichen Betriebsformen umfassen die

Koppelhaltung

Aufteilung einer Weide für eine Herde in verschiedene Koppeln (eingezäunte Abschnitte), die nacheinander beweidet werden

Standweidehaltung

Schafe stehen längere Zeit auf derselben Weide, welche ebenfalls eingezäunt ist. Die Standweide ist deutlich größer als eine Koppel

Hütehaltung

Schafherde wird von einem Schäfer und unter Einsatz von Hütehunden im offenen Gelände beaufsichtigt. Es soll nach Möglichkeit zweimal pro Tag gehütet werden. Einmal sehr früh morgens und im Laufe des Nachmittags. Die Mittagsphase sollte ausgesetzt werden und die Schafe im Pferch oder auf beschatteten Plätzen zum Ruhen untergebracht werden.

Stallhaltung

Z.B. »Rund-um-die-Uhr«-Stallhaltung in den Wintermonaten mit vollständiger Zufütterung

Anbindehaltung

Die Anbindehaltung von einzelnen Schafen (soziale Isolation) wird als tierschutzwidrig abgelehnt und ist nur unter besonderen Voraussetzungen gestattet, wobei sie dann Sichtkontakt zu anderen Schafen haben sollen, wie z.B. bei kranken Tieren, bei quarantänebedürftigen Tieren oder bei Rassen, die durch Zucht nahezu keinen Herdentrieb mehr haben (Reinrassige Ostfriesische Milchschafe und reinrassige Rauwollige Pommersche Landschafe)

Unterbringung im Pferch

Schafe, die tagsüber an Standorten gehütet werden, wo für die Nacht kein Stall zur Unterbringung zur Verfügung steht, bringt man sie in einen Nachtpferch. Pferche sind oft durch z.B. Elektronetzzäune abgesteckte Flächen (1–2 m^2/Tier).

Schafhaltung auf Weiden:

Die saisonale Weidenutzung wird in Sommerweide und in Winterweide unterschieden mit folgender Weideeinteilung:

Standweide

Die gesamte Weidefläche wird während der Weideperiode gleichzeitig bei voller Einzäunung von eher wenigen Schafen beweidet (extensive Tierhaltung). Die Gefahr des Endoparasitenbefalls gilt als relativ hoch.

Umtriebsweide

Die Weidefläche ist durch feste oder bewegliche Zäune in mindestens 6, besser 10 Koppeln, unterteilt, um ein genügendes Nachwachsen der Teilweiden zu ermöglichen. Die Schafe bleiben nur wenige Tage auf einer Koppel, um sie dann auf die nächste Koppel umzutreiben.

Portionsweide

Eine dem Futterbedarf entsprechende Weidefläche wird täglich mit Hilfe eines Elektrozauns zugeteilt.

Rassen

In Deutschland sind derzeit 51 Rassen erfasst, die wie folgt eingruppiert werden:

Kategorie	Rassemenge	Rassebeispiele
Merinoschafe	3	Merinofleischschaf, Merinolandschaf
Fleischschafe	11	Berrichonne du Cher, Blauköpfiges Fleischschaf, Charollaisschaf, Hampshire, Leineschaf (Landschaf), Ile de France, Schwarzköpfiges Fleischschaf, Suffolk, Texelschaf, Weißköpfiges Fleischschaf, Zwartbles, Dorper
Milchschafe	1	Ostfriesisches Milchschaf
Landschafe	22	Bentheimer Landschaf, Coburger Fuchsschaf, Gotländisches Pelzschaf, Gotländisches Wildschaf, Graue geh. Heidschnucke, Jakobschaf, Kerry-Hill, Ouessantschaf, Rauhw. Pommer. Landschaf, Rhönschaf, Romanow, Scottish Blackface, Shropshire, Skudde, Soay-Schaf, Walachenschaf, Waldschaf, Weiße Geh. Heidschnucke, Weiße Hornl. Heidschnucke, Zackelschaf, Zaupelschaf
Bergschafe	9	Alpines Steinschaf, Braune Bergschaf, Brillenschaf, Geschecktes Bergschaf, Krainer Steinschaf, Schwarzbr. Bergschaf, Tiroler Steinschaf, Walliser Schwarzn.Schaf, Weißes Bergschaf
Haarschafe	5	Dorper, Kamerunschaf, Nolana-Fleischschafe, Nolana-Landschafe, Wiltshire-Horn

Tabelle 5: Schafrassen in Deutschland

Vom Aussterben bedrohte Arten haben in der Zucht einen hohen Stellenwert, weshalb es ein nationales Fachprogramm zur Erhaltung dieser Rassen gibt. Während in der Schaf- und Ziegenzucht üblicherweise die natürliche Befruchtung der Muttertiere durch Böcke geschieht, sind für vom Aussterben bedrohter Arten Spermien eingefroren worden, um im Bedarfsfall eine künstliche Befruchtung vornehmen zu können. Im Jahr 2015 waren nach Angaben der »Rote Liste, Einheimische Nutztierrassen in Deutschland 2015« 22 einheimische Schafrassen und 3 einheimische Ziegenrassen in Deutschland vom Aussterben bedroht.

Altersklassenbezeichnungen

Alter	Weibliches Tier	Männliches Tier
Im 1. Lebensjahr	Lamm	Bocklamm
Im 2. Lebensjahr	Zutreter	Bock
Ab 3. Lebensjahr	Mutterschaf	Bock

Tabelle 6: Altersklassenbezeichnungen der Schafe

Haltungsgrundsätze

Folgende Haltungsgrundsätze werden durch die niedersächsischen Landesschafzuchtverbände zitiert:

Zur Betreuung einer Schafherde gehört eine tägliche Kontrolle der Tiere, um z. B. kranke, verletzte o.ä. Schafe rechtzeitig zu erkennen und zu behandeln. Die Schafe sollen jederzeit Zugang zu Wasser haben.

Als Einzäunung eignen sich in erster Linie Drahtknotengitter, wie sie z.B. auch als Wildschutzzäune eingesetzt werden. Zur variablen Unterteilung der Fläche sind auch Elektrozäune gut einzusetzen. Eine Weidehütte/Witterungsschutz sollte vorhanden sein.

Um den Wurmbefall zu reduzieren ist eine Unterteilung der Fläche in mehrere Koppeln wünschenswert. Behandlungen gegen Innen- und Außenparasiten sind je nach Befall notwendig (z.B. Untersuchung über Kotproben). In der Regel sind zwei bis drei Behandlungen je Jahr gegen Innenparasiten notwendig. Einmal im Jahr sind die Schafe zu scheren und ca. zweimal im Jahr ist eine Klauenpflege durchzuführen.

In der Koppelhaltung können ca. 6–12 Mutterschafe mit Lämmern je Hektar gehalten werden. Je nach Bodenverhältnissen und Rasse ist dieser Wert höher oder niedriger. Außerdem ist zu beachten, dass der Futteraufwuchs in der 2. Jahreshälfte wesentlich geringer ist. Mineral- und Salzlecksteine sollten ganzjährig zur Verfügung stehen.

Für die Winterhaltung ist ein Stall sinnvoll. Es muss für Winterfutter gesorgt werden, da die Schafe in dieser Zeit nicht genügend Futter auf den Flächen finden.
Bei hochtragenden und säugenden Mutterschafen ist eine Zufütterung von Kraftfutter, in Abhängigkeit von der Grundfutterqualität, notwendig.

Lammende Schafe und neugeborene Lämmer benötigen einen besonderen Witterungsschutz. Ein Ablammen im Freien sollte nur bei besonders robusten Rassen toleriert werden, aber auch nur dann, wenn die Temperaturen und übrigen Witterungsverhältnisse keine übermäßige Beeinträchtigung der Lämmer erwarten lassen. Geeignete Pferche und Windschutz oder sonstige Schutzeinrichtungen sollten zur Verfügung stehen.

Fortpflanzung und Ablammung

Die Geschlechtsreife tritt je nach Rasse mit etwa 6–12 Monaten ein. Die Tragzeit beträgt 5 Monate. Die Brunstsaison liegt bei saisonalen Rassen von September bis Dezember und bei asaisonalen Rassen kann sie mehr oder weniger als ganzjährig angesehen werden. Die Schafe werden einmal pro Jahr durch Böcke (die zahlenmäßig deutlich pro Herde in der Unterzahl sind) befruchtet. Durch gezielte Zufütterung von Eiweißhaltiger Nahrung kann auf den Bereitschaftszeitpunkt zur Befruchtung Einfluss genommen werden. Es werden in der Regel 2 Lämmer geboren, wobei auch Geburten von 1 oder 3 Lämmern vorkommen können.

Die Ablammzeit stellt die zeitlich intensivste Anforderung an den Schafhalter dar. Je nach Betriebsstruktur kommen innerhalb weniger Wochen mehrere Hundert Lämmer im Stall zur Welt. Je nach Arbeitskraftverfügbarkeit und Menge der Mutterschafe werden mehrere Ablammzeiten gezielt eingesteuert. Das Mutterschaf muss mit den neugeborenen Lämmern ca. 3 Tage in einer Stietz (Abbildung 89) verbringen, damit die Sozialisierung der Lämmer an die Mutter erfolgen kann und damit sich die Mutter an den Nachwuchs gewöhnt. Die Vorteile der Stietz sind neben Sozialisierung und Gewöhnung die Kontrolle des ersten Kotes bei den Lämmern, ob die Nachgeburt(en) beim Mutterschaf abgesondert wurde(n) und ob die Lämmer bei der Mutter saugen (Kolostralmilchaufnahme).

Abbildung 88: Neugeborene Lämmer

Abbildung 89: Mutterschaf mit zwei Lämmern in der Stietz

Abbildung 90: Schafschur

Kennzeichnungspflicht und Tierbestandsmeldung

Das Regelwerk zur Kennzeichnungspflicht und der Tierbestandsmeldung ist in Kapitel 4.1.3 beschrieben.

Schafschur

Schafe können von sich aus keinen Wollwechsel vollziehen. Daher sind erwachsene Schafe einmal pro Jahr zu scheren, um den Schafen die erforderliche Thermoregulierung zu ermöglichen und um das Risiko eines möglichen Ektoparasitenbefalles zu minimieren. Einen gesetzlich vorgeschriebenen Zeitraum zur Schur der Schafe gibt es nicht. Dennoch sollten Schafe ab Anfang Juni geschoren werden. Im Falle der ganzjährigen Weidehaltung sollten Schafe spätestens zwei Monate vor Beginn der kalten Jahreszeit geschoren werden.

Grundsätzlich ist festzuhalten, dass die Schafschur keine ausgeprägte Umsatzquelle darstellt, weil die Nachfrage von Schafwolle am Markt gering ist.

Schafe: Tierbestandsmengen, Betriebsgrößen und geografische Verteilung in Niedersachsen

Im November 2016 waren knapp 233.000 Schafe (alle Altersklassen beider Geschlechter) registriert. Dieser Gesamtschafbestand verteilte sich auf knapp 12.000 Betriebe (Hobby, Neben- und Haupterwerb).

Die Mengenentwicklung der Schafhalter ist zahlenmäßig in Abbildung 107 dargestellt. Die Bestandsentwicklung der Schafe ist in Abbildung 92 abzulesen.

Abbildung 91: Mengenentwicklung der Schafhalter

Abbildung 92: Entwicklung der Schafbestände

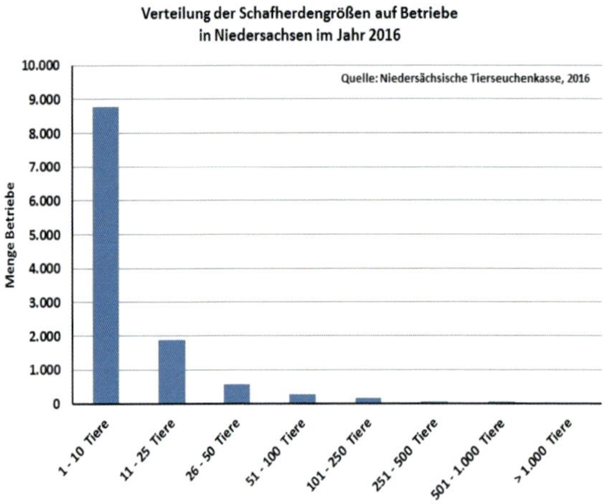

Abbildung 93: Schafherdengrößen und -mengen

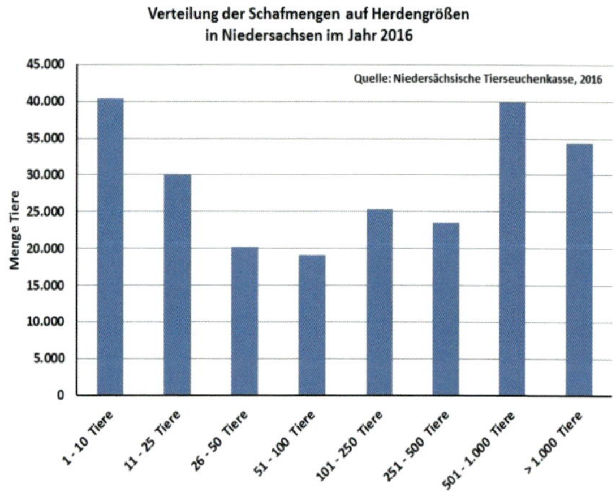

Abbildung 94: Verteilung der Schafmengen in Bezug auf Herdengrößen

Die größte Zahl der Schafhalter hat bis zu 10 Schafe, gefolgt von denen die zwischen 11 und 25 Schafen haben (Abbildung 93).

Obwohl nur sehr wenige Schafhalter mehr als 500 Schafe haben, sind sie es doch, die die meisten Schafe im Gesamtvergleich besitzen. Diejenigen Schafhalter, die bis zu 25 Schafe haben, weisen in Summe einen ähnlich hohen Tierbestand auf wie die mit 501 und mehr Schafen. Abbildung 94 verdeutlicht die Verhältnisse. Nachdem die Schafbestände und die Betriebsherdengrößen analysiert wurden, soll anhand der Abbildung 97 und Abbildung 98 aufgezeigt werden, wo die Betriebe (egal ob Hobby, Neben- oder Haupterwerb) auf Landkreisebene im Schwerpunkt zu finden sind und wo die meisten Schafe stehen.

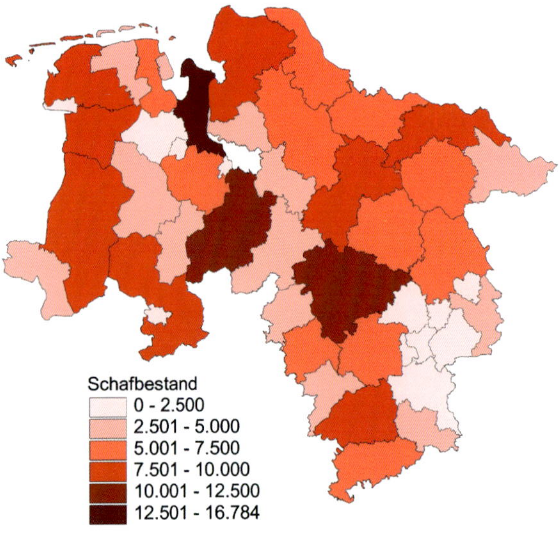

Abbildung 97: Verteilung der Schafbestände auf Landkreise in Niedersachsen/ Datenquelle: Niedersächsische Tierseuchenkasse, 2016

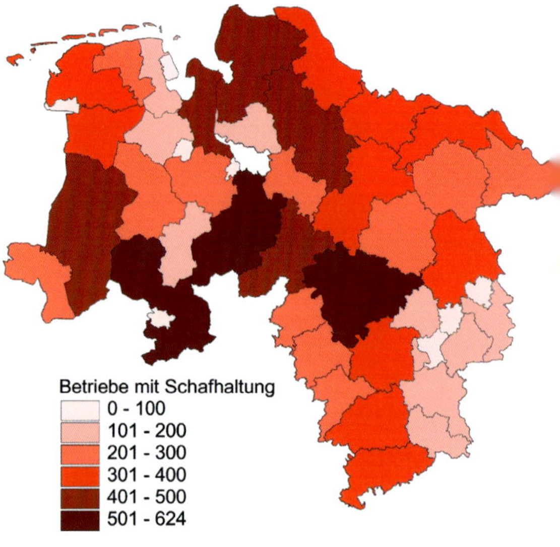

Abbildung 98: Verteilung der Schafhalter auf Landkreise in Niedersachsen/ Datenquelle: Niedersächsische Tierseuchenkasse, 2016

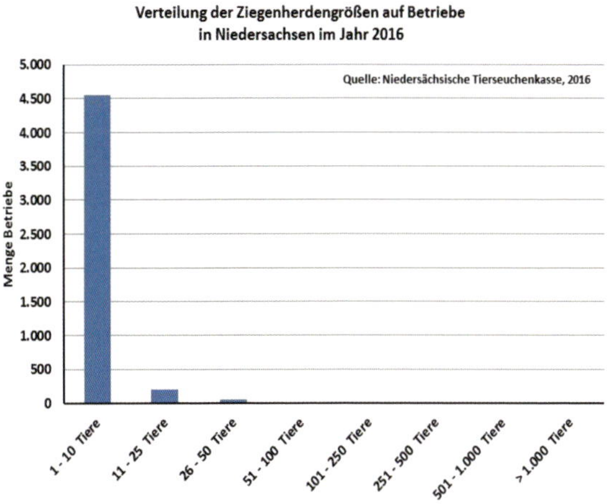

Abbildung 95: Ziegenherdengrößen und -mengen

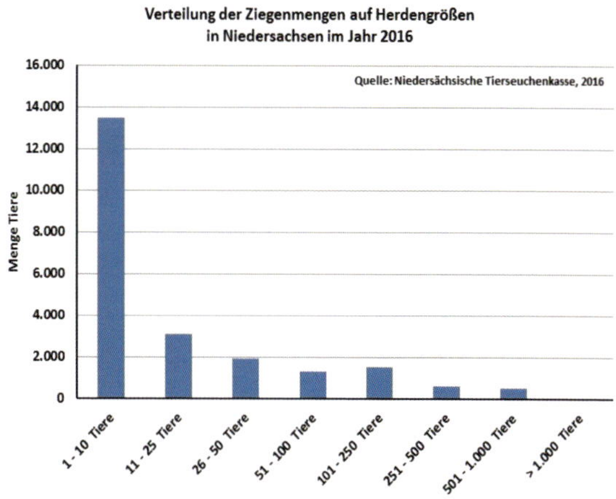

Abbildung 96: Verteilung der Ziegenmengen in Bezug auf Herdengrößen

Ziegen: Tierbestandsmengen, Betriebsgrößen und geografische Verteilung in Niedersachsen

Im November 2016 waren knapp 22.500 Ziegen (alle Altersklassen beider Geschlechter) registriert. Dieser Gesamtziegenbestand verteilte sich auf ca. 4.800 Betriebe (Hobby, Neben- und Haupterwerb).

Die größte Zahl der Ziegenhalter hat bis zu 10 Ziegen (Abbildung 95). Anders als bei den Schafhaltern befinden sich die meisten Ziegen in Herden bzw. Gruppen, die max. 25 Tiere umfassen. Diese Tierhaltung dürfte in vielen Fällen hobbymotiviert sein. Abbildung 96 verdeutlicht die Verhältnisse.

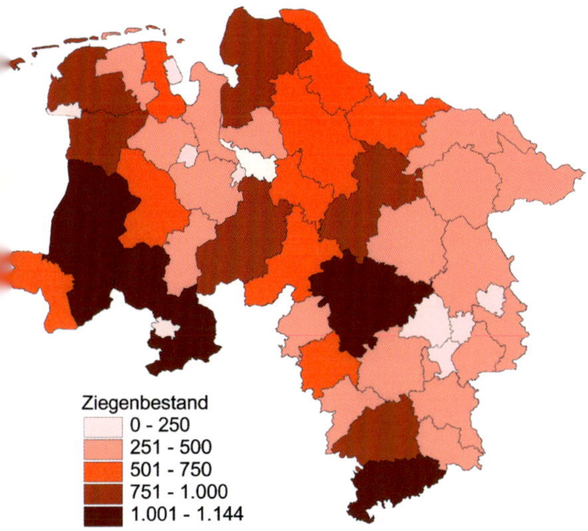

Abbildung 99: Verteilung der Ziegenbestände auf Landkreise in Niedersachsen / Datenquelle: Niedersächsische Tierseuchenkasse, 2016

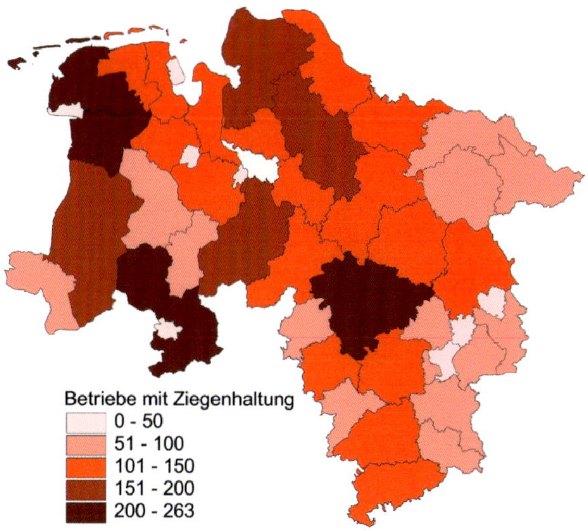

Abbildung 100: Verteilung der Ziegenhalter auf Landkreise in Niedersachsen / Datenquelle: Niedersächsische Tierseuchenkasse, 2016

Abbildung 101: Schafe auf dem Küstendeich

Wie schon beschrieben, gestaltet sich die Schafhaltung von Betrieb zu Betrieb sehr unterschiedlich. Das facettenreiche Spektrum an Betriebsabläufen begründet sich durch die Fragen, welche landschaftlichen Gegebenheiten vor Ort herrschen. Gibt es Deiche, Naturschutzgebiete, genügend bzw. verfügbare Weiden? Wie kann die Futterbeschaffung sichergestellt werden? Wer sind mögliche Auftraggeber?

Vor diesem Hintergrund können nachfolgend nur einzelne Beispiele von Betrieben dargestellt werden.

Beispiel 1: Küstendeichschäferei mit Winterweidebetrieb

Ziel der Schafhaltung ist die Deichpflege im »Sommerhalbjahr« (also während der Vegetationsphase).

Die Deichpflege beginnt Anfang März und endet Ende November. 7–8 Herden kommen dabei zum Einsatz zu je 100–130 Muttern zzgl. Lämmer. Der Tierbestand umfasst also ca. 1.000 Mutterschafe. Jährlich werden etwa 1.500 Lämmer geboren. Die Befruchtung der Mutterschafe in den verschiedenen Herden geschieht durch 12–13 Böcke, die ebenfalls auf die verschiedenen Herden aufgeteilt leben. Ziegen werden nicht gehalten.

Die erste Lammzeit im Jahr startet um den 20. Februar mit 400 Mutterschafen im Stall. Die zweite Lammzeit beginnt etwa am 15. März mit ebenfalls 400 Mutterschafen im Stall. Die Lämmer werden ausschließlich im Stall geboren, aufgrund der Witterungsbedingungen und des Tierschutzes. Eine dritte Lammzeit mit ca. 200 Mutterschafen findet im April auf dem Deich statt.

Es können »nur« 400 Mutterschafe gleichzeitig lammen, aufgrund der begrenzt zur Verfügung stehenden Arbeitskräfte für den 24/7-Einsatz (»Rund um die Uhr«-Bereitschaft). Daher muss es mehrere Lammzeiten geben.

Die Schafe werden im Juni/Juli geschoren.

Alle Lämmer werden im Alter von ca. 6–7 Monaten der Schlachtung zugeführt. Bis dahin fressen sie Frischfutter zur Mast. Diejenigen weiblichen Schafe, die nicht geschlachtet werden, sollen den Muttertierbestand erhalten. Als Zutreter lammen sie selbst erstmals im 2. Lebensjahr im Stall.

Von Ende November bis Anfang April werden alle Schafe auf Winterweiden (ca. 1.000 Hektar Dauergrünland) umgesetzt. Der Umtrieb je Herde erfolgt alle 2–3 Tage. Die Herde wird mit einer einreihigen Elektozaunlitze gehütet, damit die Tiere nicht die Weiden verlassen und in die Gräben gelangen. Eventuelle Schneelagen stellen auf den Winterweiden kein Problem dar. Die Schafe schieben den Schnee zur Seite und gelangen dadurch ans Gras.

Abbildung 102: Schneebedeckte Winterweide

Abbildung 103: Winterstall für 800 Mutterschafe

Diese Betriebsstruktur erfordert kein Budget für die Bereitstellung von Winterfutter für alle Schafe. Landwirte in der Region stellen dem Schäfer ihre Dauergrünlandflächen als Winterweiden kostenfrei zur Verfügung. Hier fressen sich die Schafe täglich satt. Der Vorteil für die Landwirte liegt darin, dass die Schafe die Weiden derart kurzfressen (also pflegen), dass entsprechend kurze Grashalme zu Beginn der Vegetationsphase vorhanden sind, was Vorteile bietet. Eine echte Win-Win-Situation ist gegeben. Das regelmäßige Umtreiben der Schafherden wird unter Einsatz von Koppelgebrauchshunden vorgenommen.

Beispiel 2: Küstendeichschäferei ohne Winterweidebetrieb

Dieses Beispiel stellt im Vergleich denselben Betrieb aus Beispiel 1 dar, mit dem Unterschied, dass es keinen Winterweidebetrieb gibt, sondern die Schafe dann im Stall untergebracht sind. Ziel der Schafhaltung ist auch hier die Deichpflege im »Sommerhalbjahr« (also während der Vegetationsphase).

Die Deichpflege beginnt Anfang März und endet Ende November. 5–6 Herden kommen dabei zum Einsatz zu je 100–130 Muttern zzgl. Lämmer. Aufgrund der für den Winterbetrieb gegebenen Stallgröße beträgt der Tierbestand ca. 800 Mutterschafe. Die Befruchtung der Mutterschafe in den verschiedenen Herden geschieht durch 10–11 Böcke, die ebenfalls auf die verschiedenen Herden aufgeteilt leben. Ziegen werden nicht gehalten.

Ende November kommen die Schafe in den Winterstall und bleiben dort bis ca. Mitte März. Die Schafe werden im Dezember geschoren. Dieses ist aufgrund der geschützten Stallhaltung möglich. Ferner ist es hygienischer und pro Tier ist mehr Platz gegeben.

Die erste Lammzeit im Jahr startet Anfang Dezember mit 400 Mutterschafen im Stall. Die zweite Lammzeit beginnt im Stall etwa Anfang Februar mit ebenfalls 400 Mutterschafen. Die Lämmer werden also ausschließlich im Stall geboren, weshalb es eine weitere Lammzeit auf dem Deich nicht gibt.

Die Dezember-Lämmer sind Stallmastlämmer, bis sie mit 6–7 Monaten Lebensalter zum Schlachter transportiert werden. Bis dahin werden sie mit zugekauftem Kraftfutter gefüttert. Dieses ist vollständig einzukaufen, was vorher nicht erforderlich war.

Diese Betriebsform weist im Vergleich zum Beispiel 1 diverse Unterschiede auf, auch wenn es vordergründig bei beiden um die Deichpflege geht.

Durch die reine Winterstallhaltung ist ein deutlich größeres Heu- und Strohlager erforderlich. Diese Schafhaltung erfordert eine 100 % Zufütterung aller Schafe. Das Futter in Form von Heu muss unter Maschineneinsatz im Sommer hergestellt werden und ebenso am Stall trocken gelagert werden, wie Stroh, welches als Einstreu gebraucht wird. Die Herstellung wird entweder mittels eigener Landmaschinen vorgenommen oder durch einen beauftragten Lohnunternehmer. Auch der Zukauf von Heu- und Strohballen ist eine Möglichkeit. Die Monate der Winterstallhaltung produzieren den Mist (Kot, Urin und Einstreu) von 800 Mutterschafen, zzgl. Lämmer und Böcke. Dieses Mistaufkommen erfordert im Gegensatz zu Beispiel 1 eine Mistplatte zur Zwischenlagerung in Stallnähe, bis der Mist auf dafür vorgesehenen Flächen ausgestreut werden darf. Dieses Erfordernis kann schon die nächste Herausforderung der Stallhaltung nachsichziehen. Der Mist darf nur in vorgeschriebener Menge pro Flächeneinheit mit Maschineneinsatz ausgebracht werden. Stehen keine eigenen Flächen in ausreichender Menge zur Ausbringung des eigenen Mists zur Verfügung, muss der Mist »zwingend verkauft« werden, um ihn auf Fremdflächen auszubringen.

Abbildung 104: Winterfutterlager

Beispiel 3: Schäferei im Binnenland mit Winterweide- und Winterstallbetrieb

Ziel der Schaf- und Ziegenhaltung in diesem Betrieb sind verschiedene Pflegemaßnahmen, zu denen Flussdeiche, Heideflächen und Moorweiden zählen. Fünf verschiedene Herden, manchmal sechs, sind je nach Jahreszeit gleichzeitig im Einsatz.

Es werden ca. 700 Mutterschafe in Form von Heidschnucken und 46 Mutterziegen der Rasse Burenziegen eingesetzt. Die Ziegen werden ausschließlich zur Landschaftspflege eingesetzt – somit also nicht zur Deichpflege. Die Herden sind unterschiedlich zusammengestellt:

1x Hüteherde:
: ca. 250 Mutterschafe zzgl. Lämmer, dazu 70 bis 80 Ziegen Mutterziegen inkl. Lämmer

1x Herde am großen Flussdeich:
: ca. 300 Mutterschafe zzgl. Lämmer

1x Herde am kleinen Flussdeich:
: ca. 100 Mutterschafe zzgl. Lämmer

1x Bockgruppe:
: ca. 270 Bocklämmer mit Zuchtböcken

1x Herde:
: ca. 280 Altmuttern (zwecks Schlachtung) und Zutreter als junge weibliche Schlachttiere

Dieser Betrieb hat in Spitzenzeiten ca. 2.000 Schafe (alle Altersklassen und Geschlechter in Summe).

Im Sommer werden die Herden zur Pflege von Flussdeichen (Gewässer 1. und 2. Ordnung) und von Moor-

Abbildung 105: Moorweide mit Gras

Abbildung 106: Flussdeich

flächen zusammengestellt. Bei diesen Pflegemaßnahmen sind die Schafe und Ziegen unter Anwendung von Elektronetzzäunen dauerhaft eingezäunt. Der Schäfer kontrolliert einmal am Tag alle Herden und setzt die mobilen Zäune je nach Erfordernis um.

Abbildung 107: Heidefläche

Abbildung 108: Große Winterweide als Umtriebsweide mit mobiler Einzäunung

Abbildung 109: Futterraufe, Rundballenlager, mobiler Zaun

Abbildung 110: Winterweide als Standweide mit mobiler Einzäunung

Abbildung 111: Winterweide als Standweide mit Festeinzäunung und Heurundballenlager

Im Winter wird je nach Witterungslage auf Heideflächen gehütet. Steht beim Hüten der Schäfer und/oder sein Mitarbeiter tagsüber selbst unter Einsatz von Hütehunden an der Herde, wird dieselbe Herde über Nacht in einem aus mobilen Elektrozäunen errichteten Pferch untergebracht.

Diejenigen Schafherden, die nicht zur Heidepflege eingesetzt werden, verbringen den Winter größtenteils auf hofnahen und eigenen Winterweiden. Weitere Herden verbringen den Winter auf einer großen Umtriebsweide. Diese Winterweiden sind entweder mit einem Metallgeflechtzaun oder mit für diese Zeit dauerhaft aufgestellten Elektronetzzäunen eingezäunt. In großen Futterraufen wird Heu angeboten. Bäume dienen je nach Standort und Hauptwindrichtung als Witterungsschutz für die Schafe.

Da Ziegen grundsätzlich empfindlicher als Schafe in Bezug auf Regen sind, verbringen alle Ziegen die Wintersaison im Ziegenoffenstall. Die Ziegenlämmer bekommen Wärmelampen im Winterstall angeboten. Im Mai kommen die Ziegen wieder nach draußen und werden wieder in die Schafherden integriert.

Abbildung 112: Winteroffenstall für Ziegen

Die Schafe kommen im Januar und Februar in den Stall zum Ablammen. Auch hier können »nur« 350–400 Mutterschafe gleichzeitig ablammen aufgrund der im Betrieb zur Verfügung stehenden Mitarbeiterkräfte. In dieser Zeit wird Heu aus der Selbstproduktion gefüttert. Der Zukauf von Kartoffeln, Gemüse und Getreide ergänzt die Heufütterung.

Alle Schafe und Ziegen werden von einem Einsatzstandort zum nächsten mit einer PKW-Zugmaschine und einem für den im Straßenverkehr zugelassenen Schaf- und Ziegentransportanhänger transportiert. Verschiedene Fahrten sind erforderlich, um eine Herde zu transportieren. Es wird ganzjährig, je nach Altersklasse, geschlachtet.

Beispiel 4: Wanderschäferei

Eine große Herde, ca. 2.000 Schafe (Mutterschafe mit Lämmern und Zutreter) wird von 2–3 Schäfern mit Hunden im Radius von 50–100 km um den Hof herum geführt – sie wandert.

Im Sommer wird die Herde hofnah auf Sommerweiden gehalten. Diese Weiden sind teilweise im eigenen Besitz. Die restlichen erforderlichen Weiden gehören z.B. der öffentlichen Hand.

Mit Beginn des Herbstes bzw. dem Ende der Erntezeit geht die Herde auf Wanderschaft und wird von einer Fremdfläche zur nächsten geführt. Hier gibt es verschiedene Aufgaben bzw. Einsatzzwecke zu erfüllen. So kann es sein, dass ganz gezielt sich im Wachstum befindliche Wintergerste angehütet wird. Beim Anhüten sollen die Schafe die Pflanzenspitzen gezielt abfressen. Es wird dadurch beabsichtigt, dass es einen kräftigeren neuen Pflanzentrieb gibt, der zu mehr Ertrag in der Ernte führt.

Tatsächlich darf dieser gewollte Eingriff durch die Schafe nicht übertrieben werden, was dann der Gerste wiederum schaden würde – es würde überhütet werden.

Weiden werden auf Wanderschaft abgehütet und z.B. Gräben nachgehütet. Während der Wanderschaft sind die Schäfer ebenso mobil und übernachten je nach Möglichkeiten an unterschiedlichsten Orten.

Ab etwa April zieht die Herde wieder nach Hause auf die Sommerweiden. Es ist Zeit für die Ablammung, die im Stall stattfindet. Im kommenden Herbst sind die Lämmer marschfähig und gehen mit auf Wanderschaft. Etwa im Oktober oder November sind sie schlachtreif.

Schafe, Ziegen und Herdenschutz

Schafe und Ziegen aller Rassen und Mischformen müssen vor Wolfsangriffen geschützt werden. Schafe und Ziege weisen keine Wehrhaftigkeit gegen über einem Wolf auf. Auch die Fluchtgeschwindigkeit im Galopp ist im Vergleich zum Wolf zu gering.

Abbildung 113: Damwild

4.3 Gehegewild

Laut Bundesnaturschutzgesetz (BNatschG) § 43 Abs.1 sind Tiergehege dauerhafte Einrichtungen, in denen Tiere wild lebender Arten außerhalb von Wohn- und Geschäftsgebäuden während eines Zeitraums von mindestens 7 Tagen im Jahr gehalten werden und die kein Zoo im Sinne des § 42 Abs.1 BNatSchG sind. Wird darin Damwild zur Fleischgewinnung gehalten, spricht man von einem landwirtschaftlichen Wildgehege, welches sich deutlich vom so genannten Wildgatter unterscheidet, in dem das Damwild zur jagdlichen Nutzung gehalten wird. Daneben gibt es natürlich auch Liebhabergehege, in denen Damwild zu keinem der beiden Zwecke gehalten wird, wobei diese im Gesamtvergleich den deutlich geringeren Anteil darstellen. In der landwirtschaftlichen Gehegehaltung ist das Damwild mit über 80 % die am häufigsten gehaltene Wildart in Deutschland, gefolgt von Rot- und Sikawild, weshalb wir uns an dieser Stelle repräsentativ auf die Damwildhaltung beziehen, sinngemäß gelten die Angaben allerdings auch für Rot- und Sikawild. Zur landwirtschaftlichen Gehegehaltung zählen weiterhin auch noch das Schwarz- und Muffelwild, wie auch Alpakas und Lamas. Bereits seit 1971 wird Damwild in Gehegen für die Zucht und Fleischproduktion zur Nutzung von Grün- und Brachland gehalten.

Fakten zum Damwild

Das Damwild *(Dama dama)* gehört innerhalb der Familie Hirsche *(Cervidae)* zur Unterfamilie Echthirsche *(Cervinae)* Damwildkälber (in der Regel eins, selten zwei) werden in der vegetationsreichsten Zeit geboren (Juni/Juli) und wiegen etwa 4–5 kg bei der Geburt. Für die Geburt suchen die Alttiere deckungsreiche, störungsarme Ecken auf. Etwa eine Stunde nach der Geburt werden die Kälber zu einem Abliegeplatz geführt, wo sie rund um die Uhr verbleiben und regelmäßig von der Mutter zum Säugen aufgesucht werden. Deshalb ist ausreichende Deckung im Gehege unerlässlich. Nach gut einem halben Jahr erreichen die Kälber je nach Geschlecht ein Gewicht von etwa 25–30 kg. Im Alter von 16–17 Monaten werden Schmaltiere (weibliche Tiere im zweiten Lebensjahr) geschlechtsreif, Spießer (männliche Tiere im zweiten Lebensjahr) etwa zur selben Zeit, gelegentlich auch früher. Männliche Tiere können ausgewachsen Gewichte bis zu 90 kg erreichen, weibliche Tiere bis zu 50 kg, in Gehegen werden sie durchaus auch schwerer. Die Brunft fällt in die Monate Oktober und November, die Tragzeit beträgt etwa 33 Wochen. Die Fortpflanzung findet auf natürliche Weise statt.

Betriebsgenehmigung

In Niedersachsen ist die Haltung von Damwild in landwirtschaftlichen Gehegen anzeigepflichtig, das bedeutet, sowohl das zuständige Veterinäramt als auch die untere Naturschutzbehörde sind mindestens einen Monat im Voraus vom geplanten Vorhaben in Kenntnis zu setzen. Eine Baugenehmigung ist nicht einzuholen. Begründet ist dieses in der Privilegierung des landwirtschaftlichen Betriebes. Handelt es sich um kein privilegiertes Vorhaben (z.B. ein Hobbygehege), so ist eine Baugenehmigung für den Zaun und Unterstand erforderlich.

Soll Damwild aus Gründen der Liebhaberei im Außenbereich gehalten werden, wird eine entsprechende Genehmigung in Niedersachsen nicht erteilt, weil eine gezielte Fleischproduktion mit Gewinnerzielungsabsicht nicht zu erkennen wäre. Wird aus Motiven der Liebhaberei eine Gehegegenehmigung für den Innenbereich beantragt, ist davon auszugehen, dass diese vom zuständigen Bauamt nicht erteilt wird.

Tierbestandsmeldungen

Der Gehegebetreiber ist verpflichtet, ein Bestandsbuch (Bestandsregister) zu führen. Hierdurch muss der Tierbestand einmal pro Jahr an das zuständige Veterinäramt gemeldet werden.

Tierkennzeichnung

Eine Kennzeichnungspflicht der Tierindividuen (z.B. Ohrmarke) besteht nicht.

Anforderungen an das Gehege

Durch das Errichten eines Geheges sollen weder der Naturhaushalt noch das Landschaftsbild erheblich beeinträchtigt werden. Auch soll der Zugang zur freien Natur nicht in unangemessener Weise eingeschränkt werden. Folgende Standorte sind grundsätzlich geeignet:

- Flächen, die aus Gründen der Landschaftspflege von Verbuschung und Bewaldung befreit oder freigehalten werden sollen
- Flächen, deren Eignung in Landschaftsschutzgebieten nicht durch Bestimmungen einer Schutzverordnung eingeschränkt oder ausgeschlossen ist

Gehegeflächen dürfen nicht aus Wald bestehen, es sei denn, die zuständige Behörde stimmt nach Absprache mit dem jeweiligen Forstamt zu. Allerdings darf dann die Wilddichte nur der in der freien Wildbahn entsprechen (max. 8 Tiere pro 100 ha), und anderes Schalenwild muss von der Fläche ausgeschlossen werden. Landwirtschaftliche Wildgehege werden vorwiegend im Grünland errichtet. Das Errichten von Gehegen in Naturschutzgebieten ist untersagt.

Die Mindestgröße eines Geheges beträgt 1 ha, die minimale Zaunhöhe 1,80 m. Der Zaun muss gewährleisten, dass die Tiere weder entweichen noch andere Tiere von außen eindringen können (z.B. Beutegreifer) und soll keine spitzen Winkel aufweisen (Eckenwinkel > 90°!).

Besonders in der kalten Jahreszeit benötigen die Tiere einen trockenen, windgeschützten Bereich, der für alle Tiere gleichzeitig nutzbar sein muss – in der Regel ist das ein Unterstand, der möglichst an zwei Seiten offen sein soll und entgegen der Hauptwindrichtung aufgestellt wird. In seltenen Fällen kann auch eine dichte, natürliche Vegetation ausreichend Schutz bieten.

Abbildung 114: Unterstand im Gehege

Zur Gehegestrukturierung werden Ast- und Stubbenhaufen empfohlen, für die Setzzeit (die Zeit, in der die Kälber geboren werden) ist ein ausreichender Sichtschutz für die Kälber erforderlich.

Abbildung 115: Deckungsmöglichkeiten im Gehege

Vor allem während der Paarungs- (Brunft-) und der ihr vorausgehenden Fegezeit (die Zeit, in der die stark durchblutetete Haut des Geweihs abgerieben wird) benötigen die Tiere Beschäftigungsmaterial in Form von Ästen, Sträuchern u.ä., aber auch außerhalb dieser Zeit empfiehlt es sich, dieses anzubieten.

Je nach Jahreszeit und Gesamtsituation werden die Tiere zugefüttert (z.B. Heu, Silage, Rüben, Getreide), wofür es stationäre (überdachte) Futterstellen braucht, deren Boden möglichst befestigt sein soll, um zum Einen ein Verschlammen oder Vernässen zu verhindern, zum Anderen einen guten Klauenabrieb zu gewährleisten. Selbstverständlich müssen die Tiere stets frisches Trinkwasser zur Verfügung haben. Auch um die Wasserstellen herum soll der Boden nicht verschlammen.

Abbildung 116: Fütterungseinrichtung im Gehege

Damwild lebt üblicherweise in Trupps oder Rudeln, die je nach Lebensraum stark in der Größe variieren können, weshalb man Damwild artspezifisch in Rudeln zu mindestens 5 Tieren halten sollte. In Zuchtherden soll während der Paarungszeit (Brunftzeit) pro 20 geschlechtsreife weibliche Tiere mindestens ein Hirsch gehalten werden, außerhalb der Brunftzeit ist es nicht zwingend erforderlich, da die Tiere üblicherweise in nach Geschlechtern getrennten Rudeln leben, sobald die männlichen Jungtiere erwachsen werden. Bei der Gehegegröße ist unbedingt der jeweilige Bewuchs zu beachten: Der Nahrungsbedarf der Tiere soll von Mai bis August möglichst aus dem natürlichen Aufwuchs der Fläche gedeckt werden. Es dürfen pro ha maximal 10 erwachsene Tiere einschließlich Kälbern gehalten werden (also pro Tier mit Kalb 1.000 m2). In landwirtschaftlichen Wildgehegen gelten Kälber nach dem 31. Dezember des Folgejahres als erwachsene Tiere (ca. 1,5 Jahre alt), in anderen Tiergehegen nach dem 31. August des Folgejahres (ca. 1 Jahr alt), d.h. sie werden in den Bestand der erwachsenen Tiere mit hineingerechnet.

Da in landwirtschaftlichen Wildgehegen die Zucht nach wirtschaftlichen Aspekten erfolgt, werden zuerst die Tiere geschlachtet, die von der Zucht ausgeschlossen werden sollen, bestimmte unerwünschte Merkmale aufweisen oder ein unausgewogenes Geschlechterverhältnis bewirken. Die Tötung muss laut Tierschutzschlachtverordnung per Kugelschuss erfolgen, dieses ist für die Tiere stressfrei und verhindert Qualitätseinbußen beim Fleisch.

Anpflanzungen als Auflage

In den 1970er-Jahren wurden im Rahmen der Erteilung von Betriebsgenehmigungen von Wildgehegen seitens der Unteren Naturschutzbehörden Auflagen erteilt, in denen der Gehegebesitzer verpflichtet wurde von außen an allen Zaunseiten entlang Buschwerk (Vorgaben u.a. Pflanzenart und -menge sowie Anpflanzungsplan) anzupflanzen. Damit sollte bezweckt werden, dass sich das Gehege optisch in das Landschaftsbild einfügt. Später wurden Anpflanzungsvorgaben auf die beantragten Gehege individueller abgestimmt, um den Bedarfsansprüchen des Damwildes derart gerecht zu werden, dass es sich fernorientieren kann.

Abbildung 117: Anpflanzung von Büschen entlang der Gehegezaunaußenseite (Gehege im Hintergrund)

Die folgende Abbildung zeigt, dass das von außen angepflanzte Buschwerk über den Zaun hinweg nach innen gewachsen ist, und dem Damwild als Witterungsschutz dient.

Abbildung 118: Anpflanzung von Büschen entlang der Gehegezaunaußenseite als Witterungsschutz

Mindestgrößen von Gehegen

Der Vollständigkeit halber seien an dieser Stelle auch die Gehegegrößen nach dem »Gutachten über Mindestanforderungen an die Haltung von Säugetieren, BMEL, 2014« für Rotwild, Sikawild, Schwarzwild (Wildschweine), Muffelwild, Alpakas und Lamas (Neuweltkamele) genannt, da diese ebenfalls in landwirtschaftlichen Tiergehegen gehalten werden. Das Gutachten benennt jedoch keine Mindestangaben über Zaunhöhen.

Tierbestandsmengen, Betriebsgrößen und geografische Verteilung in Niedersachsen

Die jüngsten vorliegenden Daten zur Erfassung von Damwildgehegemengen und -herdengrößen für das Land Niedersachsen stammen aus dem Jahr 1997. Damals gab es 871 Damwildgehege.

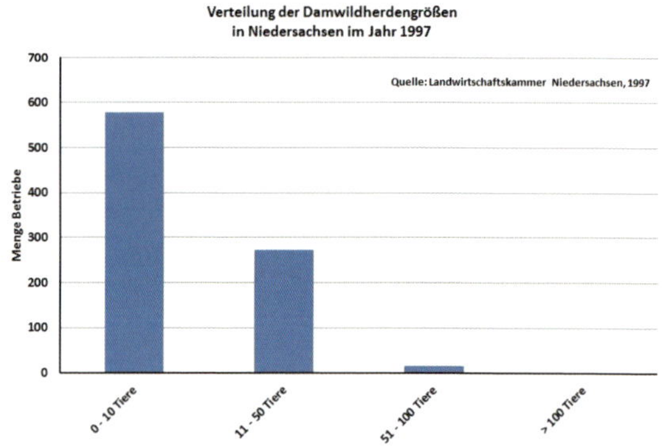

Abbildung 119: Damwildherdengrößen und -mengen

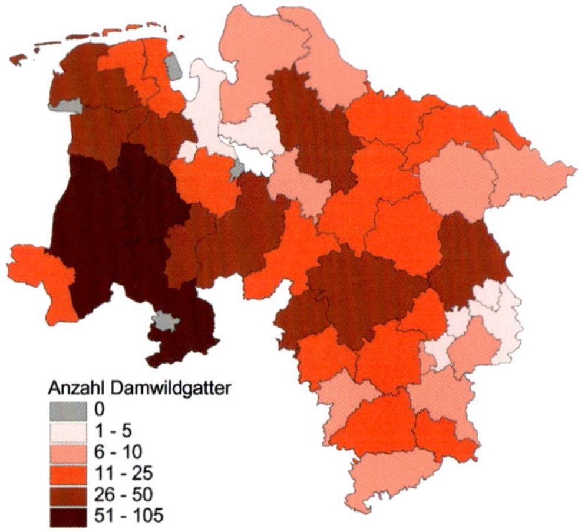

Abbildung 120: Verteilung der Damwildgehege auf Landkreise in Niedersachsen / Datenquelle: Landwirtschaftskammer Niedersachsen, 1997

Gehegewild (Damwild) und Herdenschutz

Gehege-Damwild muss vor Wolfsangriffen geschützt werden. Damwild, beiderlei Geschlecht, weist keine nennenswerte Wehrhaftigkeit gegen über einem Wolf auf. Die an sich gegebene Fluchtgeschwindigkeit des Damwildes kann im Gehege nicht genutzt werden, da das Damwild das Gehege nicht verlassen kann.

Tierart	Gehege Mindestgröße	Zaunhöhe
Damwild	Außengehege: Bei einer extensiven Haltung ist für Damhirsche jedem erwachsenen Tier eine Fläche von 1.000 m^2 bei einer Fläche pro Gehege von 10.000 m^2 zur Verfügung zu stellen. Innengehege: Mindestens 4 m^2 je Tier	mindestens 1,8 m
Sikawild	wie bei Damwild	wie bei Damwild
Rotwild	Außengehege: Bei einer extensiven Haltung sind für europäische und asiatische Rothirsche für jedes erwachsene Tier 3.000 m^2 bei einer Fläche pro Gehege von 20.000 m^2 vorzuhalten. Innengehege: Mindestens 6 m^2 je Tier »Gutachten über Mindestanforderungen an die Haltung von Säugetieren, BMEL, 2014« führt weiterhin auf: »Die Anforderung, dass bei der extensiven Haltung von Rotwild 3.000 m^2 pro Adulttier zur Verfügung gestellt werden müssen, steht in Widerspruch zu landesrechtlichen Anforderungen für die Haltung von Gehegewild, z. B. zu Anlage 1 der Bayerischen Richtlinien für die Haltung von Dam-, Rot-, Sika- sowie Muffelwild (GehegewildR) vom 2. Januar 2007, die lediglich 2.000 m^2 vorschreibt. Da das vorliegende Gutachten auch für die landwirtschaftliche Haltung von Wild in Gehegen gelten soll, liegt hier ein effektiver Konflikt vor.«	mindestens 2,0 m
Wildschweine	Außengehege: Eurasischen Wildschweinen ist bei extensiver Haltung eine Fläche von mindestens 2.000 m^2 pro Tier und mindestens 10.000 m^2 pro Gruppe zur Verfügung zu stellen. Eine Gruppe soll aus mindestens 1 Eber und 4 Bachen bestehen. Innengehege: Nur bei Fehlen eines trockenen, windgeschützten Unterstandes im Außengehege ist freier Zugang zu einem Gemeinschaftsinnengehege vorzuhalten mit mindestens 15 m^2 für eine Gruppe von bis zu 3 erwachsenen Tieren; für jedes weitere Tier 1 m^2 mehr; für jedes weitere Zuchttier 2,5 m^2 mehr.	unbestimmt
Muffelwild	Außengehege: Mindestens 250 m^2 für Gruppen von bis zu 5 Tieren, für jedes weitere Tier 20 m^2 mehr. Innengehege: Bei fast allen Arten sind Innengehege nicht unbedingt erforderlich.	unbestimmt
Alpakas & Lamas	Außengehege: für Neuweltkamele mindestens 300 m^2 für bis zu 6 erwachsene Tiere, jedes weitere erwachsene Tier zusätzliche 25 m^2. Ständiger Zugang zum Außengehege bzw. ganzjährige Außenhaltung. Innengehege: Für winterharte Tiere ist ein Innengehege nicht zwingend notwendig. Wenn Innengehege für winterharte Tiere zur Verfügung gestellt werden, dann mindestens 2 m^2 je Tier für Neuweltkamele.	Empfehlung des AZVD e.V.: 1,60 m

4.4 Rinder

Nach Angaben des Bundesministeriums für Ernährung und Landwirtschaft (BMEL, August 2014) hält etwa die Hälfte aller Landwirte in Deutschland Rinder, um Milch, Fleisch oder beides zu erzeugen. Der Rindergesamtbestand beträgt dabei in Deutschland ca. 12,5 Mio. Tiere, worin ca. 4,2 Mio. Milchkühe enthalten sind. Es gibt ca. 163.000 Betriebe mit Rinderhaltung.

In Deutschland werden jährlich ca. 1,2 Mio. Tonnen Fleisch und 30 Mio. Tonnen Milch erzeugt. Innerhalb der EU ist Deutschland der größte Milcherzeuger und der zweitgrößte Rind- und Kalbfleischerzeuger nach Frankreich.

Heutzutage hat etwas mehr als ein Drittel der Rinder einen etwa halbjährigen und regelmäßigen Weidegang im Sommer. Hier durch wird ein wichtiger Beitrag zur Grünlandpflege geleistet.

In Niedersachsen wurden 2.651.450 Rinder per Mai 2016 gezählt. Diese Menge gliedert sich auf in die drei Hauptkategorien:

Milchnutzungsrassen	1.988.980 Tiere;	davon 843.164 adulte Tiere
Fleischnutzungsrassen	191.501 Tiere;	davon 55.790 adulte Tiere
Doppelnutzungsrassen (Fleisch/Milch)	470.969 Tiere;	davon 42.380 adulte Tiere

Sämtliche europäische Rinderrassen sind wie folgt kategoriesiert und enthalten mit Blick auf das Land Niedersachsen im Wesentlichen die Rassen:

Milchrassen:	Deutsche Holsteins
Fleischrassen:	Angus, Blonde d'Aquitaine, Charolais, Hereford, Limousin, Welsh Black
Doppelnutzungsrassen (Fleisch/Milch):	Fleckvieh-Simmental
Robustrassen:	Galloway, Highland Cattle
Landrassen:	Dexter

Die niedersächsische geografische Verteilung der zuvor benannten ca. 2,6 Mio. Rinder (alle Rassen, Nutzungen und Altersklassen) ist in Abbildung 121 zu erkennen. Zum größten Teil sind die Rinderbestände in der westlichen Hälfte Niedersachsen vorzufinden.

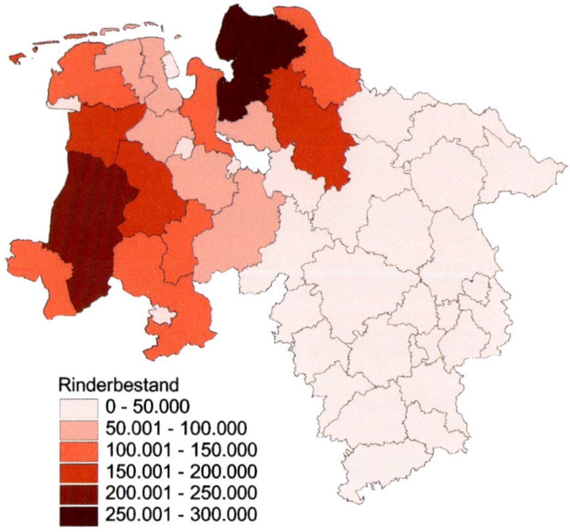

Abbildung 121: Verteilung aller Rinderbestände auf Landkreise in Niedersachsen / Datenquelle: Landesamt für Statistik Niedersachsen, 2016

Die weiteren Beschreibungen in diesem Kapitel konzentrieren sich auf die Mutterkuh- und die Milchkuhhaltung, um einen übersichtlichen Rahmen in dieser komplexen Thematik zu ermöglichen.

Kurzportrait

Die Domestikation (Haustierwerdung) des Auerochsen *(Bos primigenius)* zum Hausrind *(Bos primigenius taurus)* begann etwa im 6. Jahrtausend vor Christus. Vom Auerochsen stammen letztlich die heutigen europäischen Rinderrassen ab. Sie sind Hornträger – auch Boviden genannt.

Rinder zählen zu den Wiederkäuern und können je nach Rasse und Geschlecht unterschiedliche Körpergewichte und -größen erreichen. Hinsichtlich der Körpergrößenbezeichnung wird zwischen klein-, mittel- und großrahmigen Tieren unterschieden. Sie sind Paarhufer, haben also pro Fuß zwei Hornschalen, die auch Klauen genannt werden. Anatomisch betrachtet gehen Rinder auf ihren Zehenspitzen. Das Haarkleid kann von Kurzhaar bishin zu Langhaar entsprechen. Nicht jedes Rind hat automatisch Hörner. So wurde auf einige Rassen derart züchterisch Einfluss genommen, dass Hörner nicht mehr ausgeprägt vorhanden sind, während andere Rassen genetisch hornlos sind. Wiederum andere Rassen tragen ausgeprägte Hörner. Verschiedenste Farbschemata sind vorzufinden. So gibt es einfarbige und mehrfarbige »gefleckte« Tiere. Die Farben reichen von weiß, schwarz, rot, braun, gelb bishin zu cremefarben.

Neugeborene Rinder werden bis zum siebten Lebensmonat Kälber genannt – die weiblichen heißen Kuhkälber und die männlichen Bullenkälber. Ab dem achten Lebensmonat wird bis zum zwölften Lebensmonat von Jungrindern gesprochen. In etwa diesem Zeitraum wird auch die Geschlechsreife erlangt. Weibliche Rinder werden in der Regel jedoch erst im Alter von etwa 18 Monaten gedeckt oder in vielen Fällen auch künstlich besamt. Da die Tragzeit ca. 9 Monate beträgt, setzt das bis dahin als Färse bezeichnete Rind erstmals ein Kalb. Dies ist der Moment, ab dem die Färse künftig als Kuh bezeichnet wird. Es ist eine Milchkuh, wenn sie zur Milchgewinnung dient. Kühe, die »nur« ihr eigenes Kalb aufziehen sollen, werden Mutterkühe genannt.

Männliche Rinder werden nach dem Bullenkalbstadium bis zum Alter von zwei Jahren als Jungbulle bezeichnet – danach als Zucht- oder Mastbulle, je nach Einsatzzweck.

4.4.1 Milchkuhhaltung

Das Grundprinzip der Milchkuhhaltung zwecks Milchgewinnung beruht darauf, dass die Kühe jedes Jahr ein Kalb gebären müssen, um überhaupt selbst Milch im Euter produzieren zu können. Neugeborene Kälber werden von der Mutter getrennt und je nach Betriebsaufbau im Kälberstall oder in Kälberiglus untergebracht.

Abbildung 122: Bis zu 14 Tage lang werden auf vielen landwirtschaftlichen Betrieben die Kälber in Iglus mit Außenauslauf gehalten

Während die Kuhkälber selbst später Bestandteil einer Milchviehherde werden, gehen die Bullenkäber in die Mast zwecks späterer Schlachtung zur Fleischgewinnung. Werden Färsen erstmals Mutter, werden sie der Milchkuhherde zugeführt. Letztlich werden auch Milchkühe geschlachtet, wenn sie ihre Milchlebensleistung erbracht haben.

Rassen: Milchkühe

Wie noch in Abbildung 135 zu erkennen sein wird, ist die Rasse Deutsche Holsteins die mit Abstand am häufigsten verwendetete Milchkuhrasse.

Deutsche Holsteins (hier Schwarzbunt)

Maße und Gewicht [Ø]	weiblich	männlich
Kreuzbeinhöhe [cm]	145–156	150–170
Gewicht [kg]	650–750	750–1.100
Durchschnittliche Milchleistung pro Jahr [kg]	8.994*	-/-

Beschreibung

Großrahmiger Typ

*) 1 L Milch wiegt 1,02 kg

Betriebsstrukturen

Je nach Größe der Milchkuhherde können die Betriebsstrukturen unterschiedlich sein. In den letzten Jahrzehnten hat sich der Liegeboxen-Laufstall nach und nach durchgesetzt. Solche Ställe finden sich auf dem »klassischen Bauernhof« genauso wieder, wie auf neu bebauten Flächen abseits der Höfe in Alleinlage.

Abbildung 123: Ausgelagerte Betriebe mit viel Fläche um den Hof herum fragen sich, ob sie bei zunehmender Wolfspopulation ihr Gelände einzäunen müssen

Beim Liegeboxen-Laufstall steht jeder Kuh für die Ruhephase eine Liegebox zu Verfügung. Dem Bedürfnis nach Bewegung wird mit einer Lauffläche entsprochen. Diese Fläche stellt einen Betonspaltenboden dar, der tatsächlich schmale und parallel angeordnete Spalten (quasi Löcher) hat. Von der Kuh abgesetzter Kot und Urin fällt durch die Spalten in das Kellergeschoss – in den Güllekeller. Parallel zu Lauffläche ist der Futtergang angeordnet. Auf dem Futtergang wird den Kühen Futter angeboten, wie z.B. Gras- und Maissilage. Einhergehend mit der Konstruktion solcher Stallanlagen sind auch die gestiegenen Anforderungen an den Kuhkomfort berücksichtigt worden.

Abbildung 124: Moderner Liegeboxen-Laufstall für Milchkühe

Ein weiterer wesentlicher Bestandteil dieser Ställe ist der Melkraum, in dem der Melkstand (verschiedene Varianten gängig) untergebracht ist. Liegeboxen-Laufställe gibt es als fast vollgeschlossene Ställe, als mit Netzrollos bespannte Seitenwände oder gar als einseitige Offenställe.

Abbildung 125: Gesetzlich und politisch gewollt sind möglichst offene Stallsysteme

Abbildung 126: Offenstallhaltung für die Nachzucht

Ebenfalls in Anlehnung an die jeweilige Betriebsstruktur können die Milchkühe z.B. eine hofnahe gelegene Weide für den Tagesaufenthalt im Sommerhalbjahr nutzen. Bei anderen Konzepten befinden sich die Milchkühe rund um die Uhr im Laufstall.

Abbildung 127: Milchkuhstall mit Kühen auf der Auslaufweide

Zu Beginn der Weidesaison wird oft der Jungviehbestand (Kälber, Färsen, Jungbullen) auf verschiedene Weiden gebracht. Dabei ist es nicht zwingend erforderlich, dass die Weiden hofnah gelegen sind. Auf diesen Flächen fressen sich die Jungviecher satt und verbringen dort mehrere Wochen und werden ggf. von Weide zu Weide umgetrieben. Zum Abschluss der Weidesaison werden die Jungtiere dann wieder aufgestallt.

Heutzutage gibt es eine Reihe verschiedener Melkstände, in der die Kühe in der Regel zweimal am Tag ge-

Abbildung 128: Aufstallung der Färsen im Herbst

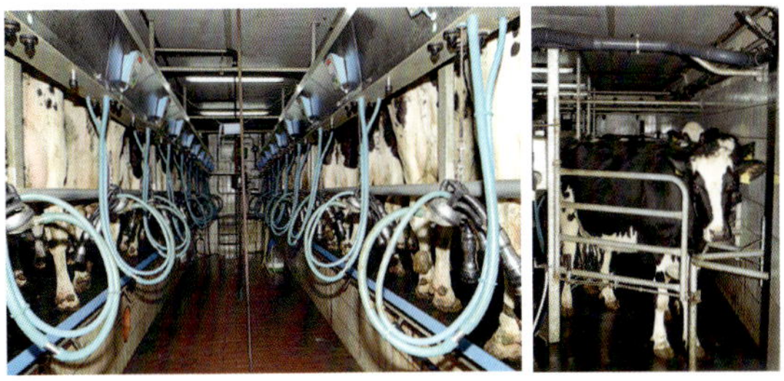

Abbildung 129: In einem Winkel von 35 bis 55 Grad stehen Kühe in einem Fischgrät-Melkstand

Abbildung 130 (oben): Ein Melkkarussell, hier mit Innenmelker, erfordert gleichmäßige Melkroutine. 75 bis 85 Kühe können in der Stunde gemolken werden

Abbildung 131(links): Beim Side-by-side-Melkstand stehen Kühe im 90-Grad-Winkel zur Melkgrube

molken werden. Die Kühe suchen entweder den Melkstand selbst auf oder werden dortin getrieben. Je nach Größe der Milchkühherde und baulichen Möglichkeiten wird zwischen Fischgrät-, Side-by-Side- oder Karussellmelkständen unterschieden, bei denen an das Euter der Kuh zum Melken ein Melkschirr von Hand angelegt wird. Eine weitere Variante stellt der Melkroboter (Automatisches Melksystem) dar. Bei diesem System wird das Melkgeschirr durch sensorsignalgesteuerte Aktuatoren vollautomatisch an das Euter angelegt.

Mobile Melkstände, mit denen die Milchkühe direkt auf der Weide zweimal täglich gemolken werden, sind mittlerweile eine Seltenheit aufgrund der nur noch ebenso seltenen Kleinherden.

Bei der geografischen Verteilung von Milchkühen ergibt sich folgendes Bild.

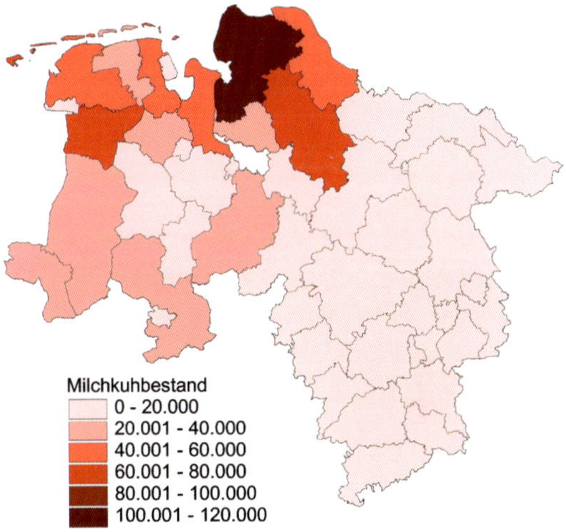

Abbildung 132: Verteilung der Milchkuhstände auf Landkreise in Niedersachsen / Datenquelle: Landesamt für Statistik Niedersachsen, 2016

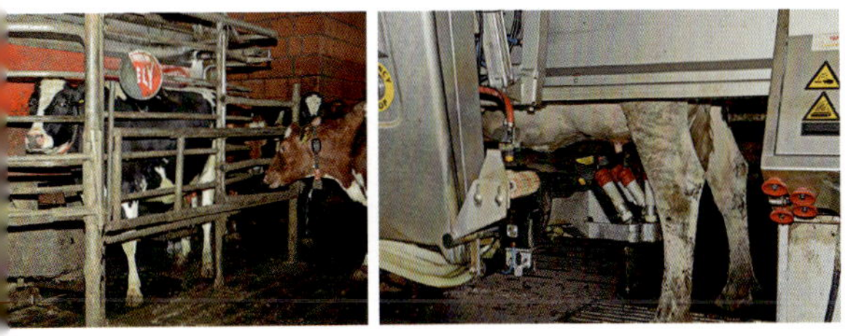

Abbildung 133: Automatisches Melksystem (Melkroboter) reduzieren den Arbeitseinsatz des Landwirtes und Kühe haben die Möglichkeit, ihrem persönlichen Biorhythmus nachzugehen

Abbildung 134: Mobiler Melkstand

Abbildung 135: Mengenverteilung der Milchkuhrassen

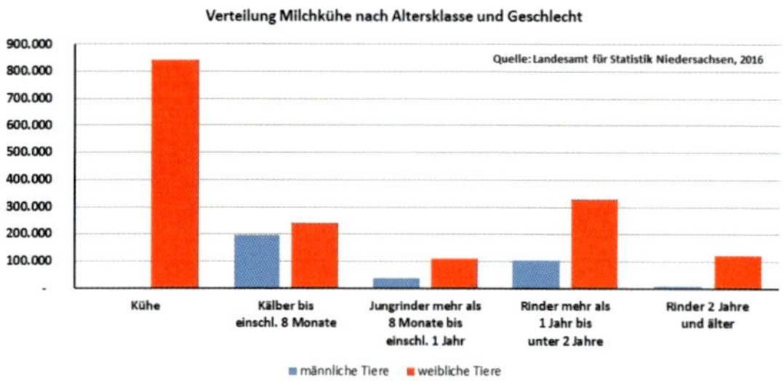

Abbildung 136: Mengenverteilung Milchkühe nach Altersklasse und Geschlecht

Die Auswertung der folgenden drei Diagramme zur Milchkuhhaltung im Gesamtzusammenhang lässt erkennen, dass es seit der statistischen Erfassung der Tierhalterbetriebsmengen und der Tierbestandsmengen einen erheblichen Rückgang der Milchkuhhalter (sprich Bauernhöfe) seit den 1970er-Jahren gibt (von ca. 120.000 auf ca. 10.000 Höfe). Aufgrund des Diagrammkurvenverlaufes scheint die rückläufige Betriebsmengenentwicklung noch nicht zum Abschluss gekommen zu sein, und weitere Hofaufgaben sind mindestens in näherer Zukunft zu erwarten. Die Bestandsentwicklung der adulten Milchkühe kann dagegen als relativ konstant beschrieben werden, bei einer Schwankung von ca. 200.000 Milchkühen von 1966 bis zum Jahr 2016. Dies bedeutet allerdings, dass bei schrumpfender Anzahl der Höfe und in etwa gleichgebliebenem Tierbestand, die Menge der Milchkühe pro Hof im Laufe der Jahre zugenommen hat. Die meisten Milchkühe sind heute Bestandteil verschiedener Herden in der Größenordnung von 50–500 Tieren. Die mittlerweile kleinen Milchkuhherden von bis zu 50 Kühen, gehörten einst zum Mittelstand unter den Milchviehbetrieben. Hier ist möglicherweise davon auszugehen, dass solche absehbar ein »Auslaufmodell« darstellen, während im anderen Extrem die Herden anscheinend in Zukunft immer größer werden. An dieser Stelle sei gefragt, ob es dann in Zukunft aus betriebsprozessbedingten Gründen überhaupt noch Jungviehhaltung auf Weiden bei großen Herden geben kann – die Zeit wird es uns zeigen ...

Abbildung 137: Mengenentwicklung der Milchkuhhalter

Abbildung 138: Entwicklung der Milchkuhbestände

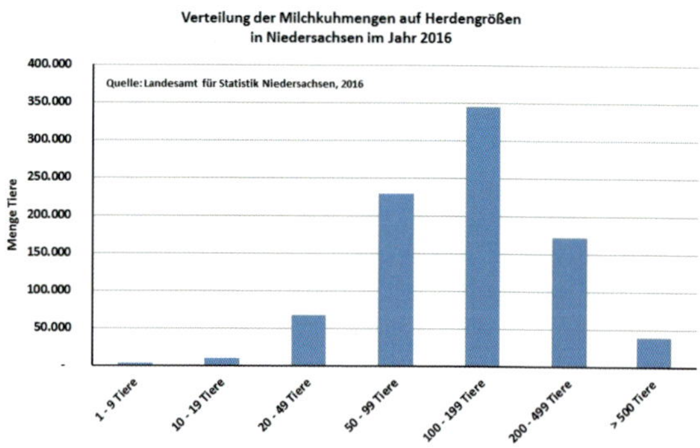

Abbildung 139: Milchkuhherdengrößen und -mengen

4.4.2 Mutterkuhhaltung

Nach Angaben des BMEL gilt die Mutterkuhhaltung als besonders tiergerechte Art der Fleischrindhaltung. Solche Kühe werden nicht gemolken, sondern zur Fleischgewinnung gehalten, was bereits die Prokuktionsform beschreibt. Je nach Rasse werden sie während der Sommersaison im Freien und im Winter im Stall gehalten oder bei Robustrassen (langes, dichtes Haarkleid) auch durchaus ganzjährig im Freien. Mutterkühe führen ihre Kälber durchschnittlich sechs bis neun Monate mit sich, weil sie, anders als bei der Milchkuhhaltung, ihre Saugkälber selbst aufziehen sollen und deshalb längere Zeit mit ihren Kälbern gemeinsam auf der Weide bleiben. Mit etwa neun bis zehn Monaten Lebensalter werden die Jungtiere abgesetzt, also von der Muttermilch abgesetzt. Mutterkühe werden sowohl extensiv als auch intensiv gehalten.

Bei der geografischen zur Verteilung von Mutterkühen ergibt sich folgendes Bild.

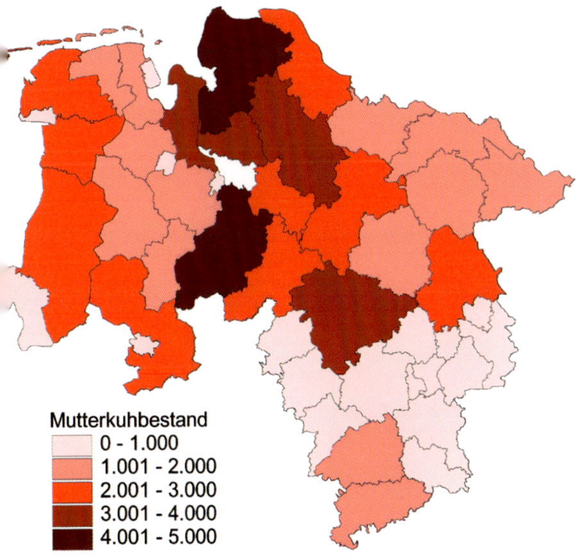

Abbildung 140: Verteilung Mutterkuhstände auf Landkreise in Niedersachsen / Datenquelle: Landesamt für Statistik Niedersachsen, 2016

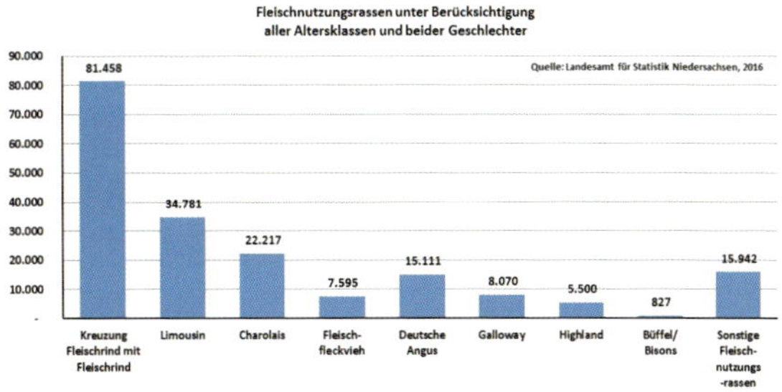

Abbildung 141: Mengenverteilung der Mutterkuhrassen

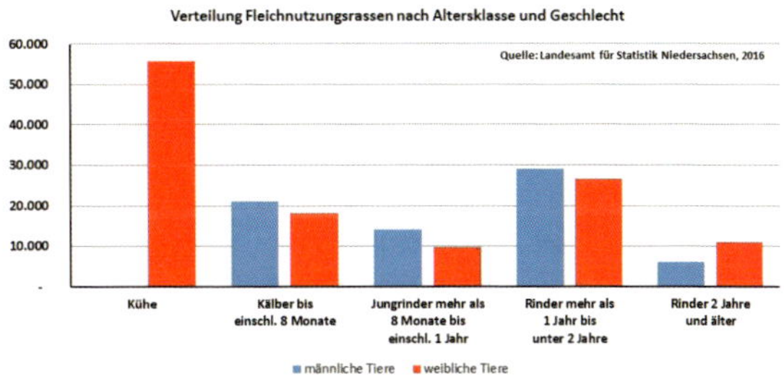

Abbildung 142: Mengenverteilung Mutterkühe nach Altersklasse und Geschlecht

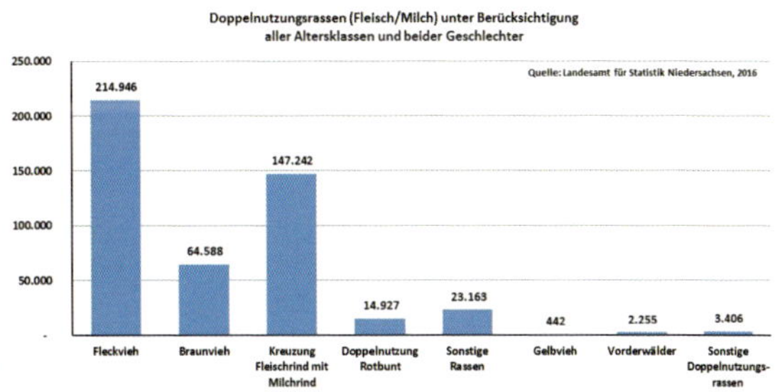

Abbildung 143: Mengenverteilung der Doppelnutzungskuhrassen

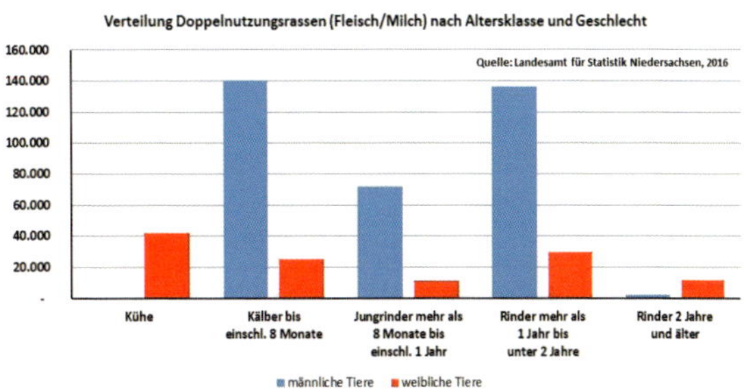

Abbildung 144: Mengenverteilung Doppelnutzungskühe nach Altersklasse und Geschlecht

Mit Blick auf die Mutterkuhhaltung ergibt sich ein anderes Bild als bei den Milchkühen. Die etwa 71.000 Mutterkühe verteilen sich auf ca. 4.600 Betriebe im Jahr 2013. Mit Stand Mai 2015 zählte Niedersachsen die meisten Mutterkühe nach dem Land Brandenburg. Im Durchschnitt machen in Niedersachsen in letzter Zeit etwa 11 Mutterkühe eine Herde aus. Hinzu kommt der Nachwuchs und ggf. ein Deckbulle. Pro Betrieb finden sich also in Niedersachsen die fast schon kleinsten Herden im Bundesvergleich wieder, während Niedersachsen zu den Bundesländern mit den meisten Mutterkuhhaltern gehört.

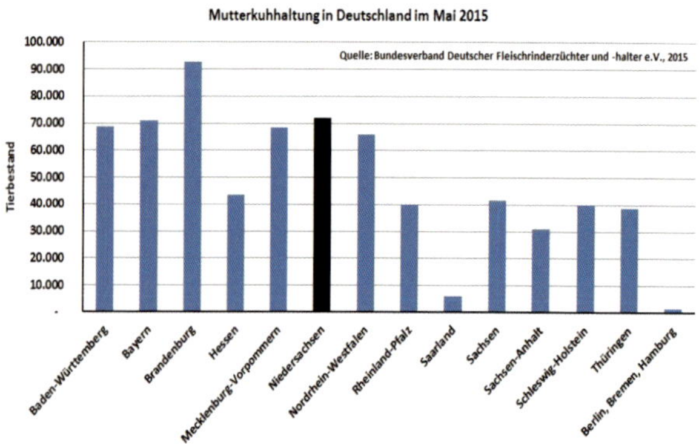

Abbildung 145: Mutterkuhhaltungen in Deutschland

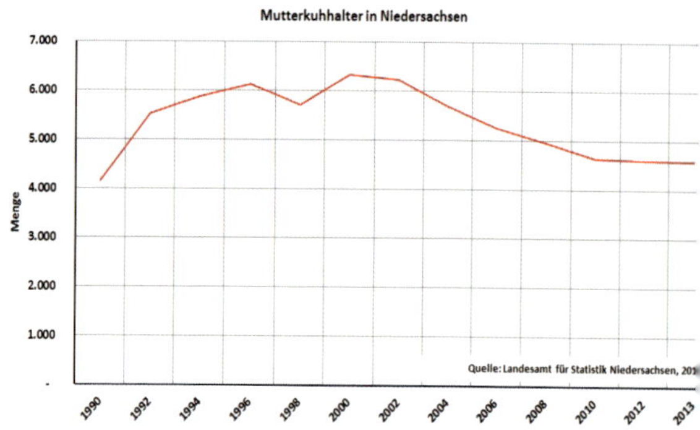

Abbildung 147: Mengenentwicklung der Mutterkuhhalter

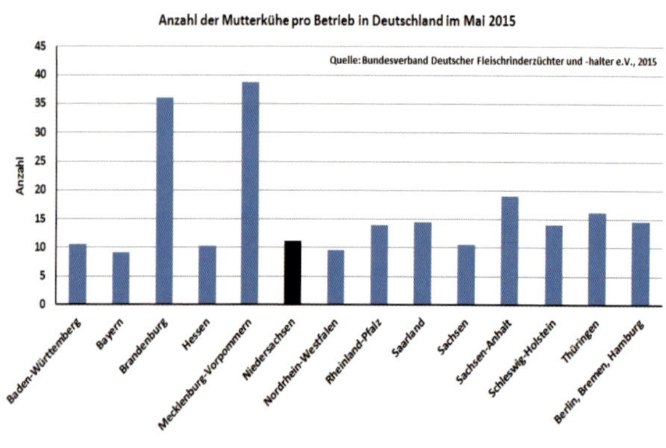

Abbildung 146: Durchschnittliche Größen von Mutterkuhherden in Deutschland

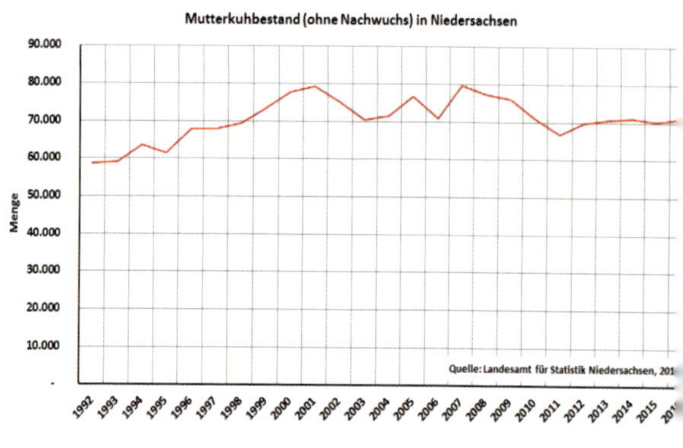

Abbildung 148: Entwicklung der Mutterkuhbestände

Rassen: Fleischrinder

Die folgenden Rasseportraits sind in Anlehung an das BDF Fleischrinder Journal »Rasseportraits – Fleischrinder in Deutschland« beschrieben.

Angus

Maße und Gewicht [Ø]	weiblich	männlich
Kreuzbeinhöhe [cm]	136	145
Gewicht [kg]	700	1.100
Geburtsgewicht [kg]	32	35

Beschreibung

Farbvarianten: Schwarz, Rot
Mittelrahmiger Typ
Genetische Hornlosigkeit
Frühreife, Erstbelegung der Färsen mit ca. 15 Monaten möglich
Ausgeprägte Mütterlichkeit

Charolais

Maße und Gewicht [Ø]	weiblich	männlich
Kreuzbeinhöhe [cm]	145	155
Gewicht [kg]	850	1.250
Geburtsgewicht [kg]	40	44

Beschreibung

Großrahmiger Typ
Farbvarianten: Weiß bis Cremefarben
Ruhige und gutmütige Tiere
Gute Muttereigenschaften
Zucht auf Hornlosigkeit

Blonde d'Aquitaine

Maße und Gewicht [Ø]	weiblich	männlich
Kreuzbeinhöhe [cm]	150	160
Gewicht [kg]	1.000	1.400
Geburtsgewicht [kg]	41	46

Beschreibung

Farbvarianten: Hellgelb bis Weizenfarben
Großrahmiger Typ
Gute Muttereigenschaften

Fleckvieh-Simmental

Maße und Gewicht [Ø]	weiblich	männlich
Kreuzbeinhöhe [cm]	147	157
Gewicht [kg]	800	1.200
Geburtsgewicht [kg]	39	41

Beschreibung

Mittel- bis großrahmiger Typ, Farbvarianten: Rotbraun bis hellgelb gescheckt auf weißem Grund, beste Mutterkuheigenschaften
Genetisch Hornlos

Galloway

Maße und Gewicht [Ø]	weiblich	männlich
Kreuzbeinhöhe [cm]	125	135
Gewicht [kg]	580	850
Geburtsgewicht [kg]	27	30

Beschreibung

Mittelrahmiger Typ
Farbvarianten: Schwarz, Dun, Rot
Hornlos
Friedfertig und widerstandsfähig
Langes gewelltes Oberhaar und dichtes Unterhaar
Gute Muttereigenschaften
Starke Herdenbindung
Für ganzjährige Außenhaltung geeignet

Highland Cattle

Maße und Gewicht [Ø]	weiblich	männlich
Kreuzbeinhöhe [cm]	128	138
Gewicht [kg]	570	780
Geburtsgewicht [kg]	22	25

Beschreibung

Klein- bis mittelrahmiger Typ
Farbvarianten: Rot, Schwarz, Gelb, Gestromt, Graubraun, selten Weiß
Sehr robustes Rind, Hervorragende Eignung für ganzjährige Freilandhaltung
Gute Muttereigenschaften
Spätreif; Erstkalbealter bei ca. 40 Monate
Gehörnt
Üppiges Unterhaar und langes Oberhaar

Hereford

Maße und Gewicht [Ø]	weiblich	männlich
Kreuzbeinhöhe [cm]	140	150
Gewicht [kg]	730	1.130
Geburtsgewicht [kg]	33	36

Beschreibung

Mittelrahmiger Typ
Mittellanges rotbraunes Haarkleid auf weißem Grund
Gehörnt oder hornlos (hornlose in Deutschland bevorzugt)
Frühreif und mütterlich
Ruhiges Temperament

Limousin

Maße und Gewicht [Ø]	weiblich	männlich
Kreuzbeinhöhe [cm]	140	150
Gewicht [kg]	775	1.150
Geburtsgewicht [kg]	36	39

Beschreibung

Farbvarianten: Rot (Hell- bis Dunkelrot)
Gute Muttereigenschaften
Robuste Rasse
Gehörnt und auch genetisch hornlos

Welsh Black

Maße und Gewicht [Ø]	**weiblich**	**männlich**
Kreuzbeinhöhe [cm]	137	148
Gewicht [kg]	750	1.100
Geburtsgewicht [kg]	35	38

Beschreibung

Mittelrahmiger Typ
Gehörnt und auch genetisch hornlos
Sehr dichtes Winterfell

Ein Beispiel einer Mutterkuhhaltung

Die Mutterkuhhaltung kann sich abseits von gehaltenen Rassen sehr unterschiedlich gestalten. So gibt es extensive Haltungsformen, wo die Tiere je nach Weidenutzung von einer Weide zur nächsten – einige Kilometer entfernt gelegen – transportiert werden müssen. Solche Flächen können Eigentum sein oder gepachtet. In anderen Fällen können sich die Tiere aller Altersklassen immer in Hofnähe auf arrondierten Flächen befinden. Eine hohe Variabilität der Haltungsformen ist also festzustellen.

Im Folgenden soll exemplarisch eine konkrete Mutterkuhhaltung skizziert werden. Der Mutterkuhhalter besitzt Rinder der Rasse Galloway. In Zahlen sind dies 16 Mutterkühe zzgl. Nachzucht aus zwei Jahren und ein Deckbulle. Die Herde umfasst im Durchschnitt 40 bis 45 Tiere. Diese werden hofnah insgesamt auf einer kulturell bedeutsamen historischen Weidelandschaft von 13,28 ha Eigentum gehalten. Diese Fläche ist insgesamt von 3.580 m Flurstückgrenzen umgeben (rote Linien in Abbildung 149), mit 9 Weidetoren und 3 zu überzäunenden Vorflutern. Dazu kommen noch weitere 5,37 ha abgelegene Flächen in einem Moorgebiet. Die Mutterkuhhaltung wird nach einem Umtriebsweidesystem praktiziert.

Abbildung 149: Luftbildaufnahme – Verteilung der Weiden mit Mutterkuhhaltung

Ein Bulle deckt (befruchtet) im Zeitraum vom 25.05. bis 01.11. alle dazu bestimmten Mutterkühe. Ansonsten lebt er separat mit anderen Jungbullen auf hofnahen Weiden. Die Kälber werden hauptsächlich von Ende März bis Mitte Mai geboren.

Im Alter von sechs Monaten werden die weiblichen und männlichen Kälber mit ihren Müttern getrennt, aufgrund möglicher erster Geschlechtsaktivitäten. Mit etwa neun Monaten werden die weiblichen Kälber bzw. Jungrinder von ihren Müttern abgesetzt. Die jungen weiblichen Rinder dienen entweder der Remontierung (sollen also selbst Mutterkühe werden) oder sie werden nur einmal zum Kalben gedeckt, um dann nach weiteren neun Monaten geschlachtet zu werden. In diesem Fall kommen die weiblichen Rinder auf eine eigene im Moor gelegene Weide, damit sie kein zweites Mal gedeckt werden.

Die Bullen sind im Alter von ca. zweieinhalb Jahren ausgemästet. Dies ist dann der Zeitpunkt der Schlachtung.

4.4.3 Saisonale und ganzjährige Weidehaltung

Die saisonale Weidehaltung beschreibt die Tierhaltung draußen auf den Weiden über einen bestimmten Zeitraum – vom Frühjahr bis zum Herbst. Insbesondere Milchkühe werden derart gehalten, wobei grundsätzlich alle Rassen in der Sommersaison draußen gehalten werden. Mit Blick auf Mutterkuhherden, können diese neben der saisonalen Weidehaltung (fleischbetonte Rassen) durchaus auch ganzjährig im Freien gehalten werden (Robustrassen). Tabelle 8 zeigt die im vorherigen Kapitel beschriebenen Rassen im Unterschied auf.

Fleischbetonte Rasse	Robustrasse
Blonde d'Aquitaine	Galloway
Charolais	Highland Cattle
Fleckvieh	Welsh Black
Angus	
Limousin	
Hereford	

Tabelle 8: Mutterkuhrassen

Für das Land Niedersachsen sind die Anforderungen an die Weidehaltung mit Rindern durch das Niedersächsische Ministerium für Ernährung, Landwirtschaft und Forsten in den »Empfehlungen für die saisonale und ganzjährige Weidehaltung von Rindern« aus dem Jahr 2000 beschrieben.

Die große Variabilität in den Betriebsstrukturen der Mutterkuhhaltung begründet sich im Wesentlichen durch den Standort, zur Verfügung stehende Arbeitskapazitäten und auch dem Produktionsziel. So sind es auch diese Faktoren, aus denen der Abkalbezeitpunkt und der -zeitraum resultiert. Ferner errechnet sich hieraus die Decksaison (ca. acht Wochen lang), in denen der Bulle die Kühe befruchten soll.

Bei der ganzjährigen Weidehaltung sollte auf eine Kalbeperiode im Winter verzichtet werden, aufgrund der begrenzten Kältetoleranz der neugeborenen Kälber. Ist dies doch erforderlich, müssen den Kälbern besondere Witterungsschutzeinrichtungen zur Verfügung gestellt werden. Stattdessen wird das zeitige Frühjahr empfohlen, um den natürlichen Futteraufwuchs optimal zu nutzen. Die Abkalbung im Sommer und Herbst ist ebenfalls möglich, stellt jedoch an Fütterung und Versorgung von Kühen und Kälbern höhere Ansprüche. Bei Abkalbung außerhalb des Winters werden an Witterungsschutzeinrichtungen geringere Ansprüche gestellt. Werden Kälber in den Monaten September und Oktober (Herbst) geboren, sind diese im Winter bereits widerstandsfähig.

Empfohlen wird ferner, eine übersichtliche Abkalbekoppel bereitzustellen, die die Herdenkontrolle erleichtern soll. Diese Koppel soll hygienisch und trocken sein sowie frei von Parasiten und Trittschäden.

Die neugeborenen Kälber sollen möglichst frühzeitig, innerhalb der ersten drei Stunden, nach ihrer Geburt die für die Gesunderhaltung wichtige Kolostralmilch aufnehmen.

Spätestens mit dem sechsten Lebensmonat müssen die weiblichen und männlichen Kälber in separate Herden aufgeteilt werden, weil die Geschlechtsaktivität steigt – mindestens müssen die Bullenkälber getrennt bzw. abgesetzt werden. Es wird empfohlen, dass die Kälber noch vor Beginn des Winters abgesetzt werden.

Für den Fall, dass junge weibliche Kälber in die Mutterkuhherde integriert werden sollen, um selbst später eine Mutterkuh zu werden (vorher sind es Remonten), sollten diese bis zu einem Alter von sechs Wochen enthornt werden, was entsprechend des Tierschutzgesetzes erlaubt ist.

In den »Empfehlungen für die saisonale und ganzjährige Weidehaltung von Rindern« heißt es weiterhin: *»Es sollten nur ruhige, leicht zu handhabende Tiere mit einem entsprechenden Temperament in die Herde aufgenommen werden. Gute Muttereigenschaften sind eine wichtige Voraussetzung für die Gesundheit und das Wohlbefinden der Kälber, besonders auch wenn Störfaktoren, wie plötzlich auftretender Lärm (Fluglärm, Heißluftballons), Rabenvögel oder wildernde Hunde, die Herde beunruhigen.«*

Bei der ganzjährigen Weidehaltung kann es sein, dass der natürliche Aufwuchs über die Wintermonate hinweg nicht ausreicht, um die Rinder zu ernähren. In diesen Fällen muss durch den Halter ergänzend zugefüttert werden. Dies geschieht je nach Einzelfallentscheidung durch strukturiertes Grundfutter (z.B.), ggf. Eiweißergänzung und evtl. Kraftfutter. Das Futter, bei mehr als einer Tagesration, soll dabei auf einem trockenen, befestigten Platz vorgelegt werden. Eine Möglichkeit dafür sind überdachte Futterraufen, wie in Abbildung 150 zu sehen ist.

Abbildung 150: Futterraufe für Großballen

Hinsichtlich der stets erforderlichen Wasserversorgung, muss den Rindern zu jederzeit Tränkewasser zur Verfügung stehen. Die Darreichung des Wassers kann auf unterschiedliche Weise geschehen. In Abbildung 151 ist z.B. eine Weidepumpe als Kuhtränke zu sehen. Darüber hinaus können auch Wasserwagen, Bottiche, Weidebrunnen oder zentrale Wasserversorgungen genutzt werden. Unabhängig von der Tränketechnik, darf das Wasser nicht einfrieren. Dies ist durch tägliche Kontrolle sicherzustellen.

Abbildung 151: Weidepumpe als Kuhtränke

Der zu jeder Jahreszeit erforderliche Witterungsschutz kann in unterschiedlicher Weise realisiert werden und aus künstlichen oder natürlichen Elementen bestehen. Für die kalte Jahreszeit brauchen die Tiere einen trockenen, windgeschützten Liegeplatz. Hierfür empfiehlt sich ein Stall, wie er beispielsweise in Abbildung 152 zu sehen ist.

Doch auch Hecken, Bäume oder Büsche, als natürliche Schutzmöglichkeit, können als Schattenspender,

Abbildung 152: Winterstall für Mutterkühe

Regen bzw. Schneeschirm dienen, wie z.B. in Abbildung 153 erkennbar ist. Wichtig ist, dass die natürliche Schutzmöglichkeit immer zur Verfügung stehen und nicht nur an wenigen Stunden pro Tag.

Bei der ganzjährigen Weidehaltung ist ebenfalls ein Fang- und Behandlungsstand vorzuhalten. Er wird z.B. für das Trennen von Tieren aus einer Herde, das Absetzen von Kälbern, tierärztliche Behandlungen benötigt.

Abbildung 153: Hecken- und Gehölzstreifen am Weiderand als Witterungsschutz

Abbildung 154: Fang- und Behandlungsstand

Rinderhaltung und Herdenschutz

Wie noch in Kapitel 7 dargestellt sein wird, können Wölfe auch an Rindern Beute machen. Obwohl die Übergriffsmengen bei Schafen und Gehegedamwild im Vergleich zu Rindern deutlich überwiegen, sollten Maßnahmen des Herdenschutzes nicht außer Acht gelassen werden.

Anhand der Erfahrungswerte ist Jungvieh (meistens Kälber) potentiell deutlicher gefährdet als adulte Tiere. Aber auch an Färsen verschiedener Gewichtsklassen sind in einer Region Übergriffe durch Wölfe mehrfach nachgewiesen worden.

Die mögliche Verhaltensvielfalt der Rinderrassen (und der Individuen innerhalb einer Rasse) in Bezug auf unterschiedliche Eigenschaften zur Wehrhaftigkeit, Neugier oder zum Fluchtverhalten lässt eine einfache Aussage darüber, ob explizit Herdenschutzmaßnahmen ergriffen werden müssen, nicht zu. In jedem Fall sollte hier freiwilliges Engagement unterstützt werden.

4.5 Pferde und Ponys

Nach Angaben der Pferdeland Niedersachsen GmbH (die verschiedene Sparten und Verbandsinteressen des Pferdesports und der Zucht unter einem Dach eint), weist Niedersachsen als das zweitgrößte Flächenland im Jahr 2016 mit 203.183 gemeldeten Pferden die größte Menge im gesamtdeutschen Vergleich auf. Nordrhein-Westfalen hat die zweitgrößte Menge vor Bayern aufzuweisen.

Hinsichtlich der für 2014 angegebenen 915.170 gemeldeten Pferde kann für Niedersachsen geäußert werden, dass ca. 22 % aller Pferde hier beheimatet sind. Die von ca. 300.000 Reiterinnen und Reitern genutzten Sportpferde sind an einen jährlichen Gesamtumsatz von schätzungsweise 900.000.000 Euro gekoppelt. Hinzu kommt der Umsatz aus der Zucht und dem internationalen Handel.

Motive zur Pferdehaltung

Die Motive zur Pferdehaltung sind in Niedersachsen vielfältig und umfassen

- Pferdehandel
- Professionelle Pferdezucht
- Pferdesport (Dressur, Springsport und weitere Disziplinen)
- Lebensunterhalt: Tourismus, Ausbildung von Reitern und Pferden etc.
- Hobbyzucht, Hobbyreiter
- Ponysport
- Jugendförderung
- Therapeutisches Reiten
- Familienmitglied

Pferderassen und -zucht

Die in Niedersachsen ansässigen und auch von außerhalb organisierten Zuchtaktivitäten betreffen vorwiegend die Pferderassen:

- Hannoveraner
- Oldenburger
- Trakehner
- Ponys und Kleinpferde

Wie auch in anderen Nutztiersparten, ist aufgrund des Strukturwandels in der Landwirtschaft eine Änderung in der Pferdezucht festzustellen. So sind es heute nur noch die Hälfte der Züchter, die einen landwirtschaftlichen Betrieb führen.

Ein interessanter Aspekt der Kopplung von Pferdezucht mit dem Pferdesport ist die Durchführung von Turnieren zur Leistungsprüfung. Durch die Schätzung von Zuchtwerten (genetisches Potential) werden Rückschlüsse für Anpaarungsentscheidungen gezogen.

Hannoveraner

Maße und Gewicht [Ø]

Widerristhöhe [cm]	160–185
Gewicht [kg]	527–763

Beschreibung

Reit- und Fahrpferd, Voltigieren, Allrounder
Farbvarianten: Braune, Rappen, Füchse, Schimmel

Trakehner

Maße und Gewicht [Ø]

Widerristhöhe [cm]	160–170
Gewicht [kg]	465–672

Beschreibung

Reit-, Fahr- und Sportpferd
Farbvarianten: alle Farben

Oldenburger

Maße und Gewicht [Ø]

Widerristhöhe [cm]	162–175
Gewicht [kg]	513–699

Beschreibung

Sport- und Freizeitpferd
Farbvarianten: Braune, Rappen, Kastanienbraune

Islandpferd

Maße und Gewicht [Ø]

Widerristhöhe [cm]	130–145
Gewicht [kg]	311–500

Beschreibung

Freizeit und Sport
Farbvarianten: alle Farben

Shetland Pony

Maße und Gewicht [Ø]	
Widerristhöhe [cm]	bis 107
Gewicht [kg]	132–282

Beschreibung

Reit- und Fahrpony
Farbvarianten: alle Farben

Bestandsentwicklung und -verteilung auf niedersächsische Landkreise

Anders als in den drei zuvor beschriebenen Kapiteln zu den Nutztierkategorien Schaf/Ziege, Gehegewild und Rinder konnte keine geografische Verteilung der Pferdemengen auf die niedersächsischen Landkreise ermittelt werden. Hierzu bei der Niedersächsischen Tierseuchenkasse angefragte Daten wurden nicht zur Verfügung gestellt. Eine alternative Möglichkeit zur Datenermittlung wäre die Anfrage bei allen niedersächsischen Landkreisen gewesen oder bei allen Zucht- und Sportverbänden, was jedoch den Rahmen der Recherchearbeiten gesprengt hätte.

Bezeichnung	Erläuterung
Einzelhaltung[1]	
Ständerhaltung	Anbindehaltung
Innenbox	Einzelbox in einem Stallgebäude, ohne für das Pferd nutzbare Öffnung nach draußen.
Außenbox	Einzelbox in einem Stallgebäude mit einer Öffnung, durch welche das Pferd Kopf und Hals nach draußen richten kann.
Außenbox mit Kleinauslauf	Einzelbox in einem Stallgebäude mit ständig zugänglichem, direkt angrenzendem Kleinauslauf.
Mehrraum-Außenbox mit Kleinauslauf	Einzelbox in einem Stallgebäude mit über den Kleinauslauf zugänglichen separaten Fressbereich.
Gruppenhaltung	
Einraum-Innenlaufstall	Gruppenlaufstall im Stallgebäude ohne für die Pferde nutzbare Öffnung nach draußen.
Mehrraum-Innenlaufstall	Gruppenlaufstall im Stallgebäude ohne für die Pferde nutzbare Öffnung nach draußen, mit Unterteilung in Funktionsbereiche (Fress-, Trink-, Ruhe- und evtl. separater Laufbereich).
Einraum-Außenlaufstall	Gruppenlaufstall im Stallgebäude mit Öffnung(en), durch welche die Pferde Kopf und Hals nach draußen richten können.
Mehrraum-Außenlaufstall	Gruppenlaufstall im Stallgebäude mit Öffnung(en), durch welche die Pferde Kopf und Hals nach draußen richten können und mit Unterteilung der Stallfläche in Funktionsbereiche (Fress-, Trink-, Ruhe- und evtl. separater Laufbereich).
Einraum-Außenlaufstall mit Auslauf (Offenlaufstall)	Gruppenlaufstall in einem Stallgebäude mit ständig zugänglichem, direkt angrenzendem Auslauf.
Mehrraum-Außenlaufstall mit Auslauf (Offenlaufstall)	Gruppenlaufstall im Stallgebäude mit für die Pferde ständig zugänglichem direkt angrenzendem Auslauf und mit Unterteilung der Fläche in Funktionsbereiche (Fress-, Trink-, Ruhe-, Laufbereich). Der Fress- und Ruhebereich sind i.d.R. über den Auslauf getrennt.
Weidehaltung mit Witterungsschutz	Saisonal oder ganzjährig.

Tabelle 9: Haltungsformen für Pferde

1) Der Begriff »Einzelhaltung« besagt nicht, dass an dem jeweiligen Standort nur ein einzelnes Pferd gehalten wird.

Stall- und Weidehaltung

Unter den Haltungsbedingungen sind die Boxenstallhaltung von der Weidehaltung zu unterscheiden. Die Weidehaltung kann zeitlich begrenzt – also saisonal – oder ganzjährig geschehen.

Abbildung 155: Boxenhaltung

In links abgebildeter Tabelle sind die unterschiedlichen Haltungsverfahren für Pferde abgebildet als Auszug (ohne Abbildungen) aus den »Leitlinien zur Beurteilung von Pferdehaltungen unter Tierschutzgesichtspunkten« des Bundesministeriums für Ernährung, Landwirtschaft und Verbraucherschutz (2009).

Abbildung 156: Weidehaltung

Unterschiede zwischen Typen bzw. Rassen bzgl. der Weidehaltung

In den Empfehlungen zur Weidehaltung von Pferden (Niedersächsisches Ministerium für Ernährung, Landwirtschaft und Forsten, 1999) wurde zwischen dem Nord- und dem Südtyp unterschieden und ebenso die Weidehaltung beschrieben. Diese Empfehlungen ergänzen die vom Bundesministerium für Ernährung, Landwirtschaft und Verbraucherschutz im Jahr 2009 neu überarbeiteten veröffentlichten »Leitlinien zur Beurteilung von Pferdehaltungen unter Tierschutzgesichtspunkten«. Diese beiden Dokumente werden im Folgenden sinngemäß mit Blick auf spätere Fragestellungen des Herdenschutzes wiedergegeben.

Unabhängig von der Haltungsform dürfen Pferde in den Kontaktmöglichkeiten zueinander nicht behindert werden. Dies schließt die Kommunikation über Sicht-, Hör- und Geruchskontakt mit ein. Pferde sollen aufgrund ihres Erkundungs- und Neugierverhaltens am Geschehen ihres Haltungsumfeldes teilhaben können.

Fohlen und Jungpferde sind für eine förderliche Entwicklung ihres Sozialverhaltens in Gruppen aufzuwachsen.

Zu den Nordtypen wurden z.B. Islandpferde, Haflinger, Kaltblüter oder auch Shetlandponys gezählt. Araber, engl. Vollblut und Warmblüter wurden beispielsweise dem Südtyp zugeordnet.

Obwohl sich beide Typen hinsichtlich dem Winterfell und dem Unterhautfettgewebe voneinander unterscheiden, kommen beide mit unseren klimatischen Witterungsbedingungen unter der ganzjährigen Freilandhaltung klar. Dennoch ist ein Witterungsschutz für beide Typen erforderlich.

Ein weiterer Unterschied zwischen den Typen liegt im Bewegungsdrang, der bei Südtypen ausgeprägter ist. Vor diesem Hintergrund ist mehr Auslauffläche vorzuhalten als bei Nordtypen. Auch das im Vergleich zu Nordtypen geringer ausgeprägte Sozialverhalten erfordert für Südtypen vielleicht mehr Auslauffläche, um ebenfalls vermehrte Rangordnungskämpfe zu minimieren.

Beiden Typen sind stets Sozialkontakte zu ihresgleichen zu ermöglichen, weil sie aufgrund ihrer stammesgeschichtlichen Entwicklung in Familienverbänden (rangordnungsorientiert) leben, die aus dem Leithengst sowie mehreren Stuten und deren Fohlen und Jährlingen zusammengesetzt sind. Etablierte Rangordnungen ermöglichen in der Regel eine gute Gruppenhaltung, die in ihrer Zusammensetzung nicht, wenn nicht nötig, gestört werden sollte. Bei dieser Haltungsform sollte auf

Abbildung 157: Offenstall

Hinterhufbeschlag verzichtet werden. Die dauerhafte Einzelhaltung wird als nicht artgerecht eingestuft. Bei der ganzjährigen Weidehaltung muss der vertraute Umgang mit Menschen gewährleistet bleiben.

Zusätzliche Futterversorgung

Ist eine Beifütterung auf der Weide erforderlich, soll das Futter überdacht und somit vor der Witterung geschützt angeboten werden. Dies wird durch überdachte Raufen oder z.B. im Unterstand erreicht. Der Boden muss um die Fütterungsstelle herum trocken und trittsicher beschaffen sein und bleiben (Vermeidung von Morastbildung). Wasser muss den Tieren ebenfalls zur Verfügung stehen. Dies kann durch Wasserwagen, Selbsttränken oder Tanks erreicht werden.

Witterungsschutz unerlässlich

Unabhängig von der Rasse ist allen Pferden aufgrund unterschiedlicher Witterungsbedingungen ein Witterungsschutz gegen Kälte oder Nässe in Verbindung mit Wind, intensive Sonneneinstrahlung oder auch hohes Stechinsektenaufkommen anzubieten. Ein natürlicher Witterungsschutz kann in Frage kommen, wenn trotz Wettereinflüsse der Boden trocken bleibt, Windschutz zu jeder Jahreszeit gegeben ist und für alle Pferdeindividuen genug Platz vorhanden ist. Dies kann durch z.B. Baum- oder Buschgruppen sowie durch Wald gewährleistet sein.

Kann kein natürlicher Witterungsschutz geboten werden, ist ein künstlicher Witterungsschutz zu errichten – z.B. ein Offenstall wie in Abbildung 157 dargestellt. Dieser hat aus einem Dach und mindestens zwei Seitenwänden zu bestehen und die Tiere vor der Wetterseite zu schützen. Alle Pferde müssen gleichzeitig darin Platz finden.

Abfohlen in der Weidehaltung

Wenn Fohlen unter den Bedingungen der Weidehaltung geboren werden sollen, sind verschiedene Aspekte zu berücksichtigen. Es wird empfohlen, dass die Abfohlung bzw. Abfohlungen in der wärmeren Jahreszeit stattfinden, weil die Kältetoleranz neugeborener Fohlen begrenzt ist. Sollen bzw. müssen Abfohlungen dennoch in der kälteren Jahreszeit stattfinden, sind bodenisolierte (mittels Einstreu) Witterungsschutzeinrichtungen zwingend erforderlich.

Nach dem Abfohlen ist die Stute intensiv mit dem neugeborenen Fohlen beschäftigt und mit hoher Verteidigungsbereitschaft gegenüber den anderen Gruppenmitgliedern präsent. Nach der bis zu zwei Tage dauernden Prägephase des Fohlens auf das Muttertier, nimmt die Verteidigungsbereitschaft ab und das Fohlen wird in die Gruppe integriert.

Im Falle der Abfohlung auf der Weide werden hofnahe Abfohlkoppeln empfohlen. Sie müssen von trockener, sauberer und übersichtlicher Beschaffenheit sein und dürfen keinerlei Gefahrenquellen beinhalten (z.B. offene Gewässer). Sinn und Zweck der Abfohlkoppel ist weiterhin, dass die tragende Stute mehrfach am Tag kontrolliert werden kann. Oft findet die Abfohlung in der zweiten Nachthälfte bzw. Morgendämmerung statt. Im Regelfall nimmt das Fohlen innerhalb von zwei Stunden am Euter der Mutter die wichtige Kolostralmilch auf.

Tatsächlich ist es gängige Praxis, dass die meisten Fohlen im Frühjahr und im Stall geboren werden.

Pferdehaltung und Herdenschutz

Wie noch in Kapitel 7 dargestellt sein wird, können Wölfe in seltenen Fällen auch an Pferden Beute machen. In Deutschland (Sachsen-Anhalt) ist dies an einer in der Landschaftspflege »halbwild« gehaltenen Konikherde nachweislich geschehen mit Bezug auf Fohlen. Obwohl die Übergriffsmengen bei Schafen, Gehegedamwild und teilweise Rindern deutlich überwiegen, sollten Maßnahmen des Herdenschutzes nicht außer Acht gelassen werden.

Anhand der Erfahrungswerte aus dem Ausland sind Jungtiere (meistens Fohlen) potentiell deutlicher gefährdet als adulte Tiere.

Die mögliche Verhaltensvielfalt der Rinderrassen (und der Individuen innerhalb einer Rasse) in Bezug auf unterschiedliche Eigenschaften zur Wehrhaftigkeit, Neugier oder zum Fluchtverhalten lässt eine einfache Aussage darüber, ob explizit Herdenschutzmaßnahmen ergriffen werden müssen, nicht zu. In jedem Fall sollte hier freiwilliges Engagement unterstützt werden.

5 Gängige Praxis zur Einzäunung von Nutztieren

Von Frank Faß

Bevor wir uns in den nächsten Kapiteln dieses Buches mit den Fragen beschäftigen, wie Nutztiere vor wild lebenden Wölfen geschützt werden können, sollten wir uns zunächst einmal die niedersächsische Landschaft mit der Fragestellung anschauen, wie heute – unabhängig von der Präsenz von Wölfen in Niedersachsen – Nutztiere eingezäunt werden, um sie zu hüten. Des Weiteren klammern wir in diesem Kapitel auch die Sichtweise der Tierhalterhaftpflicht-Versicherer dazu zunächst noch aus. Das Kapitel »Herdenschutzmaßnahmen« zeigt alle Aspekte des anerkannten Zaunbaus zur Erreichung der Hütesicherheit auf und darauf aufbauend den wolfsabweisenden Zaunbau.

Der Begriff »hüten« bedeutet, dass der Tierhalter dafür zu sorgen hat, dass seine Nutztiere den ihnen zugedachten Flächenabschnitt, zum Beispiel eine Weide oder eine Koppel, nicht verlassen dürfen bzw. können – abseits einer Paniksituation. Die Art und Weise der Tierhütung muss derart erfolgen, dass die Nutztiere unter normalen und üblichen Umständen die Hütemaßnahme (Zäune oder z.B. auch ein Hirte mit Hütehund) respektieren. Geraten die Nutztiere unter welchem Einfluss auch immer in Panik und ergreifen die Flucht, kann selbst die beste Hütemaßnahme das Verlassen der Fläche nicht verhindern.

In der Recherchephase zu diesem Buch haben wir mehrere Rundfahrten durch das Land Niedersachsen unternommen und stichprobenartig im ländlichen Raum verschiedene Formen der Einfriedung von Nutztieren dokumentiert. So bereisten wir den westlichen und nordwestlichen Raum Niedersachsens genauso, wie den nördlichen östlichen und südlichen Raum. Die Absicht der insgesamt 135 Dokumentationsstandorte war festzustellen, wie unterschiedlich die Hütesicherheit im Bereich des Zaunbaus hergestellt wurde. Es stellte sich bewusst für uns nicht die Frage, welcher Zauntyp wie oft bei den unterschiedlichen Nutztieren verwendet wurde – wenngleich Tendenzen klar zu erkennen waren. Die Wahl der Rundfahrtrouten geschah im Detail willkürlich. Daher können in diesem Kapitel auch keine Aussagen über prozentuale Verteilungen von Zaunbaumethoden in der Fläche getroffen werden. Dieses erachten wir auch nicht als zwingend erforderlich, wenngleich eine solche statistische Erhebung durchaus interessant wäre. Somit erhebt dieses Kapitel auch keinen Anspruch auf Vollständigkeit. Wäre die Wahl unserer Fahrtrouten um vielleicht 10 km in eine andere Himmelsrichtung abgewichen, wären sicherlich auch andere Bauweisen im Zaunbau festgestellt worden.

Dieses Kapitel soll dem Leser einen Überblick darüber verschaffen, wie sich unsere Landschaft heute vielerorts in Bezug auf Hütezäune darstellt.

Bei der Fotodokumentation haben wir fotografische Perspektiven gewählt, die im Hintergrund keinerlei Gebäude, Wohnhäuser oder andere eindeutige Erkennungsmerkmale aufweisen. Im Bereich der Flussdeiche war dies nicht immer möglich.

5.1 Schafe und Ziegen

Die Unterschiedlichkeit der Zäune bzw. anderer Mittel zur Eingrenzung der für die Schafe oder Ziegen vorgehaltenen Nutzflächen lässt sich im Grunde genommen in drei Hauptkategorien (mit einiger Variabilität) einteilen:

- Elektrozäune
- Festzäune (ohne Strom)
- Flussufer oder Wassergräben

Eine Kombination dieser Kategorien ist ebenfalls verschiedener Orts zu beobachten.

Beschreibung	**Bild**	**Wolfsabweisender Grundschutz vollständig errichtet ?**
Elektronetzzaun. Dieser Zaun umschließt die Nutzfläche vollständig und verhindert, dass die Schafherde die Fläche verlässt.		Ja
Elektronetzzaun. Dieser Zaun umschließt die Nutzfläche vollständig und verhindert, dass die Schafherde die Fläche verlässt.		Ja
Elektronetzzaun im Einsatz direkt an der Weser. Die Uferkante selbst hindert die Schafe ebenfalls daran, die Nutzfläche zu verlassen.		Ja
Elektronetzzaun im Einsatz direkt an der Weser. Der Übergang von Elektronetzzaun zum Ufer (Wasserhubkante) wird durch ein Stück Holzzaun ergänzt, um einen elektrischen Kurzschluss zu verhindern, was wiederum den ganzen Elektronetzzaun schwächen würde. Der Holzzaun hindert ebenfalls die Schafe daran, die Nutzfläche zu verlassen.		Nein

Beschreibung	Bild	Wolfsabweisender Grundschutz vollständig errichtet ?
Elektronetzzaun im Einsatz auf dem Weserdeich. Der Deich selbst wird von einer Bundesstraße (rechts im Bild) und dem Deichvorland (links im Bild) begleitet. Hier ist die Schafsherde vollständing mit Elektronetzzaun eingezäunt. Der Fluss »Weser befindet sich noch weiter links im Bild, ist jedoch durch das großflächige Deichvorland an dieser Stelle nicht zu sehen.		Ja
Elektronetzzaun im Einsatz auf dem Allerdeich. Der Deich selbst wird von einer Kreisstraße (links im Bild) und dem Deichvorland (rechts im Bild) begleitet. Hier ist die Schafherde vollständing mit Elektronetzzaun eingezäunt. Der Fluss »Aller« befindet sich noch weiter rechts im Bild, ist jedoch durch die Bäume im Deichvorland nicht zu sehen.		Ja
Zweireihig bodennah installierte Elektroflachbandlitzen		Nein
Zweireihig bodennah installierte Elektrolitzen		Nein
Festzaun unter Anwendung des Metallknotengeflechtzaunes		Nein

Beschreibung	Bild	Wolfsabweisender Grundschutz vollständig errichtet ?
Festzaun unter Anwendung des Metallknotengeflechtzaunes und Stahlrohren		Nein
Festzaun unter Anwendung des Metallknotengeflechtzaunes und Stahlrohren. Hier reibt sich mit Genuss ein Schaf am stabilen Holzpfahl.		Nein
Festzaun unter Anwendung des Metallknotengeflechtzaunes mit darüber installiertem Stacheldraht		Nein
Festzaun unter Anwendung des stabilen »Tornado«-Metallknotengeflechtzaunes. Auf diesem Deichabschnitt ist die Schafherde vollständig von dem Tornado-Zaun umgeben. Entsprechende Tore ermöglichen den Zugang zum Deich.		Nein
Festzaun unter Anwendung des »Tornado«-Metallknotengeflechtzaunes am Flussdeich. Das Pfahlholzkreuz ermöglicht die mechanische Spannung des Drahtzaunes und fängt auftretende Kräfte ab.		Nein

Beschreibung	Bild	Wolfsabweisender Grundschutz vollständig errichtet ?
Festzaun unter Anwendung des »Tornado«-Metallknotengeflechtzaunes im Einsatz direkt am Deich als Abgrenzung zur Straße. Die Deichuferkante (rechts im Bild) selbst hindert ebenfalls die Schafe daran, den Deich zu verlassen.		Nein
Schleuse – Diese Einrichtung, als eine Kombination aus Holzriegelfestzaun, Stahlweidetor mit angrenzenden Tornado-Zäunen und einem so genannten Cattle Grid (eine im Erdreich befindliche Grube, abgedeckt mit einem Stahlstangenrost), hindert die Schafherde am Verlassen des Deiches. Während Fußgänger und Fahrradfahrer den Bodenrost bequem begehen können, scheuen Schafe den Rost aufgrund der regelmäßigen Spalten im Rost.		Unklar
Cattle Grid in der Straße, um Schafe am Verlassen den Küstendeiches zu hindern.		Unklar
Festzaun unter Anwendung von Baustahlmatten. Diese Bauweise scheint überwiegend in der hobbymotivierten Schafhaltung Anwendung zu finden.		Nein

5.2 Gehegewild

Gehegewild wird hinter Metallzäunen gehalten. Bei diesen Zäunen handelt es sich um festinstallierte Zäune, sogenannte Stabilzäune. Während die Zaunpfähle in Material und Bauhöhe variieren können, bestehen die Zaunmatten vorrangig aus Metallknotengeflechtzaun oder auch Maschendrahtzaun.

Beschreibung	Bild	Wolfsabweisender Grundschutz vollständig errichtet ?
Damwildhaltung: Metallknotengeflechtzaun, 1,8 m hoch.		Nein
Alpakas hinter Maschendrahtzaun. Der Stacheldraht dient in diesem Fall dazu, dass im Rahmen einer Gebäudegrundstücksflächeneinzäung Unbefugte keinen Zutritt erhalten sollen.		Nein
Alpakas, die mittels Metallknotengeflechtzaun an Holzpfählen montiert eingezäunt sind.		Nein

5.3 Rinder

Im Bereich der Rinderhaltung wurden im Wesentlichen zwei verschiedene Zauntypen festgestellt. Zum einen wurden Kühe mit Elektroglattdrähten auf den Weiden gehütet. Zum anderen wurden auch immer wieder Einzäunungen unter Anwendung von Stacheldraht beobachtet. Gegebenheiten der Kulturlandschaft in Form von Gräben werden verschiedener Orts ebenfalls als Hütemittel mitverwendet.

Beschreibung	Bild	Wolfsabweisender Grundschutz vollständig errichtet ?
Mutterkuhherde. Zwei Reihen Stacheldraht an Spaltholzpfählen befestigt.		Nein
Hier wurden 4 Reihen Stacheldraht an Spaltholzpfählen montiert, um eine Hütewirkung zu erzielen.		Nein
Eine weitere Variante des Stacheldrahtzaunes ist, dass neue Drähte über alte Drähte hinwegmontiert wurden. Der unregelmäßige Verlauf der einzelnen Stacheldrahtreihen zueinander schadet der Hütewirkung in diesem Beispiel nicht.		Nein

Beschreibung	Bild	Wolfsabweisender Grundschutz vollständig errichtet ?
Ein weiterer Klassiker: Hier ist es ein einziger Elektroglattdraht, der in knapp 1 Meter Höhe von einem mobilen Stahlpfahl getraben wird. Die Milchkuhherde ist mit dem Zaun vertraut und respektiert ihn.		Nein
Wie auf den beiden zuvor gezeigten Abbildungen, ist es auch an dieser Bundesstraße ein einzelner Elektroglattdraht, der die Kühe hütet. Zwischen dem Elektrozaun und der Straße befindet sich ein Graben.		Nein
Hier stand der Fotograf am Rande einer Bundesstraße. Eine Elektrobreitbandlitze hütet die Kühe parallel zur Straße. Der im Bild aus der Mitte nach rechts verlaufende Graben hütet die Kühe anstatt des Elektrozaunes.		Nein
Diese Weide wird ausschließlich nur von einem Graben entlang einer Straße getrennt. Die im Bildhintergrund zu sehende Kuhherde respektiert diese Hüteform.		Nein
Diese Rinderherde steht hinter einem Elektrozaun, 3 Glattdrähte und eine Flachbandlitze sind an mobilen Kunststoffpfählen aufgehängt. Diese Haltungsform wurde im Vergleich zu den zuvor beschriebenen Zaunbauformen nur seltener beobachtet.		Nein

5.4 Pferde und Ponys

Unter den Einzäunungsarten bei der Pferde-, Pony- und Eselhaltung wurde im Rahmen der niedersachsenweiten Rechercherundfahrten hauptsächlich der dauerhaft festinstallierte Zauntyp beobachtet.

Beschreibung	Bild	Wolfsabweisender Grundschutz vollständig errichtet ?
Hier wurde ein Festzaun aus Holzbauteilen errichtet. Er besteht aus massiven Holzpfählen und aus drei waagerechten Holzriegeln.		Nein
Diese massiven Holzpfähle tragen drei breite Gummibänder (ein flexibles Kunststoffband), welche optisch sehr gut in Erscheinung treten. Eine stromführende Litze erhöht hier die Hütewirkung.		Nein
Die Einzäung dieser Koppel besteht aus Holzpfählen, an denen drei Isolatoren jeweils einen Stromdraht tragen. Der in weißer Farbgebung kunststoffummantelte Stromdraht soll für Pferde und Ponys optisch eindeutig zu erkennen sein. Eine spezielle Bauweise des Stromdrahtes ermöglicht die Übertragung des Stromimpulses durch den Kunststoff hindurch beim Kontakt des Tieres mit dem Draht.		Nein
In diesem Fall sind es vier stromführende Litzen bzw. Seile, die selbst wiederum an Kunststoffpfählen befestigt sind, und die Hütewirkung ermöglichen.		Nein

Beschreibung	Bild	Wolfsabweisender Grundschutz vollständig errichtet ?
Auf dieser Weide wurde sich der Möglichkeit der gerammten oder eingegrabenen Holzpfähle bedient in Kombination mit zwei stromführenden Seilen.		Nein
Seltener beoabachtet, aber dennoch äußerst stabil errichtet, erscheinen diese massiven Pfähle. Mittels eines einfachen Befestigungsmechanismus werden drei stromführende Seile getragen.		Nein
Gelegentlich wird der Einsatz von Metallbauteilen als Pfähle vorgefunden. Hier sind des Aluminiumprofile, die ins Erdreich gesenkt wurden, und zwei Reihen stromführende Litzen tragen.		Nein

Beschreibung	Bild	Wolfsabweisender Grundschutz vollständig errichtet ?
Die Holzposten dieses Festzaunes schultern ein Holzhalbrundprofil als Riegelelement. Die beiden darunter montierten stromführenden Litzen verhindern einen Durchschlupf der Pferde bzw. Ponys und somit das Verlassen der Koppel.		Nein
Eine weitere Zaunkonfiguration stellt der Einsatz von mehreren stromführenden (Breit-)bandlitzen dar. In diesem Fall sind die Bandlitzen an festinstallierten Pfählen mittels Isolatoren montiert.		Nein
Hier wurde die gleiche Zaunbauweise wie auf der vorherigen Abbildung gewählt, mit dem Unterschied, dass vier Breitbandlitzen mittels Isolatoren montiert wurden.		Nein

Gängige Praxis zur Einzäunung von Nutztieren unter Herdenschutz-Gesichtspunkten

Es ist festzustellen, dass die gängige Praxis zur Einzäunung von Nutztieren in vielen Fällen die Anforderungen an einen wolfsabweisenden Schutzzaun nicht erfüllen – was allerdings auch nicht verwundert. Diese Anforderung bestand auch nie in der Vergangenheit.

Im Verlaufe dieses Buches wird beleuchtet, welche der vier Nutztierkategorien dringend vor Wölfen geschützt werden muss und bei welchen vielleicht nur in speziellen Fällen Eile geboten ist. Weiterhin wird aufgezeigt, welche Umbau- bzw. Erweitungsbaumaßnahmen erforderlich sind bzw. wären, um einen wolfsabweisenden Grundschutz zu erreichen.

6

Lebensweise des Wolfes

Von Gesa Richter

In Anbetracht der Tatsache, dass es zum Wolf, seiner Biologie, Ökologie und zu seinem Verhalten bereits umfassende Literatur gibt, erfolgt an dieser Stelle nur ein kurzer Überblick über den Wolf und seine Lebensweise. Detaillierter nachzulesen ist diese u. a. auch in »Ökologie und Verhalten des Wolfes« von Sebastian Körner, der dort größtenteils ein Standardwerk der englischen Wolfsliteratur (Mech & Boitani, 2003) auf Deutsch zusammenfasst.

Ursprünglich war der Wolf auf der gesamten nördlichen Erdhalbkugel verbreitet und gilt als das am weitesten verbreitete Landsäugetier der Welt. Die heimische Wolfsunterart ist der Europäische Grauwolf *(Canis lupus lupus)*.

Familienleben

Wölfe sind Tiere, die in einem Familienverband, dem so genannten Rudel, leben. Den Kern eines solchen Rudels bildet in der Regel ein Paar aus zwei erwachsenen, adulten, Wölfen unterschiedlichen Geschlechts. Der Rüde (♂) und die Fähe (♀) verpaaren sich lebenslang monogam miteinander und beanspruchen ein Territorium (Jagdrevier) für sich. Dieses Territorium bietet die Grundlage für die Ernährung des Rudels sowie Rückzugsgebiete für die Welpenaufzucht. Innerhalb seines Territoriums zieht das Wolfspaar Jahr für Jahr seinen Nachwuchs auf. Dieser Nachwuchs bleibt im Allgemeinen bis zur eigenen Geschlechtsreife im Revier der Eltern und wandert dann ab, um sich ein eigenes Territorium und einen Fortpflanzungspartner zu suchen, sodass dann an anderer Stelle ein weiteres Rudel gegründet werden kann. Die Geschlechtsreife tritt durchschnittlich im Alter von ca. 22 Monaten ein. Die Fortpflanzung des Wolfes erfolgt einmal jährlich. Die so genannte Ranzzeit liegt am Jahresanfang und ist in die Vorranz (Mitte Januar bis Ende Februar) und die Hochranz (etwa Anfang März) zu unterscheiden. In der Regel reproduziert sich in einem Revier nur das Wolfspaar, das auch das Revier beansprucht. Ausnahmen dazu werden weiter unten beschrieben. Die Fähe ist in der Hochranz für eine knappe Woche empfängnisbereit. Nach neun Wochen (63 Tagen) Tragzeit werden einmal jährlich etwa Ende April bis Mitte Mai durchschnittlich vier bis sechs Welpen geboren, beim Wolf sagt man auch geworfen. Die Geburt findet im Schutze eines meist selbstgegrabenen Erdbaus, der Wurfhöhle, statt. Die Zahl der geworfenen Welpen kann – je nach Beutetierverfügbarkeit – zwischen einem und bis zu elf Welpen stark variieren. Zur Welt kommen die Welpen bereits behaart, sie sind zunächst jedoch noch blind und taub und können i. A. erst mit ca. zwei Wochen sehen und erst mit ca. drei Wochen hören. Im Rahmen ihrer hochsozialen Lebensweise werden die Welpen von allen Rudelmitgliedern aufgezogen. In einer solchen Kleinfamilie gibt es keine schwer umkämpften Rangpositionen, wie den Alpha-, Beta-, Gamma- oder Omegawolf. Solche strengen Hierarchien wurden unter Gehegebedingungen beobachtet. In der Kleinfamilie sind die Eltern die natürlichen Autoritäten, ihre älteren Nachkommen haben selbst bereits mehr zu sagen als die Jüngsten, die Welpen, doch haben sie nicht den Status eines Elternteils. Erst, wenn sie das Revier der Eltern verlassen haben, stehen sie auf eigenen Beinen. Bei ihrem ersten Wurf kümmern sich die Eltern gemeinsam um die Aufzucht. Hatten sie bereits im Vorjahr Welpen, so sind diese inzwischen einjährigen Nachkommen, sogenannte Jährlinge, ebenfalls an der Aufzucht der Welpen beteiligt. Ein derartiges Familienleben setzt voraus, dass sich die einzelnen Familienmitglieder sehr deutlich miteinander verständigen können. Wölfe kommunizieren sehr ausgeprägt miteinander. Für die Kommunikation setzen sie alles ein, was ihnen zur Verfügung steht. So verständigen sie sich mithilfe ihrer differenzierten Körpersprache und Mimik, ebenso wie über vielfältige Lautäußerungen und den Einsatz von Geruchsstoffen, beispielsweise zur Reviermarkierung, ganz klar und deutlich miteinander. Die ersten Lebenswochen verbringt das Rudel in der Umgebung der Wurfhöhle, später zieht es an einen sogenannten Rendezvousplatz um. Dort werden die Welpen dann von den älteren Familienmitgliedern mit Fleisch versorgt, welches die Älteren von der Jagd mit zurückbringen und auf das Bettelverhalten der Welpen hin hervorwürgen. Bereits mit sechs bis sieben Monaten haben die Welpen schon fast die gleiche Größe wie die adulten Wölfe, auch wenn das Skelettwachstum erst mit etwa einem Jahr abgeschlossen ist. So können sie schon zu Beginn des Winters bei längeren Wanderungen durch das Revier von Riss zu Riss mit den älteren Rudelmitgliedern mithalten. Das eigenständige Jagen ist trotz angeborenem Jagdtrieb den Welpen in diesem Alter jedoch noch nicht möglich. Sie lernen das erfolgreiche Jagen durch Beobachtung der Eltern bei der Jagd. Im Alter von eineinhalb bis zwei Jahren wandern die Nachkommen schließlich aus dem Revier der Eltern ab und machen sich auf die Suche nach einem eigenen Territorium und Sexualpartner. Für die eigene Reproduktion benötigt jeder Wolf, egal ob Rüde oder Fähe, das eigene Territorium mit ausreichend zur Verfügung stehenden Beutetieren und einen möglichst nicht nah verwandten Sexualpartner. So mag es in Ausnahmefällen mal vorkommen, dass sich sogar Verwandte ersten Grades verpaaren, doch in der Regel gibt es bei Wölfen eine Inzuchtsperre.

Auch wenn diese Territorien generell große Flächen umfassen können – in Mitteleuropa zwischen 150 und 350 km² –, so sind Wölfe äußerst anpassungsfähige Tiere, die lediglich ausreichend Beutetiere und – in der Zeit der Welpenaufzucht – kleine ungestörte Bereiche innerhalb ihres Revieres benötigen, und nicht auf große, zusammenhängende Wälder oder Wildnis angewiesen sind. Und so überrascht es auch nicht, dass es zu der bisher beschriebenen regelmäßig anzutreffenden Lebensweise auch immer wieder Abweichungen geben kann. Diese können sowohl individuelle als auch situationsbedingte Hintergründe haben.

Das Durchschnittsalter für Wölfe in freier Natur liegt bei etwa sieben bis acht Jahren, allerdings können sie auch bis zu 13 Jahre alt werden, in Gefangenschaft sogar noch älter, hier wurden Wölfe nachweislich bereits bis zu 17 Jahre alt. Und auch in freier Natur können sich Wölfe bis ins Alter hinein fortpflanzen, so ist aus dem Nochtener Rudel in der Lausitz bekannt, dass die damalige Fähe bis ins Alter von 11 Jahren Welpen zur Welt brachte.

Fortpflanzungsstrategien

Die Abwanderung, auch Dispersal genannt, wird von beiden Geschlechtern unternommen. So anpassungsfähig wie der Wolf ist, so unterschiedlich können auch die verschiedenen Fortpflanzungsstrategien sein. Die Abwanderung ist eine dieser Strategien. Sie wird in der Regel in einer Wolfspopulation gefunden, die sich gerade ausbreitet: es gibt ausreichend mögliche, noch unbeanspruchte Territorien. Dadurch, dass die Nachkommen eines Elternpaares abwandern und sich ein eigenes Revier suchen, gibt es erfahrungsgemäß innerhalb eines Revieres auch keine unkontrollierte Vermehrung in einem Wolfsterritorium. Generell können immer nur so viele Wölfe in einem Revier leben, dass die Beutetiere nachhaltig genutzt werden. Bei der durchschnittlichen Abwanderungsdistanz gibt es keine geschlechtsspezifischen Unterschiede, jedoch scheint es bei Rüden eher eine Tendenz für Langstreckenabwanderungen zu geben. Nordamerikanische Studien haben ergeben, dass Wölfe ihr eigenes Revier durchschnittlich etwa 50 km zum elterlichen Revier entfernt beanspruchen. Häufig verlassen die erwachsen gewordenen Wölfe das elterliche Revier allein, gelegentlich wandern mehrere Geschwister gemeinsam ab und trennen sich später von einander. In Deutschland haben wir noch keine gesättigte Wolfspopulation, daher ist derzeit die Abwanderung, das Dispersal, die am häufigsten beobachtete Fortpflanzungsstrategie, jedoch wurden für einige Jungwölfe in der Lausitz bereits abweichende Strategien (Nr. 3, Nr. 5 und Nr. 6; s.u.) beschrieben.

Grenzen innerhalb einer so genannten gesättigten Wolfspopulation (z.B. in Nordamerika) bereits viele Territorien aneinander, so ist es für einen jungen erwachsenen Wolf schwierig, ein eigenes Revier zu finden. Unter solchen Bedingungen wurden weitere Strategien, ein eigenes Revier zu beanspruchen und dadurch auch eine Möglichkeit, sich zu reproduzieren, beobachtet:

1) Abwarten und Übernahme einer Fortpflanzungsposition

   Ein geschlechtsreifer Wolf (Bsp.: Rüde) verbleibt zunächst im Revier der Eltern und übernimmt im Nachbarrudel eine Fortpflanzungsposition, wenn im Nachbarrudel der dortige gleichgeschlechtliche Partner (Bsp.: Rüde) stirbt. Der erwachsene Jungwolf ist so in einer gesättigten Population zu einem Revier und Paarungspartner (Bsp.: Fähe) gekommen und hat unter Umständen sogar »Stiefkinder«. Bei einer solchen Konstellation ist dann weiterhin sogar möglich, dass nun, wenn das gleichgeschlechtliche Elternteil (Bsp.: Fähe) stirbt, eines der Stiefkinder (Bsp. Fähe) sich mit dem Stiefvater verpartnert. Bei einer Verpaarung mit einem Stiefpartner mag es, bei entsprechender Nahrungsgrundlage, sogar zu Mehrfachwürfen in einem Territorium kommen.

2) Vertreiben/Töten eines Elternteils in einem Fremdrudel, um dessen Fortpflanzungsposition zu übernehmen

   Diese Variante ist äußerst risikoreich und wurde bisher eher selten beobachtet. Etwas häufiger wurde beobachtet, dass ein Rudel ein anderes angegriffen hat und im Anschluss die Fortpflanzungspositionen der getöteten Elterntiere durch die adulte Jungwölfe des siegreichen Rudels übernommen wurden. Manchmal erfolgte auch die komplette Übernahme des fremden Revieres und der Überlebenden.

3) Zusätzliche Fortpflanzungsposition im eigenen Rudel

   Gelegentlich gibt es neben der Mutter noch vereinzelte erwachsene Töchter im Rudel, die sich mit vorbeiwandernden Einzelrüden gepaart haben, sodass es in einem Rudel auch mal zu Mehrfachwürfen kommen kann, bei denen dann die Welpen gemeinsam aufgezogen werden. In wenigen Fällen wurden diese einzelnen Rüden dann sogar in die Rudelgemeinschaft aufgenommen.

4) Abspaltung eines Teilterritoriums

   Wenn bereits erwachsen gewordene Nachkommen im Revier der Eltern verbleiben und ein Paarungspartner zugewandert ist, kann es sein, dass das weitere Pärchen einen Teil des bereits existierenden Revieres der Eltern des einen Paarungspartners für sich beanspruchen und es aus dem elterlichen Revier abtrennen.

   Ebenso kann es im Todesfall eines Elternteils vorkommen, dass das verbliebene Elternteil mit einem neuen Partner nur einen Teil des ursprünglichen Territoriums beansprucht und der Rest von seinen Nachkommen übernommen wird.

   Grenzen zwei große Territorien aneinander, kann es zu einer Abtrennung der aneinander gelegenen Grenzbereiche und Zusammenführung zu einem eigenen Revier kommen, wenn sich aus den beiden Ursprungsterritorien abgewanderte Jungwölfe verpartnern.

   Diese Abspaltungen kommen in der Regel nur bei ausreichender Beutetierverfügbarkeit vor.

5) Zusammenschluss einer Gruppe von Brüdern mit einer fremden Gruppe von Schwestern

   Hierbei handelt es sich um eine Fortpflanzungsstrategie, die bisher nur im Yellowstone Nationalpark in Nordamerika beobachtet wurde. Mehrere erwachsene Brüder eines Rudels schließen sich hierbei mit mehreren Schwestern eines anderen Rudels zusammen und mit vereinter Stärke übernehmen sie dann das Territorium eines anderen Rudels oder spalten aus verschiedenen bereits von anderen Rudeln beanspruchten Revieren kleine Teilterritorien ab, die in Summe dann ein eigenes neues Territorium ergeben. Auch in solch einem Rudel sind Mehrfachwürfe vorgekommen. Diese Variante der Revierbeschaffung scheint nur dann attraktiv zu sein, wenn in einer Population die Gebiete sehr dicht besiedelt sind.

6) Langstreckenabwanderung

   Manche Wölfe, häufig Rüden, wandern nicht nur über eine kurze Distanz aus dem Revier der Eltern ab, sie legen mitunter weite Strecken zurück. Dies ermöglicht es ihnen, Gebiete für sich zu erschließen, die am Rande der eigenen Population oder gar im Bereich einer anderen Population liegen. Hierbei scheinen sich die Langstreckenwanderer anhand von Flussläufen oder Gebirgszügen zu orientieren bzw. wandern an ihnen entlang.

oder der Färbung deutliche Unterschiede zwischen Männchen und Weibchen einer Art zeigen, wobei sich diese Unterschiede nicht auf die primären Sexualmerkmale beziehen, sondern die so genannten sekundären Sexualmerkmale darstellen (z.B. Geweihe beim Hirsch, Gefiederfärbungen bei manchen Vogelarten u.v.m.) (Schäfer, 2003). Beim Wolf betrifft der Geschlechtsdimorphismus die Körpermaße. Einen kurzen Überblick über die Körpermaße des Wolfes bietet folgende Tabelle:

	Fähen		Rüden	
	Adult	Jährling	Adult	Jährling
Schulterhöhe [cm]	60–80		70–0	
Kopf-Rumpf-Länge [cm]	97–124 (ø 110)		105–140 (ø 120)	
Gewicht [kg]	36–39	20–35	43–46	19–35

Tabelle 14: Maße und Gewichte canis lupus lupus

Territorien

Ein Gebiet, das über die überlebenswichtigen Ressourcen verfügt (z.B. Paarungspartner, Nahrung, Bereiche der Brutpflege), wird oftmals gegen Art- oder Geschlechtsgenossen verteidigt, man spricht dann auch von einem Territorium. Wie bereits beschrieben, ist das Territorium für die Fortpflanzung des Wolfes ein wichtiger Faktor. Die Lage der einzelnen Territorien zueinander kann, wie auch die Möglichkeiten, ein eigenes Revier für sich zu finden, sehr variieren. So gibt es mancherorts eine Art Niemandsland zwischen den Revieren – eine Art Korridor. Die Territorien können aber auch mit direkter Grenzlinie verlaufen oder gar überlappen. Die Beanspruchung eines Reviers wird durch deutliche Markierung kundgetan. Hierzu nutzen die Revierinhaber ihren Urin und ihren Kot, auch Losung genannt. In regelmäßigen Abständen, durchschnittlich alle 240 m, werden an exponierte und zum Teil auch erhöhte Stellen Urin- und Kotmarkierungen gesetzt, deren Geruch für andere Wölfe, je nach Witterungsverhältnissen, zwischen zwei und drei Wochen wahrnehmbar ist. Auch akustisch, über das Heulen, kann der Revieranspruch deutlich gemacht werden.

Habitus (Aussehen)

Bei Wölfen gibt es einen so genannten Sexual- oder auch Geschlechtsdimorphismus. Das bedeutet, dass sich hinsichtlich der Morphologie (Körperbau, -form)

Zweimal im Jahr erfolgt ein Fellwechsel. In der Zeit von August bis Oktober beginnen die Wölfe, für den Winter ein dickes, dichtes und gut gegen Kälte isolierendes Winterfell aufzubauen. Dieses verlieren sie im April beginnend, so dass sie für den Sommer ein kurzes, viel dünneres Sommerfell tragen.

Wölfe sind in der Lage, sehr ausdauernd zu wandern. Bei einer Durchschnittsgeschwindigkeit von 8–10 km/h können sie in einer Nacht bis zu 70 km hinter sich lassen. Für Wanderungen nutzen Wölfe eine sehr energieeffiziente Gangart, den so genannten geschnürten Trab, bei dem sie eine charakteristische Spur aus Trittsiegeln hinterlassen. Dadurch, dass sie beim »Schnüren« die Hinterpfote einer Körperseite in den bereits von der Vorderpfote derselben Körperseite hinterlassenen Abdruck setzen, sehen die Spuren aus wie Perlen an einer Schnur, woher sich auch der Name dieser Gangart ableitet. Wölfe sind jedoch auch in der Lage in kurzen Sprints Geschwindigkeiten bis zu 64 km/h zu erreichen.

Lebensweise des Wolfes und Herdenschutz

In Anbetracht der Tatsache, dass Wölfe von ihren Eltern lernen, welche Beutetiere auf welche Art am effektivsten gejagt werden und dadurch auch Beutetierpräferenzen ihrer Eltern übernehmen können, ist es im Hinblick auf den Herdenschutz von größter Wichtigkeit, einer Spezialisierung auf Nutztiere vorzubeugen. Idealerweise müssen bereits die Eltern daran gehindert werden, Nutztiere zu reißen, damit diese es ihren Nachkommen gar nicht erst beibringen können. Sicherlich ist aufgrund der hohen Flexibilität und Lern- bzw. Anpassungsfähigkeit der Wölfe nicht auszuschließen, dass die Nachkommen eines Wolfspaares außerhalb des elterlichen Revieres ihre eigenen Erfahrungen mit Nutztieren machen. Da jedoch auch jeder Nachkomme eines Tages selbst zu einem Elternteil werden kann, erklärt sich die Wesentlichkeit eines flächendeckenden und funktionierenden Schutzes für Nutztiere.

Typische Merkmale des Wolfes:

Abbildung 158: Typische Merkmale des Wolfes

7

Jagdverhalten des Wolfes

Von Frank Faß

Es liegt diesem Buch fern, Wölfe detailliert zu beschreiben. Hierzu hat die deutschsprachige, vor allem aber die englischsprachige Literatur an anderer Stelle viel mehr Ganzheitliches zu bieten. Der Fokus dieses Buches liegt auf der Beschreibung von Möglichkeiten und Grenzen in der Anwendung von Herdenschutzmaßnahmen hinsichtlich der Nutztierhaltung. Somit wird in diesem Kapitel das Jagdverhalten des Wolfes in Bezug auf Nutztiere betrachtet. Wölfe können per se nicht zwischen Wild- und Haustieren unterscheiden, nicht beurteilen, welche Wertigkeit diese Kategorisierung für Menschen hat. Allerdings können Wölfe lernen zu unterscheiden, dass gar nicht oder nur ungenügend geschützte Nutztiere einfacher zu erbeuten sein können, als hochflüchtige und/oder wehrhafte Wildtiere. Außerdem können sie erlernen, dass z.B. Schafe keinerlei Wehrhaftigkeit einem Wolfsangriff entgegenzusetzen haben und keine nennenswerte Fluchtgeschwindigkeit im Vergleich zur Hetzgeschwindigkeit des Wolfes aufbauen können. Dringt ein Wolf in ein Wildgehege ein, trifft er – ohne es zu wissen – auf die Tatsache, dass das z.B. Damwild nicht die erforderliche Feindvermeidungsstrategie der hohen Fluchtgeschwindigkeit aufbauen kann, um dem Angreifer zu entkommen. Sie können je nach Gehegestruktur höchstens umhergaloppierend zu flüchten versuchen.

Wichtig ist jedoch zu wissen, wie Wölfe in einigen Teilbereichen ihres Gesamtverhaltensrepertoires »funktionieren«. In Bezug auf den Übergriff von Wölfen auf Nutztiere werden an dieser Stelle die wichtigsten Begriffe und Eigenschaften des Wolfes erklärt.

Jeder Wolf ist eine Persönlichkeit für sich, und alle Wölfe sind hochsoziale Tiere, was ihnen ermöglicht, als Raubtiere im Rudel zusammenzuleben. Die Wolfsindividuen können sehr unterschiedlich in ihren Charaktereigenschaften sein, wie wir an unseren eigenen Gehegewölfen immer wieder beobachten. So gibt es deutlich erkennbare Unterschiede im Neugierverhalten, in der Art und Weise, wie sie mit verschiedenen Mitteln zu beeindrucken sind oder auch nicht, u.v.m. Aber auch hinsichtlich ihrer Schreckhaftigkeit oder ihrer Vorsicht in Bezug auf verschiedene Situationen, sind Unterschiede zwischen den Individuen zu erkennen. Diese Tatsache kann die Beurteilung von Herdenschutzmaßnahmen in ihrer Effektivität und Wirkungsdauer durchaus schwierig machen.

Wölfe sind darüber hinaus sehr vorsichtige Tiere. Sie scheinen bei der Konfrontation mit Herdenschutzmaßnahmen abzuwägen, ob sich der Versuch der Durchdringung »lohnt« oder nicht. Dieses Verhalten konnten wir bei durchgeführten Tests mit unseren Wölfen im Gehege feststellen. Da wir Futterbrocken (Fleisch) als Lockmittel verwendeten, kann an dieser Stelle nur vermutet werden, dass wahrscheinlich ein lebender Reiz (z.B. sich bewegende Beute) hinter einem Zaun als Herdenschutzmaßnahme den Wolf noch eher versuchen lässt, an die Beute heranzukommen, als an den bewegungslosen Futterbrocken bei den Gehegetests. Im Vergleich zum Haushund hat der Wolf ein ca. 30 % größeres Gehirn, worauf Zimen (1978) wie folgt hinweist: *»Am Institut für Haustierkunde waren Herre und seine Mitarbeiter aufgrund einer Vielzahl von Untersuchungen über Schädelmaße, Hirngröße und -struktur, Blutfaktoren, Chromosomenzahl und -form zu der festen Überzeugung gekommen, dass alle Hunde, ob Pekinese, Dogge oder Schäferhund, allein vom Wolf abstammen*[1] *und nicht, wie vielfach angenommen, von Wolf und Schakal. Den besten Beweis für den Wolf als alleinigen Stammvater aller Hunde hatte schon 1927 der Doktorvater von Herre, Professor Klatt aus Halle, geliefert. Ihm war aufgefallen, dass die Hirngrößen der Haustiere im Durchschnitt um etwa* *dreißig Prozent unter denen ihrer wilden Ahnen liegen. Im Vergleich zum Wolf haben auch die Hunde ein derart verkleinertes Gehirn. (Dies bedeutet allerdings nicht, dass Hunde ›dümmer‹ sind als Wölfe. Die Reduktion liegt vor allem im Bereich der Hirnteile, die Sinneseindrücke verarbeiten.)«*

Vermutlich könnten die Darstellungen von Zimen eine Begründung dafür sein, dass der Wolf im Vergleich zum Hund das vorsichtigere Tier zu sein scheint.

Vielleicht ist es gerade diese Eigenschaft der möglichen ausgeprägten Vorsicht, die die meisten Wölfe hemmt, über Zäune zu springen oder zu klettern. In der Tat wäre dieses ohne Weiteres von allen Wölfen zu meistern, weil sie eine »enorme« Sprungkraft entfalten können, wir wir täglich bei unseren Schaufütterungen beobachten. Es muss allerdings einen oder sogar mehrere Faktoren geben, die die allermeisten Wölfe keine Sprung- oder Kletterversuche unternehmen lassen. Möglicherweise können Wölfe die Höhe und den Abstand von Drähten, Litzen oder Seilen nicht richtig räumlich einschätzen und somit keinen Absprungpunkt wählen. Schriftliche Belege dafür konnten wir in Veröffentlichungen allerdings nicht finden. Insbesondere bei Wildgehegen konnte immer wieder nachgewiesen werden, dass Wölfe ohne Weiteres größere Mengen Erdreich unter bodenschlüssigen und nicht elektrifizierten Zäunen weggraben können, um sich schließlich unter dem Zaun hindurchzuschieben. Diese Eigenschaft der Wölfe stellt unter anderem einen Kern der Anforderung von Zaunanlagen dar, die wolfsabweisend zu konstruieren sind.

Zunächst ist es wichtig zu wissen, dass Wölfe nicht »einfach nur so« Beute machen wollen. Wölfe müssen Nahrung aufnehmen, um sie zu verstoffwechseln und um dadurch den Energiehaushalt auszugleichen. Wölfe können tagelang ohne Nahrung auskommen, während sie sich nach erfolgreicher Jagd den Magen mit bis zu 10 kg Nahrung füllen können. Auf die Jagd zu gehen dient also einem ganz konkreten Zweck und somit nicht dem »Zeitvertreib«. Das vom Wolf gezeigte Jagdverhalten, auch Beutefangverhalten genannt, ist zweckmäßig und zielgerichtet.

Wölfe leisten in freier Wildbahn im Wesentlichen den Eingriff in den Schalenwildbestand. Das bedeutet, dass für das Wildtierbeutespektrum der Wölfe in Deutschland grundsätzlich Reh-, Dam-, Rot-, Schwarz- und Muffelwild, aber auch kleinere Säugetiere wie z.B. Hasen in Frage kommen. In anderen Gebieten der Nordhalbkugel zählen beispielsweise Rentiere, Karibus, Elche, Bison und Moschusochsen ebenfalls zur Beute. Doch auch kleinere Säuger als Hasen werden vom Wolf nicht verschmäht. Somit sind Wölfe also (Ernährungs-) generalisten, die nach Schaefer (2003) wie folgt definiert werden:

Tier- oder Pflanzenart, die geringe Ansprüche an Bedingungen ihrer Umwelt stellt und einen breiten Ausschnitt aus dem Ressourcenspektrum (z.B. Nahrung → Ressource) nutzt.

In Bezug auf das Jagdverhalten des Wolfes bedeutet diese Definition, dass er als ein Generalist von der Maus bis zum Elch Beute machen kann. Er ist somit das Gegenteil des Spezialisten.

Aus der Tatsache des Nahrungsgeneralismus leitet sich die Voraussetzung zum Nahrungsopportunisten ab. Dazu zählt ebenfalls der Wolf. Als Nahrungsopportunist verschmäht er neben Aas auch ggf. Abfälle nicht. Er kann sich also an Nahrungsquellen betätigen, die für ihn mit geringem Energie- und Zeitaufwand verbunden sind.

Mit Blick auf die Bundesrepublik Deutschland gibt es seit der Rückkehr der ersten Wölfe in Ostdeutschland, genauer in Sachsen, bundesweit ein Forschungsprojekt, welches sich mit der Frage der Nahrungszusammensetzung der Wölfe beschäftigt. Wagner et al. (2012) veröffentlichten die Verteilung der von Wölfen vertilgten Biomasse auf Beutetierarten in einem Untersuchungsgebiet von 2.500 km² Größe. Von April 2001 bis März 2009 wurden insgesamt 1.890 Losungen (Kothaufen von Wölfen) eingesammelt und im Labor untersucht. Die Analyseergebnisse des folgenden Säulendiagrammes in Abbildung 159 zeigen deutlich, dass die Nahrung des Wolfes mit Abstand im Wildtierbereich liegt. Jüngere Auswertungen (4.136 ausgewertete Losungen, von April 2001 bis Januar 2012) zeigen keine signifikanten Abweichungen im Spektrum.

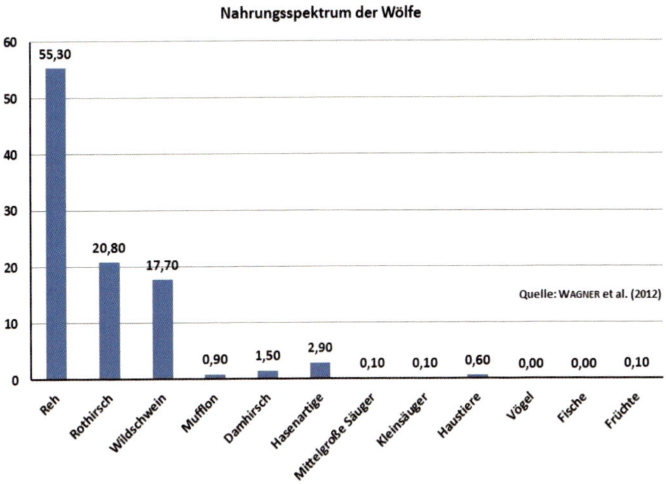

Abbildung 159: Nahrungsspektrum der Wölfe in Sachsen

In anderen Bundesländern (Brandenburg, Sachsen-Anhalt, Mecklenburg-Vorpommern) zeigt sich ein ähnliches Bild (untersucht in mehreren Abschlussarbeiten/-berichten). Lediglich die Anteile an Rothirsch und Damhirsch in der Nahrung ändern sich in Abhängigkeit ihres Vorkommens im betrachteten Gebiet. Reh und Wildschwein sind flächendeckend vorhanden.

Mit Stand vom 25.04.2017 konnten in Niedersachsen 9 Wolfsrudel, 2 Paare und 1 residenter (sesshafter) Einzelwolf durch das Wolfsmonitoring festgestellt warden. Darüber hinaus gab es zu diesem Zeitpunkt 8 Regionen, die unter Beobachtung stehen, weil noch nicht genau feststand, ob es dort territorial lebende Wölfe gibt. Die Menge der bereits aus den Elternterritorien abgewanderten Wölfe, die immer noch auf Wanderschaft sind, lässt sich nicht ermitteln. In Abbildung 160 ist die geografische Verteilung der Wolfsterritorien zu erkennen.

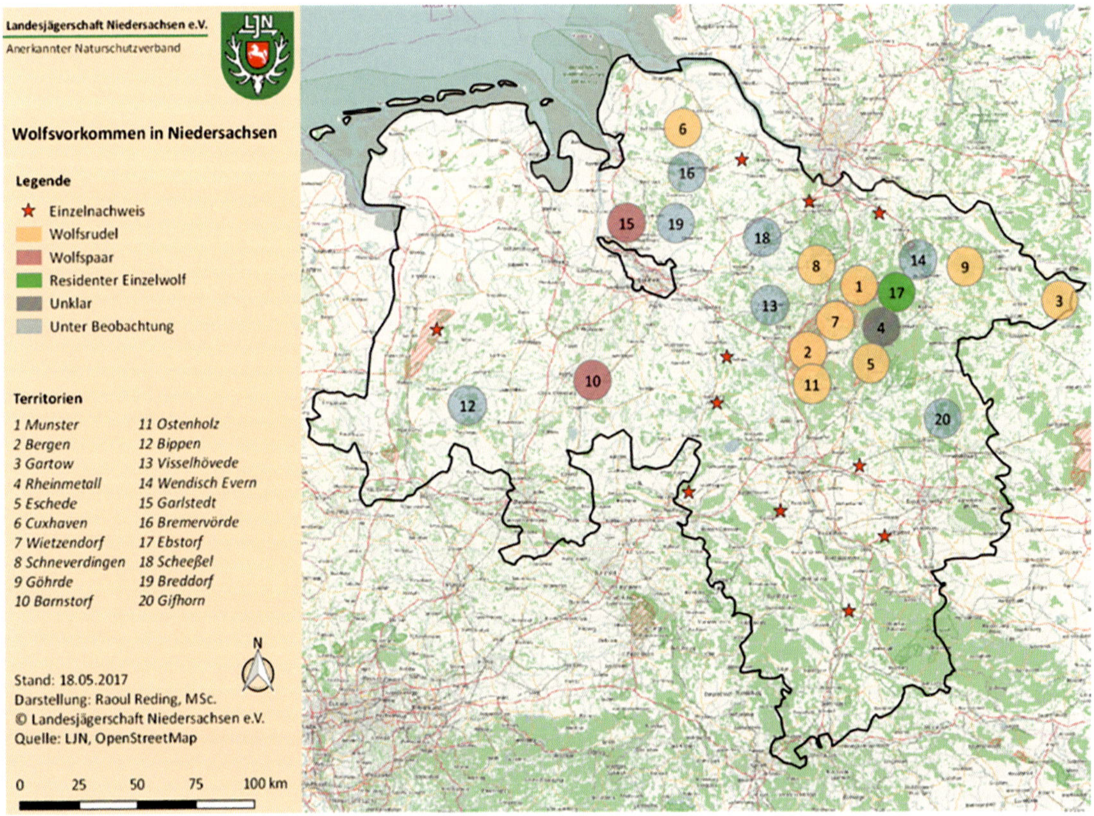

Abbildung 160: Wolfsterritorien in Niedersachsen, Stand: 25.04.2017

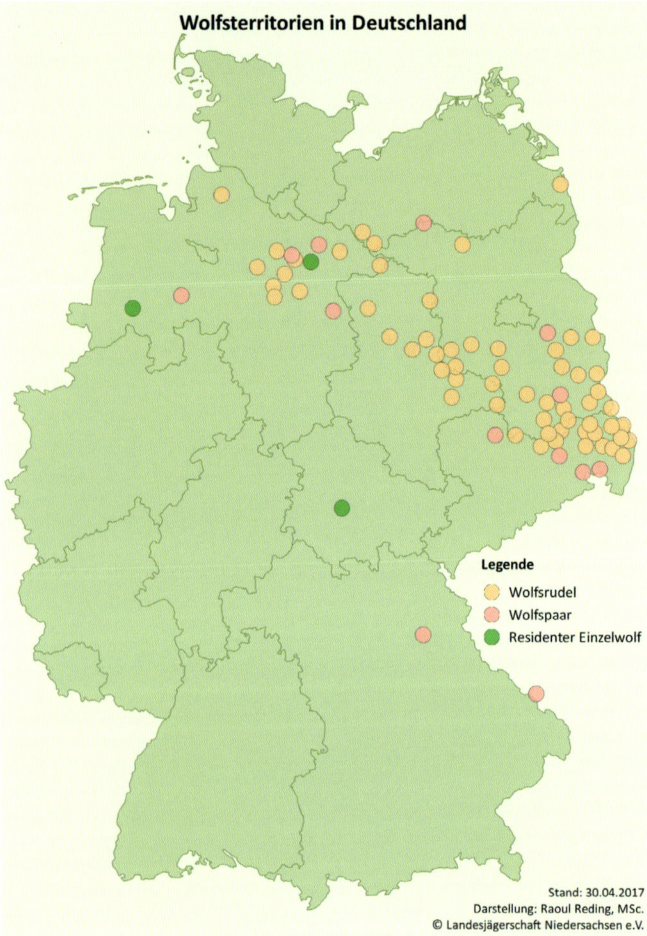

Abbildung 161: Wolfsterritorien in Deutschland, Stand: 30.04.2017

zu folgenden Rissmengen an durch Wölfe getötete und auch später eingeschläferte Nutztiere:

2008 bis 31.12.2016:

> 137 Übergriffe bei 417 betroffenen Schafen/Ziegen
>
> (meistens Schafe)
>
> im Durchschnitt 3,04 Nutztiere pro Wolfsübergriff

2013 bis 31.12.2016:

> 30 Übergriffe bei 93 betroffenen Gehegewildtieren
>
> (meistens Damwild)
>
> im Durchschnitt 3,10 Nutztiere pro Wolfsübergriff

2014 bis 31.12.2016:

> 16 Übergriffe bei 22 betroffenen Rindern
>
> (meistens Kälber, seltener aber auch Färsen)
>
> im Durchschnitt 1,38 Nutztiere pro Wolfsübergriff

In Abbildung 161 ist die bundesdeutsche Verteilung von Wolfsterritorien mit Stand vom 30.04.2017 zu erkennen.

Die verschiedenen Nutztierrisse durch Wölfe der Vergangenheit in Niedersachsen zeigen eine interessante zeitliche Verteilung aller Risse in Bezug auf alle betroffenen Nutztierarten auf. Seit dem im Jahr 2008 der erste nachgewiesene Wolfsübergriff auf Nutztiere (konkret: 10 Schafe) geschah, kam es im weiteren Verlauf

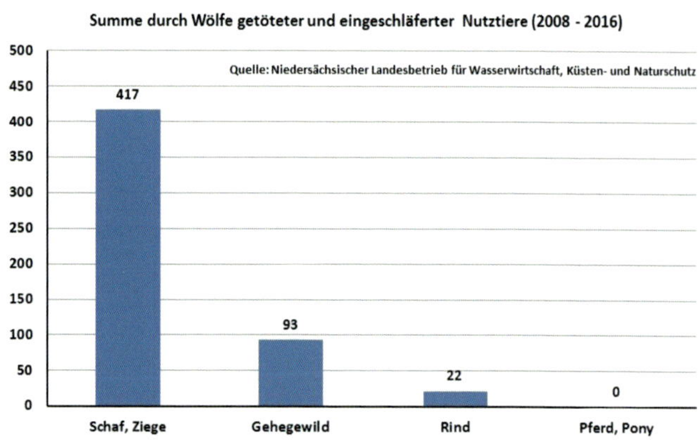

Abbildung 162: Summe durch Wölfe getöteter und eingeschläferter Nutztiere, 2008–2016

Die den Gesamtmengen pro Nutztierart zeitlich zugehörigen Wolfsübergriffen und Nutztiermengen sind in den folgenden drei Diagrammen für Schaf/Ziege, Gehegewild und Rinder dargestellt. Ein Diagramm für Pferde gibt es nicht, weil es bisher keine nachgewiesenen Übergriffe auf Pferde bzw. Ponys in Niedersachsen gab.

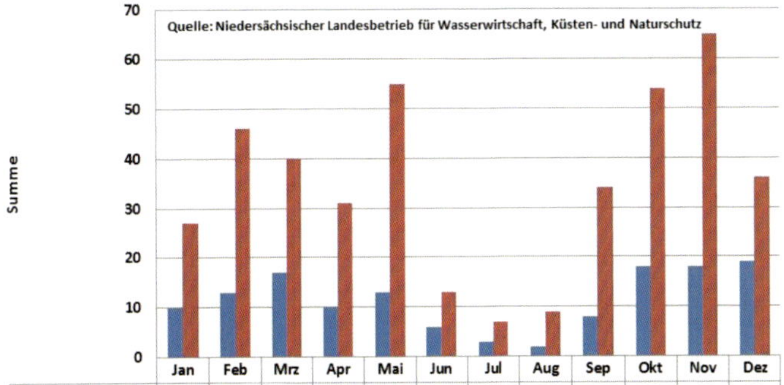

	Jan	Feb	Mrz	Apr	Mai	Jun	Jul	Aug	Sep	Okt	Nov	Dez
Summe Übergriffe	10	13	17	10	13	6	3	2	8	18	18	19
Summe Tiere	27	46	40	31	55	13	7	9	34	54	65	36

Abbildung 163: Wolfsübergriffe auf Schafe & Ziegen; 2008–2016

Bei Wolfsübergriffen auf Schafe bzw. Ziegen ist zu erkennen, dass insbesondere von Juni bis August nur »wenig« Beute unter diesen Nutztieren gemacht wurde.

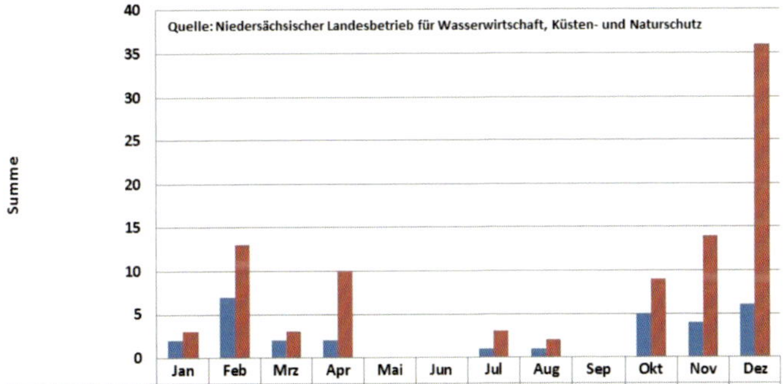

	Jan	Feb	Mrz	Apr	Mai	Jun	Jul	Aug	Sep	Okt	Nov	Dez
Summe Übergriffe	2	7	2	2	0	0	1	1	0	5	4	6
Summe Tiere	3	13	3	10	0	0	3	2	0	9	14	36

Abbildung 164: Wolfsübergriffe auf Gehegewild 2013–2016

Das Diagramm bzgl. Wolfsübergriffe auf Gehegewild zeigt, dass von Mai bis September sowie im Januar und im März nur »wenig« Beute unter diesen Nutztieren gemacht wurde.

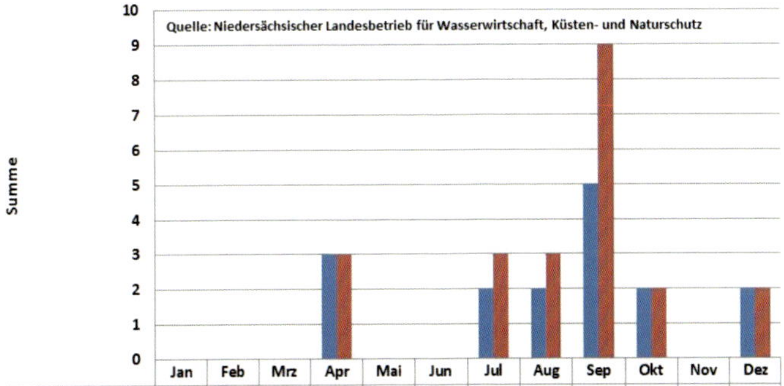

	Jan	Feb	Mrz	Apr	Mai	Jun	Jul	Aug	Sep	Okt	Nov	Dez
Summe Übergriffe	0	0	0	3	0	0	2	2	5	2	0	2
Summe Tiere	0	0	0	3	0	0	3	3	9	2	0	2

Abbildung 165: Wolfsübergriffe auf Rinder 2014–2016

Jahr	Altersklasse	Landkreis	Charolais		Deutsche Holsteins		Galloway		Fleischrassen-Mix		Charolais-Kreuzungen		Heckrind	
			Tote bzw. später eingeschläferte	Verletzte, aber überlebte	Tote bzw. später eingeschläferte	Verletzte, aber überlebte	Tote bzw. später eingeschläferte	Verletzte, aber überlebte	Tote bzw. später eingeschläferte	Verletzte, aber überlebte	Tote bzw. später eingeschläferte	Verletzte, aber überlebte	Tote bzw. später eingeschläferte	Verletzte, aber überlebte
2014	Kalb	Cuxhaven			2	1								
		Uelzen												
		Diepholz												
		Heidekreis	1											
	Rind	Cuxhaven												
		Uelzen	1											
		Diepholz												
		Heidekreis												
2015	Kalb	Cuxhaven												
		Uelzen												
		Diepholz									1			
		Heidekreis							3	3				
	Rind	Cuxhaven												
		Uelzen												
		Diepholz												
		Heidekreis												
2016	Kalb	Cuxhaven			7								1	
		Uelzen												
		Diepholz					1							
		Heidekreis	2											
	Rind	Cuxhaven			2	2								
		Uelzen												
		Diepholz												
		Heidekreis												
		Summe =	4		11	3	1		3	3	1		1	

Tabelle 15: Geografische Verteilung der Wolfsübergriffe auf Rinder nach Rassen 2014–2016

Die Wolfsübergriffe auf Rinder lassen erkennen, dass von Januar bis März, im Mai und Juni und auch im November keine Beute unter diesen Nutztieren gemacht wurde.

Ein immer wieder zu hörender Grund dafür, dass Wölfe im Sommer nur junge Wildtiere, also diesjährig geborenen Nachwuchs, jagen, passt nicht ganz in die Resultate der zuvor beschriebenen Diagramme. Einzig der Monat Juni stellte bisher bei allen drei Nutztierarten den »ruhigen« Monat dar.

Die Tabelle 15 stellt alle Rinderrisse der Jahre 2014 bis 2016 heraus. Es ist zu erkennen, dass insbesondere im Landkreis Cuxhaven Kälber und auch Färsen (junge Rinder) der Rasse Deutsche Holsteins durch Wölfe erbeutet wurden. Wolfsübergriffe auf Färsen (junge weibliche Kühe ohne eigenen bisherigen Nachwuchs) hat es in Niedersachsen erstmals im Jahr 2014 an zwei unterschiedlichen Zeitpunkten in derselben Herde im Landkreis Cuxhaven gegeben. Insgesamt waren dabei drei Färsen im Alter von neun bzw. zehn Monaten betroffen (zwei tote, eine verletzte; Gewicht: ca. 250 kg). In 2016 kam in zwei verschiedenen Fällen in derselben Region je eine Färse (ca. 450–500 kg) durch Wolfsangriffe zutode. Im Jahr 2017 wurden in der Region Cuxhaven 18 große Kühe (Färsen oder Milchkühe) gerissen oder angegriffen und verletzt. Dazu kommen vier Kälber. Der Landkreis Cuxhaven hat die höchste Milchkuhdichte – analog Nachwuchsdichte – in Niedersachsen vorzuweisen.

Pferde als Beute

Bundesweit konnten bisher (Stand April 2017) keine Übergriffe durch Wölfe auf ausgewachsene Pferde oder Ponys nachgewiesen werden. Zwei Übergriffe auf Konik-Fohlen waren an ein und derselben Herde in Sachsen-Anhalt in den Jahren 2015 und 2016 festgestellt worden. Dabei waren in Summe acht Fohlen in unterschiedlicher Weise betroffen: zwei direkt getötet, zwei verschollen, eins schwer verletzt und verstorben, drei überlebten ihre Verletzungen. Diese Herde wird in einem großen Naturschutzgebiet frei gehalten und ist nicht eingezäunt.

Es bleibt die Frage offen, ob ausgewachsene Pferde auch als Beute für Wölfe in Betracht kommen und wenn ja, wie hoch die Übergriffswahrscheinlichkeit ist. Hierzu gibt die Broschüre des NABU »Pferd und Wolf – Wege zur Koeffizienz 2015« hilfreichen Aufschluss. So wird hierin nach vorangegangener Literaturrecherche und deren Auswertung geschlussfolgert:

»Die internationale Recherche hat ergeben, dass Pferde eine potentielle Beute für Wölfe darstellen können. Die Pferdehaltung in Deutschland und speziell in Niedersachsen ist mit der Haltungspraxis im Ausland jedoch nur eingeschränkt vergleichbar. So werden Pferde in Niedersachsen oft durch Zäune geschützt, ebenso stehen sie im Gegensatz zu ihren freilebenden Artgenossen in Spanien oder der Mongolei unter menschlicher Aufsicht und werden, wenn nötig, medizinisch versorgt. Außerdem ist die Dichte an wilder Beute in Form von Huftieren in Niedersachsen als deutlich höher einzuschätzen, als dies im mediterranen Raum der Fall ist. Alle diese Faktoren vermindern das Risiko einer Prädation durch Wölfe. Ein Angriff, speziell auf Fohlen und Jungtiere, kann, auch wenn die Wahrscheinlichkeit dafür als äußerst gering einzuschätzen ist, dennoch nicht gänzlich ausgeschlossen werden.«

In den vergangenen Jahrzehnten der Erforschung von Wölfen, die in Gehegen leben, haben weltweit verschiedene Wissenschaftler zu unterschiedlichen Zeiten sogenannte Ethogramme über Wölfe erstellt. Ehtogramme dienen den Verhaltensforschern als Diskussionsgrundlage und Verständigungsmethode für verschiedenste Tierarten. Ethogramme sind die Summe aller in einem definierten Zeitraum an einer definierten Wolfsgruppe (oder Rudel) beobachteten Verhaltensweisen in Schriftfrom – es ist ein Verhaltenskatalog. Das in einem Ethogramm beschriebene Verhaltensinventar lässt sich in verschiedene Kategorien einteilen, die »Funktionskreise« genannt werden. Je mehr Ethogramme von Wölfen erstellt werden, desto vollständiger kann das 100 %-Ethogramm zusammengesetzt werden, d.h. die vollständige Summe aller einem Wolf möglichen Verhaltensweisen. Im Folgenden ist eine Ethogrammstruktur nach Zimen (1970) dargestellt:

- Allgemeine Bewegungsformen
- Ruhe und Schlaf
- Orientierungsverhalten
  - → Nahorientierung
  - → Fernorientierung
- Verhalten des Schutzes und der Verteidigung
- Stoffwechselbedingtes Verhalten
  - → Nahrungserwerb
  - → Nahrungsaufnahme
  - → Transport und Speicherung von Nahrung
  - → Erbrechen von Futter
  - → Defäkieren und Urinieren
- Komfortverhalten
- Soziales Verhalten
  - → Ausdrucksverhalten
  - → Soziales Verhalten
  - → Imponierverhalten
  - → Defensives Verhalten
  - → Spielverhalten
  - → Reproduktionsverhalten
- Infantile Verhaltensweisen
- Lautäußerungen

Im Sinne des Ethogramms zählt das Jagdverhalten (Beutefangverhalten) also zum Funktionskreis des stoffwechselbedingten Verhaltens. Anhand von Gehegebeobachtungen zur Ethogrammerstellung konnte belegt werden, dass die einzelnen Verhaltensweisen des Jagdverhaltens genetisch disponiert, also angeboren sind Zimen (1970). Somit kommen zwar alle Wölfe als geborene Jäger auf die Welt, doch ist dieses einem neugeborenen Welpen noch nicht anzusehen. Schon in der frühen Entwicklung des Welpen ist im Alter von wenigen Wochen zu beobachten, dass er plötzlich anfängt, lose und unbelebte Gegenstände anzustarren, sie zu packen oder auch z.B. wegwehende Blätter im Gehege zu verfolgen. Unter den Wurfgeschwistern kann beobachtet werden, dass ebenfalls einander fixiert und gehetzt wird. Vorher kann vielleicht noch das Packen des einen Welpen in Bezug auf den anderen festgestellt werden. Dieses geschieht alles im Kontext des Spiels. Es sind also die einzelnen »Verhaltensbausteine« zur Jagd zu erkennen, selbst wenn diese in der zeitlichen Reihenfolge noch gar keinen Sinn ergeben und der Welpe noch nicht so recht weiß, was er eigentlich macht. Im Objekt- und auch Sozialspiel wird nach und nach das Jagdverhalten trainiert und zu einer koordinierten Ganzheit ausgeformt. Mit der Weiterentwicklung des Welpen wird irgendwann der erste am Boden sitzende Vogel gezielt fixiert, um im nächsten Moment die Hetze auf ihn zu starten. Gelingt dem Vogel die Flucht, wird es dem Wolf dennoch eine Lernerfahrung bieten, die er vielleicht beim nächsten Jagdversuch einzusetzen weiß. Im Laufe der Zeit ist am Welpen zu beobachten, dass das Jagdverhalten von ihm immer klarer gezeigt wird und er zu unterscheiden weiß, wem es sich hinterher zu hetzen lohnt und wem nicht. Mit dem steten Heranreifen des Welpen nimmt der jagdliche Erfahrungsraum zu und der anfängliche Kontext des spielerischen Lernens wandelt sich in den Ernstbezug. Es kommt die Zeit, in der die Welpen bzw. Jungwölfe nach und nach letztlich auch von den Elterntieren erlernen, was als Beute in Frage kommen kann – ebenfalls im Kontext des Lernens durch Erfolg und Misserfolg. Das Töten bedarf auch der Übung. Wölfe entwickeln sich zu geschickten, schnellen, konzentrierten und ausdauernden Jägern.

Das folgende klassische Schema zeigt, wie sich verschiedene einzelne Elemente zur gesamten Verhaltensequenz des Wolfes zusammensetzen, auch wenn es – wie immer in der Natur – davon Abweichungen gibt. Motiviert durch Hunger beginnt ein Wolf, sich auf den Weg durch sein Revier zu machen. Dieses zunächst nicht zielstrebige Aufsuchen von Beute (Suchen nach einer auslösenden Reizsituation) wird ungerichtetes Appetenzverhalten genannt – der Wolf handelt nach dem Motto »mal sehen, was unterwegs so passiert«. Beim Durchstreifen des Reviers werden Gelegenheiten zum Markieren durch Absetzen von Urinspritzern an erhöhten Stellen und durch Absetzen von Kot auf markanten bzw. offensichtlichen Stellen nicht ausgelassen – er zeigt somit Territorialverhalten.

Während der weiteren Fortbewegung des Wolfes, z.B. beim Durchstreifen des Revieres, wirken verschiedene Reize aus der unbelebten (Objekte) und der belebten (andere Tiere, ggf. Menschen) Umwelt auf ihn ein. Diese Reize gliedern sich auf ihn:

Optische Reize	→	sehen
Olfaktorische Reize	→	riechen
Akustische Reize	→	hören
Taktile Reize	→	berühren
Gustatorische Reize	→	schmecken

Die Aufnahme dieser Reize geschieht durch verschieden aufgebaute Sinneszellen, die allesamt durch das Zentrale Nervensystem (ZNS) in das Gehirn geleitet werden. Dort werden die Reize verarbeitet und Reaktionen initiiert.

Entdeckt ein Wolf andere Tiere (egal ob Wild- oder Haustiere), werden diese nicht zwingend umgehend gejagt. Tatsächlich kann nicht vorhergesagt werden, wann konkret ein Wolf eine potentielle Beute als solches ansieht, diese dann fixiert und zunächst beobachtet. Der nächste Verhaltensschritt ist das Anschleichen an die Beute mit dem Ziel, dass der Wolf selbst nicht von der Beute bemerkt wird. Ab einer Distanz beginnt der Wolf seine Beute zu hetzen. Nachdem er die Beute eingeholt hat, wird diese gepackt und getötet – wenn es ihm denn gelingt. Danach folgt das Fressen und vielleicht auch das Wegtragen der Beute oder von Teilen der Beute. Alle Elemente der Verhaltenssequenz laufen beim Wolf gemäßigt ab:

1. Ungerichtetes Aufsuchen (Appetenzverhalten)
2. Fixieren/Orten
3. Anschleichen
4. Hetzen
5. Packen
6. Töten
7. Fressen, Wegtragen

Eine mögliche Abweichung dieser Verhaltenssequenz kann je nach Größe, Konstitution sowie nach der Haltungsform der Nutztiere das Hetzen sein. Das Hetzen wird ausgeübt, ist jedoch keine zwingende Bedingung dafür, dass der Wolf überhaupt zupacken kann. Ein ausdauerndes Abwarten und stetes Beäugen in direkter Nähe zur gestellten Beute, konnte filmisch belegt werden (Körner 2012), bevor der Wolf im geeigneten Moment die Beute packt. Eine weitere Veränderung in der Sequenz ist, dass wenn ein Wolf in ein Wildgehege einbrechen will und nach dem Orten sich zunächst unter dem Gehegezaun hindurchgräbt, um dann die Hetze zu starten.

Abbildung 166: Wölfe beim Konsumieren der Beute

Es ist in gewisser Weise »interessant« festzustellen, dass ein Wolf nicht zwingend zu größeren erbeuteten Tieren (Riss) zurückkehrt. Ferner stellt sich die Frage, warum Wölfe nicht jede Nacht zu einem Gehege, in dem beispielsweise Damwild gehalten wird, zurückkehren, um mit Leichtigkeit erneut Beute zu machen. Warum gibt es Gebiete, in denen bislang keine Wolfsübergriffe auf Schafe vorgekommen sind, obwohl diese ohne Weiteres erreichbar wären? Warum läuft ein Wolf mehrfach an ungenügend geschützten Schafen vorbei, ohne dass dieser »Reiz« Beutefangverhalten in ihm auslöst?

Eine weitere, vom Wolf gelegentlich gezeigte Variante des Jagdverhaltens ist das Surplus Killing (»überschüssiges Töten«, umgangssprachlich früher auch »Blutrausch« genannt). Als Resultat dieses Ereignisses findet der Schafhalter, aber auch der Gehegewildhalter, mehrere getötete und/oder auch verletzte Tiere vor.

Abbildung 167: Durch einen Wolf gezeigtes Surplus Killing an einer Schafherde

Eine biologische Definition des Surplus Killing konnten wir nicht finden.

Leider steht es dem Wolf nicht auf den Leib geschrieben, wann er in diese Form des Jagdverhaltens einsteigt und wann nicht. Möglicherweise ist die Intensität des Fluchtverhaltens der Schafherde in Verbindung mit ihrer leichten Erreichbarkeit für den Wolf der Auslöser dafür. Flüchten viele Schafe, stellen sie viele Bewegungsreize für den Wolf dar. Dadurch kann es infolge hoher Erregung zum wiederholten Hetzen, Packen und ggf. Töten der verschiedenen Beutetiere kommen. Der Wolf scheint also für einige Augenblicke nicht aus dem Jagdverhalten aussteigen zu können und tötet bzw. verletzt mehr Beutetiere, als er vertilgen kann – er verweilt in einer Teilsequenzschleife (Abbildung 168). Dieses Phänomen ist auch von anderen heimischen Raubtieren bekannt, wie z.B. dem Marder (im Taubenschlag) und dem Fuchs (im Hühnerstall).

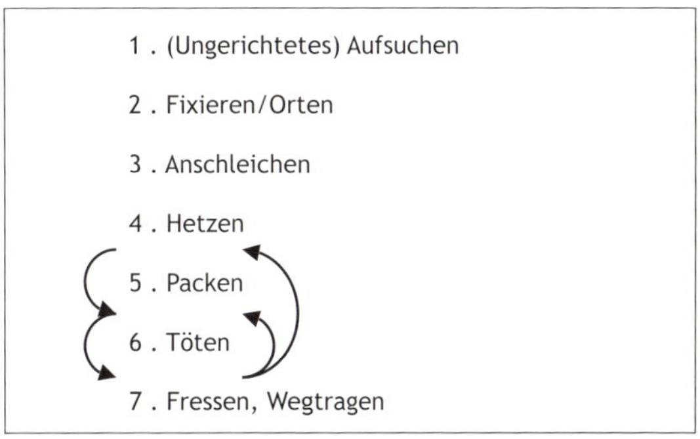

Abbildung 168: Teilsequenzschleife des Surplus Killing

Anhand der niedersächsischen Wolfsübergriffe auf Nutztiere präsentieren die drei folgenden Diagramme, inwieweit Surplus Killing durch Wölfe an Schafen/Ziegen, Gehegewild und Rindern gezeigt wurde. Es werden dabei nicht Nutztiermengen dargestellt, sondern Übergriffsmengen. Hierbei haben wir den Begriff Surplus Killing erweitert um »Intension«. Diese Namenserweiterung beschreibt, dass im Falle z.B. zweier betroffener Schafe, beide getötet wurden oder eins getötet wurde und das andere derart verletzt wurde, so dass es später eingeschläfert werden musste. Der Schaden beträgt in beiden Fällen je zwei tote Schafe.

Zwei hier beschriebene Studien aus Nordamerika belegen, dass Wölfe auch an Wildtieren Surplus Killing zeigen können.

So wurden 1982 in den kanadischen Northwest Territories von Forschern (Miller et al. 1985) 34 neugeborene und durch Wölfe getötete Karibukälber (Rangifer tarandus groenlandicus) vorgefunden, die auf einer Fläche von ca. 3 km² verstreut lagen. Es konnte belegt werden, dass die Kälber etwa einen Tag zuvor binnen Minuten getötet wurden. 17 Kälber wurden angefressen, die anderen 17 Kälber nicht. Es wurde angenommen, dass es zu diesem besonderen Jagdverhalten kam, aufgrund der hohen Kälberdichte und der leichten Angreifbarkeit auf den Geburtsflächen.

DelGiudice veröffentlichte 1998 Beobachtungen, die er in den Wintermonaten November bis Mai der Jahre 1990/1991 bis 1995/1996 in Minnesota (USA) bei Weißwedelhirschen (Odocoileus virginianus) gemacht

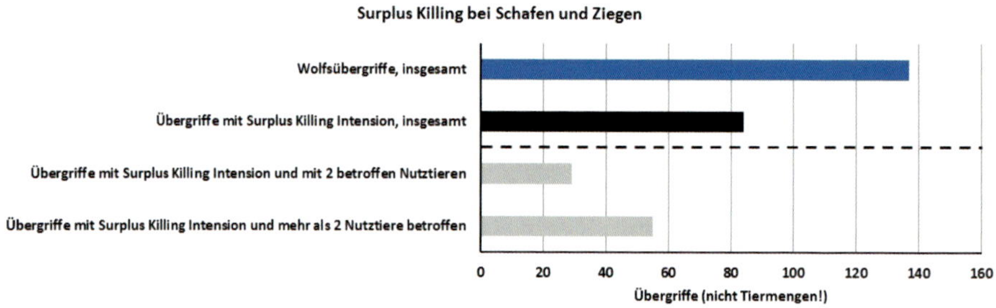

Abbildung 169: Surplus Killing bei Schafen und Ziegen

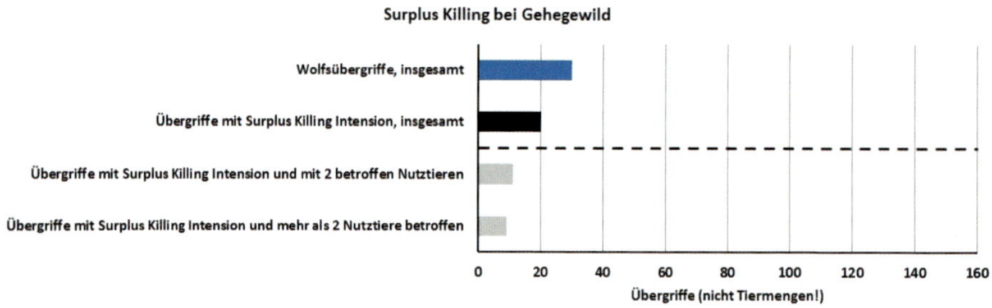

Abbildung 170: Surplus Killing bei Gehegewild

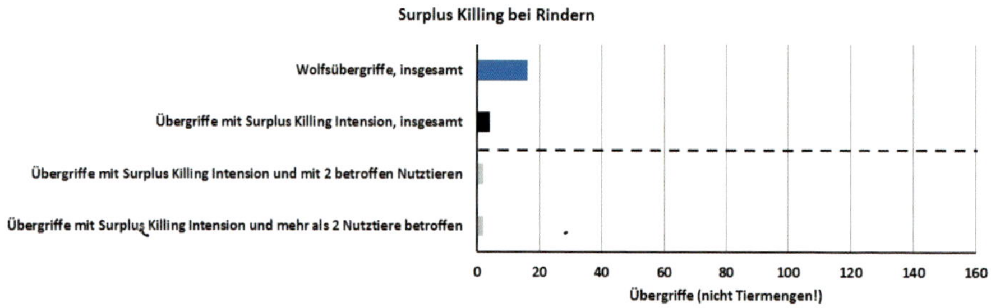

Abbildung 171: Surplus Killing bei Rindern

hatte. Damals wurden jährlich 22–75 weibliche Hirsche mittels Telemetriehalsbändern überwacht. Über die Jahre wurden 172 weibliche Hirsche besendert. 41 der 172 besenderten Hirsche wurden im Verlauf der Jahre durch Wölfe getötet. Im Winter 1995/1996 konnte dann Surplus Killing festgestellt werden, wobei 11 von insgesamt 17 telemetrierten Hirschen durch Wölfe getötet wurden. Das Durchschnittsalter aller getöteten Hirsche über die Jahre war stets zwischen 7,8 und 9,8 Jahren. Im Vergleich zu den vorherigen Jahren war der Knochenmarkfettanteil im Oberschenkelknochen der getöteten Hirsche im Winter 1995/1996 sehr gering. Dieser Winter zählte zu den historisch strengsten Wintern mit Schneetiefen von mehr als 70 cm, und auch im frühen April wurde immer noch mehr als 60 cm Schnee gemessen. Der Ernährungszustand und der extrem schlechte Allgemeinzustand der Hirsche machten ein Surplus Killing möglich.

Der Vollständigkeit halber soll an dieser Stelle noch betont werden, dass Wölfe in der Ausübung ihres Jagdverhaltens keine Aggression gegenüber dem Beutetier zeigen. Das macht übrigens auch keinen Sinn. Wölfe hetzen und töten als Jäger ihre Beute und konsumieren sie. Aggressives Verhalten können Wölfe an der gemachten Beute demjenigen gegenüber zeigen, der sie ihnen streitig machen will – z.B. gegenüber Bären. Hier wird dann seitens der Wölfe Ressourcen bedingte Aggression gezeigt, die beutemotiviert ist. Der Bär soll dadurch auf Abstand zur Beute gebracht werden.

Es ist nachvollziehbar, dass Schäden an Nutztieren durch Wölfe seitens der Tierhalter nicht erwünscht sind. Mit Blick auf das beschriebene Jagdverhalten steht an dieser Stelle die Kernfrage, wie das Jagen des Wolfes auf Nutztiere verhindert, wie also präventiv gehandelt werden kann.

Das Ziel aller Herdenschutzüberlegungen muss sein, in der Betrachtung der Jagdsequenz (Schritt 1 bis 7), das Jagdverhalten so früh wie möglich zu unterbrechen und idealerweise den Wolf nachhaltig zu hemmen, auch künftig erneute Jagdversuche am selben Ort und an der selben Herde zu unternehmen. Hier kann frühestens beim Anschleichen des Wolfes auf ihn eingewirkt werden. In Einzelfällen kann auch der Versuch des Hetzens und des Packens durch ein entsprechendes Beutetier selbst unterbrochen werden – z.B. durch ein wehrhaftes Pferd.

Gelegentlich ist im Zusammenhang mit Diskussionen über Herdenschutzmaßnahmen der Sprachgebrauch »die Vergrämung des Wolfes« oder »einen Wolf vergrämen« zu hören. Folgend soll in Kürze untersucht werden, ob beim Jagdverhalten im Kontext des Herdenschutzes tatsächlich von einer Vergrämung des Wolfes die Rede sein kann.

Im Duden ist das Wort »vergrämen« als Verb wie folgt beschrieben, während es als Nomen nicht benannt ist:

1. *durch eine Handlung, ein Verhalten missmutig machen, jemandes Unmut erregen*

Der Duden führt zu »missmutig« auf:
schlecht gelaunt, verdrießlich

Der Duden führt zu »Unmut« auf:
durch das Verhalten anderer ausgelöstes [starkes] Gefühl der Unzufriedenheit, des Missfallens, des Verdrusses

Beispiele des Duden dazu:
die Verwandtschaft vergrämen;
dieses Gesetz hat alle Bausparer vergrämt

Fazit zum Jagdverhalten bzw. Herdenschutz:
Die Verwendung des Wortes vergrämen ist ungeeignet.

2. *(Jägersprache) wiederholt stören und dadurch verscheuchen*

Der Duden führt zu »verscheuchen« auf:
scheuchen, vertreiben, fortjagen

Beispiel des Duden dazu:
das Wild, die Vögel vergrämen

Fazit zum Jagdverhalten bzw. Herdenschutz:

> Die Verwendung des Wortes vergrämen ist in diesem Zusammenhang ebenfalls ungeeignet. Ein Wolf darf sich am Weidezaun aufhalten und die Nutztiere anschauen – allerdings darf er den Zaun nicht durchdringen. Genau betrachtet darf sich ein Wolf inmitten einer ungeschützten Kuhherde aufhalten, solange er sie nicht aufgrund von Jagdverhalten angreift.

Streng genommen stellt der Begriff »vergrämen« also keine geeignete Wortwahl in Bezug auf die Betrachtung von Herdenschutzmaßnahmen dar. Ferner ist auch das Jagdverhalten unter diesem Gesichtspunkt bei der Vielzahl an verfügbaren (zumindest theoretischen) Herdenschutzmaßnahmen nicht beeinflusst. Ein besonderer Praxisfall stellt allerdings doch eine Vergrämung dar: Nicht eingezäunte Herdenschutzhunde vertreiben durch aggressives Verhalten einen sich der Schafherde nähernden Wolf und stellen die Verfolgung erst nach einiger Entfernung von der Schafherde ein. Allerdings ist die Entfernung der Herdenschutzhunde von der Schafherde nicht erwünscht.

Die vorangegangene Betrachtung des Begriffes »vergrämen« mag pingelig erscheinen – so ist es jedoch nicht gemeint. Es ist sogar davon auszugehen, dass der Begriff sich umgangssprachlich weiter im Zusammenhang mit Herdenschutzmaßnahmen festigen wird. Wichtig sind unterm Strich die Betrachtung des unerwünschten Jagdverhaltens und die Frage darüber, wie es beeinflusst bzw. unterbrochen werden kann.

Theoretische Überlegungen, die eine Unterbrechung des Jagdverhaltens prinzipiell ermöglichen, können in vier Kategorien unterschieden werden:

- »Kosten-/Nutzen«-Abwägung durch den Wolf, aufgrund seiner Vorsicht
- Erschrecken des Wolfes
- Einwirkung auf den Wolf mit einem Strafreiz
- Manipulation der körpereigenen Reflexe des Wolfes durch konditionierte Reize

»Kosten-/Nutzen«-Abwägung durch den Wolf aufgrund seiner Vorsicht

Interessanterweise lassen sich Wölfe oft zunächst mit der Konfrontation neuer und gleichzeitig an und für sich harmloser bzw. unschädlicher Reize beeindrucken. Hier wird sich der Möglichkeit der Neophobie bedient – der Furcht vor dem Neuen. Fraglich ist jedoch, wie lange diese für den Wolf unbehagliche Wirkung anhält, dass heißt wie lange es dauert (Menge der Konfrontationen), bis sich der Wolf an den »befremdlichen« Reiz gewöhnt (habituiert) hat und diesen dann als harmlos empfindet. Solche Reize können in Bezug auf Herdenschutzmaßnahmen z.B. Lappenzäune, Permanent-Ultraschallgeräte, Permanent-Blinkleuchten, reflektierende und knisternde Tapes (ähnlich Lappenzaun) oder stromlose Flatterbänder sein. Tatsächlich erschrickt sich der Wolf nicht bei der ersten Wahrnehmung der Reize und er erfährt auch keinen Schmerz damit.

Nach Immelmann (1982) ist die Habituation wie folgt definiert (Zitat):

»Habituation«

Gewöhnung, »Ermüdung«. Die allmählich abnehmende Antwortbereitschaft eines Tieres auf wiederholt dargebotene Reize. Der Begriff »Ermüdung« ist insofern irreführend, als es sich keineswegs um eine Erschöpfung der an dem betreffenden Antwortverhalten beteiligten Muskeln handelt. Deshalb kann eine Reaktion, die durch einen bestimmten Reiz nicht mehr oder nur noch schwach ausgelöst werden kann, mitunter durch einen anderen Reiz sofort wieder in voller Stärke hervorgerufen werden. Auch eine Abstumpfung der Sinnesorgane, d.h. ein »Nicht-Wahrnehmen« des Reizes, kann ausgeschlossen werden, da der gleiche Reiz unter Umständen plötzlich eine andere Verhaltensweise auszulösen vermag. Der Ort der Habituation ist also an anderer, zentralnervöser Stelle des Auslösemechanismus zu suchen. Die einzelnen Verhaltensweisen eines Tieres können in sehr unterschiedlichem Ausmaß der Habituation unterliegen.«

Läuft ein Wolf in einen bereits aus der Ferne permanent wahrnehmbaren Reiz (z.B. Dauerultraschall) hinein, hört er ihn zunächst ganz leise und kann sich bereits beim Annähern an die Schallquelle bereits daran gewöhnen.

Ein Beispiel für Gewöhnung an eine zeitlich begrenzte Herdenschutzmaßnahme soll anhand eines durchgeführten Tests mit Gehegewölfen beschrieben werden. Die Herausforderung der Wölfe bestand darin, einen Futterköder zu erreichen. Dafür mussten sie zwischen sogenannten »Repellant Tapes« (reißfeste Folie, die mit einem bunten Hologramm bedruckt ist, das Sonnenlicht in bunten Farben reflektiert und im Wind dazu knistert), die an einer waagerecht gespannten Schnur hingen, hindurchlaufen. Die Repellant Tapes ähneln dem Lappenzaun.

Das aus der Videoaufzeichnung herausgelöste Standbild (Abbildung 172) zeigt, wie intensiv der Wolf vor dem aufgehängten und in der Luft wehenden Repellant Tape gräbt. Stets ist seine Körperhaltung geduckt und seine Augen immer wieder auf die Tapes gerichtet. Im Video ist zu sehen, wie er immer wieder zurückweicht, um dann wieder einen Schritt nach vorn zu gehen, weil er dem Reiz (Futterköder) nicht widersteht.Trotz dieses Lockreizes ist am Wolf Furcht zu erkennen, was nicht mit Angst zu verwechseln ist. Hätte er Angst, würde er sich von dem Repellant Tape entfernen, also von sich aus die Distanz zum Reiz vergrößern wollen, aber nicht können. In diesem Beispiel hätte der Wolf jederzeit den Testbereich innerhalb des Geheges großräumig verlassen können. Er tat es nicht. Seine Furcht ermöglicht es ihm, in der Nähe der Tapes zu bleiben und den Gefahrenmoment (Reiz durch Tapes) abzuwägen, was wiederum Voraussetzung dafür ist, dass er sich grundsätzlich erst an die Tapes gewöhnen kann.

Nach wenigen Minuten des Grabens gelingt es dem sich duckenden Wolf, den Futterköder zu holen. Die Windrichtung und die damit verbundene Ausrichtung der Tapes (wie Lappen) mag hier für ihn von Vorteil gewesen sein, etwas leichter an den Köder zu gelangen (Abbildung 173).

Abbildung 172: Wolf beim Graben vor einem Zaun mit Repellant Tapes – ähnlich Lappenzaun

Abbildung 173: Wolf beim Untergraben des Zaunes mit Repellant Tapes – ähnlich Lappenzaun

Abbildung 174: Wolf hat erfolgreich den Repellant-Tape-Zaun »überwunden«

Nachdem der Wolf den Köder mit seinem Fang aufgenommen hat – anstatt sich den Köder zunächst mit einer Pfote heranzuziehen – und ihn außerhalb des Testaufbaues vertilgt hat, ging er nach einigen Minuten erneut auf die Tapes zu und lief zwischen ihnen hindurch – deutlich vertrauter als zu Beginn des Tests.

In Abbildung 174 ist zu sehen, dass derselbe Wolf sich leicht trabend, jedoch »gelassen« und ohne sich zu ducken unter einem im Wind wehenden Tape hindurchbewegt. Die Videosequenz lässt die Aussage zu, dass sich der Wolf innerhalb kurzer Zeit an die Tapes gewöhnt hat und diese als nicht mehr »potentiell gefährlich« zu beurteilen scheint.

Erschrecken des Wolfes

Es gibt Situationen bzw. Reize oder Reizlagen in der Umwelt, auf die sich ein Wolf nicht vorbereiten kann und sich infolgedessen erschreckt. Durch Erschrecken werden keine Schmerzen beim Wolf verursacht. Nähert sich ein Wolf einer Schafweide und passiert dabei unwissend einen Bewegungsmelder, der wiederum ein starkes Blitzlicht aktiviert, welches auf den Wolf gerichtet ist, wird sich der Wolf wahrscheinlich erschrecken. Dieses kann daran zu erkennen sein, dass sein Körper zusammenzuckt und er umgehend Abstand zum scheinbar bedrohlichen Reiz einnimmt. Seine reflexhafte Reaktion auf den erschreckenden Reiz dient der Bedrohungsvermeidung und bzw. der Risikominimierung. Es ist allerdings fraglich, ob ein Schreck von einem Wolf stets als aversiv wahrgenommen wird.

Bei einer Aversion reagiert der Wolf auf einen Reiz (z.B. Blitzlicht) vermeidend. Wenn die Erfahrung der Reizsituation(en) mit negativen Erfahrungen (z.B. unangenehmes Gefühl oder Schmerz) einhergegangen ist, kann ein erlerntes Vermeideverhalten im Wolf aufgebaut werden und sich theoretisch auf sämtliche Reize, wie z.B. Töne, Gerüche, Geschmack, Lichter, Objekte oder andere Lebewesen, beziehen. Infolgedessen würde der Wolf solche Reize künftig meiden. Es wäre dann also eine Konditionierung im Wolf erfolgt (Verknüpfung von Außenreiz mit z.B. unangenehmem Gefühl). Die Aversion in Bezug auf Schmerzreize wird weiter unten in diesem Kapitel beschrieben.

Im Moment des Erschreckens steht grundsätzlich das weitere Überleben des Betroffenen im Fokus. Das Tier wird in seinem bis dahin gezeigten Verhalten unterbrochen und stellt sich blitzartig mit der gesamten Aufmerksamkeit auf die bedrohliche Situation ein. Hierbei können sowohl Schutzreflexe als auch Fluchtreaktionen bis hin zum Angriff auf den Reiz gezeigt werden. Dies gilt letztendlich für Wölfe genauso wie für andere Tiere und Menschen.

Die Reizschwelle, die zum Erschrecken führt, ist von Individuum zu Individuum verschieden. Je nach Belastbarkeit und Erfahrung kann es durchaus eher schreckresistente Wölfe geben. Im Bereich der Jagdhundeausbildung werden Welpen gezielt auf durch Gewehre verursachte Knallgeräusche trainiert. Doch auch bei wild lebenden Wölfen kann eine Schreckresistenz in Bezug auf Panzerschussgeräusche (lauter Knall) beobachtet werden – so wie wohl bei allen auf aktiven Truppenübungsplätzen lebenden Wildtieren.

Einwirkung auf den Wolf mit einem Strafreiz

Die möglicherweise eindeutigste und auch schnellste Möglichkeit, den Wolf im unerwünschten Jagdverhalten auf Nutztiere nachhaltig zu unterbrechen, stellt die Bestrafung für sein Verhalten durch Hinzufügen eines Schmerzreizes dar. Es wird dabei auf den Wolf direkt eingewirkt, um so eine Verhaltensmodifikation (z.B. Verhaltenslöschung) durchzuführen. Die bestrafende Einwirkung in Bezug auf das unerwünschte Wolfsverhalten erfolgt durch technische Mittel (z.B. Elektrozaun). Es geht letztendlich darum – wie beim Schreck –, dem Wolf etwas »Unangenehmes hinzuzufügen« und ihn dadurch zu hindern, sich einer Attraktion, z.B. den Schafen in einer Koppel, zu nähern. Der Wolf wird für seine unerwünschte Verhaltensweise bestraft.

Die Anwendung einer Bestrafung (und auch Belohnung) von Tieren läuft im Lernbereich der »operanten Konditionierung« ab – auch »instrumentelle Konditionierung« genannt. Bei der operanten Konditionierung steht dem Wolf die Möglichkeit zum Erkenntnisgewinn offen. Das bedeutet, dass das jeweilige Tier für sich beurteilt, wie es mit der Erfahrung nachhaltig oder vielleicht auch nur kurzfristig umgeht. Sucht es also erneut die »interessante« Situation auf oder vermeidet es künftig die Situation (Vermeideverhalten)? Die operante Konditionierung beschreibt also das Erlernen neuer Handlungen. Bei der operanten Konditionierung verknüpft das Gehirn den Reiz mit einer Reaktion. Hierfür werden die Auswirkungen eines Verhaltens künstlich beeinflusst, also manipuliert. Der Reiz kann auch eine Situation sein. Es herrscht der Grundsatz: »Ein Tier strebt nach Steigerung des Wohlbefindens und vermeidet Schmerz und Unbehagen (Lernen am Erfolg und Misserfolg/Lernen durch Belohnung und Bestrafung).« Bei der operanten Konditionierung können die Individuen eine Entscheidung für sich treffen, was sie wiederum bei der klassischen Konditionierung nicht können.

Im Bereich der Belohnung wird unterschieden:

- Bedingte Appetenz
- Bedingte Aktion

Im Bereich der Bestrafung wird unterschieden:

- Bedingte Hemmung
- Bedingte Aversion

Um die vier zu erlernenden (bedingten) Wirkungen erzielen zu können, ist der Einsatz von Verstärkern erforderlich. Diese Verstärker sind:

Eine erwünschte Verhaltensweise (Handlung) soll in Zukunft öfter oder immer gezeigt werden:

Positive Belohnung	(+)	Angenehmes hinzufügen
Negative Belohnung	(-)	Unangenehmes wegnehmen

Eine erwünschte Verhaltensweise (Handlung) soll in Zukunft seltener oder nie gezeigt werden:

Positive Bestrafung	(+)	Unangenehmes hinzufügen
Negative Bestrafung	(-)	Angenehmes wegnehmen

Für den realen Schutz von Nutztieren bedeutet das konkret, dass nur die positive Bestrafung in der Praxis Anwendung finden kann. Das begründet sich wie folgt:

Positive Belohnung (Angenehmes hinzufügen):

Darf keine Anwendung finden; das Erreichen des Schafes infolge Durchdringung eines Zaunes stellt für den Wolf schon eine Belohnung für sein unerwünschtes Handeln dar. Deshalb ist es von hoher Bedeutung, die Nutztiere zu schützen.

Negative Belohnung (Unangenehmes wegnehmen)

Hierfür lässt sich kein praxisorientiertes Beispiel beschreiben.

Eine unerwünschte Verhaltensweise (Handlung) soll in Zukunft seltener oder nie gezeigt werden:

Positive Bestrafung (Unangenehmes hinzufügen):

Ein Wolf nähert sich einer mittels Elektronetzzaun eingezäunten Schafherde. Beim Versuch, die Schafe zu erreichen, in dem er sich unter dem Elektronetzzaun hindurchgraben will, bekommt er infolge Berührung mit dem Zaun einen intensiven Stromimpuls (schmerzerzeugender Reiz) übertragen. Infolgedessen nimmt der Wolf Abstand zum Zaun ein, ohne zwingend davon zu laufen.

Negative Bestrafung (Angenehmes wegnehmen):

Kann nur eine theoretische Betrachtung sein: in dem Moment, in dem Schafe sich immer wieder »in Luft auflösen«, während ein Wolf sie gerade packen will, würde er nach und nach aufgrund des steten Misserfolges künftige Jagdversuche auf Schafe einstellen.

Je nach Bestrafungsintensität zeigt der Wolf im Nachgang dazu eine bedingte Hemmung oder eine bedingte Aversion. Das Resultat einer bedingten Hemmung wäre, wenn der Wolf aufgrund einer Berührung mit einem Elektrozaun anschließend sich zwar dem Zaun erneut nähert, diesen aber nicht mehr zu durchdringen versucht. Infolge einer bedingten Aversion würde der Wolf künftig das Areal meiden, in dem der Elektrozaun steht. Eine interessante, jedoch nicht zu beantwortende Frage ist, ob der Wolf beim Kontakt mit einem Elektrozaun auf den Zaun selbst aversiv konditioniert wurde oder gar auf die Nutztiere. In dem Moment des Kontaktes mit dem Elektrozaun beim Anblick der Nutztiere könnte der Wolf die Verknüpfung herstellen: Schafe ansehen schmerzt ...

Beim Einsatz von Verstärkern ist zu beachten, wie es um die Qualität und Quantität der Verstärker bestellt ist (z.B. Auswahl eines geeigneten Weidezaungerätes). Ferner muss »beobachtet« werden, ob eine Gewöhnung an Strafreize oder eine Diskriminierung von Strafreizen erfolgt (z.B. zu geringe Entladeenergie eines Weidezaungerätes). Auch die Generalisierung kann ein Merkmal sein, welches in der Praxis erforderlich wird. Es kann sein, dass der Wolf ortsgebunden lernt und daher an verschiedenen Orten bestraft werden muss, falls er an unterschiedlichen Orten weiterhin das unerwünschte Verhalten zeigt.

Bei der Bestrafung des Tieres ist es von höchster Wichtigkeit, dass das Tier die durch den Menschen angedachte Bestrafungsmaßnahme auch als Bestrafung empfindet. Ist dem nicht so, hat die Bestrafungsmaßnahme nicht gewirkt und sie muss intensiviert werden.

Eine weitere Grundregel, die zu einer erfolgreichen Bestrafung des Wolfes führt, ist die korrekte Anwendung der Hilfsmittel durch den Menschen. In keinem Fall der Anwendung einer technischen Herdenschutzmaßnahme soll der Wolf derart verletzt werden, dass Knochenbrüche, Einschränkungen der Sinnesleistungen oder andere nachhaltige Verletzungen die Folge sind. Ausnahmen hier von muss der Einsatz von Herdenschutztieren (z.B. Hundebiss oder Eseltritt) darstellen. Es kann sein, dass ein Wolf und ein oder mehrere Herdenschutzhunde in eine direkte Konfrontation miteinander verwickelt werden, so dass infolgedessen der Wolf schwer verletzt oder gar durch die Hunde getötet wird.

Manipulation der körpereigenen Reflexe des Wolfes durch konditionierte Reize

Weitere Überlegungen zur Entwicklung von Herdenschutzmaßnahmen ergeben sich aus der klassischen Konditionierung. Während ein Wolf im Rahmen der zuvor beschriebenen operanten Konditionierung selbst entscheiden kann, ob er bestimmte Verhaltensweisen infolge eines Strafreizes erneut zeigt oder nicht – es unterliegt also seinem freien Willen –, kann er dieses bei der klassischen Konditionierung nicht tun. Er könnte also theoretisch in seinem Verhalten manipuliert werden, ohne dass er es will und sich nicht dagegen verweigern.

Die klassische Konditionierung beschreibt dabei das Erlernen neuer Reize. Bei der klassischen Konditionierung

lernt der Organismus eine neue Assoziation zwischen zwei Reizen. Zwischen einem Reiz, der zuvor die Reaktion nicht auslöste, und einem anderen Reiz, der nach den Gesetzen der Natur die Reaktion auslöst.

Ein Beispiel zum besseren Verständnis: Ein Wolf erblickt ein Schaf, erbeutet es und konsumiert es. Angenommen, dem Wolf würden in Zukunft vielfach Schafe angeboten werden, deren Wolle mit einem Mittel durchsetzt ist, bei dessen Konsum oder Geruch dem Wolf sofort übel wird und er erbricht – müsste er dann nicht irgendwann künftig vom Packen der Schafe Abstand nehmen? Wenn das gelänge, würde ein zunächst neutraler Reiz (Anblick des Schafes) infolge der klassischen Konditionierung »Mittel in der Wolle führt zu willenlosem Erbrechen (Reflex) des Wolfes« auch künftig das Erbrechen auslösen. Der Wolf würde also ein Schaf sehen und allein davon würde ihm schon schlecht werden, ohne dass er sich dagegen wehren kann. Solche Untersuchungen hat es tatsächlich gegeben, wie im weiteren Verlauf dieses Buches noch zu sehen sein wird.

Eine weitere Möglichkeit in der klassischen Konditionierung ist die Kopplung mit einer Emotion. Empfindet ein Wolf infolge eines Blitzlichtes Angst vor diesem spontan angebotenen Reiz, wird er das diesen Reiz auslösende Gerät künftig meiden. Hier wäre dann eine klassische Konditionierung vorgenommen worden. Mit Blick in die Praxis muss festgestellt werden, dass es auch Vermischungen zwischen der klassischen und operanten Konditionierung geben kann und somit nicht immer eindeutig ist, warum ein Wolf etwas Unerwünschtes nicht mehr macht.

Jagdverhalten des Wolfes und Herdenschutz

Die Einberechnung der Vorsicht oder auch Schreckhaftigkeit eines Wolfes kann eine vielleicht nur zeitliche und dabei wahrscheinlich nur kurzfristige Variante zum Schutz von Nutztieren sein. Zu hoch ist das Risiko, dass sich Wölfe früher oder später (möglicherweise innerhalb weniger Tage) an z.B. einen Lappenzaun gewöhnen oder sich von Blinklichtern nicht mehr beeindrucken lassen.

Insofern sollte die Auswahl von Herdenschutzmaßnahmen so gewählt sein, dass der Wolf durch Hinzufügung eines Strafreizes (z.B. Elektrozaun) unmittelbar im Jagdverhalten unterbrochen wird.

Eine weitere Variante ist die entsprechend gewählte Zaunkonstruktion ohne Absicherung durch Elektrodrähte, -litzen oder -seile. Hier müssen die Zäune so beschaffen sein, dass ein Wolf nicht hindurchsteigen, sich darunter hindurchgraben oder darüber hinwegspringen oder -klettern kann. Hierbei würde ein Wolf durch Lernen am Misserfolg künftige Einbruchversuche unterlassen.

Eine Kombination von verschiedenen Herdenschutzmaßnahmen ist zu befürworten, wie z.B. die Kombination Elektronetzzäunen oder Metallgeflechtzäunen mit dahinter befindlichen Herdenschutzhunden. Der elektrifizierte Zaun wird in der Regel beim Kontaktversuch den Wolf hindern, auf die Fläche einzudringen. Allerdings dürfte in den meisten Fällen die Präsenz der Herdenschutzhunde den Wolf noch vorsichtiger sein lassen und Einbruchsversuche am Zaun gar nicht erst unternehmen lassen.

Theoretisch kann auch die klassische Konditionierung Möglichkeiten zur Entwicklung von Herdenschutzmaßnahmen bieten. Fraglich dürfte dabei zunächst bleiben, ob dies in die Praxis wirklich übertragbar ist.

8
Sinnesleistungen des Wolfes

Abbildung 175: Ausgeprägte Sinnesleistungen

Als Beutegreifer ist der Wolf auf scharfe Sinne angewiesen. Dass diese sich vom Menschen unterscheiden, sollte aufgrund der unterschiedlichen Lebensweisen nicht verwundern. Mögliche Unterschiede in der Sinnesleistung bei Wolf und Hund können wahrscheinlich auf die Domestikation zurückgeführt werden (Mech und Boitani 2003), man kann davon ausgehen, dass die Sinne des Wolfes zumindest nicht schlechter sind als die eines Hundes.

Das Auge

Das parallel nach vorne gerichtete Augenpaar identifiziert den Wolf als Jäger, da die Ausrichtung der Augen ihm eine für die Jagd wichtige Tiefenwahrnehmung ermöglicht. Gleichzeitig hat er einen Sehwinkel von 240°, der menschliche Sehwinkel liegt bei etwa 180°, dafür ist der Bereich der des räumlichen Sehens beim Menschen ausgeprägter.

Relativ zur Augengröße können Wölfe und Hunde ihre Pupillen extrem weit stellen, also mehr Licht in das Auge lassen als der Mensch (Rauth-Widmann 2014). Kombiniert mit dem Tapetum Lucidum – einer Zellschicht auf der Rückseite der Netzhaut, die für nachts reflektierenden »Katzenaugen« (Mech und Boitani 2003), die je nach Lichtintensität, Einfallswinkel und Pigmentierung des Auges in unterschiedlichen Farben erstrahlen können, sorgt und bei fast allen Säugetieren vorhanden ist – können Wölfe gerade in der Dämmerung oder Dunkelheit mit etwas Restlicht immer noch wesentlich besser sehen als wir Menschen.

Dies geht aber auf Kosten des Farbsehens: Wölfe und Hunde haben nur zwei Farbrezeptoren im Auge (Menschen haben drei): die Rezeptoren für rot und blau, der Rezeptor für grün fehlt. Daher können die Tiere blaue und gelbe Gegenstände gut erkennen, grün und rot können aber nicht auseinandergehalten werden, da die höheren Wellenlängen für rot nur schlecht wahrgenommen werden können.

Das Tapetum Lucidum sorgt auch bei schlechten Lichtverhältnissen noch für kontrastreiche Hell-Dinkel-Unterschiede (Rauth-Widmann 2014).

Abbildung 176: Lichtreflektierendes Tapetum Lucidum am Beispiel eines Saarlooswolfhundes

Für den Jäger sind Kontrast und Bewegung eben wichtiger als Farben – und auch Schärfe. Die Nervenzellen auf der Sehrinde weisen eine extrem kurze Reaktionszeit auf, so dass Wölfe und Hunde quasi »Schnellseher« sind und kleinste Zuckungen, die wir Menschen überhaupt nicht wahrnehmen, noch erkennen. Dafür haben Hundeartige Probleme, unbewegte Objekte genau zu erkennen, einen still stehenden Menschen vor einem Baum könnten sie auf 30 m Entfernung visuell kaum ausmachen (Rauth-Widmann 2014). Aufgrund der starken Lichtstreuung im Auge und einer grundsätzlich stark gekrümmten Linse haben Wölfe nur einen bestimmten Bereich in »mittlerer Entfernung«, in dem sie scharf sehen können, ohne die Augen zu bewegen. Dafür haben sie einen »Horizontalstreifen« im Auge, ein Bereich mit extrem vielen Sinneszellen, der wiederum mit einem überproportional großen Gehirnareal verknüpft ist (Mech und Boitani 2003).

Das Ohr

Über die auditiven Fähigkeiten von Wölfen wurde bisher wenig geforscht, es wird aber berichtet, dass Wölfe in der Tundra Heulen bis zu 16 km weit hören können (Mech und Boitani 2003). Es wurden aber stichprobenartige Tests bei unterschiedlichen Hunderassen gemacht.

Der Wolf hat als Säugetier den typischen Ohraufbau aus Hammer, Amboss, Steigbügel, Gleichgewichtsorgan und Hörschnecke (Cochlea). Hinzu kommen die Ohrmuscheln, die unabhängig voneinander beweglich sind und im Bezug auf das Hören als Schalltrichter dienen (Rauth-Widmann 2014). Bei etwa 60 Dezibel, der Lautstärke einer lauten Unterhaltung in einem Meter Entfernung, können Hunde 67 Hertz bis 45.000 Hertz wahrnehmen (Mech und Boitani 2003). Der Hörbereich des Menschen endet bei 20.000 Hertz, ab diesem Punkt spricht man von Ultraschall. Die höchste Sensibilität haben Hunde im Bereich von 560 Hertz bis 32.000 Hertz (Mech und Boitani 2003).

Die Nase

Die Nase des Wolfes ist ein wichtiger Part bei der Jagd. Ungünstig stehende (Seiten-)Winde können die Lokalisierung der Beute allein durch den Geruchssinn erschweren oder unmöglich machen, Mech (1970) beobachtete, dass Wölfe bei auf sie zukommenden Wind ein Wildtier auf 2,5 km ausmachen konnten.

Die Riechleistung der Wölfe und Hunde basiert unter anderem auf ihrer dicken Riechschleimhaut. Im Gegensatz zum Menschen, dessen Riechschleimhaut gerade mal 0,006 cm dick ist, ist die der Hunde 0,12 cm dick. Darauf befinden sich 200 Millionen Riechzellen – beim Menschen sind es gerade mal 5 bis maximal 10 Millionen (Rauth-Widmann 2014).

Welche Bedeutung der Geruchssinn für Wolf und Hund hat, zeigt schon das im Gehirn dafür zuständige Areal: Während beim Menschen eine gerade mal briefmarkengroße Fläche zur Duftanalyse im Gehirn dient, ist die Fläche beim Hund so groß, wie ein DIN-A4-Blatt (Rauth-Widmann 2014).

Viele Tiere riechen nicht nur mit der Nase, sondern auch mit dem Jacobson´sches Organ. Dieses befindet sich im harten Gaumen und dient in erster Linie der Wahrnehmung von Pheromonen. Dazu drücken die Tiere ihre Zunge an das Gaumendach – sie »flehmen«, was bei den meisten Tieren mit einem merkwürdigen Gesichtsausdruck einhergeht (Mech und Boitani 2003), bei Hunden hingegen ertönt ein auffälliges »Leck-Schmatz-Schnüffeln« (Rauth-Widmann 2014).

Die Sinushaare

Die Sinushaare sind modifizierte Körperhaare der Säugetiere und dienen der Nahorientierung. Sie sind länger und steifer als die anderen Körperhaare und im Unterhautgewebe tiefer verankert. Der Berührungsreiz – es reicht zum Beispiel auch ein Windhauch – wird über ein dichtes Nervengeflecht und kleine Blutsäckchen an der Wurzel registriert. An der Schnauze nennt man die Sinushaare »Vibrissen«, die Haare über den Augen werden als »Tasthaare« bezeichnet (Rauth-Widmann 2014).

Infrarot- und Magnetsinn

Hunde sollen in ihrem Nasenschwamm Infrarotdetektoren besitzen, die wichtige Informationen vermitteln können. Da es sich um Temperaturrezeptoren handelt, können die Hunde kleinste Temperaturunterschiede damit ausmachen (Rauth-Widmann 2014).

Auch über eine Elektrosensibilität sollen Hunde verfügen, gerade mit ihren Vibrissen können sie laut Rauth-Widmann (2014) elektrische Felder wahrnehmen und entsprechend darauf reagieren.

Es hat den Anschein, dass Hunde selbst das Magnetfeld der Erde wahrnehmen und sich daran orientieren können – allerdings sind die Grundlagen der Magnetfeldorientierung noch nicht hinreichend erforscht. Man geht aber davon aus, dass Hunde entsprechende Zellen besitzen, weil einzelne Hunde es schaffen, über etliche Kilometer hinweg wieder nach Hause zurückzukehren (Rauth-Widmann 2014).

Sinnesleistungen des Wolfes und Herdenschutz

Im Wissen um die Sinnesleistungen des Wolfes stellt sich die Frage, inwieweit Herdenschutzmaßnahmen daraus abgeleitet werden können.

9
Krankheiten des Wolfes und des Hundes

Von Nicola Gölzner und Philipp Melchior

Im Folgenden werden die möglichen Krankheiten beschrieben, denen Wölfe gleichermaßen wie Hunde unterliegen können. Immer wieder berichten Nutztierhalter von der Sorge, dass ein erkrankter Wolf die eigenen Nutztiere infizieren könnte.

Einige Infektionskrankheiten sind von Tieren auf Menschen und umgekehrt übertragbar, diese bezeichnet man als Zoonosen.

Die Möglichkeiten einer Infektion mit Viren oder Bakterien oder der Befall mit Parasiten sind vielschichtig. Im Wissen darüber, dass das Thema Krankheitsübertragung von Wölfen auf Nutztiere häufig hervorgehoben wird, muss der Vollständigkeit halber jedoch gesagt werden, dass es verschiedene weitere Übertragungsmöglichkeiten gibt. Das können fremde Hunde genauso sein wie der eigene Hund, ebenso kann es sein, dass Viren, Bakterien oder Parasiten von Menschen unbewusst mit auf die Weide getragen werden. Insofern kann nur im Erkrankungsfall individuell die Verursachung beurteilt werden – und auch dann nicht immer sicher.

Sicher ist, dass ein an Tollwut erkrankter Wolf an Haustieren genauso »Schäden« zu verrichten vermag wie beispielsweise der Fuchs – allerdings durchaus in einem geografisch großräumigeren Umfang (Deutschland gilt seit 2008 offiziell als tollwutfrei, was die terrestrische Tollwut betrifft. Details s. Tollwut).

Da der Hund die domestizierte Form des Wolfes ist, beide also – biologisch betrachtet – zur selben Tierart gezählt werden, sind sämtliche hier aufgeführten Krankheiten sowohl für Hunde als auch für Wölfe relevant. Das bedeutet, die in diesem Buch erwähnten Herdenschutzhunde (und auch die Hütehunde) können ebenfalls von den Krankheiten befallen werden bzw. bestimmte Erreger übertragen.

Die Krankheiten werden grundsätzlich in fünf verschiedene Kategorien unterteilt und beinhalten:

Erkrankung durch Viren:
Tollwut, Staupe, Parvovirose, Hepatitis, Aujezkysche Krankheit, Zwingerhusten, FSME

Erkrankung durch Bakterien:
Salmonellose, Leptospirose, Borreliose

Erkrankung durch Endoparasiten:
Bandwürmer, Spulwürmer, Hakenwürmer (im Inneren des Wirtskörpers)

Erkrankung durch Ektoparasiten:
Zecken, Milben, Haarlinge, Flöhe (auf dem Wirtskörper)

Erkrankung durch Einzeller:
Toxoplasmose, Kokzidiose, Giardiose

9.1 Virusinfektionen

Tollwut (Zoonose)

Tollwut gilt seit Jahrtausenden als eine der gefährlichsten Krankheiten der Welt. Generell kann jedes Säugetier infiziert werden, von unseren Haustieren gelten insbesondere Hunde, Katzen und Weidevieh als gefährdet.

Als Hauptüberträger bzw. -reservoir gilt der Fuchs mit 70–80 %, weshalb dessen starke Bejagung für notwendig erachtet wurde und wird. Tollwut existiert noch in den Wolfspopulationen Nordamerikas, Osteuropas und Asiens, aber die Fallzahlen sind sehr gering im Vergleich mit anderen Wildtieren. In den meisten Gebieten ist es unwahrscheinlich, dass Wölfe der Krankheit als Reservoir oder primäre Überträger dienen (NINA-Studie 2002). Tollwutviren befinden sich hauptsächlich im Speichel infizierter Tiere, daher erfolgt die Übertragung der Tollwut meist durch Bisse oder andere Kontaktverletzungen mit Speichel an Wunden oder durch anderweitigen Kontakt der Erreger mit Schleimhäuten. Die Inkubationszeit liegt bei 2–10 Wochen, gelegentlich auch länger. Erstes Anzeichen einer Infektion ist eine ständige Unruhe mit auffälliger Charakterveränderung, außerdem ist der Blick des infizierten Tieres in der Regel ausdruckslos und abwesend. Hinzu kommen Schreckhaftigkeit und Rückzug des betroffenen Tieres. Die Krankheit verläuft in drei Stadien: Zuerst das melancholische Stadium, welches 1–2 Tage dauert, hierbei zeigt das kranke Tier einen launenhaften Verhaltenswechsel. Es folgt das Tobsuchtsstadium, welches eine Dauer von bis zu 3 Tagen haben kann, dabei verweigert das Tier die weitere Nahrungsaufnahme und schluckt unverdauliche Fremdkörper (z.B. Steine oder Holz), oftmals gepaart mit einer heiseren Stimme und starkem Speichelfluss, ebenso mit erhöhter Erregung und Schnappen/Beißen. Im Endstadium schließlich zeigen sich Lähmungen besonders an Kopf und Rumpf mit hängendem Unterkiefer und Schluckbeschwerden. Sämtliche Stadien treten nicht verbindlich auf und können sich auch überschneiden. Nach Ausbruch der Krankheit: Eine bereits ausgebrochene Tollwut endet immer tödlich für das infizierte Tier, eine Heilung ist nicht möglich, daher ist eine vorbeugende Impfung besonders wichtig. Eine Tötungspflicht infizierter Tiere besteht nicht, allerdings ist eine Quarantäne unumgänglich.

Tollwutbekämpfung in Deutschland

Träger des klassischen Tollwutvirus waren in der Vergangenheit in unseren Breiten hauptsächlich wild lebende Tiere (Füchse, Dachse, Marder, Rehe) und bei den Haustieren Weidetiere (Rinder, Schafe, Ziegen, Pferde) sowie Hunde und Katzen. Die häufigste Infektionsquelle der Tiere war der Fuchs, der das maßgebliche Virusreservoir darstellt. Hunde und Katzen spielten vor allem als Expositionstiere für den Menschen eine wichtige Rolle.

Nachdem man festgestellt hatte, dass allein durch verstärkte Bejagung des Fuchses die Tollwut nicht beherrscht werden konnte und durch die Begasung der Fuchsbauten auch die Dachspopulation stark zurückgegangen war, begannen 1983 die Bundesländer Bayern und Hessen in einem Feldversuch damit, Füchse gegen die Tollwut zu impfen. Als Köder wurden Hühnerköpfe ausgelegt, in denen eine Kapsel mit Impfstoff versteckt war. Gleich eimerweise wurden die Hühnerköpfe von den Jägern und Förstern in den Revieren verteilt, doch auch diese Methode erwies sich als unzureichend erfolgreich.

Abbildung 177: Gelegentlich sind alte Warnschilder zur Tollwut noch zu finden

Zwei Jahre später wurde der »Tübinger Köder« entwickelt, welcher als Meilenstein in der Tollwutbekämpfung gilt. Der Tübinger Köder ist ein maschinell hergestellter Happen mit Fischmehlanteil, braun und rund und mit einer Ampulle im Inneren, in der sich der flüssige Impfstoff befindet, welcher ab 1985 auch von Flugzeugen großflächig abgeworfen wurde. Während noch im Jahr 1980 6800 Tollwutfälle gemeldet wurden, waren es im Jahr 1991 noch 3597, im Jahr 1995 nur 857, im Jahr 2001 noch 51 und 2004 noch 49 gemeldete Infizierungen.

Abbildung 178: Tübinger Köder

Nachdem im Jahre 2006 der letzte Tollwutfall nachgewiesen wurde, galt Deutschland 2 Jahre später, seit dem 04. Februar 2008, offiziell nach den Kriterien der Weltorganisation für Tiergesundheit (OIE) als tollwutfrei. Das betrifft die terrestrische Tollwut. Da jedoch immer wieder Fälle von Fledermaustollwut auftreten (seit 2010 pro Jahr durchschnittlich 10) ist Deutschland gemäß den Kriterien der WHO nicht komplett tollwutfrei. Die Erreger der Fledermaustollwut sind mit dem allgemeinen Tollwutvirus verwandt und für Menschen ebenso gefährlich, allerdings unabhängig von diesem.

Aufgrund der Gefahr, die von Tollwut ausgeht, gilt es, jegliche Anzeichen von Tollwut schnellstmöglich zu erkennen, um der Ausbreitung der Krankheit sofort entgegenzuwirken. Hierfür bildet die Verordnung zum Schutz gegen die Tollwut »Tollwutverordnung« (TollwV 1991, Neufassung 2010) die gesetzliche Grundlage. Als Auszug Paragraph 3a, aus dem klar hervorgeht, wie das Tollwutmonitoring in Deutschland momentan betrieben wird:

§ 3a Untersuchungen, (TollwV 1991, Neufassung 2010)

Die zuständige Behörde hat

1. kranke, verhaltensgestörte oder anderweitig auffällige erlegte wild lebende Füchse, Marderhunde und Waschbären,

2. verendet aufgefundene Füchse, Marderhunde und Waschbären virologisch auf Tollwut zu untersuchen oder untersuchen zu lassen. Zur Durchführung dieser Untersuchung haben Jagdausübungsberechtigte die Tiere nach Satz 1 nach näherer Anordnung der zuständigen Behörde dieser selbst oder einer von ihr bestimmten Untersuchungseinrichtung zuzuleiten. Mit der Zuleitung müssen dem Empfänger des jeweiligen Tieres Angaben zur Abschuss- oder Fundstelle, zum Datum des Abschusses oder Fundes, zur Tierart und zum Verhalten des Tieres vor dem Erlegen mitgeteilt werden. Dieses ist das einzige Überwachungskonzept, das momentan für die Tollwut in Deutschland existiert.

Da Wölfe mitunter weite Strecken zurücklegen können und nach einer Infektion häufig aggressives Verhalten zeigen, besteht das Risiko, dass nach erfolgter Infektion (Tollwut ist in einigen osteuropäischen Nachbarländern vorhanden und kann somit sowohl durch den Wolf als auch durch andere infizierte Wildtiere wieder eingeschleppt werden, was momentan zwar ein geringes Risiko darstellt, aber nicht unmöglich ist) gleich mehrere Lebewesen durch den Wolf infiziert werden können. Um dazu beizutragen, bei evtl. auftretenden Tollwutfällen bereits einen passenden Impfköder parat zu haben, hat die Tierärztliche Hochschule Hannover im Rahmen einer Dissertationsarbeit an Gehegewölfen untersucht, welche Art von Impfködern von Wölfen besonders gut genommen wird (GRÄßER, 2016). Hierbei ist es besonders wichtig, die Köder bei Bedarf schnell maschinell herstellen zu können und dadurch ein zügiges, flächendeckendes Handeln gewährleisten zu können. Dabei wurde festgestellt, dass ein maschinell hergestellter Köder mit einer bestimmten Geschmacksrichtung und Konsistenz durchaus von den Wölfen aufgenommen wurde, dazu sind weitere Forschungen vonnöten.

Weltweit verbreitet ist die Fledermaustollwut. Zwar wird sie durch andere Tollwutviren (European-Bat-Lyssa-Virus; EBLV) als die klassische Tollwut (Rabies-Virus) verursacht, dennoch geht von ihr für den Menschen eine prinzipiell gleiche Gefahr aus. In Europa wird die Fledermaustollwut hauptsächlich durch die Europäischen Fledermaus-Tollwutviren der Typen 1 und 2 (EBLV-1 und -2) hervorgerufen.

EBLV-1 und -2 sind eng mit dem klassischen Tollwutvirus verwandt, durchlaufen aber einen von diesem epidemiologisch abzugrenzenden Infektionszyklus bei insektenfressenden Fledermäusen. Zwischen 1954 und 2009 wurden europaweit insgesamt 931 positive Fledermäuse an das WHO Collaborating Centre for Rabies Surveillance and Research des Friedrich-Loeffler-Instituts (FLI) gemeldet. Epidemiologische Untersuchungen ergaben, dass die Fledermaus-Tollwut signifikant häufiger im norddeutschen Flachland vorkommt. Dies scheint mit der Verbreitung und Häufigkeit der Breitflügelfledermaus *(Eptesicus serotinus)* zusammenzuhängen. Diese Art stellt offenbar das wichtigste Reservoir für EBLV-1 dar. EBLV-2 wurde bisher bei Wasser- und Teichfledermäusen *(Myotis daubentonii* und *Myotis dasycneme)* in den Niederlanden, in Großbritannien, in Finnland und der Schweiz nachgewiesen. Im Jahr 2007 konnte EBLV-2 auch erstmals in Deutschland bei einer Wasserfledermaus aus dem baden-württembergischen Biberach nachgewiesen werden. In ganz Europa sind in den letzten 50 Jahren bislang nur fünf tödlich verlaufene Tollwuterkrankungen beim Menschen infolge von EBLV-Infektionen bekannt geworden.

Um ein Einschleppen der Tollwut aus Ländern, in denen Tollwut auftritt, zu vermeiden, gibt es eine Verordnung, die den Import von Hunden, Katzen und Frettchen nach Deutschland regelt (Verordnung (EU) 576/2013; geändert 29.12.2014). Danach muss beim Importieren nach Deutschland das Vorliegen einer gültigen Tollwutschutzimpfung nachgewiesen werden. Zum Zeitpunkt der Impfung müssen Welpen mindestens 12 Wochen alt sein, der Impfschutz wird 21 Tage nach dem Impftermin wirksam. Erst danach dürfen Welpen (nach der 15. Lebenswoche) nach oder durch Deutschland transportiert werden. Für bestimmte Länder (z.B. Ägypten, Serbien und die Türkei) gilt eine 3-monatige Wartefrist ab dem Zeitpunkt der Impfung und einer Blutentnahme 30 Tage später, so dass die Tiere erst mit 7 Monaten nach Deutschland verbracht werden können. Vor in Kraft treten dieser Verordnung wurden gelegentlich mit Tollwut infizierte Tiere nach Deutschland verbracht, hier zwei Beispiele:

Im Düsseldorfer Raum war im April 1995 ein angeblich gegen Tollwut geimpfter Hund aus der Türkei nach Deutschland eingeführt worden. Er verhielt sich zunehmend aggressiv und biss während einer tierärztlichen Untersuchung Mitte Juli die Ärztin sowie deren Helferin, später dann auch noch einen Passanten und die Besitzerin selbst, sodass man sich wegen des nunmehr bestehenden Tollwut-Verdachtes zur Einschläferung entschloss. Die amtstierärztliche Untersuchung von Hirngewebeproben erbrachte einen positiven Tollwut-Nachweis.

Am 29.12.2008 wurde im nördlichen Stadtgebiet von Lörrach ein aus Kroatien importierter Mischlingshund, der klinische Zeichen einer Tollwut aufwies, in einer Kleintierpraxis euthanisiert. Am selben Tag konnte Tollwutvirusantigen nachgewiesen werden.

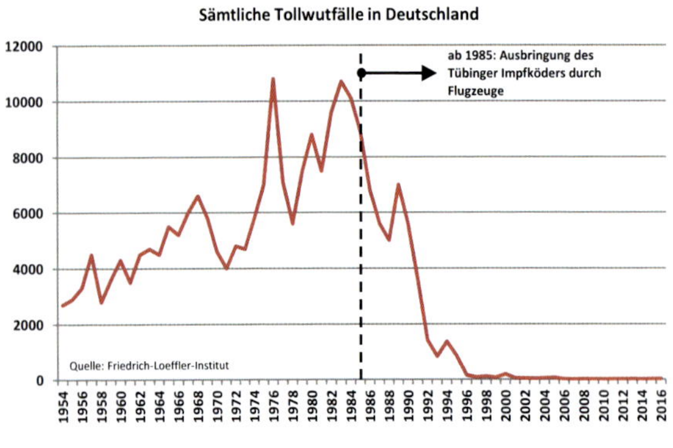

Abbildung 179: Tollwutfälle in Deutschland

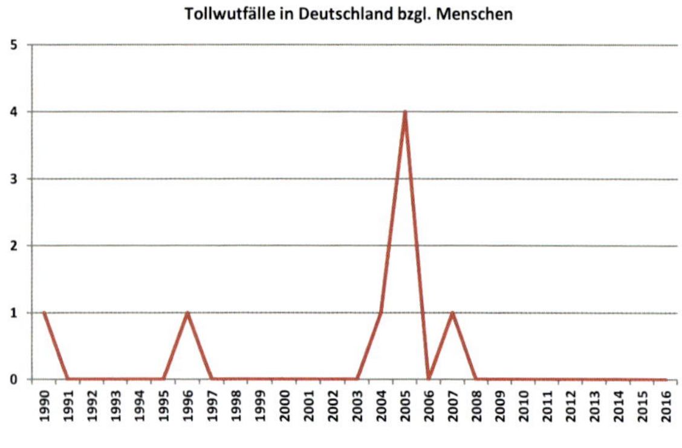

Abbildung 180: Tollwutfälle in Deutschland bezgl. Menschen

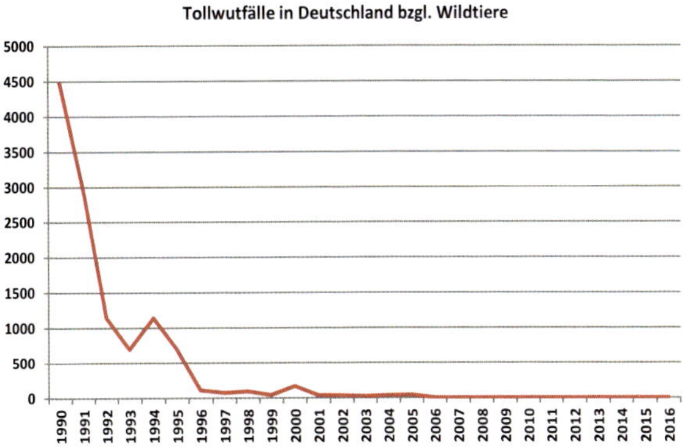

Abbildung 181: Tollwutfälle in Deutschland bezgl. Wildtiere

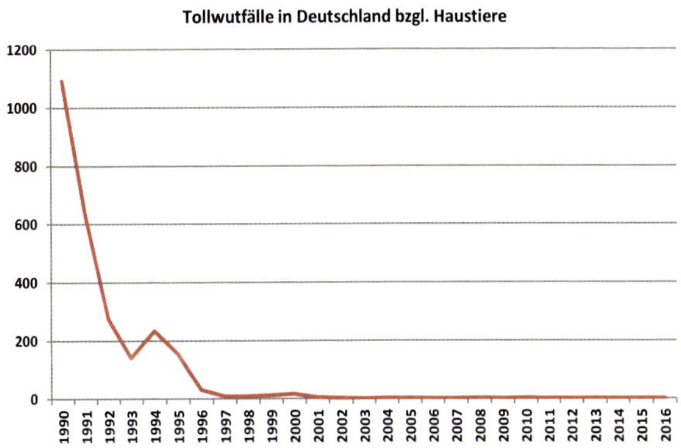

Abbildung 182: Tollwutfälle in Deutschland bezgl. Haustiere

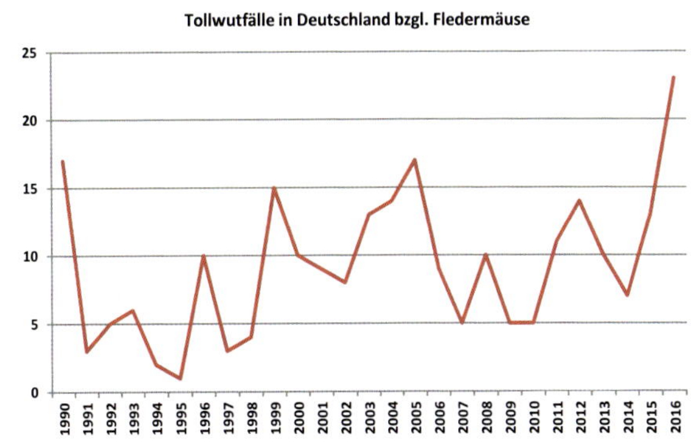

Abbildung 183: Tollwutfälle in Deutschland bezgl. Fledermäuse

Staupe (Carrésche Krankheit)

Die Ansteckung durch Staupeviren erfolgt in der Regel über eine Tröpfcheninfektion (Speichel, Nasen- und Augensekret etc.), weshalb die Staupe als hoch ansteckend zu betrachten ist. Die Inkubationszeit liegt zwischen 6 und 8 Tagen und sämtliche fleischfressenden Säugetiere können damit infiziert werden. Dabei unterscheidet man unterschiedliche Formen der Staupe, welche auch gleichzeitig auftreten können:

Lungenform:

Auffallend ist der eitrige Augen- und Nasenausfluss mit anschließender Verkrustung. Weitere Anzeichen sind eine entzündete Nase und erschwerte Atmung, auch Husten

Darmform:

Häufige Merkmale sind Apathie, Fressunlust, Erbrechen und Durchfall.

Nervöse Form:

Das Tier weist Bewegungsstörungen bis hin zur Lähmung auf, außerdem kann es zu Krampfanfällen und Verhaltensänderungen kommen.

Hautform:

Bezieht sich hauptsächlich auf Haarausfall und Hautabschuppungen. Ebenso kommt es zu starken Entzündungen (teils eitrig) der Haut.

Hartballenform:

Weist eine starke Verhornung von Ballen und Nasenspiegel auf.

Eine Grundimmunisierung und regelmäßige Auffrischungsimpfungen sollten bei Hunden erfolgen, infizierte Tiere können die Staupe überleben und zeigen dann unterschiedliche Spätfolgen.

Parvovirose (Hundeseuche, Hundepanleukopenie)

Die Canine Parvovirose wird durch extrem widerstandsfähige Viren im Magen-Darm-Trakt verursacht und ist hoch ansteckend. Erkranken können alle Hunde und Wölfe, besonders gefährdet sind junge Welpen im Alter von bis zu 16 Wochen, auch alte Tiere, die ein geschwächtes Immunsystem haben.

Die Übertragung erfolgt über Kot, Speichel und Urin, die Viren werden oral aufgenommen und sind außerhalb des Körpers bis zu 6 Monate überlebensfähig. Typische Krankheitssymptome sind Erbrechen, Fieber oder Untertemperatur und Mattigkeit, ebenfalls Durchfall mit erheblichen Blutbeimengungen und charakteristischem Geruch. Bei Auftreten der Symptome sollte sofort ein Tierarzt aufgesucht werden, da gerade bei Junghunden auch Todesfälle vorkommen können. Schützen kann man die Tiere mit einer Grundimmunisierung und regelmäßigen Schutzimpfungen.

Ansteckende Leberentzündung (Hepatitis contagiosa canis)

Dieses Virus tritt weltweit auf und befällt in erster Linie Hunde, aber auch bei Bären, Waschbären und Stinktieren konnte man es nachweisen. Meist infizieren sich junge Tiere an Ausscheidungen erkrankter Tiere, auch gesund erscheinende Tiere können Dauerausscheider der Erreger sein. Die Krankheitssymptome sind staupeähnlich mit Erbrechen, hohem Fieber bis 41°Celsius und blutigem Durchfall.

Der Nachweis der Erkrankung erfolgt durch den Antikörpernachweis im Blut. Im Anfangsstadium der Krankheit können Antiseren zugeführt werden, im weiteren Verlauf können nur Symptome der Erkrankung gelindert werden.

Aujezkysche Krankheit (Pseudowut)

Aujezky tritt hauptsächlich bei Hausschweinen auf (verläuft dort nicht zwangsläufig tödlich und es kann gegen die Symptome geimpft werden; die Impfung ist in anerkannt virusfreien Ländern verboten), auch Wildschweine können Überträger sein. Wölfe bzw. Hunde können mit dem Virus nur infiziert werden, wenn sie rohes Schweinefleisch (oder Wurstwaren, die solches enthalten) zu sich nehmen, was durchaus auch an Luderplätzen geschehen kann. Bei der Infektion kommt es zur Schädigung des Zentralnervensystems mit Symptomen der Tollwut. Krankheitsmerkmale sind Schluck- und Atembeschwerden sowie Speichelfluss und starker Juckreiz bis hin zur Selbstverstümmelung, ebenfalls Bewegungsstörungen, Krämpfe, Lähmungen. Aktuell gibt es keine Behandlungsmöglichkeiten oder Schutzimpfungen, die Krankheit verläuft bei Hunden tödlich und ist anzeigepflichtig, für den Menschen besteht keine Gefahr. Bei Haushunden kann man vorbeugen, indem man kein rohes Schweinefleisch verfüttert.

Zwingerhusten (Parainfluenza)

Der Zwingerhusten ist eine unter Hunden weit verbreitete und hoch ansteckende Mischinfektion – verursacht durch (Parainfluenza-) Viren und (Bordotella-) Bakterien – der oberen Atemwege, insbesondere der Luftröhre und der Bronchien. Auch ist es eine multifaktorielle Erkrankung, denn auch die Haltungsbedingungen (Hygiene, Temperatur etc.) und -formen (Einzel- oder Gruppenhaltung) spielen eine Rolle Das markanteste Symptom ist starker röchelnder Husten – feuchter Husten bei Beteiligung von Bakterien, trockener Husten, wenn nur Viren beteiligt sind. Es ist ratsam, Hunde jährlich gegen Zwingerhusten zu impfen, mindestens jedoch, wenn viele Hunde auf engem Raum zusammenkommen, z.B. in Tierheimen, Tierpensionen oder bei Hundeausstellungen, da die Infektion durch engen Kontakt mit infizierten Tieren erfolgt. Die Injektionsimpfung deckt den viralen Erregeranteil ab, gegen Bordotella ist zusätzlich eine nasale Impfung nötig, mittlerweile gibt es aber auch ein Kombipräparat zur nasalen Impfung. Theoretisch können auch Wölfe an Zwingerhusten erkranken.

Frühsommermeningoenzephalitis (FSME, Ansteckende Hirnhautentzündung)

FSME ist eine sehr selten vorkommende Hirnhautentzündung beim Hund, die unter anderem Bewusstseinsbeeinträchtigungen, Zuckungen und eine Kopftiefhaltung mit sich bringt, hervorgerufen durch das FSME-Virus. Verursacht wird diese Infektion durch Stiche infizierter Zecken. Am häufigsten erkranken Menschen daran, selten Hunde, bei Reh- und Rotwild in betroffenen Gebieten konnte man zum Teil sehr hohe Antikörperkonzentrationen nachweisen. Die Untersuchung und Behandlung muss durch einen Tierarzt erfolgen, da in milden Fällen der Infektion eine Genesung möglich ist. Oftmals führt die Erkrankung allerdings zum Tod. Eine Vorbeugeimpfung des Hundes ist nicht möglich, hier empfiehlt sich eine Zeckenprophylaxe durch Halsbänder etc.

9.2 Bakterielle Infektionen

Salmonellose (Zoonose)

Die Salmonellose ist eine Infektion durch Bakterien, die hauptsächlich in rohem Fleisch zu finden sind. Salmonellen sind außerhalb des Körpers wochenlang lebensfähig, allerdings besteht nur eine geringe Ansteckungsgefahr für den Menschen. Anzeichen für eine Infektion sind blutiger Durchfall, Fieber und auch Schwäche, ebenfalls kann es zu einer Entzündung des Darms kommen. Ohne weitere Behandlung durch einen Tierarzt kann die Infektion zum Tode führen, eine überstandene Salmonellose kann nur durch eine Blutuntersuchung des Tierarztes festgestellt werden. Eine Vorbeugeimpfung gibt es nicht, allerdings werden Salmonellen in 75°C heißem Wasser abgetötet, somit kann rohes Fleisch vor dem Verfüttern an Hunde abgekocht werden. Entscheidend für eine Infektion sind die Abwehrlage des Tieres und das Ansteckungspotenzial des Erregers

Leptospirose (Stuttgarter Hundeseuche) (Zoonose)

Die Leptospirose ist eine Bakterieninfektion, deren Erreger alle Tierarten befallen können. Es gibt unterschiedliche Haupt- und Nebenwirte für verschiedene Bakterienstämme. Für die Hundeartigen sind besonders die Stämme Leptospira canicola und Batavia relevant, da der Hund hier als Hauptwirt fungiert. Auch Menschen können sich infizieren. Ein infiziertes Tier scheidet die Bakterien mit dem Urin aus. Zur Zeit geht man davon aus, dass der Hauptübertragungsweg die Aufnahme von mit Nagerurin verschmutztem Wasser ist. Die Bakterien überleben im feuchten Erdboden, in Wasserpfützen und kleinen Tümpeln. Durch die Aufnahme der Erreger beim Trinken aus Pfützen setzen innerhalb von 14 Tagen erste Symptome wie Blutarmut, starker Durst, Fieber, Durchfall und Erbrechen ein, bei schweren Verläufen versagen anschließend Leber und Nieren, und das Tier stirbt. Den besten vorbeugenden Schutz stellen regelmäßige Schutzimpfungen dar.

Borreliose (Lyme-Borreliose)

Ist eine der am häufigsten durch Zecken übertragenen Infektionskrankheiten in Europa. Die Krankheitssymptome treten oft erst Monate nach dem Stich der Zecke auf. Zu erkennen sind Hautreizungen um die Einstichstelle (beim Hund wegen des Fells häufig nicht zu sehen) sowie unterschiedlichste Folgesymptome wie Fieber, Fressunlust, Gelenkschwellungen, geschwollene Lymphknoten wechselnde Lahmheiten ein, sowie ein gestörtes Allgemeinbefinden. Der Nachweis und die Behandlung müssen von einem Arzt durchgeführt werden, da eine konsequente Antibiotikabehandlung durchzuführen ist. Beste Prophylaxe sind Antizeckenpräparate in Form von Halsbändern, Spot-on-Präparaten u.ä.

9.3 Endoparasiten

Endoparasiten = im Inneren des Wirtskörpers

Bandwurm

Der Bandwurm gehört zur zoologischen Ordnung der Plattwürmer. Sein Kopf ist besetzt mit Saugnäpfen und Haken, mit denen er sich an der Darmschleimhaut des Wirtes verankert. Die Wachstumszone am Kopf bildet neue Glieder. Sind diese Glieder abgetrennt, enthalten diese ansteckungsfähige, reife Eier. Die Eier müssen zunächst in einen Zwischenwirt gelangen, in dem sich die Finnen mit den Bandwurmköpfen entwickeln können. Dieser Zwischenwirt (bspw. Maus, Floh, Pflanzenfresser etc.) wird vom Endwirt gefressen. Durch den Verzehr von finnenhaltigem Fleisch gelangen die Finnen, aus denen der Bandwurm entsteht, in den Darm des Endwirtes, wie z.B. dem Wolf oder Hund. Hier entwickeln sie sich wieder zu Bandwürmern. Die abgetrennten Bandwurmglieder mit den reifen Eiern werden über den Kot ausgeschieden. Da die Wurmglieder bereits wanderfähig sind und sich somit vom Kothaufen entfernen, können sie von jedem Tier/Menschen aufgenommen werden, wie z.B. beim Äsen (das betrifft auch Weidetiere) oder beim Verzehr von Pilzen und Beeren. Der Mensch ist hier ein so genannter Fehlwirt (bspw. nimmt er Eier des Fuchsbandwurmes beim Verzehr von Beeren auf), da sich bei ihm die Finnen in der Leber entwickeln und keine adulten Bandwürmer im Darm entstehen. Gerade deshalb ist dieser Bandwurm für den Menschen gefährlich, da die Finnen tumorähnlich wachsen und die Leber zerstören können. Anzeichen für einen Bandwurmbefall sind starker Juckreiz am After, welcher zum Belecken und Bodenrutschen führt, Gewichtsabnahme und ein struppiges, stumpfes Fell. Der Nachweis erfolgt über ausgeschiedene Bandwurmglieder im Kot (in der Losung). Den besten vorbeugenden Schutz für Hunde stellen regelmäßige Wurmkuren dar, bei bestätigtem Befall sollte sofort der Tierarzt aufgesucht werden. Auch wenn ein Hund Flöhe hat, sollte er nach der Flohbehandlung entwurmt werden, da er bei der Fellpflege möglicherweise Flöhe zerbeißt, diese herunterschluckt und auf diese Weise ebenfalls – da Flöhe als Zwischenwirte für einige Bandwurmarten gelten – die Eier aufnehmen könnte.

Abbildung 184: Hundeverbotsschild auf einem Deich

Spulwurm

Der Spulwurm zählt zu den Fadenwürmern und befällt junge Welpen, teilweise bereits Föten im Mutterleib. Eine Infektion kann außerdem durch Säugen, Belecken oder durch mit Wurmeiern verunreinigte Nahrung erfolgen. Im Dünndarm wachsen geschlechtsreife Würmer heran, die dort ihre Eier ablegen. Die geschlüpften Larven durchbohren die Darmwand und gelangen durch die Blutgefäße in verschiedenste Organe. Über Leber und Herz in die Lunge, über die Luftröhre in den Rachen, wo sie abgeschluckt werden und wieder in den Darm gelangen. Dort entwickeln sie sich zu erwachsenen Spulwürmern. Nicht alle gelangen in die Lunge, einige kapseln sich in der Muskulatur ab (Ruhestadium), und werden z.B. während der Trächtigkeit wieder aktiviert, um dann in die Gebärmutter und Milchdrüsen zu wandern und von dort in den Nachwuchs. Über den Kot (die Losung) werden Wurmeier ausgeschieden, diese Eier mit infektiösen Larven sind sehr widerstandsfähig gegen Umwelteinflüsse und können mehrere Jahre im Erdreich überleben. Ein Nachweis für einen Befall ist erst nach ca. 22 Tagen möglich. Anzeichen eines starken Befalls sind z.B. Husten (wenn Larven in die Lunge gelangen), nervöse Störungen (Kopfschütteln), Abmagerung oder ein struppiges Fell, bei erwachsenen Hunden ist Spulwurmbefall oft symptomlos. Da Spulwürmer auch den Menschen befallen können, ist das regelmäßige Entwurmen von Hunden besonders wichtig, ebenso das gründliche Händewaschen nach Gartenarbeiten. Nahezu alle Säugetiere und Vögel können von Spulwürmern befallen werden, allerdings sind die meisten wirtsspezifisch und Menschen oder andere Tiere dienen als paratenische Wirte (d.h. in diesen ist keine Weiterentwicklung möglich), was aber nicht heißt, dass dadurch keine Gefahr besteht. Die Toxocarose beim Menschen wird durch Toxocara canis (Hundespulwurm) und Toxocara cati (Katzenspulwurm) verursacht und kann vor allem bei Kleinkindern schwere Erkrankungen hervorrufen. Auf Viehweiden oder Deichen abgesetzter Hundekot kann zum Befall der Weidetiere führen, da die Eier mit der Nahrung aufgenommen werden.

Hakenwurm

Der Hakenwurm gehört zu den Fadenwürmern und ist zwar deutlich seltener als der Spulwurm, dafür aber auch deutlich gefährlicher, da er auch die Darmschleimhaut zerstört, was zu Darmblutungen und großflächigen Darmentzündungen führen kann. Die Infektion mit dem Hakenwurm erfolgt ähnlich wie beim Spulwurm, allerdings kann sich der Hakenwurm auch durch die Haut bohren, was Hautreizungen und Entzündungen hervorruft. Anzeichen für einen Befall sind Blutarmut, Schlaffheit, Abmagerung und blutiger Durchfall. An dieser Stelle sei erwähnt, dass es noch weitere Wurmarten gibt, wir hier nur die wichtigsten erwähnt haben. Zusammenfassend ist zu sagen: Eine regelmäßige und zuverlässige Entwurmung der Herdenschutz- und Hütehunde im Einsatz bei landwirtschaftlichen Nutztieren ist zwingend erforderlich!

9.4 Ektoparasiten

Ektoparasiten = auf dem Wirtskörper

Zecken

Zecken gehören zu den Spinnentieren, wie an den 4 Beinpaaren der erwachsenen Parasiten zu erkennen ist. Sie lauern besonders in der Nähe von Wäldern, Feldern oder Parks. Zecken ernähren sich von Blut und besitzen dazu stechende Mundwerkzeuge und einen mit Widerhaken besetzten Saugrüssel, der in die Haut des Wirtstieres eingebohrt wird. Zecken saugen nicht nur Blut, sondern übertragen dabei auch gefährliche Krankheitserreger wie die Borrelioseerreger.

Die häufigste in Deutschland vorkommende Zeckenart ist der Gemeine Holzbock *(Ixodes ricinus)*. Daneben spielen regional unterschiedlich weitere Arten eine Rolle, z. B. die Braune Hundezecke *(Rhipicephalus sanguineus)*. Diese kommt in warmen Gegenden vor und kann überall zur Plage werden, wenn sie als Mitbringsel von einer Urlaubsreise in beheizte Räume eingeschleppt wird.

Auch die Auwaldzecke *(Dermacentor reticulatus)* kommt in unseren Regionen immer häufiger vor. Da Zecken allgegenwärtig in Deutschland sind, können sie auch jedes Lebewesen befallen.

Milben

Räude:

Räude wird durch den Befall mit Räudemilben *(Sarcoptes canis)* hervorgerufen. Die Übertragung erfolgt von Tier zu Tier. Die Weibchen dringen tief in die Haut ein und legen dort ihre Eier, die Larven und Männchen leben mehr oberflächlich. Erste Anzeichen von Räude sieht man meist an den Augen oder Ohrspitzen, ebenfalls an den Gliedmaßen. Dies sind kleine Knötchen, vermehrte Schuppenbildung und starker Juckreiz, die sich später auf den ganzen Körper ausbreiten. Später kommt es zur Verdickung und Faltenbildung der Haut, Krustenbildung und Haarausfall. Bei einem massiven Vorkommen von Räudemilben auf Hunden und Katzen können die Parasiten auch auf den Menschen übergehen, sie können sich hier jedoch meist nur für wenige Wochen halten.

Demodikose:

Ist eine explosionsartige Vermehrung von Demodexmilben (z.B. *Demodex canis*), die zu den natürlichen Bewohnern von Haarfollikeln zählen und einen Defekt im Abwehrsystem des Hundes hervorrufen können (generalisierte Form). Bei Hunden ab 3 Jahren können unter anderem Tumore, Allergien, Schilddrüsenunterfunktion oder hormonelle Störungen festgestellt werden. Demodexmilben verursachen wenig Juckreiz. Auch eine lokalisierte Form ist möglich, mit kahlen, geröteten Stellen an Kopf, Vorderbeinen und Pfoten. Die Übertragung erfolgt bereits in den ersten Lebenstagen beim Liegen und Saugen am Gesäuge des Muttertieres.

Haarlinge und Läuse

Haarlinge *(Trichodectidae)* können viele Säugetiere befallen und spezifizieren sich auch immer nur auf eine Säugetierart. Es sind 1 bis 1,5 mm große, flügellose Insekten. Im Gegensatz zur schmalköpfigen Laus *(Phthiraptera)* ist der Kopf des Haarlings breit und er ernährt sich nur von Hautschuppen, nicht von Blut wie die Laus. Es ist auch möglich, dass man im Fell die Nissen entdeckt, die stecknadelkopfgroßen Eier, die einzeln an den Haaren kleben. In der Regel werden allerdings, vor allem in den Wintermonaten, nur solche Tiere befallen, deren allgemeine Abwehrlage geschwächt ist – junge, alte, kranke und schwache Tiere.

Die Übertragung erfolgt von Tier zu Tier (also von Hund zu Hund), selten über Zwischenträger wie Bürsten, Kämme, Schlafkörbe etc. Durch das Herumkrabbeln von Haarlingen und Läusen und dem damit verbundenen starken Juckreiz können sich beim Tier Hautproblematiken entwickeln, da sich die daraus resultierenden Kratzwunden bakteriell infizieren können.

Flöhe

Flöhe *(Siphonaptera)* sind Parasiten, die beim Hund, beim Menschen und vielen anderen Tieren vorkommen, zwar wirtsspezifisch, jedoch nicht zwingend an das jeweilige Lebewesen gebunden. Bei Flöhen handelt es sich um Insekten, die im Erwachsenenstadium auf dem Tier selbst leben und sich von seinem Blut ernähren. Flohstiche führen zu Juckreiz, und das Tier kratzt und beißt sich vermehrt. Zur Bekämpfung von Flöhen ist es ratsam, die komplette nähere Umgebung zu behandeln, da Flöhe ihre Eier und Larven überall ablegen. Hundeflöhe können auch auf den Menschen übergehen, oftmals sind richtige Flohstichreihen zu erkennen. Auch beim Menschen kann die betroffene Hautstelle jucken, rot werden und sich entzünden.

9.5 Infektionen durch Einzeller

Toxoplasmose (Zoonose)

Bei der Toxoplasmose handelt es sich um eine durch einen Parasiten *(Toxoplasma gondii)* hervorgerufene Infektion, sämtliche Säugetiere und den Menschen betreffen kann, allerdings sind Hunde und Menschen Zwischenwirte; Hauptwirt ist die Katze. Häufig erfolgt die Infektion durch den Verzehr von rohem Schaf-, Ziegen- oder Schweinefleisch, aber auch durch Aufnahme von Katzenkot oder Fressen von Vögeln und Nagern. Besonders Welpen und trächtige Tiere haben ein erhöhtes Risiko, sich zu infizieren. Symptome sind Durchfall, eitriger Nasenausfluss, im schlimmsten Falle kann sich eine Hirnhautentzündung bilden. Eine Therapie durch den Tierarzt verhindert den chronischen Verlauf der Infektion mit Folgen wie der Hirnhautentzündung. Die Toxoplasmose ist anzeigepflichtig.

Kokzidiose und Giardiose (Zoonose)

Kokzidien und Giardien sind einzellige Darmparasiten, die durch Nahrung (Beutetiere oder Fleisch, bei Pflanzenfressern auch durch verunreinigtes Futter) oder aus der Umgebung aufgenommen werden können. Sie nisten sich in den Darmwänden ein und führen zu Durchfall, Erbrechen, Nahrungsverweigerung, Mattigkeit und Abmagern. Beide Einzeller kommen bei den meisten Vögeln, Säugetieren und auch beim Menschen vor. Vor allem Jungtiere bzw. Kinder sind betroffen, da ältere Tiere bzw. Menschen meistens ein Immunsystem aufweisen, was gut mit diesen Parasiten zurechtkommt. Wichtigste Vorbeugemaßnahme ist Hygiene (auf Weideflächen und in Ställen, in Tiergehegen jeglicher Art). Zur Bekämpfung bei nachgewiesenem Befall (durch Kotproben) werden Antibiotika eingesetzt.

Krankheiten des Wolfes und Herdenschutz

Dieses Kapitel ist bewusst ausführlich niedergeschrieben worden. Sicherlich kann die Aussage: »Das passiert nie« oder »Das passiert immer« keine pauschale Anwendung finden. Mit Blick auf den Herdenschutz dürfte nach wie vor der Fokus bei den Krankheiten auf die Tollwut zu richten sein. Es wurde ausführlich beschrieben, dass hierfür Instrumente zur Verfügung stehen, die diese zweifelsfrei gefährliche Krankheit keinerlei Duldung zollen.

10

Rechtlicher Schutzstatus des Wolfes

Von Stefan Gofferje und Frank Faß

Wölfe sind in Deutschland und anderen EU-Mitgliedstaaten streng geschützte Tiere. Deshalb darf bei der Betrachtung der – auf den ersten Blick – vielfältigen Möglichkeiten von Herdenschutzmaßnahmen die Frage nach der Erlaubnis der Anwendbarkeit nicht außer Acht gelassen werden.

In diesem Kapitel werden verschiedene Dokumente beschrieben, die den Schutzstatus des Wolfes international und auf nationaler Ebene in Deutschland definieren.

10.1 Internationales Recht

Washingtoner Artenschutzabkommen (»CITES / Convention on International Trade in Endangered Species of Wild Fauna and Flora«)

Status:

Zwischenstaatlicher Vertrag
(Handelsabkommen; in Kraft getreten 01.07.1975)

Ziel:

Nachhaltiger internationaler Handel mit in den Anhängen gelisteten Tieren und Pflanzen

Position des Wolfes:

Anhang II weltweit (seit 04.02.1977)

Anhang I für Bhutan, Indien, Nepal und Pakistan (seit 28.06.1979)

Durchsetzung:

Zwischenstaatliche Durchsetzung:

Keine – das CITES Sekretariat verfolgt keine Durchsetzung bei Vertragsverletzungen

Innerstaatliche Durchsetzung:

Variiert. In Deutschland durch Zollbehörden

Berner Konvention (»Übereinkommen über die Erhaltung der europäischen wild lebenden Pflanzen und Tiere und ihrer natürlichen Lebensräume«)

Status:

Zwischenstaatlicher Vertrag vom 19.09.1979

Ziel:

Schutz europäischer wild lebender Tiere und Pflanzen

Position des Wolfes:

Anhang II

Anhang IV

Durchsetzung:

In der EU mit Beschluss 82/72/EWG (03.12.1981), Umsetzung durch Richtlinie 79/409/EWG (02.04.1979) und Richtlinie 92/43/EWG (22.07.1992).

EU Richtlinie 92/43/EWG zur Erhaltung der natürlichen Lebensräume sowie der wild lebenden Tiere und Pflanzen (»Fauna-Flora-Habitatrichtlinie/FFH-RL«)

Status:

Rechtsakt im sekundären Unionsrecht. Umsetzung ist verpflichtend für EU Mitgliedstaaten. Gültigkeit seit 21.05.1992

Ziel:

Schutz natürlicher Lebensräume und Artenschutz

Position des Wolfes:

Anhang II: Habitatschutz – prioritäre Art von gemeinschaftlichem Interesse.

Anhang IV: stehen unter dem besonderen Rechtsschutz der EU, weil sie selten und schützenswert sind. Da die Gefahr besteht, dass die Vorkommen dieser Arten für immer verlorengehen, dürfen ihre Lebensstätten nicht beschädigt oder zerstört werden.

Durchsetzung:

Überwachung erfolgt durch die EU Kommission. Durchsetzung erfolgt durch den Europäischen Gerichtshof auf Klagen der EU Kommission oder sonstige Klageberechtigter (z.B. Mitgliedstaaten, Naturschutzorganisationen etc.)

Wie zuvor beschrieben, ist der Wolf in Deutschland in den Anhängen II und IV der FFH-RL gelistet. Weitere EU-Mitgliedstaaten, in denen der Wolf im Anhang IV steht, sind: Finnland (außerhalb der Rentiergebiete), Schweden, Tschechien, Österreich, Slowenien, Kroatien, Ungarn, Rumänien, Griechenland, Italien, Frankreich, Spanien (außer nördlich des Duero-Flusses), Portugal, Belgien, Niederlande, Luxemburg, Dänemark, Irland und Großbritannien*.

Der Anhang V der FFH-RL ist definiert als: »*Arten, deren Entnahme aus der Natur und Nutzung Gegenstand von Verwaltungsmaßnahmen sein können. Dies betrifft insbesondere das Verbot der Tötung durch sogenannte nicht-selektive Mittel wie Gift oder Sprengstoffe, weil davon auch gefährdete Arten betroffen sein könnten.*«

EU-Mitgliedstaaten, die den Wolf im Anhang V der FFH-RL auflisten, sind: Bulgarien, Estland, Finnland (in den Rentiergebieten) Griechenland (Nördlich des 39. Breitengrades), Lettland, Litauen, Polen, Slowakei und Spanien (Nördlich des Duero-Flusses).

10.2 Nationales Recht

Bundesnaturschutzgesetz (BNatSchG)

Status:

Bundesgesetz; keine weiteren Ländergesetze

Ziel:

Naturschutz und Landschaftspflege

Position des Wolfes:

Streng geschützte Art gemäß §10 Abs. 2 Nr. 11

Zugriffs-, Stör- und Besitzverbote gemäß §42

Allgemeine artenschutzrechtliche Gebote gemäß §41

Bundesartenschutzverordnung

Status:

Bundesverordnung (keine weiteren Länderverordnungen); als eine erlassene Rechtsverordnung aufgrund des Bundesnaturschutzgesetzes, die die EG Nr. 338/97 Artschutzverordnung erweitert und verschärft

Ziel:

Schutz wild lebender Tier- und Pflanzenarten

Position des Wolfes:

Streng geschützte Art seit 31.08.1980

Naturschutzrecht vs. Jagdrecht

»*Durch die Übernahme des Artenschutzrechts in den Katalog der konkurrierenden Gesetzgebung des Art. 74 GG hat sich daran nichts geändert. Das Abweichungsrecht aus Art. 72 Abs. 3 Nr. 2 GG steht den Bundesländern insoweit nicht zu, nachdem der Artenschutz kraft Verfassung davon ausgenommen ist. Diese rechtlichen Vorgaben gelten mit der Novellierung des Naturschutzrechts als unmittelbares Bundesrecht.« (Schmidt und Lüders, 2009)*

Die Aufnahme des Wolfes in das sächsische Jagdrecht (mit ganzjähriger Schonzeit) im Jahr 2013 und ggf. auch weitere Ansinnen gleicher Zielsetzung anderer Bundesländer in näherer Zukunft können aufgrund o.a. Ausführungen nur den Schluss zulassen, dass hierin kein konkreter Nutzen zu erkennen ist – der Wolf darf dennoch nicht bejagd werden. Es stellt sich die Frage, welchen konkreten Nutzen die Aufnahme ins Jagdrecht bei gleichbleibend strengem Artenschutzstatus bietet.

10.3 Günstiger Erhaltungszustand

Grundlage

Grundlage für den Schutzstatus ist der so genannte »günstige Erhaltungszustand«. Im Artikel 1, Abschnitt i) der Richtlinie 92/43/EWG ist dieser definiert als:

»Erhaltungszustand einer Art«:
Die Gesamtheit der Einflüsse, die sich langfristig auf die Verbreitung und die Größe der Populationen der betreffenden Arten in dem in Artikel 2 bezeichneten Gebiet auswirken können.
Der Erhaltungszustand wird als »günstig« betrachtet, wenn:

*) Großbritannien hat am 30.03.2017 schriftlich den Austritt aus der Europäischen Union für 2019 erklärt.

- *aufgrund der Daten über die Populationsdynamik der Art anzunehmen ist, dass diese Art ein lebensfähiges Element des natürlichen Lebensraumes, dem sie angehört, bildet und langfristig weiterhin bilden wird, und*
- *das natürliche Verbreitungsgebiet dieser Art weder abnimmt, noch in absehbarer Zeit vermutlich abnehmen wird und*
- *ein genügend großer Lebensraum vorhanden ist und wahrscheinlich weiterhin vorhanden sein wird, um langfristig ein Überleben der Populationen dieser Art zu sichern.*
  (Richtlinie 92/43/EWG des Rates vom 21.05.1992)

Wissenschaftliche Sichtweisen

Als Maßstab wird häufig die so genannte 50/500-Regel angenommen. Nach der 50/500-Regel gilt eine effektive Populationsgröße von 50 adulten (fortpflanzungsfähigen) Tieren als Mindestgröße für eine kurzfristige Überlebensfähigkeit einer Art. Für eine langfristige Sicherung der Population wird eine effektive Populationsgröße von 500 adulten und fortpflanzungsfähigen Tieren angenommen. Die Bestimmung der »effektiven Populationsgröße« ist relativ komplex und beinhaltet unter anderen Analysen der genetischen Vielfalt der Population. Vereinfacht kann man zusammenfassen, dass diese Regel den günstigen Erhaltungszustand bei 500 adulten, fortpflanzungsfähigen Tieren, die nicht miteinander verwandt sind, sieht. Durch die Komplexität verleitet diese Regel aber auch zum Missbrauch. So hat z. B. Finnland unter Berufung auf diese Regel den günstigen Erhaltungszustand als »25 vermehrende Paare« festgelegt (Wolfsmanagementplan Finnland, 2015).

Schon die Durchführungsrichtlinien für das Management von Großraubtieren beschreiben die 50/500-Regel als veraltet und erwähnen, dass einige Wissenschaftler eine um Größenordnungen höhere Populationsgröße annehmen, da die 50/500-Regel aus Ergebnissen der Forschung an Nutzvieh und Fruchtfliegen basiert (Linnell et al., 2008). Laut CJA Bradshaw wäre eine 100/1000-Regel wesentlich näher an der Realität (Bradshaw, 2014).

Rechtliche Sichtweisen

Während die wissenschaftlichen Sichtweisen und die Interpretationen der jeweiligen nationalen Naturschutzbehörden interessant sind, ist für die tatsächliche Umsetzung des Schutzes ausschließlich der Text der FFH-Richtlinie und dessen Interpretation durch den Europäischen Gerichtshof relevant. Selbst die Durchführungsrichtlinien der EU-Kommission sind lediglich ein Hinweis auf die Interpretation der Kommission und nicht rechtlich verbindlich.

In seiner Präsentation auf der NABU Wolfskonferenz 2015 zeigte Prof. Guillaume Chapron einige interessante Fakten auf: Der Europäische Gerichtshof (EUGH) hat mehrfach festgestellt, dass die Direktive zum Erreichen des günstigen Erhaltungszustandes eng auszulegen ist (u.a. in den Entscheidungen C-6/04 und C-342/05). Die Rechtssprechung des EUGH ergibt, dass der günstige Erhaltungszustand auf nationaler Ebene zu erreichen ist, nicht bezogen auf zusammenhängende Populationen. So hat z. B. in C-342/05 die Republik Finnland eine Berücksichtigung der Wolfspopulation in den Grenzgebieten auf Russischer Seite gefordert. Der EUGH hat das Argument jedoch nicht angenommen. In C-383/09 hat der EUGH ebenfalls nationale Populationen betrachtet und ignoriert, dass die französische Hamsterpopulation ein Teil einer wesentlich größeren Metapopulation, die sich bis nach Ungarn ausstreckt, ist. Im gleichen Urteil legte der EUGH auch eine effektive Populationsgröße von 500 entsprechend einer realen Populationsgröße von 1.500 erwachsenen Tieren für den günstigen Erhaltungszustand fest. (Chapron et al., 2015).

Eingriffe in den Schutz

Unabhängig von der Einstufung in FFH-RL Anlage IV oder V ist für jeden Eingriff in den Bestand der günstige Erhaltungszustand zwingende Voraussetzung.

Lediglich für wenige Situationen ist eine Entnahme von Tieren zulässig, ohne dass die Art im günstigen Erhaltungszustand ist, und auch nur dann, wenn die Entnahme den günstigen Erhaltungszustand nicht gefährdet.

Art. 16 Abs. 1 der Fauna-Flora-Habitatrichtlinie sieht vor:

»Sofern es keine anderweitige zufrieden stellende Lösung gibt und unter der Bedingung, dass die Populationen der betroffenen Art in ihrem natürlichen Verbreitungsgebiet trotz der Ausnahmeregelung ohne Beeinträchtigung in einem günstigen Erhaltungszustand verweilen, können die Mitgliedstaaten von den Bestimmungen der Artikel 12, 13 und 14 sowie des Artikels 15 Buchstaben a) und b) im folgenden Sinne abweichen:
a) zum Schutz der wild lebenden Tiere und Pflanzen und zur Erhaltung der natürlichen Lebensräume;
b) zur Verhütung ernster Schäden insbesondere an Kulturen und in der Tierhaltung sowie an Wäldern, Fischgründen und Gewässern sowie an sonstigen Formen von Eigentum;
c) im Interesse der Volksgesundheit und der öffentlichen Sicherheit oder aus anderen zwingenden Gründen des überwiegenden öffentlichen Interesses, einschließlich solcher sozialer oder wirtschaftlicher Art oder positiver Folgen für die Umwelt;
d) zu Zwecken der Forschung und des Unterrichts, der Bestandsauffüllung und Wiederansiedlung und der für diese Zwecke erforderlichen Aufzucht, einschließlich der künstlichen Vermehrung von Pflanzen;
e) um unter strenger Kontrolle, selektiv und in beschränktem Ausmaß die Entnahme oder Haltung einer begrenzten und von den zuständigen einzelstaatlichen Behörden spezifizierten Anzahl von Exemplaren bestimmter Tier- und Pflanzenarten des Anhangs IV zu erlauben.«

Im Verfahren C-342/05 gegen die Republik Finnland hat der EUGH dazu entschieden:

»(29) Solche Ausnahmen sind bei dieser Sachlage ausnahmsweise weiterhin zulässig, wenn hinreichend nachgewiesen ist, dass sie nicht geeignet sind, den ungünstigen Erhaltungszustand dieser Populationen zu verschlechtern oder die Wiederherstellung eines günstigen Erhaltungszustands zu behindern. Entsprechend den Erwägungen der Kommission insbesondere in den Nrn. 47 bis 51 des Abschnitts III ihres Leitfadens zum strengen Schutz der Tierarten von gemeinschaftlichem Interesse gemäß der Habitatrichtlinie (Guidance document on the strict protection of animal species of community interest provided by the »Habitats« Directive 92/43/EEC, endg. Fassung, Februar 2007) kann nämlich nicht ausgeschlossen werden, dass die Tötung einer Reihe von Exemplaren sich auf das in Art. 16 Abs. 1 der Habitatrichtlinie genannte Ziel der Bewahrung eines günstigen Erhaltungszustands der Wolfspopulation innerhalb ihres natürlichen Verbreitungsgebiets nicht auswirkt. Eine Ausnahme wäre in einem solchen Fall daher für die betreffende Art neutral.«

und

»(31) Solche Entscheidungen, denen keine Beurteilung der Auswirkungen zugrunde liegt, die der mit ihnen genehmigte Abschuss der Wölfe auf die Bewahrung eines günstigen Erhaltungszustands dieser Population in ihrem natürlichen Verbreitungsgebiet haben kann, und die keine genaue und angemessene Begründung für die Annahme enthalten, dass es keine anderweitige zufrieden stellende Lösung gibt, verstoßen gegen Art. 16 Abs. 1 der Habitatrichtlinie« (EUGH, 2007).

Daraus folgt, dass für jeden einzelnen Fall einer Entnahme nicht nur die Voraussetzungen nach Artikel 16 (1) der FFH-Richtlinie gegeben sein müssen, sondern für jeden einzelnen Fall nachgewiesen werden muss, dass es keine anderweitig zufriedenstellende Lösung gibt und dass die Entnahme dieses Individuums keine negative Auswirkungen auf den Bestand oder das Erreichen des günstigen Erhaltungszustandes hat.

Unter der o. g. Vorgabe des EUGH, dass die Bestimmungen der Richtlinie eng auszulegen sind, ist eine Entnahme eines Tieres einer geschützten Art, die sich nicht im günstigen Erhaltungszustand befindet, extrem schwierig mit der Richtlinie und der Rechtssprechung des EUGH in Einklang zu bringen.

Damit ist auch eine Bejagung zur »Bekämpfung der Wilderei« oder zur »Erhöhung der Akzeptanz« ausgeschlossen (Epstein, 2017).

Abbildung 185 zeigt die Beziehungen der Gesetze und Verordnungen untereinander.

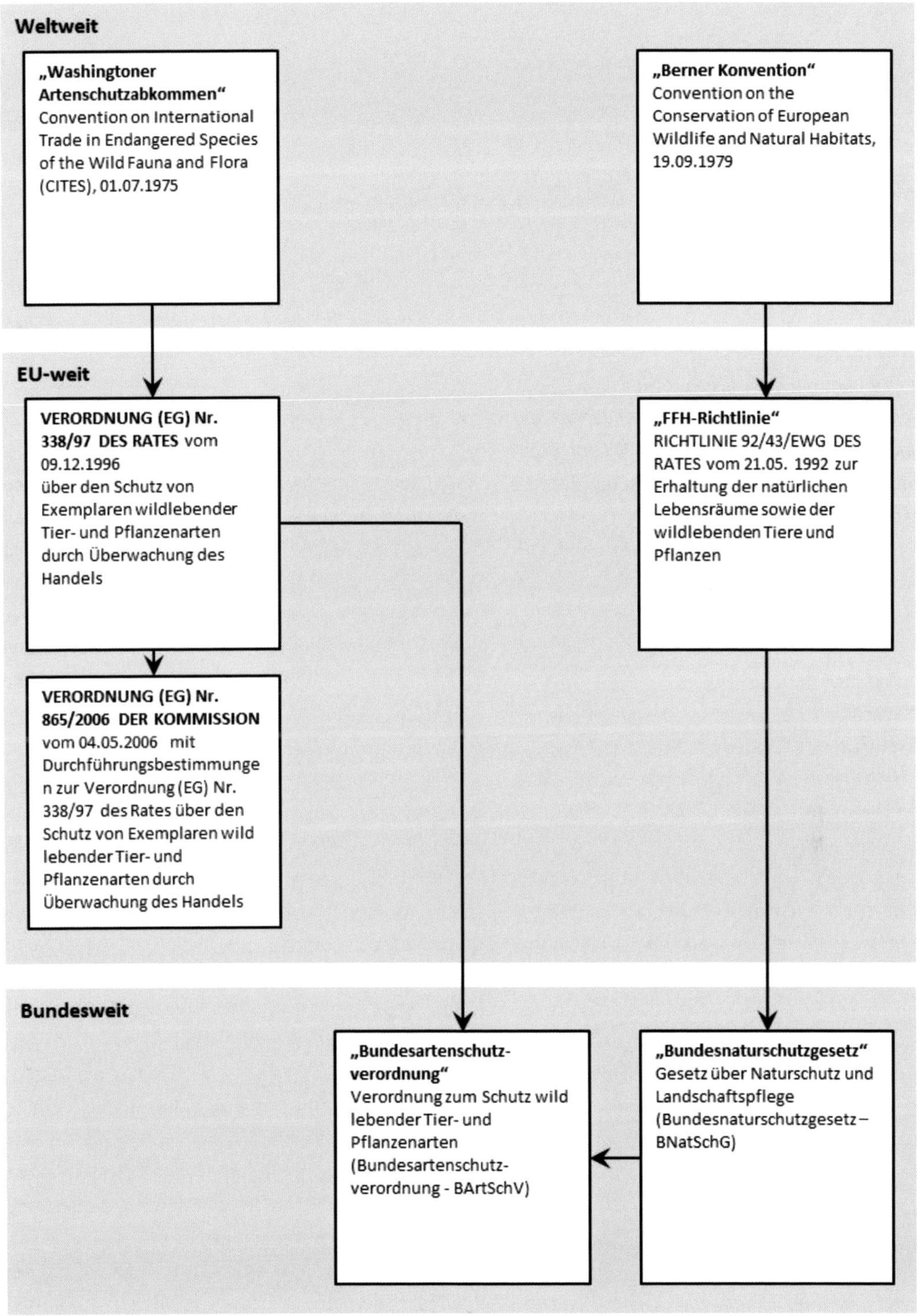

Abbildung 185: Gesetze und Verordnungen im Überblick

Geächtete Instrumente: Giftköder, Schlingen und Tellereisen

Aus Gründen der Vollständigkeit soll abschließend die Anwendung von in Deutschland strengstens verbotenen Mitteln beschrieben werden, die letztlich keine Herdenschutzmaßnahme darstellen, auch wenn der Eindruck entstehen könnte. Zu Recht sind die grausamen Methoden in Deutschland und vielen anderen Staaten streng verboten worden. Es muss aus Gründen der Tierethik und der Sicherheit für die Öffentlichkeit auch dabei bleiben – alles andere wäre der Rückschritt ins dunkle Mittelalter.

Das Autorenteam dieses Buches verurteilt daher jegliche Anwendung der folgenden Maßnahmen auf das Schärfste!

Andere Länder, andere Sitten: In der kanadischen Provinz Alberta dürfen Wölfe mit Strychnin vergiftet werden – was als unmenschlich kritisiert wird (Proulx et al., 2015), weil es bei einer zu geringen, also nicht sofort tödlichen Dosis zu heftigen Krampf- und Erstickungsanfällen kommen kann (Khan 2010 in Proulx et al., 2015). Im schlimmsten Fall kann sich der Todeskampf über 24 Stunden hinziehen (Eason & Wickstrom 2001). Außerdem widerspricht dieses Verfahren, nach Auffassung von Proulx (et al., 2015), den kanadischen Tierschutzrichtlinien.

In Australien gibt es spezielle Giftköder gegen Wildhunde im Onlinehandel, um den Bestand der Dingos im Land zu beschränken. Die USA nutzten dasselbe Gift in den 1990er-Jahren gegen Nager (US EPA Fact Sheet 1990). Bei dem Gift handelt es sich um Natriumfluoracetat, in Fachkreisen auch als »Compound 1080« bezeichnet, das die Bildung eines bestimmten Enzyms blockiert, was dazu führt, dass im Körper durch den Stoffwechsel Citrat angereichert wird. Dadurch werden die Körperzellen von der Energieversorgung abgeschnitten, insbesondere sind Zellen mit hohem Energiebedarf betroffen, z.B. Herz und Gehirn (Proudfoot et al., 2006).

Um gegen den Wolf vorzugehen, wurden in Deutschland bis hin zu seiner Ausrottung im frühen 20. Jahrhundert neben Treibjagden und Fallen auch Giftköder mit Strychnin und Arsen verwendet. Heutzutage ist in Deutschland die Nutzung von Giftködern im Freiland streng verboten (Berner Konvention, 1979, Anhang IV). Der Schaden durch die Köder würde den »Nutzen« – die Dezimierung der Wolfspopulation – bei weitem überwiegen. Der Giftköder tötet völlig ungerichtet und hätte dieselben Folgen wie eine ungerichtete Jagd (siehe Kapitel 11): Sterben die Eltern eines Rudels durch das Gift, sind die Jungtiere entweder hilflos und verhungern, was sich nicht mit der Jagdethik vereinbaren lässt, oder die jugendlichen Nachkommen versuchen, sich selbst zu ernähren. Aufgrund ihrer mangelhaften Jagderfahrung würden sie sich wahrscheinlich der leichteren Beute, den Nutztieren, zuwenden.

Da Wölfe sehr vorsichtige Tiere sind, müssten die Köder relativ leicht zugänglich für sie sein, Kästen, Drahtkonstruktionen etc. würden die Wölfe nur abschrecken. Somit wären die Köder zwangsläufig auch für sämtliche andere Prädatoren, wie z.B. Füchse, Marderhunde, Marder etc., aber auch für Haushunde oder gar Menschen greifbar!

Auch die Jagd mit Drahtschlingen oder Tellereisen ist unter anderem aus diesen Gründen verboten worden: Sie fangen nicht gerichtet, es könnte also jederzeit irgendein Tier oder eine Person hineingeraten. In den Fällen, wo solche Fallen nicht regelmäßig kontrolliert wurden, bedeutete das für das gefangene Tier meistens einen langsamen, qualvollen Tod. Teilweise bissen sich die Tiere das eigene durch die Falle festgeklemmte Bein ab, um auf drei Beinen zu entkommen.

11

Ist die »reguläre« Wolfsjagd eine Herdenschutzmaßnahme?

Von Frank Faß und Imke Mohr

Immer wieder werden Stimmen laut, dass Wölfe abgeschossen werden müssen, wenn sie sich an Nutztieren vergriffen haben. Auf den ersten Blick ist diese Forderung auch nachvollziehbar: Die geschossenen Wölfe kommen garantiert nicht wieder. Unter der hypothetischen Annahme, dass die Wölfe irgendwann in Zukunft doch bejagt werden könnten, stellt sich die Frage, ob dieses überhaupt im Kontext des Herdenschutzes eine Schutzmaßnahme darstellt.

In diesem Kapitel wird ganz bewusst die »reguläre Bejagung« der Wölfe beleuchtet. Betrachtungen zum möglichen Umgang mit »Problemwölfen« in Bezug auf die Nutztierhaltung werden explizit in Kapitel 13 beschrieben.

Krofel et al. (2011) stellten fest, dass die legale Wolfsjagd in Slowenien keine spürbare Auswirkung auf die Zahl der Nutztierrisse, meist Schafe, hatte, und Bradley et al. (2015, in Treves et al. 2016) beobachteten nur dann einen signifikanten Rückgang der Übergriffe auf Nutztiere, wenn das ganze Rudel geschossen wurden. Wurde nur ein Rudelmitglied oder einige wenige Rudelmitglieder geschossen, war kein deutlicher Rückgang der Übergriffe zu erkennen. Es tritt sogar das Gegenteil ein: Wielgus et al. veröffentlichten 2014 eine Studie, in der sie Daten aus drei amerikanischen Bundesstaaten und aus 25 Jahren dahingehend analysierten, wie der Abschuss von Wölfen sich auf die Zahl der Übergriffe auf Nutztiere (Schafe und Rinder) auswirkte. Die Daten umfassten die Zahl der geschossenen Wölfe sowie die nachgewiesenen Nutztierrisse aus den Jahren 1987–2012 und kamen aus den US-Bundesstaaten Idaho, Montana und Wyoming. Die Zahl der geschossenen Wölfe setzt sich zusammen aus den bei der normalen Jagd erlegten Wölfen und denen, die vom US Fish and Wildlife Service zwecks Herdenschutz gezielt zum Abschuss freigegeben worden waren. Aus dem »Northern Rocky Mountain Wolf Recovery Program 2011 Interagency Annual Report«, auf dem Wielgus´ Daten zum Teil basieren, ging nicht klar hervor, ob bei der Jagd in irgendeiner Form zwischen Einzelgängern, jungtierführenden Alttieren oder der Jugendklasse differenziert wurde.

Nach der Analyse der Daten kamen die Forscher zu einem unerwarteten Ergebnis:

»Wir fanden heraus, dass die Zahl der Nutztierrisse positiv mit der Anzahl der Nutztiere und der Anzahl an fortpflanzungsfähigen Wolfspaaren zusammenhing. Allerdings fanden wir auch heraus, dass im Jahr nach Wolfsabschüssen die Zahl der Nutztierrisse positiv, nicht negativ, mit der Zahl der im Vorjahr geschossenen Wölfe zusammenhing.« (Wielgus et al. 2014)

Das bedeutet, dass die Zahl der Übergriffe auf Nutztiere im Jahr nach den Wolfsabschüssen entgegen der allgemeinen Erwartungen sogar noch gestiegen war: Ein Abschuss des Elternpaares kann dazu führen, dass die zurückgebliebenen Jährlinge bei dem altruistischen Versuch, die Welpen zu ernähren – oder natürlich auch sich selbst –, vermehrt die einfachere Beute, also die Nutztiere, reißen. Den Grund hierfür sehen Sand et al. (2006) und Strahler et al. (2006) (beide in Wielgus et al. 2014) in der Unerfahrenheit der Jährlinge bei der Jagd in Bezug auf mögliche Beutequellen und dem Töten der Beute.

Des Weiteren wurde entdeckt, dass der Abschuss der Elterntiere gelegentlich dazu führte, dass das verbliebene Rudel sich auflöste und die Zahl der fortpflanzungsfähigen Wolfspaare in dem Gebiet stieg (Brainerd et al. 2008). Die Crux an fortpflanzungsfähigen Paaren ist, dass sie, sobald die Welpen geworfen wurden, nicht nur einen erhöhten Druck haben, Nahrung heranzuschaffen (Blejwas et al. 2002), sondern auch eher in der Nähe der Wurfhöhle jagen gehen, anstatt der natürlichen Verteilung des Wildes zu folgen (Mech 2010 in Wielgus et al. 2014). Die steigende Zahl der Wolfspaare führte zu vermehrten Übergriffen.

Ein weiteres Phänomen wurde bei Kojoten gesehen: Bei einer moderaten Bejagung des Kojoten (Canis latrans) in einigen Bundesstaaten der USA beobachtete man, dass es regelmäßig zu kompensatorischer Reproduktion, also größeren Würfen, kam, die wiederum zu einer erhöhten Populations-Wachstumsrate und in den Folgejahren zu einer höheren Dichte der Kojotenpopulation führte (Knowlton et al. 1999). Zu Wölfen waren diesbezüglich keine Daten zu finden, aber aufgrund der nahen Verwandtschaft zwischen Wolf und Kojote ist eine ähnliche kompensatorische Reproduktion nicht auszuschließen.

Eine Folge, die aus der Bejagung großer Beutegreifer resultiert, aber immer noch wenig Beachtung findet, ist die Verschiebung im Ökosystem zugunsten der sogenannten »Mesoprädatoren«. Mesoprädatoren sind die »mittleren« Beutegreifer in einem ökologischen System. Für Deutschland bedeutet das, dass der Wolf als »Topprädator« an der Spitze der Beutegreifer steht, gefolgt von den mittleren, also kleineren Beutegreifern, wie Fuchs, Waschbär, Marderhund und Wildkatze. Die Definition der Mesoprädatoren schließt aber auch Ratten, Echsen, Spinnen und Libellen mit ein (Prugh et al. 2009).
Weltweit wurde immer wieder das Phänomen beobachtet, dass nach der Bejagung des Topprädators das Ergebnis nicht zufriedenstellend war: In Florida wollte man durch den gezielten großflächigen Abschuss des Waschbären (Procyon lotor) die Seeschildkröte schützen, weil der Waschbär gern deren Eier verspeist. Paradoxerweise ging die Zahl der zerstörten Seeschildkröten-Gelege nicht zurück, sondern stieg noch an – durch das Fehlen des Waschbären konnte sich die Westatlantische Reiterkrabbe (Ocypode quadrata), auch Rennkrabbe genannt, ungestört über die Gelege der Seeschildkröten hermachen (Barton 2003). In Bhutan wollte man der Rothunde (Cuon alpinus) Herr werden, um die Nutztiere zu schützen, doch der gezielte Abschuss etlicher Rothunde führte zu einem verstärkten Wachstum der Wildschwein-Population (Sus scrofa), die wiederum die Felder und somit die Ernte zerstörte (Wangchuk 2004 in Prugh et al. 2009).

Die Rolle eines Top-Beutegreifers für das Ökosystem ist anscheinend nicht zu unterschätzen. Da aber der Wolf in Deutschland lange nicht heimisch war und sich eine stabile Population der Mesoprädatoren entwickelt hat, ist dieser Aspekt vielleicht aktuell nicht so interessant, sollte aber für die Zukunft nicht außer Acht gelassen werden.

Bejagt man den Wolf mit Fallen, fängt ihn aber nicht, so geht die Zahl der Übergriffe auf Nutztiere zurück, stellten Harper et al. (2008) fest. Die Vermutung ist, dass einfach die vermehrte Anwesenheit des Menschen (Prüfung der Fallen) in der entsprechenden Region die Wölfe abschreckt und somit Wolfsübergriffe reduziert.

Von dieser Möglichkeit, Wölfe mit Fallen zu bejagen, darf aufgrund der strengen Schutzgesetzgebung bez. des Wolfes in Deutschland nicht Gebrauch gemacht werden. Tatsächlich könnte sich jedoch eine gewisse Vergleichbarkeit darstellen, die sich aus der »Verordnung zum Schutz landwirtschaftlicher Nutztiere und anderer zur Erzeugung tierischer Produkte gehaltener Tiere bei ihrer Haltung (Tierschutz-Nutztierhaltungsverordnung – TierSchNutztV)« ergibt:

§ 4 Allgemeine Anforderungen an Überwachung, Fütterung und Pflege

(1) Wer Nutztiere hält, hat vorbehaltlich der Vorschriften der Abschnitte 2 bis 7 sicherzustellen, dass

...

2. das Befinden der Tiere mindestens einmal täglich durch direkte Inaugenscheinnahme von einer für die Fütterung und Pflege verantwortlichen Person überprüft wird und dabei vorgefundene tote Tiere entfernt werden;

...

Es wird an dieser Stelle betont, dass es in Deutschland verboten ist, Wölfe lebend zu fangen, selbst wenn man sie im Anschluss daran wieder frei lässt – eine Herdenschutzmaßnahme lässt sich daraus also nicht ableiten. Nüchtern betrachtet haben wir allerdings festzustellen, dass die alleinige tägliche Inaugenscheinnahme von Nutztieren keinen Herdenschutz darstellt. Wölfe machen bisher in Deutschland im Grunde genommen keine schlechten Erfahrungen mit Menschen.

Die Erfahrungen aus den zitierten Studien führen den lauten Ruf nach dem Abschuss eines oder mehrerer Wölfe ad absurdum – glaubt man, durch die Entnahme des einen Wolfes ein Problem gelöst zu haben, kann dies schon den Weg für die nächsten Probleme bereiten.

Für einen Wolf, der große Schäden bei unzureichend geschützten Nutztieren anrichtet, mag der Abschuss zum Zweck des Herdenschutzes vernünftig und richtig erscheinen, es handelt sich hier aber nicht um eine langfristige Lösung, da das Revier des geschossenen Wolfes über kurz oder lang durch einen Nachfolger besetzt werden wird (Treves et al. 2005). Bjorge und Gunson (1985) sowie Tompa (1983, beide in Wielgus et al. 2014) beobachteten dieses Phänomen in den kanadischen Provinzen Alberta bzw. Britisch Kolumbien: Der gezielte Abschuss etlicher Wölfe (Reduktion von 40 auf 3 Wölfe) eines Forschungsterritoriums (1.340 km²/ 134.000 ha) führte zwar in den ersten zwei Jahren zu einem massiven Rückgang der Nutztierrisse, spätestens nach dem zweiten Jahr waren die Reviere aber wieder besiedelt, und die Zahl der Nutztierrisse stieg wieder an. Wieglus et al. (2014) und Harper et al. (2008) bestätigen dies in ihren Studien aus dem Jahr 2008, mit dem Unterschied, dass sowohl Tompa als auch Bjorge und Gunson auf einzelne Reviere schauten, während Harper et al. die Ergebnisse aus dem Bundesstaat Minnesota auswerteten, Wielgus et al. jene der Bundesstaaten Idaho, Montana und Wyoming. Laut Wielgus et al. (2014) geht die Kontrolle der Wolfsbestände zwar regional mit verringerten Nutztierrissen einher, im Gegenzug steigt überregional die Zahl der Wolfsübergriffe auf Schafe um 4 % und auf Rinder um ca. 5–6 %.

Einige Menschen sind fest davon überzeugt, dass eine Bejagung des Wolfes, also der Abschuss, ihn wieder scheu(er) werden lassen würde. Interessanterweise gibt es für diese Mutmaßung keine wissenschaftlichen Beweise, selbst unter den Wissenschaftlern der »Large Carnivore Initiative for Europe« gibt es keine einheitliche Meinung dazu (Wotschikowski 2016, pers. Komm.). Die Vermutung, dass Wölfe durch die Jagd scheuer werden bzw. scheu bleiben, beruht auf den Beobachtungen des jagdbaren Wilds. Das Rotwild in Deutschland ist z.B. recht scheu im Vergleich zu dem Wapiti, seinem nordamerikanischen Pendant. Dort, wo der Wapiti nicht gejagt wird, äst er auch schon mal auf einer Verkehrsinsel mitten im Straßenverkehr (Wotschikowski 2016, pers. Komm.).

In der NINA-Studie wird im Kapitel 12.1 die Frage aufgenommen, wie man Wolfsangriffe verhindern könne. Hierzu wird erstens empfohlen, die Tollwut zu bekämpfen – Deutschland gilt laut der WHO seit dem Jahr 2008 als tollwutfrei, nur bei Fledermäusen kommt die Krankheit immer wieder vor – zweitens soll der Lebensraum potentieller Beutetiere geschützt werden, um dem Wolf ausreichende natürliche Nahrungsquellen zu bieten, und drittens soll der Wolf »wild« gehalten werden, was durch Drückjagden eher bewerkstelligt werden könne als durch Ansitzjagden. Auch die Autoren der NINA-Studie hatten zum letzten Punkt keine wissenschaftlichen Belege zur Hand, es handelt sich lediglich um eine Empfehlung für Gegenden, in denen der Wolf gejagt werden darf (Linell et al. 2002).

In diesem Kapitel konnte bisher dargestellt werden, dass die reguläre Wolfsjagd keine nachhaltige Herdenschutzmaßnahme darstellt und sogar eher weitere Herausforderungen bzw. Probleme in sich birgt. Gleichwohl wird immer wieder verschiedentlich diskutiert, ob Wölfe grundsätzlich wieder bejagt werden sollen oder nicht. Zum einen gibt es Meinungsvertreter, die die vollständige natürliche Sättigung der Landschaft mit Wölfen in Deutschland anstreben. Das bedeutet, dass es so viele Wölfe geben soll, wie die Wolfspopulation in Deutschland von sich aus produziert – also ohne Limitierung durch den Menschen. Dieses Modell wird derzeit durch internationale und nationale Gesetzgebung untermauert.

Zum anderen gibt es Vertreter der Forderung, dass die klassische Wolfsjagd wieder eingeführt werden soll. Dazu ist derzeit zu sagen, dass die artenschutzrechtliche Gesetzgebung dieses streng verbietet. Voraussetzungen für eine vorzunehmende Gesetzesänderung sind, dass es entsprechende politische Mehrheiten gibt, die den »vernünftigen Grund« für die Bejagung darlegt. Zugangsvoraussetzung dazu ist jedoch wiederum, dass die Wolfspopulation den günstigen Erhaltungszustand erreicht hat und trotz Bejagung beibehält.

Tatsächlich sollte man sich in Deutschland auf Bundesebene darüber im Klaren werden, wie man überhaupt gedenkt, Wölfe zu bejagen, selbst wenn dieses erst in weiter Zukunft wieder gestattet würde, und ob das überhaupt grundsätzlich Sinn machen würde. Dieser Schritt könnte durchaus Mäßigung in manche hochemotionale Diskussion bringen.

Ein dritter Aspekt ist die Regulierung einer Wolfsmenge vor dem Hintergrund einer wissenschaftlichen Fragestellung. Dieser soll hier ebenfalls dargestellt werden.

Die natürliche Sättigung der als Wolfslebensraum geeigneten Habitate

Um die natürliche Sättigung zu erlangen, wird bewusst nicht jagdlich in den Wolfsbestand eingegriffen. Das heißt, dass Wölfe sich überall dorthin ausbreiten dürfen, wohin sie wollen, wie schnell sie wollen und in welcher Menge sie wollen. Tritt die Sättigung nach und nach in den unterschiedlichen Regionen ein, könnten künftig weniger Welpen produziert werden, Krankheiten die Bestände herunterdrosseln, innerartliche Revierkämpfe eine anteilige Reduzierung erwirken usw. Die Beutetierdichten (Angebot) entscheiden dabei weiterhin über die Wolfsdichten.

Die Regulierung des Wolfes auf wissenschaftlicher Basis

Der Begriff »Regulierung« von Wölfen sollte unserem Erachten nach nur im Zusammenhang wissenschaftlicher Forschungsprojekte Verwendung finden und nicht mit der eigentlichen Bejagung von Wölfen vermischt werden. Gegenstand solcher genehmigten Regulierungsmaßnahmen ist die Beantwortung von wissenschaftlichen Fragestellungen unterschiedlicher Art. Die Rahmenbedingungen sind dabei u.a. sowohl die zeitliche Begrenzung beim Eingriff in den Wolfsbestand, als auch die Menge der zu entnehmenden Tiere. Ferner sind solche Projekte auf eine definierte Region begrenzt. Nur ausgewählte Projektteammitglieder nehmen die Entnahme der Wölfe vor.

Die Bejagung des Wolfes

Die Bejagung des Wolfes im Sinne des Jagdrechtes, wie z.B. Rotwild oder Fuchs, setzt voraus,

- dass der Wolf dem Jagdrecht unterliegt und damit als »Wild« im Sinne des Jagdrechtes eingestuft wird,
- dass die Population so groß ist, dass eine Bejagung den günstigen Erhaltungszustand dieser Population nicht gefährdet.

Bei einer Übernahme in das Jagdrecht würde dem Wolf in der derzeitigen Situation eine ganzjährige Schonzeit eingeräumt werden. Der strenge Schutz über das nationale und EU-Recht (Naturschutzrecht) besteht weiterhin (siehe Luchs, Fischotter, Wildkatze). Da der Wolf weiterhin über die FFH-Richtlinie geschützt ist, dürfte er nur dann im Rahmen einer Jagdausübung geschossen werden, wenn sich seine Population in einem »guten Erhaltungszustand« befindet und dieser durch Bejagung nicht verschlechtert würde. Unter diesen Umständen würde ihm auch eine Jagdzeit eingeräumt.

Eine Population (wie z.B. die deutsch-westpolnische) ist laut genetischen Untersuchungen aber erst dann in einem guten Erhaltungszustand (mit ausreichender genetischer Variabilität), wenn sie mindestens 1.000 Tiere zählt, ein regelmäßiger freier Austausch der Individuen innerhalb des gesamten Populationsgebietes erfolgen kann und wenn diese 1.000 Tiere auf eine ausreichende genetische Vielfalt zurückzuführen ist (also nicht, wenn sie von relativ wenigen Tieren abstammen wie die kleine deutsch-westpolnische Population heutzutage). Der Erhaltungszustand muss durch harte Daten belegt werden (u.a. im Rahmen des Monitorings ermittelte C1- und C2-Nachweise).

Ein Abschussplan müsste dann für Wölfe erstellt werden, der jedoch hohe Auflagen zur Umsetzung beinhalten würde (vergleichbar denen bei der so genannten »licensjakt« in Schweden).

Fachlich wäre es erforderlich, genau festzulegen, in welchem Rudel welche Tiere gejagt werden dürfen, z.B. Jährlinge, nicht jedoch das Elternpaar. Dies Forderung ist in jagdlichen Situationen kaum realisierbar, da in der Regel nur wenige Sekunden für die Ansprache (Beurteilung des Wildes nach Geschlecht, Altersklasse, Gewicht, Stellung in der Familie etc.) zur Verfügung stehen und Durchschnittsjäger nicht über die erforderliche Fachkompetenz verfügen, einen Jährling von einem adulten Tier zu unterscheiden – fällt dies doch sogar erfahrenen Wolfskennern innerhalb so kurzer Beobachtungszeit schwer!

Den Wolf in das Jagdrecht zu überführen ist zumindest zum gegenwärtigen Zeitpunkt nicht zielführend und sinnvoll. Der Wolf genießt durch das Naturschutzrecht einen mindestens so strengen rechtlichen Schutz wie durch das Jagdrecht für ganzjährig geschützte Arten (Straftatbestand, bis zu 5 Jahre Haft). Ein guter Erhaltungszustand der deutsch-westpolnischen Population ist einiges entfernt.

Fachwissen über den Wolf ist ein Muss

Zunächst einmal ist festzustellen, dass der Wolf bisher kaum fester Bestandteil der Lehrpläne der Vorbereitungslehrgänge zur Jägerprüfung ist, die jährlich hundertfach in Deutschland abgelegt wird und neue Jägerinnen und Jäger in die Reviere des Menschen entlässt. Somit steht der Jäger Mensch dem Topprädator Wolf doch mit unzureichender Fachkunde über dessen Wildbiologie gegenüber. Die Forderung, über den Wolf zu lehren, ist somit gerechtfertigt, ernst zu nehmen und umgehend umzusetzen. Sinnvolle Maßnahmen der Jägerschaft sind die Überarbeitung der Literatur für Jägerseminare sowie die Korrektur und Überarbeitung der Darstellung des Wolfes in der Jagdliteratur, insbesondere den Lehrbüchern für die Vorbereitung der Jägerprüfung. Auch die Jägerprüfung selbst muss den Wolf erfassen – sei es, dass er im Jagdrecht steht oder nicht.

Jäger sind per Gesetz verpflichtet, das Wild zu hegen und zu pflegen. Die Pflicht der Jäger zur Hege ist für den Wolf allerdings auch nicht realistisch. Wie soll ein Wolf gehegt werden? Er braucht kein Heu in Notzeiten, er braucht keine Wildäcker, keine Hegebüsche, kein Fernhalten von Prädatoren.

Bevor ein Jäger ein Wildtier erlegen (in der Jägersprache »strecken«) darf, muss er es ansprechen, d.h. er muss beurteilen, welches Geschlecht das in Betracht kommende Tier hat, wie alt es ist, wie fit das Tier optisch wirkt und ob es somit überhaupt getötet werden darf. Durch fehlendes Fachwissen oder fehlende Routine sind Jäger in Deutschland in der großen Mehrheit nicht im Stande, den in freier Wildbahn lebenden Wolf richtig anzusprechen. Es erfordert sehr viel Erfahrung, den gesichteten Wolf aufgrund seiner Optik in die richtige Altersklasse einzustufen. Wir unterscheiden drei Altersklassen: Erwachsener (adulter) Wolf, Jährling und Welpe. Sogar Verwechslungen zwischen Hunden und Wölfen sind festgestellt worden. Dieser Umstand kann nur positiv verändert werden, wenn Jäger und deren Verbände in ihrer Gesamtheit gewillt sind, sich die Fachkunde über Wölfe anzueignen.

Im Rudel leben – nur hochsoziale Tiere können das

Wölfe sind hochsoziale Säugetiere, bei denen sich beide Elternteile an der Aufzucht der Welpen langfristig beteiligen. Selbst die ein Jahr älteren Geschwister der Welpen – die Jährlinge – unterstützen die Eltern bei der Welpenaufzucht. Die beiden Elterntiere leben in der Regel monogam zusammen und besetzen gemeinsam ein Revier, das häufig über 200 bis 300 Quadratkilometer (20.000 bis 30.000 Hektar) groß ist. Dieses Revier können Wölfe in einer Nacht vollständig durchqueren. Das konnte anhand von mit Senderhalsbändern ausgestatteten Wölfen und GPS-Satellitentechnik in

Deutschland bewiesen werden. In Wolfsrevieren dieser Größe befinden sich rechnerisch angenommen 20 bis 30 Jagdreviere des Menschen zu je durchschnittlich 1.000 Hektar Größe. Tatsächlich sind die Reviere häufig kleiner – also noch mehr Jagdreviere des Menschen im Wolfsrevier. Somit ist es realistisch, dass bei einem Jagdansitz auf Wildschweine tatsächlich alle Jäger ein und dasselbe Wolfsrudel, ein Pärchen oder eben auch das Einzeltier, wenn nur eins vorhanden ist, sehen. Beim Anblick z.B. eines einzelnen Wolfes besteht wiederum die Gefahr, dass die Sichtungen aller Jäger aufaddiert werden und über mehrere Wölfe im Gebiet diskutiert wird, obwohl nur dieser eine da ist. Hier stellt sich übrigens schon die nächste Frage: Sollen Elterntiere geschossen werden dürfen, wenn sie doch beide gemeinsam und dauerhaft den Nachwuchs aufziehen? Nein, denn das verbietet allein schon die Jagdethik, die auf Raubtiere genauso anzuwenden ist, wie auf Schalenwild! Ferner müssten Jährlinge wie auch Welpen ohne weitere Orientierungsmöglichkeit an den Eltern zurechtkommen. Umgekehrt können die Erfahrungen der Eltern nicht mehr an ihren Nachwuchs im Sinne des tradierten Lernens weitergegeben werden. Während der Aufzuchtphase der Welpen werden diese an ihre eigene Art – also an Wölfe sozialisiert – sprich gebunden. Der Mensch steht dabei außen vor, was erklärt, dass Wölfe in der Regel nicht sonderlich an Menschen interessiert sind. Wölfe haben aber auch keine panische Angst vor Menschen. Wir Menschen zählen nicht zur Beute der Wölfe, auch wenn hierüber Meinungen auseinandergehen. Es wurden äußerst selten Übergriffe von Wölfen auf Menschen festgestellt – teilweise auch beutemotiviert, NINA (2002).

Während der Aufzuchtphase werden die jungen Welpen an verschiedenste Reize der belebten und unbelebten Umwelt gewöhnt (Habituierung). Bei den ersten Wanderungen durch das Elternrevier, zu Beginn ihres ersten Winters, setzt sich dieser Prozess fort. Wölfe lernen also ganz nebenbei die verschiedensten natürlichen und unnatürlichen Gegebenheiten kennen. Je nach Lebensraum kann die Habituierung sehr unterschiedlich ablaufen. Wie schon gesagt sind Wölfe hochsoziale Lebewesen. Deshalb sollte es nicht verwundern, dass es auch bei ihnen unterschiedliche Typen gibt. So gibt es durchaus sehr vorsichtige und auch neugierigere Individuen. Die jahrhundertelange und intensive Bejagung von Wölfen in Europa dürfte dazu geführt haben, dass nur die sehr vorsichtigen Individuen überlebten. Diese Vorsicht kann von ihren Nachkommen in einer Mischung sowohl vererbt als auch erlernt worden sein. Hoher Jagddruck kann also selektiv wirken – ähnlich einem Zuchtprozess. Ab dem 1. Mai, wenn der Wolf also etwa ein Jahr alt ist, wird er von Welpe auf Jährling umbenannt. In Anlehnung daran ist das Wolfsmonitoringjahr (1. Mai bis 30. April) festgelegt. Er ist mittlerweile ein Wolf, der in die Pubertät eingetreten ist, und langsam erwachsen wird. Schon längst ist er aber im Hinblick auf Körpergröße und Körperbau nicht mehr von einem erwachsenen Wolf zu unterscheiden. Im Alter von ein bis zwei Jahren wandern Wölfe in der Regel aus dem Elternrevier endgültig ab, mit der Zielsetzung, ein eigenes Jagdrevier und einen Paarungspartner zu finden. Ausnahmen zeigten, dass einzelne Wölfe auch schon im Alter von fünf Monaten abgewandert sind, und andere bis zum fünften Lebensjahr im Elternrudel verblieben sind (Mech und Boitani 2003). Und dennoch muss festgehalten werden: Haben wir Jäger eines Tages den Wolf vor uns im Revier, können wir nicht mit Bestimmtheit feststellen, wen wir da genau anzusprechen haben – ist es ein erwachsen aussehender Jährling auf der Suche nach einem neuen Revier oder tatsächlich ein erwachsener Wolf? Beim erwachsenen Wolf stellt sich wiederum die Frage, ob er ein Einzeltier ist oder ob sein Partner mit im Wolfsrevier ist und ob sie Nachwuchs führen. Nur wenn ein ganzes Rudel vollständig zu sehen ist, könnten Einschätzungen getroffen werden. Eine selektive Jagd ist also nicht möglich, es sei denn, Elterntiere wären markiert, oder es werden ausschließlich Welpen bis zu ihrem ersten Herbst bejagt.

Wer kann was, wer darf was?

Sollten Forderungen massiv werden, den Wolf eines Tages in das Jagdrecht mit Schonzeiten und Bejagungszeiten aufzunehmen, muss zunächst einmal überlegt werden, wer denn dann den Wolf überhaupt erlegen soll. Hier ist eine Diskrepanz zu erkennen. Angenommen der Abschussplan sieht die Erlegung eines Wolfes in einem Jahr in einem definierten Gebiet vor. Wer stellt sicher, dass in den über 20 Jagdrevieren des Menschen – geteilt mit einem Wolfsrevier – auch wirklich nur ein Wolf geschossen wird und nicht versehentlich mehrere, im Unwissen der übrigen Jäger, dass in derselben Nacht bereits an anderer Stelle schon ein Wolf geschossen wurde. Hier muss strengste Meldepflicht darüber gegeben sein, dass ein Wolf geschossen wurde. Ehrlich gefragt, wie soll das gelingen? Deshalb wird der versehentliche Mehrfachabschuss nicht zu vermeiden sein. Die zuvor erwähnte Problematik der richtigen Ansprechbarkeit bleibt bestehen und die Lichtverhältnisse der Dämmerung und des Mondlichtes tragen noch erschwerend dazu bei. Bei der schwedischen »licensjakt« darf nur bei Tageslicht gejagt werden, jede Jagdgruppe hat einen verantwortlichen Jagdleiter, der sofort über einen abgegebenen Schuss informiert wird und diesen sofort an eine Zentralstelle weiter meldet. Alle 30 Minuten muss er bei der Zentralstelle nachfragen, ob noch ein Wolf zum Abschuss frei ist. Jeder abgegebene Schuss wird zunächst auf die Quote angerechnet, so lange, bis bei einer möglicherweise erforderlichen Nachsuche mit völliger Sicherheit geklärt ist, dass der beschossene Wolf unverletzt geblieben ist. Wird ein Wolf über die Quote hinaus geschossen, dann wird zunächst eine Untersuchung wegen Wilderei eingeleitet.

Weitere Überlegungen zur Bejagung von Wölfen

Abschließend sollen hier weitere Überlegungen zur Bejagung von Wölfen dargestellt werden.

Immer wieder ist davon zu hören, dass man Wölfe lediglich auf Truppenübungsplätzen zulassen sollte, somit außerhalb dieser Plätze bundesweit nicht. Von sogenannten »Wolfsinseln« ist die Rede. Dieser Umstand wird nie Realität werden, aufgrund der Tatsache, dass dann die wenigen Wölfe auf solchen Inseln in die Inzuchtdepression hineingeraten. Dies ist artenschutzrechtlich nicht zu vereinbaren und sollte auch nicht aus der Sicht eines Jägers als Lösung angesehen werden.

Die Gesellschaft ändert sich. Nie stand das Jagdwesen in Deutschland so sehr im Fokus der Öffentlichkeit und in der Kritik. Sollten sich die Forderungen erhärten, den Wolf ins Jagdrecht zu übernehmen, wird man um die Anführung des sogenannten »vernünftigen Grundes« wahrscheinlich nicht mehr umhinkommen – dieses mag gefallen oder auch nicht.

Argumente, dass Wölfe doch in der Wildnis auch gejagt werden, dürfen natürlich geäußert werden, um über die Bejagung von Wölfen in Deutschland zu diskutieren. Gleichwohl sollten wir uns vor Augen führen, dass in Wildnisgebieten allzu oft diejenigen Wölfe erlegt werden, die sich gerade zeigen. Dieses geschieht nicht aus reiner Willkür, sondern weil es oft die einzige Chance ist, überhaupt einen Wolf zu erlegen. Wildnisgebiete sind nicht mit der Kulturlandschaft Europas zu verwechseln. Gerade in der deutschen Kulturlandschaft sind es wie bereits oben beschrieben eine Vielzahl von Jägern, die sich mit ihrem Revier das große Revier des Wolfes teilen. In den Wildnisgebieten sind es oft nur wenige Jäger, die dort die Jagd ausüben, und somit jene Chancen nutzen, die sich bieten, unabhängig von der Frage der Altersstruktur des Wolfs oder seiner Rolle im Rudel. Parallel dazu ist übrigens auch festzustellen, dass die Nutztierdichte in solchen Wildnisgebieten um ein Vielfaches geringer ist, als in unserer Kulturlandschaft.

Sollte der Wolf eines Tages in Deutschland gejagt werden, muss es unabdingbar sein, dass im Vorfeld im europäischen Umfeld analysiert wird, welche Fehler dort bereits gemacht wurden. Hierdurch können wir vermeiden, eben solche Fehler auch in Deutschland zu wiederholen. Tun wir dies nicht, nimmt die Jägerschaft großen Schaden im gesellschaftlichen Ansehen.

Abschließend soll hier noch eine Sorge mancher Jäger umrissen werden, für den Fall, dass Wölfe tatsächlich eines Tages bejagt werden sollten: Die Sorge des verpflichteten finanziellen Ausgleiches von Wildschäden durch den Wolf. Heute sind Jäger mit Bezug auf das Bundesjagdgesetz und die relevanten Landesjagdgesetze dazu verpflichtet, die Schäden, die durch Schalenwild, Fasanen und Wildkaninchen angerichtet werden, auszugleichen. In Bezug auf den Wolf mehrt sich die Sorge, dass Jäger dann auch diejenigen Schäden im eigenen Jagdrevier finanziell auszugleichen hätten, die die Wölfe an Nutztieren anrichten.

Bejagung von Wölfen und Herdenschutz

Über die Bejagung von Wölfen zu diskutieren löst teilweise hochemotionale Befindlichkeiten aus. Dennoch sollte es in unserer modernen Gesellschaft gestattet bleiben, sich auch solcher Themen anzunehmen – ganz gleich, ob man dafür oder dagegen ist.

Tagesschicht, Nachtschicht oder beides? Mit Blick auf den Herdenschutz bleibt jedoch festzuhalten, dass die reguläre Bejagung keinen Lösungsansatz dafür bietet. Eine Bejagung des Wolfes dürfte als Resultat die beinahe vollständige Aktivität der Wölfe in der Nacht zur Folgen haben. Davon hat der Nutztierhalter nichts, weil der Wolf dann z.B. Schafe überwiegend in der Nacht reißt – was er anscheinend ohnehin schon nachts bzw. in der Dämmerung macht.

12 Herdenschutzmaßnahmen

Von Frank Faß, Imke Mohr, Gesa Richter, Olaf Buschmann und Martin Holm

Nachdem im bisherigen Verlaufe dieses Buches vieles über unterschiedliche Habitate, verschiedene Nutztierhaltungen und über diverse Facetten der Wölfe geschrieben wurde, geht es in diesem Kapitel darum, Herdenschutzmaßnahmen unterschiedlicher Art zu beleuchten.

Bewusst werden in diesem Buch sämtliche durch die Recherche ausfindig gemachte Herdenschutzmöglichkeiten beschrieben – unabhängig von der aktuellen Artenschutzgesetzgebung. Bei der Recherche nach wissenschaftlichen Veröffentlichungen ist uns aufgefallen, dass einige kleine Handbücher im z.B. nordamerikanischen Raum, Norwegen und der Schweiz existieren. Dabei fällt auf, dass sich die Listen, der in diesen Handbüchern erwähnten Forscher, sehr ähneln, was der Tatsache geschuldet ist, dass es eben nur eine gewisse Anzahl an Forschern gibt, die sich dem Wolf widmen. Auf den ersten Blick dienen ihre Erkenntnisse dabei selten dem Herdenschutz. Betrachtet man die Ergebnisse aber im Zusammenhang – wie bei den bereits existierenden Handbüchern – ergeben die einzelnen Wissensbruchstücke ein großes Bild.

Bei allen Herdenschutzmaßnahmen, die darauf abzielen, Wölfe von der Annäherung von Nutztieren abzuhalten, muss betont werden, dass die verschiedenen Herdenschutzmaßnahmen nicht die Nutztiere schädigen oder beeinträchtigen dürfen.

Es wird zu Beginn dieses Kapitels ausdrücklich betont, dass die Erstellung dieses Buches von niemandem gesponsert wurde und die Darstellung bzw. Beschreibung unterschiedlicher Produkte von verschiedenen Herstellern und Anbietern von uns frei gewählt ist.

12.1 Zäune und andere Barrieren

Das Kapitel »Gängige Praxis zur Einzäunung von Nutztieren« verdeutlicht, dass Nutztiere immer entweder durch Zäune unterschiedlicher Bauart oder durch natürliche Gegebenheiten auf den Nutzflächen zusammen gehalten werden.
In der wolfsfreien Zeit musste sich ein Nutztierhalter stets darüber Gedanken machen, wie er die Hütesicherheit bei der Haltung von Schafen, Ziegen, Gehegewild, Rindern oder Pferden und Ponys im Freien herstellt. Also was muss der Tierhalter dafür tun, damit seine Tiere nicht die Nutzfläche selbstständig verlassen und in den Verkehr laufen, wo sie dann eine große Gefahr für die öffentliche Verkehrssicherheit darstellen könnten? Des Weiteren sollen die Nutztiere gehütet werden, um unerwünschte Fraß- und Trittschäden auf benachbarten bzw. fremden Flurstücken zu vermeiden.

Mit Blick auf wild lebende Wölfe »muss« sich der Nutztierhalter mittlerweile zusätzlich Gedanken darüber machen, wie es ihm gelingt, anhand von Herdenschutzmaßnahmen Wölfe von seinen Nutztieren fernzuhalten – wie er also einen wolfsabweisenden Grundschutz errichtet. Dies gilt insbesondere für die Schaf-, Ziegen und Gehegewildhaltung. Er muss sich also über die Beschaffenheit seiner Barrieren im Klaren werden und beurteilen, ob eine Auf- bzw. Umrüstung der bestehenden Barriere erforderlich ist oder nicht.

Es ist von allerhöchster Bedeutung zu wissen, dass ein hütesicherer Zaun nicht automatisch auch ein wolfsabweisender Zaun ist! Zur Beurteilung von wolfsabweisenden Zäunen geht es im ersten Schritt darum, zu prüfen, ob der jeweilige Zaun überhaupt die »vorgeschriebene« Hütesicherheit erfüllt oder nicht. Im zweiten Schritt muss das Augenmerk auf die Erfüllung des wolfsabweisenden Grundschutzes gelegt werden, was einen großen Unterschied zu hütesicheren Zäunen bedeuten kann. Dieses Kapitel ist daher mit Blick auf die Zaunbeschreibungen für die jeweilige Nutztierkategorie in zwei Themen unterteilt. Zunächst werden hütesichere Zäune beschrieben und darauf folgend wolfsabweisende Zäune.

Für die Errichtung von hütesicheren Zäunen gibt es bundesweit keinen normierten Rechtsrahmen. Sollte es im Schadensfall (z.B. Ausbruch einer Rinderherde) zur Gerichtsverhandlung mit der Fragestellung kommen, ob die Rinder hütesicher eingezäunt waren, wird immer wieder auf die Veröffentlichung »Sichere Weidezäune« des aid infodienst Ernährung, Landwirtschaft, Verbraucherschutz e.V. zurückgegriffen. Auch Versicherer im Bereich der Tierhalterhaftpflicht greifen in der Beurteilung von Zaunbauqualitäten darauf zurück. Insofern sollten die Empfehlungen zur Hütesicherheit des aid infodienst befolgt werden, auch wenn sie letztlich keine vollständige rechtliche Bindung haben. Dabei darf jedoch der wolfsabweisende Grundschutz nicht aus den Augen verloren werden.

12.1.1 Allgemeine Anforderungen

Die Varianten von Weidezaunarten sind äußerst vielfältig, ebenso das angebotene Handelssortiment von Zubehörteilen durch viele verschiedene Hersteller. Die verbauten Komponenten müssen aufeinander abgestimmt sein und zueinander passen, damit die Hütesicherheit und der wolfsabweisende Grundschutz gewährleistet sind. Dennoch: Eine absolut ausbruchssichere Zäunung gibt es nicht, insbesondere dann nicht, wenn Weidetiere in Panik geraten. Die nachfolgenden Ausführungen sind als Empfehlungen zu betrachten, denn wie eine gute Hütesicherheit herzustellen ist, ist immer eine Einzelfallentscheidung in Abhängigkeit von den örtlichen Gegebenheiten.

Nach aid infodienst (Sichere Weidezäune, 2016) werden unterschieden nach:

Standort

Außenzaun:

Er grenzt eine Futterfläche nach außen ab.

Abbildung 186: Außenzaun

Innenzaun:

Er unterteilt eine vom Außenzaun umgebene Fläche in mehrere Teilflächen.

Abbildung 187: Innenzaun

Hütewirkung

Stabilzaun:

Weidezaun, dessen Hütewirkung bedingt durch seine Festigkeit auf mechanische Ein- oder Ausgrenzung beruht, wie z.B. ein Holzstangenzaun.

Abbildung 188: Stabilzaun

Elektrozaun:

Weidezaun, dessen Hütewirkung auf Abschreckung durch elektrische Impulse beruht und für das Tier eine psychologische Barriere darstellt. In der Ausführung finden häufig Elektronetze, Metalldrähte, Seil- und Breitbandlitzen Anwendung.

Abbildung 189: Elektrozaun

Festzaun: (Kombination)

Weidezaun in der Ausführung wie ein Stabilzaun, der zusätzlich noch (Kombizaun) eine elektrische Abschreckung besitzt, meist durch eine innen vorgesetzte Litze (Rund- oder Breitband) oder Metalldraht.

Abbildung 190: Festzaun

Standdauer

Stationärer Zaun:

Weidezaun, der über mehrere Jahre stehen bleibt.

Abbildung 191: Stationärer Zaun

Mobiler Zaun:

Weidezaun, der beliebig oft auf- und abgebaut werden kann. Standdauer: wenige Tage bzw. wenige Wochen

Abbildung 192: Mobiler Zaun

12.1.2 Gesetzliche Grundlagen

Ein einziges umfassendes Gesetz für die Weidesicherheit und die Beschaffenheit von Weidezaunanlagen gibt es nicht. Stattdessen sind die einzelnen Vorschriften zur Gewährleistung der Weidesicherheit im Zusammenhang zu berücksichtigen. Wichtig für den Tierhalter sind nachfolgende Gesetze, Verordnungen und Vorschriften:

Gesetze

››› BGB: §§ 833 und 834 / Haftung des Tierhalters bzw. des Tieraufsehers

Verordnungen

››› Verordnung zum Schutz landwirtschaftlicher Nutztiere und anderer zur Erzeugung tierischer Produkte gehaltener Tiere bei ihrer Haltung (TierSchNutzV)

››› Straßenverkehrs-Ordnung (StVO)

››› Unfallverhütungsvorschrift »Tierhaltung« VSG 4.1

DIN-Normen

››› DIN EN 60335-2-76/A12 (VDE0700-76); Teil 2–76, Besondere Anforderungen an Elektrozaungeräte

››› DIN 57 131 (VDE 0131), Errichtung und Betrieb von Elektrozaunanlagen

12.1.3 Risikobereiche

Das differente Gefährdungspotential für die Öffentlichkeit durch Weidetierhaltung in unserer dichtbesiedelten Kulturlandschaft wird im Wesentlichen durch die einzelnen Tierarten sowie die Entfernung der Weiden von örtlich unterschiedlichen Gefahrenquellen bestimmt.

Zur einfachen Erfassung der jeweiligen Situation wird nach aid infodienst (Sichere Weidezäune, 2016) das Verhältnis der Entfernung der Weiden zur Gefahrenquelle in Risikobereiche dargestellt.

Risikobereich I

Weiden, die nicht in die Risikobereiche II und III eingestuft sind (z.B. abgelegene Weiden, waldnah).

Risikobereich II

Weiden, die im Bereich von 500 bis 1.000 m von Gefahrenquellen liegen.

Risikobereich III

Weiden, die im Bereich bis 500 m Entfernung von Gefahrenquellen iegen. Dazu gehören u.a. Autobahnen, Bundesstraßen, Flugplätze, Bahnlinien etc.

Es gilt der Leitsatz:

Je höher das Risiko, desto höher die Anforderungen an den Außenzaun.

12.1.4 Natürliche Hütewirkung

Möglichkeiten zur Bildung von natürlichen Hütewirkungen werden im Folgenden anhand von Erdwällen, Gräben, Flüssen und Hecken untersucht – ebenso die Frage, ob der wolfsabweisende Grundschutz gegeben ist.

12.1.4.1 Erdwälle

Erdwälle sind durch Menschen errichtete Werke, die oft mit Baumbewuchs ausgestaltet sind, und somit etwaigen Rückschluss auf das Mindestalter des Erdwalles geben können. Eine Hütesicherheit bieten Erdwälle nicht, weil selbst Kühe schon auf solchen Wällen stehend gesichtet wurden. Die Abbildungen zeigen, dass erst ein vorgesetzter Stromdraht die Hütesicherheit herstellt.

Neu angelegte Erdwälle, wie in unten stehender Abbildung, stellen eine Naturschutzmaßnahme dar. Der junge Baumbewuchs wird gegen Verbissschäden durch einen Zaun vorübergehend geschützt.

Erdwälle stellen keinen wolfsabweisenden Schutz dar. Mit Leichtigkeit würden sie von Wölfen überwunden werden.

Abbildung 193: Erdwall mit Baumbewuchs und vorgesetztem Stromdraht

Abbildung 194: Parallel zur Straße wurde die Hütesicherheit durch das Spannen mehrerer Stacheldrähte hergestellt

Abbildung 195: Neu angelegter Erdwall mit Baumanpflanzung

12.1.4.2 Gräben, Bäche und Flüsse

Vielerorts werden die verschiedenen Nutztierarten, wie Schafe, Ziegen, Rinder und Pferde auf Flächen gehalten, die teilweise durch Zäune und auch teilweise durch Gräben, Bäche oder Flüsse umgeben sind. Für gewöhnlich respektieren die Nutztiere diese »Wasserbarrieren« und verbleiben somit auf der ihnen zugewiesenen Fläche. Dennoch gelten die hier genannten Fließgewässer, auch nach Auffassung des aid infodienst (Sichere Weidezäune, 2016) als nicht hütesicher, weil durch eine Schrecksituation in Panik geratene Nutztiere sehr wohl solche Hindernisse überwinden. Darüber hinaus ist ebenfalls festzustellen, dass Wölfe aufgrund ihrer Schwimm- und Sprungfähigkeit ohne Weiteres im Stande sind Fließgewässer zu überwinden oder zu durchschwimmen. Fließgewässer stellen also keinen wolfsabweisenden Schutz dar.

Abbildung 196: Ein Graben »hindert« hier Milchkühe daran, auf die Landstraße zu laufen

Abbildung 197: Während ein einseitig installierter Stromzaun hier die Milchkühe hindert, auf eine Bundesstraße zu laufen, wird im rückwärtigen Bereich der Weide nur noch mit Gräben gehütet

Abbildung 198: Schafe an der Weser ohne Zaun am Ufer

Abbildung 199: Pferde am Weserufer

Abbildung 200: Milchkühe am Buschrand liegend. Im Hintergrund sind Weidezaunpfähle zu erkennen

Abbildung 201: Eine hoch gewachsene und schmal geschnittene Hecke säumt eine Weide

12.1.4.3 Hecken und Knicke

In verschiedenen Regionen sind häufiger Hecken oder Knicke vorhanden. Sie dienen als Grenzmarkierung und Einfriedung und stellen dadurch ein landschaftsprägendes Element der Kulturlandschaft dar. Nach Einschätzung des aid infodienst (Sichere Weidezäune, 2016) sind solche natürlichen Einfriedungen nur bedingt möglich, um Nutztiere zu hüten. Oft sind zusätzlich Strom- oder Stacheldrahtzäune entlang der Hecken oder Knicke installiert, um die Nutztiere am Durchdringen zu hindern.

Mit Blick auf den wolfsabweisenden Schutz muss klar gesagt werden, dass Wölfe ohne Weiteres solche »Hürden« überwinden.

12.1.4.4 Steinmauern und Steinwälle

Steinwälle, wie in unten stehender Abbildung zu sehen, sind ein klassisches Merkmal der z.B. irischen Kulturlandschaft. Auch hier dienen diese »natürlichen« Einfriedungen nicht nur zur Nutztierhaltung, sondern auch zur Grenzmarkierung von Flurstücken. Steinwälle, als Aufschüttung von Lesesteinen, scheiden nach Angaben des aid infodienst (Sichere Weidezäune, 2016), als natürliche Weideeinfriedung aus. Solche Steinwälle könnten von Nutztieren überstiegen werden. Wie in Abbildung 202 zu sehen ist, werden die Pferde letztlich mittels eines Stromzaunes gehütet.

Steinwälle stellen keinen wolfsabweisenden Schutz dar. Steinmauern sind hingegen von Steinwällen in

Abbildung 202: Es ist hier der Stromzaun, der die Einfriedung der Pferde darstellt und nicht der markante Steinwall

Größe und Beschaffenheit abzugrenzen und können zur Weideeinfriedung tauglich sein, wenn die Nutztiere diese nicht überlaufen oder umstoßen können.

Ob eine Steinmauer einen wolfsabweisenden Schutz darstellt oder nicht, kann nur individuell beurteilt werden. In keinem Fall darf eine Steinmauer einem Wolf als Klettermöglichkeit dienen.

12.1.5 Mechanische Hütewirkung

Unter der mechanischen Hütewirkung werden technische Zaunbauten verstanden, die ohne den Einsatz von Stromleitern die Hütewirkung erreichen sollen. Hierbei wird zwischen fest installierten und mobilen Zäunen unterschieden.

12.1.5.1 Festinstallierte Zäune/Stabilzäune

Nach den Vorgaben des aid infodienst (Sichere Weidezäune, 2016) kommt in Anwendung der mechanischen Hütewirkung unter den festinstallierten Zäunen der sogenannte Stabilzaun zur Anwendung.

Stabilzäune sind unter den vier benannten Nutztierkategorien dieses Buches am meisten in der Schaf-/Ziegen-, Gehegewild- und der Pferdehaltung zu finden. Nur selten ist dieser Zauntyp bei der Rinderhaltung in Niedersachsen anzutreffen. Stabilzäune sind von Stacheldrahtzäunen zu unterscheiden, die sehr oft in der Rinderhaltung verwendet werden.

Der Benennung nach mögen festinstallierte Zäune bzw. Stabilzäune den Anschein erregen, dass sie Wölfe davon abhalten, Zutritt auf eine Weide oder Koppel oder in ein Gehege zu bekommen. Doch dem ist per se nicht so. Aus den früheren Ansprüchen heraus, lediglich die erforderliche Hütesicherheit der Nutztiere herzustellen, kann die Anforderung entstehen, solche mechanischen Zäune als wolfsabweisende Zäune umzurüsten.

Schaf-/Ziegenhaltung

Zur Herstellung der Hütesicherheit (!) findet häufig der Metallgeflechtzaun (Knotengitterzaun) Anwendung auf Stand- oder Umtriebsweiden sowie an Fluss- und Seedeichen. Er sollte zwischen 80–110 cm hoch sein. Dabei sind die bodennahen Längsdrähte in einem engeren Abstand (7–10 cm) eingearbeitet als die weiter oben (bis 18 cm) befindlichen. Der Drahtdurchmesser beträgt 1,6–3,7 mm. Im Allgemeinen werden 8–15 Längsdrähte in gestaffelter Anordnung verwendet. Als Grundsatz gilt: je mehr Vertikaldrähte Verwendung finden, umso dichter und lammsicherer wird der Zaun, da der untere Teil des Geflechts feinmaschiger wird. Die Verknotung mit Querdrähten erfolgt alle ca. 15 cm. Wichtig ist eine gute Spannung des Knotengitters, wobei die wellenartigen Knicke in den Querdrähten erhalten bleiben sollen, da sie als elastischer Spannungsausgleich bei zusätzlich auftretender Zugspannung, wie sie beispielsweise bei Temperaturschwankungen auftreten kann, dienen. Der unterste Längsdraht darf einen Bodenabstand von ca. 5 cm nicht überschreiten.

Abbildung 203: Stabilzaun in der Schafhaltung

Besonderes Augenmerk sollte auf vorhandene Bodenunebenheiten gerichtet werden. Der unterste Draht des Gitters muss dann fest am Boden verankert werden, um ein Durchschlüpfen der Schafe bzw. das Eindringen von Fressfeinden oder wildernden Hunden zu vermeiden. Die Verbindung der einzelnen Drahtrollen miteinander muss sorgfältig ausgeführt werden, damit die Schnittpunkte stabil und belastbar sind.

In der Regel finden Pfähle aus haltbarem oder durch Imprägnierung haltbar gemachtem Holz Verwendung. Bei einer Gesamtlänge von 180 cm werden 60 cm in den Boden eingelassen, der Pfahldurchmesser beträgt 8 bis 10 cm.

Kunststoffpfähle werden ebenfalls erfolgreich als Streckenpfähle bei Knotengitterzäunen verbaut. Bei der Auswahl der Pfähle ist auf Sortenreinheit des verwendeten Kunststoffes ohne Weichmacher zu achten. Recyclingpfähle bestehen oftmals aus unterschiedlichen Materialien, bei denen häufig Reste von Weichmachern enthalten sind, unter deren Einfluss das UV-Licht die Pfähle brüchig werden lässt. Pfähle aus sortenreinem Plastik zeichnen sich durch eine lange Haltbarkeit und gute Bearbeitungsmöglichkeiten aus. Die Verletzungsgefahr durch Splitter entfällt. Die Länge der Pfähle beträgt zwischen 1,5 m bis 1,7 m, ihr Durchmesser 5 bis 8 cm.

Gehegewildhaltung

Zur Herstellung der Hütesicherheit (!) hat der Außenzaun eines Wildgeheges die Aufgabe, das Entweichen der gehaltenen Tiere zu verhindern. Als Zaunmaterial kommen sowohl Stahlknotengeflechte mit einem Kopf- und Fußdraht in der Stärke 2,5 bis 3 mm wie auch Maschendraht zum Einsatz. Die empfohlene Zaunhöhe beträgt für Dam- und Sikawild mindestens 1,8 m, für Rotwild 2,0 m. Schon bei der Planung eines Wildgeheges ist darauf zu achten, dass spitze Winkel oder andere Einengungen bei der Zaunführung vermieden werden, da sonst eine erhebliche Gefahr des Verfangens der Tiere besteht.

Die unteren horizontalen Drähte eines Knotengeflechtzaunes müssen derart geführt werden, dass diese bis zu einer Höhe von 30 cm einen maximalen Abstand von 7,5 cm zueinander haben. Dies soll das Entweichen neugeborener Kälber verhindern. In einer Höhe von über 30 cm kann der Abstand zueinander verdoppelt werden. Damit ein ausreichendes Nachspannen gewährleistet ist, sind alle horizontalen Drähte spätestens nach 100 m mit einem Drahtspanner zu versehen. Die vertikalen Drähte dienen der Si-

Abbildung 204: Stabilzaun in der Gehegewildhaltung

cherung der Maschenweiten und verlaufen üblicherweise in einem Abstand von 30 cm oder weniger. Die verbauten Spannpfähle sollten eine Länge zwischen 2,8 bis 3,7 m haben. Da die Pfähle sehr hohen Zugkräften ausgesetzt sind, ist eine entsprechende Versteifung zur Aufnahme der Belastung unerlässlich. Ersatzweise können die Spannpfähle auch in beide Zugrichtungen abgestrebt werden, um die Zugkräfte abzufangen.

Beim Setzen der Streckenpfähle ist darauf zu achten, dass der Zaun eine gewisse Elastizität bekommt, damit sich die Tiere beim Gegenspringen nicht verletzen. Deshalb werden Abstände je nach örtlichen Bedingungen zwischen 8 und 15 m empfohlen. Damit der Zaun einen guten Bodenabschluss erhält, sind zwischen den Streckenpfählen im Abstand von ca. 5 m metallene Erdanker zu setzen. Als Pfahlmaterial wird häufig witterungsbeständiges Holz verwendet.

Als Außentore werden in der Regel drahtbespannte Tore mit Stahl- oder Holzrahmen genutzt. Da auch die Außentore genauso hütesicher sein müssen wie die gesamte Zaunanlage, ist hier auf einen guten Bodenabschluss zu achten.

Abbildung 205: Stabilzaun in der Rinderhaltung

Rinderhaltung

Die Herstellung der Hütesicherheit (!) mittels Stabilzäune ist material- und arbeitsaufwendig. Dieses sind Gründe, warum dieser Zauntyp nur selten anzutreffen ist. Der in Abbildung 205 dargestellte Stabilzaun wurde im südlichen Alpenraum fotografiert.

Sind am Stabilzaun zusätzlich von innen Stromleiter an die Zaunpfähle montiert, wird vom Kombizaun gesprochen. Diese Zusatzausrüstung wird teilweise nachträglich installiert, damit sich die Rinder nicht am Zaun scheuern, was einige Rinder aus Gründen des Komfortverhaltens sehr mögen. In Abbildung 206 ist zu sehen, wie sich eine Kuh an einem Zaunpfahl scheuert.

Abbildung 206: Kuh scheuert sich am Zaunpfahl

Abbildung 207: Haarrückstände durch Scheuern am Stacheldrahtzaun

Abbildung 207 zeugt davon, dass sich mindestens ein Rind (hier Galloways) am Stacheldraht gescheuert hat. Bei vielen Stachelpaaren sind Haare ausgezupft und hängengeblieben.

Dem Bedürfnis des Komfortverhaltens wird in Kuhställen dadurch nachgekommen, dass z.B. motorgetriebene rotierende Bürsten als Scheuerhilfe dienen, wie in Abbildung 208 zu sehen ist. Berührt die Kuh die Bürste, wird der Bürsten-Motor über eine Kontaktschaltung in Gang gesetzt.

Abbildung 208: Scheuerbüste für mehr Kuhkomfort

Pferdehaltung

Nach Angaben des aid infodienst (Sichere Weidezäune, 2016) sind Pferde Flucht- und Lauftiere, die einen hohen Bewegungsdrang haben. Sie müssen durch ihre Anatomie bedingt kontinuierlich fressen. Deshalb muss ein ständiges Futter- und Wasserangebot vorhanden sein, weil sie sonst versuchen könnten, über den Zaun hinweg auf andere Weiden zu gelangen. Die Zäune müssen gut sichtbar und hütesicher in Bezug auf die Pferdegröße angepasst sein. Generell sollten Außenzäune als Fest- oder Stabilzäune ausgeführt werden. Weiden in Risikobereiche einzuteilen, wie bei Rindern, macht bei Pferden wenig Sinn. Sie können durch ihr Fluchtverhalten mehrere Kilometer zurücklegen, so dass Pferdeweiden immer in den Risikobereich 3 fallen.

Der Material- und Montageaufwand ist zur Erreichung der Hütesicherheit hoch und die somit zu erwartenden Kosten sind es ebenfalls. Ein typischer Stabilzaun besteht aus Holz-, Metall- oder Kunststoffriegel (waagerecht verbaute Teile, auch Querverbindungen genannt) sowie den dazugehörenden Pfählen. Die erforderliche Minimumzaunhöhe über Grund errechnet sich nach ≥ 0,75 x Widerristhöhe und ergibt je nach Pferderasse 120–140 (160) cm. Ebenfalls in Abhängigkeit zur Pferderasse sollten 2–4 Querriegel verbaut werden. Die Höhe des ersten Riegel über Grund sollte mindestens 40–60 cm betragen, bei Fohlen entsprechend angepasst. Der Abstand der weiteren Riegel beträgt 15–60 cm in Abhängigkeit von der Zaunhöhe und der Menge der Riegel.

Abbildung 209: Stabilzaun in der Pferdehaltung

Abbildung 210: Beschädigter Festzaun durch »knabbernde« Ponys

Die Streckenpfähle sollten einen Mindestdurchmesser von 10 cm und eine Länge von mindestens 2 m aufweisen und zu etwa 1/3 in den Boden gerammt werden. Der Abstand ist vom Material abhängig und sollte 4,0 m nicht überschreiten. Die Querverbindungen sollten an der Weideninnenseite der Zaunpfähle angebracht werden, um den Zaun beim Gegendrücken der Pferde stabiler zu machen. Sie bestehen aus Rund- oder Halbrundhölzern mit mindestens 12 cm Durchmesser oder aus Planken, mindestens 4 cm stark. Es sind auch 7–10 cm starke, straff gespannte Bänder aus Förderbandgummi möglich.

Je nach Pferde- oder Ponyindividuen kann es vorkommen, dass diese gern an den oberen waagerechten Riegel der Holzzäune knabbern (Abbildung 210). Ferner gibt es solche, die sich gern an den Zaunpfählen scheuern. Das Scheuern dient dem Komfortverhalten.

Zur Vermeidung der Knabber- bzw. Scheuerschäden wird zusätzlich vielerorts eine stromführende Litze installiert (Abbildung 211). Eine Erhöhung der Hütesicherheit muss das jedoch nicht zwingend garantieren.

Abbildung 211: Oben und mittig montierte Stromlitzen zur Schadensabwehr am Holzzaun (Kombizaun)

Fazit

Die in diesem Kapitel beschriebenen Stabilzäune in der Schaf-, Ziegen-, Gehewild-, Rinder-, Pferde- und Ponyhaltung stellen für sich allein betrachtet keinen wolfsabweisenden Grundschutz dar.

Abbildung 212: Aneinandergereihte Panels als mobiler Zaun für Rinder

12.1.5.2 Mobile Zäune

In der Nutztierhaltung finden für kleinere und auch große Tiere mobile Steckzäune, als Panel bezeichnet, Anwendung. Panels sind aus Stahlrohren gefertigte und verzinkte Zaunelemente, die systematisch zusammengesteckt werden können. Die verschiedenen Anwendungsmöglichkeiten reichen vom Verladen, Umtreiben und Einfangen der Tiere, als Treibgang zum Behandlungsstand, bis hin zur Errichtung mobiler Weideunterstände. In Abbildung 212 sind mehrere Panels zu einem Sammelplatz zusammengesteckt, zwecks Vorbereitung der Tiere für den Behandlungsstand.

Panels sind als festinstallierte Zaunbauelemente nicht geeignet und vom Hersteller dafür auch nicht vorgesehen. Sie verfügen über keinerlei eigene Befestigungsmöglichkeiten im Erdreich (z.B. Spieße oder Erdanker) und stehen daher nur lose auf dem Erdreich auf. Die in Abbildung 212 aufgebauten Panels stehen aufrecht, weil ein Panel das andere stützt.

Fazit

Panels stellen keinen wolfsabweisenden Grundschutz dar. Werden in der Tierhaltung Panels als Weidetore »umfunktioniert«, obwohl sie dafür auch nicht gedacht sind, sind die Darstellungen in Kapitel 12.1.7.4 zu berücksichtigen.

12.1.5.3 Sonderfall Wildschutzzaun an Autobahnen

Die bundesweit stellenweise vorhandenen Wildschutzzäune entlang der Autobahnen dienen der Vermeidung von Wildtierkollisionen mit dem Kraftfahrzeugverkehr. Wildtiere sollen also durch den Zaun daran gehindert werden die Fahrbahn zu betreten oder zu überqueren. Dadurch werden beide, Menschen und Wildtiere, geschützt.

Diese oft 1,6 oder auch 1,8 m hohen Wildschutzzäune, die bodenschlüssig aufgestellt werden, gehören in die Kategorie der festinstallierten und nicht elektrifizierten Zäune (Stabilzaun).

Autobahnwildschutzzäune stellen jedoch rechtlich eine gewisse Besonderheit dar. Sie stehen auf den zur Autobahn zugehörigen Flächen und sind je nach Zuständigkeit Eigentum des Bundes oder des Landes. Allein vor dem Hintergrund des fremden Eigentums auf fremden Flächen dürfen solche Zäune nicht von Nutztierhaltern als Zaun zur Erreichung der Hütewirkung verwendet werden. Es ist stets auf der zu den Nutztieren zugewandten Wildschutzzaunseite ein eigener, für die jeweilige Nutztierart angemessener bzw. vorgeschriebener, Zaun zu errichten. Somit wird ferner verhindert, dass sich große Nutztiere am Autobahnwildzaun scheuern können, diesen vielleicht sogar herunterdrücken und auf die Fahrbahn geraten.

Letztlich muss betont werden, dass der Wildschutzzaun selbst keinen wolfsabweisenden Grundschutz darstellt, weil diese Zäune ohne geeigneten Untergrabeschutz verbaut werden.

Abbildung 213: Wildzaun an der Autobahn

Herstellung der Hütesicherheit entstammen vor allem dem aid infodienst (Sichere Weidezäune, 2016). Weiterhin existieren verschiedene Gerichtsentscheidungen, die diese Empfehlungen bzw. Verpflichtungen unterstreichen bzw. bestätigen. Hinsichtlich der allgemeinen Sicherheit und den besonderen Anforderungen an Weidezaungeräte gibt es die DIN EN 60335-2-76 (VDE 0700-76). Dazu gilt ferner die DIN 57131 (VDE 0131) bezüglich der Errichtung und dem Betrieb von Elektrozaunanlagen.

Hütesichere Elektrozäune sind in Veröffentlichungen und Katalogen verschiedener Zaunartikelvermarkter und Zaunbauunternehmen beschrieben.

Abbildung 214: Wildzaun an der Autobahn mit innen vorgesetztem Elektrozaun für die Kühe

12.1.5.4 Sonderfall Jungpflanzenschutzzaun

Dieselben Ausführungen im Kapitel »Sonderfall Wildschutzzaun an Autobahnen« gelten auch für Jungpflanzenschutzzäune.

12.1.6 Elektrische Hütewirkung durch Elektrozäune

In Deutschland gibt es für den Betrieb von Elektrozaunanlagen keine direkten Vorschriften mit Bezug auf die Hütesicherheit. Alle Verpflichtungen beruhen auf der grundsätzlichen Haftung des Tierhalters nach BGB § 833. Alle im Folgenden genannten Empfehlungen zur

Diese Beschreibungen dienen dem Tierhalter als Orientierung für einen entsprechenden Zaunbau, um Schafe, Ziegen, Gehegewild, Rinder und Pferde bzw. Ponys einzuzäunen.

Die in diesem Kapitel beschriebenen »Regeln« zum hütesicheren (!) Zaunbau sind technisch betrachtet mindestens identisch im Vergleich zu wolfsabweisenden Zäunen, wie sie in Kapitel 12.1.7 empfohlen werden. Allerdings ist das Hauptaugenmerk stets auf die Auszäunung des Wolfes zu richten. Deshalb werden in Kapitel 12.1.7 höhere elektrische Anforderungen (Spannung und Entlade- bzw. Impulsenergie) diskutiert und eine umfangreichere Zaunbarriere beschrieben.

Wirkungsweise eines Elektrozaunes

Der Elektrozaun ist ein grundsätzlich zunächst offener elektrischer Stromkreis, der erst bei Berührung durch den Wolf oder durch ein Nutztier geschlossen wird. Infolge dieser Zaunberührung an Drähten, Litzen, Seilen, Bändern oder Netzen und dem damit verbundenen Stromkreislaufschluss wird ein Stromimpuls (Stromstoß, Stromschlag) auf den Wolf übertragen (elektrische Schlagwirkung). Dieses muss vom Wolf als mindestens sehr unangenehm empfunden werden, so dass eine nochmalige Berührung idealerweise vermieden wird (siehe Kapitel 7: Jagdverhalten des Wolfes; positive Bestrafung).

Zaunanlagenschaltungen

Es gibt drei unterschiedliche Möglichkeiten in der Zaunanlagenschaltung, um bei Berührung des Zaunes durch einen Wolf den Stromkreis zu schließen und um dann den Stromimpuls zu übertragen.

Variante 1:

> Der Stromimpuls, der vom Elektrozaungerät ausgesandt wird, fließt von einem oder mehreren der fünf positiv geladenen Zaundrähte (rot) über den Wolf (hier: von der Nase durch den Körper und über die am Boden stehenden Füße) durch die Erde und die Erdungspfähle (grün) zurück zum Weidegerät (Erdrückleitung). Abbildung 215 verdeutlicht die Schaltung. Die meisten Weidezäune sind derart geschaltet.

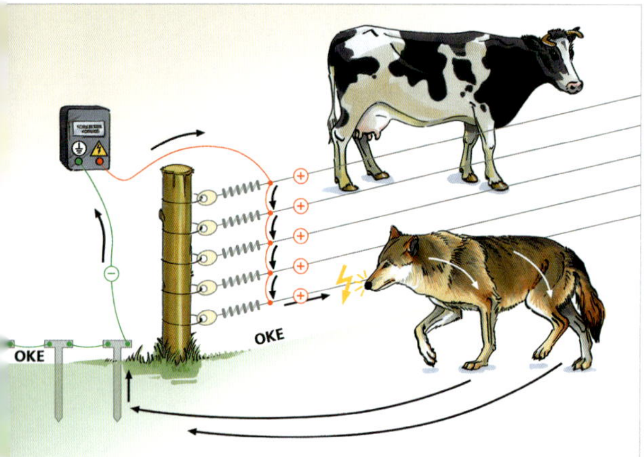

Abbildung 215: Weidezaun-Stromkreislauf Variante 1

Variante 2:

> Der Stromimpuls, der vom Elektrozaungerät ausgesandt wird, fließt von einem der vier positiv geladenen Zaundrähte (rot) über den Wolf durch die Erde und die Erdungspfähle (grün) zurück zum Weidegerät (Erdrückleitung).
>
> Darüber hinaus kann der Wolf ebenfalls eine Stromimpulsübertragung erfahren, wenn er den zweituntersten Stromdraht (grün) – als Erdung am Weidezaungerät angeschlossen – und gleichzeitig einen benachbarten positiv geladenen Stromdraht (rot) berührt (Drahtrückleitung). Auch hierbei schließt der Wolf den Stromkreis. Abbildung 216 verdeutlicht die Schaltung. Den untersten Draht als Erdungsdraht (grün) an das Weidezaungerät anzuschließen ist sinnlos. Berührt der Wolf dann den Draht, bekommt er keinen Stromimpuls übertragen. Würde der Wolf allerdings nur den zweituntersten Draht (grün) berühren, würde er auch keinen Stromimpuls übertragen bekommen, da es nur der Minusdraht ist.

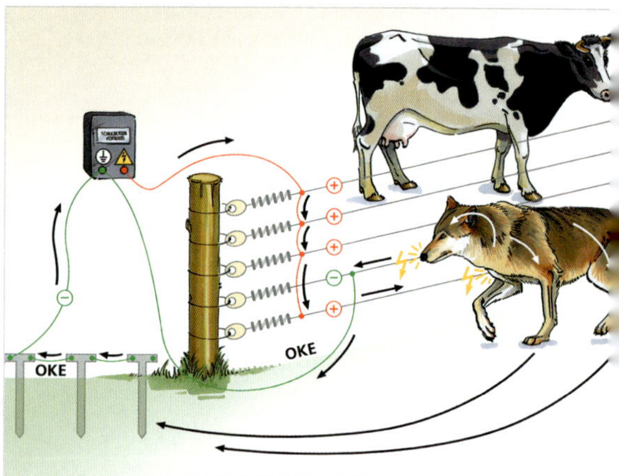

Abbildung 216: Weidezaun-Stromkreislauf Variante 2

Komponente	Gerät, Material	Verwendung
Weidegerät	230 Volt Netzanschluss	Hofnahe Flächen oder sonstige Flächen mit Stromanschluss
	12 Volt Batterie	Weideflächen im Außenbereich ohne eine erreichbare Netzstromsteckdose
	9 Volt Batterie	Sehr kleine Weiden und Paddocks
Zaunmaterial	Drähte	Rinder, Schafe, Ziegen
	Litzen	Rinder, Schafe, Ziegen
	Seile	Pferde
	Bänder	Pferde
	Netze	Schafe
Isolatoren	Bandisolator	für Bänder
	Rillenisolator	für Seile und Litzen
	Drahtisolator	für Drähte
Zaunpfähle	Spannpfahl	dient zum Spannen und Halten des Zaunes
	Streckenpfahl	dient zum Führen der Leiter in der gewünschten Höhe

Tabelle 16: Komponenten eines Elektrozaunes

Variante 3:

Bei der in Abbildung 217 dargestellten dritten Variante fehlen gänzlich alle Erdungspfähle. Damit der Stromimpuls, der vom Elektrozaungerät ausgesandt wird, durch den Tierkörper zurück zum Weidezaungerät fließen kann, muss der Wolf gleichzeitig einen positiv geladenen Zaundraht (rot) und einen Erdungsdraht (grün) berühren. Erst hierdurch wird der Stromkreislauf geschlossen (Drahtrückleitung).

Diese Schaltungsform sollte nur dann verwendet werden, wenn eine Erdung über Erdungspfähle aufgrund außerordentlich trockener, Steiniger oder schneebedeckter Böden wirklich nicht herstellbar ist. In den meisten Fällen ist eine Erdung über Erdungsstäbe jedoch möglich.

Ein wesentlicher Aspekt zur Erhaltung einer hohen Wirkungsgüte des Stromzaunes ist die Vermeidung von Bewuchs, um Fehlableitungen des Stromes zu verhindern. Grundsätzlich sollte der Bewuchs nur bis zu einem gewissen Grad zugelassen werden (Abbildung 218 und Abbildung 219). Es ist an dieser Stelle unmöglich, konkrete Mengen an Bewuchs (z.B. Kontaktmengen pro 100 m) zu benennen, die noch zulässig sein könnten. Dieses hängt von verschiedenen Faktoren ab wie z.B. vom verwendeten Stromzaungerät bzw. dessen Leistungsfähigkeit. Mit Blick auf die für den wolfsabweisenden Elektrozaunbau bodennah zu installierenden Stromleiter, sollte ein Bewuchs im Grunde genommen gar nicht zugelassen werden.

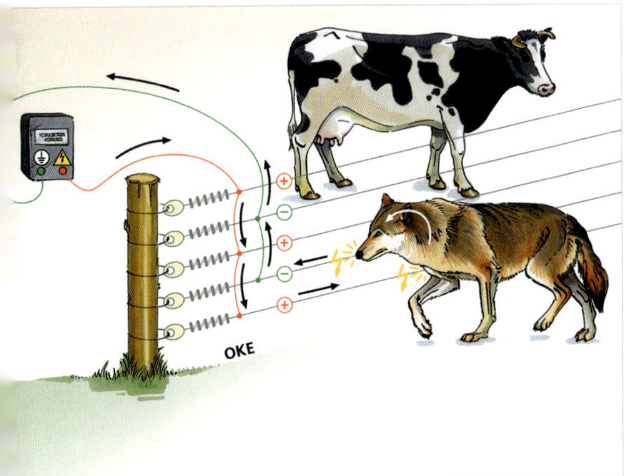

Abbildung 217: Weidezaun-Stromkreislauf Variante 3

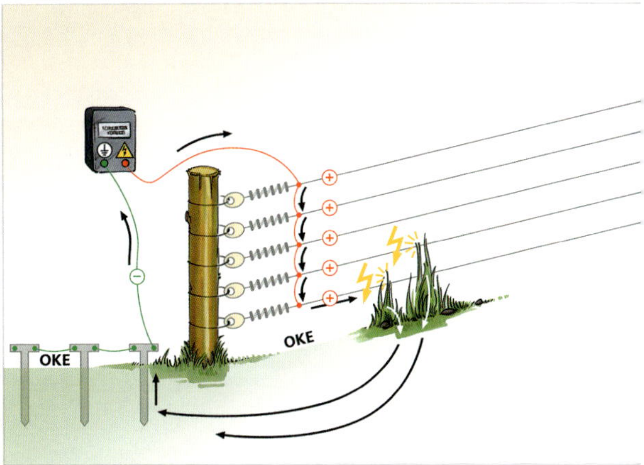

Abbildung 218: Bewuchs im Elektrozaun führt zur Fehlableitung des Stromes und somit zur Schwächung des wolfsabweisenden Schutzes

Abbildung 219: Bewuchs im Elektrozaun

Bei der Errichtung von Zaunanlagen ist ein angemessener Abstand von Stromdrähten zum Boden und untereinander zu berücksichtigen. (Wolfs-)fell hat je nach Länge und Dichte stromisolierende Eigenschaften, wie in Abbildung 220 ersichtlich ist. Hier berührt der Gehegewolf mit den Haarenden seines Nackenfells einen Stromdraht bei 6.900 Volt und 4,2 Joule Entladeenergie – er bleibt unversehrt, weil der Stromimpuls das isolierende Haarkleid nicht durchdringt. Um das Wolfsfell zu durchdringen ist daher auch der mechanische Widerstand des verwendeten Leitermaterials entscheidend. Litze, Seile, Bänder geben mechanisch stark nach. Stark gespannte Drähte, in soliden Isolatoren verankert, reduzieren schnell den Abstand zur Haut durch den wirkenden Druck und ermöglichen die Impulsübertragung.

Für das Funktionsverständnis von Weidezäunen werden im Folgenden verschiedene physikalische Parameter beschrieben.

Wird ein Metalldraht zwischen die beiden Pole einer Gleichstromquelle angeschlossen, liefert die Quelle ein elektrisches Feld entlang des Drahtes. In diesem Moment sind die freien Elektronen unter dem Einfluss dieses elektrischen Feldes gezwungen, vom positiven (plus) zum negativen Ausgang (minus) zu fließen. Die freien Elektronen sind Träger einer elektrischen Ladung, die durch einen Metalldraht fließen – dem Leiter. Die elektrische Ladung »*C*« wird in Coulomb [*Q*, *q*] angegeben und 1 Q entspricht ca. 6,242 x 1018 Elementarladungen.

Die elektrische Spannung »*U*« (physikalische Größe; Einheit: Volt [*V*]) beschreibt den elektrischen Potentialunterschied und verursacht, dass ein Strom fließt. 1 Volt entspricht der potentiellen Energie pro Ladung (1 V = 1 J / 1 C).

Die Stromstärke »*I*« (physikalische Größe; Einheit: Ampere [*A*] beschreibt den Fluss der Elektronen im Leiter. Die Dauer und die Durchflussmenge erzeugen den Stromschlag, der bei Berührung des Stromzaunes wahrgenommen wird.

Der elektrische Widerstand »*R*« (Einheit: Ohm [Ω]) berechnet sich aus der Spannung geteilt durch die Stromstärke. Widerstände sind zweipolige Elemente – hier der Tierkörper bzw. Körperpartien. Zweipolig in diesem Sinne meint, dass der Wolf mit einer Körperpartie (1. Pol) den Stromdraht (plus) berühren muss (z.B. mit der Nase) während er gleichzeitig mit einer anderen Körperpartie (z.B. Füße → 2. Pol) auf dem Boden (minus) stehen muss. Erst dann kann der Strom durch den widerstandbehafteten Wolfskörper fließen.

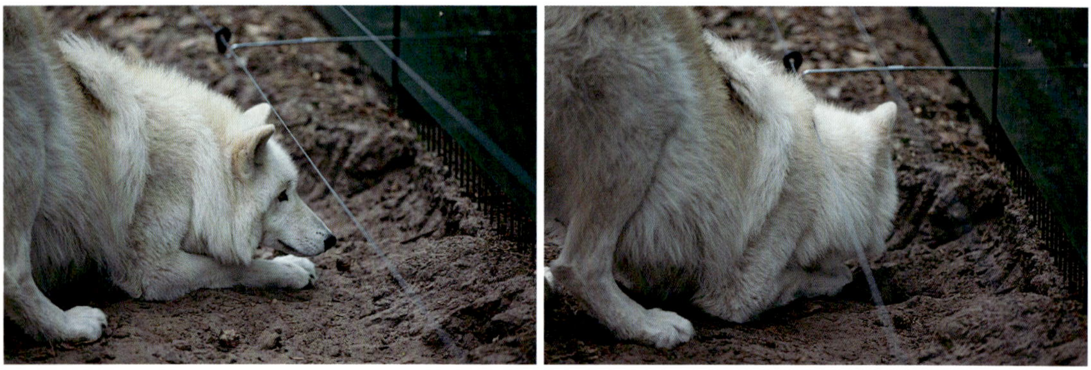

Abbildung 220: Wolfsfell hat stromisolierende Eigenschaften

Ein Vogel der mit beiden Füßen einen Elektrodraht anfliegt und sich auf ihn stellt, erfährt keinen Stromschlag, weil er in der Situation nicht geerdet ist.

Spannung, Strom und Widerstand stehen wie folgt im mathematischen Zusammenhang:

Spannung [*V*] = Widerstand [Ω] x Stromstärke [*A*]

$$U = R \times I$$

Bei gleicher Spannung verringert ein größerer Widerstand den Stromfluss. Bei 0 Ω (Null Ohm) liegt ein kompletter Kurzschluss vor.

Da weder Spannung, Strom noch Widerstand zu sehen, zu riechen oder anfassbar sind, haben manchmal Menschen Schwierigkeiten, diese physikalischen Größen und Gesetzesmäßigkeiten zu verstehen. Leichter nachvollziehbar fällt hingegen der Vergleich mit einer Wasserpumpe und einem Wasserschlauch. Der Druck, der durch eine Wasserpumpe in einem Gartenschlauch erzeugt wird, kann als »Spannung« begriffen werden. Der »Strom« beschreibt, wie viel Wasser pro Sekunde durch den Schlauch fließt. Das im Schlauch strömende Wasser reibt sich an der Innenoberfläche des Gartenschlauches. Diese Reibung entspricht dem »Widerstand«. Soll also der Wasserstrom erhöht werden, sollte der Reibungswiderstand im Schlauch reduziert und/oder der Pumpendruck erhöht werden.

Die elektrische Leistung »*P*« (physikalische Größe; Einheit: Watt [*W*]) berechnet sich aus der Multiplikation der Spannung mit der Stromstärke:

$$P = U \times I$$

$$P = I^2 \times R$$

Die elektrische Energie »*E*« (Einheit: Wattsekunde [*Ws*] oder auch Joule [*J*]) ist eine Maßeinheit für die Leistung eines Weidezaungerätes und berechnet sich wie folgt:

$$E = P \times t$$

$$E = U \times I \times t$$

$$E = I^2 \times R \times t$$

$$E = U^2 / R \times t$$

Am Beispiel der Wasserpumpe entspricht die Leistung dem Wasserdruck multipliziert mit der Literzahl die pro Stunde fließt. Die Pumpenenergie (Ausstoß der Pumpe) entspricht der Kapazität der Wasserpumpe und berechnet sich aus Druck multipliziert mit der Literzahl pro Stunde multipliziert mit der Zeit.

Das System Weidezaun beinhaltet zwei verschiedene Typen von Widerständen, die es zu unterscheiden gilt:

››› Last des Systems
››› Widerstand im Weidezaundraht (Leiter)

Unter der Last des Systems wird die Summe aller Fehler aufgrund unerwünschter Ableitung des Stromes verstanden. Solche Fehler können defekte Isolatoren sein oder auch der Bewuchs am Zaundraht. Die Last sollte so gering wie möglich sein. Um dies zu erreichen werden alle elektrischen Leiter, wie z.B. Drähte oder Litzen, in Isolatoren aufgehängt und um sie vom Boden abzugrenzen. Der Widerstand zwischen beiden Anschlüssen des Weidezaungerätes (plus und minus) ist endlos hoch, solange kein Tier und kein Bewuchs den Zaun berührt. Wenn ein Tier den Zaun berührt, sollte die Last so hoch wie möglich sein. Der Widerstand zwischen beiden Anschlüssen des Weidezaungerätes (plus und minus) sollte bei der Tierberührung so klein wie möglich sein.

Der elektrische Widerstand im Leiter (Weidezaundraht oder -litze) sollte immer so gering wie möglich sein. Die Erfordernis, dass bei der Herstellung des wolfsabweisenden Grundschutzes mehrere übereinander angeordnete Stromdrähte von Weidezaunpfahl zu Weidezaunpfahl gezogen werden sollen (wie unten noch ausführlich beschrieben wird), bietet automatisch einen großen Vorteil. Werden alle Drähte elektrisch parallel geschaltet, ist der Gesamtwiderstand aller Drähte kleiner, als der Einzelwiderstand eines Drahtes.

Wird ein einzelner Draht sektionsweise über mehrere Kilometer installiert, summieren sich die Einzelwiderstände der Sektionen aufgrund der Reihenschaltung:

$$R_{ges} = R_1 + R_2 + R_3 + R_n$$

Werden z.B. zwei Drähte sektionsweise über mehrere Kilometer parallel geschaltet installiert, summieren sich die Einzelwiderstände der Sektionen:

$$R_{ges} = R_{sub1} + R_{sub2} + R_{subn}$$

$$1 / R_{Sub1} = 1 / R_1 + 1 / R_2$$

$$1 / R_{Sub2} = 1 / R_3 + 1 / R_4$$

Hütesicherheit am Elektrozaun

Die Hütewirkung (Einzäunung von Nutztieren!) ist dann optimal, wenn an allen Messpunkten des Zaunes die gleiche Spannung anliegt. Diese muss an jeder Stelle mindestens 2.000 Volt betragen – empfohlen werden 3.000 Volt. Für den Betrieb eines Elektrozaunes sind folgende Ausgangsgrößen von Bedeutung:

››› Impuls-Zaunspannung in Volt (bei 500 Ohm Belastungswiderstand)

››› Impulsenergie in Joule → Energie (E) = Spannung (U) x Strom (I) x Zeit (t)

Eine hohe Spannung wird gebraucht, um das isolierende Fell des Tieres mit einem Elektrobogen zu durchdringen, wobei bei langhaarigen und schwierigen Tieren 4.000 Volt angenommen werden. Der Spitzenwert der Zaunspannung liegt im Bereich von bis zu 10.000 Volt bei einer Impulsenergie von 0,1 und 5 Joule. Seit September 2010 sind Impulsenergien bis zu 15 Joule bei einem Widerstand von 50 bis 100 Ohm zulässig (DIN EN 60335-2-76/A12).

Weidezaungeräte & Stromversorgung

Bei Weidezaungeräten werden grundsätzlich drei Varianten der Stromspannung unterschieden:

››› 230 Volt (Netzstrom)

››› 12 Volt (Batterie bzw. Akku, Solarkopplung möglich)

››› 9 Volt (Einwegbatterie)

Sämtliche Weidezaungeräte sollen einen Gleichstromimpuls auf einen elektrischen Leiter geben. Das grundsätzliche Funktionsprinzip des Gerätes ist immer gleich, unabhängig von der Versorgungsspannung. Im Weidezaungerät wird die eingeführte elektrische Energie aus der 9, 12 oder 230 Volt Quelle in einem Kondensator gespeichert. Dafür kommen 600–1.000 Volt zur Anwendung. Die dem Kondensator nachgeschaltete Regelelektronik entlädt den Kondensator schlagartig, z.B. binnen 0,1 Millisekunden, und erzeugt den je nach Weidezaungerät zu hörenden »Takt«-Ton. Ein Hochspannungstransformator erzeugt in Anhängigkeit zur Kondensatorspannung die Zaunspannung und gibt dabei den Stromimpuls auf den Leiter ab. Der Stromimpuls darf max. 10 Millisekunden lang andauern (Impulsdauer = Dauer des Teils des Impulses, der 95 % der gesamten Energie enthält), wobei Impulse von unter 0,1 Millisekunden üblich sind. Der zeitliche Abstand zwischen zwei Impulsen (Impulspause) muss mindestens 1 Sekunde (entspricht 1 Hz) betragen (DIN EN 60335-2-76/A12).

Weiterhin wird zwischen geregelten und ungeregelten Weidezaungeräten unterschieden:

››› Ungeregelte Weidezaungeräte geben immer dieselbe Energie auf den Zaun ab. Solche Geräte sind mit einer maximalen Impulsenergie von 5 Joule erhältlich.

››› Geregelte Weidezaungeräte – bis max. 15 Joule Impulsenergie erhältlich – nehmen eine aktive Leistungsanpassung vor. Diese Anpassung ermöglicht, dass immer die gleiche Grundimpulsenergie auf dem Zaun vorhanden ist, von z.B. 5 Joule. Wächst nach und nach Bewuchs in den Zaundraht ein, regelt das Gerät nach, um die 5 Joule stetig zu erhalten. Mittels Delay-Technik »merkt« das

Weidezaungerät ebenfalls, ob ein sprunghafter Stromanstieg im Leiter anliegt. Dies kann durch einen auf den Zaun umgekippten Baum der Fall sein oder durch ein Tier, welches sich im Zaun verfangen hat. Infolge dieses Ereignisses »fährt« das Weidezaungerät erst nach einer Minute die Leistung weiter hoch, um erneut auf die 5 Joule Impulsleistung zu kommen.

Verschiedene Hersteller und Vertreiber von Weidezaungeräten geben folgende technische Angaben an, die in Tabelle 17 zusammengefasst sind.

Es sollte in Erwägung gezogen werden, für den wolfsabweisenden Grundschutz, eine höhere Spannung zu verwenden (ca. 10.000 Volt möglich). Es ist anzustreben, dass der Wolf, auch wenn er mit üppigen Fellpartien den Zaun berührt, einen Stromimpuls bekommt.

Ladungseenergie [Joule]

Die Ladungsenergie wird aus der Steckdose, aus dem Akku oder einer Batterie aufgenommen.

Technische Angabe		**230 Volt Gerät**	**12 Volt Gerät**	**9 Volt Gerät**
Maximale Ausgangsspannung	[V]	7.000–11.000	7.500–10.700	7.900–9.200
Spannung bei Belastung 500 Ohm	[V]	3.300–10.900	3.500–8.000	1.800–2.900
Ladungsenergie	[J]	0,6–21	0,6–10	0,2–0,5
Max. Impulsenergie	[J]	0,3–15	0,45–7	0,15–0,3
Leistungsaufnahme	[W]	1–20	-/-	-/-
Empfehlung ohne Bewuchs	[km]	4–53	6–30	2–4
Empfehlung normaler Bewuchs	[km]	2–21	2–15	1–2
Empfehlung starker Bewuchs	[km]	1–11	0,5–11	-/-

Tabelle 17: Technische Angaben für Weidezaungeräte

Maximale Ausgangsspannung [Volt]

Diese Spannung wird auch Leerlaufspannung genannt und kann direkt am Weidezaungerät gemessen werden, wenn es eingeschaltet wird und ohne das Zaun- oder Erdungsleitungen angeschlossen sind. Tatsächlich ist dieser Wert eine reine technisch theoretische Information, ohne Relevanz für den Anwender in der Praxis.

Spannung bei Belastung 500 Ohm [Volt]

Diese Spannung ist erforderlich, damit ein Stromimpuls aufgrund Kontakts des Wolfes mit dem Zaun auf ihn übergeht. Bei Tieren und Menschen wird ein Körperwiderstand von 500 Ohm berechnet. Die Mindestspannung soll nach VDE an einem hütesicheren Zaun auch unter Belastung (Tierkontakt) mindestens 2.000 Volt betragen.

Angeraten sind bei Nutztieren mindestens 3.000 Volt und bei solchen mit dickem Deck- oder Langhaar mindestens 4.000 Volt.

Max. Impulsenergie [Joule]

Die vom Weidezaungerät aufgenommene Ladungsenergie wird in Impulsenergie umgewandelt. Die Impulsenergie kann als eine »Schlagkraft« verstanden werden, die das Tier bei Berührung am Zaun erfährt. Eine sehr geringe Impulsenergie kann als Kribbeln am Finger wahrgenommen werden – eine hohe Impulsenergie gleicht einem Schlag auf den Finger.

Die Impulsenergie sollte bei wolfsabweisenden Zäunen hoch gewählt werden, um umgehend dazu beizutragen, dass der Wolf nach dem Erstkontakt mit dem Stromdraht Zäune künftig meidet.

Leistungsaufnahme [Watt]

Aus der Leistungsaufnahme geht der Stromverbrauch des Weidezaungerätes hervor.

Empfehlung ohne/normaler/starker Bewuchs [Kilometer]

Die Streckenangaben beziehen sich auf einreihige

und mehrreihige Stromdrähte. Es sollten mehrreihige Stromdrähte parallel geschaltet werden, um einen geringeren Gesamtwiderstand zu erzielen, als beim einfach vorhandenen Stromdraht. Der einfach vorhandene Stromdraht kann im Umkehrschluss tatsächlich nur kürze Strecken mit ausreichender Spannung erwirken, als mehrere parallel geschaltete Stromdrähte.

Praktiker empfehlen, die Herstellerangaben hinsichtlich genannter Kilometerangaben mit Blick auf die Errichtung sehr bodennaher Stromdrähte (schneller Einwuchs) deutlich zu reduzieren.

Stromaufnahme bei 9 oder 12 Volt [Milliampere]

Anhand der Stromaufnahme kann in Verbindung mit der Batterie- oder Akkukapazitätsangabe grob die Betriebsdauer (Dauer der Energiebereitstellung) der Batterie oder des Akku ausgerechnet werden. Dadurch weiß der Tierhalter in etwa, wann die Batterie bzw. der Akku auszutauschen ist.

Die leistungsstarken Weidezaungeräte erfordern eine dauerhafte 230-Volt-Spannungsquelle und sind mit einem Netzstecker ausgestattet.

Abbildung 221: 230-Volt-Weidezaungerät

12-Volt-Weidezaungeräte werden mit einer 12-Volt-Batterie bzw. einem Akku betrieben. Am Markt sind verschiedene Varianten erhältlich. So gibt es Kompaktgeräte, bei denen die Batterie oder der Akku im unteren Teil eines Containers untergebracht wird. Im oberen Bereich befindet sich das Weidezaungerät selbst, erkennbar am roten und grünen Anschluss in Abbildung 222.

Teilweise existieren 12-Volt-Weidezaungeräte, die ebenfalls über ein Netzteil verfügen – hier kann der Betrieb also wahlweise mittels einer 230-Volt-Quelle oder mit einer 12-Volt-Batterie bzw. einem Akku betrieben werden.

Abbildung 222: 12-Volt-Weidezaungerät

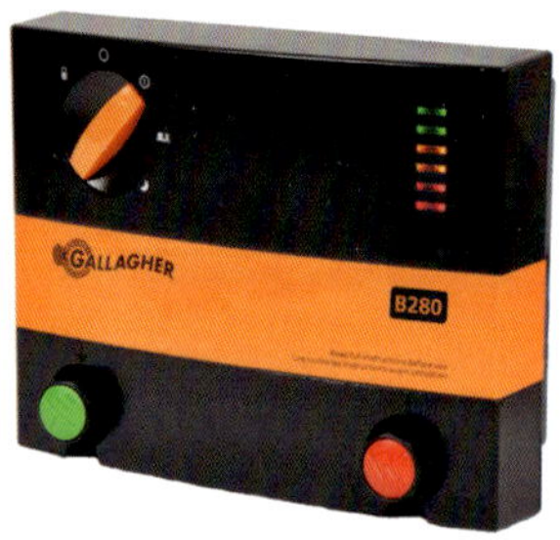

Abbildung 223: 12-Volt-Weidezaungerät mit wahlweisem Betrieb durch 230-Volt-Quelle

9-Volt-Weidezaungeräte können nur mit nicht wiederaufladbaren Batterien betrieben werden. Es ist fraglich, ob 9-Volt-Weidezaungeräte für die Errichtung von wolfsabweisenden Elektrozäunen geeignet sind. Zu gering erscheint die Entladeenergie bei je nach Gerätetyp mit Werten von max. 0,3 J. Aus diesem Grund wird auf die weitere Darstellung dieser Geräte in diesem Buch verzichtet.

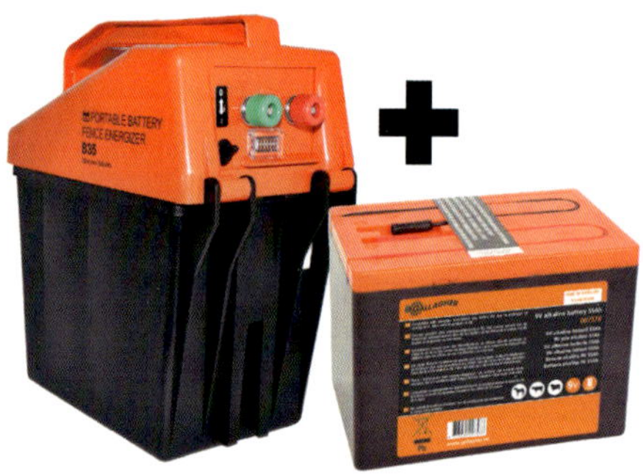

Abbildung 224: 9-Volt-Weidezaungerät mit Batterie

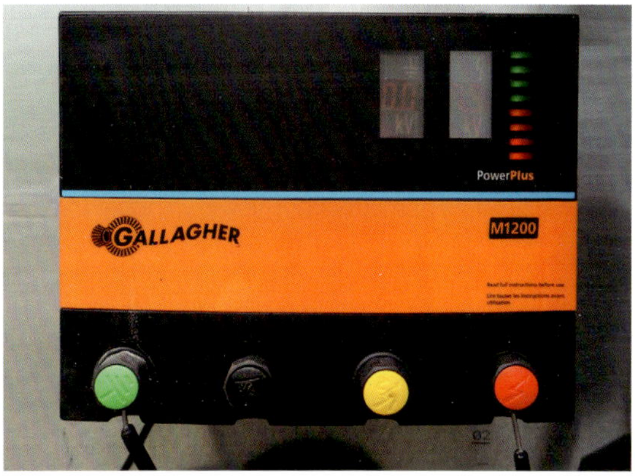

Abbildung 225: Angeschlossenes 230-Volt-Weidezaungerät

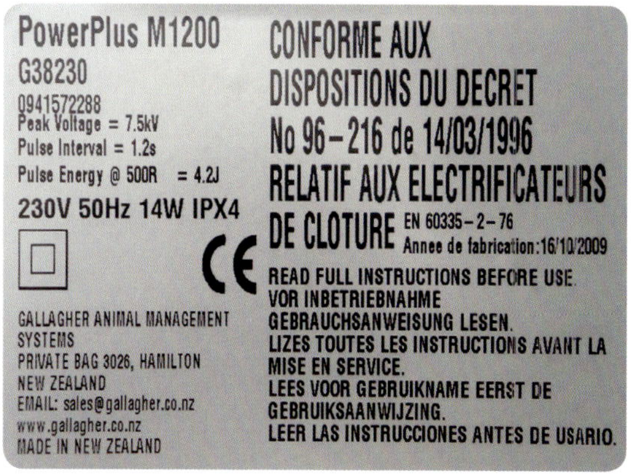

Abbildung 226: Typenschild auf Rückseite des Weidezaungerätes

Das in Abbildung 225 beispielhaft gezeigte 230-Volt-Weidezaungerät ist angeschlossen und im Betrieb. Am grünen Anschluss (links unten) ist die Erdung angeschlossen und am roten (rechts unten) der Stromleiter zum Weidezaundraht. Wahlweise könnte anstatt des roten, auch der gelbe Anschluss genutzt werden, wenn die halbe Geräteleistung ausreicht. Am schwarzen Knopf ist die sogenannte Referenzerdung angeschlossen. Sie dient einzig dem korrekten Messen der digital angezeigten Zaun- und Erdungswerte.

Rechts oben im Bild (über dem Wort »Plus«) sind übereinander angeordnete Leuchten zu sehen, die gerade vollständig leuchten. In diesem Moment wird der Impuls als Vollausschlag optisch angezeigt. Links davon sind zwei Displays zu sehen. Das rechte Display zeigt 7,9 kV an – eine Zaunspannung von 7.900 Volt liegt an. Im linken Display ist abzulesen, dass die Erdung 0 Volt hat. Würde die Erdung z.B. 3.000 Volt anzeigen, ist die Dimensionierung des Erdungssystems mangelhaft. Ein ausreichend dimensioniertes Erdungssystem weist auch unter Volllast (z.B. Bewuchs und weniger als 2,0 kV am Zaun) einen Wert von max. 0,5 kV auf.

Das Typenschild des o.a. Weidezaungerätes ist in Abbildung 226 dargestellt. Der Weidezaungerätename »PowerPlus M1200« arbeitet mit einer Zaunspannung von 7.500 Volt, einer Entladeenergie von 4,2 Joule bei 500 Ohm. Die Zeit zwischen zwei Stromimpulsen beträgt 1,2 Sekunden.

Abschließend sei zum Thema Weidezaungeräte für den Einsatz an wolfsabweisenden Zäunen angemerkt, dass wann immer möglich, auf 230-Volt-Geräte zurückgegriffen werden sollte. Das aufgrund der höheren Leistungsfähigkeit und permanenten Stromversorgung durch das 230-Volt-Netz. Sollten Weideflächen auf der anderen Straßenseite des Hofes oder Stalles gelegen sein, ist anzuraten, ein geeignetes Stromkabel auf die andere Straßenseite unterirdisch zu verlegen. Dieses stellt für gewöhnlich heutzutage keine besondere Herausforderung mehr dar. Tatsächlich wird dies im mittel- oder langfristigen Vergleich die günstigere Variante sein, im Vergleich zum Arbeits- und Materialaufwand mit Akkus.

Akkus bzw. Batterien

Akkus bzw. Batterien sind wiederaufladbare Speicher für elektrische Energie. Es kann ein gravierender Unterschied zwischen Akkus und Batterien bestehen, wenn Batterien nicht wieder aufladbar sind. Sie werden dann auch Einwegbatterien genannt und müssen nach Verbrauch ordnungsgerecht entsorgt werden. Akkus, vollständig als Akkumulatoren bezeichnet, sind also wiederaufladbare »Batterien«. Bei Akkus ist eine Alterung über einen längeren Zeitraum festzustellen, weshalb sie von Zeit zu Zeit vollständig ausgetauscht werden müssen. Beim Wiederaufladen sollten stets die Anweisungen des Herstellers berücksichtigt werden. Die Lebensdauer des Akkus hängt davon ab, wie oft er benutzt wird (Anzahl der Lade-Entlade-Vorgänge) und unter welchen Witterungsbedingungen er verwendet wird. Kälte kann die Lebensdauer erheblich herabsetzten.

Die Frage, wie lange der Akku »hält«, also den Betrieb eines 12-Volt-Weidezaungerätes aufrechterhält, kann im theoretischen Sinne einfach berechnet werden. Jeder Akku hat eine Kapazität »C«, die in Amperestunden [Ah] angegeben wird. Unter der Kapazität kann man sich in etwa vergleichbarer Weise den Inhalt eines PKW-Kraftstofftanks vorstellen, der nach und nach verbraucht wird, wenn wir nonstop mit einer konstanten Geschwindigkeit Auto fahren würden, bis das Fahrzeug von allein zum Stillstand kommt, weil der Tank leer gefahren ist.

Ein Berechnungsbeispiel:
Ein Tierhalter verwendet ein 12-Volt-Weidezaungerät, mit einer vom Hersteller angegebenen Stromaufnahme von 0,11 Ampere. Das Weidezaungerät wird durch einen 12-Volt-Akku unterstützt, der laut Typenschild eine Kapazität von 48 Ah hat.

Kapazität (C) = Stromaufnahme (I) x Zeit (t)

Herkömmliche 12 Volt Blei-Akkus sollten nicht tiefenentladen werden, weil es sie zerstören könnte. Deshalb wird ein Sicherheitsfaktor von 65 % der Nennkapazität in der Berechnung berücksichtigt.

$$C_{Nutz} = C \times 0{,}65$$

$$t = C_{Nutz} / I \rightarrow t = 48\ \text{Ah} \times 0{,}65 / 0{,}11\ \text{A}$$
$$\rightarrow t = 283\ \text{h entspricht 11 Tage}$$

In diesem Beispiel muss der Akku alle 11 Tage gegen einen anderen aufgeladenen getauscht werden.

Unter den 12-Volt-Akkus sind verschiedene Bauweisen mit verschiedenen Kapazitäten am Markt erhältlich, wie in Tabelle 18 dargestellt.

Typ	Kapazität [Ah]	Wartungsanforderung	Abbildung
Gel-Bleiakku	120	Wartungsfrei. Lageunabhängige Benutzung möglich. Elektrolyt kann nicht auslaufen. Gasdichte Bauweise.	
Spiral-Akku (Yellowtop Akku)	38–75	Wartungsfrei. Lageunabhängige Benutzung möglich. Elektrolyt kann nicht auslaufen. Spiralförmige Anordnung der Bleiplatten. Sehr gut geeignet für viele Starts.	
Weidezaun-Akkus (optisch ähnlich wie PKW-Akku)	25–130	Blei-Säure-Batterie. Elektrolyt ist destilliertes Wasser. Dieses muss stets überprüft und ggf. nachgefüllt werden. Sollte nur auf Bodenplatte stehend verwendet werden, damit sie nicht auslaufen können (Verätzungsgefahr bez. Schwefelsäure!).	
Blei-Vlies-Akku	32–88		
PKW-Akku	44–74	Blei-Säure-Akku als Starterbatterie in PKWs. Elektrolyt ist destilliertes Wasser. Dieses muss stets überprüft und ggf. nachgefüllt werden. Sollte nur auf Bodenplatte stehend verwendet werden, damit sie nicht auslaufen können (Verätzungsgefahr bzgl. Schwefelsäure!).	

Tabelle 18: Akkumulatoren und Eigenschaften

Abbildung 227: 12-Volt-Weidezaungerät mit 12-Volt-Akku zur Erzeugung der Spannung am Elektronetzzaun

Abbildung 228: Aufgeständertes Solarmodul mit 12-Volt-Akku- und Weidezaungerät

Solarmodule

Solarmodule sind Stromquellen, die zur Wiederaufladung von 12-Volt-Akkus in der Weidezauntechnik eingesetzt werden. Der Vorteil liegt darin, dass die Akkus nicht ständig ausgetauscht werden müssen. Die Solartechnik ist in der Vergangenheit immer weiterentwickelt worden, so dass auch bei mäßigem Wetter (Bewölkung) eine Ladung des Akkus stattfinden kann. Die Größe der Solarmodule geben einen Hinweis auf die Ladeleistungen – in »Watt« angegeben – die von 10–60 Watt für mobile Anlagen reichen können. Stationäre Anlagen können 500 Watt und mehr haben. In Abbildung 228 ist der Einsatz eines Solarmoduls zu sehen.

Es ist ebenfalls möglich bei entsprechend dimensionierter Solarflächengröße, 230-Volt-Weidezaungeräte auf »Inseln« zu versorgen, dass bedeutet, überall dort, wo keine 230-Volt-Fest-Spannungsquelle vorhanden ist – also fernab von Höfen, Schuppen und Scheunen –, ein Betrieb möglich ist. Hierfür ist es jedoch erforderlich, dass die bereitgestellte Gleichspannung in eine Wechselspannung umgeformt wird, da alle 230-Volt-Weidezaungeräte eine Wechselspannung als Eingangsgröße erfordern.

Ähnlich wie Akkus altern Solarmodule auch. Das bedeutet, dass über die Zeit immer weniger elektrische Energie durch das Solarmodul bei gleicher Sonneneinstrahlung erzeugt wird. Man spricht von Degradation.

In Abbildung 229 ist ein komplettes Weidezaungeräte-Set dargestellt. In einer diebstahlsicheren Box ist im oberen Bereich das Weidezaungerät montiert – darunter der 12-Volt-Akku. Ein befestigtes Solarmodul auf der Oberseite der Box lädt den 12-Volt-Akku wieder auf. Die Box ist aufgeständert. Ein Erdkabel wird am Ständerrohr heruntergeführt und zu den Erdungsstäben verlegt, ein zweites Kabel führt zum Zaun. Die Box besteht aus Metall, ist abschließbar und steht als Diebstahlschutz selbst unter Strom.

Abbildung 229: Diebstahlsichere Box mit Solarmodul, 12- Volt-Akku, Weidezaungerät und Ständerrohr

Blitzschutzgeräte

Beim Einsatz von 230-Volt-Weidezaungeräten muss ein Gewitterblitzschutz berücksichtigt werden. Der Blitzschutz verhindert, dass der in einen Zaunleiter einschlagende Blitz durch das Weidezaungerät hindurch in die Elektrik eines Stalles, Schuppens etc. hindurchschlägt und einen Brand verursacht.

Die Errichtung eines Blitzschutzes kann über separate Bauteile erfolgen. Weidezaungeräte selbst können ebenfalls einen Blitzschutz beinhalten. Hierzu sollte unbedingt der Fachhandel und ggf. der eigene Versicherer befragt werden.

Erdung

Damit das Zaungerät seine volle Leistung an den Zaun abgeben kann, ist eine ausreichende Dimensionierung der Erdung des gesamten Zaunsystems unabdingbar, denn das Erdreich fungiert bei den meisten Zaunsystemen als Rückleiter. Bei fehlender Zaunspannung ist in den meisten Fällen eine mangelnde Erdung die Ursache. Leistungsfähige Weidezaungeräte benötigen eine ebenso starke Erdung. Je geringer die Leitfähigkeit des Bodens ist, desto größer muss die Erdung sein. Die Erdungsstäbe sollten verzinkt oder aus Edelstahl sein und genügend tief, ca. 1–2 m, im Boden verankert werden (zur Erreichung tieferer feuchter Zonen), wobei auf eine sichere Verbindung zwischen Weidegerät und den Stäben zu achten ist. Konkrete Anwendungsfälle mit bis zu 4 m Tiefe und in Einzelfällen bis zu 14 m sind ebenfalls zu verzeichnen. Die Verzinkung (Abbildung 230) verhindert die Korrosion (Verrosten) des Erdungsstabes im Erdreich. Rostige Oberflächen haben eine stromisolierende Wirkung und setzen die Zaunspannung herab (Abbildung 231). Je größer die Kontaktfläche der Erdungsstäbe in Erdreich ist, desto besser ist die Erdung.

Müssen für eine gute Erdung mehrere Erdungsstäbe gesetzt werden (zur Erhöhung der Metallkontaktfläche mit dem Erdreich), gibt es zwei Varianten. Einerseits können die Erdungsstäbe im Abstand von jeweils 3 m zueinander in einer Reihe hintereinander gesetzt werden. Das Erdungskabel gelangt von Weidezaungerät von einem Erdungsstab zum anderen (Reihenerdung). Andererseits kann auch ein Erdungsstab vom Weidezaungerät entfernt gesetzt werden, der dann als zentraler Erdungsstab dient. Alle anderen erforderlichen Erdungsstäbe schließen sich an den zentralen Erdungsstab an und sind wie in einer Sternform um den Zentralerdungsstab verteilt (Sternerdung).

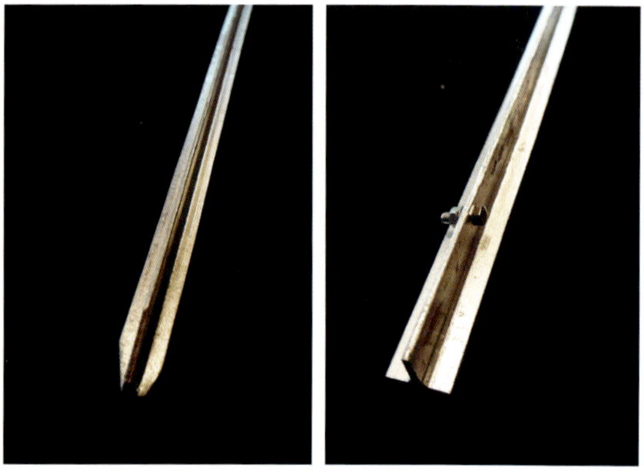

Abbildung 230: Verzinkter Erdungsstab »T-Profil«

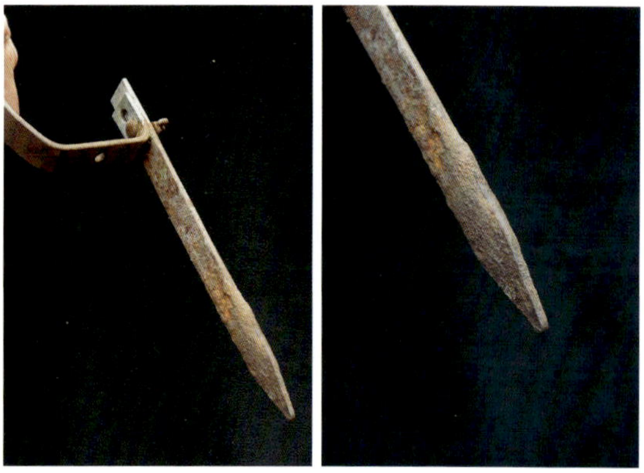

Abbildung 231: Ungeeigneter verrosteter Erdungsstab »marke Eigenbau«

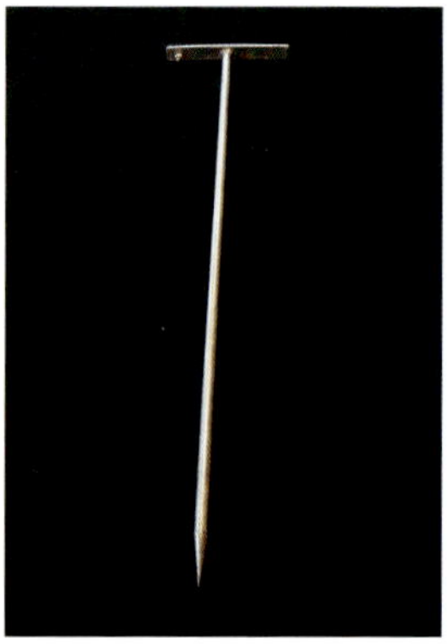

Abbildung 232: Verzinkter Erdungsstab »Rund-Profil«

Feuchte Böden haben in der Regel niedrige elektrische Widerstände und sind ideal für die Erdung von Elektrozaungeräten. Hier könnten je nach Einzelfallbeurteilung auch Erdungsstäbe mit Rundprofil (Abbildung 232) verwendet werden, obwohl diese sich durch eine deutlich geringere Oberfläche auszeichnen als T-Erdungsstäbe. Durch mangelnde Bodenfeuchte an heißen Sommertagen kann es schwierig oder gar unmöglich werden, eine ausreichend hohe Spannung auf den Zaun zu bekommen, da trockene Böden einen sehr hohen elektrischen Widerstand aufweisen. Das Bewässern des Bodens um die eingetriebenen Erdungspfähle kann die Situation entschärfen, wobei der Erfolg dieser Maßnahme temporär begrenzt bleibt.

Bei trockenen Bodenverhältnissen kann es ratsam sein, mit einem Erdbohrer ein genügend tiefes Loch zu bohren. In dieses Loch wird dann eine extrem hydroskopische und salzhaltige Erde als Gießmasse eingefüllt, in die dann wiederum der Erdungsstab gesteckt wird. Die Gießmasse bleibt dauerhaft feucht. Der Vorteil dieses Verfahrens liegt darin, dass die Kontaktoberfläche des Erdungsstabes durch die Gießmasse deutlich vergrößert, die Feuchtigkeit erhöht die Wirkung der Erdung unter widrigen Bedingungen.

Zusammenfassend ergeben sich nach der »Schriftenreihe des LfULG, Heft 16/2014« folgende Aussagen:

››› *Sandige, kiesige oder steinige Böden haben einen hohen elektrischen Widerstand (somit geringe Leitfähigkeit) und daraus resultierende Probleme bei der Erdung.*

››› *Lehmige und tonige Böden haben einen niedrigen elektrischen Widerstand (somit hohe Leitfähigkeit) und bilden damit eine gute Voraussetzung für die Erdung.*

An dieser Stelle sei angemerkt, dass Schnee ebenfalls eine isolierende Wirkung haben kann. Obwohl der Weidezaun vorbildlich errichtet und eine gute Erdung vorhanden ist, kann es sein, dass der Wolf einen nur geringen Stromschlag bekommt.

Nicht nur eine gute Erdung des Zaunsystems ist von Bedeutung sondern genauso wichtig sind eine möglichst kurze und im Querschnitt geeignete Zuleitung vom Weidegerät zum Zaun als auch die eine feste Verbindung aller Anschlussklemmen mit den stromführenden Teilen. Beschädigungen an Zaunleitern, Isolatoren und Elektronetzen sind mit den dafür vorgesehenen Reparatursets zu beheben.

Der guten Ordnung halber sollten bei Festzäunen Schutzrohre aus Kunststoff über das Erdungs- und Stromkabel gezogen und in den Boden senkrecht eingelassen werden. Damit bei einem möglichen Freischneidereinsatz die Stromkabel nicht versehentlich durchtrennt werden, könnte über das Kunststoffschutzrohr auch noch ein Metallrohr gezogen werden.

Um die Erdung eines Weidezaungerätes ausreichend zu dimensionieren, ist folgende Vorgehensweise erforderlich: Weidezaungerät an Erdung und Zaun anschließen und anschalten. Im Abstand von mindestens 100 m zum Weidezaungerät den Zaun mittels z.B. in den Zaun gelehnte Metallstangen soweit kurzschließen, dass noch max. 2.000 Volt anliegen. Messung mit Digitalvoltmeter durchführen. Dann mit dem Digitalvoltmeter die Erdung messen: Spitze des Messgerätes an die letzte Erdstange halten und den Erdstab des Messgerätes möglichst weit von der Erdstange entfernt in den Boden stecken. Alles was jetzt gemessen wird, ist nicht eine ausreichende Erdung. Max. 500 Volt gelten als tolerierbar. Liegt der Wert über 500 Volt durch den Zubau weiterer Erdstangen, die Erdung solange verbessern, bis der Wert von max. 500 Volt erreicht oder besser unterschritten wird. Praktiker empfehlen eine Wiederholung dieser Messung einmal jährlich. Moderne Weidezaungeräte messen die Erdung heute selber und zeigen den Wert an.

Montagebeispiel eines 12-Volt-Weidezaungerätes

Die folgende Bilderserie zeigt beispielhaft die Einrichtung eines Weidezaungerätes zum Betrieb eines Nachtpferches für eine Schafherde. Mit einem Erdbohrer wird zunächst ein Loch in den Boden gebohrt, in das dann das Ständerrohr mit einem Vorschlaghammer gerammt wird. Das Ständerrohr fungiert hier ebenfalls als Erdungsstab. Ein Metallkasten, in dessen innerem

Abbildung 233: Montage-Reihenfolge – Erdung, Weidezaungerät mit 12-Volt-Akku und Diebstahlschutz

oberen Bauraum das 12-Volt-Weidezaungerät installiert ist, wird auf das obere Ständerrohrende geschraubt. Es dient selbst auch als Aufnahme für die 12-Volt-Batterie. Beim Einsetzen der Batterie wird diese an das Weidezaungerät mittels zweier Krokodilklemmen angeschlossen. Eine Schieberplatte verschließt den Kasten. Das Vorhängeschloss dient als Diebstahlsicherung.

Zaunmaterial

Unter Zaunmaterial sind sämtliche Stromleiter zu verstehen, die isoliert vom Boden installiert sind. Hierzu zählen Drähte, Litzen, Seile, Bänder und Netze, die noch genauer beschrieben werden.

Auf die Betrachtung von Stacheldraht als Bestandteil von Herdenschutzmaßnamen im Zaunbau wird verzichtet. Erstens ist es verboten, Stacheldraht unter eine elektrische Spannung zu setzen (siehe Kapitel 12.1.7.6). Zweitens stellt der rein mechanisch gespannte und bzw. fixierte Stacheldraht keine Hürde für einen Wolf dar.

Beim wolfsabweisenden Grundschutz ist es von höchster Wichtigkeit, dass alle Stromleiter ständig so gut wie möglich gespannt sind. Hängen parallel geführte Stromleiter im Vergleich zueinander unterschiedlich stark durch, können sich Lücken ergeben, durch die dann ein Wolf hindurchsteigen könnte.

Der vom Weidezaungerät abgegebene Stromimpuls läuft wie eine Stromwelle durch den Leiter. Während dessen wird am Leiter entlang ein schwaches Magnetfeld erzeugt und es existiert dabei eine elektrostatische Aufladung am Stromleiter. Es ist bisher nicht wissenschaftlich erwiesen, dass Tiere dieses Magnetfeld und die statische Aufladung wahrnehmen können [G. Herkert, pers. Komm.].

Zaunmaterial sollte je nach Verwendungszweck grundsätzlich vier Eigenschaften berücksichtigen:

Leitungswiderstand

Jedes Leitermaterial (Stahl, Kupfer, Aluminium, Zink, etc.) setzt dem Stromfluss einen Widerstand entgegen – Leitungswiderstand genannt. Der elektrische Leitungswiderstand ist der mathematische Kehrwert der elektrischen Leitfähigkeit. Er gilt als ein wichtiger Parameter bei der Berechnung der maximalen Zaunlänge in Abhängigkeit zum verwendeten Material. Der Wert des Leitungswiderstandes wird in Ohm/Meter [Ω/m] angegeben und sollte so gering wie möglich sein. Gute Materialien haben einen Widerstand von unter 0,035 Ω/m, schlechte hingegen von über 14 Ω/m. Hier gilt es, einen Kompromiss zwischen geringem Leitungswiderstand (bzw. guter Leitfähigkeit) und langer Haltbarkeit zu finden. Kombimaterialien aus Kupfer und Nirosta sowie neu entwickelte Materialien vereinen lange Haltbarkeit mit guter Leitfähigkeit.

Zugfestigkeit

Zaunmaterialien sind mechanischen Zugkräften ausgesetzt, die vom Stromleiterquerschnitt ohne Zerstörung aufgenommen werden müssen. Das Verhältnis von Zugkraft und belasteter Querschnittsfläche wird mechanische Spannung genannt. Diese treten in erster Linie beim Spannen der Zäune auf oder wenn ein Tier diese berührt (Anlehnung oder Hindurchrennen bei Panik). Damit die Hütesicherheit gewährleistet bleibt, werden 500 Newton/Quadratmillimeter [N/mm²] Mindestzugfestigkeit (max. zulässige mechanische Spannung) von den verbauten Komponenten gefordert; nach aid Infodienst (Sichere Weidezäune, 2016).

Folgendes Zahlenbeispiel soll die Zusammenhänge verdeutlichen. Es soll ein Zaundraht mit 2,5 mm Leitungsdurchmesser und einer Zugfestigkeit von 520 N/mm² verbaut werden. Bei welcher Zugkraft reißt der Draht durch?

Zugspannung [N/mm2] = Zugkraft [N] / Drahtkreisquerschnittsfläche [mm²]

Zulässige max. Zugkraft = Zugspannung / Drahtkreisquerschnittsfläche

F_{max} = 520 N/mm² x 2,5² mm x / 4

F_{max} = 2.552 N → Diese Kraft entspricht einem Gewicht von 260 kg

Fazit: Gedanklich lassen wir den beschriebenen Stromdraht fest eingespannt von der Decke herunterhängen. An das freie, also hängende, Ende befestigen wir ein Gewicht von 259 kg. Der Draht trägt das Gewicht. Geben wir noch 1 kg Gewicht dazu, reißt der Draht.

Biegewechselfestigkeit

Zaunmaterialien unterliegen durch Windeinflüssen und anderen mechanischen Belastungen wie z.B. Elektronetzzäune beim Auf- und Abbau Biegewechseln, die irgendwann zum Bruch der Leiter führen können. Deshalb müssen nach aid Infodienst (Sichere Weidezäune, 2016) die verwendeten Materialien bei einer Materialprüfung nachweisen, dass sie 1.800 Biegewechsel ohne Beschädigungen überstanden haben.

Anschlüsse und Kontakte

Es ist sehr wichtig, dass sämtliche Anschlüsse und Kontaktflächen sauber und rostfrei sind. Die Kontaktoberflächen sollten ideal gepaart sein, um möglichst viel Fläche zur Leitung des Stroms zur ermöglichen. Ferner müssen alle Verschraubungen fest sein und gegen selbstständige Lockerung gesichert sein. Ideal ist es noch dazu, wenn nur Bauteile aus demselben Material (z.B. Stahl mit Stahl) miteinander in Berührung verbaut werden, um die Elektrokorrosion auszuschließen oder mindestens zu minimieren.

Um Stromleitungsverluste (Widerstandserhöhung) zu vermeiden müssen bei der Verlängerung von Leitern unbedingt kompatible Verbinder verwendet werden.

Im Folgenden werden fünf verschiedene handelsübliche Stromzaunleiter beschrieben, die sowohl zur Herstellung der Hütesicherheit als auch für den wolfsabweisenden Grundschutz geeignet sind.

Stahldrähte

Glatte Stahldrähte sind im gängigen Durchmesser von 1,5 mm, 1,6 mm, 1,8 mm, 2,0 mm oder 2,65 mm erhältlich. Zur Erhöhung der elektrischen Leitfähigkeit gegenüber dem Stahl selbst, sind sie mit einer Zink-Aluminium-Legierung ummantelt. Die Widerstandswerte betragen dadurch von 0,035 bis 0,07 Ohm/m. Solche Drähte werden vorwiegend im Rinderbereich verbaut (Abbildung 236). Die Anwendung von Stahldrähten mit verzinkter Oberfläche ist ebenfalls möglich, wobei ein Widerstandswert von z.B. 0,15 Ohm/m zu berücksichtigen ist.

Mit deutlich geringeren Widerstandswerten (0,01–0,02 Ohm/m) und geringerem Gewicht treten Aluminiumdrähte in Erscheinung. Der Nachteil dieses Materials liegt in der geringeren mechanischen Zugfestigkeit im Vergleich zu Stahldrähten.

Vorwiegend für Pferde genutzt, findet ein Stahldraht Anwendung der auf den ersten Blick mit einem gut sichtbaren Kunststoffmantel umgeben ist. Da Kunststoff jedoch isoliert, sind entlang des Stromdrahtes in regelmäßiger rotationssymmetrischer Anordnung 3 oder 4 Kohlenstoffbänder herstellerseitig eingegossen. Die Kohlenstoffbänder übertragen den Stromimpuls vom Stahldraht auf das Tier im Kontaktfall.

Stahldrähte können sowohl als Plus- und auch als Minus-Draht geschaltet werden.

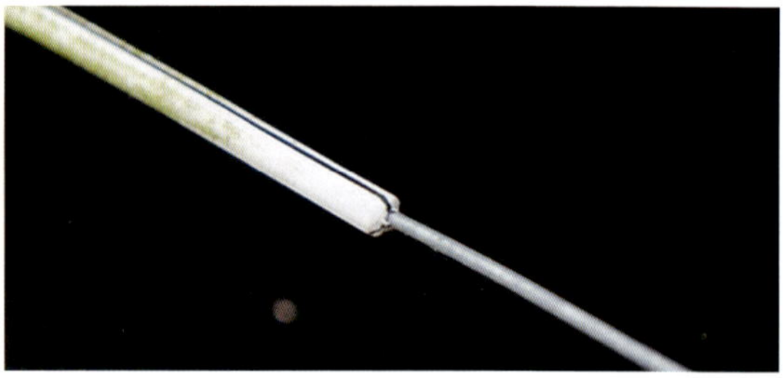

Abbildung 234: Kunststoff und Kohlenstoff ummantelter Stahldraht für Pferdeweiden

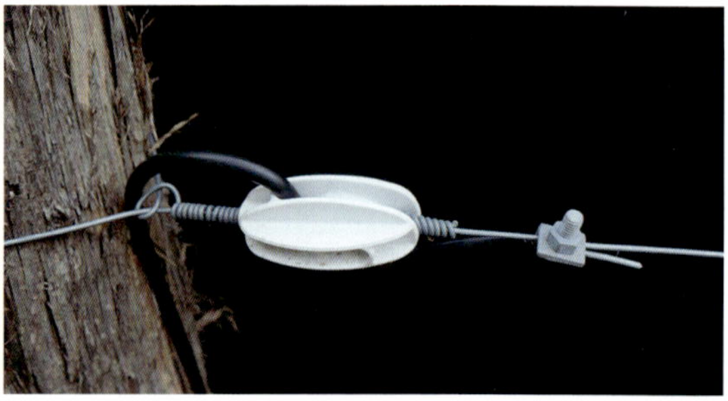

Abbildung 235: Anschluss des Weidezaungerätes an den Draht

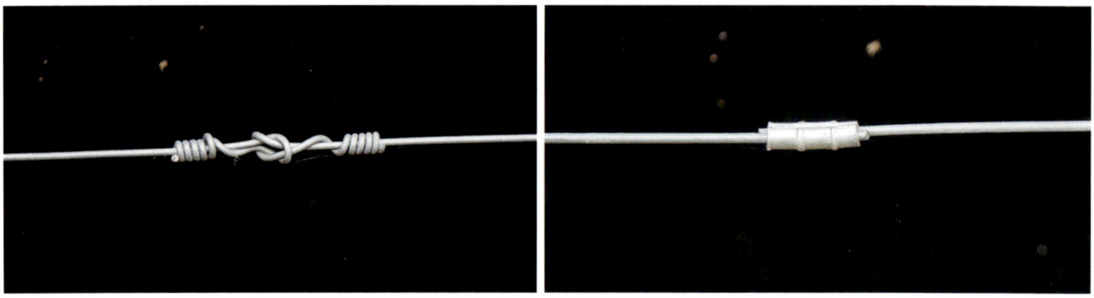

Abbildung 236: Glatter Stahldraht mit Drahtverlängerungen

Litzen und Seile

Litzen und Seile sind mehrfach verdrehte (z.B. 16-, 24- oder 30-fach) oder um einen Kern geflochtene Gewerke unter Verwendung von Kunststofffasern und mehreren Edelstahl- bzw. teilweise auch mehreren verzinkten Kupferdrähten. Die zu einem Verbund geflochtenen Kunststofffasern dienen als Träger für die außenliegenden Metalldrähte. Diese Drähte leiten den Strom und übertragen bei Tierkontakt den Stromimpuls.

Je nach Metallleitermenge (z.B. 3, 6, 7 oder 8 Stk.), -durchmesser (z.B. 0,16, 0,20, 0,25 oder 0,30) und -zusammensetzung (nur Edelstahl oder Edelstahl kombiniert mit Kupfer, verzinkt) können Wiederstandswerte von ca. 0,08 bis 15 Ohm/m erreicht werden. Als Unterscheidungsmerkmal der Litzen von Seilen wird der Gesamtdurchmesser zugrundegelegt, wobei Litzen (2–3 mm) kleiner als Seile (5–8 mm) sind. Es sollten nur hochreißfeste Litzen und Seile verwendet werden. Verschiedene Farben sind erhältlich.

Litzen finden mindestens zur Einzäunung von Schafen und Ziegen Berücksichtigung. Aber auch auf Rinderweiden sind sie gelegentlich zu sehen. Für Pferde und Ponys sind Seile besser geeignet aufgrund der besseren optischen Wahrnehmbarkeit.

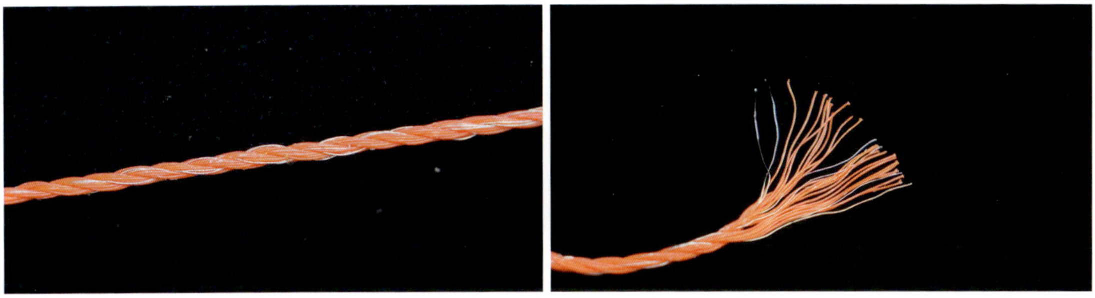

Abbildung 237: Leitfähige Litze

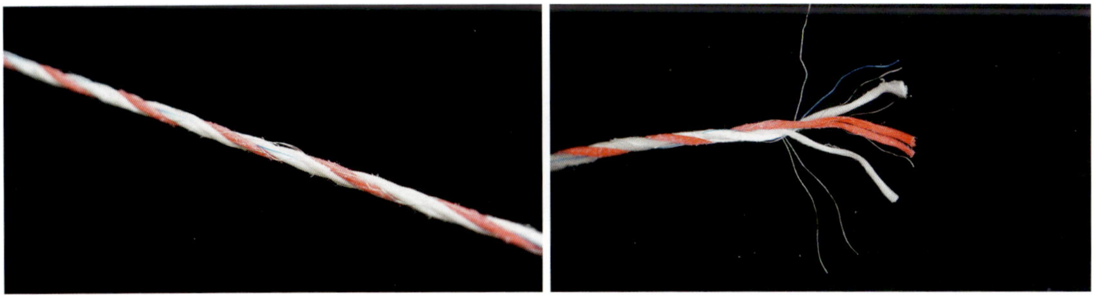

Abbildung 238: Leitfähiges Seil

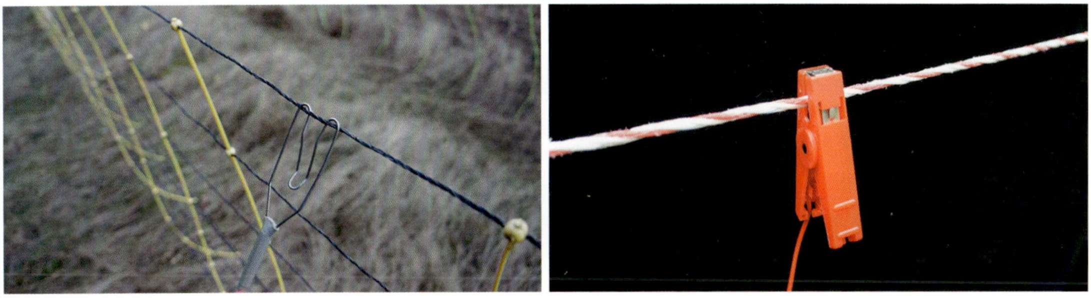

Abbildung 239: Anschluss des Weidezaungerätes an die Litze und das Seil (Beispiel)

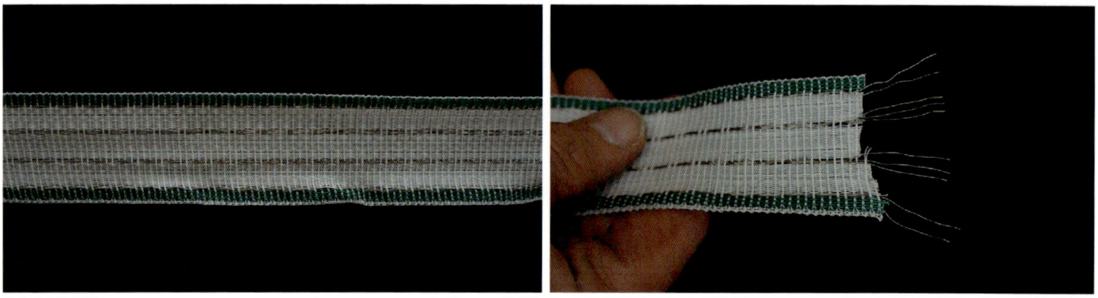

Abbildung 240: Leitfähiges Band

Abbildung 241: Anschluss des Weidezaungerätes an das Band

Litzen und Seile können sowohl als Plus- und auch als Minus-Leiter geschaltet werden.

Bänder

Bänder unterscheiden sich von Litzen und Seilen im Wesentlichen nur durch die Formgebung, denn auch hier werden Kunststofffasern (z.B. 30, 44 oder 56 Stück) mit Metalldrähten verflochten – allerdings zu einem flachen Band. Diese stromführenden Bänder nutzen unterschiedliche Mengen von Edelstahldrähten und auch verzinnten Kupferdrähten zur Stromimpulsübertragung auf den Tierkörper. Je nach Produkt können die eingeflochtenen Metallleiter entlang des Bandes miteinander querverbunden sein, um den elektrischen Gesamtwiderstand zu verringern. Während sich Kupferleiter durch eine hohe Leitfähigkeit auszeichnen und daher für sehr lange Zaunstrecken geeignet sind, liegt der Vorteil der geringer leitfähigen Edelstahlleiter in der für den häufigen Auf- und Abbau erforderlichen Robustheit.

Je nach Metallleitermenge (z.B. 4, 5, 7, 9 oder 10 Stk.), -durchmesser (z.B. 0,16, 0,20, 0,25 oder 0,30) und -zusammensetzung (nur Edelstahl oder Edelstahl kombiniert mit Kupfer, verzinnt) können Wiederstandswerte von ca. 0,05 bis 11 Ohm/m erreicht werden.

Die Bandbreiten reichen von 10 mm, 12,5 mm, 20 mm bis zu 40 mm. Es sollten nur hochreißfeste Bänder verwendet werden, die u.a. auch eine Randverstärkung haben können. Bänder sind ebenfalls in verschiedenen Farben erhältlich.

Bänder haben sich am häufigsten bei der Einzäunung von Pferden und Ponys als ein »Klassiker« herausgestellt.

Auch Bänder können als Plus- und Minus-Leiter geschaltet werden.

Isolatoren

Sie trennen den stromführenden Leiter vom Pfahl und somit dem Erdreich. Bei der Auswahl des richtigen Isolators ist darauf zu achten, dass seine elektrische Spannungsfestigkeit über der bereitgestellten Spannung des Weidegerätes liegt, damit es nicht zum Durchschlag kommt. Man unterscheidet je nach Verwendungszweck Halte- und Führungsisolatoren. Ihre richtige Handhabung entscheidet ebenfalls über die Hütesicherheit.

Nach aid infodienst (Sichere Weidezäune, 2016) werden die Isolatoren wie folgt definiert:

> *»Halteisolatoren dienen zum Spannen und Halten des Drahtes in der gewünschten Richtung und werden an den Spannpfählen montiert.*
>
> *Führungsisolatoren werden an den Streckenpfählen befestigt und führen die Leiter in der gewünschten Höhe.«*

Beschädigte Isolatoren müssen unverzüglich ausgetauscht werden.

Abbildung 242: Halte-Isolator

Abbildung 243: Verschiedene Führungs-Isolatoren im Überblick

Abbildung 244: Rammen eines Eckzaun- bzw. Spannpfahles

Zaunpfähle

Im Zaunbau finden aus konstruktiver Sicht Spann- und Streckenpfähle Verwendung.

Spannpfähle dienen in Kombination mit Halteisolatoren dem Halten und Spannen des Zaunes. Bei der Bestimmung der Setztiefe sind Bodenverhältnisse sowie die zu erwartende Zuglast zu berücksichtigen, damit das auftretende Moment im Erdreich abgefangen werden kann.

Geeignet für Spannpfähle sind Pfähle aus heimischen Gehölzen, wie z.B. Eiche oder Robinie, mit einem Durchmesser zwischen 15 bis 20 Zentimeter und einer Länge von mehr als 2,5 Metern. Sie werden mittels Ramme oder Erdlochbohrer gesetzt. Finden nur Kunststoffleiter Verwendung, so ist es möglich, schwächer dimensionierte Pfähle zu verwenden. Die möglichen Spannstrecken ergeben sich aus den Bodenverhältnissen in Abhängigkeit zu dem verwendeten Leitermaterial.

Alle 100 Meter einen Spannpfahl zu setzen, wie nach aid Infodienst (Sichere Weidezäune, 2016) gefordert, ist bei ordnungsgemäß verbauten Zaunabschnitten im Grunde genommen nicht erforderlich. Zaunstrecken von 300 bis 500 m lassen sich ebenfalls »nonstop« realisieren. In Abbildung 246 ist ein dafür erforderlicher Zaunaufbau dargestellt: Am Spannpfahl ① wird ein Haltedraht ② montiert. Der Haltedraht trägt den Halteisolater ③. Dieser ist wiederum zusammen mit einer Stahlspannfeder ④ verbaut. Am anderen Ende der Stahlspannfeder wird ein hochfester Zugdraht ⑤ eingefädelt und verknotet. Der rotierende Spanner ⑥sorgt für die mechanische Spannung des Drahtes. Die Stahlspannfeder gleicht jahreszeitlich bedingte Längenausdehnungen aus, ohne dass der Draht durchhängt.

Streckenpfähle sind weniger mechanischen Belastungen ausgesetzt als Spannpfähle, sie dienen lediglich der Führung des verwendeten Stromleiters. Der Fachhandel bietet verschiedenste Arten von Holz-, Kunststoff- und Metallpfählen mit den dazugehörigen Isolatoren an.

Es sind je nach Bodenrelief Pfahlabstände bis zu 20 m möglich. Voraussetzung dafür ist, dass eine ideale Drahtspannung ermöglicht bleibt.

Abbildung 245: Streckenpfahl mit W-Isolatoren

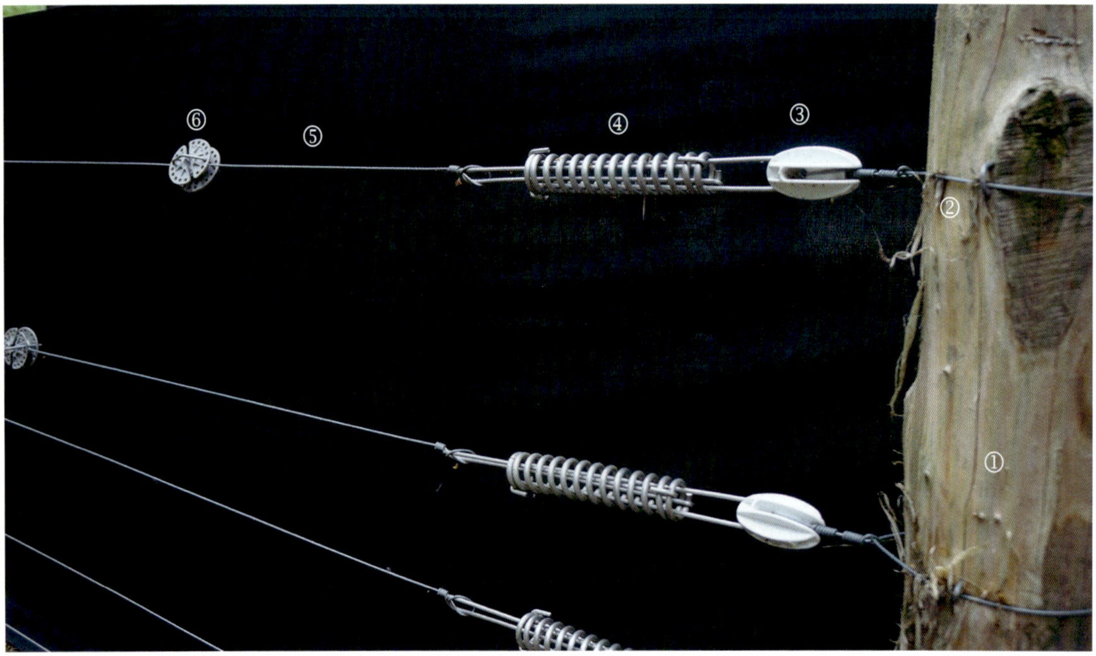

Abbildung 246: Spannpfahl mit Spannfeder und rotierendem Spanner

Abbildung 247: Warnschild »Vorsicht Elektrozaun«

Warnschilder

An oder direkt vor elektrischen Zäunen müssen (nach DIN EN 60335-2-76) im Abstand von max. 100 m zueinander Warnschilder (Größe mindestens 10 x 20 cm) montiert sein, die die Öffentlichkeit entlang von Wegen und Straßen über den Betrieb eines Stromzaunes informieren.

Messgeräte zur Spannungsprüfung am Zaun und Zauntagebuch

Wie bereits im Kapitel 4.1.5 dargestellt, empfehlen Versicherer allein schon die Protokollierung der Hütesicherheit durch ein lückenlos geführtes Zauntagebuch – unabhängig davon ob es Wölfe in einer Region gibt oder nicht. Die Zaunspannung ist durch tägliche Messung zu kontrollieren. Hierfür gibt es unterschiedliche Messinstrumente. Diese reichen von manuellen Messgeräten (Digitalvoltmeter), die vom Tierhalter benutzt werden können bis hin zu Weidezaungerät-integrierten Messeinrichtungen, die automatisch die Messwerte protokollieren.

Abbildung 248: Digitalvoltmeter

12.1.6.1 Festinstallierte Elektrozäune

Festinstallierte, hütesichere Elektrozäune finden vorrangig in der Rinder- und Pferdehaltung Anwendung, weshalb sie im Folgenden beschrieben werden. Doch auch in der Schaf- und Ziegenhaltung ist diese Technik anzutreffen.

Rinder

Die Variante des Außenzaunes ist vom Alter, dem Geschlecht der Rinder und dem Risikobereich abhängig. Ähnlich wie Pferdeweiden, sind Rinderweiden im Allgemeinen mit stationären, festen Zäunen gesichert, die Rahmenbedingungen wie Zufahrt zur Fläche, Bodenrelief und Bodenbeschaffenheit sind über einen langen Zeitraum gleich.

Nach aid infodienst (Sichere Weidezäune, 2016) ist die Gestaltung des Außenzaunes in Abhängigkeit vom Risikobereich wie folgt definiert:

Tierkategorie	Risikobereich		
	3	2	1
Milchkühe	F2	F1, E1	E1
Mutterkühe mit Nachzucht	F4, F3	F3	F2
Weibliche Jungrinder	F3	F3	F2
Bullen über 6 Monate	F3	F3	F3

Tabelle 19: Gestaltung des Außenzaunes für Rinder in Abhängigkeit vom Risikobereich nach AID

F1...F4: Festzaun (Kombizaun) mit einem, zwei, drei oder vier stromführenden Stahldrähten

E1...E2: Elektrozaun mit einem oder zwei stromführenden Kunststoffdrähten

Spannpfähle können unter günstigen Bedingungen in einem Abstand von über 100 m stehen, Streckenpfähle im Abstand von 10 bis 15 m. Bei Verwendung von Recyclingpfählen können diese zeit- und kostensparend mit einer Handramme gesetzt werden.

Nach aid infodienst (Sichere Weidezäune, 2016) werden folgende Richtwerte für die Installationshöhen von Einzeldrähten benannt:

Anzahl der Einzeldrähte	Höhe der Einzeldrähte [cm] für Rinder		
	1. Draht	2. Draht	3. Draht
1	90–100 (110)		
2	50–60	90–100 (110)	
3	45–60	75–80	90–100 (110)

Tabelle 20: Drahthöhen in Abhängigkeit von der Anzahl der Einzeldrähte nach AID

Der unterste Draht sollte nicht tiefer als 45 cm über Bodenniveau gespannt sein, damit die Nutztiere das Gras unter dem Zaun besser abfressen können. Erreicht das Gras den untersten Leiter, so fließt Strom unkontrolliert in den Boden ab. Zaunhöhen über 110 cm verbessern die Hütesicherheit nicht, denn Rinderausbrüche sind nicht die Folge von Überspringen von Zäunen.

Die hier angegebenen Werte für Installationsmengen und -höhen für Stromleiter zur Herstellung der Hütesicherheit erfüllen nicht die Anforderungen zur Errichtung des wolfsabweiseden Grundschutzes. Entsprechende Werte dafür sind in Kapitel 12.1.7 zu finden.

Abbildung 249: Festinstallierter Elektrozaun für Rinder (F3)

Pferde und Ponys

Festinstallierte Elektrozäune finden bei Außen- und Innenzäunen in der Pferdehaltung Verwendung. Pferde reagieren höchst empfindlich auf Stromreize, sind sie erst einmal an den Elektrozaun gewöhnt, wird er auch von ihnen respektiert. Der Material- und Montageaufwand ist im Vergleich zum Stabilzaun bei guter Hütesicherheit bedeutend geringer.

Bei Außenzäunen ist darauf zu achten, dass stabile Holz-, Metall- oder Kunststoffpfähle verbaut werden, typische mobile Elektrozaunpfähle, wie sie von mit bestückten Litzen aus der Schafhaltung bekannt sind, geben nicht genügend mechanische Sicherheit. Wichtig bei der Auswahl der elektrischen Leiter ist ihre Sichtbarkeit für das Pferd, denn Litzen, Seile oder auch Glattdraht sind schlecht erfassbar und können bei panischen Fluchtreaktionen tiefe Schnittwunden hervorrufen. Glattdraht ist aus diesem Grund verboten, ebenso wie Stacheldraht oder Knotengitter als alleinige Umzäunung. Stattdessen sollten Breitbandlitzen mit 40 mm verwendet werden. Wichtig auch hier: alle verbauten Zaunkomponenten müssen aufeinander abgestimmt sein.

Pfahlabstände werden von den Herstellern häufig mit 4–6 m empfohlen. Um 6 m zu erreichen sind allerdings beste Bandqualität und hervorragende Isolatoren notwendig. Anzustreben sind allerdings geringere Abstände, denn die Breitbandlitzen unterliegen zum einen Belastungen durch Windeinflüsse, zum anderen dehnen sie sich im Sommer durch Hitze stark aus und hängen derart durch, dass die benötigte Zaunhöhe nicht mehr gewährleistet ist. Dieses erfordert, dass auch Breitbandlitzen gespannt werden.

Nach aid infodienst (Sichere Weidezäune, 2016) werden folgende Richtwerte für die Installationshöhen von Stromleitern benannt:

Abbildung 250: Festinstallierter Elektrozaun für Pferde

Die hier angegebenen Werte für Installationsmengen und -höhen für Stromleiter zur Herstellung der Hütesicherheit erfüllen nicht die Anforderungen zur Errichtung des wolfsabweisenden Grundschutzes. Entsprechende Werte dafür sind in Kapitel 12.1.7 zu finden.

Tierkategorie	Anzahl der elektr. Leiter	Höhe der Einzelleiter [cm] für Pferde		
		1. Leiter	2. Leiter	3. Leiter
Kleinpferd	3	45–60	60–80	110–120
Großpferde	3	45–60	70–100	120–140
Springpferde, Hengste	3	60–80	100–120	140–160

Tabelle 21: Richtwerte für Leiterhöhen unterschiedlicher Pferdekategorien nach aid

12.1.6.2 Mobile Elektrozäune

Unter den Mobilen Elektrozäunen werden im Grundsatz zwei Systeme mit jeweils verschiedenen Varianten unterschieden:

- Elektronetzzäune
- Litzenzäune

Diese beiden System sind folgend beschrieben.

Elektronetzzäune

Elektronetzzäune finden häufig dort Verwendung, wo es auf hohe Hütesicherheit (!) ankommt, der Koppelhaltung, bei der die Schafe nicht ständig unter Aufsicht des Schäfers sind. Als mobiles, einfaches und effektives System wird es gern bei Landschaftspflegemaßnahmen eingesetzt oder dort, wo sich die Installation eines festen Zaunes nicht lohnt oder nicht möglich ist. Sie lassen sich gut auf- und abbauen und schnell und sicher miteinander verbinden. Aber auch in der Hütehaltung werden Elektronetzzäune beispielsweise als Zäunung für einen Pferch eingesetzt.

Der Fachhandel bietet den Schäfern eine breite Palette von unterschiedlichen Zaunkomponenten (hinsichtlich Zaunhöhe, -material, -farbe, -schaltung etc.) an, so dass für nahezu alle erdenklichen Bedingungen eine dem Einzelfall angepasste Lösung gefunden werden kann. Wichtig ist lediglich eine konsequente Abstimmung aller verbauten Zaunteile. Nur dann ist eine optimale Hütewirkung möglich.

Bereits an dieser Stelle wird darauf hingewiesen, dass die praktische Handhabung solcher Zäune beim regelmäßigen Auf- und Abbau von zwei Faktoren wesentlich abhängt:

- Höhe des Zaunes (90, 105, 106, 108, 112, 120 oder 145 cm)
- Gewicht des Zaunes (oft 50 Meter lange Zaunrollen)

Der Zusammenhang zwischen Zaunhöhe und Zaungewicht ist in Abbildung 268 grafisch dargestellt. Während bei den drei Zaunhöhen 90, 105 und 120 cm das Gewicht fast linear ansteigt, ist beim 145 cm hohen Elektronetzzaun ein deutlich überproportionaler Gewichtsanstieg erkennbar.

Abbildung 251: Elektronetzzaun

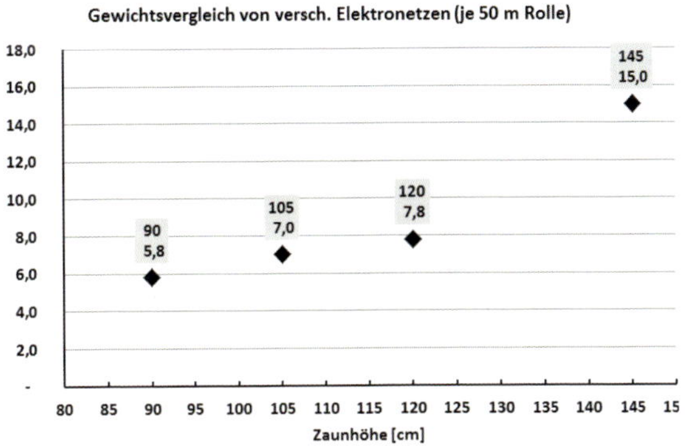

Abbildung 252: Gewichte in Abhängigkeit Zaunhöhen bzgl. 50 m Elektronetzzaunrollen

Von verschiedenen Anbietern erhältliche Elektronetzzäune sind mit Blick auf die Konstruktion im Grunde genommen nichts anderes, als mehrere zueinander und im parallelen Abstand fixierte Litzen. Die Litzen verlaufen beim aufgestellten und gespannten Elektronetz alle »parallel« zum Boden. Der gleichbleibende Abstand unter den Litzen wird durch nicht-leitende Kunststoffseile oder Vertikalstreben ermöglicht, die im Spritzgussverfahren herstellerseitig »verknotet« werden. Alle Litzen sind am Start- und Endpfahl des Elektronetzzaunes mit einer Edelstahlklemme gemeinsam verbunden, um die Strom- und Spannungsübertragung zu ermöglichen. Diese Klemmen dienen ebenfalls zur Aneinanderreihung mehrerer Elektronetze zur elektrischen Schaltung in Reihe und um die Zäune auf mehrere hundert Meter Länge errichten zu können.

Abbildung 253: »Plus«-Anschlussklemme

Abbildung 254: Vertikalstreben unterstützen einen guten Stand des Netzes; Knotenpunkte als mechanisches Konstruktionsmerkmal zur Netzherstellung

Abbildung 255: Elektrische Aneinanderreihung mehrerer Netze durch Metallklemmen

Die Litzen des Netzes werden herstellerseitig oft als Plus-Leiter geschaltet angeboten. Dennoch gibt auch handelsübliche Netze, bei denen die Litzen abwechselnd als Plus- und Minus-Leiter geschaltet sind. Solche Netze sind u.a. gut daran zu erkennen, dass sie je zwei Anschlussklemmen am Start- und Endpfahl haben, wie in Abbildung 256 zu sehen ist.

Abbildung 256: »Plus«- und »Minus«-Anschlussklemme

Elektronetze haben eine Länge von 50 m mit eingearbeiteten Kunststoff- oder Fiberglaspfählen, deren Anzahl zwischen 10 und 17 Stück variieren, im Allgemeinen sind es 14 Stück. Aus Gründen der Standsicherheit sind Doppelspitzenpfähle zu bevorzugen. Die Netze sind als Viereckknotengeflecht ausgeführt, wobei die Horizontaldrähte fest mit formgepressten, senkrechten Plastikverbindungen verbunden sind. Die senkrechten Verbindungsstücke halten die stromführenden Teile auf Abstand und sorgen für eine Grundstabilität des Zaunabschnittes.

In der Praxis haben sich bauartbedingte Netzhöhen von 90 oder 105 cm bewährt. Die Knotengeflechte bestehen aus 8 oder 9 horizontalen Litzen, wobei die unterste stromlos ist. Die Abstände der untersten sechs Litzen zueinander betragen ca. 10 cm, danach erhöhen sie sich auf 15 cm. Die vertikalen Plastikverbindungen sind jeweils 30 cm voneinander entfernt.

Vor dem Aufstellen des Elektronetzes sollte auf der geplanten Trasse möglichst der Bewuchs unter Verwendung eines Freischneiders niedrig gehalten werden, damit die notwendige Hütespannung nicht in den Boden abfließen kann. Um die erforderliche Zaunhöhe zu gewährleisten ist ein gutes Abspannen der Netze an den Eckpfählen erforderlich. Besonders wichtig ist es, die unterste stromlose Litze auf dem Boden zu halten; ggf. muss ein zusätzlicher Pfahl gesteckt werden.

Abbildung 257: Mittels Stahlanker (links) und schnurgespanntem Elektronetz (rechts)

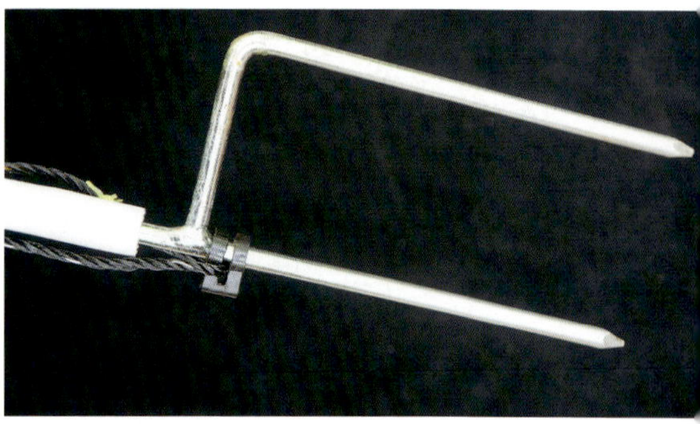

Abbildung 258: Doppelspieß zur Verankerung im Boden

Elektrolitzenzäune

Litzenzäune bestehen zur Herstellung der Hütesicherheit (!) aus maximal vier Einzeldrähten. Der unterste Draht sollte nur so hoch über dem Boden verlaufen, dass die Tiere mit den Ohren oder Kopfpartie an den Draht stoßen und nicht mit dem Nacken. So springen die Schafe nicht nach vorn, sondern nach hinten weg. Dadurch werden mechanische Beschädigungen am Zaun verhindert. Der unterste Draht ist somit ca. 20 cm über Bodenniveau anzubringen, weiden Lämmer mit auf der Koppel, kann er auch etwas niedriger gesetzt werden. Zwischen den anderen Drähten sollte der Abstand 20 bis 30 cm betragen.

Als Pfähle haben sich Kunststoffpfähle bewährt. Sie sind mit feststehenden oder beweglichen Isolatoren versehen oder sind selbstisolierend. Die Pfahlabstände können bis zu 12 m betragen.

Nach aid infodienst (Sichere Weidezäune, 2016) werden folgende Richtwerte für die Installationshöhen von Stromleitern in Abhängigkeit der Anzahl der Einzeldrähte benannt:

Anzahl der Drähte	Höhe der Einzeldrähte [cm]			
	1. Draht	2. Draht	3. Draht	4. Draht
4	25 – 30	45 – 50	60 – 65	90 – 120
3	30 – 40	50 – 60	90 – 120	
2	40 – 50	90 – 120		

Tabelle 22: Richtwerte für Leiterhöhen in Abhängigkeit der Anzahl der Einzelleiter nach AID

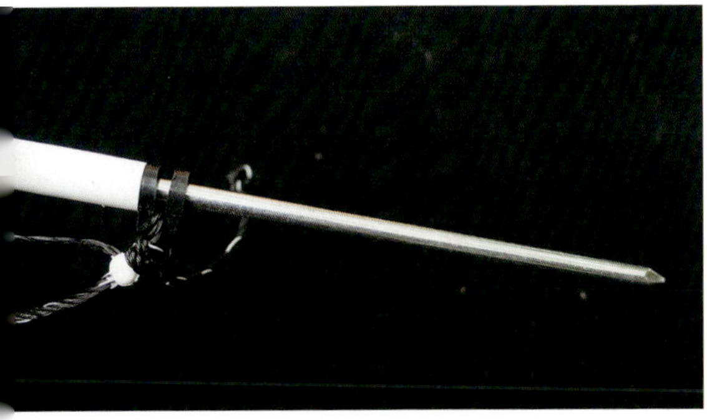

Und Einfachspieß zur Verankerung im Boden

Die in Tabelle 22 angegebenen Werte gelten auf für Stahldrähte zur Abgrenzung bei der Koppelhaltung von Schafen und Ziegen.

Abbildung 259: Mobiler Elektrolitzenzaun, 2-reihig mit selbstisolierenden Kunststoffpfählen

Sogenannte Haspelsysteme ermöglichen eine praktikable Handhabung zum wiederholten Auf- und Abrollen der Litzen, wobei eine Litze auf jeweils eine Haspel (Spindel) gespult ist (Abbildung 260). Das Haspelsystem erfordert allerdings das manuelle Einfädeln der Litzen in die z.B. selbstisolierenden Kunststoffpfähle. Je nach Menge der Litzen muss pro Pfahl dieser Einfädel- bzw. Einhängehandgriff getätigt werden.

Am Markt sind üblicherweise Haspelsysteme mit bis zu max. vier Haspeln erhältlich, also vier Litzen in vier verschiedenen Höhen. Oft werden 3 Haspeln verwendet.

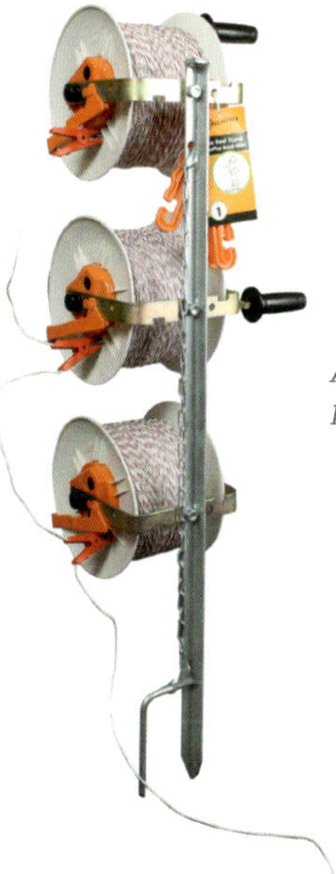

Abbildung 260: Haspelsystem

Abbildung 261: SmartFence

Eine »All-in-one«-Lösung stellt der »SmartFence (Firma Gallagher)« dar (Abbildung 261). Bei diesem bis zu 100 m langen System sind vier Haspeln mit je einer Litze aufgewickelt. Alle Litzen des SmartFence sind durch verschiedene hohe Ösen der insgesamt 10 Kunststoffpfähle gefädelt. 5 Pfähle sind mit einem Hering und Abspannseil bestückt. Beim Abwickeln der Haspeln entscheidet der Tierhalter, in welchen flexiblen Abständen er die einzelnen Pfähle ins Erdreich steckt (Aufteilung). Eine entsprechende Kurbelmechanik gestattet das einfache und gleichzeitige Wiederaufwickeln aller Litzen auf ihre Haspel.

Herstellerseitig sind folgende Ösenhöhen verwendbar: 17, 22, 37, 57, 77 und 97 cm.

12.1.7 Wolfsabweisende Zäune in der Nutztierhaltung

Wolfsabweisende Zäune unterscheiden sich teilweise erheblich von solchen, die aufgestellt werden, um die Hütesicherheit herzustellen. Während in den vorherigen Kapiteln ausführlich beschrieben wurde, wie hütesichere Zäune und andere Barrieren nach den Vorgaben des aid Infodienstes (Sichere Weidezäune, 2016) in Bezug auf Nutztierhaltungen wirken, soll in diesem Kapitel dargestellt werden, wie es gelingen kann, Wölfen den Zutritt zu einer Weide, einer Koppel oder z.B. auch einem Pferch zu verweigern. Hierfür muss ein Wolf

- vom Durchschlupf durch den Zaun hindurch,
- vom Übersprung über den Zaun,
- von der Überkletterung über den Zaun,
- und von der Untergrabung unter dem Zaun hindurch abgehalten werden.

Zur weiteren Beurteilung darüber, ob ein Zaun als wirksam – besser ausgedrückt als wolfsabweisend – deklariert werden darf, ist es unabdingbar zu wissen, wozu Wölfe in der Lage sind, um an Nutztiere heranzukommen. Dies meint insbesondere:

- ihre Anatomie bzw. ihr Skelett (Brustkorbhöhe)
- ihr Sprungvermögen
- ihr Klettervermögen
- ihr Grabevermögen

Anhand der Abbildung 262 ist zu erkennen, dass das größte Maß für die Brustkorbhöhe von der Oberkante Rückgrat bis zur Unterkante Brustbein ca. 25 cm beträgt und etwa am Ende des Brustbeines liegt (Montagebedingte Toleranzen durch die Präparation berücksichtigen). Beim lebenden Wolf ist sind zusätzlich noch Gewebe, Muskeln, Haut und Fell hinzuzurechnen, so dass etwa 30 cm zu berücksichtigten sind.

Dieses Maß (ca. 30 cm) ist wichtig für die Frage darüber, wo ein Wolf noch hindurchsteigen könnte und wo nicht. Steigt ein Wolf durch ein Loch oder eine anders

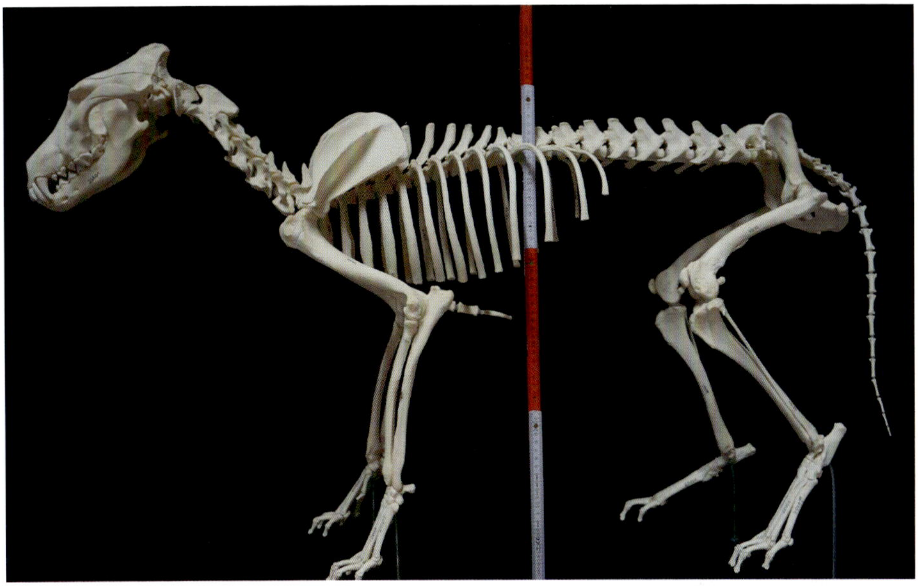

Abbildung 262: Entscheidend für den Zaundurchschlupf ist die Brustkorbhöhe des Wolfes

geartete Lücke im Zaun hindurch, wird er zunächst versuchen, den Kopf, den Hals und eines der beiden Vorderbeine hindurchzustrecken. Um allein schon diesen Versuch zu »unterbinden« sollten Nettoabstände (lichte Weiten) zwischen zwei Stromdrähten oder -litzen, Holzriegeln oder Paarungen aus diesen Barrieren 20 cm nicht überschreiten. Zum weiteren Verständnis ist es wichtig zu wissen, dass diese engen Abstände (mindestens bis einer Höhe von 60 cm) unerlässlich sind, damit der Wolf gar nicht erst die Kopf-Hals-Schulter-Partie hindurchstecken kann. In einer theoretischen Worstcase-Betrachtung könnte es sein, dass er bei plötzlicher Berührung des Stromleiters reflexartig durch den Zaun geht. Ab einer Höhe von 60 cm können weitere Abstände von 30 cm zwischen den Stromleitern verwendet werden, wenngleich auch hier ein Abstand von 20 cm durchaus empfohlen wird.

Auch hinsichtlich der Fähigkeit des Wolfes, sich unter nicht wirksame Zäune hindurchzugraben, ist es bemerkenswert, zu welchen Leistungen ein Wolf im Stande ist. Der Wolf hat wie der Hund auch eine Haut zwischen den Zehen. Werden die Zehen gespreizt – aufgrund weichen Bodens oder beim Schwimmen – vergrößert sich das Flächenprofil der Pfoten, was einerseits eine Veränderung der Flächenpressung auf dem Boden zur Folge hat, andererseits allerdings beim Graben die Wolfspfoten der Vorderläufe zu »gewissen« Schaufeln werden lässt. Das in Abbildung 263 gezeigte Standbild einer Videosequenz zeigt einen Wolf beim Graben. Anhand eigener Herdenschutzmaßnahmentests an Gehegewölfen im Wolfcenter konnte immer wieder beobachtet werden, dass Wölfe bestrebt sind direkt am Hindernis herunter zu graben. Diese Information ist von hoher Bedeutung für die Definition von Untergrabeschutzmaßnahmen.

Abbildung 263: Wölfe können sich in kurzer Zeit unter nicht wirksamen Zäunen hindurchgraben

Abbildung 264: Zaununtergrabung durch Wolf bei einem Solarpark mit Schafhaltung

Abbildung 264 zeigt das Ergebnis einer erfolgreichen Untergrabung durch einen wild lebenden Wolf unter einem bodenschlüssig verlegten Maschendrahtzaun hindurch. Dieser Zaun war mit keinem Untergrabeschutz ausgerüstet und dem Wolf war es ein leichtes einzudringen. Der Zaun grenzt einen Solarpark ab. Zwecks Flächenpflege wurden dort Schafe eingesetzt, die das Ziel des Wolfsübergriffes wurden. In der Abbildung ist zu erkennen, dass dem Wolf gerade Mal eine Lücke von laut Gliedermaßstab 19 cm reichte, um sich Zugang zu verschaffen. Dennoch ist es auch wichtig zu wissen, dass der »weiche« Maschendrahtzaun durch den Wolf einige Zentimeter nach oben gedrückt werden kann – je nach Straffung des Zaunes.

Ein sehr interessanter Fall ist in Abbildung 265 aus dem Landkreis Diepholz an einem Damwildgehege dargestellt. Der Gehegezaun verfügt über einen Untergrabeschutz in Form eines lotrecht ins Erdreich eingelassenen Metallgeflechtzaunes. Zunächst hat der Wolf von außen grabend versucht, einzudringen, hat dann aber bei der Konfrontation mit dem Untergrabeschutz damit aufgehört. Interessant ist, dass der Wolf, nachdem er Beute am Damwild gemacht hat, versucht hat, an derselben Zaunstelle – wie hier eingangs beschrieben – wieder nach draußen durch Untergraben zu gelangen. Auch hierbei ließ der Wolf nach der Konfrontation mit dem Untergrabeschutz mit dem Graben nach. Einen identischen Versuch einer beidseitigen Untergrabung an derselben Zaunstelle ergab sich bei diesem Wolfsübergriff auch noch an einer anderen Gehegezaunstelle. Per DNA-Untersuchung konnte der Wolf als Verursacher festgestellt werden.

Abbildung 265: Versuch einer Zaununtergrabung durch Wolf bei einem Damwildgehege

Abbildung 266: An dieser Zaunstelle überwand ein Wolf einen Metallgeflechtzaun mit einer Schafhaltung

Bieten sich einem Wolf entsprechend große Löcher oder Lücken im Zaun, muss davon ausgegangen werden, dass er diese für sich nutzt und hindurchschlüpft, um an die Nutztiere zu kommen. Dies kann durchsteigend oder auch durchhüpfend geschehen.

Leider liegt uns kein verifizierbares Bildmaterial vor, das einen Wolf direkt beim Überklettern oder Überspringen von Zäunen zeigt. Obwohl Wölfe hierzu ohne Weiteres im Stande sind, ist es doch bedeutend zu wissen, dass die allermeisten Wölfe gerade dieses nicht vollziehen – Ausnahmen bestätigen allerdings die Regel, wie anhand der Abbildung 266 zu sehen ist. Der Wolf hat am über den Metallgeflechtzaun gespannten Stacheldraht (128 cm hoch) augerissene Haare hinterlassen. Der Abstand des Stacheldrahtes zum obersten Draht des Metallgeflechtzaunes betrug 15 cm. Per DNA-Untersuchung konnte der Wolf als Verursacher festgestellt werden.

Nach Angaben von V. u. N. Bologov (pers. Komm.) stellten sie bei einer ihrer verschiedenen Gehegewölfe in Russland fest, dass eine von ihnen handaufgezogene Fähe regelmäßig das Gehege durch Herausklettern verließ und auch auf dieselbe Weise zurückkehrte. Das Gehege verfügte weder über einen inneren Stromzaun, noch über einen nach innen gerichteten Abweiser an der Gehegezaunoberkante. Die einjährige Fähe hat auf diese Weise eine Höhe von ca. 2 m überwunden.

Aufgrund der Vielzahl sämtlicher vorhandener unterschiedlicher Zäune in der Nutztierhaltung ist es fast nicht möglich, entsprechende wolfsabweisende Um- bzw. Ergänzungsbaumaßnahmen zu beschreiben. Dies bedarf immer einer individuellen Beurteilung. Damit dies doch im Grundsatz größtenteils gelingen kann, werden vier Systeme beschrieben, an denen sich Anforderungen im Grundsatz ableiten lassen:

- Vermeidung der Untergrabung
- Vermeidung des Durchschlupfes
- Vermeidung der Überkletterung
- Vermeidung des Übersprunges

Überwindungsart		Nr.	Mobile Elektrozäune	Nr.	Stabil- und Kombizäune
			Um- bzw. Aufbaumaßnahme		
1. Untergrabung		1.1	Elektronetzzaun. Entscheidend ist die bodenschlüssige Errichtung	1.1	Zaunmatte ≥ 30 cm vertikal in den Boden (Erdreich) einlassen, als Verlängerung der überirdischen Zaunmatte
		1.2	Mindestens 5 Stromleiter in den Höhen: 20, 40, 60, 90 & 120 cm. Entscheidend ist 1. Stromleiter mit ≤ 20 cm Abstand zum Boden	1.2	≥ 100 cm breite Gittermatte oder Metallknotengeflecht direkt vor dem Zaun auf dem Boden auslegen und mit diesem regelmäßig verbinden und verankern
				1.3	1 x Stromleiter außen am Zaun bodennah installieren (Abstand zum Boden= 20 cm; Abstand zu Zaunmatte = 15 bis 30 cm)
2. Durchschlupf	**2.1 Durchstieg**	2.1.1	Elektronetzzaun, mindestens 90 cm	2.1.1	Enge Maschung (max. 15 x 15 cm)
		2.1.2	Mindestens 5 Stromleiter in den Höhen: 20, 40, 60, 90 & 120 cm Entscheidend sind die ersten 3 Stromleiter über Boden	2.1.2	Lichte Weite zwischen 2 Zaunriegel ≤ 20 cm
	2.2 Durchsprung	2.1.1	Elektronetzzaun, mindestens 90 cm	2.2.1	Enge Maschung (max. 15 x 15 cm)
		2.1.2	Mindestens 5 Stromleiter in den Höhen: 20, 40, 60, 90 & 120 cm	2.2.2	Lichte Weite zwischen 2 Zaunriegel ≤ 20 cm
3. Überkletterung		3.1	Überkletterung nicht möglich	3.1	Zaunhöhe grundsätzlich ≥ 120 cm
				3.2	Pfosten erhöhen und Drähte oder Bänder spannen
				3.3	Elektrifizierten Plus-Draht oberhalb eines Metallknotengeflechtzaunes installieren
				3.4	Elektrifizierten Plus- und Minusdraht als Paar oberhalb eines kunststoffummantelten Geflechtzaunes installieren
4. Übersprung		4.1	Elektronetzzaun, mindestens 90 cm bauartbedingt hoch, besser 105 cm. Im Sonderfall zusätzliches Breitband auf 120 cm	4.1	Zaunhöhe grundsätzlich ≥ 120 cm
		4.2	Mindestens 5 Stromleiter in den Höhen: 20, 40, 60, 90 & 120 cm	4.2	Pfosten erhöhen und Drähte oder Bänder spannen
		4.3	Elektrischer Abweiser nach außen		

Tabelle 23: Um- und Aufbau von wolfsabweisenden Zäunen

Weiterhin wird dabei zwischen Stabil- bzw. Kombizäunen und mobilen Elektrozäunen unterschieden. In Tabelle 23 sind verschiedene wolfabweisende Zaunkonfigurationen beschrieben, die im weiteren Verlauf dieses Kapitels bildlich vorgestellt werden.

12.1.7.1 Grundsatz bei der Auswahl von Weidezaungeräten

Beim Betrieb von wolfsabweisenden Zäunen sollten leistungsstarke Weidezaungeräte mit einer elektrischen Zaunspannung von 3.000–4.000 Volt (bei 500 Ohm Belastung) und einer hohen Impulsenergie (deutlich über 1 Joule) zum Einsatz kommen. Erneut wird an dieser Stelle darauf hingewiesen, dass alle Stromleiter sehr straff gespannt sein müssen, zwecks erfolgreicher Impulsübertragung.

Diese Anforderung begründet sich in zweifacher Hinsicht:

- Nach dem in Kapitel 7 beschriebenen Lernverhalten (operante Konditionierung), sollte dem Wolf – ohne ihn zu schädigen! – unmittelbar ein konkreter Schmerzreiz (durch den Stromimpuls) strafend zugefügt werden, damit er so schnell wie möglich und auch nachhaltig den Zaun meidet.
- Aufgrund der hier noch nachfolgend beschriebenen Anforderung, dass die untersten Stromleiter nur max. 20 cm vom Boden (Oberkante Erdreich) entfernt sein dürfen, muss in der Praxis davon ausgegangen werden, dass die erforderliche Bewuchsfreiheit durch Zaunpflegemaßnahmen nicht permanent geleistet wird. Leistet die Vegetation in kurzer Zeit höhere Wachstumsschübe, bleibt ein Einwachsen in den Zaun nicht aus, was als normaler oder in ausgeprägter Form als starker Bewuchs eingestuft würde. Aber auch in diesen Situationen muss der Stromimpuls in angemessener Qualität auf den Wolf bei dessen Berührung mit dem Stromleiter (Zaun) übertragen werden. Eine Vorabschwächung der elektrischen Spannung durch Bewuchs einhergehend mit der Verwendung von ungenügend dimensionierten Weidezaungeräten muss als nicht tolerierbar gewertet werden. Sind normale Bewüchse durch Pflegemaßnahmen (Bewuchs kurz halten) zu realisieren, können Weidezaungräte mit 1–5 Joule eingesetzt werden, wobei der höhere Joulebereich angestrebt werden sollte (Schmerzreizerzeugung auf langer Zaunstrecke). Starke Weidezaungeräte (6–15 Joule, geregelt auf 5 Joule) sollten bei langen Zäunen (> 1.000 m) und/oder starkem Bewuchs verwendet werden. Hieraus resultiert, dass wann immer es möglich ist, auf 230-Volt-Weidezaungeräte zurückgegriffen werden sollte, wenn der Zaun die alleinige Herdenschutzmaßnahme darstellt.

Im Wissen, dass leistungsstarke Weidezaungeräte teurer sind als leistungsschwache, sollte bei dieser Investition nicht »am falschen Ende« gespart werden.

12.1.7.2 Mobile Elektrozaunsysteme

In den Fällen, wo Schaf- und Ziegenhalter mindestens 90 cm hohe Elektronetzzäune verwenden, leisten sie bereits den erforderlichen wolfsabweisenden Mindestgrundschutz. Dies geschah und geschieht in wolfsfreien Gebieten allein schon vor dem Hintergrund der Hütesicherheit. Es ist allerdings dabei auch wichtig zu wissen, dass die Anerkennung dieser geringen Netzhöhe mit Blick auf den wolfsabweisenden Grundschutz auf einen Kompromiss aus ersten »Verhandlungen« zur Entwicklung des sächsischen Wolfsmanagements zurückgeht. Tatsächlich ist anzuraten, bei der Neuanschaffung von Elektronetzen auf mindestens 105 cm hohe Varianten umzusteigen, auch wenn hier ca. 1 kg mehr Gewicht pro 50 m Zaunrolle zu tragen ist und das Handling mit zunehmender Zahnhöhe schwieriger wird. Sicherlich wäre die Nutzung von 120-cm-Elektronetzen noch ratsamer – allerdings stellen Gewicht und Handhabung solcher Zaunhöhen in der Praxis eine noch aufwendigere Aufgabe dar. Des Weiteren sind solch hohe Elektronetzzäune (120 cm und mehr) noch anfälliger gegen starken Wind und ggf. gegen Eisregenanhang. Hierbei wird die Qualität solch hoher Zaunprodukte in keinster Weise in Abrede gestellt.

Stets zu berücksichtigen ist auch der Unterschied zwischen der Nennhöhe (z.B. 90 cm) des Elektronetzzaunes und der bauartbedingten Errichtungshöhe (teilweise nur 85–87 cm). Elektronetze sollten zwar immer gut gespannt und bodenschlüssig aufgestellt werden, tatsächlich lassen sie sich jedoch nicht perfekt spannen und hängen aufgrund ihres Eigengewichtes immer auch ein wenig durch. Der größte Durchhang ist auf der Hälfte zwischen zwei Pfählen zu erkennen. Das Nennmaß (z.B. 90 cm) ist also fast nur an den Pfählen gegeben. Ein Vorteil ist für dieses Problem ist beim Einsatz von Elektronetzen mit starren vertikalen Stäben (Streben) ersichtlich. In Abbildung 267 ist erkennbar, dass es fast keinen Durchhang gibt. Dies begründet sich nicht nur durch die Straffung des Netzes an den Ecken, sondern

Abbildung 267: Mobiler Elektronetzzaun mit vertikalen Kunststoffstreben als Abstandhalter der Litzen

auch durch die stützend wirkenden Kunststoffstäbe, die selbst wiederum als Parallelabstandhalter der horizontalen Litzen dienen.

Mit Blick auf Elektronetze ist abschließend zu sagen, dass sie der permanenten UV-Strahlung ausgesetzt sind und deshalb auch altern. Die Beschädigung der horizontalen Stromlitzen, der vertikalen Abstandslitzen oder der vertikalen Abstandsstäbe ist irgendwann die Folge, was den Ersatz es Netzes zur Folge haben muss und somit auf eine zeitliche Begrenzung hinweist.

Der große Vorteil des Einsatzes von korrekt aufgestellten Elektronetzen liegt darin, dass alle Anforderungen gleichzeitig erfüllt werden: Untergrabe-, Durchschlupf-, Überkletter- und Sprungschutz.

Ähnlich verhält es sich im Grunde genommen beim Einsatz von mobilen Litzenzäunen, wobei es ein großes Anwendungsproblem gibt. Zur Errichtung des wolfsabweisenden Grundschutzes müssen 5 Stromlitzen aufgebaut werden, wie es in Abbildung 268 zu sehen ist. Die

Abbildung 268: Mobiler Elektrolitzenzaun, 5-reihig

Neues Haspelsystem der Firma Rappa mit bis zu 6 Litzen

untersten 3 Litzen (Litze-Nr. 1, 2 und 3) dürfen max. 20 cm Abstand zueinander haben. Selbst die unterste Litze darf nicht mehr als 20 cm von der Oberkante Erdreich entfernt installiert werden. Litze-Nr. 4 und 5 werden in der Höhe 90 und 120 cm eingehängt. Dieses wäre eigentlich noch gar nicht das Problem. Das Problem ist, dass es bis vor Kurzem keine regulären Haspelsysteme mit 5 Rollen am Markt gab. Die Schäfer, die wie in diesem Beispiel beschrieben, doch 5 Litzen verwenden, mussten sich etwas als individuelle technische Lösung anfertigen lassen. Übliche Haspeln sind solche mit 3 oder 4 Litzen, die jedoch nicht die Mindesthöhe von 90 cm bei gleichzeitig max. 20 cm Abstand zueinander erreichen. 80 cm Höhe müssen leider als zu wenig gewertet werden. Neuerdings bietet die Firma Rappa Haspelsysteme mit bis zu sechs Litzen im Handel an. Wie schon zuvor kurz dargestellt, ist das Abspannen von Zaunecken (je nach Bodenbeschaffenheit) oft unerlässlich. In Abbildung 269 ist links ein mit drei Erdspießen versehener Metallpfahl als Abspannpfahl zu erkennen. Mit einem wetterfesten Band ist der Pfahl des Elektronetzzaunes daran angebunden und überträgt somit die mechanischen Zugkräfte zur Straffung des Elektronetz- oder Litzenzaunes. Eine Alternative ist die Verwendung von in den Boden geschlagen Torstahlstangen zur Straffung der Netze (rechtes Bild). Bei Elektronetzzäunen ist es darüber hinaus wichtig, dass sie bodenschlüssig verlegt werden und dass sie technisch einwandfrei funktionieren und frei von Beschädigungen sind.

In seltenen Fällen sind in Deutschland Wölfe festgestellt worden, die Elektronetzzäune übersprungen haben. In solchen Fällen ist es von höchster Wichtigkeit,

Abbildung 269: Mobiler Elektronetzzaun mit Eckpfostenabspannung (zusätzlicher Metallpfosten)

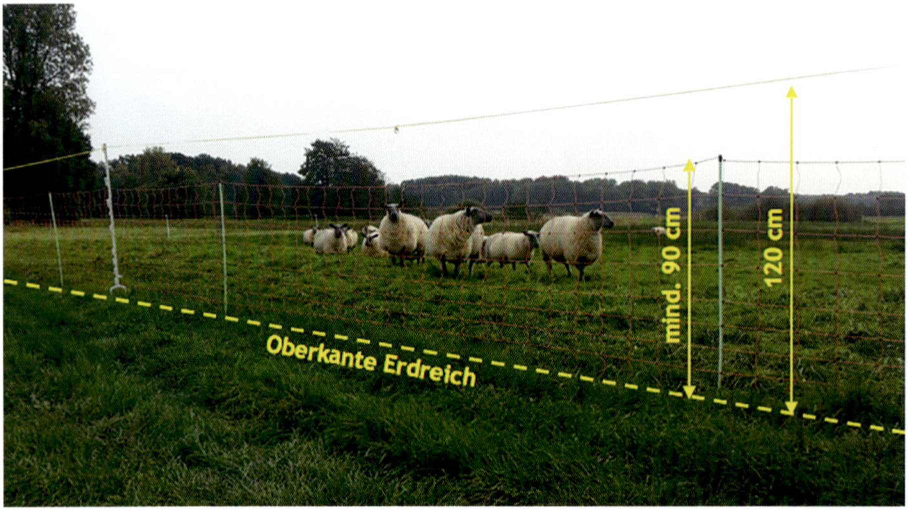

Abbildung 270: Mobiler Elektronetzzaun mit dazu gestelltem Flatterband

dass die Barriere als Maßnahme einer ersten Eskalationsstufe umgehend erhöht wird. Hierfür kommt der Einsatz einer zusätzlich dazu gestellten Breitbandlitze (auch Flatterband genannt) zum Tragen. Diese wird auf nominell 120 cm Höhe installiert. Ein elektrischer Anschluss dieser Litze kann entfallen, weil in der Sprungphase des Wolfes bei Kontakt mit der Breitbandlitze, dieser aufgrund fehlender Erdung ohnehin keinen Stromimpuls übertragen bekommt. Es handelt sich also um eine reine optische Barriere, die den Wolf beeindrucken und vom weiteren Springen hindern soll. Würde auch diese Barrierehöhe übersprungen, sollten Maßnahmen im Sinne des Kapitels 13 berücksichtigt werden.

Der Nachteil der zusätzlich auf 120 cm Höhe errichteten Breitbandlitze ist an windreichen Tagen in der Tiefebene zu sehen. Die Windkräfte (Windstärke 4) haben den Litzenzaun und in diesem konkreten Fall auch den Elektronetzzaun stellenweise um über 30° schief gedrückt. Hier ist im Rahmen der täglichen Tier- und Zaunkontrolle ein Wiederaufrichten unerlässlich.

Abbildung 271: Mobiler Elektronetzzaun mit dazu gestelltem Flatterband nach mittlerem Sturm

Abbildung 272: Mobiler Elektronetzzaun 90 cm (Firma horizont) mit 120 cm Pfählen zur Aufnahme einer 20 mm Bandlitze

Eine interessante Lösung, die einen 90-cm-Elektronetzzaun beinhaltet und gleichzeitig die Montage einer 20 mm breiten Flachbandlitze gestattet„ ist das Produkt der Firma Horizont. Hierbei ist der Start- und Endpfahl sowie jeder zweite Zaunpfahl dazwischen auf 120 cm Höhe hergestellt – alle anderen Pfähle sind 90 cm hoch. Die 120er-Pfähle sind an der Spitze mit einer Kunststofföse ausgestattet, die es zur Aufgabe hat, die Bandlitze aufzunehmen. Abbildung 272 zeigt einen solchen Elektronetzzaun.

Werden Schaf- und/oder Ziegenherden nach dem täglichen Hüten mehrere Male am selben Ort über Nacht in einem Pferch untergebracht, ist es sinnvoll, vor der Errichtung des Pferches eine Zaungasse zu mähen oder zu mulchen (Abbildung 273). Diese zusätzliche Vorarbeit trägt zu einer hohen elektrischen Güte des Elektronetzes oder der Elektrolitzen bei, da die Kurzschlussmöglichkeiten durch Bewuchs im Zaun reduziert werden.

In Wolfsgebieten sollte für die Nutztierherde eine größere Pferchfläche gewählt werden, als in solchen ohne Wolfsvorkommen. Dies begründet sich darin, dass die Herde im Bedarfsfall mehr Abstand zum Zaun einnehmen und der Wolf die Herde nicht am Zaun entlang treiben kann. Bei zu engem Pferchen bzw. Koppeln besteht die Gefahr, dass die Herde in Panik gerät und ausbricht.

Die hier gezeigte Errichtung von zwei parallel zueinander stehenden Elektronetzzäunen ist keine Pflicht – sie kann jedoch zur Erhöhung des wolfsabweisenden Schutzes beitragen.

Abbildung 273: Errichtung eins Nachtpferches mit mobilen Elektronetzzäunen (105 cm)

12.1.7.3 Stabil- und Kombizaunsysteme

Stabil- und Kombizaunsysteme sind für die dauerhafte Installation vorgesehen. Bei den im Folgenden beschriebenen Um- bzw. Aufbaumöglichkeiten zur Errichtung des wolfsabweisenden Grundschutzes bleibt die Frage an dieser Stelle unbeantwortet, ob ein Tierhalter auf von ihm gepachteten Weiden oder anderen Habitattypenflächen in solche Zaunsysteme zum Schutz seiner Nutztierherde finanziell investiert. Auf Eigentumsflächen sollte dieser Zaunbau entsprechend in Betracht gezogen werden.

12.1.7.3.1 Kategorie Metallgeflechtzäune

Unter der Bezeichnung Metallgeflechtzäune sollten in einer erweiterten Definition nicht nur die klassischen Metallknotengeflecht- oder Maschendrahtzäune verstanden werden, sondern auch alle anderen Formen, wie z.B. Stabmattenzäune oder teilweise auch aus Bewehrungsmatten errichtete Zäune. Bei all diesen Zaunbauformen muss kritisch beurteilt werden, ob ein wolfsabweisender Grundschutz bereits besteht oder nachgerüstet werden muss. In den meisten Anwendungsfällen sind es Schafe, Ziegen und Gehegewild, die derart eingezäunt werden.

Maßnahmen gegen den Übersprung

Gilt es bei Gehegewild – meistens Damwild – aus Gründen der Hütesicherheit eine Zäunhöhe von mindestens 1,80 m zu errichten (die in der Höhe auch als wolfsabweisend gilt), muss bei der Haltung von Schafen und Ziegen eine Barrierehöhe von mindestens 1,20 m als Standard beim wolfabweisenden Grundschutz berücksichtigt werden, obwohl oft geringere Zaunhöhen festzustellen sind. Es stellt sich also die Frage, wie bestehende Metallgeflechtzäune baulich nachträglich erhöht werden können. Abbildung 274 zeigt, eine Lösung, bei der an die bereits vorhandenen Holzpfähle Verlängerungen auf 120 cm Höhe angeschraubt wurden. Um die Barrierehöhe von 120 cm zu erreichen, kann das Spannen einer nichtelektrifizierten 40 mm Breitbandlitze ausreichen. Im dem Fall, wo der ursprünglich vorhandene Geflechtzaun nur 90 cm hoch ist, sollten entweder zwei stromlose Breitbandlitzen oder zwei Metalldrähte im max. Abstand von 20 cm zueinander und zur Geflechtzaunoberkante gespannt werden, sodass eine Bauhöhe von 120–130 cm entsteht. Genauso wie bei den zuvor beschriebenen mobilen Elektrozäunen gilt es auch, Metallgeflechtzäunen straff zu spannen, um ein Durchhängen zu vermeiden.

Abbildung 274: Nachträgliche Erhöhung eines 100 cm hohen Metallgeflechtzaunes

Maßnahmen gegen den Durchschlupf

Um die Möglichkeit für den Durchschlupf auszuschließen, dürfen keinerlei Löcher – also zerstörte Maschen – vorhanden sein. Besteht ein solches Loch, wie z.B. in Abbildung 275 gezeigt, gilt es, dieses unverzüglich solide zu schließen.

Abbildung 275: Loch im Metallgeflechtzaun (gerissene Maschen)

Maßnahmen gegen die Untergrabung

Die größte bauliche Herausforderung besteht in der nachträglichen Errichtung des wichtigen Untergrabeschutzes. Diese kann prinzipiell auf drei Arten erfolgen. Eine vierte Variante, die es jedoch zunächst noch weiterzuentwickeln gilt, wird in Kapitel 14 vorgestellt.

Variante 1:

Lotrechtes Einlassen einer Barriere ins Erdreich

Abbildung 276 zeigt einen Maschendrahtzaun, der mindestens 30 cm ins Erdreich eingelassen wurde. Unabhängig vom Arbeitsaufwand bzw. vom Maschinenbedarf – der zweifelsfrei besteht – um einen Zaun nachträglich in die Erde hinein zu verlängern, muss bedacht werden, dass die Zaunpfähle nicht beliebig tief freigelegt werden dürfen. Dieses würde an Stabilität der Pfähle einbüßen. Bei der Neuerrichtung von Metallgeflechtzäunen wird empfohlen, den Untergrabeschutz tiefer als 30 cm einzulassen. Je nach verwendetem Zaunmaterial sollten dies 40 oder gar 50 cm sein.

Abbildung 276: Lotrechtes Einlassen einer Barriere ins Erdreich

Variante 2:

Auslegen einer Barriere vor dem Zaun

Das nachträgliche Auslegen einer Barriere vor dem Zaun ist in Abbildung 277 dargestellt. Hierfür gibt es jedoch auch wieder verschiedenen Möglichkeiten in der konkreten Ausführung. In der Abbildung wurde eine 100 cm breite Baustahlmatte (Bewehrungsmatte, Estrichgitter, Armierungsmatte) auf dem Boden vor dem Zaun ausgelegt. Tatsächlich könnte diesen Zweck auch ein Metallknotengeflechtzaun erfüllen. Hierbei ist es allerdings von hoher Bedeutung, dass das Stahlmaterial verzinkt ist, um eine Korrosion zu vermeiden. Nach dem Verlegen der Matte muss diese regelmäßig (nach jedem Meter) mit dem eigentlichen Zaun fest verbunden werden, um Spalte zu verhindern. Solche Spalte könnten dem Wolf wieder eine Möglichkeit für das Untergraben bieten. Dieselbe Matte muss dazu auch an der anderen Mattenkante regelmäßig mit dem Erdreich verankert werden, um ein Aufrollen zu vermeiden.

Der Nachteil der bodenebenen Verlegung von Matten als Untergrabeschutz liegt darin, dass dort nicht mehr maschinell gemäht werden kann. Ferner sollten im Vorfeld Eigentumsfragen zur dafür erforderlichen Fläche geklärt sein.

Abbildung 277: Auslegen einer Barriere vor dem Zaun – hier Metallknotungsgeflecht

Abbildung 278: Auslegen einer Barriere vor dem Zaun – hier Bewehrungsmatte

Mit Hilfe eines Maschineneinsatzes, z.B. Minibagger, kann die Matte auch ins Erdreich hineinverlegt werden, was je nach Zaunlänge einen hohen Aufwand bedeuten kann. Wichtig ist jedoch auch bei dieser Möglichkeit, die Matte mit dem Zaun regelmäßig, wie zuvor beschrieben, fest zu verbinden.

Abbildung 279: Auslegen einer Barriere ins Erdreich vor dem Zaun – hier Maschendrahtgeflecht

Variante 3:

Bodennahe Installation eines Stromleiters vor dem Zaun

Wer weder Variante 1 noch Variante 2 umsetzen möchte, kann sich wie in Abbildung 280 gezeigt, der Anwendung eines nachträglich installierten elektrischen Zaunes bedienen. Der Bodenabstand des Stromleiters – hier ist ein gespannter Stahldraht zu empfehlen – soll 20 cm nicht überschreiten. Um eine nicht gestattete Induktion zwischen Stromleiter und Metallgeflechtzaun zu vermeiden (ungewollte Übertragung des Stromimpulses auf den Geflechtzaun), muss der Stromleiter mindestens 15 cm Abstand zum Metallzaun haben. Gängige, käuflich zu erwerbende, Isolatoren ermöglichen diese Anforderung.

Die Montage eines kurzen Isolators an den Zaunpfählen sollte unbedingt vermieden werden. Würde der Abstand zwischen Metallgeflechtzaun und bodennahem Stromleiter dann vielleicht gerade nur 5 cm betragen, könnte sich bei einer Installationshöhe von 20 cm ein Wolf ohne Weiteres wieder unter dem Geflechtzaun hindurch graben. Der Stromleiter hätte dann seinen Zweck verfehlt.

Abbildung 280: Bodennahe Installation eines Stromleiters vor dem Zaun

Es ist unstrittig, dass die hier beschriebenen Möglichkeiten zur nachträglichen Errichtung von Untergrabeschutzmaßnahmen mit Arbeit verbunden sind – auch die Pflege, im Falle der Realisierung durch den bodennahen Stromdraht (Vgl. Zaunpflege in Kapitel 12.1.7.7). Dennoch ist es von wesentlicher Bedeutung, diesen Aufwand zu leisten, weil Wölfe insbesondere durch Untergraben von Zäunen versuchen, an Nutztiere zu gelangen.

Eine echte Herausforderung zur Realisierung eines Untergrabeschutzes können Damwildgehege darstellen. Wie in Kapitel 4.3 beschrieben, wurden in der Vergangenheit Genehmigungen zur Errichtung von Damwildgehegen nur mit der Auflage der außenseitigen Anpflanzung von Buschwerk am Zaun entlang herausgegeben. Diese Tatsache stellt sich der nachträglichen Errichtung eines Untergrabeschutzes vollständig entgegen, wie Abbildung 281 deutlich zu erkennen ist. Mit Blick auf heute vorhandene Lösungen für Untergrabeschutzmaßnahmen, muss anerkannt werden, dass im Grunde genommen für solche Zaunabschnitte bzw. Gehegeseiten nur die Neuerrichtung eines Zaunes mit Untergrabeschutz im Gehege verbleibt, mit anschließendem Rückbau des ursprünglichen Zaunabschnittes. Bei Wildgehegen sollte grundsätzlich auf die Installation eines bodennahen Stromleiters auf der Gehegezauninnenseite verzichtet werden, weil bei z.B. Damwild die Gefahr des Verwickelns mit dem Geweih im Stromdraht nicht auszuschließen ist. Dies ist aus Gründen des Tierschutzes abzulehnen.

Abbildung 281: Außenseitige Bepflanzung von Buschwerk am Damwildgehegezaun als Genehmigungsauflage

Abbildung 282: Unterschiedliche Ausgangssituationen an einem Wildgehege zur Nachrüstung des Untergrabeschutzes

Beide Fotos der Abbildung 282 zeigen ein und dasselbe Damwildgehege. Anhand dieser Darstellung ist erkennbar, dass die Beurteilung darüber, wie ein wolfsabweisender Untergrabeschutz nachgerüstet werden kann bzw. sollte, je nach Zaunseite völlig unterschiedlich sein kann.

Maßnahmen gegen die Überkletterung

In den Fällen, wo ein Wolf das Überklettern (zu unterscheiden vom Überspringen) von Metallgeflechtzäunen erlernt hat, kann die nachträgliche Installation eines Stromleiters als elektrischer Abweiser wie folgt beschrieben Sinn machen.

Im Abstand von 15 cm wird oberhalb zur Zaunoberkante ein elektrifizierter Stromleiter gespannt (je nach Nutztierart: Stahldraht, Litze oder Seil) und am Weidezaungerät als plus geschaltet. Der blanke Metallgeflechtzaun dient als Erdung (minus), kann jedoch vorsichtshalber mit mehreren Erdungsstäben ausgestattet und daran angeschlossen werden. Ein Erdungsstab wird wiederum an das Weidezaungerät angeschlossen. Beim Überklettern des Wolfes am Zaun gelangt er an den Stromdraht, während er bereits mit dem Metallgeflechtzaun kletternd im Kontakt ist. Der Wolf erfährt einen Stromimpuls. Alternativ kann ein einzelner, in gleicher Weise elektrifizierter, Stahldraht auch nahe der Oberkante des Geflechtzaunes von außen an die Zaunpfähle montiert werden.

Werden kunststoffummantelte Metallgeflechtzäune (z.B. Maschendrahtzäune) oder auch Stabmattenzäune verwendet, muss ein doppelter parallel geführter Stromleiter (nur wenige Zentimeter Abstand zueinander) nachgerüstet werden. Während ein Stromleiter am Weidezaungerät als plus angeschlossen wird, muss der andere als minus geschaltet werden. Beim Klettern berührt der Wolf beide Drähte und erfährt einen Stromimpuls. Abbildung 283 verdeutlicht die Montage.

Abbildung 283: Vermeidung von Überkletterung mittels Stromleiter als elektrischem Abweiser

Tierkategorie	Höhe Oberkante Geflechtzaun (nicht elektrifiziert) [cm]	Höhe elektrischer Abweiser oberhalb Oberkante Geflechtzaun als ggf. Nachrüstung [cm]
Schafe	120	135 (120 bei waagerechter Isolatorinstallation)
Ziegen	120	135 (120 bei waagerechter Isolatorinstallation)
Gehegewild (Muffelwild)	120	135 (120 bei waagerechter Isolatorinstallation)
Gehegewild (Damwild)	180	195 (180 bei waagerechter Isolatorinstallation)
Gehegewild (Sikawild)	180	195 (180 bei waagerechter Isolatorinstallation)
Gehegewild (Rotwild)	200	215 (200 bei waagerechter Isolatorinstallation)

Tabelle 24: Wolfsabweisende Zaunhöhen bei Metallgeflechtzäunen

Die beiden zuvor beschriebenen Möglichkeiten zur Verhinderung des Überkletterns machen zur Abwehr des Überspringens keinen Sinn, weil der Wolf in der »Sprungflugphase« (alle vier Pfoten sind ohne Bodenkontakt) nicht geerdet ist und somit keinen Stromimpuls übertragen bekommen kann.

Abschließend sind nochmals alle zuvor beschriebenen Metallgeflechtzaunhöhen in der Tabelle 24 zusammengefasst.

12.1.7.3.2 Kategorie Elektrozäune

Letztlich dürfte es auch in Zukunft eine Frage des Geschmacks bleiben, für welche Art von Stromleiter (Stahldraht, Litze, Seil oder Breitband) sich ein Nutztierhalter entscheidet, um mittels eines Elektrozaunes den wolfsabweisenden Grundschutz zu errichten.

Soll der wolfsabweisenden Grundschutz ausschließlich durch Stromleiter realisiert werden, ist es eigentlich unerheblich, welche Nutztierart geschützt werden soll.

Abbildung 284: Pferdestabilzaun mit 6 Reihen kunststoffummanteltem, jedoch stromleitendendem Stahldraht

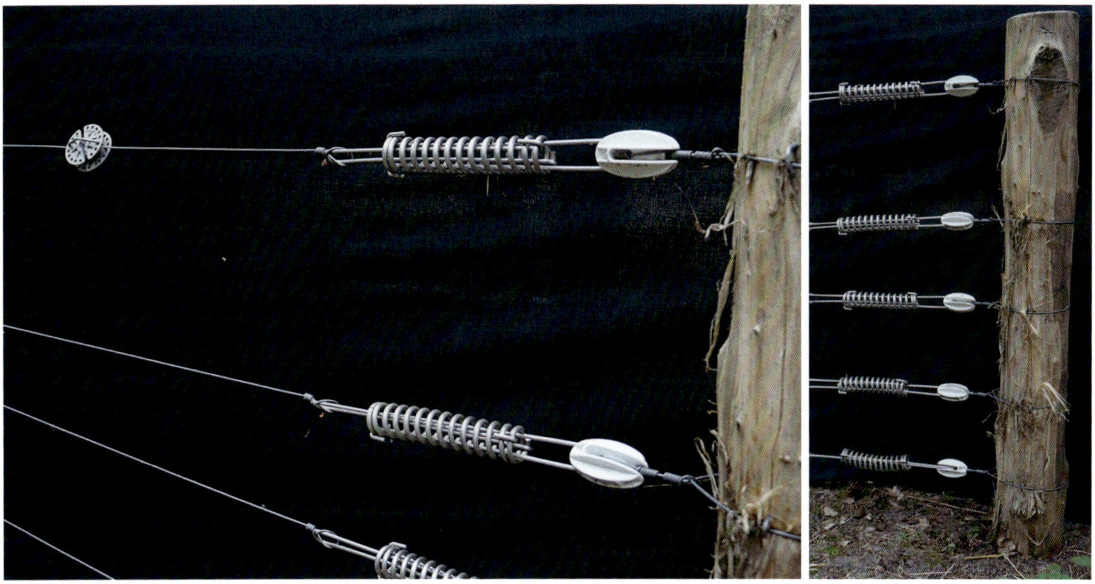

Abbildung 285: Rinderstabilzaun mit 5 Reihen Stahlglattdraht

Wichtig ist dabei schließlich, den Wolf auszuzäunen. Insofern sollten mindestens im unteren Zaunhöhenbereich für alle Nutztiere die gleichen Installationshöhen gelten.

In Abbildung 284 ist die Errichtung eines wolfsabweisenden Zaunes in der Großpferdehaltung zu sehen. An dem Holzstreckenpfahl wurden mittels W-Isolatoren insgesamt 6 Stromleiter installiert. Die Höhenteilung ist 20, 40, 60, 80, 110 und 140 cm.

Tabelle 25 listet im Überblick Mengen von elektrischen Stromleitern und deren Installationshöhen zu verschiedenen Nutztierkategorien auf.

Kritische Stimmen werden beim Lesen dieser Zeilen beklagen, dass derart niedrig zu installierende Stromleiter recht schnell vom Bewuchs erreicht werden und die elektrische Wirkung nachlässt – das stimmt. Möglichkeiten, aber auch Grenzen zur Elektrozaunpflege sind in Kapitel 12.1.7.7 beschrieben.

Tierkategorie	**Anzahl der elektr. Leiter**	**Höhe der Einzelleiter [cm]**							
		1. Leiter	**2. Leiter**	**3. Leiter**	**4. Leiter**	**5. Leiter**	**6. Leiter**	**7. Leiter**	**8. Leiter**
Schafe	5	20	40	60	90	120			
Ziegen	5	20	40	60	90	120			
Rinder	5	20	40	60	90	120			
Kleinpferde	5	20	40	60	90	120			
Großpferde	6	20	40	60	80	110	140		
Springpferde, Hengste	7	20	40	60	80	100	130	160	

Tabelle 25: Richtwerte für Leiterhöhen unterschiedlicher Tierkategorien

12.1.7.3.3 Kategorie Mischzäune

Neben der Verwendung von reinen Elektrozäunen (mobile und feststehende) oder Metallgeflechtzäunen können auch Mischungen aus diesen Zäunen und unter Verwendung von z.B. Holzriegeln Lösungen bieten.

In der unten dargestellten Abbildung 286 werden Rinder gehalten. Bei genauerem Hinsehen ist zu erkennen, dass der unterste von 5 Stromleitern erst bei ca. 40 cm Höhe an den Zaunpfählen montiert ist. Der Untergrabeschutz ist somit nicht durch einen auf 20 cm Höhe vorhandenen Stromleiter gegeben, sondern durch einen lotrecht ins Erdreich eingelassenen Metallgeflechtzaun. Der Vorteil dieser zwar aufwendigen Bauweise (aufgrund der Weidegröße) liegt darin, dass die Elektrozaunpflege auf ein geringeres Maß reduziert ist.

Abbildung 286: Rinderzaun (5 Stromleiter) mit Metallgeflecht im Erdreich als Untergrabeschutz

Hinsichtlich einer Pferdehaltung (Abbildung 287) wurde ein Stabilzaun aus Holz (Pfähle und Riegel) errichtet. Zwei innen montierte Stromleiter verhindern zwar ein mögliches Scheuern der Pferde am Holzzaun, leisten aber an sich keinen Beitrag für den wolfsabweisenden Grundschutz. Der zudem installierte Metallgeflechtzaun würde einen Durchschlupf des Wolfes verhindern. Mit Blick und Anspruch auf den vollständigen wolfsabweisenden Grundschutz müsste noch ein Untergrabeschutz errichtet werden. Möglichkeiten dazu wurden bereits oben unter »Metallgeflechtzäune« beschrieben.

Abbildung 287: Installierter Metallgeflechtzaun am Pferdestabilzaun

In der Pferdehaltung ist oft auch die Anwendung von Breitbandlitzen zur Herstellung der Hütesicherheit zu sehen. Mit Blick auf den wolfsabweisenden Grundschutz, stellt sich am Beispiel der Abbildung 288 nun die Frage, wie dieser nachträglich erreicht werden kann. In Abbildung 289 ist eine von verschiedenen Lösungen dazu zu sehen. So können entweder parallel zu den Breitbandlitzen stabile Holzriegel montiert werden, so dass jedoch die lichte Weite 20 cm nicht überschritten wird. Anstatt der Holzriegel können auch weitere elektrifizierte Breitbandlitzen installiert werden. Soll die Zaunhöhe an sich erhöht werden, bietet es sich an mittels auf den Zaunpfahl auf gesetzte Isolatoren zur Aufnahme eines Stromseils zu verwenden. Die in Abbildung 289 gezeigte Lösung verwehrt einem Wolf das Durchschlüpfen, Überspringen und Überklettern. Tatsächlich darf der Untergrabeschutz nicht außer Acht gelassen werden. Erscheint doch der unterste Holzriegel massiv, stellte er letztlich jedoch keinen Untergrabeschutz dar. Eine Installation eines 15 cm langen Isolators mit gespanntem Stromleiter (am besten Stahldraht) mit max. 20 cm Abstand zum Boden realisiert den Untergrabeschutz.

Abbildung 288: Pferdezaun mit vier Breitbandlitzen

12.1.7.3.4 Kategorie Sonderzäune

»Der ist mir durch die Lappen gegangen.« Dieses Sprichwort dürfte manch einem bekannt vorkommen – der Ursprung dessen wahrscheinlich nicht. In einer Zeit, in der Wölfe noch bejagd oder gar ausgerottet wurden, war es unter anderem auch die Lappjagd, die hierfür zur Anwendung kam. Schon damals wussten die daran mitwirkenden Menschen, dass Wölfe sich sehr von der Präsenz von aufgehängten Lappenzäunen beeindrucken lassen, wenn sie plötzlich darauf treffen. Je nach Geländebedingungen wurden die Zäune großräumig dort installiert, wo man wusste, dass Wölfe in der Umgebung sind. An einer dafür geeigneten Stelle wurde anstatt des Lappenzaunes ein Fangnetz aufgestellt, in das die Wölfe getrieben werden sollten – was auch funktionierte, solange man die Wölfe beim Treiben nicht in Panik versetzte.

Aus diesen Erfahrungen heraus, wurde die Verwendung des Lappenzaunes als Herdenschutzmaßnahme abgeleitet. Farbe und Form der Lappen scheinen dabei weniger wichtig zu sein (Abbildung 290). Wichtig ist, dass bei leichtem Wind bzw. Luftzug die Lappen anfangen bodennah leicht hin und her zu wehen.

Abbildung 289: Nachträglich installierter Metallgeflechtzaun am Pferdestabilzaun

Abbildung 290: Lappenzaun

Musiani et al. (2001) testeten verschiedene Konfigurationen von Lappenzäunen an fünf Gehegewölfen aus. So wurden verschiedene Abstände der Lappen zueinander getestet, wie auch die Installationshöhe und die Höhe der unteren Lappenkante zum Boden. Auch verschiedene Lappenfarben wurden getestet. So fanden die Forscher heraus, dass das Meideverhalten der Gehegewölfe auf den Zaun am ausgeprägtesten war bei folgender Konfiguration: Abstand der Lappen zueinander ≤ 50 cm; untere Lappenkante auf Bodenhöhe; rote oder graue Lappen. Selbst die Präsenz eines Futterköders auf der anderen Seite des Lappenzaunes ließ die Wölfe den Lappenzaun meiden.

Musianis' Ergebnisse scheinen konform mit denen der Testergebnisse aus dem Wolfcenter zu gehen. Hier wurde an insgesamt elf Wölfen eine lappenzaunähnliche Konstruktion getestet: Repellant Tapes (Firma Niteguard) wurden im Abstand von ca. 100 cm zu einander an einer in 100 cm Höhe befindlichen Schnur befestigt. Die Unterkanten der lichtreflektierenden und bei Wind knisternden Lappen (Tapes) hatten einen Abstand von ca. 20 zum Boden. Dieser Lappenzauntyp hielt im Maximum die Wölfe nur wenige Stunden vom Erreichen des Futterköders ab. In Abbildung 291 ist ein solcher Lappenzaun mit Repellant Tapes als Demonstrationszaun an einer Ziegenherde zu sehen.

Abbildung 291: Repellant Tapes fungieren wie ein Lappenzaun

Über welchen Zeitraum der Lappenzaun eine echte Herdenschutzmaßnahme darstellt, kann nur spekuliert werden. Der Nachteil dieses Zaunes begründet sich dadurch, dass sein Wolf sich nach kurzer Zeit an den Zaun gewöhnen könnte und sich dann nicht mehr von diesem harmlosen Instrument beeindrucken lässt. Es sollten daher vielleicht nur wenige Tage Schutz angenommen werden. Ferner stellt sich die Frage, ob ein Lappenzaun allein genutzt werden sollte oder ob er kurzzeitig zu einem anderen – wenn auch wirkungslosen – vorhanden Zaun dazugestellt wird.

Eine modifizierte Variante des Lappenzaunes findet in den USA Anwendung. Hierbei wurde das Trägerseil der Lappen gegen eine Elektrolitze ausgetauscht. Dies soll in der Kombination der wehenden Lappen mit der unter Strom stehenden Litze, Wölfe von den Nutztieren erfolgreich fern halten. Der Erfolg dieser Variante käme in Deutschland auf einen Versuch an.

12.1.7.4 Weidetore, Kanalschächte, Cattle Grids, Gräben etc.

Gedanken, die sich um den Neubau, die Aufwertung oder Umrüstung von wolfsabweisenden Zäunen drehen, dürfen potentielle Schwachstellen wie Tore, Gräben, Kanalrohre oder auch Cattle Grids nicht außer Acht lassen. Selbst wenn diese Schwachstellen vielleicht nur äußerst selten vom Wolf überwunden würden, müssen sie abgesichert sein.

12.1.7.4.1 Weidetore

Weidetore werden in verschiedenen Breiten angeboten. Oft sind solche von 4 bis 5 m Breite vorhanden, damit die Flächen problemlos von Landmaschinen und anderen Fahrzeugen befahren werden können. Der Fachhandel bietet ein breites Sortiment von Toren unterschiedlichster Bauarten an.

Je nach Bauweise können Weidetore auf den ersten Blick massiv wirken. Dies bedeutet allerdings nicht automatisch, dass sie auch wolfsabweisend konstruiert oder eingebaut sind. Genau wie beim Zaun, muss auch ein Weidetor einen Wolf vom Durchschlupf, vom Übersprung, von der Überkletterung und von der Untergrabung abhalten. Der beidseitige Übergang vom Weidetor zum Zaun muss ebenfalls die vier Kriterien berücksichtigen.

In Abbildung 292 könnten es die Fahrspuren des Traktors sein, die dem Wolf ohne Weiteres einen Zutritt auf die Weide ermöglichen.

Abbildung 292: Weidetor mit Traktorfahrspuren

Abbildung 293: Weidetor mit Schnappschloss am Zaunpfahl; ein Vorhängeschloss ermöglicht weitere Sicherheit

Wolfsabweisende Weidetore sollten zudem verriegelbar konstruiert sein, damit Unbefugte sie nicht öffnen und offen stehen lassen, wie z.B. in Abbildung 293 zu sehen ist. Ein Vorhängeschloss kann zur weiteren Absicherung eingehängt werden.

Maßnahmen gegen den Durchschlupf

Beim Weidetor in Abbildung 294 kann ein Wolf ohne Probleme hindurchsteigen.

Durch Nachrüsten eines engmaschigen Metallgitters, eines Metallknotengeflechtes oder auch z.B. weiterer Holzriegel kann der potentielle Durchschlupf vermieden werden (Abbildung 295). Sollte das Weidetor weniger als 120 cm hoch sein, kann z.B. mittels des Metallgitters die Bauhöhe heraufgesetzt werden (Abbildung 296).

Abbildung 295: Nachträglich eingeflochtener Geflechtzaun gegen Durchschlupf. Zwei Stromdrähte wirken als Unterschlupf- und Überkletterschutz

Abbildung 294: Weidetor mit Durchschlupfmöglichkeiten

Abbildung 296: Exemplarisch nachgerüstetes Gitter am Weidetor gegen Durchschlupf inklusive Torerhöhung

Maßnahmen gegen den Übersprung und die Überkletterung

Die Installation von z.B. zwei Stromlitzen mit einer Zwillenschelle ermöglicht die Abwehr gegen Überspringen oder Überklettern, wie in Abbildung 297 zu sehen ist.

Abbildung 297: Stromzwille oben am Weidetor als Abweiser montiert

Maßnahmen gegen die Untergrabung

Die Absicherung gegen Untergrabung kann je nach Bodenbeschaffenheit auf unterschiedliche Weise erfolgen. So können auch an der Unterkante des Weidetores zwei Stromlitzen mit einer Zwillenschelle installiert werden, wenn ein Stromzaun vorhanden ist (Abbildung 298).

Abbildung 298: Stromzwille unten am Weidetor als Abweiser montiert

Doch auch der Einbau einer mind. 30 cm dicken und verdichteten Recycling-Betonschotterschicht oder die Verlegung von Rasensteinen (Abbildung 299) leistet gute Dienste.

Abbildung 299: Rasensteine unter dem Weidetor als Untergrabeschutz verlegt

Stehen ausrangierte Güllespalten zur Verfügung, sind auch diese eine sehr gute und günstige Möglichkeit, die sogar schwere Fahrzeuge tragen können (Abbildung 300).

Abbildung 300: Güllespalten unter dem Weidetor als Untergrabeschutz verlegt

Hochkant unter dem Tor ins Erdreich gegrabene »Gehwegplatten« können ebenfalls eine gute Möglichkeit sein (Abbildung 301).

Abbildung 301: Gehwegplatten unter dem Weidetor als Untergrabeschutz senkrecht verlegt

Das großflächige Verlegen von dicken und fixierten Gummimatten macht nur auf sehr festem Untergrund Sinn, damit schwere Fahrzeuge diese nicht in Fahrspuren drücken und wieder ein Lücke schaffen.

Werden isolierte Torgriffe samt Stromleiter als Absperrung des Weidezugangs verwendet, ist darauf zu achten, dass die Leitermengen und Abstandsmaße realisiert werden, wie sie auf für die Zaunstromleiter empfohlenen werden.

Abbildung 302: Stromleiter und isolierte Torgriffe bilden hier das »Weidetor«

12.1.7.4.2 Kanalrohre

Kanalrohre sind oft Bestandteile von Gräben zur Entwässerung der Weiden, Äcker oder anderer Flächen. In vielen Fällen liegen die in den Graben eingelassenen und dann mit Erde überbauten Kanalrohre vor einer Weide und ermöglichen die Zufahrt der Landmaschine von der Straße auf die Weide. Da ein möglicher Zaunbau ohnehin abseits des Grabens etwas weiter weideeinwärts zu errichten wäre, bräuchte das Kanalrohr als Durchschlupfmöglichkeit für einen Wolf nicht abgesichert werden. Abbildung 303 verdeutlicht die Situation.

Abbildung 303: Ein an einer Weide entlang führendes Kanalrohr als Bestandteil des Grabens

Abbildung 304: Ein auf die Weide führendes Kanalrohr

Abbildung 305: Schachtabsicherung mit einem Gitter

Anders gestaltet sich der Absicherungsbedarf wie in Abbildung 304 zu sehen ist. Hier ist anzuraten, das offene Kanalrohr an einem Ende mit einem festverriegelbaren Gitter auszurüsten. Der Nachteil der Verriegelung mit einem Gitter liegt zwar in der regelmäßig erforderlichen Überprüfung darüber, ob es mit davor hängengebliebenen Treibgut verstopft ist. Dennoch führt im Sinne einer Herdenschutzmaßnahme kein Weg daran vorbei. In Abbildung 305 ist eine entsprechende Gitterabsicherung zu sehen, während im Hintergrund ein wolfsabweisender Pferdezaun errichtet ist.

12.1.7.4.3 Gräben und Bäche

Eine auf den ersten Blick größere Herausforderung kann die Aufstellung von Elektrozäunen über Gräben oder Bächen sein, die unterschiedliche Wasserstände führen können. Eine Installation des Elektrozaunes nach Abbildung 306 mag auf zunächst logisch erscheinen, ist jedoch wirkungslos in dem Moment, wo der Wasserspiegel ansteigt und den untersten stromführenden Draht berührt – ein Kurzschluss ist die Folge.

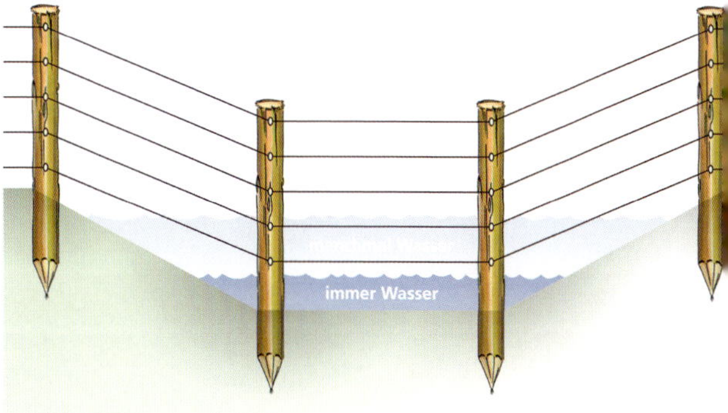

Abbildung 306: Elektrozaun quert einen Graben

Anhand der folgenden Abbildungen wird erklärt, wie Teilstromkreise installiert und bei Wasserkontakt kontrolliert und automatisch abgeschaltet werden können, während der Rest des Elektrozaunes uneingeschränkt weiter funktioniert.

Abbildung 307 zeigt einen in den Graben eingesetzten Zaunpfahl. Die obersten vier Drähte sind die regulären Zaundrähte. Diese allein stellen keinen Wolfsabweisenden Grundschutz dar. Deshalb sind weitere vier Drähte unterhalb der oberen Drähte (auf Höhe der Böschung) dazu moniert worden.

Abbildung 307: Zaunpfahl im Graben

In diesem konkreten Anwendungsfall stellen die untersten vier Drähte einen separaten Stromkreis dar. Dieser ist mittels eines sogenannten »Flood Gate Controller (Firma Gallagher)« (Abbildung 309) an den untersten Draht der vier Hauptdrähte angeschlossen. Sollte nun der Wasserstand im Graben ansteigen und der unterste Stromdraht wird vom Wasser berührt, stellt der Flood Gate Controller (der ein Entkopplungswiderstand ist) dieses fest und schaltet automatisch die untersten vier Drähte, die zu einem Stromkreis zusammengeschaltet sind, vollständig ab. Dies verhindert ein Zusammenbrechen der elektrischen Zaunspannung. Sinkt der Wasserstand wieder, schaltet der Flood Gate Controller automatisch die Stromdrähte wieder ein. Bei diesem Beispiel könnte sich allerdings ein Wolf durch die vier abgeschalteten Stromdrähte zwängen.

Abbildung 308: Am untersten Hauptdraht montierter Flood Gate Controller

Abbildung 309: Flood Gate Controller

Zur Herstellung des wolfsabweisenden Grundschutzes wird an dieser Stelle ausdrücklich empfohlen, mehrere Flood Gate Controller einzubauen, die jeweils einen einzelnen Elektrodraht schalten. Sollen wie im oben beschriebenen Beispiel vier Stromdrähte auf Höhe der Grabenböschung den wolfsabweisenden Grundschutz darstellen, würde bei steigendem Wasserstand ein Elektrodraht nach dem anderen beim jeweiligen Wasserkontakt abgestellt werden. Ein Wolf hätte hierbei keine Möglichkeit, sich durch Stromdrähte hindurchzuzwängen.

Eine alternative Variante zur Herstellung des wolfsabweisenden Grundschutzes mit Elektrozäunen über Gräben hinweg, könnte der »schwimmende Zaunpfahl« sein (Abbildung 310). Der Holzpfahl schwimmt in einem gelochten Stahlrohr je nach Wasserstand mit auf oder ab. Der Pfahl trägt die Stromdrähte, die selbst mittels einer Spannfeder an den Uferpfählen montiert sind. Der Nachteil dieser Lösung ist die Erfordernis der Wartung (Befreiung von sich ansammelndem Dreck im Rohr).

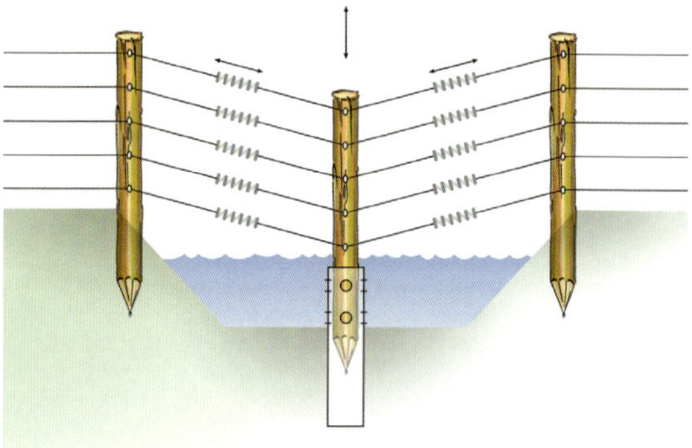

Abbildung 310: Als Schwimmer ausgelegter Zaunpfahl

Welche elektrische Schaltung auch immer gewählt werden mag, die Entfernung des Treibsels von den Stromdrähten dürfte eine regelmäßige und erforderliche Aufgabe bleiben, um den Zaun zu warten.
Eine weitere Lösung wäre ein waagerecht gelagerter und drehbarer Rundholzträger, an dem mehrere im Abstand von ca. 15 cm elektrifizierte Stahlketten montiert sind. Mittels einer Handkurbel werden die Ketten dem Wasserstand entsprechend herauf- oder herabgekurbelt – ähnlich einem Rollosystem.

Abbildung 311: Cattle Grid für Fußgänger und Radfahrer in Stangenausführung

Abbildung 312: Cattle Grid für schwere Fahrzeuge in Vierkantrohrausführung am Küstendeich

Abbildung 313: Cattle Grid für schwere Fahrzeuge in Rundrohrausführung

12.1.7.4.4 Cattle Grids

Wie bereits in Kapitel 3.7 beschrieben, sind Cattle Grids rechteckige, tiefe Gruben, die durch Stahlrohre oder -stangen mit regelmäßiger Lückenteilung (ähnlich einem Grillrost) abgedeckt sind. Sie verhindern, dass Nutztiere (als Ein- und Paarhufer) die Weide oder den Deich verlassen und ermöglichen gleichzeitig, dass je nach Bauart Fußgänger, Radfahrer (Abbildung 311) und Fahrzeuge (Abbildung 312 und Abbildung 313) barrierefrei passieren können. Es ist durch die Anatomie der Füße begründet, dass die Nutztiere, wie Schafe, Ziegen, Rinder und Pferde nicht, über das Cattle Grid laufen.

Erkenntnisse aus der freien Wildbahn, dass Wölfe Cattle Grids meiden, sind uns nicht bekannt. Vor diesem Hintergrund sind Tests mit einem nachgebauten Fuß-

Abbildung 314: Cattle Grid für Fußgänger im Test mit Gehegewölfen

gänger Cattle Grid an den Gehegewölfen im Wolfcenter durchgeführt worden. Alle drei Wolfsgruppen haben sich nicht vom Futterköder über das Cattle Grid locken lassen. Es sollten anhand von Gehegewölfen weitere Tests mit den anderen Bauformen von Cattle Grids erfolgen. Das getestete Cattle Grid bestand aus Stahlstangen im Durchmesser von 18 mm, die jeweils mit einer lichten Weite von ca. 5,2 mm parallel und quer zur Laufrichtung mit der Unterkonstruktion verschweißt waren.

12.1.7.5 Fehler und Funktionsbeeinträchtigungen im Zaunbau

Es ist im Grunde genommen unmöglich sämtliche Fehler und Funktionsbeeinträchtigungen des Zaunbaues im Sinne des Herdenschutzes hier aufzuzeigen. Dennoch soll eine Auswahl von Fehlern beschrieben werden.

Fehlerquelle
Fehler Weidezaungerät und Stromversorgung
Zu schwaches Weidezaungerät installiert, das nicht auf das Gesamtzaunsystem abgestimmt ist
Elektroanschlüsse haben Wackelkontakt und können keine Spannung zuverlässig auf dem Zaun halten
Metalloberflächen der Elektrokontakte sind korrodiert (verrostet) und haben isolierende Wirkung
12-Volt-Batterie nicht ordnungsgemäß an Weidezaungerät angeschlossen
230-Volt-Stecker nicht eingesteckt
Elektroanschlüsse nicht witterungskonform verlegt
Akku fast oder ganz leer
Technischer Defekt des Weidezaungerätes, der durch ein Fachunternehmen ermittelt werden sollte
Fehler Erdung
Erdung nicht hergestellt bzw. nicht ausreichend, weil Boden zu trocken ist
Erdungsstab nicht angeschlossen oder zu wenig Erdungstäbe verbaut
Überdachtes Stromgerät deckt fälschlicherweise auch den darunter befindlichen Erdungsstab im Erdreich mit ab, der dann folglich selbst auch trocken stecken kann

Fehlerquelle	**Beispielfoto**
Erdungsstab auf dem Boden liegend, anstatt ihn in den Boden zu stecken	
Gras- bzw. Wildkrauteinwuchs	
Schnee hat eine isolierende Wirkung. Hierdurch kann es sein, dass der Wolf bei Berührung des Zaunes keinen abweisenden Stromimpuls spürt. Die Plus-Minus-Schaltung kann Abhilfe leisten.	
Fehler Elektrische Zaundrähte, -litzen, -bänder und Isolatoren	
Zaunlänge ist nicht auf Weidezaungerät abgestimmt	
Isolator wurde elektrisch durchgeschlagen und leitet seitdem immer wieder Strom ab	
Gebrochener Stromleiter, der auf den ersten Blick vielleicht nicht auffällt	
Erste untere Litze wird versehentlich mit dem Doppelspieß des Zaunpfahles auf den Boden gedrückt. Es entsteht ein Kurzschluss.	

Fehlerquelle	Beispielfoto
An Stellen, wo ein Elektronetz auf das nächste trifft, müssen diese miteinander fest verbunden werden, um dem Wolf keine Eintrittsmöglichkeit zu bieten.	
Litzen sollten nicht um Isolatoren gewickelt werden. Der hier beabsichtigte Zweck der Litzenspannung kann im Laufe der Zeit nachlassen und die Litze fängt an durchzuhängen.	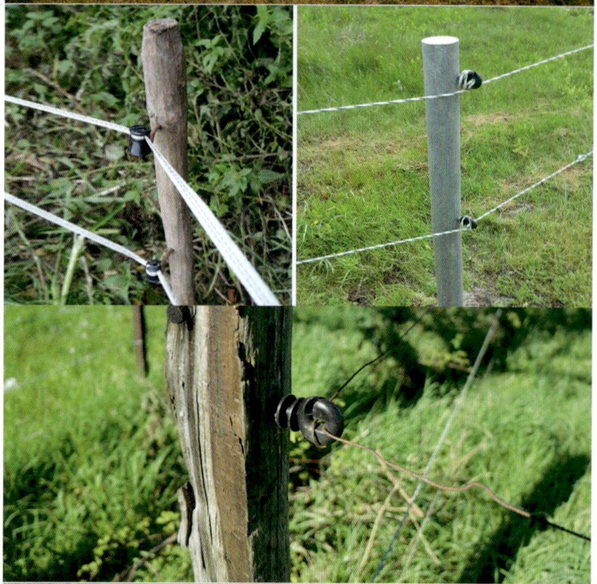
Hier wurde eine Breitbandlitze durch einen Isolator geführt, der für Runddrähte oder Seillitzen vorgesehen ist. Schäden der Bandlitze sind dadurch vorprogrammiert. Hier ist die Bandlitze letztlich ausgehakt. Vorher wurde sie durch den scharfkantigen Isolator beschädigt.	

Fehlerquelle	Beispielfoto
Doch auch der umgekehrte Fall bietet nur Nachteile. Ein Seil wurde in einen Breitbandisolator geklemmt, der dafür nicht ausgelegt ist. Zu hohe Klemmkräfte können hier zu einer Schädigung des Isolators führen. Infolge dessen hängt das Seil dann durch und könnte Lücken schaffen oder das Seil springt aus dem Isolator.	
Löcher im Geflecht des Elektronetzes	
Abgerissene Drahtverankerungen (hier ein Isolator) sollten umgehend erneuert werden.	

Fehlerquelle	Beispielfoto
Elektronetze müssen vollständig bodenschlüssig verlegt werden. Hier ist eine über 30 cm große bzw. hohe Lücke beim Aufstellen des Zaunes enstanden, weil das Netz über einen trockenen Graben gespannt wurde. Ein weiterer Einzelpfahl, in die Mitte des Bachlaufes gesteckt, hätte hier Abhilfe geleistet.	 
Durchaus gängige Praxis: Zwei Litzen (hier Seile) werden miteinander verknotet, um verlängert zu werden. Tatsächlich können solche Knoten einen hohen Leitungswiderstand erzeugen. Dadurch, dass die stromführenden Drähte keinen Kontakt haben, springt ein Funke über, verbrennt den Kunststoff und die Litze bricht.	 
Dieser Knoten stellt keinen sicheren Drahtverbindungsknoten dar.	

Fehlerquelle	Beispielfoto

Nicht unbedingt eine Seltenheit: Hier soll zwar nicht vor einem Wolf geschützt werden, doch eine klare Struktur in der Litzenführung ist eher nicht zu erkennen.	
Windlast drückt Zaun schief	

Fehlerquelle	Beispielfoto
Schwerer Ast drückt Zaun auf den Boden	
Durchhängende Netze oder Litzen	
Gerissene Netze oder Litzen	
Fehler bei mechanischen Zäunen	
Hier wurde der auf dem Boden liegende Unterwühlschutz mit ca. 30 cm Auslage zu schmal gewählt.	 
Hier fehlt nicht nur der Unterwühlschutz, hier hat der Knotengeflechtzaun nicht einmal Bodenschluss.	
An dieser Stelle könnte ein Wolf ohne Weiteres im Graben unter dem Metallknotengeflechtzaun hindurchschlüpfen.	

Fehlerquelle	**Beispielfoto**
Löcher im Metallknotengeflecht: Durchschlupf möglich! Der Metallknotengeflechtzaun ist deutlich in seiner Maschung aufgeweitet worden (Bildmitte). Hier muss unbedingt Abhilfe geschaffen werden.	
Untergrabung infolge fehlendem Untergrabeschutz	
Fehler Zaunpfähle	
Eichenspaltpfähle müssen frei von Rinde und Splint sein, um eine höhere Standzeit zu erreichen. Die voranschreitende Fäulnis ist am Übergang von der Atmosphäre zum Erdboden gut zu erkennen.	 
Eichenspaltpfähle müssen frei von Rinde und Splint sein, um eine höhere Standzeit zu erreichen. Rinde und Splint sind hier gut erkennbar. Doch auch ein solider Pfahl nimmt absehbar Schaden.	

Fehlerquelle	Beispielfoto
Eichenspaltpfähle müssen frei von Rinde und Splint sein, um eine höhere Standzeit zu erreichen. Hier ist ein Pfahl abgebrochen.	
Eichenspaltpfähle müssen frei von Rinde und Splint sein, um eine höhere Standzeit zu erreichen. Hier ist der Fäulnisgrad gut zu erkennen. Abhilfe: Pfähle aus Robinienholz haben gegenüber Eiche eine deutlich höhere Standzeit.	
Fehlende Bodenverankerung beim Unterwühlschutz	

Sonstige Fehler	
Übersteighilfen für Menschen am Deich, könnten ebenso von Wölfen genutzt werden.	

Fehlerquelle	Beispielfoto
An diesem Tor ist kein Verschlusssystem vorhanden. Hier könnte sich jederzeit ein Wolf hindurchschieben.	
Kanalrohre müssen mit einem Gitter verriegelt werden, um ein Hindurchkriechen eines Wolfes zu vermeiden. Es ist allerdings auch ein Pflegeaufwand damit verbunden. Das Gitter muss von Treibsel freigehalten werden, um den Wasserfluss aufrechtzuhalten.	
Auch ein fehlender Unterwühlschutz unter dem Weidetor bietet dem Wolf eine Einbruchmöglichkeit. Die beiden Fahrrinnen der Traktorreifen verdichteten hier das Erdreich und schufen je eine große Lücke unter dem Weidetor.	
Durch dieses Weidetor könnte ein Wolf ohne Weiteres hindurchsteigen.	

Fehlerquelle	Beispielfoto
Zu hoch montierte Tore mit Unterschlupfmöglichkeit	
Paletten, die von außen am Zaun gestapelt liegen, oder solche, die am Zaunpfahl anlehnen, können eine Kletter- bzw. Absprunghilfe für Wölfe darstellen.	
Gräben nicht ausgezäunt oder nicht vollständig mit eingezäunt	

Tabelle 26: Fehler und Funktionsbeeinträchtigungen bezüglich Zaunbau und -wirkung

12.1.7.6 Verbote im Zaunbau

Bei der Beschreibung des wolfsabweisenden Grundschutzes im Zaunbau ist es unabdingbar, dass auch konkrete und auch mögliche Zaunbauverbote beleuchtet werden. Dieses geschieht im Folgenden ohne Anspruch auf Vollständigkeit.

Mögliche Verbote

Grundsätzlich wird an dieser Stelle empfohlen, bei einer geplanten Stabil- und auch Kombizaunerrichtung zuvor den Boden- und Wasserverband und das Bauamt der Gemeinde oder der Landkreisverwaltung dazu zu befragen – obwohl landwirtschaftliche Zäune in der Regel genehmigungsfrei sind. Sollte eine Genehmigung erforderlich sein, gilt es diese zunächst abzuwarten, bevor mit den Baumaßnahmen begonnen wird. Ebenso einzuhaltende Abstände zu benachbarten Flurstücken sollten im Vorfeld geklärt sein.

Konkrete Verbote – Tierhaltung im Grundsatz

Es ist Verboten, Nutztiere auf Weiden zu halten, die von keinerlei »Barriere« (natürliche, mechanische oder elektrische Hütesicherheit) umgeben sind. In Abbildung 315 ist eine kleine Herde Schafe zu sehen, die aus Neugier ohne Weiteres die Weide über die Zufahrt verlässt um den Fotografen aus der Nähe zu betrachten. Das Gebot zur Einfriedung der Nutztiere leitet sich aus BGB, § 833 und § 834 ab.

Abbildung 315: Schafe, die an manchen Stellen durch keinerlei Mittel gehütet werden

Konkrete Verbote – Elektrischer Zaunbau

Es ist verboten, Weidezaungeräte einzusetzen, die einen zeitlichen Abstand zwischen zwei Stromimpulsen von 1 Sekunde unterschreiten.

Nach in DIN EN 60335-2-76 ergeben sich sinngemäß folgende Verbote:

Es ist verboten, Stacheldraht (und auch an Rasiermesserdraht, eher bekannt als NATO- oder Klingendraht) zu elektrifizieren. Das heißt, dass keine elektrische Spannung daran angelegt werden darf, um einen Stromleiter daraus zu machen.

Abbildung 316: Stacheldraht darf nicht unter Strom gesetzt werden

Es ist verboten, 2 Weidezaungeräte am selben Zaun anzuschließen.

Es ist verboten, beim Betrieb von zwei voneinander unabhängigen Stromzäunen einen Mindestabstand von 2,5 m zueinander zu unterschreiten.

Es ist verboten, beim Betrieb von zwei voneinander unabhängigen Erdungssystemen (eines mit Weidezaungerät und das andere z.B. Schutzerde eines Energieversorgungssystems) einen Mindestabstand von 10 m zu unterschreiten.

Es ist verboten, bei der Installation eines Stromleiters an einem Stacheldraht entlang einen Mindestabstand von 15 cm zu unterschreiten. Hierbei könnte durch Induktion ungewollt bzw. unerlaubt der Stacheldraht unter Strom gesetzt werden. Der Stacheldraht muss regelmäßig geerdet werden.

Konkrete Verbote – Mechanischer Zaunbau

Aus Gründen des Tierschutzes ist es verboten, Pferde ausschließlich mit Stacheldraht einzuzäunen. Dies ist z.B. in einem Gerichtsurteil des Niedersächsischen Oberverwaltungsgerichtes vom 10.07.2012 begründet. Nach Angaben des aid infodienst (Sichere Weidezäune, 2016) heißt es zum Einsatz von Stacheldraht: »*Bei vorhandenen Anlagen kann aber ein innen im Abstand von 20 bis 25 Zentimeter vorgesetzter Elektrozaundraht die Verletzungsgefahr vermindern und gleichzeitig die Hütesicherheit erhöhen.*« Darüber hinaus heißt es in der selben Quelle des aid infodienst: »*Glattdraht, Stacheldraht und Knotengitter sind als alleinige Umzäunung für Pferdeweiden äußerst verletzungsträchtig und daher tierschutzwidrig (z.B. Verwaltungsgericht Weimar AZ 2 K 503/97, Thüringer Oberverwaltungsgericht AZ KO 700/99, Niedersächsisches Oberverwaltungsgericht AZ 11 LA 2850/05).*«

Abbildung 317: Stacheldraht allein darf nicht als Einzäunung für Pferde genutzt werden

Konkrete Verbote – an Flussufern

Es ist verboten, mobile Zäune an Flussufern Gewässer 1. Ordnung aufzustellen. Grundsätzlich ist nach WaStrG § 31 (2) festzuhalten, dass derjenige, der eine Bundeswasserstraße benutzen, oder Anlagen in, über oder unter einer solchen Wasserstraße oder an ihrem Ufer errichten, verändern oder betreiben will, dieses dem Wasser- und Schifffahrtsamt anzuzeigen hat. Zäune sind im Sinne des Wasseramtes ein Betrieb einer Anlage, die genehmigungspflichtig ist. Bei der Verwendung von mobilen Zäunen (Elektronetz- oder -litzenzaun) steht der Betreiber in der Nachweispflicht, dass der Zaun nicht abtreibt und sich beispielsweise in einer Schiffsschraube verfängt. Eine Genehmigung gibt es nur dann, wenn der Zaun unter allen denkbaren Umständen den Belastungen des Gewässers standhält (Staudruck). Diese Kriterien erfüllen mobile Zäune nicht.

Mittlerweile gibt es erste Gerichtsentscheide, die den Einsatz von Litzen (Durchmesser kleiner 6 mm) zur Einzäunung von Pferden als »nicht pferdegerecht« benennen. Insofern ist anzuraten, Seile zu verwenden (> 6 mm im Durchmesser).

12.1.7.7 Maßnahmen zur Elektrozaunpflege

Bei der Verwendung von mehreren 100 m langen fest installierten, elektrischen und gleichzeitig wolfsabweisenden Zäunen stellt sich die Frage, wie der Stromstoß zuverlässig gewährleistet bleibt. Die Unterhaltung solcher Konstruktionen sollte aufgrund bewährter, optimaler und vorbildlicher Methoden erfolgen. Die Diskussion um den zeitlichen, finanziellen und personellen Aufwand, die Investitions- und Betriebskosten bezgl. Maschinen und Geräte, sowie nach den Verbrauchsmitteln stellt dabei den Kern der Auseinandersetzungen dar.

Grundsätzlich werden nach chemische und nicht-chemische Zaunpflegemaßnahmen unterschieden. Bei den nicht-chemischen Zaunpflegemaßnahmen werden wiederum zwischen mechanischen und thermischen Maßnahmen differenziert.

Problembeschreibung

Anhand der Abbildung 318 ist erkennbar, wie das Pferd den Weidezaun von Pflanzeneinwuchs freihält, weil es bestrebt ist, die unter dem untersten Holzriegel befindlichen Pflanzen zu fressen. Somit wird die erste, also unterste, Stromlitze ebenfalls vor Pflanzeneinwuchs geschützt. Die Funktionsfähigkeit des an den Holzzaunpfahl montierten elektrischen Weidezaunes bleibt unbeeinträchtigt. Tatsächlich stellt dieser Zaun insgesamt betrachtet keinen wolfsabweisenden Grundschutz dar, weil eine u.a. dafür erforderliche Stromlitze auf 20 cm über Oberkante Erdreich fehlt. Auf rechts oben stehender Abbildung 319 ist eine Mutterkuhherde zu erkennen,

Abbildung 318: Das Pferd leistet hier die Funktionspflege der Stromlitze durch Fraß unterhalb des ersten Holzriegels

Abbildung 319: Pflanzeneinwuchs in den Zaun

Abbildung 320: Pflanzeneinwuchs in den Elektrozaun in Bodennähe

die durch einen mehrreihigen Stacheldrahtzaun eingezäunt ist. Die Kühe sind in keiner Weise geneigt, den Zaun frei zu fressen – unabhängig von der Tatsache, dass auch dieser Zaun keinen wolfsabweisenden Grundschutz darstellt. Die Folge ist ein massives Einwachsen verschiedener Pflanzenarten in die Stacheldrähte. In diesem Beispiel ist der Pflanzeneinwuchs ohne Weiteres tolerierbar, da die Stacheldrähte nicht unter Strom stehen – was ohnehin gesetzlich verboten ist.

Abbildung 320 zeigt deutlich das Problem »wolfsabweisender Grundschutz vs. Zaunpflegeerfordernis«. Der seit jeher vorhandene Pferdezaun (2 Holzriegel mit 2 weißen Elektro-Breitbandlitzen) ist nachträglich mit einer weiteren gelben Elekto-Schmalbandlitze (20 mm) ausgerüstet worden, weil mittlerweile Wölfe in der Region territorial leben. Die gelbe Stromlitze ist ca. 20 cm über Oberkante Erdreich montiert worden, um ein Unterwühlen des Wolfes und somit den Zutritt auf die Weide zu verhindern. Diese Litze kann aufgrund der Pferdekopfgröße nicht durch Fraß vom Einwuchs freigehalten werden. Infolgedessen muss hier eine regelmäßige Pflegemaßnahme durch den Menschen vorgenommen werden.

Für den dauerhaften Betrieb von Elektrozaundrähten, -litzen oder -seilen ist die stete Pflege der Schneise unentbehrlich. Abbildung 321 verdeutlicht die Anordnung der Schneise in Bezug auf Wuchshöhe und Elektroleitermontagehöhen am Zaunpfahl. Es stellt sich die Frage, welche Zaunpflegemaßnahme Sinn macht.

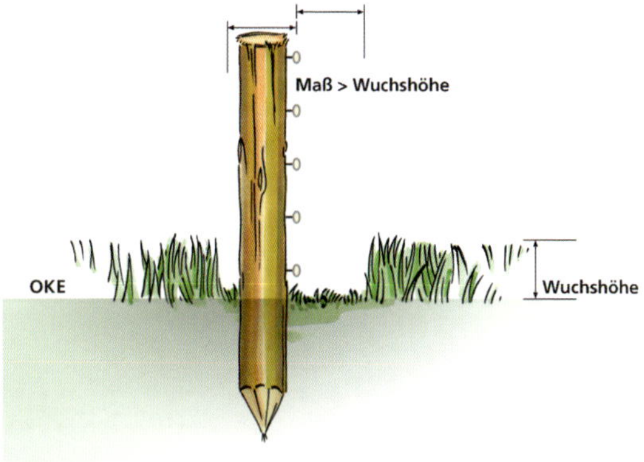

Abbildung 321: Erforderliche Schneisenpflege bzgl. Stromdrähte oder -litzen

12.1.7.7.1 Chemische Zaunpflege

Anwendung von Pflanzenschutzmitteln (PSM)

Mit Blick auf nahe – ca. 20 cm oder weniger – über den Boden (Oberkante Erdreich) gespannte elektrifizierte Glattdraht-, Seil- oder Flachbandlitzen taucht immer wieder seitens der Nutztierhalter die Forderung zur Nutzungsgenehmigung von Totalherbiziden auf. Damit soll bezweckt werden, mittig unterhalb des stromführenden Leiters – und parallel zu diesem – einen ca. 60–80 cm breiten und völlig vegetationsfreien Streifen zu schaffen, der somit eine Fehl-Erdung (Spannungsverlust) durch Einwachsen von Pflanzen in den Leiter verhindert. Diese Forderung und Methode ist nachvollziehbar. Jedoch müssen hierbei die Grundsätze für die Durchführung der guten fachlichen Praxis im Pflanzenschutz beachtet werden.

Tatsächlich gestattet der geltende Rechtsrahmen den Einsatz von Totalherbiziden (oder anderer Stoffe) nicht ohne Weiteres. Grundlage für den Einsatz von Pflanzenschutzmitteln ist das »Gesetz zum Schutz von Kulturpflanzen (PflSchG)« und die Leitlinie: »Kriterien Ausnahmegenehmigung nach § 12 Abs. 2 Pflanzenschutzgesetz«.

Im Kern dieses Gesetzes geht es darum, dass definierte Kulturpflanzen mit zugelassenen Pflanzenschutzmitteln geschützt werden dürfen. Es bezieht sich auf Kulturen auf Freilandflächen, die in land-, forstwirtschaftlicher oder gärtnerischer Nutzung stehen (§ 12 PflSchG).

Relevante Schädlinge dieser Kulturen dürfen mit chemischen Mitteln verdrängt bzw. getötet werden. Je nach Anwendungsbedarf richtet sich die Wahl eines zugelassenen Pflanzenschutzmittels auf:

- Herbizide — wirken gegen Kräuter (z.B.: Distelbekämpfung auf Wiesen und Weiden)
- Insektizide — wirken gegen Insekten (6-Beiner)
- Akarizide — wirken gegen Spinnen (8-Beiner)
- Fungizide — wirken gegen Pilze

Soll ein Herbizid zur Vermeidung von Pflanzeneinwuchs unter Stromdrähten, -litzen, -seilen oder -flachbänder verwendet werden, müsste vor dem Hintergrund der Effektivität ein Totalherbizid gewählt werden, welches Gräser, Kräuter und holzige Pflanzen (z.B. Brombeere) vollständig vernichtet. Es geht in diesem Zusammenhang aber nicht um den Schutz einer Kulturpflanze, sondern um Vernichtung aller Gewächse im Bereich einer Zauntrasse, die als Nichtkulturlandfläche eingeschätzt wird.

Ausnahmen für die Anwendungen von Pflanzenschutzmitteln auf Nichtkulturlandflächen gibt es z.B. für Betreiber von Eisenbahntrassen, Industrie- und Gewerbegebiete, etc. Die Ausnahmegenehmigungen sind bei den jeweiligen Pflanzenschutzämtern der Bundesländer zu beantragen und die Genehmigung abzuwarten. Die zuständige Behörde prüft im Einzelfall, ob der angestrebte Zweck vordringlich ist und ob ein zumutbarer Aufwand durch eine andere Instandhaltungsmethode erzielt werden kann. Überwiegende öffentliche Interessen zum Schutz der Gesundheit von Mensch und Tier oder des Naturhaushaltes dürfen dem angestrebten Zweck nicht entgegenstehen.

Grundsätzlich werden aufgrund § 12 des PflSchG niemals (Ausnahme-) Genehmigungen ausgestellt, wenn die Möglichkeit des Eintrags von Pflanzenschutzmitteln-Wirkstoffen in Gewässer samt Böschung bzw. Gewässerrandstreifen besteht, weil diese Flächen nie als Kulturland gelten. Bei Gewässern kann es sich sowohl um stehende Gewässer, als auch um Fließgewässer (z.B. Graben, Bach, Fluss) handeln.

In der Indikationszulassung des Pflanzenschutzmittels ist genau beschrieben, wie das Mittel zu dosieren ist und mit welchem technischen Gerät es ausgebracht werden darf. Hier gibt es je nach Pflanzenschutzmittel unterschiedliche Verfahren. Die technischen Hilfsmittel, wie z.B. eine Feldspritze, müssen geeignet sein. Geräte mit einer CE-Kennzeichnung oder Prüfung einer anerkannten Prüfstelle (Julius Kühn Institut) erfüllen die Anforderungen.

Wer Pflanzenschutzmittel anwenden will, muss nachweislich über die geforderte Sachkunde verfügen (§ 9 PflSchG). Der Anwendungsberechtigte ist verpflichtet, über die Verwendung von Pflanzenschutzmitteln Buch zu führen. Im Sinne der Buchführung sind folgende Angaben mindestens festzuhalten:

»Aufzeichnung von Pflanzenschutzmitteln nach §11 des PflSchG«

- *Anwendungsdatum*
- *Kultur, Pflanzenerzeugnis oder Objekt*
- *Anwendungsfläche (Bewirtschaftungseinheit, Feldstück, Teilflächen)*
- *Pflanzenschutzmittel (Produkt)*
- *Fläche (ha); Menge des Pflanzenschutzmittels*
- *Name, Vorname (des Anwenders; muss nicht zwingend Betriebsinhaber sein)*

Aufgrund der Vielfalt der Kulturflächen – auch bezüglich der verschiedenen Nutztierhaltungsflächen – können Fallbeispiele nur ansatzweise in diesem Kapitel dargestellt werden.

Beispiel 1: Pferdeweide an einer Straße gelegen

Wie auf unten dargestellter Abbildung zu sehen ist, befindet sich eine Pferdekoppel nahe am Straßenrand. Die Futterpflanze innerhalb der Koppel gilt als Kulturpflanze. Der Grünstreifen (Bankette) zwischen Fahrbahnrand und Zaun ist kein Kulturland.

Die Anwendung von zugelassenen Pflanzenschutzmitteln auf der Pferdeweide (Grünland) ist möglich. Eine Anwendung eines Herbizides auf dem Wegebankett (zwischen Zaun und Straße) ist unzulässig. Die Erteilung einer Ausnahmegenehmigung ist zu prüfen!

Beispiel 2: Kuhweide

In diesem Beispiel ist deutlich zu erkennen, dass die Kuh im Stande ist, von sich aus unterhalb des untersten Stromdrahtes und ca. 30–50 cm außerhalb des Zaunes das Gras zu fressen. Die Kuh betreibt also selbst die Zaunpflege hinsichtlich der technischen Funktionserhaltung. Hier ist nicht nur innerhalb der Weide die Futterpflanze die Kulturpflanze, sondern nach Rechtsprechung auch der von der Kuh freigefressene Saum außerhalb der Weide. Entlang dieses Zaunes wird keine Ausnahmegenehmigung für ein Totalherbizid erteilt.

Beispiel 3: Damwildgehege

Sollte sich der Besitzer dieses Damwildgeheges dazu entschließen, einen Stromzaun in geringer Höhe von außen an den Gehegezaun nachträglich als wolfsabweisenden Schutz zu montieren und zu betreiben, muss er im Vorfeld einer Pflanzenschutzmittelanwendung außerhalb des Gehegezaunes (und unterhalb des Stromzaunes) eine Ausnahmegenehmigung beantragen, weil der Grünstreifen zwischen Gehegezaun und Hecke (rechts im Bild) keine Kulturfläche darstellt. Innerhalb des Geheges gilt die Weide mit den Futterpflanzen für das Damwild als Kulturland. Der Bereich außerhalb des Zaunes wird als Nichtkulturland angesehen, weil das Damwild nicht im Stande ist, durch den Zaun hindurch zu fressen.

Beispiel 4: Kuhweide an einem Graben gelegen

In der unteren Abbildung sind Färsen an einem Graben stehend zu sehen. Ein ca. 90 cm hoher Elektrozaundraht riegelt die Weide zur Grabenböschung ab. Die Kühe können die Weide bis zu einer Halslänge unter dem Zaun abweiden, ohne Trittschäden am Ufer zu verursachen. Eine Zaunpflege ist nicht notwendig. Sollte sich der Besitzer dieser Nutztiere dazu entschließen, einen wolfsabweisenden Elektrozaun zu installieren, können die Nutztiere die unterste Litze nicht mehr freifressen. Zum Schutz der Kulturpflanzen als Bestandteil auf der Weide dürfte ein Pflanzenschutzmittel angewendet werden – jedoch nicht zur Zaunpflege. Dem Antrag auf eine Ausnahmegenehmigung würde nicht entsprochen werden. An einem Gewässer bzw. an einem Gewässerrandstreifen ist die Anwendung von Pflanzenschutzmitteln streng geregelt. Je nach Pflanzenschutzmittel sind Mindestabstände einzuhalten.

Die mögliche Idee, den neuen Zaun um 1 m weiter einwärts der Weide zu errichten, gestattet ebenfalls nicht die künftige Anwendung eines Pflanzenschutzmittels zur Zaunpflege, weil der »neue« ungenutzte Weidestreifen dann automatisch zum Gewässerrandstreifen zählt und den Status »Kulturland« verliert.

Grundsätzlich ist zu beachten, dass Ausnahmegenehmigungen nur im Einzelfall und für bestimmte Teilstrecken/-flächen erteilt werden können. Die Genehmigung kann z.B. nur für eine von vier Weidezaunseiten gelten und somit für die anderen drei Zaunseiten gleicher Zaunbauart kein Herbizideinsatz möglich sein, dort müsste mit einer anderen Methode (z.B. mittels Motorsense) gepflegt werden, um einen Einwuchs von Pflanzen in den Stromzaun zu verhindern.

Entlang von Gewässern, in Naturschutzgebieten oder im Bereich von Flächen, die für die Allgemeinheit zugänglich sein sollen (§ 17 PflSchG), können keine Ausnahmegenehmigungen erteilt werden.

Schlussbetrachtung

Die Anwendung von Totalherbiziden als technische Pflegemaßnahme zur Instandhaltung von Elektrozäunen und somit zur Herstellung des wolfsabweisenden Schutzes ist immer vorher beim zuständigen Pflanzenschutzamt zu beantragen. Ein nicht genehmigtes Ausbringen von Pflanzenschutzmitteln stellt eine Ordnungswidrigkeit dar. Es könnte sogar als Straftat eingeschätzt werden, wenn das Pflanzenschutzmittel z.B. in Gewässerzonen eingebracht wird! Zusätzlich wird im Falle eines Gesetzesverstoßes geprüft, ob der Bewirtschafter gegen Cross Compliance Kriterien (Förderrecht) verstoßen hat. Dies hätte eine Sanktionierung von Flächenprämien zur Folge.

12.1.7.7.2 Elektrische Zaunpflege

Es kann eine, auf den ersten Blick widersprüchliche, Möglichkeit (je nach Einsatzfall) zur Elektrozaunpflege geben, bei der ein Kurzschluss durch Pflanzeneinwuchs, in den Stromdraht bewusst zugelassen wird. Allerdings muss bei dieser Methode zwingend im Vorfeld eine individuelle Abstimmung von Weidezaungerät, Stromleiter (Länge, Menge und Einbauhöhen der Litzen bzw. Drähte) und der zu erwartenden Pflanzenart als Einwuchs vorgenommen werden. Die Verwendung von Weidezaungeräten mit einer hohen Impulsenergie bei langen Zäunen ist unumgänglich.

Das Funktionsprinzip beruht darauf, dass z.B. der einwachsende Grashalm den Elektrodraht berühren darf, um dadurch einen elektrischen Kurzschluss zwischen Draht und Pflanzenhalm herzustellen. Dabei entsteht aufgrund der anliegenden elektrischen Spannung an der Kontaktstelle ein kaum sichtbarer Lichtbogen – ein elektrischer Funke. Im Lichtbogen herrschen sehr hohe Temperaturen, die im Millisekundenbereich auf den Grashalm einwirken. Durch diese gewollte und immer wieder wirkende Beschädigung des Grashalmes aufgrund der Weidezaungerätetaktung (viele Pulsmengen) werden die an der Kontaktstelle im Pflanzenhalm enthaltenen Eiweiße zerstört. Dafür bedarf es einer Wirktemperatur von mehr als 42°C. Dieser Vorgang hat letztlich zur Folge, dass die Pflanze abstirbt und vertrocknet, wie in Abbildung 323 erkennbar ist.

Abbildung 322: Bewuchsvernichtung durch das Weidezaungerät unter Umständen möglich

Um dieses Funktionsprinzip aufrecht zu erhalten, muss das Weidezaungerät während der Vegetationsphase

ununterbrochen eingeschaltet bleiben. Ein zu spätes Installieren des Weidezaungerätes nach Beginn oder ein längeres Abschalten des Weidezaungerätes während der Vegetationsphase hat einen derart massiven Pflanzeneinwuchs in den Zaun zur Folge, so dass das Weidezaungerät selbst keine Pflegemaßnahme mehr leisten kann.

Abbildung 323: Bewuchsvernichtung durch das Weidezaungerät

Der Nachteil dieses Pflegesystems ist beim Auftreten eines Schlagregens ersichtlich. In diesem Fall drückt der fallende Regen die bisher nicht mit der Stromlitze geratenen Halme gegen den diese, und es kommt durch die vielen nassen Halme zum Kurzschluss. Fraglich ist ebenso, ob sich nach einem sehr starken Regenfall die Halme von selbst wieder aufrichten, oder ob manuell ausgemäht werden muss, um die Funktionstüchtigkeit des Elektrozaunes wieder herzustellen.

Um das oben beschriebene Verfahren besser zu verstehen, sollte ein kurzer Exkurs in die Elektrophysiologie der Pflanzen folgen. Unter diesem Sammelbegriff fasst man alle Prozesse zusammen, die mit einer Energieumwandlung selbst oder deren Wirkung einhergehen. Dabei ist zwischen einer direkten und einer indirekten Wirkung des elektrischen Stromes zu unterscheiden.

Während bei der direkten Einwirkung des Stromes eine unmittelbare Umwandlung stattfindet, wird bei der indirekten Einwirkung des Stromes in den Pflanzenzellen erst ein bestimmter Prozess ausgelöst, der seinerseits eine Wirkung hervorruft.

Daneben ist in beiden Fällen zu unterscheiden, ob es sich um physikalische oder vitale Stromwirkungen handelt.

Das weiter oben beschriebene Verfahren ist ein typisches direktes Verfahren mit physikalischer Wirkung. Die eingebrachte Elektroenergie wird direkt in Wärmeenergie umgesetzt, die zur physikalischen Wirkung der Zerstörung von Eiweißmolekülen führt und große Pflanzenteile absterben lässt. Neben dem erwünschten Effekt sind jedoch auch die erwähnten unangenehmen Nebenwirkungen zu beachten.

Eine neuartige Methode, die mit dem Namen »Elektrozid-Verfahren« in dem Gebrauchsmuster Nr. 20 2017 002 010 zur Anwendung kommt, nutzt die indirekte vitale Stromeinwirkung.

Es ist bekannt, dass eine Gleichspannung, deren Höhe über der sogenannten Zersetzungsspannung liegt und deren Strom eine bestimmte Stärke hat in der Pflanze einen Stillstand des Plasmastromes bewirkt, wenn der elektrische Strom eine bestimmte Zeit einwirkt. Einwirkungszeit, Spannung und Stromstärke hängen stark von der Pflanzenart ab. Um jedoch ein möglichst universell wirksames Gerät zur Verfügung zu haben, arbeitet man mit einer Gleichspannung von etwa 70 Volt. Bei Geräten mit einer Leistungsaufnahme von 1,2 VA ist eine Verhinderung des Bewuchses von Elektrozäunen auf einer Länge von bis zu 2 km möglich, wobei eine gute Erdung vorausgesetzt wird. Der große Vorteil beim Einsatz dieses Elektrozid–Verfahrens im Elektrozaunbau liegt darin, dass an dem Elektrozaun keine Veränderung vorgenommen werden muss. Die Gleichspannung wird über eine Ventilschaltung gemeinsam mit der Hochspannung auf den Elektrozaun geführt, ohne die Wirksamkeit des Weidezaungenerators zu beeinträchtigen. Auch für größere Zaunlängen ist das Verfahren einsetzbar, wenn dem Leistungsbedarf angepasste Geräte eingesetzt werden. In bereits existierende Weidezaungeräte können entsprechende Module eingesetzt werden, die die Elektrozidfunktion ausführen.

Nur ein über eine längere Zeit einwirkender Gleichstrom führt zu einer Elektrolyse in den Pflanzenzellen, der eine Stagnation des Plasmastromes zur Folge hat. Kürzere Spannungsimpulse bewirken zwar ebenso eine Elektrolyse, doch die Zelle regeneriert sich wieder, da der Membranstrom noch nicht ganz zum Erliegen gekommen ist. Erfahrungsgemäß liegt die erforderliche Einwirkungszeit bei etwa 4 Tagen. Da dieser Prozess während des normalen Betriebes des Elektrozaunes abläuft, wird die Einwirkungsdauer nicht wahrgenommen. Es ist abzuwarten, wie sich dieses Verfahren aus dem Jahr 2017 zur Weidezaunpflege durchsetzen wird.

12.1.7.7.3 Mechanische Zaunpflege

Landwirtschaftliche Scheiben- oder Trommelmähwerke

Vielerorts sind in der Landwirtschaft zum Mähen von Wiesen und Mähweiden sogenannte Scheiben- oder Trommelmähwerke im Einsatz, die von einem Traktor getragen und angetrieben werden. Diese Mähwerke werden oft am Heck des Traktors montiert und ragen seitlich aus der Fahrgasse heraus, um das Gras zu mähen. Größere Varianten von Mähwerken sind daran zu erkennen, dass zusätzlich ein zweites Mähwerk vorne am Traktor montiert ist. Diese Mähwerktypen sind im Mäheinsatz starr montiert.

Abbildung 324: Scheibenmähwerk

Diese Art Mähwerke sind ausschließlich zur Grasfuttergewinnung gedacht und können keine Zaunpflege im Sinne eines wolfsabweisenden Zaunes leisten. Der Anspruch, eine Zaunpflegemaßnahme mit diesen Geräten umzusetzen, kann nicht gelingen, weil die Bauart, -form und -höhe (30 bis 60 cm) des Mähwerkes nur ein Entlangfahren am Zaun zulässt.

Eine auf den ersten Blick weitere Möglichkeit scheint der Mulcher in Abbildung 325 zu sein. Der Vorteil dieses Gerätes ist, das mittels Hydraulikaktuator der Mulcher ein- und ausgeschwenkt werden kann, was in gewisser Weise ein Um-die-Pfähle-Herummähen gestattet. Mit einer Bauhöhe von 35 cm kann jedoch dieser Mulcher auch nicht eingesetzt werden.

Balkenmäher

Balkenmäher werden durch Benzinverbrennungsmotoren angetrieben durch den Bediener geführt (Abbildung 326). Das Balkenmähwerk ist im rechten Winkel zur Fortbewegungsrichtung starr angeordnet.

Der vorhandene Vorteil, dass Balkenmäher eine deutlich geringere Bauhöhe aufweisen als Scheiben- oder Trommelmähwerke, gleicht leider den großen Nachteil nicht aus, dass auch diese Geräte nicht zur Zaunpflege sonderlich geeignet sind. Zu groß ist der Aufwand, den das Um-den-Zaunpfahl-herum-Mähen erfordert.

Abbildung 326: Balkenmäher

Abbildung 325: »Müthing« Mulcher

Für die Zaunpflegemaßnahme durch Mähwerke wird eine Technik benötigt, bei der idealerweise der Zaunpfahl und die unterste Stromlitze derart freigemäht wird, dass ein Umsetzen des Mähwerkes um die vielen Zaunpfähle nicht erforderlich ist.

Zaunkönig

Eine interessante Lösung stellt das Mähwerk »Zaunkönig« der Firma Kneilmann Gerätebau e.K. dar. Das Mähwerk kann je nach Schleppertyp (Traktor, Radlader, Hoftracs) als Front- oder Heckanbau montiert werden. Der Vorteil dieses Mähwerkes ist, dass der Schlepper stetig parallel zum Zaun fahren kann, während das über den Schlepperrand hinausragende Mähwerk die erforderliche Mäharbeit verrichtet. Anders als bei starren Mähwerken, wo mehrere Kreisel nebeneinander angeordnet sind, ist der Zaunkönig mit einem Mähstern ausgerüstet. Der drehbare Mähstern stellt einen Rotor dar.

Abbildung 327: Zaunkönig im Einsatz

Der Rotor ist ein symmetrisches Tragegestell mit drei Auslegern. An jedem Auslegerende ist ein Mähorgan montiert. Im Vordergrund der Abbildung 327 sind zwei der drei Ausleger mit Mähorgan zu sehen. Eine entsprechende Mechanik treibt die drei Mähorgane gleichzeitig ununterbrochen in jeder Stellung des Rotors an.

Aufgrund der niedrigen Bauhöhe kann der Mähstern unter dem Zaun, also unterhalb der ersten Stromlitze, geführt werden. Allerdings darf die unterste Zaunlitze nur mindestens 21 cm oberhalb des Erdreiches am Zaunpfahl montiert sein. Dieses wird seitens des Herstellers als das Maß zwischen Unterkante Mähorgan und Oberkante Ausleger angegeben. Da das Erdreich jedoch nie perfekt eben ist, dürfte die Mindestinstallationshöhe der ersten Litze am Zaunpfahl wenige Zentimeter höher als 21 cm betragen müssen. Dies ist im Einzelfall zu beurteilen. Die Arbeitsbreite des Mähsterns beträgt ca. 95 cm. Trifft das Mähwerk auf einen Zaunpfahl, schmiegen sich die drehgelagerten Ausleger mit ihren Mähorganen um den Pfahl herum. Der Schlepper fährt während dessen in seiner Fahrspur parallel zum Zaun ungehindert weiter.

Eine weitere Anwendungsvariante des Zaunkönigs ist, dass nur die Mähorgane unter der Litze entlang geführt werden, die selbst nur ca. 15 cm hoch aufbauen. Der Nachteil dieser Nutzungsvariante liegt darin, dass die Trasse unter dem Stromzaun nur außermittig freigeschnitten wird und dass der Mähstern sich nur unvollständig um die Zaunpfähle schmiegen kann. Die Mähkanten sind also entlang des Stromdrahtes unterschiedlich entfernt.

Je nach Bedarf können die Mähorgane wahlweise mit Stahlklingen und/oder Nylon-Mähfäden ausgerüstet werden. Der Zaunkönig lässt sich an Böschungen mit bis zu +45° und an Gräben bis -30° Neigung einsetzen. Es wird empfohlen, den Zaunkönig von außen am Zaun entlang zu führen, was jedoch nicht immer möglich ist. Der häufigere Fall zur Pflege von Weidezäunen erfordert ein Mähen von innen.

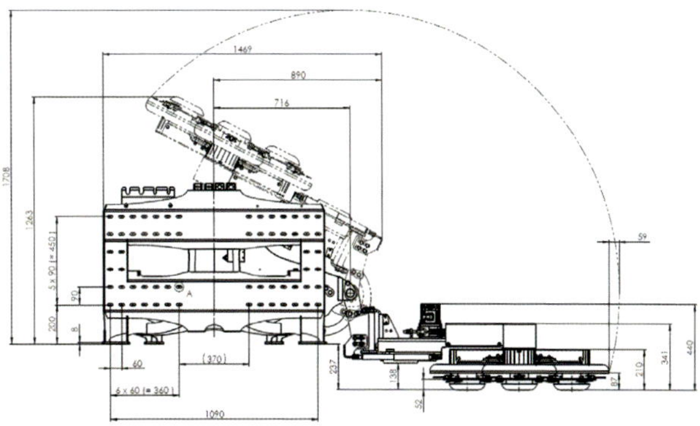

Abbildung 328: Technische Zeichnung des Zaunkönigs – Seitenansicht

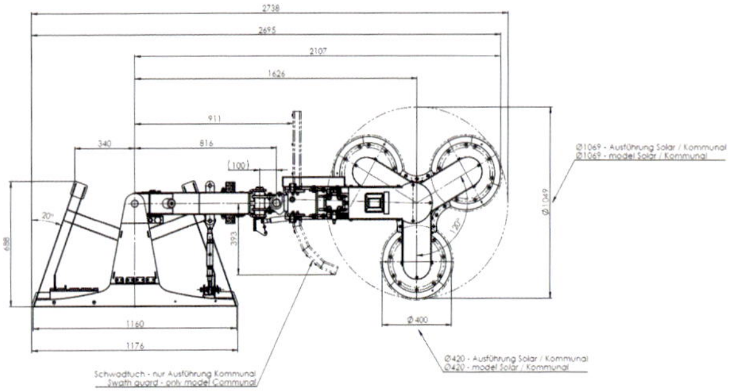

Abbildung 329: Technische Zeichnung des Zaunkönigs – Draufsicht

Motorsense, Motorfreischneider

Die möglicherweise flexibelste Art und Weise zum Ausmähen eines Streifens mittig unter der Stromlitze ist der Einsatz von leistungsstarken Motorsensen – auch Freischneider genannt –, die für die Landschaftspflege entwickelt wurden. Allerdings ist diese Methode im Vergleich auch die mit Abstand aufwendigste. Daher kann ein regelmäßig erforderlicher Pflegeaufwand von Zäunen mit Motorsensen nur für kleine Flächen bzw. kurze Zaunlängen in Betracht kommen.

Abbildung 330: Motorsense mit Bediener im Feld

Ein Beispiel soll den Arbeitsaufwand auf einer großen Fläche verdeutlichen: Eine 12 ha große Weide ist wolfsabweisend unter Anwendung von mehreren Elektroglattdrahtlitzen eingezäunt worden. Die unterste Litze ist 20 cm über Oberkante Erdreich montiert worden. Die Weide ist 200 m breit und 600 m lang. Es ergibt sich ein Flächenumfang und infolgedessen eine Zaunlänge von 1.600 m. Beiderseitig der Stromlitze soll eine Schneise von je mindestens 30 cm ausgemäht werden. Da der Bediener der Motorsense nicht 30 cm unter der Litze hindurch mähen kann, muss er also einmal innenseitig des Weidezaunes die gesamten 1.600 m ablaufen und dann noch einmal außenseitig des Weidezaunes. Es wird also in Summe auf 3.200 m eine mindestens 30 cm breite Schneise freigemäht. Dieser Arbeitsschritt ist an diesem Zaun innerhalb der Vegetationszeit mehrfach erforderlich.

12.1.7.7.4 Thermische Zaunpflege

Im Bereich der thermischen Zaunpflege wird mit hohen Temperaturen auf den unerwünschten Pflanzeneinwuchs eingewirkt. Dies hat ein gerichtetes Absterben der Pflanzen zur Folge.

Das heiße Medium kann entweder ein Gas (Luft) oder eine Flüssigkeit (Wasser) sein. Die Anwendung von Flammen stellt in trockenen Perioden ein hohes Brandrisiko dar, weshalb entsprechende Geräte hier keine weitere Berücksichtigung finden.

Die beiden im Folgenden beschriebenen Beispiele stellen bereits im Einsatz befindliche technische Lösungen vor, bei denen handelsübliche Geräte für den speziellen Eigengebrauch modifiziert wurden. Vielleicht könnte der Einsatz solcher Geräte überregional durch Maschinenringe oder Lohnunternehmen ermöglicht werden. Es ist nachvollziehbar, wenn einzelne Nutztierhalter von Investitionen dieser Art absehen.

Heißluftverfahren

Bei dem hier beschriebenen Heißluftverfahren handelt es sich um den Einsatz des Gerätes »ZACHO UKB650« der Stavermann GmbH (Abbildung 331). Übliche Einsatzbereiche solcher und anderer Geräte sind die Pflege von Kopfsteinpflaster, Bordsteinkanten, Kiesflächen, Gehsteigen, Parkplätzen, Parkanlagen und auch wassergebundene Wegedecken.

Dieses patentierte Heißluftgebläse bietet den großen Vorteil, dass es ohne giftige Chemikalien arbeitet und daher genehmigungsfrei einsetzbar ist. Neben den Wildkräutern werden auch Samen abgetötet, was als Präventivmaßnahme sinnvoll ist. Aufgrund der Bauwei-

Abbildung 331: Zacho Heißluft-System UKB 650

se gibt es keine offenen Flammen. Die Brandgefahr der Wildkräuter ist deutlich reduziert. Die heiße Luft strömt durch den breiten Trichter in die Atmosphäre und trifft dabei auf das zu vernichtende Wildkraut.

Im konkreten Anwendungsfall ist das Heißluftgebläse auf einen Träger montiert worden, so dass der Heißluftstrom quer zur Fahrtrichtung auf den untersten Teil des Zaunes gerichtet ist. Dieser Träger wird wiederum von einem Trägerfahrzeug – hier eine kleine Mähraupe – aufgenommen. Alle Funktionen des Heißluftgebläses können vom Fahrerhaus bedient werden. Der Träger kann ebenso von z.B. verschieden großen Traktoren über den Frontlader aufgenommen werden. Hinten an der Mähraupe ist ein roter Tank zu sehen, in dem Löschwasser mitgeführt wird, falls das trockene Gras sich doch einmal entzündet.

Abbildung 332: Heißluftgebläse mittels Träger an einer Mähraupe montiert

Bei dieser Variante der thermischen Wildkrautregulierung wird ebenfalls ein heißes Medium eingesetzt. Es handelt sich bei diesem Verfahren um eine Kombination aus Heißwasser und Schaum und trägt die Abkürzung HWS-Verfahren. Das hier beschriebene Verfahren bezieht sich auf Geräte der IProTech GmbH.

Abbildung 333: Heißwasser & Schaum-Aggregat

Das in einem Aggregat (Abbildung 333) auf ca. 90–98°C erhitzte Wasser wird mittels einer Applikationseinheit, z.B. Fächerdüse, auf das unerwünschte Wildkraut aufgebracht. Im gleichen Arbeitsgang wird mittels einer speziellen Ausbringlanze ein flächendeckender Schaumteppich auf das heiße Wasser gegeben (Abbildung 334 und Abbildung 335).

Abbildung 334: Isolierender Schaumteppich

Abbildung 335: Applikationseinheit – hier als Fächerdüse

Der Schaumteppich erfüllt ausschließlich eine isolierende Wirkung, so dass das heiße Wasser bis zu min. 90 Sekunden (je nach Bewuchsdichte und -stärke) auf die überirdischen Pflanzenteile, aber auch auf oberste Wurzelteile, zerstörend einwirken kann. Die betroffenen Pflanzen sind einem derart schnellen Temperaturanstieg ausgesetzt, dass nach Angaben des Herstellers die Zellwände bersten und das Eiweiß der Zellen ab über 42°C gerinnt (Abbildung 335). Der leichte Schaumteppich wird mittels Wasser, Druckluft und einem herbizidfreien und wirkstofffreien Schaummittel erzeugt und baut sich von selbst rückstandsfrei ab und ist oberflächenschonend.

Abbildung 336: Bewuchssituation am Zaun vor der Behandlung (links) und unmittelbar danach (rechts)

Während übliche Einsatzzwecke im öffentlichen Raum (z.B. kommunale Anlagen, Straßen, Wege, Parkplätze etc.) mit dem HWS-Verfahren bedient werden, kann es ebenso im Zaunpflegebereich eingesetzt werden. Hierfür müssen das dieselgetriebene Aggregat (inkl. Wassertank) und die Applikationseinheit (Düse) auf einem Träger (Grundgestell) montiert werden. Der Träger kann dann beispielsweise von einem Traktorfrontlader oder einem Radlader aufgenommen werden und die Düse quer zur Fahrtrichtung ausgerichtet werden (Abbildung 337 und Abbildung 338). Eine Bediensteuerung muss dabei ins Führerhaus verlegt werden.

Abbildung 337: Anbauvariante für Frontanbau

Abbildung 338: Gerätemontage am Traktor

12.2 Einsatz von Herdenschutztieren

Im Grundsatz stellt die Vergesellschaftung von Nutztieren mit geeigneten Herdenschutztieren eine weitere und durchaus auch wesentliche Rolle unter den Herdenschutzmaßnahmen dar. Im Folgenden werden die drei Tierarten Hund, Esel und Alpaka bzw. Lama als Herdenschutztiere beschrieben und diskutiert, inwieweit diese als Herdenschutzmaßnahme geeignet sind.

12.2.1 Hunde

Vor dem Hintergrund dieses Buches werden die hier beschriebenen Herdenschutzhunde als Arbeitshunde (!) dargestellt und sind daher von den Herdenschutzhunden, die als sogenannte Familienhunde gehalten werden, zu unterscheiden. Einer der Gründe ist die Aufzuchtphase, die sich zwischen beiden erheblich unterscheidet. Ferner können von Geburt an überausgeprägte oder nur wenig ausgeprägte Veranlagungen ebenfalls zu großen Unterschieden zwischen den Herdenschutzhunden einer Arbeitslinienzucht und einer Zuchtform führen, die auf das Erzielen »guter« Eigenschaften für den Familienhund abzielt. Demjenigen, der sich genau über diese Unterschiede und über Herdenschutzhunde im Allgemeinen informieren möchte, sei Petra Krivys Buch »Herdenschutzhunde« empfohlen.

Abbildung 339: Hütehunde: Border Collie (links), Gelbbacke (rechts)

Aus der langen Hirtentradition sind verschiedene Gebrauchshundetypen (Schläge und Rassen) entstanden, die allesamt ihre verschiedenen und wichtigen Aufgaben im Dienst der Hirten immer wieder unter Beweis zu stellen hatten. Um eine Verwechslung mit Herdenschutzhunden zu vermeiden sollen diese Hundetypen nur kurz beschrieben werden. Es wird im Wesentlichen unterschieden zwischen Hütehunden (z.B. Harzer Fuchs, Gelbbacke, Strobel, Border Collie, Schafspudel) und Treibhunden (z.B. Australian Cattle Dog). Diese Gebrauchshundetypen haben die Aufgabe, z.B. den Schäfer beim Managen der Herde zu unterstützen. So helfen die Hunde, indem sie den Anweisungen des Schäfers stets bereitwillig Folge leisten, eine Herde am Ort zusammenzuhalten (hüten). Oder sie helfen beim Treiben der Herde von einem Ort zum anderen, die Schafe auf dem Weg zu halten.

Oft sind es kleinere bis mittelgroße Hunde mit ausgeprägter Bereitschaft, dem zweibeinigen Besitzer zu gefallen. Sie wollen nach Möglichkeit alles richtig machen. Sie gelten als lernbegierig und je nach Rasse bzw. Schlag auch als unterschiedlich sensibel. Heute, wie früher, leben diese Hunde mit ihrem Hirten »eng« zusammen. Sie zeichnet daher auch eine gute Führigkeit aus.

Mit Blick auf unsere heutige Zeit ist der Einsatz von reinen Treibhunden um des Treibens Willen vielleicht nur noch selten festzustellen, weil entsprechende Anforderungen nicht mehr oder nur noch kaum bestehen.

Hütehunde leisten eine faszinierende Aufgabe. Sie sollen ein Schaf durch gezieltes Fixieren, Anschleichen, ggf. Anhetzen und erforderlichenfalls Packen bzw. Zwicken in den Hinterlauf wieder zurück in die Herde treiben, damit letztlich alle Schafe geschlossen an dem vom Schäfer bestimmten Ort hüten (gezielter Pflanzenfraß). Das Zwicken ist ein durch Zucht herbeigeführtes gehemmtes Beißen, ohne das Nutztier dabei zu verletzen. Interessierten Menschen wird empfohlen, sich dieses in der Praxis anzuschauen. Der Schäfer, der seinen Beruf mit Öffentlichkeitsarbeit zu verbinden weiß, wird bereitwillig dieses Prozedere zeigen und erklären.

Abbildung 340: Ein Lamm wird durch einen Hütehund zurück in die Herde geschickt

Auch der Australien Cattle Dog leistet als Treibhund eine außerordentlich bemerkenswerte Aufgabe. Wird eine Rinderherde von berittenen Hirten getrieben und einzelne Rinder »tanzen aus der Reihe«, so wird dies dem Kuhhund spätestens nach Anweisung des Hirten auffallen. Schon im nächsten Moment nähert sich dieser Hund von hinten dem Rind und packt bzw. zwickt kurz in den relevanten Hinterlauf. Auf diese Weise wird das Rind in die Herde zurückgetrieben. Es ist gleichsam die Aufgabe des Hundes aufzupassen, dass er nicht vom Rind getreten wird.

Doch was geschieht bei der Beeinflussung des Nutztierverhaltens durch z.B. Hüte- oder Treibhunde eigentlich ganz genau? Die Hütehunde zeigen gezielt eingesetztes Jagdverhalten – allerdings geht es ihnen nicht um Beutemachen und auch nicht um irres Hetzen eines Tieres der Freude halber. Es wird eine kurze Jagdverhaltensequenz gemäßigt, aber solide gezeigt: Fixieren des Schafes und damit einhergehendes Anschleichen, dann ggf. kurzes Anhetzen und letztlich bei Bedarf Packen bzw. Zwicken des Schafes am Hinterlauf mit sofortigem Loslassen. Das war es dann auch schon. Das Schaf versteht die »Anweisung« des Hundes genau und ändert die Laufrichtung. Kehrt es nicht direkt zur Herde zurück, würde der Hund das Schaf erneut in der Laufrichtung korrigieren.

Zusammenfassend lässt sich sagen, dass Hüte- und Treibhunde – durch den Menschen gewollt – Jagdverhalten am Nutztier zeigen. Das ursprüngliche Jagdverhalten als Erbe des Wolfes wurde im Verlauf der Domestikation durch eine lange Zuchtauslese derart modifiziert, sodass nur noch Teilelemente des Jagdverhaltens gezeigt werden und diese teilweise wiederum gehemmt.

Herdenschutzhunde

Wozu braucht ein Hirte Herdenschutzhunde? Die einzig grundlegende Aufgabe des Herdenschutzhundes ist, die ihm somit auch seine Typbezeichnung verliehen hat, eine Nutztierherde vor Fremden zu beschützen. In der englischen Sprache werden diese Hunde Livestock Guardian Dogs oder auch Livestock Protection Dogs genannt. Diese Aufgabe zum Schutze der Nutztierherde richtet sich seit jeher gegen Eindringlinge jeglicher Art: (Groß-) Raubtiere, fremde Hunde oder z.B. Viehdiebe. War doch früher und teilweise in manchen Regionen auch heute noch, das Überleben eines jeden Herdennutztieres von immenser Bedeutung für das Überleben des Hirten und seiner Familie, erscheint es nur nachvollziehbar, dass solche Hunde durch den Menschen »erschaffen« wurden, die dieses wertvolle Gut rund um die Uhr bewachen und im Falle eines Falles auch beschützen, also verteidigen sollen. Herdenschutzhunde sind salopp ausgedrückt die Türsteher am Eingangstor zur Diskothek. Sie entscheiden, wer hinein darf und wer nicht.

Abbildung 341: Herdenschutzhunde in einer Schafherde

Der Einsatz von Herdenschutzhunden hat sich mehr und mehr besonders bei Schafhaltern auch in Deutschland bewährt, wenngleich der Einsatz oft auch an anderen Nutztierarten machbar ist. Im Verlaufe der letzten Jahre konnten somit hierzulande »eigene« Erfahrungen rund um diese Hunde gesammelt werden. Insbesondere am Anfang war dies allerdings nicht immer so, und es ist daher nachvollziehbar, dass die Schäfer, die negative Erfahrungen machten, von Herdenschutzhunden vielleicht nichts mehr wissen wollen. Andere haben sich davon nicht entmutigen lassen und nach und nach miteinander herausgefunden, wie der Einsatz erfolgreich gestaltet werden kann. Grundsätzlich ist anzuraten, sich mit der Anschaffung von Herdenschutzhunden nur zu befassen, wenn man bereit ist, sie im Herzen zu tragen – also nur, wenn man solche Hunde wirklich besitzen und einsetzen will. Derjenige, der keine Herdenschutzhunde nutzen will, sollte auch nicht dazu überredet werden.

Anders als Hütehunde sind Herdenschutzhunde von größerer und durchaus schwerer Statue. Verschiedene

Variationen in Felltypen und -farben sind festzustellen. Aufgrund der langen Zeit, in der der Mensch diesen Hundetyp durch Selektion in Anlehnung an die Bedürfnisse aus dem eigenen »Berufs«-Leben heraus geformt hat, sind sie in ihrem Wesen idealerweise als souverän, wachsam, zurückhaltend bzw. misstrauisch, ruhig, aber auch an der Umwelt prüfend interessiert, zu beschreiben. Da ein Jagdverhalten im Herdenschutzhund keinen Nutzen für die eigenständige Bewachung hat, wurde dies bei den Arbeitshunden herausgezüchtet, was nicht zwingend bedeutet, dass es gar kein Herdenschutzhund mehr zeigt. Je nach Rasse bzw. Schlag und Region sind Herdenschutzhunde als eher unabhängig vom Menschen zu beurteilen. Dies hängt damit zusammen, dass sie im Vergleich zu Hüte- und Treibhunden nicht viel Zeit mit ihren Menschen verbringen, sondern deutlich mehr in der Nutztierherde. Dieses Auf-sich-allein-gestellt-Sein bringt zuvor beschriebene Merkmale hervor. Zum weiteren Verständnis ist es auch wichtig zu wissen, dass Hirtenhunde von jeher im Allgemeinen unter armen Verhältnissen aufgewachsen sind, und Menschen um das Thema Hund nicht so viel Aufhebens gemacht haben.

Der einsatzbereite Herdenschutzhund soll als aufmerksamer Wächter allen ihm unbekannten Menschen bzw. Tieren durch Bellen und körpersprachliches Imponieren begegnen, wenn diese sich der Herde annähern. Dabei positioniert er sich zwischen seine Herde. Beides, Gebell und Imponiergehabe, ist Ausdruck seiner inneren Reizlage als Antwort auf die äußere Reizlage (die sich annähernden Fremden). Entfernen sich die Fremden von sich aus – die äußere Reizlage nimmt in ihrer Intensität also wieder ab – soll auch der Herdenschutzhund seine innere Reizlage ebenso reduzieren, was dadurch zu merken ist, dass das Bellen und Imponieren abnimmt. Diese Abnahme kann dennoch mit einem weiteren Beobachten der Fremden einhergehen. Würden sich Fremde erneut der Herde nähern, soll sich der Hund diesen umgehend wieder präsentieren. Zu unterscheiden ist weiterhin, ob die Fremden sich der Herde frontal nähern oder nahe an der Herde vorbeiziehen. Im letzteren Fall soll der Herdenschutzhund die Fremden begleiten, bis sie aus Sicht des Herdenschutzhundes keine Gefahr mehr für die Herde darstellen. Hieraus resultiert allerdings auch, dass Herdenschutzhunde die Herde nicht beliebig weit verlassen sollen, damit sie nicht beim Vertreiben der Fremden für andere Fremde die »Hintertür an der Herde« unbewacht lassen. Vor diesem Hintergrund sollten Herdenschutzhunde außerhalb der Almenwirtschaft mit der Herde eingezäunt werden.

Rassevielfalt in Europa

Der tabellarische Überblick zeigt die Rassevielfalt der Herdenschutzhunde auf, wobei die gängigsten in Europa benannt sind. Sie sind entsprechend ihrer Herkunftsländer von West- nach Osteuropa sortiert.

Um es gleich an dieser Stelle vorwegzunehmen: Dieses Buch benennt keine Empfehlungen, welche Herdenschutzhunderasse sich ein Nutztierhalter am besten anschaffen sollte. Es wird hier nicht über gute und schlechte Rassen geurteilt. Jeder Nutztierhalter steht bei Überlegungen zur Anschaffung solcher Hunde ausschließlich allein in der Pflicht, sich über Möglichkeiten und Grenzen hinsichtlich der verschiedenen Rassen ausgiebig zu informieren.

Folgendes Zitat aus Krivy's Buch »Herdenschutzhunde« kann hierzu vielleicht zum weiteren Nachdenken anregen:

> *»Generell lässt sich sagen, dass es im Wesen und Verhalten der Herdenschutzhunde ein Ost-West-Gefälle gibt, bei welchem auffällt, dass Hunde aus östlichen Regionen häufig etwas schwieriger im Umgang sind als ihre westlichen Vertreter. Sicherlich ist dies auch im Zusammenhang mit den jeweiligen Aufzuchtbedingungen zu sehen, der Art und dem Zweck der Zuchthandhabung, aber auch mit dem jeweiligen allgemeinen Menschenbild, nach welchem des Menschen Begleiter geformt wird.«*

In Erweiterung zu diesem Zitat kann gesagt werden, dass je östlicher Herdenschutzhunde eingesetzt werden, umso veränderter sich auch die Haltungsbedingungen darstellen. Während in östlichen Gebirgsregionen der Hirte als Futterbringer »gelegentlich« (also nicht täglich) vorbeikommt, und die Hunde deshalb stark autark leben müssen, stehen die westlichen Herdenschutzhundetypen, entwicklungsgeschichtlich betrachtet, unter dem Einfluss von mehr Geselligkeit zum

Rasse, Schlag	Ursprung	FCI	Widerristhöhe [cm]		Gewicht [kg]	
			♂	♀	♂	♀
Cao de Castro Laboreiro [Castro Laboreiro Hund]	Portugal	170 / 2.2	58-64	55-61	30-40	25-35
Cao da Serra da Estrela [Serra da Estrela Berghund]	Portugal	173 / 2.2	65-73	62-79	45-60	35-45
Mastin del Pirineo [Pyrenäen-Mastiff]	Spanien	92 / 2.2	77-81	72-75		
Mastin espanol [Spanischer Mastiff]	Spanien	91 / 2.2	77-80	72-75		
Chien de montagne des Pyrénées [Pyrenäen-Berghund]	Frankreich	137 / 2.2	70-80	65-75		
Cane de Pastore Bergamasco [Bergamasker]	Italien	194 / 1.1	58-62	54-58	32-38	26-32
Cane de Pastore Maremmano-Abruzzese [Maremma-Abruzzen-Hund]	Italien	201 / 1.1	65-73	60-68	35-45	30-40
Polski Owczarek Podhalanski [Tatra Schäferhund / Podhalaner]	Polen	252 / 1.1	65-70	60-65		
Komondor	Ungarn	53 / 1.1	≥ 70	≥ 65	50-60	40-50
Kuvasz	Ungarn	54 / 1.1	71-76	66-70	48-62	37-50
Slovenský Cuvac [Slovakischer Tschuvatsch]	Slowakei	142 / 1.1	62-70	59-65	36-44	31-37
Jugoslovenski Ovcarski Pas-Sarplaninac [Jugoslawischer Hirtenhund - Sarplaninac]	Mazedonien, Serbien	41 / 2.2	56-62	54-58	35-45	30-40
Tornjak [Bosnisch-Herzegowinischer – Kroatischer Schäferhund]	Bosnien-Herzegowina, Kroatien	355 / 2.2	65-70	60-65		
Coban Köpegi (Schlag Akbas und Kangal) [Anatolischer Hirtenhund]	Türkei	311 / 2.2	74-81	71-79	50-65	40-55
Kavkazskaia Ovtcharka [Kaukasischer Schäferhund]	Russland	328 / 2.2	68-75	64-70	≥ 50	≥ 45
Ioujnorousskaia Ovtcharka [Südrussischer Ovtscharka]	Russland	326 / 1.1	≥ 65	≥ 62		
Sredneasiatskaya Ovtcharka [Mittel- bzw. Zentralasiatischer Schäferhund]	Russland	335 / 2.2	≥ 70	≥ 65	50	40

Tabelle 27: Die Vielfalt der Herdenschutze im Überblick

Quelle: FCI (Federation Cynologique Internationale)

Hirten. Ferner sind die Haltungs- und Selektionsbedingungen auch im kulturellen Kontext zu sehen. So sind in östlichen Gefilden Menschen – aus verschiedenen Gründen – zurückhaltender im Vergleich zu westlichen. Dies wirkt sich ebenso auf die Hundehaltung aus. Im Rahmen dieses Kapitels kann mit Blick auf die Bundesrepublik Deutschland nur eindringlich die Empfehlung ausgesprochen werden, den Einsatz verschiedener Herdenschutzhunderassen zu limitieren, mit der Absicht, zuverlässige Arbeitstiere zu züchten – organisiert, fair und unabhängig selektiert, zielgerichtet angepaart, geprüft und wenn erforderlich auch aussortiert. Die Zucht von Arbeitstieren erfordert hohen Sachverstand mit viel praktischer Erfahrung. Bei aller Liebe für diese faszinierenden Tiere allerdings auch eine emotional-neutrale Grundhaltung in der steten Erreichung der Zuchtziele. Obwohl Herdenschutzhunde ein gutes und bewährtes Mittel sind, ist nicht davon auszugehen, dass es sich hier in Zukunft um ein »Massenprodukt« handeln wird. Umso mehr kommt es also auf wenige, aber solide Zuchtlinien an.

Aggressionsformen und -motive

Es hat den Anschein, dass Aggression – ausgedrückt durch Tier und Mensch – in unserer Gesellschaft nach und nach verbannt werden soll, was in einem bestimmten Rahmen auch nachvollziehbar ist. Es soll am besten nur noch »höflich mit Tendenz zum Liebevollen« gestritten werden. Ob dies je zu erreichen sein wird, bleibt abzuwarten. Verschiedene Sicherheitsstandards, z.B. im Fahrzeug- oder Gebäudebau, werden immer höher und umfangreicher definiert – alles nachvollziehbar und zu befürworten. Dies ist allerdings auch im Hundewesen feststellbar. In unserer föderalistisch organisierten Republik ist das Hundewesen Länderangelegenheit. Seit einigen Jahren stehen verschiedene »gefährliche Hunde«, darunter auch manche Herdenschutzhunde, in diversen Bundesländern auf Listen, die das Halten solcher Herdenschutzhunde unter strengen Auflagen (Wesenstest, Leinenpflicht, Maulkorbzwang) gestatten. Beispiele hierfür sind der Kangal und der Kaukasische Owtscharka in Hessen und Hamburg.

Die Hunde können an sich nichts dafür, dass sie auf diesen nach Sinnhaftigkeit zu hinterfragenden Listen gelandet sind. Die Halter derjenigen Hunde, die durch schwere bis tödliche Beißvorfälle in Bezug auf Menschen gleich ganze Hunderassen in Mitleidenschaft gezogen haben, schon. Und doch haben am Ende die Hunde die Rechnung zu zahlen: Rasselisten. Leider ist es in gewisser Weise auch nachvollziehbar. Beim Blick auf die Beißvorfallstatistiken der Bundesländer der vergangenen Jahrzehnte stellt sich allerdings die Frage, warum manch einheimische Hunderasse nicht auch auf solchen Listen steht.

Gelegentlich ist eine Vermischung bzw. Verwechslung der beiden Ausdrücke Aggressivität und Aggression festzustellen. Daher sind diese in einer Definition aufgezeigt:

Aggressivität:

> innere Bereitschaft eines Organismus zur Ausführung aggressiven Verhaltens. Aggressivität allein muss in einer Lebenssituation nicht zwangsläufig Aggression auslösen.

Aggression:

> feindseliges Verhalten, das die eigenen Interessen unter Verletzung der Interessen des Gegenübers durchzusetzen versucht, gegenüber Artgenossen, Gruppen, Sachen. Bei der Unfähigkeit Aggression zu äußern kommt es häufig zu Autoaggression (gegen sich selbst gerichtet).

Die Wissenschaft nutzt heute die beiden Begriffe Aggressivität und Aggression nicht mehr, da diese »verschlissen« sind. Heute wird der Begriff »Agonistisches Verhalten« verwendet, der Verhaltensweisen wie Angriff und Flucht beinhaltet.

Mit Blick auf Herdenschutzhunde wird anhand folgender Tabelle dargelegt, unter welchen Voraussetzungen Aggression gegenüber Raubtieren, fremden Hunden oder Menschen gezeigt werden kann.

1	Statusgebundene Aggression		
2	Ressourcen-bedingte Aggression	Sozial motiviert	HSH bewacht Herde
		Territorial motiviert	HSH bewacht Fläche (z.B. Koppel, Hof)
		Beute motiviert	
		Sexuell motiviert	
		Futter motiviert	
3	Defensive Aggression		
4	Sonderformen	z.B. Beuteaggression	z.B. Jagdterrier

Tabelle 28: Aggressionsformen und -motive

Herdenschutzhunde sollen sich als Arbeitshunde also entweder sozial motiviert oder territorial motiviert einem Wolf entgegenstellen. In der Praxis ist stets eine Mischung beider Motive anzunehmen.

Aus den bisherigen Darstellungen leitet sich letztlich noch die Frage ab, wie aggressiv im Falle eines Falles ein Herdenschutz eigentlich sein soll. Diese Frage kann nur unter Einbeziehung aller Beteiligten (Züchter, Herdenschutzhundehalter, zuständige Behörden) beantwortet werden. Allen voran sollte uns vielleicht zunächst klar werden, in welcher Kultur wir heute in Deutschland mit Blick auf das Hundewesen leben. Hunde genießen im Allgemeinen heutzutage einen sehr hohen Status im Ansehen. Hunde sollen Freude bereiten und sind teilweise mehr als nur ein Familienmitglied. Auch der nicht-hundebesitzende Teil der Bevölkerung scheint dem Hund wohlgesonnen gegenüber zu stehen. Andererseits hieß es früher: »Halt lieber Abstand, da drüben lebt ein bissiger Hund auf dem Hof.« Heute kann es dafür schon schnell eine Anzeige beim Ordnungs- oder Veterinäramt geben. Der Druck, unter dem Hundehalter stehen, in der Erziehung des Hundes ja alles richtig zu machen, erscheint höher denn je. Auch mit Blick auf den als Arbeitshund eingesetzten Herdenschutzhund darf also nicht viel schief gehen. Es wird darauf hinauslaufen müssen, dass auch weiterhin ausschließlich gemäßigte Herdenschutzhunde gezüchtet werden. Hunde, die also einerseits über eine hohe Erregungsschwelle (Antwortverhalten auf äußere Reize, wie z.B. Annäherung eines Wolfes) verfügen, und sich andererseits bis fast zum Schluss gehemmt präsentieren. Und doch darf man dabei nicht aus den Augen verlieren, dass diese Hunde im Worst Case ihre Herde vor einem oder mehreren Wölfen verteidigen sollen, ohne dabei selbst Schaden zu nehmen.

Aufzucht und Haltung der Herdenschutzhunde – Von genetischer Disposition und dem Erlernen von angemessenem Verhalten

Die Aufzucht, Haltung und Integration in neue Herden von Herdenschutzhunden zu beschreiben, würde schon allein ein ganzes Buch füllen. Somit kann hier nur ein grober Rahmen beschrieben werden, ohne Anspruch auf Vollständigkeit.

Allen voran ist zu betonen, dass Herdenschutzhunde keine »Selbstläufer« sind, so wie dies auch kein anderer Hund im Zusammenleben mit Menschen ist. Neben den genetischen Dispositionen (Veranlagungen, um später einen inneren »Arbeitsauftrag« ausführen zu können), die von selbst durch den Hund freigeschaltet werden, gilt es auch, dass der Hundehalter diese Entwicklungen zielgerichtet begleitet und den Hund ebenso in Bezug auf andere Anforderungen des Lebens erzieht.

Gerade die Bedeutung der Entwicklung des Hundes in den ersten Lebensmonaten bzw. beim Durchlaufen sensibler Phasen ist enorm und wird durch Dr. D. Feddersen-Petersen wie folgt beschrieben:

> *»Entwicklung ist eine kontinuierliche Veränderung, gekennzeichnet durch das zunehmende Auftreten von Verhaltensweisen und deren Heranreifen in einem ständigen Wechselspiel zwischen genetischen und umweltbedingten Faktoren, und das, was in einem Entwicklungsabschnitt geschieht, ist niemals unabhängig von dem, was folgt.«*

Sensible Phasen sind nicht mit den Prägungsphasen andere Tierarten (z.B. Vogel) zu verwechseln. Prägung ist irreversibel – ein nicht umkehrbarer Prozess. Sensible Phasen sind gekennzeichnet durch:

- Größere Umweltoffenheit gegenüber speziellen Reizen
- Erhöhte Lerndisposition
- Dauerhafte Speicherung von Erfahrungen
- Erfahrungen hinterlassen bleibenderen Eindruck als zu einem anderen Zeitpunkt
- Erfahrungen aus dieser Zeit bilden die Grundlage für das spätere Verhaltensrepertoire des Hundes und die soziale Angepasstheit an seine Umwelt

Versäumnisse an Lernerfahrungen können zu großen Defiziten in den sozialen Verhaltensweisen des Hundes führen. Diese Defizite können später nahezu irreparabel sein. Fehlen bestimmte soziale Reize während der sensiblen Phase, kommt es zu sozialen Fehlentwicklungen und mangelnder Angepasstheit. Aus den sensiblen Phasen resultierende Entwicklungsschäden erweisen sich als außerordentlich dauerhaft. Zur Vermeidung sozialer Fehlentwicklungen benötigen Welpen daher genügend Kontakt zu Artgenossen und zum Sozialpartner Mensch. Außerdem brauchen sie die Konfrontation mit den späteren Alltags- und Lebensbedingungen.

Die erste sensible Phase gliedert sich in drei Teilphasen:

Neonatale Phase (1. u. 2. Lebenswoche)
→ Aufgaben im Wesentlichen durch die eigene Mutter

Übergangsphase (3. Lebenswoche)
→ Aufgaben im Wesentlichen durch die eigene Mutter

Sozialisierungsphase (4. bis ca. 16./18. Lebenswoche)
→ Welpen lernen gezielt ihr Umfeld kennen:

››› Mutterhündin & Wurfgeschwister
››› Züchter & Familie
››› entsprechende Nutztiere
››› andere Umweltreize

Die blind und taub geborenen Welpen durchlaufen in den ersten beiden Lebenswochen die neonatale Phase. Hierbei werden erste Körperliche Fähigkeiten gezeigt, wie das Kreiskriechen, Kopfheben und -bewegen, verschiedene Lautäußerungen, taktile und thermische Wahrnehmungen. Zu den angeborenen Verhaltensweisen zählen Suchpendelbewegungen mit dem Kopf, der Saugreflex, das Fellbohren (um an die Zitze zu gelangen), der Milchtritt, das Kontaktliegen sowie Lautäußerungen bei Unbehagen (Fiepen).

In der Übergangsphase (3. Lebenswoche) werden körperliche Fähigkeiten weiterentwickelt. Hierzu zählen: das Gehen und Sitzen, der Seh-, Geruchs- und Hörsinn sowie vielfältige Lautäußerungen und erste Fähigkeiten für soziale Verhaltensweisen. Veränderungen im Verhaltensrepertoire zeigen sich dadurch, dass das Suchpendeln aufhört und erste Interaktionen mit der Mutter, den Geschwistern und dem Menschen zu sehen sind. Die Vergrößerung des Bewegungsradius nimmt zu und es werden u.a. auch erste Angst- und Schreckreaktionen gezeigt. Eine intensive Beschäftigung des Menschen mit den Welpen ist für die optimale Gewöhnung an den Menschen als Sozialpartner erforderlich.

Von weiterer wesentlicher Bedeutung für die Entwicklung der Welpen ist die Sozialisierungsphase (4. bis ca. 18. Lebenswoche). Sozialisation ist dabei definiert als:

Die auf soziale Interaktionen beruhende Entwicklung von sozialer Kompetenz, die dem heranwachsenden Individuum die erfolgreiche Integration in den Sozialverband ermöglicht, bezeichnet man als Sozialisation.

Alle auf der körperlichen Ebene benötigten Voraussetzungen für das gesamte Verhaltensrepertoire des Hundes bilden sich in dieser Zeit aus. Zu den Veränderungen zum Verhaltensrepertoire lässt sich sagen, dass sich nahezu das gesamte Verhaltensrepertoire des erwachsenen Hundes im Verlauf der Sozialisierungsphase entwickelt. Angeborene Verhaltensweisen und Lernprozesse greifen jetzt im höchsten Maße ineinander und legen das spätere Verhalten gegenüber Menschen, Hunden und Umweltbedingungen zum Großteil fest. Neugierverhalten, Nachahmungsverhalten und Spielverhalten ermöglichen dieses Lernen.

Abbildung 342: Herdenschutzhundewelpen – schon bald lernen sie zum ersten mal Schafe kennen

Die Sozialisierungsphase stellt einen bedeutenden Kern im Leben des Herdenschutzhundewelpen dar, weil in diesen Wochen viel richtig, aber auch viel falsch gemacht werden kann. Sollen die Welpen später als einsatzbereite Herdenschutzhunde z.B. Schafe beschützen ist es ratsam, die Sozialisierungsphase dafür zu nutzen, dass die Welpen neben der gemeinsamen Zeit mit der eigenen Mutter eben auch täglich mit Schafen und/oder Ziegen konfrontiert werden. Durch den raschen zeitlichen Verlauf dieser Phase »glauben« die Herdenschutzhundewelpen nach und nach, dass sie nicht nur zu ihrer Mutter und den ihn vertrauten Menschen gehören, sondern auch zu den Schafen/Ziegen. Hierin liegt also ein wichtiger Schlüssel für den späteren Erfolg.

Abbildung 343: Podhalaner mit zwei Lämmern

Abbildung 344: Vier noch junge Herdenschutzhunde umgeben ihren Mentor, der eindeutig zu erkennen ist

Dies gilt übrigens auch umgekehrt. Es ist vorteilhaft, wenn Lämmer von Anfang an ihre Beschützer kennenlernen. In dieser Zeit sollte den Hunden ein verhältnismäßig angebrachtes Niveau an Grundgehorsam beigebracht werden (Beißhemmung gegenüber Menschen, Hören auf eigenen Namen, Handling am Hund durch z.B. Tierarzt, Leinenführigkeit etc.). Auch an den Transport mit einem Kraftfahrzeug sollten die Hunde frühzeitig gewöhnt werden.

Nach der Trennung von der Mutter verbringen die Welpen im Rahmen ihrer Weiterentwicklung dann einige Zeit mit einem Mentor. Der Mentor sollte ein erwachsener und erfahrener Herdenschutzhund sein, an dem sich die Junghunde orientieren können. Sie sollen von ihm abgucken und nachahmen, in welchen Situationen wie gehandelt wird (Verhaltenskopplung, Lernen am Modell). Dies braucht Zeit, weil die Junghunde immer noch heranreifen. Herdenschutzhunde sind im Vergleich zu anderen Gebrauchshundetypen Spätentwickler. Das heißt, dass sie zwar als Herdenschutzhunde geboren werden, dass allerdings das eigentliche gezielte Beschützen der Nutztierherde erst später, etwa mit Erreichen der Geschlechtsreife, gezeigt wird. In Abbildung 344 ist ein Mentor (der mit den dunklen Ohren) mit seinen vier »Lehrlingen« zu sehen. Die vier Junghunde zeigen einerseits eine erste Skepsis gegenüber dem fremden Fotografen und bellen mit dem »Alten« mit. Andererseits zeigen sich einzelne dieser Junghunde doch auch unterwürfig und interessiert gegenüber derselben Person – das wird sich noch legen.

Wichtig ist schon jetzt, dass die Junghunde mit den Alarmierungen aufhören, wenn dieses auch der Mentor macht. Permanente »Verbeller«, ohne dass ein bedrohlicher Reiz in der Nähe der Herde ist, sind unerwünscht.

Abbildung 345: Beruhigt sich der Mentor, sollen die Junghunde es ihm gleichtun

Im Laufe dieser Monate wird der heranreifende Herdenschutzhund im Beisein des Mentors immer selbstständiger, bis es die Bindung zur Nutztierherde vollends ausgefüllt hat.

Im Rahmen der täglichen Kontrolle der Hunde durch den Halter oder andere Betreuungspersonen (Mitarbeiter, Helfer etc.) halten die Hunde Kontakt zu »ihren« Menschen. Es spricht dabei übrigens überhaupt nichts dagegen, die eigenen Hunde mit Freude und Streicheleinheiten zu begrüßen, wie dies in Abbildung 346 zu sehen ist. In diesem Fall bewachen die beiden Herdenschutzhunde eine Schafherde in einem Solarpark. Folgende grundlegende Umgangsweisen mit

Abbildung 346: Freudige Begrüßung bei der täglichen Kontrolle der Herde mit Streicheleinheiten für die Hunde

Abbildung 347: Auch das Wohlbefinden der Hunde muss der Tierhalter ständig im Blick haben

Herdenschutzhunden sollten stets Anwendung finden, ganz gleich welchen Alters die Herdenschutzhunde sind. Dies begründet sich darin, dass den Hunden eine klare Struktur gegeben wird. So soll der Hund nie über den Zaun hinweg berührt werden (z.B. zur Begrüßung). Gleiches gilt für das Hindurchfassen durch den Zaun. Dem Hund muss stets Wasser zur Verfügung stehen und er soll in seiner Nutztierherde gefüttert werden. Springt der Hund doch über einen Zaun, egal wie hoch die Reizlage außerhalb am Zaun auch ist, ist dies als unerwünschtes Verhalten zu werten. Weiteres Auftreten von Springen ist zu beobachten, ggf. zu korrigieren oder der Hund aus dem Arbeitsdienst herauszunehmen. Um dem Springen gar nicht erst Vorschub zu leisten, wird der Hund nie über den Zaun hinweg gefüttert, und auch nicht animiert, über den Zaun zu springen. Auch ein Über-den-Zaun-Hinwegheben des Hundes verbietet sich. Soll der Hund zur Herde gebracht werden oder von ihr geholt werden, muss der Zaun bzw. ein Tor geöffnet werden, damit er durch die Öffnung gehen kann.

Herdenschutzhunde sollen auch fremden Menschen gegenüber eine Beißhemmung haben. Dennoch sollen sie Viehdiebe stellen und verbellen. Das Wort Viehdieb mag in unserer modernen Zeit überflüssig erscheinen, dennoch ist es leider so, dass auch in diesen Zeiten Vieh durch Menschen gestohlen wird.

Herdenschutzhunde sollen nur in der Herde wachen. Wird die Nutztierherde von einem Ort zum nächsten transportiert, sind die Hunde während dieser Zeit zu separieren. Dabei sollen die Hunde übrigens nicht alleine am Standort zurückbleiben. Erst wenn die Herde am neuen Standort eingerichtet ist, werden die Herdenschutzhunde wieder in die Herde eingesetzt.

Im Rahmen der Öffentlichkeitsarbeit sollten entlang von Wegen und Straßen witterungsfeste Hinweisschilder an den Zäunen aufgestellt werden, hinter denen die Herdenschutzhunde arbeiten. Diese Schilder sollen darüber informieren, welchen Zweck die Hunde in der Herde erfüllen und was dem Passanten in Bezug auf die Hunde nicht gestattet ist.

Kupieren der Hunde und dessen Verbot

Im Ausland sind teilweise kupierte Herdenschutzhunde anzutreffen. Solchen Hunden sind durch des Menschen Hand beide Ohren (Ohrmuschel) gekürzt und die Rute abgenommen worden. Es handelt sich beim Kupieren um eine Amputation. In Deutschland ist das Amputieren von Körperteilen nach § 6 Abs. 1 des Tierschutzgesetzes (TSchG) verboten. Nur in Ausnahmen ist dieser Eingriff gestattet, der die Kommunikationsfähigkeit des Tieres einschränkt.

Haltungsformen und Einsatzmöglichkeiten

Herdenschutzhunde können grundsätzlich in der

- Koppelhaltung
- Almwirtschaft
- Gehegehaltung

eingesetzt werden. Für die Hunde selbst macht dies keine Unterschiede.

Aus dem Sozialisierungspotential der Herdenschutzhunde resultiert die grundsätzliche Möglichkeit, dass sie an allen Nutztieren (Schafe, Ziegen, Rinder, Pferde, Lamas, Alpaka, Geflügel und Gehegewild) zum Schutz eingesetzt werden können. Die Frage ist, inwieweit die Herden oder Gruppen in den unterschiedlichen Nutztierkategorien dieses tolerieren können bzw. wollen. Sicherlich ist die Integration von Herdenschutzhunden in bestehende Schaf- und/oder Ziegenherden deutlich einfacher als bei Großnutztieren, wo wahrscheinlich nur im Einzelfall beurteilt werden kann, ob eine Chance auf Erfolg besteht oder nicht.

Abbildung 348: Mitten in der Herde befindet sich der Herdenschutzhund

Folgende zwei Beispiele zeigen, dass für oft unmöglich gehaltenes doch funktionieren kann – aber auch nicht immer muss.

Die Halter eines größeren Damwildgeheges, in dem auch Highland Cattle (Robustrinder) gehalten werden, mussten eines Tages einen Wolfsübergriff am eigenen Damwild feststellen. Der Wolf hatte sich unter den Gehegezaun hindurchgegraben. Nach einigen Überlegungen wurde ein Pyrenäenberghund in die Nutztierherde integriert, der allerdings in seiner Jugend auf Schafe sozialisiert wurde. Für den Hund waren Damwild und Rinder also Tierarten, die ihm bis dato unbekannt waren. Binnen weniger Tage hat sich der Hund in seinem neuen Umfeld gut eingefunden. Alle drei nun im Gehege befindlichen Tierarten, Damwild, Rinder und Hund, haben sich aufeinander eingestellt und teilen stressfrei dasselbige. Während Abbildung 349 vielleicht noch den Anschein haben könnte, dass das Damwild sehr zurückhaltend wirkt, zeigt Abbildung 350 dass dies nicht am Hund liegt.

Abbildung 349: Pyrenäen-Berghund im Gehege mit Highland Cattle und Damwild

Abbildung 350: Pyrenäen-Berghund nahe Damwild

Das zweite Beispiel zeigt ebenfalls Rinder (Altdeutsches Niederungsrind), die erfolgreich mit zwei Herdenschutzhunden vergesellschaftet wurden. In Abbildung 350 ist einer der beiden Hunde inmitten der ruhenden Rinder zu sehen.

Abbildung 351: Einer von zwei Herdenschutzhunden (Bildmitte) in einer Rinderherde

Herdenschutzhunde und andere »Hofhunde« unter einem Dach?

Immer wieder ist die Sorge zu hören, dass der Einsatz von Herdenschutzhunden zwar gerne angestrebt würde, dass aber Herdenschutzhunde sich angeblich nicht mit den bereits vorher anwesenden Hunden auf demselben Hof bzw. dem Betrieb vertragen würden. Dieser Sorge ist per se keine Gültigkeit beizumessen. Natürlich kann wie immer in der Tier- bzw. Hundehaltung nur im Einzelfall festgelegt werden, wie eine Integration von einem oder mehreren Herdenschutzhunden in bereits vorhandene Strukturen gelingt. Und es kann auch Grenzen dafür geben. In Abbildung 352 sind zwei miteinander bekannte Hunde desselben Halters zu sehen. Würde sich allerdings ein fremder Hund oder ein Wolf an dieser Stelle blicken lassen, würde der Herdenschutzhund schon lange Alarm schlagen.

Abbildung 352: Der Pyrenäen-Berghund fühlt sich durch den Border-Collie nicht gestört

Bereitstellung einer Schutzhütte – rechtlich ein Muss?

Muss dem Herdenschutzhund(en) beim Einsatz in der Nutztierherde eine Schutzhütte zur Verfügung gestellt werden oder nicht? Auch diese Frage ist oft in Diskussionen rund um die Haltung von Herdenschutzhunden zu hören. Dabei ist bei der Beantwortung dieser Frage am »Stammtisch« mehr Ablehnung als Zuspruch zu hören, weil durch Nutztierhalter – und vielleicht spätere Herdenschutzhundehalter – argumentiert wird, dass eine solche Schutzhütte nicht von einer Fläche zur nächsten umgesetzt bzw. getragen werden kann (z.B. Umtriebsweiden, Deichabschnitte, Landschaftspflege an verschiedenen voneinander getrennten Orten).

Abbildung 353: Schutzhütte in Form einer klassischen Hundehütte. Ihr hohes Gewicht lässt ein Umsetzen nicht zu

Gemäß § 2 Abs. 1 Nr. 1 Tierschutzgesetz (TSchG) muss, wer ein Tier hält, betreut oder zu betreuen hat, das Tier seiner Art und seinen Bedürfnissen entsprechend angemessen ernähren, pflegen und verhaltensgerecht unterbringen. Heißt das automatisch, dass eine Hundehütte für den Herdenschutzhund in der zu bewachenden Nutztierherde aufgestellt sein muss? Die Beantwortung dieser Frage ist im Folgenden dargestellt.

Konkretisierungen des Rechts aus dem o.g. TSchG in Bezug auf die Haltung von Hunden finden sich in der »Tierschutz-Hundeverordnung vom 2. Mai 2001 (BGBl. I S. 838), geändert durch Artikel 3 des Gesetzes vom 19. April 2006 (BGBl. I S. 900)« (TierSchHuV) dar. Diese Verordnung stellt die Entscheidungsgrundlage dar, weil sie auch für Herdenschutzhunde gilt. Im § 4 heißt es dazu:

§ 4 Anforderungen an das Halten im Freien

(1) Wer einen Hund im Freien hält, hat dafür zu sorgen, dass dem Hund

1. eine Schutzhütte, die den Anforderungen des Absatzes 2 entspricht, und

2. außerhalb der Schutzhütte ein witterungsgeschützter, schattiger Liegeplatz mit wärmegedämmtem Boden zur Verfügung stehen. Während der Tätigkeiten, für die ein Hund ausgebildet wurde oder wird, hat die Betreuungsperson dafür zu sorgen, dass dem Hund während der Ruhezeiten ein witterungsgeschützter und wärmegedämmter Liegeplatz zur Verfügung steht.

(2) Die Schutzhütte muss aus wärmedämmendem und gesundheitsunschädlichem Material hergestellt und so beschaffen sein, dass der Hund sich daran nicht verletzen und trocken liegen kann. Sie muss so bemessen sein, dass der Hund

1. sich darin verhaltensgerecht bewegen und hinlegen und

2. den Innenraum mit seiner Körperwärme warm halten kann, sofern die Schutzhütte nicht beheizbar ist.

Aus dem zuvor genannten Paragraphen lässt sich ableiten, dass wenn ein oder mehrere Herdenschutzhunde z.B. mehrere Tage ununterbrochen in einer Schafherde als Wächter untergebracht sind, sie auch Ruhezeiten brauchen, um sich zu regenerieren. Für diese Ruhezeiten muss den Herdenschutzhunden, auf der Fläche, auf der sie mit der Schafherde untergebracht sind, ein witterungsgeschützter und wärmegedämmter Liegeplatz zur Verfügung gestellt werden.

Wird die Schafherde nachts in einem Stall untergebracht, brauchen Herdenschutzhunde nicht tätig zu sein. Für diesen Fall ist eine Mitunterbringung im Stall möglich oder tatsächlich die Aufstellung einer Schutzhütte (z.B. am Schafstall) erforderlich.

Diese Gesetzesinterpretation wird untermauert durch die Beantwortung der Frage Nr. 19 in der Drucksache 18/10110 vom 24.10.2016 des Deutschen Bundestages:

Wird die Bundesregierung die rechtlichen Vorgaben in der Tierschutz-Hundeverordnung (TierSchHuV) so präzisieren, dass Herdenschutzhunde für die Zeit des Bewachens einer Herde von den Bestimmungen des § 4 Absatz 1 Nummer 1 TierSchHuV ausgenommen sind, soweit dies aus tierschutzrechtlicher Sicht zulässig ist und wie das die Amtschef- und Agrarministerkonferenz vom 13. bis 15. April 2016 gefordert hat?

Wenn ja, bis wann?

Wenn nein, warum nicht?

Die Vorgaben der Tierschutz-Hundeverordnung, durch die eine tierschutzgerechte Hundehaltung sichergestellt werden soll, gelten auch für Herdenschutzhunde. Die Frage, ob für Herdenschutzhunde Ausnahmen von den Anforderungen der Tierschutz-Hundeverordnung fachlich erforderlich sind, wurde mit den Ländern erörtert. Bei der Amtschef- und Agrarministerkonferenz vom 13. bis 15. April 2016 wurde kein Beschluss dahingehend gefasst, für Herdenschutzhunde Ausnahmen von den Bestimmungen der Tierschutz-Hundeverordnung zu fordern.

Nach derzeitiger fachlicher Auffassung der Länder stehen die Regelungen der TierSchHuV dem Einsatz von Herdenschutzhunden nicht entgegen. Die Anforderungen des § 4 TierSchHuV sind für im Freien gehaltene Herdenschutzhunde während der Zeit ihres Einsatzes zum Schutz der Weidetiere erfüllt, wenn während der Ruhephase ein Liegeplatz nach den Anforderungen von § 4 Abs. 1 Nr. 2 TierSchHuV zur Verfügung steht. Eine Schutzhütte nach § 4 abs. 1 Nr. 1 TierSchHuV ist in diesem Fall nicht erforderlich.

Konkretisierungen zu § 2 des Tierschutzgesetzes in Bezug auf das Halten von Nutztieren finden sich in der Tierschutz-Nutztierhaltungsverordnung (TierSchNutztV). So fordert § 3 Abs. 2 Nr. 3 (TierSchNutztV) einen ausreichenden Schutz der Tiere vor widrigen Witterungseinflüssen.

In den »Empfehlungen für die ganzjährige und saisonale Weidehaltung von Schafen« (LAVES Niedersachsen) heißt es dazu:

»Die Weidehaltung von Schafen erfordert deshalb einen Witterungsschutz, durch den Kälte- und Hitzebelastungen, die körpereigene Temperaturregulationsmechanismen überfordern, vermieden werden. In der kalten Jahreszeit muss zusätzlich allen Tieren ein trockener, gegen Regen und Wind geschützter Liegeplatz zur Verfügung gestellt werden.

Als Witterungsschutz können sowohl natürliche Gegebenheiten als auch künstliche Einrichtungen genutzt werden. Zu den natürlichen Schutzvorrichtungen zählen Hecken, Bäume, Büsche, Wald u. ä. Sie müssen ganztägig und ganzjährig wirksam sein, so dass sie bei jeder Windrichtung, bei Schnee und bei Regen ebenso wie bei starker Sonneneinstrahlung ihre Funktion ausreichend erfüllen. Andernfalls müssen sie durch zusätz-

liche Einrichtungen ergänzt werden. In der kalten Jahreszeit sind unbelaubte und einzeln stehende Bäume keinesfalls ausreichend.

Zu den künstlichen Schutzvorrichtungen gehören eingestreute Flächen, Windschutzwände aus Strohballen oder Planen sowie zwei- bis dreiseitig geschlossene, überdachte Unterstände, die von der Hauptwindrichtung abgewandt sind. In der kalten Jahreszeit muss der Boden der Schutzvorrichtung eingestreut werden oder eine andere Wärmedämmung vorhanden sein. Die Liegefläche muss dabei so bemessen sein, dass alle Tiere gleichzeitig liegen können (Richtwert bei Schafen über 70 kg Körpergewicht = 0,5 m^2 pro Tier).«

Herdenschutzhunde folgen innerhalb des eingezäunten Bereiches (z.B. Weide) der Herde. Hier sind also die aus den Mindestanforderungen zur jeweiligen Nutztierhaltung benannten Witterungsschutzmöglichkeiten zu berücksichtigen, weil diese schließlich auch dem Hund Schutz bieten und er sein Naturell – bei der Herde wachend sein wollen – ausleben kann.

Ein Wasserwagen für die Nutztiere kann u.a. auch als Schattenspender für Herdenschutzhunde dienen (Abbildung 353). Ein fahrtüchtiger »alter« Pferdeanhänger kann ebenfalls eine Möglichkeit für einen Witterungsschutz sein.

Abbildung 354: Witterungsschutz für die Hunde in Form eines Wasserwagens

Werden Herdenschutzhunde in Wildgehegen eingesetzt, kann die Errichtung einer Schutzhütte Sinn machen. Am Ende entscheidet der Hund bzw. die Hunde, ob die Hütte angenommen wird oder nicht. Abbildung 354 zeigt eine aufgestellte Schutzhütte in einem Damwildgehege, in welchem auch Highland Cattle Rinder gehalten werden.

Abbildung 355: Schutzhütte für Herdenschutzhunde in einem Rinder- und Damwildgehege

Kosten

Ein bedeutender Nachteil des Herdenschutzhundes und auch anderer möglicher Herdenschutztiere sind die damit verbundenen Kosten. Hierbei ist zwischen den einmaligen und wiederkehrenden Kosten zu unterscheiden. Die Tabelle auf der nächsten Seite zeigt die durchschnittlichen Kosten pro ausgewachsenem Hund und Jahr auf. Diese Werte sind dann auf die Anzahl der Hunde im tatsächlichen Einsatz zu übertragen.
Je nach Nutztierherdengröße sind unterschiedlich viele Herdenschutzhunde erforderlich. Dies sollten immer mindestens zwei Hunde pro Herde sein. Bei größeren Herden (300–400 Tiere) können drei oder gar vier Hunde erforderlich sein. Eine mathematische Formel zur Errechnung der einzusetzenden Herdenschutzhundemenge in Anlehnung an die Nutztierherdengröße erscheint eher unpraktisch, weil das jeweilige Hundeindividuum in seinem Schutzverhalten maßgeblich ist und auch die Habitatbeschaffenheit (unübersichtliches Gelände) Einfluss darauf hat.

Unerwünschtes Verhalten – Ein Problem mit einem Hund tritt auf – was nun?

Durch die Entwicklung des Hundes aufgrund seiner Persönlichkeit und unter den ihn umgebenden Rahmenbedingungen können sich vom Halter unerwünschte Verhaltensweisen einschleichen, die vielleicht an-

Nr.	Kategorie	Ausgabe	Kosten [Euro]	Bemerkung
	Einmalige Kosten			
1		Anschaffung	1.000–5.000	pro Hund
2		Grundausrüstung (z.B. Autoanhänger für Transport der Hunde)	ca. 600–800	pro Hund
	Wiederkehrende Kosten			
3		Futter	ca. 400	pro Hund
4		Versicherung	ca. 70	pro Hund
5		ggf. Steuern	Nicht pauschal zu benennen	Hundesteuer wird als Aufwandssteuer gewertet. Hundesteuersatzung der Kommunen ist entscheidend.
6		Tierarztbehandlungen	ca. 100	Krankheiten, Verletzungen
7		Impfungen	ca. 40	
8		Wurmkuren	ca. 60	
9		Zeckenprävention	ca. 120	
10		Betreungsaufwand	ca. 890	Pauschalsatz 19,50 Euro pro Stunde; täglicher Bedarf ist ¼ h pro Hundegespann (Annahme: 2 Hunde)
		Teilsumme =	**ca. 790**	**ohne Betreuungsaufwand**
		Gesamtsumme =	**ca. 1.680**	**mit Betreuungsaufwand**

Tabelle 29: Einmalige und wiederkehrende Kosten für einen ausgewachsenen Herdenschutzhund

fänglich als solches nicht erkannt werden. Vor diesem Hintergrund sollte Ersthalter sich in die Beratung von praxiserfahrenen Herdenschutzhundeleuten begeben. Dies können andere Nutztierhalter sein – sozusagen Berufskollegen – oder auch Züchter, Hundetrainer etc. Es ist keine Schande, eine solche Beratung aufzusuchen. Getreu dem Motto »der Fisch sieht nicht das Wasser, in dem er schwimmt«, kann oft eine praxiserfahrene Person schneller erkennen, was zu tun ist, oder wo eine Verhaltenskorrektur nicht mehr möglich ist.

Grundsätzlich ist zu empfehlen, sich einen Lehrprinzen zu suchen, der einen bereitwillig über einen längeren Zeitraum berät.
Zu den unerwünschten Verhaltensweisen des Herdenschutzhundes zählen beispielsweise:

- Permanentes Bellen, obwohl sich dafür kein auslösender Reiz in der Nähe der Nutztierherde befindet
- Unverträglichkeit der Herdenschutzhunde untereinander
- Überspringen des Zaunes
- Vorhandenes Jagdverhalten
- Kein Verbellen eines sich nähernden Fremden (Gefahrreiz)
- Neu in die Herde eingesetzte Nutztiere werden vom Hund aussortiert, ausgegrenzt
- Übersteigerte Aggression
- Angst vor Gefahrreizen
- Mobben der Nutztiere
- Zupfen der Wolle von Schafen
- Löchergraben bei der Haltung an Deichen
- Umhertreiben der Herde
- Distanzierung zum Halter bzw. zu den Betreuungspersonen

Das Auftreten einer unerwünschten Verhaltensweise muss auch mit Blick auf eine evtl. angestrebte Zucht mit dem betroffenen Individuum berücksichtigt werden.

12.2.2 Esel

Der Esel *(Equus asinus)* ist vor mehr als 5.000 Jahren im afrikanischen Raum domestiziert worden (Kimura et al. 2010). Nach derzeitigem Stand fand die Domestikation in Afrika an mehr als einem Ort statt. Als Ursprungsunterarten gelten sowohl der Nubische Esel (*E. africanus africanus*) als auch der Somalische Esel (*E. africanus somaliensis*).

Das ursprüngliche Habitat des Wildesels zeichnet sich durch trockene, steinige und hügelige Wüstengebiete aus. Evolutiv erfolgte eine Anpassung sowohl des Körpers als auch des Verhaltens an diese Umgebung. Mittels ihrer kleinen und harten Hufe entwickelten Esel eine hohe Trittsicherheit, die in den nordafrikanischen Gebirgsregionen überlebenswichtig ist (Noteselhilfe e.V., D.u.). Ihre langen Ohren sind wichtig für die Thermoregulation und Umgebungswahrnehmung. Ihr Verdauungssystem ist darauf ausgerichtet, die wenig energiehaltigen Pflanzen, wie Gestrüpp, Gehölz und raue Gräser (Bachmann, 2015), zu verwerten. Esel sind also an sehr rohfaserreiche und energiearme Nahrungspflanzen angepasst, für die sie zum Teil, um ausreichend Nahrung zu finden, weite Strecken zurücklegen müssen. Daher kennen sie keine »Futterbremse« (Noteselhilfe e.V., 2015). Dies kann bei unbegrenzt zugängigem, energiereichem Weidematerial, wie es in Deutschland an vielen Standorten zu finden ist, für den Esel zu schweren gesundheitlichen Problemen führen.

Ihre Umgebung prüfen Esel äußerst aufmerksam auf potentielle Gefahren ab. So erkennen sie frühzeitig mit ihrem sehr guten Sehvermögen, unterstützt durch einen ebenfalls sehr guten Gehör- und Geruchssinn, ob sich eine potentielle Gefahr für sie nähert (Noteselhilfe e.V., D.u.). Anders als Pferde wägen Esel zunächst einmal ab, welchen Weg sie einschlagen: besonnene Flucht oder Verteidigung. Eine kopflose Flucht, ein unbedachtes Auftreten, all dies kann für einen Esel in einer steinigen Hügel- bzw. Wüstenlandschaft schwerwiegende Konsequenzen nachsichziehen.

Frei lebende Esel bilden in der Regel kleine Herdenverbände mit bis zu zehn, meist verwandten Tieren (Stutengruppen, aber auch Junggesellengruppen). Eine deutlich erkennbare Rangordnung unter adulten Stuten konnte nicht beobachtet werden. Der adulte (erwachsene) Eselhengst lebt in der Regel solitär, also einzelgängerisch, begleitet allerdings auch zeitweise die Stutengruppen. Gerade in Bezug auf ihr Paarungsterritorium verhalten sich adulte Eselhengste äußerst territorial (Bachmann, 2015). Sie zeigen insbesondere anderen adulten Hengsten gegenüber deutliches Dominanzverhalten, aber auch gegenüber von Stuten und Jungtieren (Landesbeauftragter für den Tierschutz nds., 2000) zeigen sie sich dominant. Der Gruppenzusammenhalt ist abhängig von der Nahrungsverfügbarkeit. Es wurde nur zwischen Stuten und ihren Saugfohlen eine enge Bindung beobachtet. Diese Bindung endet im Allgemeinen mit der Geburt des nächsten Fohlens. Die Kommunikation erfolgt sowohl über die Mimik und die Körpersprache als auch über Lautäußerungen und über olfaktorische, also geruchliche, Reize (u.a. Geruchsstoffe im Urin und Kot). Bei ihren Lautäußerungen können Esel sehr laute Rufe von sich geben, die auch über große Distanz für andere Esel hörbar sind (Hafner, 2013).

Das Dominanzverhalten und auch das natürliche Aggressionspotential von adulten Eselhengsten machen ihre Haltung nicht ganz einfach; mehrere Eselhengste in einer Herde können sich schwere Bissverletzungen zufügen, insbesondere bei engem Platzangebot. Allerdings ist auch zu beobachten, dass Hengste Stuten gegenüber aggressives Verhalten an den Tag legen. Dass reine Hengstgruppen in der Regel nicht gehalten werden können, wird darauf zurückgeführt, dass adulte Hengste in der freien Natur die meiste Zeit über solitär leben.

Weltweit lebten laut FAO im Jahre 2010 ca. 42 Mio. Esel, von denen 43,75 % in Asien, 36,84 % in Afrika, immerhin 17,54 % in Amerika und nur 1,87 % in Europa gehalten wurden (Hafner, 2013). Nur in wenigen Regionen Europas (Frankreich, Spanien, Italien) wurden Esel gezielt nach gewissen Rassenstandards gezüchtet, so dass 99 % der Esel nicht rassenzugehörig gezüchtet werden. Esel werden grob, in Abhängigkeit von ihrer Körpergröße (Stockmaß ist entscheidend), in die drei unterschiedlichen Größenklassen Zwerg-, Normal- und Großesel eingeteilt. Allerdings gibt es hierbei auch wieder landesabhängige Abweichungen. In Deutschland gilt, dass Zwergesel ein Stockmaß von 105 Zentimetern nicht überschreiten. Normalesel haben ein Stockmaß bis zu 130 Zentimeter, alle größeren Esel zählen zu den Großeseln (Hafner, 2013). Smith et al. (2000) empfehlen zum Einsatz für den Herdenschutz generell mittelgroße bis große Esel zu nehmen. Bourne (1994) empfiehlt Esel mit einem Stockmaß zwischen 111 cm (44 Zoll) und 127 cm (50 Zoll) für den Einsatz bei kleineren Nutztieren, wie Schafe und Ziegen, und Esel mit einem Stockmaß bis 137 (54 Zoll) für den Einsatz bei Rindern. Nach der US-amerikanischen Einteilung empfiehlt Bourne also für Schafe und Ziegen den »Standard Donkey« und für Rinder den »Mammoth Donkey«.

Systematisch betrachtet gehört der Esel (*Equus asinus*) zu der Familie der Pferde (*Equidae*). Die Gattung *Equus* ist die einzige rezente, also noch vorkommende, Gattung dieser Familie. Allerdings gehört der Esel zu einer anderen biologischen Tierart als das Hauspferd (*Equus caballus*). Beide Arten sind miteinander kreuzbar, jedoch sind die dabei entstehenden Tiere selbst in der Regel nicht zeugungsfähig (obwohl es immer wieder mal fertile, also fortpflanzungsfähige, Maultierstuten gibt). Werden Eselhengst und Pferdestute gekreuzt, so spricht man bei den Nachkommen von einem Maultier oder Muli. Werden Pferdehengst und Eselstute miteinander gekreuzt, so spricht man von einem Maulesel. Eine solche Hybridisierung erfolgte bereits vor 3.500 Jahren im alten Ägypten und wurde seitdem fortgeführt, um aus beiden Arten die besten Eigenschaften in den Hybriden zusammenzuführen. So entstanden robuste, trittsichere und vor allem leistungsfähige Tiere, die als leichtfuttrig gelten (Hafner, 2013). Gerade die französischen Großeselrassen wurden für die Maultierzucht gezüchtet. Maultiere wurden vielfach als Transporttiere u.a. in der Armee verwendet.

Sie können sowohl als Zugtiere verwendet werden, als auch als Rinder- oder Reitmulis, je nachdem, welcher Rasse die Pferdestute angehört. Insbesondere für die US-amerikanische Geschichte waren Maultiere von großer Bedeutung, sodass Amerika noch heute als der Kontinent gilt, auf dem es die meisten Maultiere gibt.

Der Esel war zwar bis zum Dreißigjährigen Krieg im deutschsprachigen Raum noch sehr verbreitet, wurde danach jedoch bis ins 18. Jahrhundert im Vergleich zum Pferd immer seltener gehalten. Erst im 18. Jahrhundert wurden wieder häufiger Esel gehalten, um Maultiere für den Einsatz im Militärdienst zu züchten. Dieser Trend war noch bis zum Zweiten Weltkrieg zu spüren, doch danach waren es vornehmlich Liebhaber, die sich noch Esel hielten, da diese als »störrisch und dumm« galten (Landesbeauftragter für den Tierschutz nds., 2000). Wenn vom »Deutschen Zuchtesel« die Rede ist, handelt es sich also nicht um eine eigene Rasse, sondern um einen Esel, der dem gesundheits- und Leistungsfähigkeitsstandard der »Interessengemeinschaft der Esel- und Mulifreunde e.V. (IGEM)« entspricht. Der Eseltyp, die Fellfärbung und die Größe sind hierbei nicht ausschlaggebend (Hafner, 2013).

Doch auch aus jüngerer Zeit sind Nutzungen des Esels bekannt. Die folgende alte, jedoch an sich sehr ausdrucksstarke Abbildung aus den 1970er-Jahren, zeigt einen Schäfer auf der Schwäbischen Alb, der seine Schafherde hütet. Sein neben ihm sitzender Hund dient ihm zum Hüten und Treiben der Schafherde. Vor der Schafherde ist ein Esel zu sehen, der dem Schäfer als Träger verschiedener Materialien und Güter (z.B. Zaun für den Nachtpferch) diente. Diese Funktion ist nicht mit der eines Herdenschutzesels zu verwechseln. Möglicherweise zeigte der Esel auf der Abbildung tatsächlich Verhaltensweisen, die ihn neben der Trägerrolle durchaus auch als Herdenschutztier qualifizierten. Dieses kann leider nicht mehr in Erfahrung gebracht werden. Ferner muss daher auch unklar bleiben, ob der Schäfer eine solche mögliche Verteidigungsbereitschaft des Esels als vor- oder nachteilig empfunden hätte.

Abbildung 356: Wanderschäfer auf der Schwäbischen Alb

Anschaffungs- und Unterhaltskosten

Wie bei allen Tierarten spielen beim Anschaffungspreis verschiedene Faktoren eine Rolle (z.B. Alter, Rasse, Geschlecht, Größe, Ausbildung). Die angegebenen Preise sind auszugsweise übernommen aus Hafner (2013) und beziehen sich, bis auf die Fohlen, auf vier Jahre alte Tiere, die bereits halfterführig und schmiedefromm sind:

	Geschlecht	Deutschland [Euro])
Absatzfohlen (10 Monate)	Hengst (♂)	360–600
	Stute (♀)	560–820
Normalesel	Wallach (♂)	770–870
	♀	920–1.100
Großesel	(♂)	ab 1.300
	♀	ab 1.500
Deutscher Zuchtesel		ab 770

Tabelle 30: Anschaffungskosten aus Hafner (2013)

Weiterhin zu bedenken sind Kosten für den Equidenpass. Für alle Equiden, also auch für Esel, gilt die Durchführungsverordnung (EU) Nr. 2015/262, welche die Identifizierung von Equiden vorschreibt.

Auszug aus der Information zu Kennzeichnungs- und Meldevorschriften für Halter von Equiden (EquidenpassinfoEQ_ERSTINFO_201611):

»Die Identifizierung umfasst die drei Elemente

1. Kennzeichnung mit einem elektronisch auslesbaren Transponder für alle ab dem 1. Juli 2009 geborenen Equiden und für alle vor dem 1. Juli 2009 geborenen Equiden, für die nicht bereits ein Equidenpass ausgestellt wurde
2. Equidenpass als lebenslanges Identifizierungsdokument zum Tier mit einer Beschreibung des Tieres in Textform, einem ausgefüllten Abzeichen-Diagramm, Angaben zum Transponder, zum Besitzer/Eigentümer und zum Lebensmittelstatus des Tieres, und
3. Hinterlegung von Pass- und Transponderdaten in einer zentralen Datenbank.«

Die Ausstellung eines Equidenpasses kostet laut VIT (Vereinigte Informationssysteme Tierhaltung w.V.) mit Stand März 2017: 33,99 Euro. Der Eintrag eines Eigentümerwechsels 22,30 Euro.

Während die niedersächsische Tierseuchenkasse die Kosten für die amtlichen Transponder zur Kennzeichnung von tierseuchenpflichtigen Equiden übernimmt, trägt der Eselhalter diese selbst, da es keine Meldepflicht für Esel bei der Tierseuchenkasse Niedersachsen gibt. Sie belaufen sich auf 21,32 Euro je Bestellung, wobei je zusätzlichen Transponder je 3,00 Euro zu entrichten sind.

Unabhängig vom Anschaffungspreis sind jährliche Unterhaltskosten zu berücksichtigen. Auch hierbei sind viele variable Faktoren einzurechnen, wie z.B. saisonbedingte Einkaufspreise von Heu und Stroh, Mistentsorgung, Reparaturkosten der Zäune, Ställe und Winterschutzstände sowie Kosten für den Tierarzt bei Krankheit und Verletzungen, so dass auch hier nur ein Annäherungswert für die Mindestkosten aus Hafner (2013) übernommen wird.

Die unten angegebenen Beträge beziehen sich auf einen 280 kg schweren, 125 cm großen Esel (da eine Einzelhaltung von Eseln nicht artgerecht ist, ist tierschutzrechtlich zu bedenken, dass man mindestens zwei Esel halten sollte und daher die angegebenen Kosten doppelt gerechnet werden müssen):

Kategorie	**Menge**	**Deutschland [€]**
Heu	6 Monate x 4 kg/Tag = 730 kg	280
	6 Monate x 2 kg/Tag = 365 kg	
Stroh /Einstreu	4 kg/Tag = 1.460 kg	200
Mineralstoffe		33
Hufpflege	6 x Jahr	150
Zahnpflege	1 x Jahr	40
Impfen	Influenza/Tetanus, jährl. Auffrischung	60
Entwurmung	2–4 x Wurmkur od. Kotuntersuchung mit anschließender Entwurmung	40
Haftpflichtversicherung	Jährliche Zahlung	55
	jährlicher Mindestunterhalt	**853**

Tabelle 31: Jährliche Mindestunterhaltskosten für einen Esel (125 cm groß, 280 kg schwer) aus Hafner (2013)

Futter, Huf-, Fell- und Zahnpflege

An dieser Stelle erfolgt nur ein kurzer Ausblick auf die Futterversorgung des Esels. Den an der Eselhaltung interessierten Personen wird empfohlen, sich in detaillierter und umfangreicher Literatur zu informieren. Evolutiv ist der Esel an sehr karge Kost angepasst, stammt doch die Wildform des Hausesels aus den Wüstengebirgsregionen Afrikas. Diese Anpassung findet sich auch beim Hausesel wieder, dessen Verdauungssystem Nahrung höchsteffizient ausnutzt. So verwertet ein Esel, verglichen mit einem Pferd, das angebotene Futter zu ca. 30 % besser (Hafner, 2013). Das bedeutet, bei einem für das Pferd ausreichenden Nahrungsangebot kann der Esel bereits überversorgt sein. Stetiger Zugang zu energiereichen Weiden kann bei den Eseln zu Koliken, Leberverfettung und chronischer Hufrehe führen. Dies ist bei der Fütterung und Haltung von Eseln immer im Hinterkopf zu behalten. Eine Fehlernährung ist unbedingt zu vermeiden. Ebenso ist der Esel in seinem Ursprungsgebiet den ganzen Tag über auf Futtersuche, daher benötigt er für eine gesunde Verdauung ganztätig faserreiches, energie- und proteinarmes Heu und Stroh sowie Holz (Borke, Äste, Zweige). Hierbei ist darauf zu achten, ungiftige Holzarten, wie z.B. Weide, Birke oder Buche bzw. Obstbäume, zu verwenden (Hafner, 2013 und Landesbeauftragter für den Tierschutz nds., 2000). Stehen Esel auf Weiden, ist darauf zu achten, dass gerade bei der Umstellung von der Winterfütterung auf den Weidegang, ihre Zeit bei dem jungen Gras des Jahres begrenzt wird. Gerade das junge Gras ist sehr energie- und eiweißreich, jedoch eher rohfaserarm. Empfohlen wird eine Anfangszeit von ca. 15 Minuten. Diese Zeitspanne kann dann von Tag zu Tag schrittweise verlängert werden, sollte aber die gesamte Weidezeit mit Begrenzung erfolgen. Eine solche Eingrenzung der Weidezeit ist z.B. möglich durch Einteilung der Weideflächen in eingezäunte Parzellen, vorheriges Abweiden der Fläche durch Pferde, Rinder oder Schafe oder zeitliche Begrenzung des Weideaufenthaltes.

Wer den Ernährungszustand seines Esels beurteilen möchte, muss bedenken, dass bei Eseln andere Voraussetzungen gelten, als bei Pferden: Würde man bei einem Pferd das Erscheinungsbild als »dünn« bezeichnen, dann würde dieses Erscheinungsbild dem eines Esels mit idealem Ernährungszustand entsprechen (Landesbeauftragter für den Tierschutz nds., 2000). In Deutschland leiden die meisten Esel eher an den Folgen von Überernährung, als an denen der Unterernährung.

Ein sauberer Salzleckstein sollte ebenso jederzeit für die Esel zur Verfügung stehen, wie sauberes und frisches Wasser. Hierbei ist auch wichtig, dass die Wasserbehälter und/oder Tränken täglich auf Sauberkeit und Funktion untersucht werden. Gerade mit ihrem ausgeprägten Spiel- und Erkundungsverhalten zerstören Esel den einen oder anderen Gegenstand in Windeseile. Esel benötigen täglich zwischen 8 und 10 Liter (erwachsene Esel und Fohlen) Wasser je 100 kg Körpergewicht (Landesbeauftragter für den Tierschutz nds., 2000). Der Tränkplatz oder der Zugang zu Fließgewässern darf nicht schlammig bzw. morastig sein, da Eselhufe äußerst nässeempfindlich sind (Wüstenbewohner).

Während wir Menschen, ebenso wie z.B. Bären oder Menschenaffen, sogenannte Sohlengänger (plantigrade Fortbewegung) sind, d. h. wir treten mit dem Fuß vollständig von der Ferse bis zu den Zehen auf, sind Equiden sogenannte Spitzengänger (unguligrade Fortbewegung). Bei den Spitzengängern berühren nur die Zehen- bzw. Fingerspitzen den Boden. Dadurch, dass nur eine geringe Fläche den Boden berührt, sind sie zwar in der Lage, sehr hohe Geschwindigkeiten zu erreichen, andererseits lastet jedoch auch ihr gesamtes Körpergewicht auf eben dieser geringen Fläche. Kleinste Verletzungen oder Verformungen der Hufe können für Spitzengänger folglich starke Schmerzen bzw. Konsequenzen haben. Entsprechend wichtig ist die regelmäßige Hufpflege!

Bedenkt man nun wiederum, wo sich Esel entwickelt haben, wird klar, dass ihre Hufe sich an einen anderen Untergrund und somit auch stärkeren Abrieb angepasst haben, als die Hufe der Pferde, die Steppenbewohner waren bzw. sind. Eselhufe unterscheiden sich also von Pferdehufen und das ist auch bei der Hufpflege zu bedenken! Auch an dieser Stelle kann nicht so ins Detail gegangen werden, wie es für einen Eselhalter wichtig wäre, doch der Eselhuf wächst schneller und die Stellwinkel der Hufe differieren ebenfalls von denen der Pferde. Der Eselhuf ist sehr viel anfälliger für Feuchtigkeit, Kot und Steine als der

Pferdehuf. Beachtet man die tägliche Hufhygiene nicht, dann kann es schnell zur Strahlfäule kommen. Allerdings geben Esel eine Lahmheit erst viel später als Pferde zu erkennen, auch wenn diese bereits eingetreten ist. Jeder Huf ist einmal täglich zu reinigen, so dass Mist, Erde und eingetretene bzw. verklemmte Steine entfernt werden. Da der natürliche Abrieb, den ein Eselhuf normalerweise durch den steinigen Untergrund seines ursprünglichen Verbreitungsgebietes erfährt, in Haltung beim Menschen nicht umgesetzt wird, sollte ein Hufschmied, -pfleger oder -techniker alle 6 bis 8 Wochen die Hufe bearbeiten (Hafner, 2013 und Landesbeauftragter für den Tierschutz nds., 2000). Dieses Intervall kann sich bei Tieren, die bereits eine Hufrehe überstanden haben, auf 3 bis 4 Wochen verkürzen (Hafner, 2013).

Esel regulieren ihre Körpertemperatur durch das Aufstellen ihres Fells. Bei aufgestelltem Fell bildet sich ein warmes, vor Kälte schützendes Luftpolster. Das Aufstellen der Körperhaare wird jedoch verhindert, wenn Haare verklebt, stark verschmutzt oder verfilzt sind. Deshalb ist die regelmäßige Fellpflege wichtig.

Ebenso wie die Eselhufe hat sich auch das Eselgebiss an das eher unwirtliche Leben in der Wüste angepasst. Die harten, faserreichen Nahrungsteile erfordern starkes Mahlen beim Zerkauen. Die hiesige Nahrung wird diesem Umstand selten ausreichend gerecht und die Zähne werden nicht richtig beansprucht. Um Zahnerkrankungen vorzubeugen bzw. diese zu beheben, sollte mindestens einmal im Jahr eine Zahnkontrolle durch den Tierarzt erfolgen.

Unterbringung, Wetterschutz, Umzäunung

Weder die ganzjährige Stallhaltung ohne Weidezugang, noch die ganzjährige Weidehaltung, insbesondere ohne Zugang zu einem trockenen und winddichten Witterungsschutz, ist für Esel bei unseren klimatischen Bedingungen tierschutzgerecht (Landesbeauftragter für den Tierschutz NDS, 2000).

Anders als bei Pferden weist die Eselhaut und somit auch das Fell der Esel eine geringere Eigenfettung auf, daher haben Esel keinen ausreichenden Eigenschutz gegen Feuchtigkeit und Nässe. Aus diesem Grund ist der Schutz vor nassem und kaltem Wetter für die Gesundheit des Esels wesentlich!

Nässe kann nicht nur bei Eselfohlen, deren Fohlenfell Wasser noch schneller aufnimmt, sondern auch bei adulten Tieren zu schweren Erkrankungen führen (u.a. Lungenentzündungen, die bei Fohlen oftmals tödlich verlaufen).

Der Stall bzw. die Box muss ein regendichtes Dach aufweisen, winddicht bzw. zugfrei und ausreichend beleuchtet sowie belüftet sein. Der Stallboden sollte befestigt und desinfizierbar sein.

Liegeflächen sollten immer sauber sein. Der Stall ist regelmäßig zu entmisten. Feuchtigkeit sollte vermieden werde, da die Eselhufe, wie bereits erwähnt, sehr anfällig gegen Feuchtigkeit und Verunreinigungen sind. Ebenfalls ist für geeignete Einstreu zu sorgen (Landesbeauftragter für den Tierschutz nds., 2000).

Die Grundfläche der Box bzw. des Stalls muss der Größe des Esels und der Anzahl der Esel angemessen sein. Als Richtwerte gelten (BMEL, 2014):

1. Die Fläche muss groß genug sein, damit sich alle Esel gleichzeitig hinlegen und sich gegenseitig ausweichen können.
2. Je Esel (n) muss die doppelte Widerristhöhe (Wh) zum Quadrat in Metern, mindestens jedoch 5 Quadratmeter zur Verfügung stehen. Bei Stuten mit Fohlen rechnet man die 2,3-fache Widerristhöhe zum Quadrat.
3. Die Stallhöhe muss die 1,5-fache Widerristhöhe des größten Esels, wenigstens aber 2 Meter betragen.
4. Bei den Boxentrennwänden ist zu beachten, dass ihre Höhe zur Nachbarbox/zum Stallgang 0,8 x der Widerristhöhe des Esels entsprechen sollte.

Laut BMEL (2014) sollte der Auslaufbereich mindestens 500 Quadratmeter für maximal 4 Esel jederzeit zugängig sein, für jedes weitere Tier mindestens 80 Quadratmeter zusätzlich.

Vor dem Stalleingang muss eine trockene, rutschfeste Fläche zur Verfügung stehen, die der dreifachen Stallfläche je Tier, mindestens aber 150 Quadratmeter, entspricht.

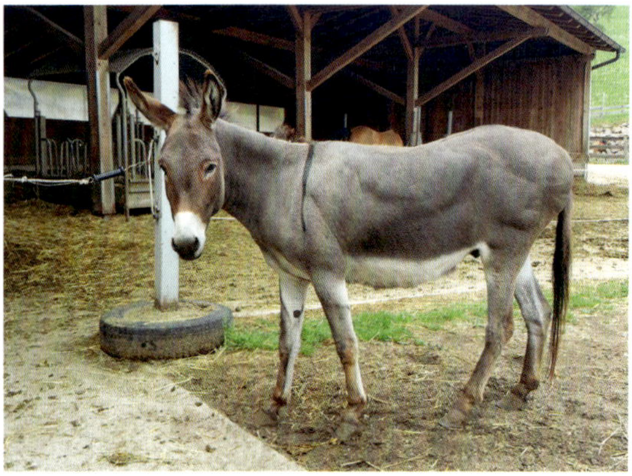

Abbildung 357: Esel vor Stalleingang

Bei einer Weidehaltung, bei der kein Stall zur Verfügung steht, muss jederzeit zwingend ein trockener, wind- und niederschlagsgeschützter Witterungsschutz zugängig sein, der allen Eseln ausreichend Platz bietet, auf trockener Standfläche zu stehen. Hierbei wird die Widerristhöhe zum Quadrat in Metern je Esel verdreifacht veranschlagt. Bleiben die Esel auch bei schlechter Witterung auf der Weide und haben keinen Zugang zum Stall, dann muss der Witterungsschutz ausreichend Fläche bieten, dass sich alle Tiere gleichzeitig hinlegen können (s. Stallfläche) (Landesbeauftragter für den Tierschutz NDS., 2000).

Diese Werte werden in folgender Tabelle samt Rechenbeispiel zusammengefasst:

Bei der Einzäunung ist zu bedenken, dass Esel wahre Ausbruchskünstler sind und oftmals auch natürliche Gewässer nicht als Weidebegrenzung wahrnehmen. Durch Hecken, Büsche und Baumbegrenzung können sie sich ebenso im wahrsten Sinne des Wortes »durchfressen«, wie sie sich aus menschlich aufgebauten Umzäunungen durch Überklettern, Überspringen, Umrennen, Unterkriechen oder gar Eindrücken befreien (Hafner, 2013). Es sollte selbstverständlich sein, dass die gewählte Zaunvariante keinerlei Verletzungsgefahr für die eingezäunten Tiere aufweist. Sie sollte auch für die Esel eindeutig als Zaun erkennbar sein, um Verletzungen vorzubeugen.

Bei der Nutzung von Elektrozäunen muss bedacht werden, dass diese eine Spannung zwischen 2.000 und 10.000 Volt (absoluter noch zulässiger Höchstwert) bei einer maximalen Entladeenergie des Weidezaungerätes von 5 Joule, führen müssen. Es dürfen nur Zaunanlagen und Stromgeber verwendet werden, die nach der VDE-Richtlinie zugelassen sind, damit gesundheitliche Schäden für Mensch und Tier verhindert werden (Landesbeauftragter für den Tierschutz NDS., 2000).

Stromlitzen sollten max. 30 cm oberhalb des Bodens beginnen.

Bei festen Zäunen muss die Knabberfreudigkeit der Esel beachtet werden, die zum Zerstören des Zaunes führen kann.

	Berechnungsformel	**mindestens**	**Bsp.: 3 Esel mit 1,20 m Wh**	**Flächenerrechnung**
Stallfäche	$(2 \times Wh)^2 \times n$	$5\ m^2 \times n$	$(2 \times 1{,}2\ m)^2 \times 3 =$	$17{,}28\ m^2$
Stallfäche mit Fohlen	$(2{,}3 \times Wh)^2 \times m$			
Stallhöhe	1,5 x Wh	2 m	1,5 x 1,2 m =	1,80 m, also 2 m
Trennwände	0,8 x Wh		0,8 x 1,2 m =	0,96 m
Vorstallfläche	$3 \times (2x\ Wh)^2 \times n$	$150\ m^2$	$(3 \times (2 \times 1{,}2\ m)^2) \times 3 =$	$51{,}84\ m^2$, also $150\ m^2$
Bewegungsbereich (4 Esel)		$500\ m^2$		
jedes weitere Tier		$80m^2$		
Witterungsschutz Standfläche	$3 \times Wh^2 \times n$		$3 \times 1{,}2^2 \times 3 =$	$12{,}96\ m^2$
Witterungsschutz Liegefläche	$(2 \times Wh)^2 \times n$		$(2 \times 1{,}2\ m)^2 \times 3 =$	$17{,}28\ m^2$

Tabelle 32: Flächen/Höhen

Für die Zaunhöhe sei hier behelfsmäßig auf die Richtwerte der Landwirtschaftskammer Niedersachsens zur Pferdehaltung verwiesen: Zaunhöhe über Grund: ≥ 0,75 x Widerristhöhe.

Entwurmung, Impfungen, Krankheiten

Je nach Stärke des Immunsystems ist es nicht überraschend, dass Esel auch von so genannten Endoparasiten, also Parasiten, die in dem Wirtskörper leben, wie Würmern, befallen sind. Damit dieser Befall jedoch keine schweren gesundheitlichen Folgen hat, sollte regelmäßig an die Entwurmung gedacht werden, insbesondere, wenn andere Tiere die gleiche Weide nutzen. Die regelmäßige Entwurmung sollte nach Rücksprache mit dem Arzt in Bezug auf das Antiwurmpräparat erfolgen und das Behandlungsintervall an die individuellen Begebenheiten der Haltungsform, des Bestandes und der Hygiene angepasst werden. Empfohlen werden 3 bis 4 Entwurmungen pro Jahr (Hafner, 2013).

Auch der Befall durch Ektoparasiten, also Parasiten, die auf dem Wirtskörper leben, wie z.B. Haarlinge, Läuse, Milben, ist im Blick zu behalten und bei Bedarf zu behandeln.

Krankheiten (Auszug):

Im Rahmen dieses Kapitels erfolgt nur ein knapper Ausblick zu den Krankheiten, die Esel betreffen können. Es besteht keinerlei Anspruch auf Vollständigkeit. Für die Haltung von Eseln sollten sich Interessierte eingehend informieren. Unter dem Gesichtspunkt Herdenschutz sind hier nur einige Krankheiten kurz dargestellt, einerseits im Hinblick auf Infektions- und Ansteckungsgefahr und auch im Hinblick auf Krankheiten durch Fehlernährung und fehlerhafte Haltungsbedingungen.

Impfempfehlungen für Esel (Auszug):

Tetanus:
Jeder Esel sollte einen bestehenden Tetanusschutz haben. Tetanus (Wundstarrkrampf) wird durch die Giftstoffe (Toxine) der Stoffwechselprodukte des Bakteriums Clostridium tetani verursacht. Sporen des Bakteriums kommen in der Natur fast überall vor, insbesondere in der Erde. Gelangen die Sporen durch eine Wunde in den Körper, so kommt es zur Vermehrung der Bakterien, die Toxine freisetzen. Diese Toxine zersetzen die Eiweißverbindungen der Muskelnerven und bewirken dadurch eine krampfhafte Starre der Muskulatur. Tetanus verläuft in den meisten Fällen tödlich (bei 90 % der nicht geimpften Tiere, Noteselhilfe e.V. (D.u. 2)). Nach einer Grundimmunisierung sollte eine Auffrischung alle zwei Jahre erfolgen (Hafner, 2013).

Tollwut:
Anders als Tetanus ist Tollwut eine Viruserkrankung, die auch auf Menschen übertragbar ist. Sie wurde detailliert in Kapitel 9.1 beschrieben. Für Esel ist eine Impfung gegen Tollwut dort angeraten, wo sie Kontakt mit Wildtieren haben könnten, oder in Gebieten mit bekannter Wildtiertollwut. Sie muss jährlich wiederholt werden (Hafner, 2013).

EIV (Equine Influenza):
Ähnlich der Grippe des Menschens handelt es sich auch hier um eine Viruserkrankung, gegen die eine Immunisierung erfolgen kann. Nach einer erfolgten Grundimmunisierung ist die Auffrischung in präparatsabhängigen Intervallen durchzuführen.

Weitere Krankheiten:

EMS (Equines Metabolisches Syndrom):
Ein Syndrom ist generell ein Komplex an Symptomen, die oft zusammen auftreten. Das Metabolische Syndrom umfasst Symptome, die mit Störungen des Energiestoffwechsels zusammenhängen. Bei andauernder Überfütterung in Kombination mit mangelhafter Bewegung (Energieverbrauch) kann es zu solchen Störungen kommen. Dies ist ein schleichender Prozess, bei dem letztendlich aufgrund der Verfettung auch der Insulinkreislauf gestört wird. Vergleichbar mit dem menschlichen Metabolischen Syndrom kann das EMS zu einem Herzinfarkt führen. Ein Indiz auf ein vorliegendes EMS kann eine wiederkehrende Hufrehe sein.

Hufrehe (Laminitis/Huflederhautentzündung):
Anatomisch betrachtet sind die Vorderläufe von Tieren, die auf allen Vieren gehen, dem Arm des Menschen und die Hinterläufe dem Bein des Menschen analog aufgebaut. Die Vorderhufe liegen demnach an den Fingerspitzen und die Hinterhufe an den Zehenspitzen. Während sich Hand und Fuß des Menschen in jeweils fünf Glieder (Finger/Zehen) aufspalten, sind diese bei den Unpaarhufern auf den Mittelstrahl reduziert (je nach Familie in unterschiedlichen Ausmaßen). Die Huflederhaut stellt die Verbindung zwischen der Hufkapsel und den knöchernen Bereichen des Hufes dar. Der Huf entspricht nun unserem Finger- bzw. Fußnagel und auf ihm lastet das gesamt Körpergewicht. Bei der Hufrehe entzündet sich die Lederhaut des Hufes, was für die betroffenen Tiere mit äußerst starken Schmerzen verbunden ist. Da die Hufkapsel eine Ausdehnung der sich entzündeten Lederhaut nicht zulässt, kommt es zu unablässigen Schmerzen. Betroffene Gliedmaßen werden geschont, das Tier verweigert das Weitergehen. Im fortgeschrittenen Stadium kann es zum Festlegen kommen. Hufrehe erfordert eine Behandlung durch den Tierarzt. Esel zeigen – verglichen mit Pferden – Lahmheit und andere Krankheitssymptomatiken erst sehr spät im Krankheitsverlauf. Verursacht wird die Hufrehe u.a. durch das EMS, zu hohe Mengen an energiereichem Weidegras, abrupte Futterumstellungen, Fehlkorrekturen der Hufe oder auch durch Vergiftungen (z.B. durch das Aufnehmen giftiger Pflanzen).

Strahlfäule:
Die Strahlfäule ist eine Infektionskrankheit, die durch das Bakterium Fusobacterium necrophorum verursacht wird. Beim Esel kann diese Infektion durch zu feuchte und unsaubere Böden bzw. mangelnder Hufpflege erfolgen. Die Fäulnisbakterien zersetzen den Strahl des Hufes, oftmals beginnend in der mittleren oder seitlichen Strahlfurche. F. necrophorum ist auch mitverantwortlich für Moderhinke bei Schaf und Ziege und für Klauenentzündungen der Rinder.

Rotz (Burkholderia mallei):
Rotz (Englisch: Glanders) ist ein bakterielle Infektionskrankheit, die auch auf den Menschen übertragbar ist, und für Mensch und Tier tödlich verläuft. Rotz gehört zu den meldepflichtigen Krankheiten gemäß den tierseuchenrechtlichen Bestimmungen. Während bei Pferden häufig eine chronische Verlaufsform vorkommt, sind insbesondere Esel und ihre Hybriden oft von der akuten Form betroffen (Jaugstetter 2015). Das Bakterium Burkholderia mallei gelangt nicht selten über Sekrete (Speichel, Tröpfcheninfektion beim Husten oder Nießen, Eiter) infizierter Tiere auf das Futter, ins Tränkewasser oder die Einstreu oder in offene Wunden. Die Infektion verbreitet sich über die Lymphbahnen zu verschiedenen Organen.

Druse:
Als Druse wird eine Entzündung der Schleimhäute der oberen Atemwege und Vereiterung der Lymphknoten im Zuge einer Streptokokkeninfektion, also der Infektion mit bestimmten Bakterien, bezeichnet. Die Symptome gleichen anfangs denen einer Erkältung, bei nicht erfolgter Behandlung kann Druse allerdings tödlich enden. Druse ist für Esel und Pferde höchst ansteckend und kann auch auf den Menschen übertragen werden (Berufskrankheiten-Verordnung).

Esel im Einsatz als Herdenschutztier

Eseln wird nachgesagt, dass Sie insbesondere auf Caniden (Hundeartige) instinktiv mit Abneigung und sogar Aggression reagieren. Im Rahmen der Verteidigung können sie sich äußerst aggressiv zeigen und gehen dann mit lautem Geschrei, gezielten Hufschlägen oder Bissen gegen den Feind vor (landesbeauftragter für den Tierschutz nds., 2000 und Noteselhilfe e.V., D.u.).

Abbildung 358: Esel zum Schutz der Schafherde im Einsatz

Zum Einsatz von Eseln als Herdenschutztier ist anzumerken, dass sich trotz der Aktualität der Thematik Herdenschutz verhältnismäßig wenig veröffentlichte Studien finden lassen (Linnel spricht 1996 von nur 3 Studien). Als grundlegend sind sicherlich die Studie von Walton & Feild sowie die Veröffentlichung von Green (beide 1989) zu erwähnen, da sich diverse der aktuelleren Veröffentlichungen (z.B. unter anderem bourne 1994, Linnel 1996, tapscott 1997, Jenkins 2003, o'brien 2014) direkt auf die dort angeführten Ergebnisse, Ratschläge und Hinweise beziehen.

In der angeführten Literatur gibt es unterschiedliche Ergebnisse zur Effektivität beim Einsatz von Eseln als Herdenschutztiere. Diese Unterschiede scheinen zum einen von der Prädatorenart und zum anderen vom Charakter der schützenden Esel selbst abhängig zu sein (Green 1989; Walton & Feild 1989). Während Esel auch in Namibia erfolgreich als Schutz gegen Geparden, Schabrackenschakale, Karakale und Hunde eingesetzt wurden (Marker-Kraus et al. 1996), kommen van Liere et al. (2013) zum Ergebnis, dass es bei den von ihnen in Slowenien untersuchten sieben, mit Eseln geschützten, Herden, in vier Fällen zu Wolfsangriffen auf die Herden kam und in drei Fällen keine Schäden durch Wölfe auftraten. Van Liere et al. konnten somit keinen signifikanten Erfolg von Eseln als Herdenschutztiere feststellen. Nebenbei bemerkt: inwiefern die Esel selbst bei den Übergriffen zu Schaden kamen, wird aus der Studie von van Liere et al. nicht ersichtlich. Es ist jedoch bekannt, dass in einigen südeuropäischen Ländern (z.B. Griechenland, Kroatien) auch Pferde und Esel nachweislich durch Wölfe gerissen wurden (NABU 2015).

Zu einer von van Liere abweichenden Effizienzbewertung kommt Grabrijan (2017, pers. mitteilung) aus eigener Erfahrung. Boris Grabrijan, ehemaliger Präsident für 12 Jahre und derzeit amtierender Vizepräsident der »National Association Of Sheep And Goat Producers Of Slovenia«, sowie ehemaliger Vertreter der Landbesitzer und Landwirte im Komitee zum »Managament Großer Beutegreifer des Umweltministeriums von Slowenien«, setzt in seinen Herden seit dem Jahr 2000 erfolgreich Esel zum Schutz seiner Schafe vor Bären und Wölfen ein. Während Grabrijan bei 14 Übergriffen in 2007 noch 48 Schafe verlor, gab es nur in 2016 einen Vorfall, bei dem 7 Schafe verlorengingen. Für Grabrijan sind Esel sowohl aus Kosten- als auch aus Effizienzgründen sowie aufgrund der geringeren Gefahr für Menschen eine bessere Wahl als Herdenschutzhunde, um seine Schafe zu schützen. Angeschafft hat sich Grabrijan die Esel ursprünglich zum Schutz seiner Schafe vor Bären. Er ist äußerst zufrieden mit dem Schutzdienst, den seine Esel leisten.

Da die Studie von Walton & Feild (1989) federführend in vielen Publikationen zugrundegelegt wird, wird diese hier zusammenfassend dargestellt:

Für ihre Studie befragten Walton & Feild texanische Farmer in zwei 1989 durchgeführten Umfragen zu ihren Erfahrungen mit Eseln im Herdenschutzeinsatz gegen Coyoten. Die erste Umfrage wurde an neunzehn Schaf-/Ziegenhalter verschickt, von denen bekannt war, dass sie entweder den Esel bereits als Herdenschutztier im Einsatz hatten oder den Herdenschutz mit Eseln zum Zeitpunkt der Umfrage noch immer praktizierten. Sie erhielten von siebzehn Haltern eine Rückmeldung (89 % der Befragten). Die Ergebnisse beziehen sich auf die Erfahrung mit insgesamt 58 Eseln, die im texanischen Raum eingesetzt wurden.

Erfahrung (Mittelwert in Jahren) mit Esel im Einsatz als HS-Tier	3
Zahl der Halter, die zum Zeitpunkt der Umfrage noch Esel einsetzten	15
Jährliche Kosten (Mittel in US-Dollar) für einen Esel	66
Durch einen Esel im Mittel bewachte Zahl von Schafen/Ziegen (max. waren es 1200)	213
Fläche der genutzten Weideflächen (100–1000 Acres umgerechnet in ha), mit einer Mehrheit von über 80,9 ha (200 Acres)	40,5 – 404,7
Prozentual als gut oder ausreichend bewertet (34 von 58)	59

Tabelle 33: Zusammengefasste Werte aus Umfrage 1 nach Walton & Field (1989)

In der folgenden Tabelle wird aufgezeigt, durch welche Prädatoren die Befragten bereits Verluste an ihren Nutztieren erlebt hatten und zum Schutz gegen welchen Prädator sie sich einen Esel angeschafft hatten.

Verluste durch Prädatoren		Anschaffung von Eseln zum Schutz vor
Coyoten	17	17
Hunde	4	14
Füchse	7	5
Rotluchs	5	1
Adler	5	
Wildschwein	1	

Tabelle 34: Überblick aus Umfrage 1 zum Verlust durch Prädatoren und Grund der Anschaffung von Eseln nach Walton & Field 1989

Die Befragten gaben weiterhin an, dass im Verlauf von 5 Jahren der Verlust von Nutztieren in zwei Fällen abgenommen hatte, in 6 Fällen stabil geblieben ist und in 9 Fällen zugenommen hatte. Bei einer Antwort nahmen die Verluste konkret nach dem Einsatz von einem Esel zu.

Walton & Feild haben darüber hinaus eine zweite Umfrage ausgewertet, bei der 500 Schaf- und Ziegenzüchter angeschrieben wurden und 275 Antworten (55 %) zurückkamen. Bei dieser zweiten Umfrage ging es insgesamt um 133 Esel.

In der Studie von Walton & Feild bewerteten nur 20 % der befragten Schaf- und Ziegenhalter den Einsatz von Eseln zum Schutz gegen Coyoten als sehr gut oder gut, 20 % beurteilten die Effizienz mit ausreichend, während 42 % Esel als schlechte bzw. äußerst schlechte Schutztiere einschätzen. Die restlichen 18 % gaben keine Bewertung ab.

Die Studie von Walton & Feild legt dar, dass Esel z.B. mit vielen anderen Methoden der Prädatorenabwehr kombiniert werden können. So würden Esel in Texas auch auf Weiden arbeiten können, auf denen Fallen, Schlingen, M44-Natriumcyanidköder und Schutzhalsbänder für Nutztiere, die ebenfalls für Caniden toxische Substanzen enthalten, eingesetzt werden.

Auf die Kompatibilität vom Esel, Lama und Alpaka mit anderen Methoden der Prädatorenabwehr weist auch Jenkins (2003) hin.

Laut O'Brien (2014) eignen sich Esel in relativ kleinen Herden als effektiver Schutz gegen Coyoten. Der Hauptgrund für ihren Erfolg in diesem Rahmen ist die bereits erwähnte, scheinbar angeborene Abneigung gegen alle Hundeartigen. Manche Esel reagieren bei einem, in die Herde eindringenden, Caniden mit lautem Geschrei und Zähne zeigend. Auch ein Zulaufen auf den Eindringling ist zu beobachten. Hinzu kommt, dass sie versuchen, den Eindringling zu treten oder zu beißen, insbesondere, wenn dieser in die Ecke gedrängt wurde. Beißen sie einmal zu, lassen sie so schnell nicht wieder los. Ihr lautes Geschrei kann laut Landry (2000) mehrere Kilometer weit gehört werden, dies kann laut der Noteselhilfe (D. u.) auch zu Problemen beim Einsatz in dichter besiedelten Gebieten führen. Allerdings scheinen Esel ihr Verhalten weniger als Schutzverhalten der Herde gegenüber zu zeigen, sondern einfach aus Eigenschutz kombiniert mit der Abneigung/Aggression gegen den Caniden (O'Brien 2014). Gegen andere Prädatoren, wie z. B. Bären, Pumas und Wölfe, seien Esel nicht

Prädator	Ausgezeichnet	Gut	Ausreichend	Mangelhaft	Erfolglos	Unbekannt	Esel nützlich als HS-Tier (Ausgez. – Ausreich.)*	Esel nicht nützlich als HS-Tier (Mangelh. – Erfolgl.)*	Unbek.*
Coyote	3	17	20	5	17	18	40	42	18
Hund	2	18	22	13	15	30	42	28	30
Fuchs	0	10	13	5	8	69	23	13	69
Rotluchs	0	5	5	5	13	72	10	18	72

Tabelle 35: Bewertung der Effektivität von Eseln als Schutz vor Pädatoren durch 60 texanische Schaf- und Ziegenzüchter nach Walton & Feild (1989) in Prozent

*= Anm. d. Autors: Gegenüberstellung für dieses Buch

so gut geeignet wie Herdenschutzhunde, andererseits sind sie in einigen Aspekten leichter zu handhaben als Herdenschutzhunde (O'Brien 2014 mit Bezug auf Walton & Feild 1989). So stellen Esel für Menschen ein weniger großes Verletzungsrisiko dar, als es beim Hund der Fall sein kann, und sie benötigen auch kein spezielles Training, denn sie schützen sich instinktiv. Lediglich eine langsame Gewöhnung an die zu schützende Herde ist erforderlich (Noteselhilfe, (D. u.)).
Auch wenn die Ergebnisse zur Effektivitätsumfrage bei Walton & Feild sehr stark variieren (s. Tab.), scheint eben gerade der relativ niedrige Kostenfaktor beim Einsatz von Eseln (in den USA), ihre hohe Lebenserwartung von bis zu 40 Jahren (Noteselhilfe, (D. u.)) und ihre Kombinationsmöglichkeit mit anderen Methoden, den Nutzen von Eseln zum Schutz vor Prädatoren relativ populär gemacht zu haben. Die zum Teil niedrige Effektivität der Esel mag auch auf die unterschiedlichen Handhabungen in der Viehhaltung zurückzuführen sein.

Daher empfehlen Walton & Feild (1989) neben den Routineuntersuchungen durch den Veterinär, den Entwurmungen und, sofern notwendig, dem Füttern von Zusatzfutter folgende Praxis für den effektiven Einsatz von Eseln als Herdeschutztier *(Anm. d. Autors: Hierbei handelt es sich um Empfehlungen, die fast 30 Jahre alt sind und für ein anderes Land ausgesprochen wurden, sie sind unter Umständen nicht mehr konform mit der heutigen und bzw. oder der hiesigen Rechtsprechung!)*:

- Herdenschutzesel sollten mittelgroß bis groß sein, Klein- oder Zwergesel sind ungeeignet.
- Man sollte sich keinen Esel anschaffen, der nicht verkauft oder »gekeult« werden kann, wenn er seinen Job nicht macht.
- Stuten und Wallache sind verträglicher, von Hengsten wird abgeraten *(Anm. d. Autors: Eselhengste treten den Schafen/Ziegen, manchmal auch Artgenossen und Menschen gegenüber aggressiv auf (Noteselhilfe, D.u.))*.
- Im Einsatz sollte nur ein Esel oder eine Stute mit Fohlen pro Koppel verwendet werden.
- Den Schutzcharakter eines neuen Esels kann man in einer kleinen Koppel mit einem Hund testen.
- Schutzesel sollten von anderen Eseln, Pferden oder Mulis getrennt gehalten werden.
- Damit sich die Esel ordentlich an die Schafe oder Ziegen binden, sollten sie entweder seit Geburt oder nachdem sie nicht mehr gesäugt werden bei den Schafen/Ziegen aufgezogen werden.
- Esel sollten bei der Aufzucht keinen oder nur seltenen Kontakt mit Hunden haben, insbesondere der Einsatz von Hüte-/Treibehunden in Herden mit Eseln sollte auf das Nötigste beschränkt werden.
- Während der Lammzeit muss überwacht werden, ob sich der Esel aggressiv oder mit zu stark ausgeprägtem Schutzverhalten gegenüber den Lämmern verhält, ggfs. muss der Esel für diese Zeit aus der Herde entfernt werden.
- Esel sollten auf kleinen offenen Weiden (< 242,8 Hektar bzw. 600 Acres) bei nicht mehr als 200 Schafen/Ziegen eingesetzt werden, um den bestmöglichsten Schutz zu erhalten. Große Weiden, mit dichtem Unterholz und unebenem Terrain sowie große Herden, bei denen sich die Herdentiere weit zerstreuen, mindern die Wirksamkeit der Herdenschutzesel.
- Hufpflege sollte regelmäßig *(bei weichen Böden und daher geringer Abnutzung alle 6–8 Wochen, jedoch mindestens 4 x jährlich (Landesbeauftragter für den Tierschutz nds. (2000)); ebenfalls wird eine tägliche Kontrolle und Reinigung empfohlen (Eselnothilfe, D.U.; und Hafner, 2013))* erfolgen und die Esel sollten nicht an Futter herankommen, in dem Rumensin, Harnstoff oder Bovatec oder andere Zusatzstoffe für Wiederkäuer enthalten sind.

Nachdem der Wolf Mitte der 1990er-Jahre auch in die Schweiz zurückgekehrt ist, wird dort unter anderem seit 1995 auch der Esel als Herdenschutztier eingesetzt.

Im Jahr 2004 lief ein Modellprojekt zum Thema Herdenschutz durch Esel in der Schweiz bei den Ziegenhaltern F. und V. Cadurisch. Dort wurden 3 Esel zum Schutz von 60 Mutterziegen eingesetzt. Cadurisch und Lüthi kamen zu dem Ergebnis, dass Esel generell zum Schutz vor übergriffigen Hunden und eventuell auch zum Schutz vor einem Wolf eingesetzt werden können. Cadurisch geben an, dass zu beachten sei, dass die Esel Beschäftigung (laufen, reiten, basten) benötigen, damit sie ausgelastet sind, und auch überprüft werden müsse, unter welchen topographischen Voraussetzungen beweidet werden soll. Für den Herdenschutz im Ernstfall halten Cadurisch und Lüthi eine zusätzliche Behirtung für zwingend erforderlich, da der beste und zuverlässigste Schutz lt. eigenen Aussagen ein fähiger Hirte ist. Die Behirtung wird auch im Leitfaden der WWF Schweiz für den Herdenschutz (Lüthi, 2005) in Kombination mit Herdenschutzeseln und -hunden empfohlen. Weitere Untersuchung aus der Schweiz (Lüthi, 2005; Pfister, 2009) stellen zumindest dar, dass Esel gegen zu aufdringliche Hunde vorgehen, jedoch bei einem Übergriff von mehreren Wölfen höchstwahrscheinlich selbst zur Beute werden. Ebenfalls räumen die genannten Untersuchungen ein, dass in sehr steilen Gebirgslagen Hunde besser geeignet seien als die Esel, für die Absturzgefahr herrsche. Auch die Tatsache, dass mindestens zwei Esel pro Herde eingesetzt werden sollten, da dies der artgerechten Haltung entspricht, sich die beiden Esel dann jedoch weniger zur Herde orientieren, wird angeführt (Pfister, 2009 mit Bezug auf Lüthi). Bei den Untersuchungsergebnissen aus der Schweiz sei auch darauf hingewiesen, dass sie sich auf wenige Eselindividuen beziehen und somit für eine statistische Auswertung mit signifikantem Ergebnis die Probenzahl nicht verallgemeinerungsfähig ist. Laut Landry (2000) scheinen Esel zumindest für kleinere Herden von bis zu 50 Schafen gute Wächter, z.B. in Bezug auf Hunde, die in der Herde hetzen, zu sein. Landry räumt jedoch auch ein, dass es noch zu früh sei, um ihre Effizienz gegen Wölfe zu beurteilen. Darüber hinaus benennt Landry, dass Herdenschutzhunde gerade bei größeren Herden den bisher besten Schutz bieten. Auch Daniel Mettler, zuständig für die Leitung, Alpplanung und den Mobilen Herdenschutz bei der landwirtschaftlichen Beratungszentrale der Schweiz (AGRIDEA), weist darauf hin, dass Esel gegen einzelne Wölfe unter bestimmten, betriebsabhängigen Bedingungen erfolgreich eingesetzt werden können. Mettler räumt jedoch auch ein, dass Esel von Artgenossen von ihrer Aufgabe als Wächter abgelenkt werden. Sie würden sich von der zu bewachenden Herde ab und den anderen Eseln zu wenden (Mettler 2013). Während also rein aus Sicht der Effektivität für den Herdenschutz die Einzelhaltung am erfolgreichsten sei, betont Mettler, dass dies nicht tierschutzkonform sei. Dies gilt in der Schweiz genauso wie in Deutschland. Laut deutschem Tierschutzgesetz sind Esel, da sie zu den Herdentieren gehören, mindestens zu zweit zu halten (Eselnothilfe). Für die Schweiz empfiehlt Mettler (2013), dass eine Ausnahmegenehmigung für den Einsatz von Eseln in Absprache mit den kantonalen Veterinärämtern beantragt werden kann.

Weitere Aspekte, die bei dem Einsatz von Eseln als Herdenschutztier zu beachten sind, werden im Folgenden von Lüthi (2005) aufgeführt:

Problem	Lösungsansatz
Esel wird übergriffig auf zu schützende Tiere (häufig bei Hengsten der Fall):	1) Eselstuten anstelle von Hengsten einsetzen 2) Keine Einzelhaltung von Eseln, mindestens 2 Esel halten
Eselschreie belästigen Nachbarn:	Nachbarn frühzeitig über den geplanten Einsatz von Eseln informieren
Zeitintensive Erziehung:	Geduld beim Halter sehr wichtig, Esel arbeiten nur, wenn sie Vertrauen aufgebaut haben. Keine zu alten Esel auswählen, da das fortgeschrittene Alter den Aufbau einer Beziehung erschweren kann.
Esel beißt Menschen:	Dem Esel in die Brust oder ins Bein kneifen, da so die Eselmutter auch ihre Fohlen zurechtweist.
Esel wollen früher »nach Hause« und verlassen die Herde:	Behirtung
Halter und Esel kommen nicht miteinander aus:	Suchen Sie einen guten Platz für Ihren Esel und stellen Sie auf Herdenschutzhunde um.
Weidezäune auf den Alpen:	Schafe und Ziegen können Großviehweidezäune passieren, Esel nicht; Hirte notwendig, damit dieser den Eseln ermöglicht, bei der Herde zu bleiben.
Absturzgefahr für Esel:	Esel sind geländegängig und trotzdem in sehr steilem und exponiertem Gelände an Pfade gebunden, da sie sonst abstürzen können. Auf solchen Weiden sind Hunde besser.
Angriff mehrerer Wölfe:	Bei mehreren Wölfen können Esel selbst zur Beute werden, hier wird der Einsatz von Herdenschutzhunden empfohlen.

Tabelle 36: Probleme beim Einsatz von Eseln als Herdenschutztier und Lösungsansätze (lüthi 2005)

Seit 2016 läuft in Niedersachsen das Pilotprojekt Herdenschutzesel. Gefördert durch das Wolfsbüro des NLWKN und das niedersächsische Ministerium für Umwelt, Energie und Klimaschutz (MU) wurden einem Schäfer zwei Esel zur Verfügung gestellt. Ebenfalls übernimmt das MU die Kosten der wissenschaftlichen Betreuung des Projektes. Die Unterhaltskosten für die Esel werden vom Schäfer selbst finanziert. Das Projekt ist auf zwei Jahre ausgelegt. Wissenschaftliche Ergebnisse können erst nach Beendigung des Projektes veröffentlicht werden.

Ein weiterer Schäfer in Niedersachsen hat eine Gruppe von drei Eseln in seiner Schafsherde ausgetestet und sorgt mittels einer mobilen Stallung für den entsprechenden Witterungsschutz.

Abbildung 359: Mobiler Witterungsschutz

In Anbetracht der bisher zum Esel im Einsatz als Herdenschutztier durchaus stark voneinander abweichenden Ergebnisse und Erfahrungen, die in diesem Kapitel aufgeführt werden, erscheint es ohne weitere Forschung, insbesondere unter hiesigen Bedingungen, schwierig, eine gerechte und fundierte Aussage zur Effizienz der Esel als Herdenschutztier zu treffen. In jedem Fall darf nicht nur der Schutzaspekt für sich betrachtet werden, es muss dabei auch im Blick behalten werden, dass der Esel ein Tier ist, das ganz spezielle Anforderung an seinen Lebensraum und somit auch an seinen Einsatzort hat. Kranke Tiere können nicht erfolgreich arbeiten, und es steht in der Verantwortung jedes Tierhalters, den Bedürfnissen seiner Tiere gerecht zu werden.

Unter Berücksichtigung aller Aspekte, die Sachkunde für die Eselhaltung und die regelmäßige Pflege in allen Belangen vorausgesetzt, scheint es so, dass Esel in Schafherden eingesetzt werden könnten, die auf relativ energiearme Flächen weiden und dort für die Esel auch entsprechender Witterungsschutz angeboten wird. Dies sollte bei der künftigen Forschung zu der Thematik Esel im Herdenschutz beachtet werden. Ihr Erfolgspotential im Einsatz zum Schutz vor einem oder mehreren Wölfen kann an dieser Stelle nicht beurteilt werden.

12.2.3 Alpakas und Lamas

Die Familie der Kamele wird gebildet von den Vertretern der südamerikanischen Kamele, die auch als Neuweltkameliden (NWK) bezeichnet werden, und den Kamelen der alten Welt (Dromedare und Trampeltiere). Innerhalb der Ordnung der Paarhufer (Artiodactyla) sind die Kameliden die einzige rezente, also derzeit noch auf der Erde vertretene, Familie der Unterordnung der Schwielensohler (Tylopoda). Die gemeinsamen Vorfahren der Altweltkamele und der NWK haben sich vor ca. 35 Millionen Jahren im mittleren Westen Nordamerikas entwickelt (Rappersberger 2008). Während in der letzten Eiszeit die Vorfahren der Altweltkamele über die damalige Landbrücke die Beringstraße überquerten und nach Asien gelangten, wanderten die Vorfahren der NWK über Mittelamerika nach Südamerika ein. Im weiteren Verlauf starben die Kameliden Nordamerikas ca. vor 12.000 Jahren aus. In Südamerika entwickelten sich dann im Gebiet der Anden vor ca. 10.000 Jahren die beiden Wildformen Vikuña *(Vicugna vicugna)* und Guanako *(Lama guanicoe)*. Laut Franklin (2012) kommen Vikuñas begrenzt in einer Höhe von 3.200 bis 4.800 m und Guanakos bis zu einer Höhe von über 4.500 m über dem Meeresspiegel vor.

Der ursprüngliche Lebensraum der Vikuñas ist geprägt durch seine Höhenlage, äquatorialen Wüsten und Grasland aus Kurzgräsern, welches oberhalb der Waldgrenze, aber noch unterhalb der Schneegrenze gelegen ist. Während sie sich in Peru hauptsächlich von Gräsern und Stauden ernähren, nutzen sie in den Andengebieten Argentiniens auch Sträucher. Vikuñas leben das gesamte Jahr über sesshaft in einer Region und unternehmen keine jahreszeitlich bedingten Wanderungen. Als Ausnahme hierzu wurden in der Trockenzeit kurze Abwanderungen zu Wasserquellen beobachtet. Sie leben meist in relativ stabilen Familiengruppen aus Weibchen, mit ihren noch nicht erwachsenen Nachkommen, und einem territorialen adulten Männchen. Ihre räumliche und soziale Organisation wird durch viele Faktoren, wie z.B. Vorkommen von Nahrung und Wasser, Prädatorendruck, Populationsdichte beeinflusst. Normalweise ist die soziale Organisation bei den Vikuñas relativ starr und klar strukturiert: Man unterscheidet hauptsächlich Familiengruppen, Junggesellengruppen, bestehend aus Männchen aller Altersklassen, und Einzelhengsten, die noch keine Weibchen für sich beanspruchen konnten (Franklin 2012). Territoriale Männchen verteidigen das gesamte Jahr über jeweils ein Territorium, das der Futtersuche dient, und eines, das etwas höher gelegen ist und zum Schlafen genutzt wird. Generell wird das Revier wegen seiner Ressourcen verteidigt und nicht wegen der Weibchen, die sich von den Nahrungsressourcen des Revieres angezogen fühlen. Bei den Größen weichen die Angaben etwas voneinander ab, so sind für Vikuñas sowohl Schulterhöhen von 70–80 cm (Rappersberger 2008) als auch von 70–110 cm (Puschmann 1983) zu finden.

Guanakos sind Nahrungsopportunisten, die sich von einer großen Bandbreite an Pflanzen ernähren. Sie sind aufgrund ihrer ökologischen Flexibilität in den unterschiedlichsten Ökosystemen zu finden, von den typischen Wüsten, dem Grasland, Pampas, Strauchgebieten bis hin zu Auen und gar dem gemäßigten Regenwald im Süden Chiles und Argentiniens. Stehen Gräser und Stauden nicht zur Verfügung, nutzen sie auch Sträucher, Epiphyten, Flechten, Pilze, Kakteen, Sukkulenten, Früchte oder Blumen. Sie leben sowohl sesshaft als auch, jahreszeitlich bedingt, wandernd. Ihre soziale Organisation ist der der Vikuñas ähnlich, jedoch sind die Verbände weniger stabil, als bei den Vikuñas. Es kann eine fließende Zu- und Abwanderung von Weibchen aus dem Territorium des Männchens geben, und das Männchen verhindert dieses nicht, anders als bei den Vikuñas. Wie auch bei den Vikuñas variieren die Angaben der Schulterhöhen von Guanakos sowohl von 100–110 cm (Rappersberger 2008) als auch von 90 cm und 130 cm (Puschmann 1983).

Im Rahmen der Domestikation beider Arten ging vor ca. 6.000 Jahren das Alpaka *(Vicugna pacos)* aus dem Vikuña und vor ca. 5.000 Jahren das Lama *(Lama glama)* aus dem Guanako hervor (Wheeler 2012). Aufgrund ihrer Anpassung an die extremen Bedingungen ihres Lebensraumes waren sie für die Menschen von großem Nutzen, denn durch die nun ständig zur Verfügung stehenden Tiere hatten die Andenbewohner Südamerikas eine gesicherte Versorgung mit Nahrungsmitteln (Milch, Fleisch), Wolle, Fell und Leder und konnten darüber hinaus die Tiere auch zum Transport der Güter verwenden. Insbesondere die Wolle der Alpakas wurde schon früh als wertvolle Ware gehandelt. Zu Zeiten der Inkas war es nur den oberen Rängen der Inkas vorbehalten, Kleidung aus der wertvollen Vikuñawolle zu tragen (Rappersberger 2008). Während der Vikuñabestand vor der spanischen Kolonialisierung noch auf 1,5 Millionen Tiere geschätzt wurde, kam es nach ihr zu einer starken Dezimierung des Bestandes. Sowohl die Zahl der Vikuñas als auch die der Guanakos verringerte sich rapide, sodass in den 1960ern nur noch etwa 10.000 Vikuñas vorhanden waren. Der starke Einbruch des Bestandes wurde durch verschiedene Faktoren bewirkt: Bejagung, Verdrängung durch die von den Spaniern mitgebrachten Nutztiere und durch Übertragungen der Krankheiten durch diese Nutztiere. Nachdem sie schließlich auf die Rote Liste gesetzt wurden, erholte sich der Bestand wieder. Aktuell schätzt man ihre Zahl allein in Peru auf über 150.000 Stück. Anfang der 2000er-Jahre lebten in Südamerika 3,7 Mio. Lamas, 3,5 Mio. Alpakas, 600.000 Guanakos und 200.000 Vikuñas.

Bereits vor 1900 wurden einige NWK in die Zoos auf andere Kontinenten verbracht. So wurden auch zwei größere Herden in den frühen 1930ern in die USA verbracht, wo sie weitergezüchtet wurden. Schließlich wurde aufgrund der Maul- und Klauenseuche ein Einfuhrverbot von den USA erlassen, welches bis 1984 galt (Rappersberger 2008). Lt. Rappersberger lebten 2008 knapp 8 Millionen NWK in ihrem Ursprungsgebiet Südamerika und allein mehr als 250.000 Lamas in den USA. Darüber hinaus seien lt. Rohbeck (2006) weitere größere Bestände in

Australien, Neuseeland, Frankreich und Großbritannien vertreten. Für 2012 sind für Deutschland laut Süß-Dombrowski immerhin 550 Alpakazüchter registriert und ca. 8.000 Alpakas im Herdenbuch eingetragen. Dennoch sind NWK lt. Süß-Dombrowski erst seit etwa 20 Jahren in Deutschland auch außerhalb von Zoos und Zirkussen zu finden, somit handelt es sich bei den NWK um eine relativ »neue« Tiergruppe, zu der in Deutschland wenig Erfahrung herrscht.

Während die NWK in Südamerika durchaus wie Nutztiere gehalten und verwendet wurden bzw. werden, werden sie in den meisten anderen Ländern als Hobby- und Freizeittiere gehalten und daher, anders als in Südamerika, in den meisten anderen Ländern auch nicht geschlachtet.

Lamas wurden für den Transport von Lasten gezüchtet und sind in der Regel größer als die Guanakos. Sie haben ein Stockmaß von ca. 100 cm bis 125 cm und erreichen ein Gewicht zwischen 130 und 180 kg, wobei die Männchen in der Regel größer und schwerer sind als die Weibchen. Bei guter Pflege können sie ein Alter von 15–20 Jahren erreichen (Verein der Züchter, Halter und Freunde der Neuweltkameliden e.V.). Ihre Wolle ist zusammengesetzt aus feiner, leicht gewellter Unterwolle und längeren Deckhaaren, die eine gröbere Struktur haben. Züchter unterscheiden zwischen den Cara Sullo-Lamas, die mit ihrer großen und starken Statur dem ursprünglichen Packlama entsprechen und wenig behaart sind, und den Tapada- und Lanuda-Lamas, die kleiner und wolliger sind (Verein der Züchter, Halter und Freunde der Neuweltkameliden e.V.).

Alpakas wurden insbesondere in Hinsicht auf ihr feines Vlies gezüchtet. Bei ihnen fehlen in der Regel die gröberen Grannenhaare, die das Deckhaar im Lamafell bilden. Ihre Widerristhöhe liegt bei Alpakas zwischen 75 cm und 100 cm (RAPPERSBERGER, 2008 und AZVD). Ihr Körpergewicht liegt zwischen 50 und 80 kg und ihre Lebenserwartung beträgt bei entsprechender Pflege 20–25 Jahre (AZVD). Bei den Alpakas wird unterschieden zwischen den Suri-Alpakas, deren Vlies besonders glänzend, lang und somit wertvoll ist, und den Huacaya-Alpakas, bei denen die Fasern ihres Fells rechtwinklig zur Haut wachsen. Weltweit gehören etwa 95 % aller Alpakas zu den Huacaya-Alpakas und nur etwa 2–5 % zu den Suri-Alpakas (AZVD).

Heutzutage findet man sowohl die Wildformen als auch ihre Haustierformen in der freien Natur. Tatsächlich sind alle vier Formen untereinander kreuzungsfähig und auch ihre Nachkommen sind fruchtbar. Eine Kreuzung zwischen Lamas und Alpakas nennt man Huarizos (Rappersberger 2008).

		Schulterhöhe [cm]	**Gewicht [kg]**
Wildform	Guanako	90–130	
	Vikuña	70–110	
Domestiziert	Lama (Wildform Guanako)	100–125	130–180
	Alpaka (Wildform Vikuña)	75–100	50–80

Tabelle 37: Übersichtdaten NWK

Alpakas gehören zu den Tierarten, die bei der Tierseuchenkasse Niedersachsens nicht meldepflichtig sind. Sowohl Alpakas als auch Lamas sind lt. § 51 (i.V.m. Anlage 1 zu § 51) BewG (Bewertungsgesetz) den landwirtschaftlichen Nutztieren zugeordnet. Gemäß §45 Viehverkehrsverordnung (ViehVerkV) ist die Haltung von NWK der zuständigen Behörde (Veterinäramt) anzuzeigen.

Anschaffungs- und Unterhaltskosten

Auch bei den Neuwelkameliden spielen viele Faktoren eine Rolle, die sich auf den Anschaffungspreis auswirken können. Neben Region, Alter, Geschlecht und Ausbildung spielen nicht zuletzt beim Alpaka auch die Rasse und insbesondere die Fellbeschaffenheit und -färbung eine entscheidende Rolle.

So mag es sicherlich augenscheinliche »Schnäppchen« geben, doch vor einem Kauf sollte sich jeder Interessierte eingehend über das angebotene Tier und den Verkäufer informieren. Insbesondere bei Hengsten und Wallachen sollte man sich tunlichst darüber erkundigen, wie diese Individuen aufgezogen wurden. Gerade bei einem, z.B. durch Flaschenaufzuchten zustandegekommenen, zu engen Kontakt zwischen

Mensch und Lama- bzw. Alpakahengst während der Aufzucht, kann es zu einer Fehlprägung des Tieres auf den Menschen kommen. Solche fehlgeprägten Hengste sind vor dem Erreichen der Geschlechtsreife Menschen gegenüber häufig sehr anhänglich, können jedoch nach erreichter Geschlechtsreife schließlich in dem Menschen einen Rivalen sehen und diesen angreifen. Man spricht hier auch von dem so genannten »Berserk-Male-Syndrom«. Da ein solcher »Berserker« für den Menschen sehr gefährlich werden kann, sollte man sich nicht von einem eventuellen niedrigen Anschaffungspreis verlocken lassen. Generell gibt es bei den Kaufpreisen z.B. Spannbreiten von 450 Euro bis über 35.000 Euro allein für Huacaya-Alpakas (www.alpacaseller.com).

Folgende tabellarische Übersicht der durchschnittlichen Anschaffungs- und Unterhaltskosten richtet sich nach den Angaben der Stiftung Bündnis Mensch & Tier (2011):

Auch für die Neuweltkamliden, als soziallebende Tierart, gilt, dass eine Einzelhaltung nicht artgerecht ist und mindestens zwei Tiere gemeinsam gehalten werden sollten (BMEL, 2014). Demnach sind die o.a. Kosten für den Unterhalt zu verdoppeln bzw. mit der Zahl der gehaltenen Tiere zu vervielfachen. Bei der Haltung mehrerer NWK ist darauf zu achten, dass jeweils nur ein adulter Hengst in der Gruppe vorhanden sein sollte, da Hengste untereinander bzw. auch Wallachen und Junghengsten gegenüber äußerst aggressiv werden können (TVT, 2016).

Laut BMEL (2014) und u.a. Rappersberger (2008) ist die Vergesellschaftung mit anderen Säugetierarten möglich, doch ersetzt eine solche Vergesellschaftung mit anderen Tierarten den innerartlichen Kontakt nicht. Der TVT (2016) rät aufgrund von unterschiedlichem Verhalten der Tiere und auch aufgrund von möglichen Problemen durch parasitäre Belastung davon ab, NWK mit anderen Nutztieren zu vergesellschaften.

	Lama*	**Alpaka***	
Anschaffungskosten (bereits ausgebildetes Tier)			
Wallach	ab 1.800 €	ab 2.000 €	
Stute	ab 2.500 €	ab 3.500 €	
Unterhaltskosten (ca.)			
Einstellkosten (inkl. Gras und Heu)			600,00 €
Ergänzungsfutter (Mineralien)			60,00 €
Schur (1 x jährlich, oft inkl. Zahn- und Fußpflege)			40,00 €
Impfen, Entwurmen, Kotuntersuchungen			100,00 €
Tierarztrücklagen			350,00 €
Kastrieren			150,00 €
Chip			40,00 €
Haftpflichtversicherung			90,00 €
Pacht für Weideland			
Stall (inkl. Rücklagen für Renovierung, Errichtung)			200,00 €
Ausrüstung			80,00 €
Weiterbildung des Tierhalters			110,00 €
Schulung- und Trainingskurse mit Tier			120,00 €
jährliche Gesamtkosten je Tier (exkl. Wasser- und Stromkosten)			1.940,00 €

* lt. STIFTUNG BÜNDNIS MENSCH & TIER (HRSG., 2011)

*Tabelle 38: Anschaffungs- und Unterhaltskosten (jährlich) für ein Lama bzw. Alpaka**

Futter, Huf-, Fell- und Zahnpflege

NWK haben sich im Laufe der Evolution an das Nahrungsangebot der Flora in großen Höhenlagen angepasst. Wie einleitend bereits erwähnt, gehören die NWK zu der Ordnung der Paarhufer, die sich in die Unterordnungen der Schweineartigen, der Flusspferde, der Wiederkäuer und der Schwielensohler unterteilt. Die NWK werden zu den Schwielensohlern und nicht zu den Wiederkäuern gezählt. Bei den Wiederkäuern (Ruminantia) gliedert sich der Magen in vier Kammern (Pansen, Netz-, Lab- und Blättermagen). Auch die NWK käuen ihre Nahrung wieder, doch ihr Magen ist nur in 3 Kammern unterteilt.

Für ihre Verdauung sind ausreichend Wasser, Rohfaseranteile (mindestens 30 % der Futtertrockensubstanz), Eiweiße, Kohlenhydrate und Mineralien wichtig. NWK benötigen ca. 2 % ihres Körpergewichtes an Trockensubstanz und je Kilogramm Trockensubstanz etwa 3–4 Liter Wasser (Rappersberger, 2008). Trinkwasser für die NWK muss immer zugängig und sauber sein. Es kann in Tränkeeimern oder Schwimmertränken, nicht jedoch in Tränken, die durch Schnauzendruck ausgelöst werden, angeboten werden (TVT, 2016). Auch frisches Fließwasser ist möglich (Rappersberger, 2008). Der Proteinanteil der Nahrung sollte bei mindestens 8–10 % liegen, bei trächtigen oder laktierenden Stuten ist der Anteil auf 14–16 % zu erhöhen. Zu den Kohlenhydraten gehören sowohl Stärke und Zucker als auch die Zellulose. Während die beiden erstgenannten Kohlenhydrate in der Regel leicht verdaulich sind und somit schnelle Energiezufuhr bedeuten, sind gerade Wiederkäuer in der Lage, Zellulose erfolgreich zu verwerten. Bei Weiden, zu denen auch Spaziergänger Zugang haben, ist nach Möglichkeit darauf zu achten, dass dort keine Fütterung der NWK mit Brot erfolgt. Gelegentliches Füttern von Brot stellt kein Problem dar, doch Brot ist sehr energiereich und bei »Fremdfütterung« durch Spaziergänger ist kein Überblick über die Menge gewährleistet. Eine zu häufige Fütterung mit Brot würde einerseits zur Verfettung der Tiere führen, andererseits geschieht es oft, dass das verfütterte Brot bereits nicht mehr ganz einwandfrei ist, was ebenfalls gesundheitsschädlich für die Tiere sein kann (Rappersberger, 2008). Ebenso können größere Mengen von Obst, Gemüse oder Kraftfutter zur Magenübersäuerung führen, die u.U. tödlich endet (TVT 2016).

Da sowohl Lamas als auch Alpakas überwiegend Weidetiere sind, nutzen sie die meiste Zeit des Jahres Grünfutter. Bei entsprechenden Weiden deckt dies mehr oder weniger den Bedarf der Tiere ab, wobei Heu ständig zur Verfügung stehen muss (BMEL, 2014). Mineralien haben zwar keinen energetischen Nährwert, sind jedoch für viele Prozesse im Körper wichtig. Haben die Tiere das ganze Jahr über Weidenzugang, so sind sie in der Regel, je nach Bewuchs der Weiden, rundum mit Mineralstoffen und Spurenelementen gut versorgt. Es ist jedoch nicht nur die Menge einzelner Elemente wichtig, sondern eben auch das Verhältnis, in dem diese zueinander aufgenommen werden. So wird ein Verhältnis von Calcium (Ca) zu Phosphor (P) von 1,5–2:1 empfohlen. Wichtig ist es auch, bei der Gabe von Mineralstoffmischungen, die im Handel erhältlich sind, auf den Kupfer-, Selen- und Zinkgehalt zu achten. Generell ist darauf zu achten, dass es weder zu einer Unterversorgung, noch zu einer Überdosierung kommt. Ein zu hoher Kupferanteil ist tödlich für NWK (Rappersberger, 2008). Zur Beschäftigung können Äste und Zweige zum Beknabbern angeboten werden. Jedoch sollte sich jeder an der Haltung von NWK Interessierte eingehend über die Pflanzen und Bäume informieren, die für diese Tiere giftig sind!

Tröge und Tränken sollten mindestens in einer Höhe von 50 cm angebracht werden, damit die Tiere nicht in sie hineinsteigen und damit das Futter bzw. Wasser verunreinigen. Alpakas sind sogenannte Synchronfresser (Binder, 2014). Daher sollte pro Tier ein Bereich von etwa 50 cm Breite am Trog vorhanden sein, um den Tieren das gemeinsame Fressen zu ermöglichen (Rappersberger, 2008).

Für jegliche Handhabung der Tiere, sei es für den Transport, das Umsetzen auf verschiedene Weiden oder gar die Pflege am Tier selbst, ist es wesentlich, dass die NWK ein gewisses Training durchlaufen, sodass sie sich z.B. ein Halfter umlegen lassen oder bei der Körperpflege möglichst wenig Stress erfahren.

Bei den Schwielensohlern haben sich der erste, zweite und fünfte Strahl der Extremitäten zurückgebildet, sie laufen auf dem dritten und vierten Strahl. Diese sind – verglichen mit unserer Hand bzw. unserem Fuß – dem Mittel- und Ringfinger bzw. den entsprechenden Zehen analog. Genauer betrachtet laufen sie auf der Fläche der letzten und vorletzten Finger- bzw. Zehenglieder, deren Endglieder abschließend von kleinen, nagelähnlichen Hufen geschützt werden, während die Auftrittflächen durch dicke, mit Lederhaut überzogene Knorpelelemente (Schwielen) abgefedert werden (Grzimek, 1979/80 und Rappersberger, 2008). Bei härterem Untergrund (Stein- oder Betonboden) nutzen sich die Nägel durch den Abrieb ab. Ist der Boden zu weich, müssen sie regelmäßig gekürzt werden, dies kann lt. Alpaca Associaton e.V. (https://www.aaev.de/ueber-alpakas/fuetterung-pflege/) zwei- bis viermal jährlich notwendig sein. Diese Hufpflege kann man z.B. in Lehrgängen erlernen oder aber durch einen Tierarzt oder professionellen Scherer durchführen lassen. Auch sollten die Sohlen selbst regelmäßig auf Verletzungen überprüft werden, da diese aufgrund der geringen Durchblutung der Schwielen nur langsam verheilen und es dadurch immer die Gefahr einer Entzündung geben kann (Rappersberger, 2008).

Aufgrund der evolutiven Anpassung an einen Lebensraum, in dem gerade in den großen Höhen die tageszeitlich bedingten Temperaturschwankungen sehr extrem (Tag-/Nachtgefälle) sein können, bilden Neuweltkameliden kein Winter- bzw. Sommerfell aus. Ihre Bewollung isoliert die Tiere die gesamte Zeit über gut gegen die Außentemperaturen. Diese Isolation wird durch viele feine Härchen erreicht, die hohlkammrig sind. Das Gewicht des Vlieses ist dadurch bei hoher Isolationsleistung relativ gering (Rappersberger, 2008). Anstelle eines jahreszeitlich bedingten Fellwechsels gibt es bei dem Guanako und dem Vikuña das büschelweise Durchwechseln von Wollfasern, welches immer dann erfolgt, wenn genügend Wolle nachgewachsen ist. Dies ist bei den Alpakas, die insbesondere selektiv auf die Vlieseigenschaften gezüchtet wurden, nicht mehr der Fall. Eine Schur bei Huacaya-Alpakas ist also mindestens einmal im Jahr erforderlich und sollte zeitlich so gelegt werden, dass sie vor der starken Sommerhitze erfolgt und gleichzeitig genügend Fell bis zum Winter nachwachsen kann (Türke, mdl. Kommunikation). Bei Suri-Alpakas und auch bei Lamas kann die Schur, je nach Fasertyp, auch mal alle 2 Jahre erfolgen, wobei die vorherrschenden Außentemperaturen und auch die Luftfeuchtigkeit im Vorfeld immer beachtet werden sollten, damit weder Hitze- noch Kältestress entstehen. Generell ist darauf zu achten, dass das Fell der NWK saubergehalten wird. Dies ist insbesondere im Hinblick auf die Hygiene und auch auf die Nutzung der Wolle entscheidend. Regelmäßiges Bürsten wird empfohlen, auch um Verfilzungen zu vermeiden, denn verfilztes Fell verhindert eine gute Temperaturregulation.

Die Schneidezähne von Alpakas wachsen ständig nach (Rappersberger, 2008). Das Kauen auf harten Pflanzenteilen, wie Zweigen und Ästen, sorgt für eine wichtige Abnutzung. Sind die Schneidezähne nicht stark genug abgenutzt, können die Tiere Probleme bei der Nahrungsaufnahme bekommen.

Bei Hengsten bilden sich im Alter von zweieinhalb Jahren sogenannte Kampfzähne im Ober- und Unterkiefer aus. Diese haben im Alter von etwa vier Jahren eine Länge erreicht, in der sie abgeschnitten werden sollten, da sie ein hohes Verletzungsrisiko darstellen. Die Entfernung dieser Zähne erfolgt durch den Tierarzt. Auch bei Stuten können diese Kampfzähne wachsen, sind dort jedoch in der Regel nicht so ausgeprägt wie bei den Hengsten, sondern eher rudimentär vorzufinden (Zanolari, 2007)

Unterbringung, Wetterschutz, Umzäunung

Lt. BMEL (2014) benötigen NWK nicht zwingend einen Innenstall, dennoch sind ihnen wettergeschützte Liegeflächen zur Verfügung zu stellen. Die genauen Maße zum Raumbedarf lt. BMEL (2014) sind bereits in Kapitel 4.3 aufgeführt.

Darüberhinaus empfiehlt der TVT (2016) folgende Flächen:

Bei einem Stall sollte darauf geachtet werden, dass er einen breiten Eingang hat, der auf der wetterabgewandten Seite liegen sollte, damit der Stall zugfrei bleibt. Jedoch ist auf eine gute Durchlüftung des Stalls zu achten. Neben einer trockenen Liegefläche von 2–3 m^2 je NWK sollte ebenfalls Platz für mehrere Futterkästen und Wasserstellen sein. Auch den rangniederen Tieren muss der

Zugang zum Stall, dem Futter und Wasser möglichst stressfrei möglich sein (TVT, 2016). Zu beachten ist, das NWK gemeinsam ruhen (Franklin, 2012), dies sollte bei der Berechnung der benötigten Liegefläche beachtet werden, damit alle Tiere auch die Möglichkeit haben, gemeinsam zu liegen.

Als lichte Raumhöhe empfiehlt der AZVD 2,5 m und je Alpaka eine Stallfläche von etwa 4–6 m^2. Idealerweise errichtet man auf dem Vorplatz zum Stall noch eine Art Paddock, so dass dort von den Tieren ein Kotplatz eingerichtet werden kann. Haben die NWK erst einmal einen Kotplatz angelegt, nutzen sie diesen immer wieder. Dadurch halten sie ihre Liegeflächen sauber. Gerade der Boden am Eingangsbereich zum Stall sollte aus rutschfesten Materialien bestehen, da das Fell der Tiere an regnerischen Tagen viel Wasser mit sich führt (Rappersberger, 2008).

Als Weidefläche zu Futteraufnahme empfiehlt der TVT (2016), abweichend vom BMEL (2014), 1.000 m^2 für zwei NWK plus 100 m^2 für jedes weitere Tier, räumt aber auch ein, dass sich die Netto-Futteraufnahmefläche dadurch reduziert, dass Wälz- und Kotplätze abzuziehen sind. Daher empfiehlt der AZVD 600–800 m^2 Weidefläche je Tier. Die Weide sollte idealerweise nicht an Wasserstellen liegen, da diese die Vermehrung von Leberegeln fördern. Sie soll zwar Bäume als Schattenspender aufweisen, es ist jedoch darauf zu achten, dass sie zum Schutz vor den NWK eingezäunt werden. Es dürfen keine Giftpflanzen oder Obstbäume auf den Weiden wachsen. Obst kann, wie weiter oben bereits erwähnt, zu einer Magenübersäuerung führen (TVT 2016).

Generell ist bei der Einzäunung, und selbstverständlich auch bei allen anderen Einrichtungen (Stall, Paddock, Futterraufen, Tränken), darauf zu achten, dass keine Verletzungsgefahr für die Tiere besteht. Beim Zaun sollte daher einerseits darauf geachtet werden, keinen Stacheldraht zu verwenden, andererseits sollte der Zaun immer deutlich sichtbar sein.

Bei den Zaunhöhen empfiehlt der der TVT (2016) für Alpakas mindestens 1,40 m und für Lamas mindestens 1,60 m.
Zur Reduzierung eines möglichen parasitären Befalls der NWK sind die Dungstellen regelmäßig zu säubern.

Abbildung 360: Alpakas hinter Umzäunung

Entwurmung, Impfungen, Krankheiten

Das, im Vergleich zu anderen Haustierarten, relativ kurze Vorkommen von NWK in Deutschland hat zur Folge, dass bisher der Kenntnisstand zur Anatomie und zu den Erkrankungen bei vielen Veterinären noch nicht so ausgereift ist, wie bei den »herkömmlichen« Tierarten. Auch sind bisher keine Medikamente direkt für NWK in Deutschland zugelassen. Impfstoffe oder Wurmkuren von anderen Tiergruppen anzuwenden liegt im Ermessen des behandelnden Veterinärs.

Gerade auf den Befall mit Endoparasiten reagieren NWK äußerst empfindlich. Generell kann an dieser Stelle nur ein kurzer Ausblick auf mögliche Krankheiten bei den NWK erfolgen, detaillierte Literatur zu den Krankheiten bei NWK ist im Handel erhältlich. In einer pathologischen Untersuchung an Alpakas von Süß-Dombrowski (2012) waren bei Tieren, die älter als 6 Monate waren, im Bereich der infektiösen Krankheiten Parasitosen sowie die Folge von Clostridieninfektionen hauptursächlich für den Tod der Tiere.

Im Bereich der primär nicht infektiösen Krankheiten waren es Übersäuerung des 1. Magenabschnittes, ulzeröse – also geschwürige – Gastritis und Herzklappenentzündung nach vorheriger Zahnentzündung bzw. nach anderen eitrigen Entzündungsorten.
Der TVT empfiehlt regelmäßige Kotuntersuchungen, um gezielt auf den möglichen Parasiten abgestimmte Entwurmungsmittel zu nutzen. Ebenfalls wird eine Impfung gegen Clostridien (z.B. Tetanus) empfohlen.

In Bezug auf Impfungen empfiehlt die AGRIDEA (2015), für die in der Schweiz eingesetzten Lamas, die gleichen Impfungen durchzuführen, die üblicherweise auch bei Schafen durchgeführt werden. Ferner weist die AGRIDEA (2015) darauf hin, dass Erkrankungen bei Lamas in der Regel erst spät von den Lamas gezeigt werden und ein genaues Beobachten ihres Verhaltens sehr wichtig ist, um möglichst frühzeitig eine Krankheit zu erkennen.

Kurzer Überblick über mögliche Endoparasiten

Zunächst muss zwischen einzelligen Endoparasiten (so genannte Protozoen) und mehrzelligen Endoparasiten (so genannte Metazoen) unterschieden werden. Während zu den Metazoen alle parasitär lebenden Wurmarten (Helminthen) gezählt werden, die auf Antiwurmmittel, so genannte Anthelminthika, ansprechen, sind diese Medikamente bei den einzelligen Parasiten nicht wirksam.

Parasit	**zu beobachtende Symptomatik**	**Übertragungsweg**
Protozoa		
Kokzidien (insb. Eimeria sp. – kommt nur bei NWK vor)	Durchfall, Gewichtsverlust, in schweren Fällen nekrotisierend-hämorrhagische Darmentzündung (Enteritis), mit bis zu tödlichem Verlauf (Burian, 2010)	Orale Aufnahme von Oozysten über das Futter/Trinkwasser. Oozysten werden mit dem Kot ausgeschieden und verunreinigen dadurch das Futter/Trinkwasser. Daher wichtig: regelmäßige und gründliche Stallhygiene, Reinigung von Kotplätzen, Futterraufen/Trinkbecken!
Toxoplasmen		
Sarkoporidien		
Giardien	Durchfall	
Metazoa		
Trematoda (Saugwürmer): Kleiner Leberegel (Dicrocoelium dentriticum)	unspezifische Symptomatik, Verlauf jedoch bis hin zum Tod	Parasit benötigt Wirtswechsel mit zwei Zwischenwirten (best. Schneckenart und Ameisen) und einem Endwirt (z.B. Schaf, Ziege, Rind, NWK, uvm.). Erste Entwicklung in Schnecke, von dieser werden Übergangsstadien ausgeschieden und diese von Ameisen aufgenommen. In der Ameise erfolgt weitere Entwicklung. Ameise wird von Weidertier mit Futter aufgenommen und Parasit entwickelt sich im Endwirt in den Gallengängen der Leber. Von dort werden mit der Galle die produzierten Eier in den Darm, von dort über die Ausscheidung wieder in den Kreislauf gebracht. In den Gallengängen kann es zu chronischen Entzündungen mit Veränderung des Lebergewebes kommen.
Großer Leberegel (Fasciola hepatica)	Gewichtsverlust, Durchfall oder Verstopfung, Blutarmut, chronische Verdauungsstörung	Parasiteneier werden vom Endwirt ausgeschieden und können sich im Wasser dann weiterentwickeln. Als Zwischenwirte dienen bestimmte Schnecken, die nur in Feuchtgebieten vorkommt. In der Schnecke erfolgt Weiterentwicklung des Parasiten. Zwischenwirt wird verlassen und die so genannte Cercarie setzt sich an der Vegetation fest, wo sie zur Metacercarie wird. Diese werden dann mit dem Futter von den Endwirten aufgenommen. Hier durchbohren die Metacercarien dann die Darmwand und gelangen schließlich in die Leber. Hier wachsen sie in den Gallengängen zu den adulten Leberegeln heran, die dann wieder Eier über die Galle in den Darm geben.
Lungenwürmer (Dictycauliden)	Husten, Lungenentzündungen, Atemnot	Die Larven werden mit dem Futter aufgenommen. Sie wandern vom Darm in die Lunge, dort werden sie zu adulten Lungenwürmern und legen Eier ab. Die Eier werden hoch gehustet und abgeschluckt und gelangen so wieder über den Verdauungstrakt auf die Weiden.

Parasit	zu beobachtende Symptomatik	Übertragungsweg
Bandwürmer (Cestoden, insb. Monezia sp.)	meist asymptomatisch, bei schwerem Befall Durchfall, Blutarmut, Wachstumsstörungen oder Verstopfungen	Mit dem Futter wird der Zwischenwirt (eine bestimmte Milbe; Moosmilbe) vom Endwirt aufgenommen. Im Endwirt entwickelt sich der Bandwurm dann im Dünndarm. Die Eier werden mit dem Kot ausgeschieden.
Fadenwürmer (Nematoden)	oft zunächst asymptomatisch, meist erst bei schwerem Befall Durchfall, Abmagerung, Blutarmut; zu spätes Erkennen und hoher Befall führen häufig zum Tod	Bei NWK kommen zahlreiche Nematoden des Magen-Darm-Traktes vor, die sich in unterschiedlichen Bereichen des Verdauungstraktes ansiedeln. Generell erfolgt auch hier die Aufnahme von Larvenstadien über das Futter und die Eiabgabe über den Kot auf die Weiden.

Tabelle 40: Kurze Übersicht über mögliche Endoparasiten der NWK nach Rappersberger (2008), Rohbeck (2006) & Süssdombrowski (2012)

Im Hinblick auf Nutztiere wie Schaf, Ziege, Rind und Pferd, sowie Gehegewild ist hierbei anzumerken, dass einige der genannten Endoparasiten auch diese Tierarten befallen können und somit eine gegenseitige Ansteckung möglich ist.

Auch das Vorkommen von Ektoparasiten, wie z.B. bestimmter Milben, ist bei Lamas und Alpakas nicht selten. Aufgrund ihres dichten und langen Fells ist der Befall nicht immer leicht sichtbar, und es muss z.B. auch nicht in jedem Fall das typische Erscheinungsbild der Räude vorzufinden sein (TVT, 2016).

Lamas/Alpakas im Einsatz als Herdenschutztier

Nachdem die Haltung von Lamas in der zweiten Hälfte des 20. Jahrhunderts in den USA immer häufiger wurde, stellten einige Schafhalter fest, dass in den Herden, in denen sie sowohl Schafe als auch Lamas gemeinsam hielten, weniger Schafe durch Kojoten (*Canis latrans*) gerissen wurden. Da in den USA große Schäden durch von Kojoten verursachte Nutztierrisse entstehen, war diese zufällige Entdeckung der Anlass, gezielter auf das Lama als Herdenschutztier zu schauen (Franklin & Powell, 1993). Bis dato war es Gang und Gebe, die Kojoten durch das Fallenstellen oder Schießen am Übergriff zu hindern bzw. für den Prädator weitere tödliche Abwehrmaßnahmen einzusetzen (Gift, Gifthalsbänder, siehe Kapitel 10). Franklin & Powell (1993) fassen in ihrer Studie sowohl die Wildformen Guanako und Vicuña, als auch deren domestizierte Formen (Lama und Alpaka) unter dem Begriff Schutzlama (guard llama) zusammen, da vielen der befragten Haltern gar nicht bewusst war, dass es da Unterschiede gibt. Zwischen den einzelnen Formen wird in ihrer Studie also nicht weiter unterschieden. In anderer Literatur erfolgt eine Differenzierung. Zum Beispiel verweisen Smith et al. (2000) auf Trondsen & Hansen (1995), die von israelischen Alpakazüchtern berichten, die ihre Alpakaherden durch Lamas schützen lassen, da die Lamas sich territorialer und abwehrender verhielten, als die Alpakas selbst. Laut Franklin & Powell (1993) verhalten sich NWK aggressiv gegenüber von Caniden, wie z.B. Kojoten, Füchsen und Hunden. Dies kommt vermutlich daher, dass im Laufe ihrer Evolution Caniden zu ihren Hauptbeutegreifer gehörten. So konnte in Südamerika beobachtet werden, wie sowohl Guanakos als auch Vikuñas Andenschakale (*Lycalopex culpaeus*) und Patagonische Füchse (*Lycalopex griseus*) aggressiv verfolgten. Sowohl der Andenschakal als auch der Patagonische Fuchs erreichen Körpergewichte unter 10 kg und sind eher als kleine Beutegreifer einzustufen. Bei einem größeren Beutegreifer, dem Puma (*Puma concolor*), wurde beobachtet, dass die NWK die Flucht antreten. Pumas wiegen in der Regel zwischen 40 und 70 kg. Generell werden laut Franklin & Powell (1993) insbesondere erwachsene Guanakohengste sehr territorial, beschützen ihre Reviere und warnen die Herde vor Angreifern. Diese Eigenschaften scheinen auch bei den domestizierten Formen von Guanako und Vicuña erhalten geblieben zu sein, was diese zu potentiellen Herdenschutztieren machen könnte.

In der Studie von Franklin & Powell (1993) wurden 145 Schafhalter befragt, die insgesamt 206 NWK in ihren Herden einsetzten.

Im Weiteren wird mit Bezug auf diese Studie zwischen der Tierart »Lama« und den in der Studie benannten Tieren unterschieden, in dem von Schutzlamas (SL) gesprochen wird.

Franklin & Powell (1993) führen an, dass Verluste bei Schafhaltern zu 41 % durch Caniden (Kojoten und Hunde), zu 46 % durch andere Ursachen (Krankheiten, Hunger usw.) und zu 13 % durch unbekannte Ursachen verursacht wurden. 75 % der Befragten gaben den Kojoten als schlimmsten Prädatoren an, die meisten anderen Halter Hunde. Nur von wenigen Haltern wurden Pumas und Bären benannt. Generell betrug der von Prädatoren verursachte Verlust an Schafen vor dem Einsatz von Schutzlamas (SL) im Durchschnitt 26 Schafe pro Jahr und Halter, also etwa durchschnittlich 11 % der Herden je Halter. Nach dem Einsatz von Schutzlamas verursachten Prädatoren nur noch einen Verlust von 8 Schafen im Schnitt pro Jahr und Halter. Dies entspricht noch durchschnittlich etwa 1 % der Herden je Halter (Abbildung 361).

Anders als beim Herdenschutzhund erforderte die Eingewöhnung der, zuvor mit Schafen nicht erfahrenen, Schutzlamas maximal eine Woche, wobei bereits die Hälfte der Schutzlamas sich nach wenigen Stunden an die Schafe gewöhnt hatte. Die Umstände der Eingewöhnung waren bei den befragten Haltern sehr unterschiedlich. Die Schutzlamas wurden in kleinen und großen Herden, mit Lämmern und/oder nur erwachsenen Schafen, im Stall bzw. draußen, auf kleinen und großen Weiden eingewöhnt. Das Durchschnittsalter der Schutzlamas betrug 2 Jahre beim ersten Kontakt mit den Schafen und die Durchschnittsherdengröße umfasste 130 Schafe. Im Durchschnitt wurde in den einzelnen Betrieben 1 Wallach zum Schutz von 250 bis 300 Schafen auf eine Weide von 100–120 ha (250–300 acres) eingesetzt. In den Herden, in denen das Schutzlama ohne Artgenossen eingesetzt wurde, gab es weniger Verluste durch Prädatoren, als in den Herden, in denen mehrere Schutzlamas eingesetzt wurden. Ergänzend ist zu erwähnen, dass alle Befragten sowohl vor als auch nach Integration der Schutzlamas zusätzliche Schutz- bzw. Abwehrmaßnahmen anwandten. Dazu zählten u.a. Fallen/Schlingen, Schutzhunde, Elektrozäune, Nachtpferche, Hirten und das Abschießen der Prädatoren.

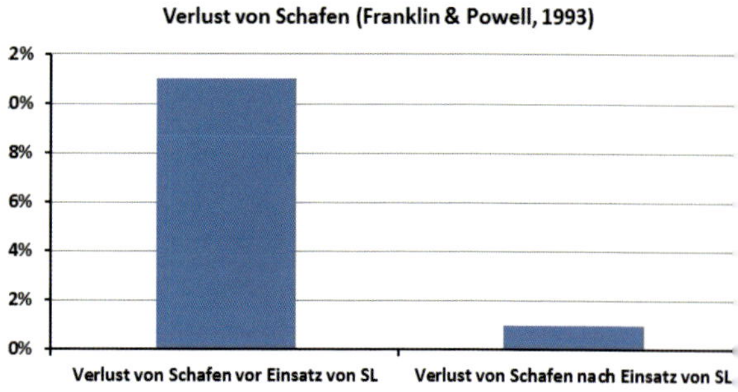

Abbildung 361: Verluste von Schafen

Insgesamt bewerteten die befragten Schafzüchter das Schutzlama mit 52 % als sehr effektiv, mit 28 % als effektiv, mit 15 % als etwas effektiv und mit 5 % als nicht effektiv (s. auch Grafik 3, blaue Säule). 85 % der Befragten würden das Schutzlama als Herdenschutztier weiter empfehlen.

Typisches Verhalten der Schutzlamas waren: aufmerksame Wachsamkeit, Warnrufe, Zugehen bzw. Zurennen auf den Prädatoren, Verfolgen und nach ihm treten, sich selbst zwischen den Prädatoren und die Schafe stellen. In wenigen Fällen (3 %) wurde berichtet, dass die Schutzlamas vor dem Prädator wegrannten bzw. weggingen. Andererseits wurde auch davon berichtet, dass die Schutzlamas in einigen, wenigen Fällen sogar verschiedene, in die Herde eingedrungene Tiere (Kojoten, Murmeltiere und Bisamratten) getötet haben.

Beim Einsatz von Schutzlamas wurden nur von 25 % der Halter Schwierigkeiten berichtet, die die Schutzlamas den Schafen bereiteten. Diese Probleme wurden wie folgt angegeben:

25 % von 61 eingesetzten Hengsten und 5 % von 135 eingesetzten Wallachen versuchten, Auen zu decken, was zum Teil zum Verlust bei den Schafen führte. In einem Fall tötete ein Hengst mit diesen Versuchen 100 Auen, bevor herauskam, wodurch diese starben. Lösungsansatz: Beim Einsatz von Hengsten, müssen diese in der Paarungszeit gründlich beobachtet und im Notfall aus der Herde entfernt werden. In der Studie

wurden nur 10 Weibchen eingesetzt und von dieser sehr kleinen Zahl von Tieren wurden keine Schwierigkeiten beschrieben.

Bei 5 % der Halter entwickelten die Schutzlamas ein übermäßiges Schutzverhalten, sodass die Halter Schwierigkeiten in ihrem alltäglichen Umgang mit den Schafen bekamen. Lösungsansatz: Schutzlamas für die Zeit der Alltagsarbeit von den Schafen über Trenngitter/-pferche abtrennen.

10 % der Schafzüchter berichteten, dass ihre Schafe den Schutzlamas Probleme breiteten, da sie sie aufgrund ihrer Zahl von deren Futtertrögen verdrängten. Lösungsansatz: Futterraufen in einer Höhe anbringen, an die nur die Schutzlamas herankommen.

Abschließend weisen Franklin & Powell (1993) darauf hin, dass der Einsatz von Schutzlamas zur Reduzierung von Schafrissen durch Kojoten sehr vielversprechend sei, er jedoch kein Patentrezept für einen alleinigen und 100%-igen Schutz vor Canidenprädation sein kann. Insbesondere aufgrund der hohen Anpassungsfähigkeit der Kojoten kann der Einsatz von Schutzlamas nur den Verlust mindern. Bei einigen Schafzüchtern ist der Verlust stark zurückgegangen, doch es ist nicht zu erwarten oder gar zu garantieren, dass Schutzlamas unter jeder Bedingung (z.B. Zahl der Kojoten, Kojotendichte) derartig gute Erfolge erzielen.

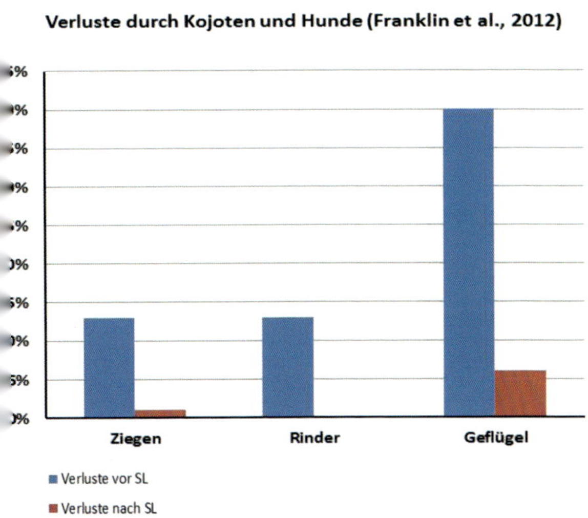

Abbildung 362: Verluste durch Kojoten und Hunde

2012 veröffentlichten Franklin et al. Ergebnisse zu der Frage, inwiefern das Schutzlama bei anderen Nutztierarten als Herdenschutztier effizient eingesetzt werden kann. Hierzu wurden 1997 unter anderem 95 Ziegen-, 18 Rinder- und 23 Geflügelzüchter in den USA und auch in Kanada befragt, die Schutzlamas in ihren Betrieben einsetzten. Während vor dem Einsatz der Schutzlamas die Verluste durch hundeartige Beutegreifer (Kojoten und Hunde) bei 13 % bei den Ziegen-, 13 % bei den Rinder- und 40 % bei den Geflügelzüchtern lagen, gingen diese nach dem Einsatz von Schutzlamas auf 1 % bei den Ziegen-, 0 % bei den Rinder- und 6 % bei den Geflügelzüchtern zurück (Abbildung 362).

Im Zusammenhang mit der Umfrage aus Franklin & Powell (1993) ergab sich dadurch ein sehr gutes Gesamtbild für die Zufriedenheit von Ziegen-, Rinder-, Geflügel- und Schafzüchtern mit den Schutzlamas (Abbildung 363):

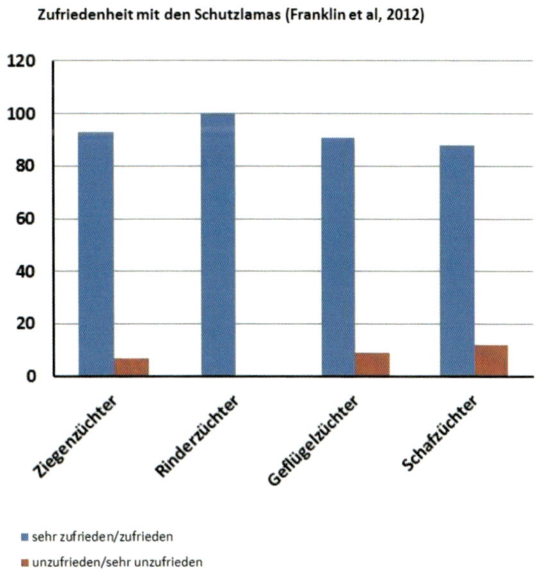

Abbildung 363: Zufriedenheit mit Schutzlamas

Generell sollte auch bedacht sein, dass es sich bei jedem eingesetzten Schutztier um ein Individuum handelt und sich seine individuellen Eigenschaften auch auf sein Schutzverhalten und den Erfolg auswirken kann.

Ebenso haben auch die Kombination verschiedener Schutzmaßnahmen sowie generelles Herdenmanagement einen Einfluss auf den Erfolg der Schutztiere.

Cavalcanti & Knowlton (1998) überprüften mittels einer Studie anhand von zwanzig Lamawallachen, ob es einen Zusammenhang von körperlichen Eigenschaften und Verhalten zu der Aggressivität gegenüber Caniden gibt. Hierzu wurden 20 Lamawallache, die zuvor noch keinerlei Kontakt zu Schafen oder Hunden hatten, getestet. Mehr als die Hälfte (60 %) der getesteten Tiere war jünger als 4 Jahre, 25 % waren zwischen 4–5 Jahren und 15 % älter als 5 Jahre (Abbildung 364).

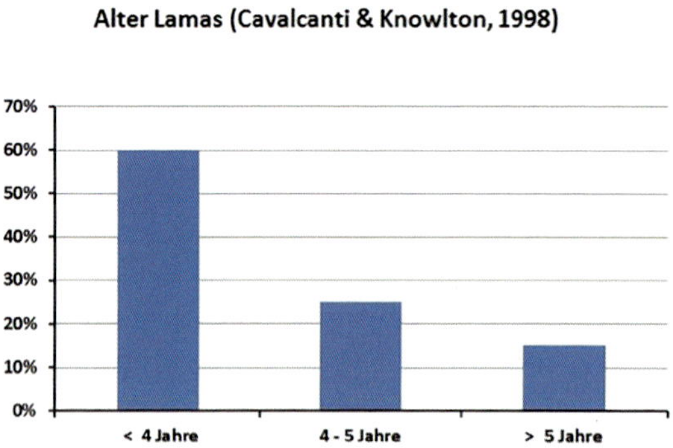

Abbildung 364: Alter der Lamas

Untersucht wurden sowohl ihre Wachsamkeit, ihr Führungs- und Dominanzverhalten, ihre Aggressivität und ihr Drohverhalten als auch ihr grundsätzliches Wesen. Zeigten sie sich eher dominant und selbstbewusst oder eher subdominant und unsicher?

Zunächst wurden die 20 Tiere per Zufall aufgeteilt in vier gleichgroße Gruppen. Innerhalb dieser Gruppen wurde ihr Verhalten untereinander für acht Tage beobachtet. Danach wurde jedem Lama eine eigene kleine Schafsherde (5 Schafe) auf einem etwa 1 ha großen Pferch zugeteilt. Es wurde ihr Verhalten innerhalb der Herde beobachtet. Anschließend wurde ein Angriff durch einen Caniden mit Hilfe eines Border Collies simuliert. Dabei wurde festgestellt, dass es einen Zusammenhang gab zwischen der Führungseigenschaft, der Wachsamkeit und dem Gewicht mit der Aggressivität gegenüber dem Hund als Ersatzprädator. Dies seien laut Cavalcanti & Knowlton (1998) Eigenschaften, die auch ein Nutztierhalter bei dem Erwerb eines Lamas zum Herdenschutz gut erkennen könne.

Dieselben 20 Lamas wurden in einer weiteren Studie eingesetzt (Meadows & Knowlton, 2000), die die Effizienz der Lamas beim Schützen von Schafen vor Beutegreifern zum Thema hat. Die Lamas wurden 20 Schafzüchtern in Utah für zwei Weidesaisons zur Verfügung gestellt (= Gruppe 1). Regelmäßig wurden die Verluste durch Prädatoren erfragt. Desweiteren wurden als Kontrollgruppe (= Gruppe 2) auch Schafzüchter in Utah befragt, die keine Schutztiere einsetzten. Insgesamt wurden in dem Zeitraum der Studie 320 Schafe durch Prädatoren getötet. 85 % der getöteten Schafe waren Lämmer. 92 % aller Risse waren auf Caniden (Haushunde, Rotfüchse und Kojoten) zurückzuführen. Während in der ersten Sommersaison der Studie Gruppe 1 insgesamt 42 Schafe an Prädatoren verlor, waren es bei Gruppe 2 insgesamt 128 Schafe. In der zweiten Sommersaison verlor Gruppe 1 in Summe 35 Schafe. Üüberraschender Weise wurde jedoch auch bei Gruppe 2 »nur« noch ein Verlust von 32 Schafen festgestellt. Als Ursachen für den Abfall an Verlusten in Gruppe 2 werden von Meadows & Knowlton (2000) folgende Möglichkeiten angeführt: Generelle Abnahme der Prädatorendichte von Sommersaison 1 zu Sommersaison 2, bessere Verfügbarkeit von Beutealternativen als in der ersten Sommersaison, eine sich mit der Zeit verändernde Schutzeffizienz der Lamas oder auch ein gewisser Schwellenwert an Verlusten durch Prädatoren, den auch der Einsatz von Lamas nicht zu unterschreiten vermag. Für Meadows & Knowlton erscheint die letztgenannte Möglichkeit am wahrscheinlichsten.

Darüber hinaus befragten sie die Schafzüchter sowohl vor dem Versuchsstart, als auch 20 Monate und 32 Monate nach Versuchsstart, wie diese die Effektivität der Lamas bewerteten. Sie verglichen diese Bewertungen mit denen aus zwei weiteren Studien (Franklin & Powell, 1993; USDA, 1996, siehe Abbildung 365).

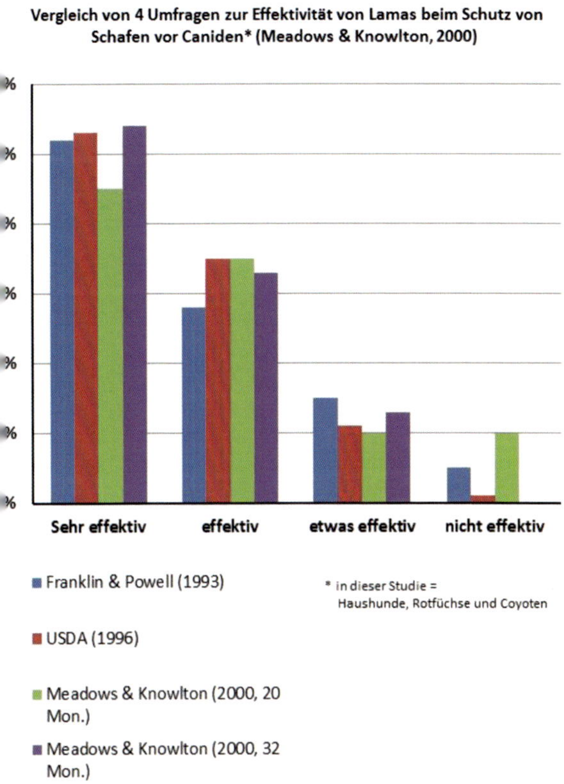

Abbildung 365: Vergleich von vier Umfragen zur Effektivität von Lamas beim Schutz von Schafen vor Caniden

Bei allen vier Umfragen bewerteten die meisten befragten Schafhalter die Effizienz der eingesetzten Lamas als sehr effektiv oder effektiv, wobei zu betonen ist, dass in den hier angeführten Umfragen nur kleinere hundeartige Beutegreifer von den Lamas abzuhalten waren. Erfahrungen aus Australien (Jenkins, 2003) unterstützen die Erfolge von Lamas und Alpakas im Einsatz zum Schutz von Geflügel und Schafen gegen kleinere Caniden (Füchse und Haushunde).

Smith et al. (2000) leiten ihre Studie mit dem wichtigen und nicht zu vernachlässigenden Hinweis ein, dass bei der Wahl und dem Einsatz von Herdenschutztieren immer mehrere Aspekte zu beachten seien, z.B. welche Nutztierart gegen welchen Beutegreifer geschützt werden soll. So mag ein Lama in Nordamerika erfolgreich gegen Kojoten eingesetzt werden können, doch bei einem Angriff von Grizzlybären (*Ursus arctos*), Wölfen (*Canis lupus*), einem Rudel von verwilderten Hunden oder Pumas selbst zur Beute werden. Während in der Studie von Franklin & Powell (1993) die Mehrheit der befragten Schafzüchter mit der Effektivität der eingesetzten Schutzlamas sehr zufrieden waren, geben Smith et al. (2000) persönliche Mitteilungen mehrerer Lamazüchter an, deren Lamas sowohl von größeren Beutegreifern als auch von Kojoten und einzelnen Hunden gerissen wurden und einige von ihnen nun Herdenschutzhunde zum Schutze ihrer Lamas einsetzen.

Unter anderem auch im Hinblick auf Übergriffe von Wölfen auf Nutztiere in der Schweiz hat die Agridea (2015) Untersuchungen angestellt, bei denen in wenigen Herden Lamas als Schutztiere für Schafe eingesetzt wurden, mit dem Ergebnis, dass bei den wenigen, seit 2012 eingesetzten Tieren, eine gewisse Schutzwirkung gegen einen Einzelwolf vermutet werden kann, diese jedoch nicht bewiesen werden konnte. Für den Einsatz zum Schutz vor mehreren Wölfen tendiert die Agridea zu der Aussage, dass sich Lamas – nach heutigem Wissensstand – nicht für den Schutz von »Kleinvieh« eignen, da hierfür der Einsatz mehrerer Lamas in einer Herde notwendig wäre und dies wiederum dazu führen könnte, dass sich die Lamas zu einer eigenen Herden zusammenfinden.

Die Agridea unterscheidet übrigens deutlich zwischen Alpaka und Lama im Einsatz als Herdenschutztier. Sie verweist aufgrund der Größe und des Gewichtes der Alpakas darauf, dass diese lediglich in Ausnahmefällen einen Schutz für Lämmer vor Füchsen bzw. bei Hühnern zusätzlich noch vor Greifvögeln darstellen können. In der Schweiz werden sie jedoch nicht als Herdenschutztiere eingesetzt. In Bezug auf den Hinweis bei Franklin & Powell (1993) zur Ungewissheit, inwiefern sich Kojoten auf den Einsatz der Schutzlamas einstellen können, ist ebenfalls zu bedenken, dass auch der Wolf ein sehr anpassungsfähiges Tier ist. Dieser Aspekt sollte bei der Überlegung, Lamas als Schutztiere einzusetzen, nicht vergessen werden.

Unter welchen Bedingungen die Agridea (2015) Lamas zum Schutz der Herden (in Alpsituationen) als geeignet betrachtet werden können, wird in einer kleinen Übersicht zusammengefasst.

Dabei wird im Rahmen eines Fragenkataloges abgefragt, welches Herdenmanagement vorliegt und gegen welche Beutegreifer geschützt werden soll:

1. Vor welchem Beutegreifer sollen die Schafe geschützt werden?
2. Welches Weidesystem wird angewandt (Alpsituation)?
3. Werden die Schafe zur Weideführung (auf der Alp) eingezäunt?
4. Kann der Zaun mit vertretbarem Aufwand zum Schutz der Schafe verstärkt werden?
5. Können Herdenschutzhunde eingesetzt werden?
6. Wie groß ist die Weidefläche?
7. Ist die Weide übersichtlich?
8. Wie viele Schafe sind in der Herde?
9. Wird die Herde kompakt geführt?
10. Wie viele Besitzer lassen die Schafe gemeinsam weiden?

Auch wenn sich die diese Checkliste der Agridea auf die Einsatzsituation in den Schweizer Alpen bezieht, sind sicherlich einige Aspekte, wie z.B. die Herdengröße und Übersichtlichkeit der Weide oder aber auch der Beutegreifertyp, auf die Situationen im Flachland übertragbar.

Zusammenfassend bleibt zu sagen, dass NWK zum Schutz vor kleineren Beutegreifer scheinbar erfolgreich eingesetzt werden können. Jedoch gibt es für einen konkreten Einsatz von NWK, insbesondere von Lamas, zum Schutz vor Wölfen (und anderen großen Beutegreifern) bisher kaum veröffentlichte Ergebnisse oder Erfolge.
Zu bedenken ist ferner, dass die Einzelhaltung von Lamas in einer Nutztierherde keine artgerechte Haltung darstellt, dies aber in den Studien von Franklin & Powell (1993) in der Regel den besten Erfolg brachte. Es sollten also zumindest zwei Lamas gemeinsam eingesetzt werden, siehe u.a. Agridea (2015). Auch wenn die NWK ohne jegliche Vorerfahrung mit den zu beschützenden Schafen bzw. anderen Tieren relativ schnell an die Herden gewöhnt werden können, sollte jeder, der sich für den

Frage	Spalte A	Spalte B	Spalte C
1	streunende Hunde / Füchse	Einzelwolf / Luchs	mehr als 1 Wolf / Bär
2	Umtriebsweide	Standweide / ständige Behirtung	
3	Ja	Nein	
4	Nein	Ja	
5	Nein	Ja	
6	< 5 ha	> 5 ha	
7	Ja		Nein
8	< 200 Tiere	200–300 Tiere	> 300 Tiere
9	Ja	Nein	
10	1	> 1	
	Können alle Fragen in A beantwortet werden, sind Lamas zum Schutz der Herde geeignet.	Können die meisten Fragen in A und nur einige in B beantwortet werden, sind Lamas evtl. geeignet. Beratung durch Fachmann wird empfohlen.	Wird nur 1 Frage in C beantwortet, wird von Lamas abgeraten.

Abbildung 366: Checkliste zur Beurteilung, ob Lamas zum Schutz eingesetzt werden können (angelehnt an Agridea 2015)

Einsatz von NWK zum Schutz seiner Herden interessiert auch folgende Punkte beachten:

Bei Hengsten und auch bei Wallachen der NWK kann es zu erhöhter Aggressivität den Schafen gegenüber kommen. Weitere Schwierigkeiten können dadurch entstehen, dass sie versuchen, die zu beschützenden Auen/Ziegen zu decken, wodurch diese Tiere verletzt werden können. Ebenfalls kann es vorkommen, dass einige NWK eine zu intensive Bindung zur Herde aufbauen und dann das Arbeiten mit den Schafen für den Schäfer erschwert wird.

In Anlehnung an Smith et al. (2000) und der Agridea (2015) erscheint jedoch der Einsatz zum Schutz vor mehreren Wölfen nicht sehr erfolgversprechend.

12.2.4 Herdenschutz durch gemischte Herden (Flerds)

Das Beweiden großer Weideflächen durch mehr als nur eine Nutztierart gleichzeitig sorgt dafür, dass die Vegetation effektiv und nachhaltig genutzt werden kann. Insbesondere in den USA, wo sehr große Weiden zu finden sind, werden jedoch in der Regel die kleineren Nutztiere, wie Schafe oder Ziegen, häufig durch Beutegreifer (in diesem Fall Kojoten) gerissen. Daher hat man sich in den USA gefragt, ob es nicht möglich wäre, das Verhalten von Schafen oder Ziegen so zu modifizieren, dass sie sich in der Nähe der größeren und wehrhafteren Nutztiere (Rinder) aufhalten. Würde man einfach nur Schafe und Rinder gemeinsam weiden lassen, dann würden sich diese Tierarten entfernt voneinander und auch weiter verteilt auf der Weide bewegen und bei Gefahr in zwei intraspezifischen, also gleichartigen, Nutztierherden zusammenfinden und fliehen. Es galt also herauszufinden, ob man nicht eine Bindung der kleineren Tiere an die größeren herstellen kann, damit sich die kleineren Tiere in der Nähe, zumindest in Sichtweite, der größeren aufhalten und bei Gefahr die größeren zum Schutz aufsuchen. Die zwei Tierarten sollten also mehr oder weniger eine einzige Herde bilden. Im amerikanischen nennt man diese Form des Herdenmanagement u. a. auch »Flerd«, ein Begriff, der aus der Verschmelzung der Worte »flock« (Kleinviehherde) und »herd« (Herde) entstanden ist. Die Tiere in einer »Flerd« bleiben auch auf großen Weiden immer in der Nähe voneinander.

Bereits 1987 untersuchten Hulet et al., ob es möglich ist, durch eine Vergesellschaftung der Nutztierarten einen Schutz für die kleine Nutztierart zu erwirken. Hierzu pferchten sie versuchsweise 9 Lämmer (Durchschnittsgewicht 35 kg) mit einer Herde von 7 Färsen für 60 Tage auf einer kleinen Koppel (122 ha) zusammen, um eine Bindung zwischen Lämmern und Färsen entstehen zu lassen. Dadurch sollte das Verhalten der Schafe dahingehend verändert werden, dass sie sich in der Nähe der Rinder aufhalten und bei Gefahr auch zwischen die Rinder laufen sollten, um dort Schutz zu suchen. Die Koppel, auf der diese Bindungseinpferchung durchgeführt wurde, lag in einem 2.400 ha großen Gebiet, um das ein Anti-Prädator-Zaun gezogen worden war, der Jornada Experimental Range. Dennoch konnte eine Gruppe von 6–9 erwachsenen Coyoten in die Umzäunung eindringen. Im weiteren Testverlauf wurden 2 Kontrollgruppen mit Lämmern und Auen (Mutterschafen) eingesetzt und während es bei insgesamt 57 % der Kontrollschafe zu Verlusten kam, die von den Coyoten verursacht wurden, wurde von den an die Färsen gebundenen Lämmer kein einziges von den Coyoten gerissen. Hulet et al. vermuten, dass diese Erfolgsquote selbst beim Einsatz von Herdenschutzhunden nicht erreicht worden wäre, da die Hunde sich gelegentlich von den Schafen entfernt hätten, um sich ihr Futter zu jagen. Eine Kombination aus Herdenschutzhunden und an Rinder gebundenen Schafe könnte nach Hulet et al. möglicherweise der ideale Herdenschutz sein.

Als weiterer Vorteil ist die Tatsache zu erwähnen, dass die Weiden erheblich nachhaltiger genutzt werden können, da die unterschiedlichen Weidetierarten auch die verschiedenen Pflanzen der Weide präferieren und durch das unterschiedliche Weideverhalten auch weitflächiger beweidet werden. Beispielsweise grasen Rinder eine Weide großräumiger ab als Schafe. Bleiben die Schafe jedoch aufgrund ihrer Bindung zu den Rindern in der Nähe der Rinder, führt dies automatisch dazu, dass auch die Schafe ein größeres Areal abgrasen. Darüber hinaus haben Anderson et al. (2012) festgestellt, dass es nicht mehr notwendig war, zusätzliche Umzäunungen für Schafe zu errichten, wenn sie eine Bindung zu den Rindern aufgebaut hatten, da sie sich von diesen nicht mehr weit entfernten. Waren die Rinder eingezäunt, so war dies ausreichend. Hinzu kommt, dass auf großen Weiden das Auffinden der Tiere nicht mehr so zeitaufwendig ist, wie zuvor, da sich die kleineren Tiere in der Nähe der größeren, leichter zu findenden, aufhalten. Auch das Zusammentreiben durch Hunde wird erleichtert, da sich eine Flerd leichter treiben lässt, als zwei einzelne Herden.

Es wurden insgesamt 14 Jahre lang Untersuchungen auf der Jornada Experimental Range angestellt. So wurde z. B. auch untersucht, ob sich Ziegen ebenfalls an Rinder binden, mit dem Ergebnis, dass einerseits die Ziegenrasse einen großen Unterschied zu machen scheint (Anderson et al., 2004) und andererseits die Bindung an die Rinder nicht nachhaltig genug ist, wenn nicht zusätzlich noch eine Gruppe Schafe eingesetzt wird, die eine Bindung zu den Rindern zeigen. Die Ziegen scheinen sich, je nach Ziegenrasse, dann eher an die Schafe zu binden, als an die Rinder. Auch die Zeitintervalle und Haltungsbedingungen, die benötigt werden, um eine Bindung der Schafe an die Rinder herzustellen, wurden untersucht. Es scheint möglich zu sein, eine Bindung binnen 14 Tagen zu erreichen. Es ist sogar möglich, eine bereits funktionierende Flerd um weitere Schafe zu ergänzen, die zuvor keine Bindung an die Rinder entwickelt haben, da sich diese wiederum an den anderen Schafen orientieren. Des Weiteren wurden als zusätzlicher Schutz noch Herdenschutzhunde eingesetzt.

Ob diese Variante eine Möglichkeit sein kann, Schafe bei uns in Deutschland, insbesondere Niedersachsen, vor Übergriffen durch Wölfe zu schützen, ist unter Umständen weiter zu erforschen. Fraglich ist, ob es möglich ist, die Rinder in den Habitaten einzusetzen, in denen Schafe am häufigsten arbeiten. Der Einsatz von Flerds für Hobbyschäfer scheint auf den ersten Blick nicht umsetzbar, da diese einen sehr hohen Mehraufwand durch die zusätzliche Haltung der Rinder hätten.

12.3 Behirtung

Schäfer, die ihren Beruf mit Leib und Seele ausüben, schwärmen von den in der Frühe des Tages gewonnenen und unvergesslichen Eindrücken, die sie bei entsprechender Wetterlage und Jahreszeit beim Hüten ihrer Schafherde in der Natur erleben. Die in Abbildung 367 gezeigte Hirtin weiß davon zu berichten. Das Foto selbst kann jedoch die Faszination nicht wiedergeben, die auch den Fotografen »gepackt« hat. Tatsache ist auch, dass auf diese Weise nur noch wenige Schafherden in Niedersachsen gehütet werden.

Doch wie ist die Behirtung von Nutztieren als Herdenschutzmaßnahme zu beurteilen? Stellt der Hirte durch seine Präsenz an der Herde einen Schutz zur Abwehr von Wolfsübergriffen dar? Wäre er bei einem Wolfsübergriff auf die Nutztiere selbst in Gefahr? Dürfte er seine Tiere gegen den Wolf verteidigen, obwohl der Wolf strengstens geschützt ist?

Zunächst einmal ist festzuhalten, dass mit Blick auf die vier Nutztierkategorien Schaf/Ziege, Gehegewild, Rinder und Pferde/Ponys ausschließlich Schafe und Ziegen gehütet werden, so wie in Abbildung 367 gezeigt. Hüten ist in Grunde genommen eine Überwachung der Herde durch den Hirten – allerdings mit dem Ziel, die definierte Aufgabe (z.B. in der Landschaftspflege) zu erreichen. Weiterhin sei an dieser Stelle erneut an die Unterschiedlichkeit der Betriebsstrukturen erinnert. Die zeitintensive Behirtung findet hauptsächlich bei Schaf- und Ziegenherden im Haupterwerb statt. Solche Betriebe haben wiederum verschiedene Teilherden und eine nur geringe Ausstattung an Manpower. Die gezeigte Abbildung entstand bei einem Betrieb, der eine Hüteherde und vier Koppelherden hat. Während die Hüteherde nachts in einem Pferch untergebracht ist, wird sie tagsüber durch einen Hirten mit einem Hütehund gehütet. Eine 24h-Behirtung bzw. -Bewachung (Schichtarbeit) wäre dem Betrieb allein schon an dieser Herde aufgrund fehlender, weil nicht finanzierbarer, Manpower nicht möglich – zunächst noch ungeachtet der Frage über die Wirksamkeit als Herdenschutzmaßnahme. Darüber hinaus sind dabei die anderen vier Herden nicht zu vergessen, die erst recht nicht durch Präsenz des Menschen aus dem Betrieb heraus bewacht werden können.

Abbildung 367: Hirtin mit ihrer Schafherde

Angriff auf Schafe oder Ziegen durch Wölfe am helligten Tag in Anwesenheit des Menschen?

Grundsätzlich sollte es gedanklich aber auch nicht ausgeschlossen werden, dass einzelne Wölfe gelegentlich Schafe am Tage reißen könnten und sich dabei von in der Nähe befindlichen Menschen nicht sonderlich beeindrucken lassen würden. Ferner sei an dieser Stelle angemerkt, dass wild lebende Wölfe in Deutschland in Bezug auf Menschen aufgrund der strengen Schutzgesetze keine unangenehmen Erfahrungen machen. Umgekehrt muss mit Blick in die Vergangenheit jedoch festgehalten werden, dass, obwohl Wölfe nicht bejagt werden, die große Mehrheit der Wölfe dem Menschen eben nicht »zu Leibe« rücken. Hier mag die Diskussion angebracht sein, ob die Wölfe in Deutschland scheu sind oder nicht. Die Frage ist jedoch vielmehr, was »scheu sein« eigentlich genau meint. Gelegentlich entsteht der Eindruck, dass von Wölfen erwartet wird, vor Menschen Angst zu haben und beim Anblick selbiger sofort Reißaus zu nehmen. Das ist jedoch nicht gezwungener Maßen so. Wölfe treten nach eigenen Beobachtungen im Ausland bei »Nahbegegnungen« kontrolliert den Rückzug an – frei von Angst oder gar Panik, beruhend auf Desinteresse am Menschen. Das Verhalten von neugierigen Jungwölfen kann hier abweichen.

Mit Blick auf die Schafrisse ist zu beobachten, dass in vielen Fällen morgens die Herden im Rahmen der täglichen Aufsichtspflicht kontrolliert werden. Je nach Herdenmengen und deren geografischer Verteilung kann diese Aufgabe einige Zeit in Anspruch nehmen. Hierbei werden dann – wenn vorhanden – die Schaf- bzw. Ziegenrisse entdeckt. Daraus resultierend scheinen die meisten Übergriffe nachts oder in den beiden Dämmerungen stattzufinden. Somit stellt sich erweiternd auf die Behirtung der Tierherde die Frage, ob ein Hirte seine Schafe auch zu den Dämmerungs- bzw. Nachtzeiten bewachen soll. Hierbei meint »Bewachen« allerdings, die eingepferchten Schafe vor dem Wolfsangriff zu beschützen. Doch ist dies überhaupt erforderlich, wenn die Schafe entsprechend wolfsabweisend eingepfercht sind? Was würde es wirklich bringen, wenn nachts ein Schäfer in einem Schäferwagen, Wohnmobil, VW-Bus, Zelt – oder worin auch immer – am Pferch mitübernachtet? Wäre die Präsenz der Person für sich betrachtet schon der Schutz der Tiere in einem Pferch, der vielleicht einen knappen Hektar groß ist und 250 bis 350 Schafe beherbergt? Stellen wir uns den Fall vor, dass tatsächlich ein Wolf nachts über den Pferchzaun springt und Schafe reißt. Ehe die bewachende Person in der Dunkelheit begreift, was wirklich los ist und sich auf den Weg gemacht hat, kann der Wolfsangriff schon wieder vorbei sein. Ferner muss es auch erstmal gelingen, sich selbst in der Dunkelheit mit einer Lichtquelle zu orientieren, um sich ein Bild der Lage zu verschaffen. Es ist für den Schafhalterbetrieb unmöglich einen solchen finanziellen Manpower-Aufwand in das ohnehin schon schwierige wirtschaftliche Gesamtverhältnis zu integrieren.

Interessant erscheint durchaus auf den ersten Blick der Einsatz von freiwilligen »Hirten« in der Schweiz zur Unterstützung verschiedener Schafhalterbetriebe auf den Almen. Die freiwilligen Hirten leisten diese Unterstützung auf Basis des freiwilligen ökologischen Jahres (FÖJ). Ob sich solche Systeme in Deutschland umsetzen lassen, kann an dieser Stelle nicht wirklich beurteilt werden. Fakt ist allerdings, dass der Schäfer für sich und seinen Betrieb stets von einer Planungssicherheit ausgehen muss, mit Blick auf sein Tiermanagement und auch auf die damit verbundenen Fragen des Herdenschutzes.

Abschließend ein kleiner Blick über den Tellerrand ins östliche europäische Ausland. Oft ist zu hören: »In Osteuropa kommen die Schäfer doch auch gut mit Wölfen klar.« Ohne an dieser Stelle zu sehr in diesen Vergleich einzusteigen, soll doch kurz angemerkt werden, dass es kleinere Schafherden sind, die dort gehütet werden, und dass es oft auch die einzige Herde ist im Besitz der Schäfer. Ferner gibt es je nach Schutzstatus der Wölfe in einigen Ländern Abschussquoten. Dies an sich ist, wie bereits beschrieben, noch nicht die Herdenschutzmaßnahme. Dennoch wissen Wölfe anscheinend um die Gefahr, die von Menschen für sie ausgehen kann.

Abwehr des Wolfsübergriffes auf Schafe durch den Schäfer?

Darf ein Schäfer – egal zu welcher Uhrzeit – seinen Schafen und Ziegen verteidigend zur Seite stehen und einen Wolfsübergriff abwehren? Auch diese Frage taucht immer wieder auf. Letztlich dürfte ein Schäfer sein Eigentum – Schafe, Ziegen, Hütehund – auch gegen einen Wolfsangriff verteidigen, obwohl der Wolf streng geschützt ist. Hier gilt der Notstand nach dem Bürgerlichen Gesetzbuch (§ 228) und dem Strafgesetzbuch (§ 34). Tatsächlich darf er den Wolf jedoch nicht töten und auch nicht anderweitig nachhaltig verletzen.

Das StGB beschreibt im § 34 Rechtfertigender Notstand:

> *»Wer in einer gegenwärtigen, nicht anders abwendbaren Gefahr für Leben, Leib, Freiheit, Ehre, Eigentum oder ein anderes Rechtsgut eine Tat begeht, um die Gefahr von sich oder einem anderen abzuwenden, handelt nicht rechtswidrig, wenn bei Abwägung der widerstreitenden Interessen, namentlich der betroffenen Rechtsgüter und des Grades der ihnen drohenden Gefahren, das geschützte Interesse das beeinträchtigte wesentlich überwiegt. Dies gilt jedoch nur, soweit die Tat ein angemessenes Mittel ist, die Gefahr abzuwenden.«*

Das BGB beschreibt im § 228 Notstand:

> *»Wer eine fremde Sache beschädigt oder zerstört, um eine durch sie drohende Gefahr von sich oder einem anderen abzuwenden, handelt nicht widerrechtlich, wenn die Beschädigung oder die Zerstörung zur Abwendung der Gefahr erforderlich ist und der Schaden nicht außer Verhältnis zu der Gefahr steht. Hat der Handelnde die Gefahr verschuldet, so ist er zum Schadensersatz verpflichtet.«*

Es muss abschließend – realistisch betrachtet – klar betont werden, dass ein Hirte einem Wolfsangriff auf seine Herde nur zusehen können wird. Die Konstellation, dass der Hirte nahe genug am Wolf und dem betroffenen Schaf steht, kann nur als unwahrscheinlich bewertet werden.

12.4 Abwehrverhalten der Nutztiere

Schafe & Ziegen

Schafe und Ziegen können sich bei einem Wolfsangriff nicht verteidigen und auch keine dem Wolf gegenüber nennenswerte Fluchtgeschwindigkeit aufbauen. Schafe und Ziegen, beiderlei Geschlechts, können ihren Nachwuchs nicht gegen einen Wolfsangriff verteidigen.

Gehegewild – hier Damwild

Damwild kann sich dem angreifenden Wolf gegenüber nicht verteidigen. Die in freier Wildbahn gezeigte Flucht vor dem Wolf kann im Gehege aufgrund der Begrenzung durch Zäune nicht effektiv ausgeübt werden. Damwildmütter (Damtiere) verteidigen ihren Nachwuchs nicht – ebenso wenig tun dieses die Hirsche.

Rinder

Die Frage, welches Verhalten Rinder bei einem Wolfsangriff zeigen, ist nicht einfach zu beantworten. Dieses begründet sich aufgrund der unterschiedlichen Rassen und den (Wegfall) mit ihnen verfolgten verschiedenen Zuchtzielen. Ferner lässt die Tatsache, dass es innerhalb einer Rasse sehr unterschiedliche Individuen innerhalb der Geschlechter geben kann, keine verallgemeinerte Aussage zulassen. Diese Faktoren machen es also nicht ganz einfach, den Einfluss einer Wolfspräsenz auf eine Rinderherde vorherzusagen.

Eine wichtige Eigenschaft dieser Herdentiere, die durch eine adulte Leitkuh (wenn denn eine vorhanden ist) angeführt werden, stellt einen weiteren bedeutenden Faktor dar: Rinder sind Gewohnheitstiere. Es macht daher vielleicht einen Unterschied, ob ein Ereignis (z.B. Wolf läuft an Herde vorbei) nur selten oder eher öfter vorkommt.

Ein weiterer Aspekt ist die mögliche Neugier der Rinder, die sehr ausgeprägt sein kann. Die in Abbildung 368 gezeigte Herde, befand sich zunächst weiter weideeinwärts als mit dem Fahrzeug diesseits des Fließgewässers angehalten wurde. Kurze Zeit später gesellten sich mehr und mehr Tiere an den Zaun, um nachzusehen, was sich auf der anderen Uferseite zuträgt.

Im Gegensatz zur Neugier kann es jedoch auch sein, dass infolge eines Ereignisses ein erstes Rind flüchtend davongaloppiert und dadurch selbst ein Auslöser dafür wird, dass alle anderen Rinder ebenfalls die Flucht ergreifen.

Interessant erscheinen vor diesem Hintergrund auch die Information der Tierärztlichen Vereinigung für Tierschutz e.V. »Ganzjährige Freilandhaltung von Rindern«, Merkblatt Nr. 85, die hier zitiert wird:

> *»Treibjagden dürfen auf Rinderweiden nicht durchgeführt werden. Durch die eingesetzten Hunde und fremde Personen sowie die ungewohnte Geräuschkulisse ist einerseits mit Aggressionen der Rinder (insbesondere von Bullen) zu rechnen, andererseits mit panikartigen Fluchten der Tiere, was Verletzungen und Ausbrechen der Tiere zur Folge haben kann. Dabei setzen sich die beteiligten Personen einer hohen Verletzungsgefahr aus. Die Reaktionen der Tiere hängen von Rasse, Geschlecht, Alter und vorausgegangenen Erfahrungen ab.«*

Die Fluchtgeschwindigkeit des Rindes ist geringer als die Hetzgeschwindigkeit des Wolfes. Entscheiden sich Rinder zur Verteidigung, können die Hörner als Waffe dienen. Allerdings muss festgestellt werden, dass bei nur

Abbildung 368: Kühe zeigen Interesse

wenigen Rassen – bei Mutterkühen – Hörner vorhanden sind. Hier wären beispielsweise Highland Cattle oder auch Dexter zu benennen. Bei Milchkühen und teilweise auch bei Mutterkühen sind Hörner unerwünscht. Somit steht dem hornlosen Rind hier keine Möglichkeit zur Abwehr des Wolfangriffes zur Verfügung. Das Ausschlagen mit den Hinterbeinen kann eine Möglichkeit zur Verteidigung sein, die jedoch nicht unbedingt funktioniert.

Die Verteidigungsstrategien der Rinder können unterschiedlich sein. Eine sehr bekannte Möglichkeit stellt die »Wagenburg« dar, wie sie in Abbildung 370 zu sehen ist. Hier reihen sich Kälber und Mutterkühe in etwa nebeneinander ein und bilden eine Front zur Gefahrenquelle. Dies wird durch eine gute Mütterlichkeit (Verteidigungsbereitschaft) der Mutterkühe ermöglicht. Ein solches Interesse ist bei Bullen in Bezug auf Kälber nicht festzustellen.

Eine andere Variante kann sein, dass einzelne Kühe aus der Herde einen sich nähernden Wolf von sich aus angreifen – je nach ausgeprägten Mutterkuheigenschaften. Allerdings wird immer wieder von Mutterkuhhaltern eine Sorge derart geäußert, dass sich eine Mutterkuherde gegenüber mehr als einem Wolf (Wolfspaar oder Rudel) nicht mehr zur Wehr zu setzen weiß. Diese Sorgen teilen Milchviehhalter auch, deren Jungtiere (Kälber und Färsen, teilweise junge Bullen) altersklassenweise zusammen auf der Weide als Gruppe stehen und einem Wolfsangriff nur wenig entgegenzusetzen haben.
Eine weitere Sorge ergibt sich ab dem Zeitpunkt, nach dem die Kälber nicht mehr gesäugt werden und nach und nach die Fürsorge und Verteidigungsbereitschaft der Mutterkühe abnimmt, aber die Kälber sich selbst noch nicht verteidigen können.

Vielleicht ist es eine Mischung aus den verschiedenen hier beschriebenen Aspekten, die zu gelegentlichen Kälber- bzw. Jungtierrissen führen (und weiterhin führen) und nicht »nur der eine Grund«.

Abbildung 369: Galloway-Mutterkuh mit Kälbern

Abbildung 370: Mutterkuhherde in der Wagenburg

Abbildung 371: Stute mit Fohlen

Pferde & Ponys

Ebenso wie bei Rindern sind pauschale Aussagen über das Verhalten einzelner Pferde oder einer Herde in Bezug auf das sich Annähern eines oder mehrerer Wölfe nicht möglich. Die Vielfalt der rasseübergreifenden Temperamenzlagen von Pferd und Pony lässt unterschiedliche Reaktionsweisen nicht ausschließen.

Dr. rer. nat. W. Bohnet schreibt (»Pferd und Wolf«, Wendorff. 2015) dazu: »*Besonders die optischen und akustischen Sinnesleistungen des Pferdes sind darauf ausgerichtet, Beutegreifer zu entdecken und zu meiden.*« Weiterhin führt Bohnet in dieser Broschüre aus, dass ein spontanes Fluchtverhalten des Pferdes ausgelöst wird, wenn schnelle Bewegungen schräg hinter ihm oder wenn Objekte nur in Sichtfeld eines Auges erscheinen. Sind es stationäre (gar nicht bis kaum bewegliche) Objekte, lösen diese nicht zwingend Fluchtreaktionen aus. Ist dem bei einzelnen Tieren oder infolge dessen der Gruppe doch so, kann ein Abbruch der Flucht mit anschließendem Neugierverhalten am Objekt festgestellt werden.

Eine immer wieder geäußerte Sorge der Pferdehalter ist, dass Pferde allein durch den Geruch eines Wolfes zur Flucht ansetzen könnten. Durch Versuche konnten Christensen und Rundgren (2008) feststellen (durch Bohnet in Wendorff 2015 beschrieben), dass Wolfsgeruch (Urin) nur in Verbindung mit einem akustischen Reiz zu einer stärkeren Fluchtreaktion der getesteten Pferde führte, als nur das Geräusch.

Entscheiden sich ein oder mehrere Pferde zur Verteidigung, wäre es im Beisein eines Leittieres dieses Pferd, das sich dem Angriff eines Beutegreifers vorrangig widersetzen würde. Andere Tiere der Herde können sich der Verteidigung anschließen. Hierfür kommen sowohl die offensive (Verfolgung des Angreifers mit tiefer Kopfhaltung, Zähneblecken mit Beißintension) als auch defensive Aggression (Ausschlagen der Hinterbeine in Richtung Angreifer) zum Ausdruck.

Ferner stellt auch die »Wagenburg« (ein Schutzring) einen Schutz dar, bei der die Fohlen von erwachsenen Pferden in die Mitte genommen werden. Im Falle des Nahkontaktes von Wolf zu den Pferden würden diese mit den Vorderbeinen nach ihm ausschlagen.

Pferde sind also als wehrhafte und dadurch potentiell geringer gefährdete Beute für Wölfe eher unattraktiv. Dennoch ist nicht auszuschließen, dass einzelne Jungwölfe diese Tiere jagdlich austesten und am Misserfolg lernen, dass Pferde als Beute ausscheiden. Mit Blick auf den Zeitraum von 1996 bis heute (Juni 2017) ist im gesamten deutschen Vorkommensgebiet der Wölfe kein adultes Pferd oder Pony nachweislich von Wölfen angegriffen bzw. verletzt worden. Hinsichtlich der Übergriffe auf Fohlen einer Konikherde wurde bereits an anderer Stelle dieses Buches Bezug genommen.

Bohnet stellt in Wendorff (2015) mit Blick auf verschiedene Studien fest, dass Fohlen unter drei Monaten am meisten gefährdet sind. Wolfsangriffe auf erwachsene Pferde stellt sie anhand der Studien als selten fest, die sich dann auf kranke oder beeinträchtigte Tiere ereigneten, während sich solche Tiere weiter entfernt von der restlichen Gruppe aufhielten.

Auch kleine Ponyrassen, wie z.B. das Shetland Pony, sind bislang von Wolfsangriffen nicht betroffen (Stand Juni 2017).

12.5 Überlegungen zum veränderten Nutztiermanagement

Wie schon anderenorts in diesem Buch beschrieben, kann oft nur im Einzelfall darüber entschieden werden, welche Herdenschutzmaßnahmen bzw. welches Herdenschutzkonzepte für den jeweiligen Betrieb Sinn machen.

So ist es auch mit den Überlegungen zum veränderten Nutztiermanagement. Anhand der vier Nutztierkategorien werden die Überlegungen beleuchtet.

Die Überlegungen zum veränderten Nutztiermanagement klammern an dieser Stelle noch bewusst den Einsatz von Herdenschutztieren aus. Ferner soll hierbei auch zunächst der vollständige bzw. ganzflächige Aufbau von wolfsabweisenden Zäunen eine sekundäre Rolle spielen, es sein denn, es geht um die Einzäunung einzelner Flächen.

Abbildung 372: Shetland Ponys

Generelle Hinweise und Fragestellungen zur Nutztierhaltung

Tote Nutztiere umgehend entsorgen

Obwohl ohnehin schon rechtlich gefordert, soll hier nochmals betont werden, dass tot aufgefundene Nutztiere (z.B. Totgeburten oder Wolfsrisse) umgehend entsorgt werden müssen. Würde infolge eines Wolfsübergriffs der Nutztierkadaver längere Zeit – z.B. wenige Tage – am Ort des Geschehens liegen gelassen werden, könnte dies eine Rückkehr des oder der Wölfe zur Folge haben, die nicht erwünscht ist.

Fragestellungen zu Förderprogrammen im Naturschutz, Landschaftspflege, Agrarumweltmaßnahmen

Zu verschiedenen Fragestellungen konnte für dieses Buch aufgrund der hohen Komplexität zum Naturschutz, der Landschaftspflege und zu Agrarumweltmaßnahmen gar nicht oder nur oberflächlich recherchiert werden. Hierzu braucht es behördliche Fachkompetenz zur Erreichung von eventuell möglichen Veränderungen hinsichtlich der Vielfalt der Förderprogramme im Naturschutz und der Agrarmaßnahmen.

Es sollten die Weide- und Naturschutzflächenerhaltung auf den Prüfstand gestellt werden. Gibt es Möglichkeiten, unter den Rahmenbedingungen zum Erhalt der Weide- und Naturschutzflächen zumindest Teilbausteine für Herdenschutzkonzepte zu entwickeln? Beispielsfrage: Nach welchem Programm dürfen zu welchen Jahreszeiten wie viele Nutztiere auf welchen Flächen weiden? Gibt es Anpassungsmöglichkeiten im Sinne eines herdenschutzförderlichen Tiermanagements? Sind frühere Verbote auch heute noch sinnvoll?

Können Programme entwickelt werden, die sinnvolle Betriebsumstellungen finanziell unterstützen?

Eigentums- vs. Pachtflächen für die Nutztierhaltung

Es muss grundsätzlich als sehr fraglich angesehen werden, ob ein Tierhalter bereit ist, auf einer von ihm gepachteten Fläche, einen festinstallierten und wolfsabweisenden Zaun zu errichten, aufgrund der möglicherweise fehlenden Planungssicherheit im mittel- bzw. langfristigen Zeitraum. Erlischt der Pachtvertrag, bliebe dem Tierhalter nur die unwirtschaftliche und technisch sinnlose Möglichkeit des Zaunrückbaues.

Kosten- und Risikoabschätzung zur Errichtung von wolfsabweisenden Zäunen

Vielleicht wird es Regionen oder Einsatzbereiche von Nutztieren geben müssen (z.B. Deiche oder saisonal betroffene Nassgebiete), bei denen die Errichtung von wolfsabweisenden Zäunen und anderen Barrieren nur mit unverhältnismäßig hohem Investitionsaufwand möglich wäre und daher Nutztierrisse durch Wölfe in Kauf zu nehmen sind – auch wenn es dabei schmerzlich an die emotionale Betroffenheit des Tierhalters geht.
Je nachdem, welche Nutztierart dann dort gehalten würde (z.B. Schafe oder Rinder), wäre zu beurteilen, wie hoch die Wahrscheinlichkeit von Wölfen dort ist:

- geringe Auftretenswahrscheinlichkeit bei gleichzeitigem Vorhandensein von wehrlosen Schafen.
- hohe Auftretenswahrscheinlichkeit bei gleichzeitigem Vorhandensein von wehrhaften Mutterkühen.

Käme es zu regelmäßigen und häufigen Wolfsübergriffen auf Schafe, obwohl die prognostizierte Auftretenswahrscheinlichkeit als gering eingestuft wurde, wären Vorgehensweisen um problematische Wölfe (Kapitel 13) nicht außer Acht zu lassen.

Schafe/Ziegen

Aufgrund der nicht vorhandenen Wehrhaftigkeit von Schafen und Ziegen gegenüber einem Wolfsangriff ist die Menge der Möglichkeiten zum veränderten Nutztiermanagement abseits der Nutzung von wolfsabweisenden Zäunen oder Herdenschutzhunden stark begrenzt.

Allabendliche Aufstallung mit wenig Schafen/Ziegen am Hof

Obwohl vorrangig die Aufwertung von vorhandenen Zäunen hin zu wolfsabweisenden Zäunen als Herdenschuztmittel Nr. 1 zu empfehlen bzw. zu fordern ist, muss bei Hobbyhaltern (wenig Schafe, Ziegen) noch vielerorts festgestellt werden, dass im Stabilzaunbau erhebliche Defizite bestehen.

Als eine mögliche Risikominimierung für Wolfsübergriffe kann hier die allabendliche abgeriegelte Aufstallung auf oder am eigenen Hof bzw. Haus (kurze Wege) angesehen werden. Diese Maßnahme erfordert zwar das allabendliche Hineintreiben der Schafe und Ziegen in den Stall, würde jedoch beim Öffnen des Stalles am nächsten Morgen mit der täglichen Aufsichtspflicht einhergehen.

Die Praxis hat gezeigt, dass Schafe oder Ziegen einfach nur in Hausnähe zum Menschen unterzubringen, nicht per se ausreicht!

Allabendliche Aufstallung von Schafen/Ziegen abseits des Hofes

Die Frage, ob die in Abbildung 374 gezeigten Schafe in den im Bildhintergrund befindlichen Offenstall allabendlich getrieben werden sollten, ist streitbar. Allerdings müsste ein solcher Stall zunächst einmal mit verriegelbaren Türen ausgestattet werden, um ihn überhaupt schließen zu können. Die Erfordernis, jeden Abend mit dem Kraftfahrzeug zum Stall zu fahren, dürfte manch einen Tierhalter zum Abschaffen der Tiere bewegen, so er nicht die Errichtung eines wolfsabweisenden Zaunes oder den Einsatz von Herdenschutzhunden in Erwägung zieht. Hier stößt die Aufstallung an Grenzen.

Winterstallhaltung vs. Winterweidehaltung

Der Winterweidebetrieb im Umtriebsweidesystem stellt in der Schafhaltung bei der Kosten-Nutzen-Betrachtung ein Optimum dar. Die Schafe ernähren sich in

Abbildung 373: Allabendliche Aufstallung ist bei wenigen Schafen oder Ziegen in Hof- oder Hausnähe leicht möglich

Abbildung 374: Offenstall für Schafe

den Wintermonaten von Weide zu Weide ziehend. Dem Schäfer entstehen dabei nur wenig oder vielleicht sogar keine Kosten. Auf diese Rahmenbedingung ist der Betrieb abgestimmt.

Im konkreten Fall gab ein Schäfer diese Winterweidehaltung vollständig auf, da immer wieder Wolfsrisse an seinen Schafen vorkamen und ein solider Schutz der Schafherde durch mobile Zäune auf den Fremdbesitzweiden aufgrund der Bodenbeschaffenheit nicht möglich war.

Von der Möglichkeit, künftig einen Winterstall zu nutzen und das Prinzip der Winterweidehaltung aufzugeben, wurde Gebrauch gemacht. Der enorme Vorteil dieser Winterstallhaltung liegt im rund um die Uhr gegebenen Herdenschutz. Der gravierende Nachteil dieser Stallhaltung ist, dass alles Futter herangeschafft und sämtlicher anfallender Mist auf Grünland ausgebracht werden muss. Im Vergleich zur Winterweidehaltung liegen die Stallhaltungskosten um 1/3 höher, was sehr große Herausforderungen an den Betrieb stellt.

Abbildung 375: Winterstall für 800 Mutterschafe

Anbindehaltung vermeiden

Schafe und auch Ziegen sind ohnehin schon leichte Beute für Wölfe. Daher sollte die Anbindehaltung (tüdern) im Freien künftig vermieden werden.

Gehegewild – hier Damwild

Wie in Kapitel 4.3 beschrieben, wird Damwild ganzjährig in Gehegen gehalten. Die Gehege müssen mit Witterungsschutz (Offenstall) und mit Deckung ausgestattet sein.

Ein verändertes Tiermanagement zu den bisherigen Tierhaltungsbedingungen erscheint als unmöglich, was somit die prinzipielle Idee der allnächtlichen Aufstallung ad absurdum führt. Damwild ist eine Wildtierart und lässt sich nicht ohne erheblichen Stress in Ställe treiben und über Nacht einsperren. Hiervon muss abgeraten werden.

Pferde und Ponys

In der Betrachtung der heute üblichen Pferdehaltung – unabhängig vom Vorhandensein wild lebender Wölfe – in Kombination mit bisher (April 2017) einer nachgewiesenen Ausnahme von Übergriffen auf Fohlen (Sachsen-Anhalt) sollte die Frage berechtigt sein dürfen, ob überhaupt ein Veränderung im Tiermanagement bei als wehrhaft zu beurteilenden Pferden und Ponys erforderlich ist, auch wenn ein geringes Restrisiko für einen Wolfsübergriff bestehen bleibt.

Hier kann abseits des zuvor ausführlich beschriebenen Zaunbaus als Herdenschutzmaßnahme im veränderten Tiermanagement allenfalls anzuraten sein, Abfohlungen ausschließlich nur in Ställen stattfinden zu lassen, um das ohnehin geringe Risiko noch weiter zu minimieren.

Kranke, geschwächte oder verletzte Pferde und Ponys sollten, sofern es durch den Tierarzt befürwortet wird, aufgestallt werden. Ist für den Genesungsprozess ein Voll- oder Teilzeit-Außenaufenthalt des Tieres erforderlich, kann die vorherig getätigte Einzäunung nach den Empfehlungen dieses Buches zum wolfsabweisenden Grundschutz ratsam sein, um auch hier das Risiko weiter zu minimieren.

Mit Blick auf das Sozialverhalten der Pferde dürfen deren spezifischen Bedürfnisse natürlich nicht außer Acht gelassen werden. So sind es z.B. Junghengste, die nicht mal eben jeden Abend aufgestallt werden können, weil sie ansonsten täglich aufs Neue mit Rangordnungskämpfen befasst wären.

Abbildung 376: Möchte man Junghengst allabendlich aufstallen, muss eine entsprechende Anzahl Boxen vorhanden sein.

Rinder

Bei der Beleuchtung von Veränderungsmöglichkeiten im Tiermanagement gilt es, die Milchviehhaltung von Mutterkuhhaltung zu unterscheiden.

Rinder-/Mutterkuhhaltung

Im Vergleich zu den anderen Nutztierarten Schaf, Ziege, Gehegewild, Milchkuh und eventuell Pferd ist der finanzielle Aufwand für die Errichtung von wolfsabweisenden Zäunen pro Mutterkuh (mit Kalb) bei der Weidehaltung in vielen Fällen am höchsten, wenn man alle von der Weidehaltung betroffenen Flächen (ganz gleich ob Eigentum oder Pacht) einzäunen würde – erst Recht bei mehreren nicht arrondierten Flächen. Diesbezüglich dürfte eine umfassende Zaunaufwertung vielerorts ausbleiben, vorrangig auf Pachtflächen.

Mutterkuhhaltungen können im Allgemeinen sehr unterschiedlich gestaltet sein. Am Beispiel des in Kapitel 4.4.2 beschriebenen Betriebes soll beleuchtet werden, welche Möglichkeiten zur Veränderung im Tiermanagement es geben könnte, ohne den ganzen Betrieb mit wolfsabweisenden Zäunen ausstatten zu müssen, was in keinem Kosten-Nutzen-Verhältnis stehen würde. Zur Erinnerung: Hofnahe Mutterkuhhaltung von im Durchschnitt 40 bis 45 Tieren (Summe beider Geschlechter in allen Altersklassen) auf einer insgesamt 13,28 ha großen Weidelandschaft (Eigentum) gehalten. Diese Fläche ist insgesamt von 3.580 m Flurstückgrenzen umgeben (rote Linien in Abbildung 376), mit 9 Weidetoren und 3 zu überzäunenden Vorflutern. Dazu kommen noch weitere 5,37 ha abgelegene Flächen in einem Moorgebiet. Die Mutterkuhhaltung wird nach einem Umtriebsweidesystem praktiziert.

Den ganzen Betrieb mit 3.580 m wolfsabweisenden Zaun auszurüsten ist unwirtschaftlich. Sinn kann die entsprechende Einzäunung einer im Vergleich deutlich kleineren Fläche machen, die dann den Stall mit einzäunt. Je nach Möglichkeiten sollte das optimale Verhältnis von Zaunlänge zu eingezäunter Fläche gewählt werden. Hierin könnten im Bedarfsfall einzelne verletzte Tiere vorübergehend untergebracht werden. Sorgen bereitet Mutterkuhhaltern die Phase im Leben der Kälber nach etwa der achten Lebenswoche, bei der die Kälber sich nach und nach von der Mutter abnabeln und die Mütterlichkeit, Verteidigungsbereitschaft der Mutterkühe in Bezug auf ihren Nachwuchs nachlässt. In diesem Zeitfenster werden die immer noch jungen Kälber also nicht mehr intensiv von ihren Müttern geschützt, können sich aber auch noch nicht selber schützen. Hierbei könnte es vielleicht eine Möglichkeit sein, die ersten Wochen dieser kritischen Phase die Mutterkühe mit Nachwuchs im eingezäunten Bereich verbleiben zu lassen. Die Kälber würden erst dann den eingezäunten Bereich verlassen dürfen, wenn sie für Wölfe als weniger attraktiv erscheinen. Fraglich ist, ob der natürliche Futteraufwuchs reichen wird oder ob bereits zugefüttert werden muss. Ferner dürfte der einzäunte Bereich auch von daher schon nicht zu klein gewählt sein, damit die Tiere die Fläche nicht morastig treten. Auf allen anderen Flächen wäre ein Restrisiko in Kauf zunehmen, dass es doch zu einem Wolfsübergriff kommen könnte.

Abbildung 377: Luftbildaufnahme – Verteilung der Weiden mit Mutterkuhhaltung

Eine allnächtliche Aufstallung der Mutterkühe mit Nachwuchs, ist häufig gar nicht möglich, weil oft auf natürliche Witterungsschutzmöglichkeiten zurückgegriffen wird. Weiterhin ist festzustellen, dass nicht alle Mutterkuhrassen für eine allnächtliche Aufstallung geeignet sind.

Bei Mutterkühen werden drei Aufzuchtphasen unterschieden: Nach der Geburt des Kalbes leckt die Mutter es trocken und säugt es immer wieder. Vom ca. dritten bis zehnten Tag legt die Mutterkuh das Kalb in Deckung ab und kehrt immer wieder dorthin zurück, um es zu säugen. Ab etwa dem 11. Tag folgt das Kalb der Mutter, wobei mit ungefähr 8 Wochen die Abnabelung von der Mutter zu beobachten ist. Damit die Mutterkühe ihre Kälber nicht am Zaun ablegen (konventionelle Zäune, z.B. 3-reihig Stacheldraht), sollten deckungsreiche Ablageorte für die Kälber gestaltet werden, die z.B. in der Mitte der Weide gelegen sind:

- Buschinsel anpflanzen, zunächst mit Stromdraht abzäunen, damit sie gedeihen und wachsen kann
- »alte« Heuballen verschiedentlich auslegen
- Ggf. ausrangierten Traktoranhänger auf die Weide stellen (könnten jedoch auch als Scheuergegenstand von den Muttern genutzt werden)

Diese Gestaltungsformen dienen dazu, das »Lying out« dorthin zu lenken – also das Aufsuchen von ruhigen und geschützten Plätzen durch die Kälber selbst für Liegeperioden.

In Ergänzung könnten die Mutterkuhweiden innen am Zaun entlang gemäht werden (ringsum verlaufende Schneise), so dass Kälber nicht am Rand abgelegt werden oder später von sich aus dorthin gehen, wo sie dann für Wölfe leichter erreichbar wären. Hierbei kann es jedoch einen Zielkonflikt in Naturschutzgebieten geben, in denen genau das verboten sein kann. Andere Arten sollen genau dort möglicherweise geschützt werden. Eine Fragestellung dazu könnte sein, ob außerhalb der Brut- und Setzzeit gemäht werden dürfte. Macht aber das aus Sicht des Mutterkuhhalters dann noch Sinn?

Rinder / Milchkuhhaltung

Da die Milchkuhhaltung ganz anders funktioniert als die Mutterkuhhaltung, schränken sich die Gedanken um ein verändertes Tiermanagement deutlich ein und es bleiben nur drei wesentliche Möglichkeiten übrig:

- Alle Weiden werden wolfsabweisend eingezäunt, sodass alle Rinder eines Betriebes geschützt sind.
- Nur hofnahe Flächen werden wolfsabweisend eingezäunt und stehen Milchkühen für den Weidegang zur Verfügung. Im Sommerhalbjahr abseits weidendes Jungvieh wird bewusst nicht wolfsabweisend eingezäunt.
- Es werden gar keine Flächen wolfsabweisend eingezäunt. Alle Rinder aller Altersklassen werden ganzjährig aufgestallt. Alle Weiden werden zur maschinellen Futtergewinnung in Wiesen umgewandelt.

12.6 Halsbänder am Nutztier

Halsbänder kennt man normalerweise vom besten Freund des Menschen, dem Hund. Manche Halsbänder dienen eher der Dekoration, die meisten sollen dem Halter eine gewisse Kontrolle über den Hund geben, indem die Leine am Halsband befestigt wird.

Es existieren aber auch Halsbänder, die man einem potentiellen Beutetier umlegen kann, z.B. den eigenen Schafen. Diese Halsbänder werden im englischsprachigen Raum auch unter dem Begriff »animal armour«, also »Tier-Rüstung«, zusammengefasst. Das Repertoire an Halsbändern ist erstaunlich groß; es gibt solche, die für den Angreifer tödlich sind, andere lösen einen Alarm aus, um den Beutegreifer zu vertreiben, wieder andere sollen das Raubtier einfach nur am Zupacken hindern. In diesem Kapitel sollen einige dieser verschiedenen Halsbänder – ohne Anspruch auf Vollständigkeit – vorgestellt werden.

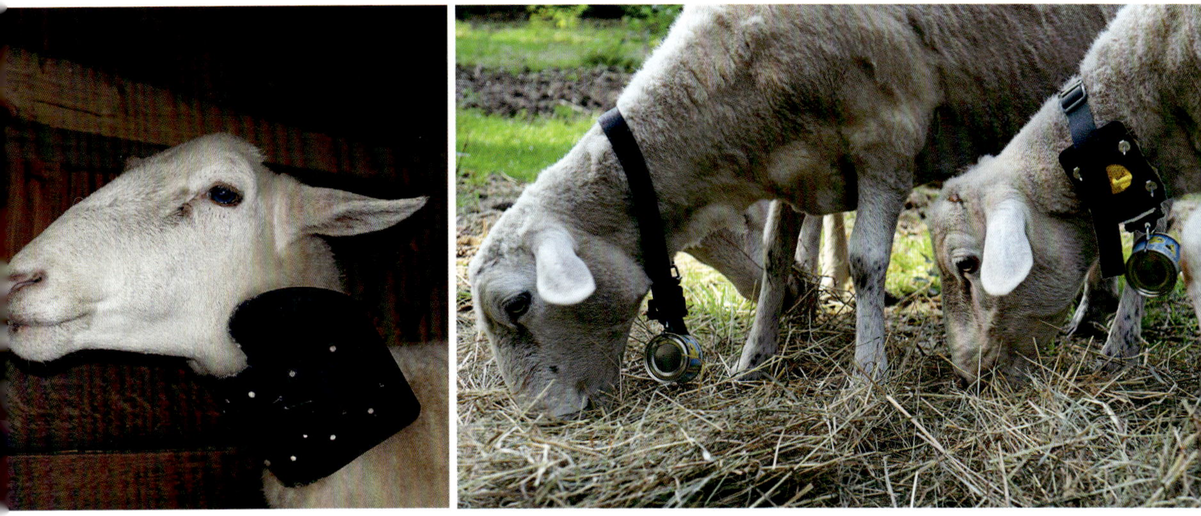

Abbildung 378: King Colar im Einsatz

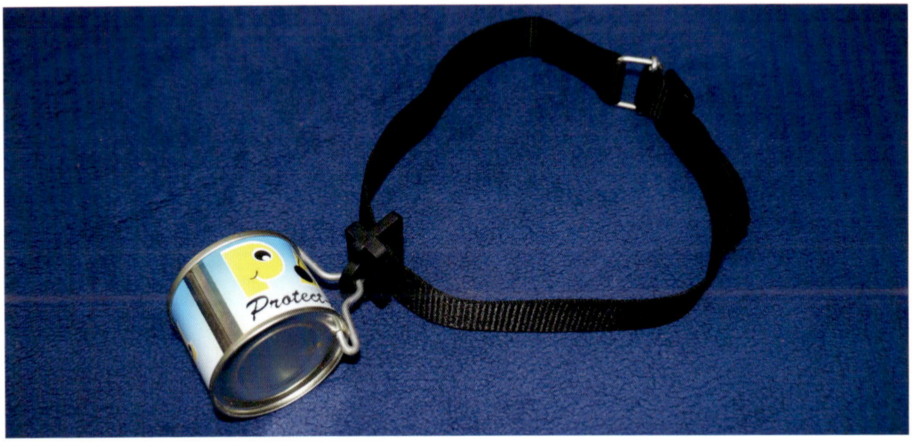

Abbildung 379: Protect-A-Lamb-Bells

Mechanischer Schutz

Das wohl kostengünstigste Halsband für Beutetiere ist das »King Collar« (collar, engl. = Halsband).
Es handelt sich hierbei um einen festen Plastikschutz, der den Schafen um die Kehle gelegt wird. Das besondere an diesem Schutz, der ursprünglich Kojoten am Töten der Schafe hindern sollte, ist, dass auch die Wangen des Schafes bedeckt werden, wo Kojoten sonst oft zupacken, um das Schaf zu Boden zu reißen.

Es existieren optisch identische Halsband-Modelle aus Edelstahl, die natürlich etwas teurer sind als die Plastik-Version.

Protect-A-Lamb-Bells (»Schütze-ein-Lamm-Glocken«), Halsbänder mit rasselnden Dosen, sollen durch ihren Lärm die Beutegreifer abschrecken. Falls sich ein Schäfer o.ä. in der Nähe befindet, könnte diese Person durch den Lärm aufmerksam werden und ggf. eingreifen. Zum Einsatz kommen sie in Südafrika.

Halsbänder mit elektronischer Überwachung

Diese Halsbänder sind optisch einander sehr ähnlich: an dem gut sitzenden Halsband befindet sich an der Kehle des Schafes hängend eine Plastikbox von ca. 250 g, die Größe entspricht in etwa einem großen Brillenetui.

Das *Farmranger* (ehemals Celmax Collar) ist ein spezielles Halsband mit einer kleinen Senderbox. Pro Herde wird nur ein Halsband benötigt. Die Senderbox meldet dem Tierhalter per SMS, wenn die Herde sich untypisch bewegt. Einmal am Tag bekommt er eine SMS bzw. eine Meldung auf sein Smartphone, dass das System noch funktioniert, und sollte sich das Schaf für einen gewissen Zeitraum nicht mehr bewegen, erhält der Tierhalter ebenfalls eine entsprechende SMS. Die Batterien halten ca. acht Wochen. Da jede Senderbox ihre eigene Mobiltelefonnummer hat, können ohne Probleme mehrere Herden mit Farmranger-Halsbändern ausgerüstet werden.

Der *E-Shepherd* (»E-Hirte«) kombiniert Licht und Ultraschall (25.000–100.000 Hz) mit einem Bewegungsmelder, um Beutegreifer zu vertreiben, es wir aber pro Schaf ein Halsband benötigt. Am Halsband ist eine kleine Box befestigt, in der sich LEDs und ein Ultraschall-Gerät befinden. Wie beim Farmranger wird durch die hektische Bewegung des Schafes der optisch-akustische Alarm ausgelöst. Dieser soll das Raubtier erschrecken, damit es sich in Zukunft eher wieder seiner natürlichen Beute zuwendet. Je nachdem, wie oft das Halsband aktiviert wurde, hält die Batterie 14 bis 16 Monate.

Das Halsband »*Modern Shepherd*« (»moderner Hirte«) scheint eine Variation des E-Shepherds zu sein. Alle 50 Sekunden ertönt ein Ton im Ultraschallbereich, der für Menschen und Schafe kaum wahrnehmbar, für Raubtiere, die sich dem Gerät auf unter einen Kilometer nähern, aber sehr unangenehm sein soll. Hinzu kommt, dass das Gerät nachts alle 14 Minuten einen feinen Sprühnebel ausstößt, der den Geruchs- und Geschmackssinn des Beutegreifers irritieren soll. Im Rahmen der Recherchearbeiten konnten der Ultraschallfrequenzbereich und die Zusammensetzung des Sprühnebels nicht ermittelt werden.

Das System *Agri-Alert* kombiniert in einem Halsband für die Nutztiere ein GPS-Überwachungssystem mit Bewegungsmeldern. Das System, das über Raubtierübergriffe oder Diebstahl durch die entstehende Panik der Tiere informieren soll, meldet dem Tierhalter per SMS ungewöhnliche Bewegungen in der Herde, so dass er bei Bedarf eingreifen kann. Agri-Alert kann vielfältig eingesetzt werden, auch zur Überwachung von Wasserständen in Tränken oder im Hühnerstall zur Temperaturüberwachung. Die Batterien der Halsbänder halten etwa zwei Jahre.

Basierend auf den Berechnungen des »Predation Management Forum South Africa« gehört Agri-Alert zu den kostenintensivsten Halsbändern.

Technisch ähnlich, aber kostengünstiger, weil nur ein Halsband pro Herde benötigt wird, ist das Überwachungssystem der Firma HOTGroup. Ein Sensor im Hals-

Abbildung 380: E-Shepherd

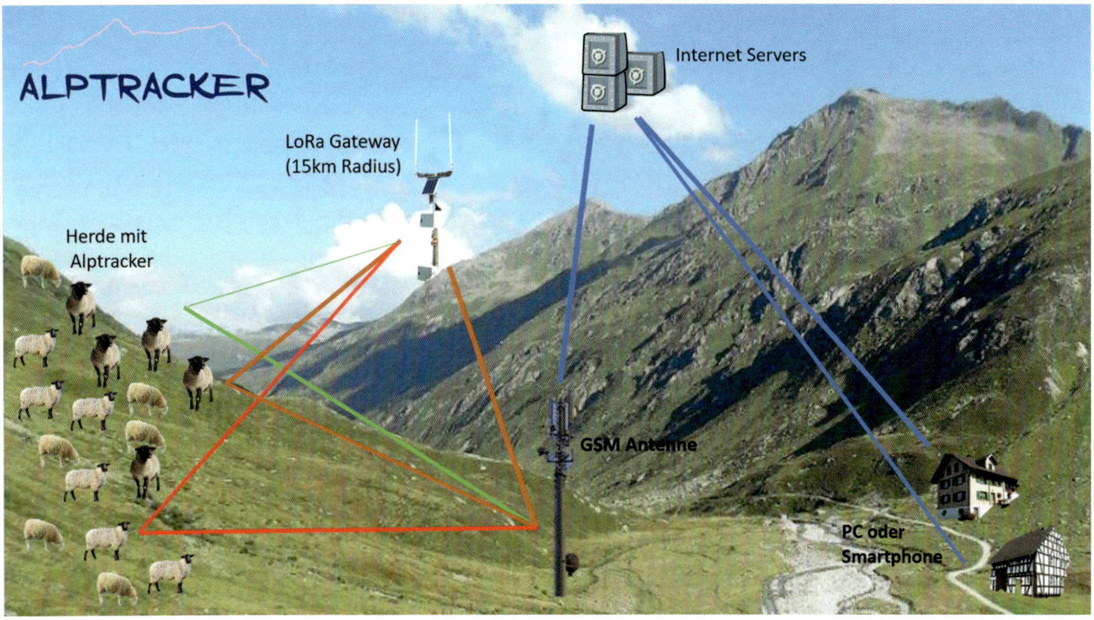

Abbildung 381: Meldeweg des Alptrackers

Abbildung 382: Alptracker-Halsband und Lora-Gateway

band erkennt ungewöhnliche Bewegungen der Herde oder in der Herde und meldet das Ereignis per SMS – auch wenn z.B. die Herde die vorgesehene Fläche verlässt, extreme Temperaturschwankungen, Verhaltensänderungen durch Krankheiten etc. vorkommen

Auch der deutschsprachige Markt hat ein ähnliches System vorzuweisen: Die Firma TECSAG mit Sitz in der Schweiz testet ihre eigene Version eines Herdenschutz-Halsbandes, den *Alptracker*. Eingesetzt wird dieses Halsband nicht nur als Ortungssystem für die während des Alpsommers frei weidenden Schafherden. Auch bei diesem Modell enthält das Halsband, dessen Batterie 180 Tage lang halten soll, neben einen GPS-Sensor einen Bewegungssensor, der auf hektische Bewegungen der Herde reagiert. Der ausgelöste Alarm wird über ein Funknetz über eine Antenne, die auf der Alp aufgestellt wird und eine Reichweite von 15 km hat, an das Mobilfunknetz übermittelt und landet als Nachricht auf dem Smartphone des Tierhalters. Zusätzlich enthält das Halsband einen Feuchtigkeits- und Temperatursensor, um z.B. vor möglichen Unwettern warnen zu können.

Halsbänder mit unangenehmen oder tödlichen Folgen für den Beutegreifer

Da nicht nur Wölfe, sondern auch Kojoten bei der Jagd den Kehlbiss anwenden, wurden in den USA Halsbänder geschaffen, die beim Zubeißen dem Raubtier eine tödliche Dosis Natriumfluoracetat ins Maul entleeren. Natriumfluoracetat (»Compound 1080«) wurde ursprünglich als Nagergift eingesetzt, das in den Citratzyklus der Zelle eingreift, wodurch die Energiesynthese und der Stoffwechsel der Körperzelle eingeschränkt werden. Der Verkauf wurde aber wegen der Wirkung auf größere Säugetiere wieder eingeschränkt. Das Gift darf jedoch in den USA, Australien und Neuseeland in den »Livestock Protection Collars« (kurz: LPC, »Nutztier-Schutz-Halsband«) verwendet werden (Proudfoot et al. 2006).

Am Halsband des Schafes befinden sich Kapseln mit dem Compound 1080. Packt der Beutegreifer richtig zu, beschädigt er diese Kapseln, sodass das Gift in den Fang des Raubtieres hinein freigesetzt wird. Der Tod tritt laut LPC-Gebrauchsanweisung nach zwei bis sieben Stunden ein. Es stirbt aber nicht nur der Angreifer, auch das Schaf überlebt den Angriff normalerweise nicht (Informationsblatt der Wildlife Services, Mai 2010).

Als nicht-tödliche Alternative wurden die »Vichos non-lethal collars« (»Vichos nicht-tödliche Halsbänder«) entwickelt. Anstelle des Compound 1080 befindet sich in den Kapseln der Chiliextrakt *Oleoresin Capsidum*, also Capsaicin, ein Bestandteil des Pfeffersprays. Dem Beutegreifer sollte quasi der Appetit auf Schafe vergehen.

Eine ebenfalls nicht-tödliche Variante der Vichos-Halsbänder wurden von Burns et al. geprüft und ihre Ergebnisse 1984 veröffentlicht. Für die Tests wurden Kojoten, die alle schon Schafe gerissen hatten, in einem großen Gehege mit Lämmern konfrontiert, die Halsbänder mit den unterschiedlichsten Chemikalien trugen. Einige dieser Chemikalien beeinflussen bei Aufnahme in den Körper den Blutkreislauf, andere rufen Übelkeit und Erbrechen hervor, die nächsten griffen das Nervensystem an, und eine Chemikalie ruft Lethargie und Unterkühlung hervor. Wie bei der Geschmacksaversion (vergl. Kapitel 12.9) sollten die Kojoten das Töten eines Lammes als »unangenehm« empfinden (Burns et al. 1984).

Abbildung 383: Toxic Collar

Die Ergebnisse der Halsbänder-Tests

Zu den elektronischen Überwachungshalsbändern waren keine Untersuchungen zur Erfolgsquote zu finden. Einige Berufsschäfer ließen aber verlauten, dass – auch wenn diese Überwachungshalsbänder keine echte Herdenschutzmethode darstellen – das Wissen, dass es in der Herde gerade keinen Stress gibt, für diese Schäfer eine Beruhigung bietet und sie morgens entspannt zu ihren Herden fahren lässt; ohne Angst, auf gerissene Tiere zu stoßen.

Betrachtet man die Ergebnisse der Studien zu den anderen Halsbändern, muss man feststellen, dass außer den tödlichen Halsbändern, den Livestock Protection Collars, keine einen Erfolg vorweisen konnten.

Die Halsbänder aus Plastik bzw. Edelstahl kommentierte ein erfahrener Raubtierjäger in Südafrika folgendermaßen: »Sobald die Schakale zwei- oder dreimal erfolglos versucht hatten, ein Schaf wie üblich an der Kehle zu packen, änderten die Raubtiere ihre Taktik und attackierten die Schafe von hinten. Zum Teil waren die Schafe noch nicht tot, als die Schakale anfingen, sie zu fressen.« (Schneekluth, pers. Mitteilung).

Diese Beobachtung spiegelt genau das wider, was Burns et al. (1984) bei ihren Halsband-Tests beobachteten: Die Kojoten attackierten weiterhin Schafe mit Halsbändern, aber nicht wie üblich am Hals, sondern an den Flanken und am Hinterleib, wodurch sie den Lämmern schwere, aber nicht tödliche Wunden zufügten.

Dasselbe gilt für Masons und Burns´ Versuche mit den Vichos-Halsbändern mit Capsaicin – die Kojoten blieben erstaunlich unbeeindruckt: Einige packten die Lämmer an der Kehle, bekamen eine Dosis Caspaicin, schüttelten sich kurz und griffen dann die Flanken des Lammes an. Andere Kojoten fassten von vornherein nach den Flanken. An diesem Punkt wurden die Versuche mehrmals unterbrochen und die Lämmer aufgrund ihrer Verwundungen eingeschläfert (Mason und Burns 1996).

Das südafrikanische Forum für Nutztierrisse (Predation Management Forum, PMF) stellt die hier gelisteten Halsbänder auf seiner Webseite vor und macht deutlich, dass die Halsbänder zwar einen Schutz darstellen können, der Schutz aber nur von kurzer Dauer ist. Empfohlen wird ein steter Wechsel der unterschiedlichsten Schutzmethoden im Drei- bis Vier-Wochen-Takt.

Die Halsbänder können schützen, aber offensichtlich nur für einen kurzen Zeitraum. Der Nutzen scheint im Vergleich zum Schaden eher gering, sind doch die Schafe, die von hinten angegriffen und verletzt, aber möglicherweise nicht getötet werden, die Leidtragenden.

Das einzige »erfolgreiche« Halsband scheint das tödliche Livestock Protection Collar zu sein, wobei hier die Einschränkung zu beachten ist, dass die Beutetiere trotzdem sterben, wenn der Wolf sie packt, da das Gift nicht sofort wirkt. Der Schaden – das tote Nutztier – ist also da. Sollte ein Elterntier eines Rudels durch das Livestock Protection Collar zu Tode kommen, sind die Folgen gravierend, wie im Abschnitt »Ist die reguläre Wolfsjagd eine Herdenschutzmaßnahme?« bereits dargestellt.

Der Einsatz solcher Gifthalsbänder ist in Deutschland nicht nur verboten (vergl. Kapitel »Rechtlicher Schutzstatus des Wolfes«), sondern allein schon aus ethischen Gründen abzulehnen. Im Grunde ist ein Schaf, das ein Livestock Protection Collar trägt, nichts anderes, als ein mobiler Giftköder, die nach der Berner Konvention von 1979 in Deutschland verboten sind. Die Auswirkungen der Giftköder werden im Kapitel »Rechtlicher Schutzstatus des Wolfes« genauer erläutert.

12.7 Halsbänder am Wolf

Einsatz von Telereizstrom-Halsbändern

Wenn der Hund vom Wolf abstammt – könnte man den Wolf nicht auch erziehen, wie einen Hund? Es gab eine Zeit, in der Hunde vermehrt mit den sogenannten Telereizstrom-Halsbändern erzogen wurden. Das ist heute in Deutschland verboten. Der Hund, der das entsprechende Halsband trägt, bekommt bei unerwünschtem Verhalten über eine Fernbedienung in der Hand des Erziehers einen Stromstoß (Strafreiz bezgl. des unerwünschten Verhaltens) und lernt durch diese aversive Konditionierung, bestimmte Verhaltensweisen zu unterlassen oder Orte zu meiden – je nach Zielsetzung.

Manchmal hilft auch der Zufall: Den Erzählungen eines alten Jägers nach rannte damals in den 1960er- Jahren sein junger Jagdhund, der – bis dahin ohne dem Einsatz eines Telereizstromgerätes – gut erzogen worden war, sich aber gerade in den Flegelmonaten befand, hinter einem Hasen her quer über eine Kuhweide und ignorierte den gepfiffenen Befehl, zurückzukehren. Just in dem Moment, als der zweite Pfiff ertönte, kroch der Hund unter dem stromführenden Weidezaundraht durch, der die Weide begrenzte, und berührte diesen. Zitat des Jägers: »Der Hund jaulte kurz auf, machte auf der Stelle kehrt und saß zwei Sekunden später neben mir. Von da an war er der beste Jagdhund, den ich je hatte. Wann immer ich auf Rückruf pfiff, kam der Hund sofort zu mir zurück.«

Der »unsichtbare« Hundezaun funktioniert nach demselben Prinzip: Der Hund trägt am Hals einen Empfänger und bewegt sich in einem von einem Antennendraht, der den »unsichtbaren« Zaun ausmacht, umgebenen Areal. Kommt der Hund dem Antennendraht zu nahe, ertönt aus dem Empfänger ein Signalton, der den Hund warnt, läuft der Hund weiter in die Richtung, erfolgt die Strafe in Form eines Stromschlages.

Mit dieser Telereizstrom-Methode lassen sich auch eigenwillige Hunde erziehen, mit den Geräten kann aber auch viel Schaden angerichtet werden, weshalb ihre Nutzung in Deutschland aufgrund eines Gerichtsurteiles verboten wurde. Für die meisten domestizierten Hunde reicht meistens eine »Korrektur«, wie der Stromschlag euphemistisch auch bezeichnet wird, nicht aus, um ein ungewolltes Verhalten zu unterlassen, es bedarf normalerweise mehrerer Wiederholungen (Coppinger and Coppinger 2001, in Rossler et al., 2012).

Wild lebende Wölfe zu erziehen, klingt erst einmal nach einem Witz, aber im Rahmen des nordamerikanischen Raubtiermanagements suchte man nach Kontrollansätzen, die für Wölfe und Kojoten nicht tödlich enden, da nicht-tödliche Managementmethoden (non-lethal methods) in der (amerikanischen) Gesellschaft wesentlich besser akzeptiert werden als tödliche (lethal methods) (Reynolds and Tapper 1996, in Rossler et al., 2012; Reiter et al., 1999). Außerdem sind Wölfe intelligente, territoriale Tiere mit der Fähigkeit, zu lernen, und der Fähigkeit, das Erlernte über lange Zeiträume umzusetzen (Mech 1970 in Rossler et al., 2012). So kamen einige Forscher dazu, Telereizstrom-Halsbänder an wild lebenden oder auch in Gefangenschaft lebenden Wölfen bzw. Kojoten zu testen.

Andelt et al. (1999) testeten die Halsbänder an in Gefangenschaft lebende Kojoten (*Canis latrans*) und stellten fest, dass die Strafe, die die Kojoten während der Attacke auf Schafe erhielten, noch über vier Monate später Wirkung zeigte, und die Kojoten von Schafen abhielt. Shivik et al. (2003) hingegen konnten bei ihren Versuchen mit in Gefangenschaft lebenden Wölfen keine Langzeitwirkung der Halsbänder feststellen. Die Forscher bemerkten eine hohe Variabilität in den Reaktionen zu der Korrektur und vermuteten darin die mangelnde Konditionierung. Schultz et al. (2005) beobachteten, dass die Wölfe eines wild lebenden Rudels einer Farm zwar fernblieben, durch die Korrekturen aber nicht die Reviergrenzen oder der Rendezvousplatz verschoben wurden. Der Versuch zeigte auch, dass die Wölfe keine richtige Langzeitaversion gegen die Farm entwickelten, das Ergebnis sich aber geringfügig verbesserte, wenn die Wölfe vor der Korrektur eine akustische Warnung erhielten. Hawley et al. (2009) wollten wild lebende Wölfe von bestimmten Orten fernhalten – die mit Halsbändern ausgerüsteten Tiere mieden zwar bestimmte Orte, solange sie in deren Nähe bestraft wurden, entwickelten aber keine langfristige Aversion gegen den Ort. Sie kehrten allerdings seltener zurück als vor dem Versuch, auch die Verweildauer dort war reduziert. Rossler et al. (2012) bestätigten dieses Ergebnis.

Alle diese Forscher sind sich einig, dass ein weiterer Forschungsauftrag besteht, da die Zahl jeweiligen der Versuchstiere sehr gering war, die Ergebnisse scheinen aber darauf hinzuweisen, dass die Telereizstrom-Halsband-Methode durchaus funktionieren kann – Verhaltensveränderungen bei der Nahrungssuche und der Bewegung im Revier wurden bei in Gefangenschaft lebenden Kojoten nachgewiesen (Linhart et al., 1976; Andelt et al., 1999), bei in Gefangenschaft lebenden Wölfen (Shivik et al., 2003), bei Insel-Graufüchsen (*Urocyon littoralis*) (Cooper et al., 2005) sowie bei wild lebenden

Wölfen (Schultz et al., 2005; Hawley et al., 2009; Rossler et al. 2012).

Rossler et al. (2012) beobachteten, dass die Halsband tragenden Wölfe jene Orte seltener besuchten, an denen sie bestraft wurden – ihre Rudel-Mitglieder ohne Halsband hingegen suchten diese Orte immer wieder auf, denn hier war Beute als Köder ausgelegt worden. Interessanterweise bemerkten Rossler et al. (2012), dass die Wölfe der Kontrollrudel, von denen keiner ein Halsband trug und somit auch nicht bestraft wurde, die zu Vergleichszwecken angelegten Köderplätze stärker frequentierten als die Wölfe aus dem Rudel mit dem »Halsband-Träger«. Es hat laut Rossler et al. (2012) also den Anschein, dass die Wölfe von dem Wolf mit dem Elektro-Halsband gelernt hatten, dass dieser Köderplatz »unangenehm« ist. Dieses Lernen setzt voraus, dass die Wölfe entweder direkt beobachteten, wie das eine Rudel-Mitglied bestraft wurde – man nennt es »soziales Lernen«: Weingrill et al. hatten 2005 einen Versuch mit der Äthiopischen Grünmeerkatze *(Chlorocebus aethiops*, eine sehr soziale Primatenart) gestartet, bei der Artgenossen beobachteten, wie ein Gruppenmitglied bestraft wurde und dadurch lernten, einen gewissen Ort zu meiden – oder die Information »böser Ort« muss in indirekter Form weitergegeben werden. Da Wölfe indirekt über Geruchsmarken und Kratzspuren kommunizieren (Mech und Boitani 2003), und insbesondere im Urin auch Informationen wie »Ich habe hier Stress/Angst« weitergeben werden können, können später vorbeikommende Wölfe über die Urinmarken – bis zum nächsten Regen – lernen, dass an diesem Ort etwas nicht stimmt. Rossler et al. (2012) sehen in der durch Wetter o.ä. verfälschbaren indirekten Kommunikation die Ursache für die weiteren Besuche der Rudel-Mitglieder ohne Halsband am Köderplatz.

Wenn ein Rudel lernt, bestimmte Bereiche seines Reviers – z.B. einen landwirtschaftlichen Betrieb – zu meiden, dieser Betrieb aber auf der Grenze zweier Reviere liegt, könnte das zweite Rudel den Betrieb in sein Revier integrieren, und das Problem würde eventuell von Neuem beginnen (Rossler et al., 2012), weshalb ein wenig Vorsicht geboten sein sollte bei der Verwendung der Halsbänder.

Basierend auf ihren Ergebnissen und unter Berücksichtigung der unterschiedlichen Resultate der anderen Forscher gehen Rossler et al. (2012) davon aus, dass die Reizstrom-Halsbänder eine Möglichkeit darstellen, Wölfe im Frühjahr und Sommer, wenn sie auch für die Welpen Nahrung benötigen, von landwirtschaftlichen Betrieben und den Nutztieren auf den Weiden fernzuhalten. Die Forscher vermuten, dass eine längere Batterielaufzeit bei den Halsbändern, die den Wölfen eine längere »Bestrafungs- und Lernphase« ermöglicht, auch zu einer besseren Langzeitkonditionierung führt.

Könnte dieses System auch in Deutschland funktionieren? Wenn man sich vor Augen führt, dass Wisconsin etwa doppelt so groß ist wie Bayern, aber nur halb so viele Einwohner hat (Stand 2015), liegt die Vermutung nahe, dass in Wisconsin die Bevölkerungsdichte und die Dichte der landwirtschaftlichen genutzten Flächen wesentlich geringer ist als in Deutschland. Würde man versuchen, ein Wolfsrudel von den Flächen des Bauernhofes A fernzuhalten, brächte man sehr wahrscheinlich den Nachbar-Hof B in Bedrängnis, weil für die Wölfe vielleicht die Ausweichfläche nicht vorhanden ist, um sich von Nutztieren, in deren Nähe sie bestraft werden würden, fernzuhalten.

Einen Funkmast aufzustellen, der die Halsbänder der Wölfe triggert, sobald die Wölfe sich dem Mast und damit einem landwirtschaftlichen Betrieb zu sehr nähern, wäre wohl das kleinste Problem. Es ergeben sich aber wieder die Fragen, wer denn die Kosten übernimmt, wer die Wölfe wie betäubt und mit den Halsbändern bestückt – und diese nach dem Verbrauch der Batteriekapazität wieder einsammelt.

Abseits einer artschutzrechtlichen Betrachtung ist die Methode mit dem Telereizstrom-Halsband für Einzelfälle vielleicht einsetzbar – auf jeden Fall müsste sie vor dem Einsatz weiter wissenschaftlich getestet werden.

12.8 Biofencing – der »biologische Zaun«

In der Geschichte der Menschheit spielten Grenzen seit jeher eine Rolle. Zur Abgrenzung von Anderen wurden teilweise beeindruckende Bauwerke errichtet – die Chinesische Mauer sei nur ein Beispiel. Mit der Sesshaftwerdung und der vermehrten Nutztierhaltung wurden kleine Zäune zum einfachen Hüten der Herden eingesetzt, aber auch um das eigene Land von dem des Nachbarn zu trennen oder wilde Tiere fernzuhalten.

Manche Tiere lassen sich nur schwer von Zäunen begrenzen – der Afrikanische Elefant (*Loxodonta africana*) hat sich bei der Bevölkerung Ost- und Südafrikas durchaus unbeliebt gemacht, weil die wandernden Elefantengruppen sich jede verfügbare Nahrung zu eigen machen, natürlich auch die Früchte auf den Feldern. Da die Elefanten nachts über die Felder herfallen, können die Farmer nur versuchen, die Tiere mit Steinwürfen, Geschrei und Schüssen in die Luft zu vertreiben. Allerdings führt diese Zurschaustellung von menschlicher Aggression oft zu entsprechend aggressivem Verhalten bei den Elefanten, die zum Angriff übergehen. Diese Konfrontation führte in der Vergangenheit immer wieder zu verletzten oder gar getöteten Menschen und Elefanten Eine mögliche Lösung für den Konflikt fand sich in der Afrikanischen Honigbiene (*Apis mellifera scutellata*):

Der Geruchssinn der Elefanten ist für ihre Kommunikation und Ernährung wichtig (Marschner 1970; McComb et al. 2000 in Vollrath und Douglas-Hamilton 2002), zusätzlich haben die Tiere ein hervorragendes Gehör (Payne 1998 in Vollrath und Douglas-Hamilton 2002). Es war bereits bekannt, dass Elefanten Bienenstöcke nicht beschädigten und auch nicht in ihrer Nähe nach Nahrung suchten – in Regionen Kenias kursieren Anekdoten über Elefanten, die »Angst« vor Bienen haben (King et al. 2009) – so dass Vollrath und Douglas-Hamilton (2002) Elefanten auf Nahrungssuche das Summen aufgeregter Bienen vorzuspielen, was die jeweiligen Elefanten zur Flucht veranlasste. Das Gegenexperiment mit einen Violoncello-Konzert von Johann Sebastian Bach beeinflusste die Elefanten scheinbar nicht.

King et al. (2009) vertieften diese Versuche, indem sie Bienenstöcke an Feldrändern entlang aufstellten, mit vielversprechenden Ergebnissen. King et al. (2010) entdeckten, dass sich die Elefanten durch akustische Signale sogar gegenseitig vor den Bienen warnten. Die gesammelten Daten führten King et al. zu dem Schluss, dass es sich bei der Bienen-Zaun-Methode, also einer biologischen Einzäunung der Felder, um eine effiziente Möglichkeit handelt, die Felder vor der Vernichtung durch Elefanten zu schützen. Ein wichtiger Aspekt dieser Methode ist, dass die afrikanischen Landwirte auch noch weiteren Nutzen aus dem kostengünstigen, pflegeleichten Bienen-Zaun ziehen – Honig und bessere Ernte durch die Bestäubung der Pflanzen durch die Bienen – sodass diese Methode in den entsprechenden Regionen Kenias guten Anklang findet.

Hier wurde ein biologischer Zaun, im Englischen »biofence« oder »bioboundary« genannt, erschaffen. Biologische Zäune sind im Grunde Abschreckungsmittel, bei denen ein bestimmtes angeborenes Verhalten eines Tieres ausgenutzt wird, um besagte Tiere von einem bestimmten Ort fernzuhalten (Anhalt et al. 2014). Nicht nur Menschen, auch Tiere grenzen sich voneinander ab. Am Bekanntesten – weil omnipräsent – ist wohl das Markieren durch Urin beim Haushund. Seine wilden Vorfahren, die Wölfe, nutzen Kot und Urin nicht nur zur Begrenzung ihrer Reviere, vorzugsweise an den Grenzen und markanten Punkten wie Wegkreuzungen (Barja et al. 2004), sie übermitteln mit den Markierungen auch Informationen über die im Urin enthaltenen Pheromone. Revier-Markierungen halten je nach Wetterlage mehrere Tage, können auch nachts »gelesen« werden (Ausband et al. 2013), und die Revierinhaber können mit ihnen Konflikte vermeiden (Moorcroft et al. 1999). Auf der Isle Royal im Lake Michigan (USA) wurde beobachtet, wie Wölfe ihre Wanderrichtung änderten, wenn sie auf Reviermarkierungen des Nachbarrudels stießen (Peterson 1977, in Ausband et al. 2013). Ausband et al. (2013) stellten deshalb die Hypothese auf, dass es möglich ist, Wölfe mit von Menschenhand ausgebrachten Reviermarkierungen aus dem Urin und Kot eines fremden Rudels zu lenken, so wie die Elefanten sich von den Bienen lenken ließen. Die Versuche mit drei Wolfsrudeln liefen in Idaho, wo man in den Revieren fremde Reviermarkierungen ausbrachte, so das Revier »verkleinerte« und über GPS-Halsbänder die Bewegungen des jeweiligen Rudels auswertete. Nutzten sie weiterhin den durch falsche Markierungen abgegrenzten Bereich des Reviers?

Interessanterweise lief im selben Jahr wie die Versuche in Idaho, also 2010, eine Testreihe mit derselben Fragestellung in Wisconsin. Hier untersuchten Anhalt et al.

Abbildung 384: Gehegewölfe beriechen fremde Losung und markieren darüber

(2014), ob sich Wölfe durch fremde Reviermarkierungen von ihren Rendezvous-Plätzen, dem Lebensmittelpunkt des Reviers, vertreiben lassen. Zusätzlich nutzen die Forscher noch die »Heulbox«, mit der das Geheul eines unbekannten Rudels abgespielt wurde.

Die Ergebnisse waren ernüchternd: Während Ausband´s (et al. 2013) Wölfe in Idaho sich zwar im ersten Jahr an den Biozaun hielten, obwohl dahinter in einem Fall sogar eine Schafherde zu finden war, bewegten sich die Wölfe im zweiten Jahr laut GPS-Daten auf beiden Seiten vom Biozaun in ihrem Revier.

Anhalt´s (et al. 2014) Wölfe näherten sich dem biologischen Zaun aus fremden Reviermarkierungen und Geheul aus der Heulbox, beantworteten das »falsche« Geheul und setzten ihre eigenen Markierungen auf die künstlich ausgebrachten Markierungen – sie verteidigten ihr Revier, anstatt sich aus der Gegend ihres Reviers zurückzuziehen.

Der entscheidende Unterschied zu den Afrikanischen Elefanten und den Bienen ist wahrscheinlich, dass die Bienen den Elefanten zusetzen, wenn die Elefanten versuchen, den Bienenzaun zu durchschreiten. Bei den Wölfen geschah bei der Überschreitung der falschen Reviermarkierungen nichts – die Wölfe konnten mit dem Reiz »fremder Kot/Urin« keine negative Erfahrung verknüpfen (vergl. Operante Konditionierung, Kapitel »Jagdverhalten»), die ihnen gelehrt hätte, den besagten Teil des Reviers zu meiden.

Obwohl die Versuchsreihen in Idaho und Wisconsin nur mit geringen Stichproben abliefen und nicht die aufgestellte Hypothese, Wölfe seien mit fremden Kot/Urin in ihren Bewegungen im Revier zu beeinflussen, bestätigen konnten, glauben sowohl Ausband et al. (2013) als auch Anhalt et al. (2014), dass diese Methode weiterführend untersucht werden sollte. Anhalt et al. (2014) meinen außerdem, dass der biologische Zaun eines der vielen Werkzeuge im Bereich des Herdenschutzes sein kann, um den Konflikt Mensch-Raubtier einzudämmen. Ausband et al. (2013) scheinen dem biologischen Zaun nicht abgeneigt zu sein, sehen aber Probleme in der dauerhaften Umsetzung: Bevor eine Möglichkeit gefunden wird, die Überlebensdauer der einzelnen Markierungen auch bei schlechtem Wetter zu erhöhen, halten sie die Kosten und den Zeitaufwand für den biologischen, wolfsabweisenden Zaun für zu hoch.

12.9 Geschmacksaversion

Bei der Anwendung von gustatorischen Maßnahmen zum Herdenschutz geht es darum, den Geschmackssinn der Wölfe derart zu nutzen, dass die Wölfe ihr Interesse an Nutztieren nachhaltig verlieren. Hierzu gab es Untersuchungen in Nordamerika, die unter der Bezeichnung »Aversive Geschmackskonditionierung – Aversive Taste Conditioning (CTA)« bekannt wurden.

Diese überraschend stark diskutierte und vielseitig untersuchte Methode des Herdenschutzes geht zurück auf den Pionier der Wildtierpsychologie, Carl R. Gustavson (1946-1996). Gustavson stellte Anfang der 1970er-Jahre die Theorie auf, dass Kojoten durch Schaffleisch, das mit einem milden Gift versetzt wird und nach dem Verzehr heftige Übelkeit hervorruft, dazu gebracht werden könnten, Schafe als potentiell ungenießbare Beute anzusehen und von ihnen abzulassen.

Die Basis für diese Theorie liefert die Natur selbst: Wer ein Nahrungsmittel zu sich nimmt und danach krank wird, wird das Nahrungsmittel in Zukunft meiden, auch wenn die Ursache für die Krankheit vielleicht woanders lag. Dieses Phänomen ist dem einen oder anderen Leser eventuell aus der Zeit der durchzechten Nächte in Erinnerung geblieben: Das alkoholische Getränk XY wird jahrelang nicht angerührt, weil zum Teil allein der Geruch starkes Unbehagen verursacht, und die Erinnerung an die Folgen der Nacht sind oft Jahre später noch sehr präsent. Dass in diesem Fall eher die Menge und das Durcheinander an Alkohol die Probleme auslösten und nicht das Getränk XY, ist eine andere Geschichte.

Gustavson testete seine Theorie mit einigen Kojoten, einige in menschlicher Obhut aufgewachsen, andere waren Wildfänge. Vereinfacht dargestellt liefen seine ersten Versuche folgendermaßen ab (siehe Gustavson et al. 1974): Den Kojoten wurden zwei Sorten Futter angeboten, erst »sicheres« Hundefutter, nach einigen Tagen gab es die erste Portion »vergiftetes« Hackfleisch. Bei dem »Gift« handelte es sich im Lithiumchlorid (LiCl), eine chemischen Verbindung, die nach dem Verzehr Übelkeit und Erbrechen auslöst. Nach einigen weiteren Tagen mit der Hundefutterdiät wurde den Kojoten wieder Hackfleisch angeboten, dieses Mal ohne die Chemikalie. Die Kojoten fraßen das vermeintlich ungenießbare Hackfleisch nicht.

Die Versuche wurden weiter vorangetrieben, lebende Lämmer und Kaninchen angeboten sowie Köder aus Lammfleisch, versetzt mit Lithiumchlorid und mit Lammfell umwickelt. Die Kojoten machten ihre Erfahrungen mit den Ködern, setzten in ihren Gehegen zum Teil zur Jagd auf die Lämmer an, ließen aber entweder schon vor dem Zubeißen von den Lämmern ab oder töteten sie und kauten sie nur durch, ohne sie zu fressen. Es war teilweise eine Hemmung den Lämmern gegenüber zu beobachten, die sogar so weit ging, dass einer der Kojoten sich vor dem Lamm in seine Kiste zurückzog und das Lamm, das ihm folgte, anknurrte, nach dem Lamm schnappte, dann würgte und sich erbrach. Das Lamm blieb unverletzt.

Ermutigt durch diese Ergebnisse ging Gustavson an die Feldversuche, bald darauf begannen andere Wissenschaftler mit dem Versuch, seine Ergebnisse zu reproduzieren. Deren Resultate überraschen, denn sie sind alles andere als einheitlich. Ellins & Catalano (1980) legten mit Lithiumchlorid versehene Kadaver von Schafen und Truthähnen aus und beobachteten eine im Vergleich zum Vorjahr geringere Anzahl von Rissen, sie vermuten sogar, dass die Zahl der Angriffe auf die Herden im Laufe der Jahre immer weiter zurückgehen müsste, wenn man an der Methode mit den verdorbenen Kadavern festhält. Leider schienen Ellins & Catalano zu den wenigen Wissenschaftlern zu gehören, die wie Gustavson in seinen ersten Versuchen positive Ergebnisse vorweisen konnten – die Liste der erfolglosen Versuchsreihen und auch der Kritiker der Methoden Gustavsons ist lang.

Burns wollte 1980 herausfinden, ob Kojotenwelpen die Geschmacksaversion von ihren Eltern lernen könnten – schaffte es aber nicht, die Elterntiere entsprechend zu konditionieren. 1983 startete Burns einen neuen Versuchsballon, diesmal mit mikroverkapselten Lithiumchlorid, um die richtige Dosierung herauszufinden, und um zu schauen, ob die Kojoten den Transfer der Aversion gegen den Köder auf das lebende Schaf schafften. Das Resultat: Ab einer bestimmten Konzentration der Chemikalie mieden die Kojoten die Köder vollständig, aber die meisten getesteten Kojoten jagten und töteten weiterhin Lämmer (Burns 1980).

Während die Amerikaner von der Aversiven Geschmackskonditionierung nichts wissen wollten – U.S.

Fish and Wildlife Service und das U.S. Departement of Agriculture hatte ihre eigenen Versuche ausgewertet und die Aversive Geschmackskonditionierung von der Liste der Kontrollmöglichkeiten gestrichen – lief in der kanadischen Provinz Saskatchewan ein Langzeitprogramm namens »Konditionierte Nahrungsaversion (CFA)« von 1976 bis 1989. Das Landwirtschaftsministerium Saskatchewans gab Lithiumchlorid an Schafzüchter aus, damit diese ihre Herden mit der Chemikalie schützen. Conover & Kessler befragten 1990 zufällig ausgewählten Schafzüchter, die 1976 an dem Versuch teilgenommen hatten, ob sie die Methode zum Herdenschutz noch einsetzten. 69 % der damaligen Teilnehmer gaben an, vorzeitig aus dem Programm ausgestiegen zu sein, weil die Nutzung von Lithiumchlorid einfach nicht effektiv genug war (Conover & Kessler 1990).

Conover et al. (1977) verfütterten tote Hühner an Kojoten, die zuvor mit dieser Beute – sowohl lebend als auch tot – vertraut gemacht worden waren. Den toten Hühnern war zuvor das Lithiumchlorid injiziert worden, und obwohl die Kojoten nach dem Verzehr krank wurden, ließen sie nicht völlig von der Beute ab. Sie fraßen bei den nächsten toten Hühnern einfach um die Injektionsstellen herum – Lithiumchlorid scheint salzig zu schmecken – und jagten weiterhin lebende Hühner. Conover et al. befürchteten, dass die Aversive Geschmackskonditionierung »nach hinten losgehen könnte«: Selbst wenn eine effektive Chemikalie zum Verderben der Beute gefunden wird, könnten die Kojoten eher lernen, tote Schafe bzw. Hühner aufgrund möglicher »Vergiftung« zu meiden und stattdessen die lebenden Schafherden vermehrt als Beute nutzen.

Vier wilde Kojoten, die notorische Schafjäger waren, und gefangen werden konnten, sollten von Griffiths 1978 eine Art Gehirnwäsche bekommen und sich somit die Jagd auf Schafe abgewöhnen. Sie wurden mit Schafkadavern, die mit Lithiumchlorid versetzt worden waren, gefüttert, und lernten wie andere Kojoten vor ihnen, den Bereich um die Injektionsstelle zu meiden. Bei der ersten Gelegenheit töteten sie wieder Schafe.
Horn (1983) stellte in seinen Experimenten fest, dass er durch direkte Injektion des Lithiumchlorids in den Beutegreifer selbst bei seinen Kojoten eine einigermaßen zuverlässige, wenn auch nur kurzfristige Aversion gegen lebende Beute erzeugen konnte. Allerdings relativiert er das Ergebnis aber auch gleich wieder, schließlich sei (frei übersetzt) »eine Injektion bei einem wilden Tier im freien Feld schlichtweg unpraktisch«.

Könnte man das lebende Schaf direkt mit der Chemikalie schützen? Nein, denn das wäre ein Fall für den Tierschutz. Spritzt man dem Schaf das Lithiumchlorid, leidet es an denselben Folgen wie die Kojoten: Laut Chemikaliensicherheitsblatt können bei der Einnahme von Lithiumchlorid Benommenheit, Sehstörungen, Durchfall, Erbrechen, Übelkeit, Müdigkeit oder Reizungen auftreten. Die Schafwolle damit zu tränken, ist auch nicht gegeben, denn Lithiumchlorid ist löslich in Wasser und Methanol. Die Schafe mit Alkohol zu duschen wäre doch eher ungesund für die Tiere, und wenn man die Wolle mit einer Lithiumchloridlösung auf Wasserbasis tränkt, hängt zwar die Chemikalie in der Wolle, kann aber beim nächsten Regen unter Wärmeentwicklung wieder ausgewaschen werden. Im schlimmsten Fall erleiden die Schafe Verbrennungen, im besten Fall »lediglich« Hautreizungen.

Tatsächlich aber liefen Anfang der 1980er-Jahre solche Tests, wenn auch in sehr kleinem Maßstab. Die Wolle der Lämmer wurde mit einer LiCl-Lösung getränkt (über die Folgen für das Lamm schweigen die Autoren) und zu Kojoten in das Gehege gelassen. Die Kojoten hatten vorher die Wirkung und den salzigen Geschmack von LiCl in Köderversuchen kennengelernt – ließen sich aber nicht vom Töten der Lämmer abhalten. Nur ein Kojote brach seinen Angriff komplett ab, die anderen stoppten kurz, ignorierten dann aber den salzigen Geschmack in der Schafwolle (Burns et al. 1985).

Die Liste der Veröffentlichungen zur Aversiven Geschmackskonditionierung ist lang, unter den Kritikern – deren Zahl die der Befürworter bei Weitem überwiegt – herrscht aber ein Konsens: Entweder waren Ergebnisse Gustavsons nicht eindeutig nachvollziehbar (Bekoff 1975; Burns 1983, 1985; Sterner & Shumake 1978), die Methode war nicht effizient genug (Connover & Kessler 1990), oder brachte nicht den gewünschten Erfolg (Burns 1980, Conover et al. 1977; Sterner 1995, Hansen 1997, Griffith 1978). Da man davon ausgehen kann, dass das Lern-Verhalten von Wölfen dem der Kojoten ähnelt, ist bei entsprechenden Versuchen mit Wölfen und Lithium-Chlorid wohl kaum ein Erfolg zu erwarten.

12.10 Ablenkungsfütterungen

In den 1980er-Jahren gingen in Alaska die Karibu- und Elchpopulationen zurück, und das Alaska Department for Fish and Game suchte nach einer Lösung, um die Bestandszahlen wieder zu verbessern. Das Ziel war, die Überlebensrate der jeweiligen Kälber zu erhöhen, wofür Wölfe, Schwarz- und Grizzlybären (*Ursus americanus* und *Ursus arctos horribilis*) sich anderen Nahrungsquellen zuwenden sollten, da diese Beutegreifer einen Einfluss auf die Populationsdichte der Karibus (*Rangifer tarandus)* und Elche (*Alces alces*) haben (Bergerud 1980 in Boertje 1990).

Man versuchte es in einem Gebiet mit »Ablenkender Fütterung«. Dafür sammelte man die Kadaver jener Elche, die im Winter von Zügen überfahren worden waren, und warf im Mai und Juni 1985 etwa 13 Tonnen der Kadaver per Flugzeug auf dem Macomb Plateau, westlich der Stadt Tok bzw. nördlich in den Moskito Flats ab, einem wichtigen »Elch-Kreißsaal«. Die Wölfe und Bären wurden besendert, wenn man sie an den Kadavern entdeckte – die Beutegreifer verzehrten einen Großteil der Köder. Im Herbst desselben Jahres war das Verhältnis Elchkuh: Kalb höher als in den Vorjahren (Boertje et al. 1990).

Die »Ablenkende Fütterung« wurde noch einige Jahre weiterverfolgt, teilweise mit zweifelhaftem Erfolg, also erhöhter Sterbequote der Elch- und Karibukälber, diese konnte aber aufgrund der Vielzahl der ökologischen Einflüsse nicht eindeutig einer fehlgeschlagenen »Ablenkenden Fütterung« zugeschrieben werden (vergl. Boertje et al. 1991, Boertje et al. 1992, Boertje et al. 1993). 1993 konnte zwar eine erhöhte Überlebensrate der Elchkälber durch die »Ablenkende Fütterung« nachgewiesen werden, für eine gute Überlebensrate der Karibukälber war aber das Wetter zu schlecht gewesen (Boertje et al. 1993).
Grundsätzlich betrachtet scheint die »Ablenkende Fütterung« eine Möglichkeit zu sein, Beutegreifer von möglichen Beutetieren fernzuhalten und auf bestimmte Plätze zu lenken – jedenfalls in Alaska. In Deutschland ist das System aber mit Vorsicht zu betrachten. Warum? Die Argumentation beginnt mit der Bevölkerungsdichte. Es leben in Deutschland wesentlich mehr Menschen pro Quadratkilometer als in Alaska, wo weite Landstriche quasi unbevölkert sind. In diesen unbewohnten Gebieten ist es kein Problem, Kadaver als Köder abzuwerfen und mögliche Beutegreifer damit von ihrer eigentlichen Beute abzulenken. Versuchten wir dasselbe in Deutschland, würden wir zwangsläufig eine Raubtier-Futterstelle in der Nähe irgendwelcher menschlichen Behausungen erschaffen. Wölfe sind intelligente Tiere mit ausgeprägtem Lernvermögen (Mech 1970), daher ist es nicht ausgeschlossen, dass die Wölfe die »Futterstellen« schnell mit den nahen Behausungen bzw. den Menschen selbst in Verbindung bringen könnten. Ein Leitspruch der Ranger in den nordamerikanischen Nationalparks lautet »A fed animal is a dead animal« – soll heißen: »Ein gefüttertes (Wild-)Tier ist ein totes (Wild-)Tier.« Die Bedeutung ist denkbar simpel, aber vielen Menschen leider nicht klar: Jedes Wildtier, dass gelernt hat, dass es beim Menschen Nahrung bekommen kann, kann immer wieder zum Menschen zurückkehren, bis es Probleme gibt und es »aus der Natur entnommen« wird (z.B. durch Kugelschuss). Gerade größere Säuger wie Wildschwein und Wolf können, wenn sie den Menschen mit Nahrung in Verbindung bringen, zu einer Gefahr werden. In Deutschland besteht also kaum eine Möglichkeit, für Wölfe Futterstellen zur Ablenkung von Nutztieren anzulegen, weil damit die Gefahr von den Nutztieren auf den Menschen verlagert werden könnte.

Ein weiteres Problem ist die Reviergröße bei Wölfen. Diese hängt nämlich seltener mit der Rudelgröße als vielmehr mit der Qualität des Revieres zusammen (Schmidt et al. 2007), also u.a. mit dem Nahrungsangebot. Je mehr Beute vorhanden ist, desto kleiner kann theoretisch das Revier sein. Würde man demnach regelmäßig ausreichend bestückte Futterstellen für Wölfe einrichten, könnten die Wölfe ihr Revier verkleinern, so dass im Endeffekt die Populationsdichte der Wölfe höher wird, als sie unter natürlichen Bedingungen ohne Futterstellen wäre.

Eine höhere Populationsdichte kann statistisch betrachtet zu vermehrten Nutztierrissen führen, und kombiniert mit Wölfen, die möglicherweise allzu vertraut mit dem Menschen werden, wären entsprechend mehr Probleme vorprogrammiert – und das eigentliche Ziel der Ablenkenden Fütterung vollständig verfehlt.

12.11 Sterilisation oder Kastration bei Wölfen

2005 veröffentlichen Bradley und Pletscher (in Wielgus 2014) eine Studie, aus der hervorging, dass fortpflanzungsfähige Wolfspaare mit Nachwuchs eher für Übergriffe auf Nutztiere verantwortlich zu machen sind als Wölfe ohne Welpen, da erstere tendenziell in der Nähe des Baus nach Nahrung suchten. Außerdem stehen die Elterntiere unter dem erhöhten Druck, Nahrung heranzuschaffen (Blejwas et al., 2002), um das Überleben des Nachwuchses zu sichern. Der logische Umkehrschluss ist, dass Wölfe ohne Welpen seltener Nutztiere angreifen (Till and Knowlton 1983, in Wielgus 2014). Wenn man es also durch Sterilisation der Elterntiere schafft, in einem Wolfsrevier die Reproduktion zu verhindern, sollten in den folgenden Jahren in der Region weniger Nutztiere gerissen werden. Da in den meisten Wolfsrudeln nur ein einzelnes Elternpaar zu finden ist (Mech 1970, Harrington et al., 1982; in Mech et al., 1996), und Wolfspärchen territorial sind (Rothman and Mech 1979, in Mech et al., 1996), so dass keine fremden Wölfe das Territorium übernehmen könnten, erscheint diese Methode für den Herdenschutz auf den ersten Blick als durchaus brauchbar. Bromley und Gese (2001) verglichen die Risszahlen von fruchtbaren und sterilisierten Elterntieren in Kojotenrudeln: Obwohl es immer noch zu Übergriffen auf Schafe kam, war die Zahl der gerissen Lämmer in den Revieren der sterilisierten Kojoten im Vergleich zu den fortpflanzungsfähigen Rudeln stark zurückgegangen – und zwar so stark, dass die ersparten finanziellen Verluste der nicht gerissenen Lämmer die Kosten für die Sterilisation bereits im ersten Jahr nach der Sterilisation überstiegen.

So weit, so gut. Welchen Effekt hat aber die Sterilisation auf die Wölfe selbst und die Population? Bleiben sterilisierte Elterntiere letzten Endes zusammen, oder trennen sie sich, wie MECH und Seal (1987, in Mech et al. 1996) vereinzelt beobachteten? Die Folge einer Trennung wäre ein freies Revier, das wieder von fortpflanzungsfähigen Wölfen besiedelt wird und so den Effekt der Sterilisation zunichtemacht (Rothman and Mech 1979, Fritts and Mech 1981). In diesem Zusammenhang empfehlen Bromley und Gese (2001), beide Elterntiere zu sterilisieren, nicht nur die Rüden, bei denen der OP-Aufwand doch wesentlich geringer ausfällt als bei den Fähen, um wenigstens den grundsätzlichen Effekt der ausbleibenden Welpen auszunutzen, wenn auch an einem anderen Ort. Ausbleibende Welpen bedeuten aber außerdem, dass die Geburtenrate sinkt, die Population langsam, aber sicher immer kleiner wird. Die Sterilisation würde also eine Möglichkeit der Bestandsregulierung darstellen, wenn sichergestellt ist, dass die Wolfspopulation ihren günstigen Erhaltungszustand erreicht hat und trotz der sterilisierten Tiere halten kann. Bis zu dem Zeitpunkt ist die Sterilisation für das Wolfmanagement nicht geeignet (Mech et al., 1996). Eine schrumpfende Population führt zu einem schrumpfenden Genpool – ohne genetische Vielfalt ist jede Art auf lange Sicht zum Aussterben verurteilt.

Schultz et al. (2005) testeten mit Telereizstromhalsbändern, ob Wölfe sich gezielt von Nutztieren fernhalten lassen könnten; die Ergebnisse waren recht wechselhaft, aber trotzdem ermutigend – und erfordern nach eigener Aussage der Wissenschaftler auf jeden Fall weitere Forschung. Sie werfen auch die Idee in den Raum, die Kombination Sterilisation/Telereizstromhalsbändern zu nutzen, um konditionierte Wolfsrudel zu »kreieren«, die keine Welpen produzieren, das Territorium nicht verlassen und sich von Nutztieren fernhalten. Es handelt sich aber – wie bereits gesagt – lediglich um eine Idee der Wissenschaftler.

Abgesehen davon, dass die aktuelle Gesetzeslage eine Sterilisation von Wölfen wahrscheinlich gar nicht zulässt – wie würde »das Projekt Wolfsterilisation« praktisch umgesetzt werden? Gehen wir von der Annahme aus, dass sterilisierte Wölfe sich jagdlich so verhalten wie die sterilisierten Kojoten – darüber waren bisher keine Daten zu finden – und das Projekt würde durch dieses von Wölfen gezeigte Verhalten sinnvoll sein, stehen am Anfang die Kosten: Da durch die Sterilisation der

Kojoten Ausgleichszahlungen eingespart wurden, könnte vielleicht die Finanzierung aus demselben Topf wie die Ausgleichszahlungen kommen. Wer aber geht auf »Fangjagd«, wer hat die Berechtigung, vor allem eine effektive Fangmethode? Wie groß ist der Zeitaufwand? Welche Klinik übernimmt die Sterilisation? Außer der operativen Methode ist zur Zeit nichts auf dem deutschen Markt, was zur dauerhaften Unfruchtbarkeit eines Rüden führen würde – eine »chemische Kastration« durch einen Hormon-Chip, der sich nach sechs Monaten auflöst, ist unpraktisch, da der Wolf, der ja nur einmal für mehrere Wochen im Jahr fortpflanzungsfähig ist, jeden Spätherbst wieder aufs Neue eingefangen werden müsste.

Es ist aber in den USA seit 2014 ZeuterinTM erhältlich, ein Produkt zur dauerhaften chemischen Sterilisation auf Zinkbasis. Dieses Produkt soll laut einer Studie der ACC&D (Alliance for Contraception in Cats & Dogs, eine amerikanischen Non-Profit-Organisation mit dem Ziel der sanften, nicht-invasiven Populationskontrolle bei Hunden und Katzen) aus dem Jahr 2014 durch nur eine Applikation bei Hunden permanente Unfruchtbarkeit (Sterilität) wie bei einer Kastration hervorrufen, im Gegensatz zur Kastration wird die Testosteron-Produktion aber nur um etwa 50 % reduziert. Sollte die chemische, dauerhafte Sterilisation der Rüden gelingen, fehlt immer noch eine günstige, schnelle Methode zur Sterilisation der Fähen, obwohl die ACC&D auch hier schon Forschung betreibt. Auch sollte ein bereits behandeltes Tier deutlich gekennzeichnet werden, z.B. mit auffälligen oder deutlich nummerierten Halsbändern, um ein versehentlich erneutes Fangen des Wolfes zu verhindern.

Die genaue Bedeutung der Begriffe »Sterilisation« und »Kastration« sind viele Menschen nicht geläufig, was leicht zu Missverständnissen führt. Bei der Sterilisation des Rüden und der Hündin/Fähe werden die Samenleiter bzw. die Eileiter abgebunden, so dass die Spermien bzw. die Eizelle nicht mehr wandern können. Die Hormonproduktion wird bei beiden Geschlechtern durch die Sterilisation nicht beeinträchtigt, eine Hündin/Fähe kann weiterhin läufig werden und bleibt während der Läufigkeit attraktiv für Rüden.
Im Gegensatz zur Sterilisation werden bei der Kastration der Hündin/Fähe die Eierstöcke entnommen, manchmal auch die Gebärmutter. Die Geschlechtshormone, die in den Eierstöcken gebildet werden, fehlen somit dem Körper, was im Laufe der Zeit zu einem veränderten Erscheinungsbild und Verhalten des Tieres führen kann. Die Kastration des Rüden beinhaltet die Entfernung der Hoden, in denen das Sexualhormon Testosteron gebildet wird. Damit fällt die Testosteron-Synthese (Herstellung) des Körpers aber nicht komplett weg, da auch die Nebennierenrinde geringfügig an der Produktion von Testosteron beteiligt ist.

Warum ist das Testosteron so wichtig? Dieses Geschlechtshormon spielt eine entscheidende Rolle für die Kommunikation zwischen Wölfen – je weniger Geschlechtshormone im Körper, desto weniger Geruchsstoffe im Urin (Raymer et al., 1986). Es sind aber gerade diese flüchtigen Komponenten im Urin, mit denen ein Rüde bei der Reviermarkierung mit Urin anderen Wölfen wichtige Informationen mitteilt: Wer besetzt das Revier? Wie »potent« ist der Besitzer? Bei kastrierten Rüden fand man im Urin Geruchsstoffe, die eigentlich bei Hündinnen/Fähen zu finden sind (Raymer et al., 1986) – Halter kastrierter Rüden werden die Folgen zu ihrem Leidwesen kennen, denn solche »verweiblichten« Rüden können auf andere Rüden durchaus attraktiv wirken. Andersrum wird sich eine Fähe wahrscheinlich weniger für einen »verweiblicht riechenden« als für einen »intakt riechenden«, also lediglich sterilisierten Rüden interessieren. Ein sterilisierter Wolfsrüde hat demnach die Chance, eine Partnerin zu finden und mit ihr dauerhaft ein Territorium zu besetzen.

Wölfe markieren ihr Revier zeitlich gesehen verstärkt in den Wintermonaten, mit einem deutlichen Schwerpunkt in der Paarungszeit im Februar (Zub et al., 2003). Räumlich gesehen befinden sich die meisten Markierungen entweder im Zentrum des Revieres, wo die Tiere sich am häufigsten aufhalten – z.B. in der Nähe der Wurfhöhle – oder an den Reviergrenzen zu fremden Territorien (Zub et al., 2003). Die Funktion des Reviermarkierens liegt zum einen in der »Vorstellung des Besetzers«, da die Duftmarke einem Individuum genau zugeordnet werden kann, zum anderem liegt die Funktion in der Verhinderung antagonistischer Verhaltensweisen, d.h., dass ein Wolfsrüde nach Untersuchung einer Duftmarke vielleicht einen anderen Weg einschlägt, als den direkt durch das Revier des Markierers, weil dessen Marke eventuell sehr potent und »überlegen« riecht. Dadurch gehen beide einer möglicherweise aggressiven Auseinandersetzung mit ungewissem Ausgang aus dem Weg und ersparen sich so Verletzungen und unnötige Energieverluste (Gosling 1982).

Ohne die flüchtigen Komponenten im Urin, die durch die Anwesenheit von Testosteron gebildet werden, würde der kastrierte Revierinhaber demnach eventuell immer wieder von Konkurrenten be- und möglicherweise verdrängt werden. Das Ziel – ein Revier stabil und dauerhaft, aber ohne Reproduktion zu besetzen – wäre gegebenenfalls verfehlt. Da bei einer Sterilisation aber die Testosteron-Produktion und damit die flüchtigen Komponenten im Urin teilweise erhalten bleiben, riecht der Urin vielleicht nicht so »potent« wie bei intakten Rüden, es ist aber zu vermuten, dass ein sterilisierter Rüde sein Revier durch seine Duftmarken eher verteidigen kann als ein kastrierter Rüde, dessen Urin eher nach Fähe riecht, und das Ziel eines dauerhaft besetzten Revieres ohne Reproduktion könnte erreicht werden.

12.12 Umsiedlung von Wölfen

Die Umsiedelung einzelner, auffälliger Beutegreifer ist seit Jahrzehnten (Cobb 1981; Rogers 1988; Gunther 1994; alle in Linnell et al., 1997) eine Standartmethode, um »Problemtiere« aus einer konfliktreichen Region zu entfernen. Dazu muss ein spezifisches Tier identifiziert, lebend eingefangen und nach mehr oder weniger langem Transportweg wieder freigelassen werden. Das Thema »Umsiedelung« ist gerade in Nordamerika und Afrika bei weiten Teilen der Bevölkerung beliebt, da diese Methode für den Beutegreifer wie Bären, Großkatzen, Wölfe, Vielfraße etc. nicht tödlich ist (Cobb 1981; Gunther 1994; in Linnell et al. 1997). Der irische Wissenschaftler John Linnell vom »Norsk institutt for naturforskning« (NINA) in Trondheim hat sich deshalb mit seinen Kollegen die Mühe gemacht, bereits verfasste Studien zum Thema Umsiedelung auszuwerten und mögliche Rückschlüsse ziehen, ob diese Methode des Herdenschutzes in Europa angebracht sein könnte. Die Ergebnisse veröffentlichen Linnell und seine Kollegen 1997, und dieses Kapitel basiert mit allen (Sekundär-) Zitationen auf der entsprechenden Publikation.

Bei dem Fall »MT6«, dem niedersächsischen Wolf, der im Frühjahr 2016 offiziell durch einen Kugelschuss getötet wurde, las man im Internet oft genau die Frage, ob man diesen auffälligen Wolf denn nicht einfach umsiedeln könnte? Die Umsiedelung klingt nach einer praktischen Lösung, aber ist das nicht zu einfach gedacht? Einfangen und wegbringen: Dann ist das Problem aber nicht weg – es ist nur verlagert – und ob die Gesamtsituation dadurch besser wird oder die Menschen dort in dem Aussiedelungsgebiet sich damit »herumschlagen« möchten, ist fraglich.

Es wurde festgestellt, dass die Auswilderungsregion wichtige Kriterien erfüllen muss, damit das Projekt »Umsiedelung« überhaupt eine Chance hat (Stander 1990):

a) Das Gebiet sollte mehrere Hundert bis mehrere Tausend Quadratkilometer groß und das Konfliktpotential muss möglichst gering sein, damit das umgesiedelte Tier nach der Freilassung in solchen Fällen oft beobachtete ausgedehnte Wanderungen möglichst konfliktfrei machen kann.
b) Das Auswilderungsgebiet sollte mindestens 100 bis 300 km vom ursprünglichen Lebensraum entfernt sein.
c) Die Population der umgesiedelten Spezies sollte im Umsiedelungsgebiet nicht zu stark vertreten sein, damit das soziale Gefüge der Wölfe dort den Neuankömmling auch aufnehmen kann (Saberwal et al., 1994; in Linnell et al., 1997).
d) Gleichzeitig sollte die Spezies noch so stark vertreten sein, dass es für den Neuankömmling auch attraktiv ist, in der neuen Region zu bleiben (Smith and Peacock, 1990; in Linnell et al., 1997)

Ein Gedankenexperiment: Ein Wolf reißt im nordwestlichen Niedersachsens immer wieder Rinder aller Altersstufen. Würde man diesen Wolf umsiedeln wollen, müsste man erst einmal eine Kriterium A entsprechende Region finden, in der man den Wolf aussetzen könnte, also ein großes Gebiet mit möglichst wenig

Rindern. Vielleicht würde man diesbezüglich im östlichen Mecklenburg-Vorpommern fündig werden, weil dort der Rinderbestand wesentlich geringer ist als in Niedersachsen. Gleichzeitig dürfte die Öffentlichkeitsarbeit nicht zu kurz kommen, die Bewohner der Umsiedelungsregion müssten genau über die Umsiedelung informiert werden. Es wird gern das Argument gebracht, dass die durchschnittliche Bevölkerungsdichte Deutschlands bei etwa 230 Personen pro Quadratkilometer (Stand 08/2016, Statistisches Bundesamt) läge und somit für einen Wolf kein Platz wäre. In Niedersachsen leben übrigens etwa 166 Personen pro Quadratkilometer, rechnet man die Stadtgebiete heraus, kommt man auf eine Landbevölkerungsdichte von ungefähr 95 Personen pro Quadratkilometer. Trotzdem ist Transparenz wichtig, denn der Protest einiger Bewohner des Umsiedelungsgebietes ist quasi vorprogrammiert. Schließlich wird schon die natürliche, ohne menschliche Hilfe vor sich gehende Ansiedlung der Wölfe teilweise sehr kritisch beäugt – gemäß dem Motto: »Wölfe? Kein Problem, aber bitte nicht vor meiner Haustür.«

Linnell et al. haben bei ihrem Studienvergleich herausgefunden, dass die Wölfe, die eine Eingewöhnungszeit im Gehege (= soft release, »weiche Auswilderung«) erlebt hatten, eher am neuen Standort blieben als jene, die ohne Eingewöhnungszeit in einem Gehege (= hard release, »harte Auswilderung«) umgesiedelt wurden. Letztere tendierten dazu, sehr weite Strecken zu wandern – es ist bekannt, dass der Wolf ein sehr ausdauernder Läufer ist, der an einem Tag schon mal bis zu 70 km zurücklegen kann. Diese ausgedehnten Wanderungen brachten die umgesiedelten Wölfe wieder in Gebiete mit Konfliktpotential – oder zurück nach Hause. Von 15 umgesiedelten Wölfen in Minnesota kehrten neun wieder heim, obwohl sie 64 km entfernt ausgesetzt worden waren (Fritts et al., 1984; in Linnell et al., 1997), ein Individuum wanderte in Alaska 282 km weit, bevor er »zuhause« ankam, zwei Wölfe wurden nach 140 bzw. 180 km auf dem »Heimweg« erschossen (Henshaw and Stephenson, 1974; in Linnell et al., 1997). Wölfe, die zu weit entfernt freigelassen worden waren, um den Weg zurück zu finden, wanderten im Schnitt 110 km, ihre generelle Wanderrichtung war aber korrekt gen Heimat (z.B. Ruth et al., 1993; in Linnell et al., 1997). Zwar können eine erhöhte Distanz zum ursprünglichen Revier, natürliche Gegebenheiten wie Seen, Flüsse und Bergketten und Strukturen menschlichen Ursprungs wie Straßen, besiedelte Täler etc. das Wanderverhalten von umgesiedelten Tieren vermindern oder verhindern – es gibt aber keine Garantie, dass sie in ihrem neuen Lebensraum bleiben (van der Meulen, 1977; McArthur, 1981; Fies et al., 1987; in Linnell et al., 1997).

Jungwölfe wanderten seltener und nur kürzere Strecken als erwachsene Wölfe, und Wölfe, die zusammen freigelassen worden waren, hatten nur eine geringe Tendenz, zusammenzubleiben (Fritts, 1992; in Linnell et al., 1997). Generell zeigten umgesiedelte Wölfe dasselbe Verhalten wie Wölfe, die aus ihren Rudeln abwanderten (Fritts et al., 1984; in Linnell et al., 1997), allerdings war die Überlebens- und Reproduktionsrate der umgesiedelten Tiere geringer als bei ihren »daheimgebliebenen« Artgenossen. Linnell et al. (1997) erklären dies einerseits mit den Gefahren der unbekannten Umgebung, durch die die Wölfe wanderten, anderseits brachten die ausgedehnten Wanderungen die Wölfe immer wieder in die Nähe der Menschen, die für den Tod der meisten umgesiedelten Wölfe verantwortlich waren.

Die Nähe zum Menschen geht zwangsläufig mit der Nähe zu Nutztieren einher. Im Fall von sieben Wölfen, die in Montana wegen Nutztierrissen umgesiedelt worden waren, setzten zwei Wölfe ihre Beutezüge auf Nutztiere fort (Bangs et al, 1995; in Linnell et al., 1997).
Ist die Umsiedelung auffälliger Wölfe eine sinnvolle Methode, um Wolf-Nutztierkonflikte zu minimieren? Linnell et al. (1997) meinen nicht. Obwohl die Methode in Afrika und Nordamerika seit Jahrzehnten Bestand hat, ist die Erfolgsrate doch erstaunlich gering: Einzelne Individuen wandern wieder heim, andere reißen weiter Nutztiere; die Überlebens- und Reproduktionsrate der umgesiedelten Tiere ist vermindert. Griffith und Scott (1993) äußern die Bedenken, dass einerseits Krankheiten verbreitet werden könnten, andererseits, dass die im neuen Gebiet lebende Population eine mögliche genetische Anpassung an das Gebiet erfahren hat, die durch einen Neuankömmling negativ beeinflusst werden könnte.
Zu guter Letzt sollte man auch den Zeitaufwand und die Kosten für die Ausrüstung und das ausgebildete

Personal bedenken – die Aufgabe, einen bestimmten Wolf lebend zu fangen, ist nicht zu unterschätzen (Linnell et al. (1997).

Da die Kriterien für ein Auswilderungsgebiet so hoch sind – gerade was die Fläche angeht – gehen Linnell et al. (1997) davon aus, dass die Umsiedelung auffälliger Beutegreifer für Europa erst dann erfolgreich sein kann, wenn Wege gefunden wurden, die ausgiebigen Wanderungen der Wölfe nach der Umsiedelung einzuschränken.

12.13 Verbotszonen

In diesem Kapitel soll die sogenannte »Verbotszone« beleuchtet werden. Die Verwendung des Wortes Verbotszone mag nicht unbedingt als geeignet erscheinen, weil es doch irgendwie auch nach »militärisches Sperrgebiet« klingt und eine gewisse Kampfbereitschaft implizieren könnte. Um einen Kampf gegen Wölfe geht es hierbei natürlich nicht! Dennoch soll die Möglichkeit diskutiert werden, ob es sinnvoll sein kann, wenige Regionen zu deklarieren, in denen Wölfe tatsächlich dauerhaft nicht toleriert werden können. Wozu diese Diskussion?

Immer mal wieder sind Kälberrisse von Mutterkuhherden in Wolfsgebieten festzustellen, bei denen der Wolf auch tatsächlich der Verursacher war. Daraus lässt sich ableiten, dass es auch weiterhin Wolfsrisse an ungeschützten Kälbern geben wird – auch wenn diese seltener auftreten als Übergriffe auf ungeschützte Schafe, Ziegen oder ungeschütztes Gehegewild.

Mit Blick auf einige Landkreise des nordwestlichen Niedersachsens ist es jedoch nicht die Mutterkuhhaltung, die dort überwiegt, sondern deutlich die Milchkuhhaltung. Hierbei ist es die Rasse Deutsche Holsteins, die einem aufgrund der hohen Stückzahl in der Weidelandschaft förmlich ins Auge springt und somit dominiert. Insbesondere diese Milchkuhhaltung hat in den vergangenen Jahren und Jahrzehnten eine enorme Wandlung vollzogen. So gibt es heute ein großes Spektrum an Stallgrößen, die von wenigen Dutzend Milchkühen (wie früher) bis hin zu über 1.000 Stück (heute) in großen und modernen Stallanlagen reichen. Es wäre Panikmache »herum zu erzählen«, dass diese Milchkühe nun alle ausnahmslos in Gefahr sind und sekündlich vom Wolf getötet werden könnten. Dennoch musste im Landkreis Cuxhaven wiederholt festgestellt werden, dass neun bzw. zehn Monate alte Färsen von Wölfen gerissen wurden. Ebenso kam es zu Übergriffen auf noch ältere Färsen, die ca. 500 kg wogen – kleine Kälber sind das also nicht mehr.

Es war dort nur richtig, Herdenschutzmaßnahmen in Form von Zaunschutzaufwertungen an der besagten Weide vorzunehmen. In der nordwestlichen niedersächsischen Landschaft ist festzustellen, dass hunderte Jungtiere unter den Milchkühen auf den Weiden stehen und eben nicht mehr so viele ausgewachsene Tiere, die sie möglicherweise beschützen könnten. An dieser Stelle sei nebenbei gefragt, ob Schwarzbunte in ihrer Gesamtheit überhaupt noch eine ausgeprägte Wehrhaftigkeit aufweisen, wie sie von verschiedenen anderen Mutterkuhrassen bekannt ist.

Die Frage, ob Wolfsjährlinge sich von ihren Eltern abgucken, dass Milchkühe doch auch als Beute in Erwägung gezogen werden können, um dieses Jagdverhalten dann selbst wiederum in einem künftigen eigenen Revier an den Tag zu legen, kann weder eindeutig mit Ja noch mit Nein beantwortet werden. Fraglich ist auch, ob es gewollt und finanzierbar ist, sämtliche Kuhweiden im Nordwesten einzuzäunen, wenn sich in Zukunft weitere Wolfsrudel dort etablieren sollten und tatsächlich mehr Milchkühe von Wölfen angriffen werden. Eine weitere Frage ist, ob die Einzäunung aller Kuhweiden nicht auch noch einen weiteren Konflikt zur Folge hätte: ein Konflikt zwischen Nutztierhaltern und Jägern, weil möglicherweise Wildtiere wie Rehe oder Damhirsche »ausgesperrt« sein könnten und sich daher ihr Raum-Zeit-Verhalten ändert, was das bisherige Jagdgeschehen verändern könnte. In Abbildung 385 ist zu erkennen, dass neben der hohen Milchkuhhaltungsdichte, die somit auch viel Grünlandvorkommen impliziert, auch der Fluss- und Küstendeichbau im Nordwesten Niedersachsens sehr ausgeprägt ist. Eine Verbotszone in dieser einzigen Region Niedersachsens würde somit die Anforderungen an erforderliche Zaunumbauten

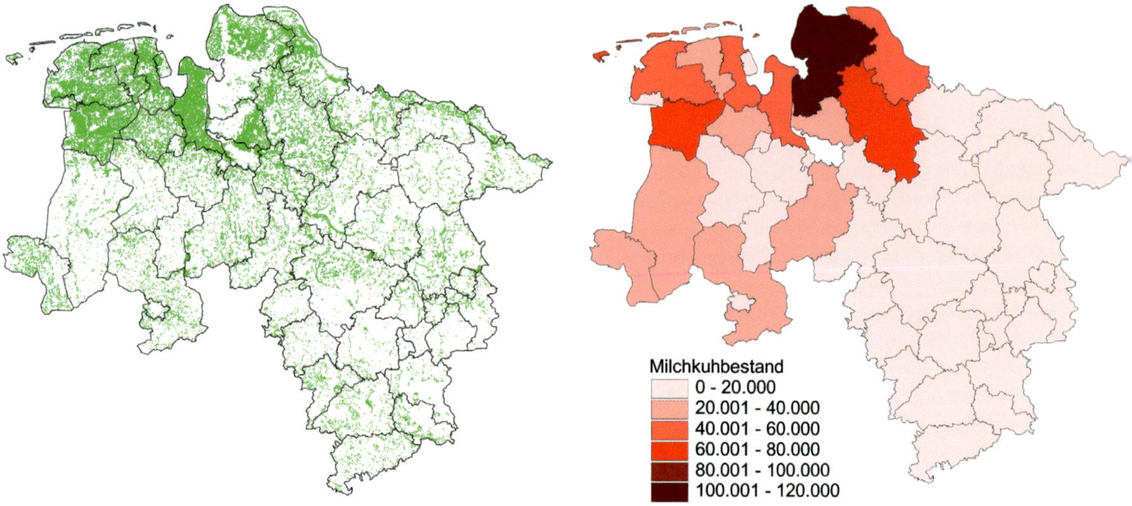

Abbildung 385: Grünlandvorkommen (links), Milchkuhhaltung (mitte) und Deichbauten (rechts) sind in Nordwest-Nieder-

der heute nicht wolfsabweisenden Zäune an den Deichen erübrigen.

Wird die Deklarierung einer Verbotszone, auf welcher Entscheidungsbasis auch immer, Anwendung finden, sollten folgende Rahmenbedingungen nicht unberücksichtigt bleiben. Zunächst einmal sollte die Grenze der Zone sich an Landkreis- und nicht an Gemeindegrenzen orientieren. Es ist die Ebene der Landkreisverwaltung, die die Belange des Natur- und Artenschutzes ebenso regelt, wie die des Jagdwesens. Wird eines Tages ein Wolf innerhalb der Zone anhand der vorgeschriebenen Kriterien des Wolfsmonitorings (Sichtung, Nutztierriss etc.) nachgewiesen, wird es sich um einen Wanderwolf, sprich einen jungen Wolf, handeln, der auf der Suche nach einem eigenen Territorium ist. Fortan gilt es, das Tier mit den Mitteln des Wolfsmonitoring zu überwachen. Dabei ist die Frage zu beantworten, ob er von allein die Verbotszone wieder verlässt, um woanders weiterzusuchen, oder ob er dauerhaft bleibt und für sich ein Territorium in Anspruch nimmt. Gesetzt den Fall, dass er weiterzieht, besteht kein weiterer Handlungsbedarf. Lässt er sich in der Zone dauerhaft nieder, wird er entfernt. Die Entfernung des Wolfes kann dabei entweder durch Einfangen und Freilassung außerhalb der Zone erfolgen (Vergleich Kapitel 12.12) oder durch die letale Entnahme.

Vor dem Hintergrund der milchkuhbasierten Begründung zur Deklarierung einer Verbotszone, sind es selbstverständlich auch alle anderen Nutztierhalter, die davon »profitieren« würden, weil auch sie somit keinerlei Herdenschutzmaßnahmen vornehmen müssten. Es dürfte allerdings in der Realität auch einen Konflikt mit sich bringen, weil man den Nutztierhaltern außerhalb dieser wolfsfreien Region vielleicht nicht klarmachen kann, dass sie Herdenschutz betreiben müssen, während eine andere Region von Wölfen freigehalten wird.

Es ist fraglich, ob der aktuelle strenge Schutzstatus des Wolfes die Möglichkeit einer Verbotszone heute Realität werden lassen kann.

12.14 Herdenschutz mit optischen, akustischen oder olfaktorischen Massnahmen

Im Handel findet man die verschiedensten Geräte und Materialien, um Tiere von bestimmten Orten fernzuhalten. Sie sollen das Bedürfnis des Beutegreifers, sich an einem bestimmten Ort aufzuhalten, minimieren, da die akustischen oder visuellen Reize Angst und Vermeidungsverhalten bei den Beutegreifern auslöst (Bomford und O´Brien, 1990). Für den Herdenschutz heißt

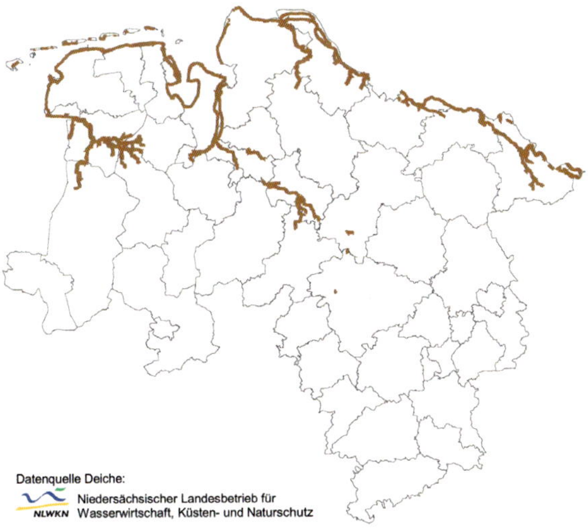

sachsen deutlich ausgeprägt

- Die Gruppe GW3 umfasst drei in menschlicher Obhut, aber ohne direkten Menschenkontakt, aufgewachsene Europäische Grauwölfe, wobei genaugenommen nur zwei 6-jährige Tiere an den Tests aktiv teilgenommen haben. Das dritte Tier, eine 14 Jahre alte Fähe, ist auf einem Auge blind, und es hat den Anschein, dass ihre anderen Sinne auch nicht mehr akkurat funktionieren, so dass mögliche Kontakte mit dem Versuchsaufbau eher als »Versehen« zu betrachten sind. Diese Gruppe ist vom grundsätzlichen Verhalten her wild lebenden Wölfen am nächsten.
- Der Gruppenname GW6 steht für die sechsköpfige Gruppe handaufgezogener Europäischer Grauwölfe. Diese 7 Jahre alten Tiere haben einen eher lockeren Bezug zum Menschen und sind aufgrund ihrer sehr verschiedenen Charaktere auch sehr unterschiedlich in die Versuche involviert gewesen.

das, dass der Beutegreifer durch diese Reize verjagt wird (Shivik 2006) – aber so simpel es klingt, so kompliziert ist die Anwendung nicht-tödlicher Herdenschutzmaßnahmen in der realen Welt (Shivik et al. 2003).

Obwohl etliche Studien zum Thema »Raubtier-Abschreckung« zu finden sind, wurden die meisten Abschreckungsmethoden an Kojoten getestet, einige auch an Bären oder Vielfraßen. Gerade gegen Wölfe wurden wenige systematischen Tests, die die Effektivität von Abschreckungsgeräten, insbesondere akustische und visuelle Reize, untersuchen sollten, durchgeführt (Smith et al. 2000). Da aber Kojoten mit dem Wolf eng verwandt sind und ähnliche Jagdmethoden vorweisen, könnten bei Kojoten erfolgreiche Abschreckungsmechanismen auch bei Wölfen funktionieren. So wurden im kleinen Rahmen im Wolfcenter Dörverden an den drei unterschiedlichen Wolfsgruppen mit insgesamt elf Wölfen einige Tests durchgeführt:

- Bei der Gruppe HBW2 handelt es sich um zwei handaufgezogene Hudson-Bay-Wölfe mit engem Bezug zum Menschen und ausgeprägter Neugier, aber wenig scheu Neuem gegenüber. Wenn sich diese beiden Wölfe – zum Testzeitpunkt 3 Jahre alt – von den Testobjekten vom Köder fernhalten lassen, müsste die Chance, dass auch wild lebende Wölfe sich davon beeindrucken lassen, sehr groß sein.

Diese sehr unterschiedlichen Gruppen haben einerseits den Vorteil, dass die Bandbreite unterschiedlicher Charaktere gut abgedeckt ist – man weiß ja nicht, wie der wild lebende Wolf, der vor der Schafherde steht, vom Charakter her ist – andererseits machen die vielen Unterschiede in den Gruppen die Auswertung nicht einfacher, die Ergebnisse schwer reproduzierbar. Die Anzahl der »Testwölfe« müsste größer sein, um sichere Aussagen treffen zu können. Des Weiteren können die Gehege-Wölfe durch viele Faktoren beeinflusst werden, z.B. den täglichen Betrieb mit den Gästen und die während der Öffnungszeiten täglich stattfindenden Fütterungen. Auch darf nicht vergessen werden, dass ein Stück Fleisch o.ä. als Köder nicht den gleichen Reiz auf einen Wolf hat, wie ein sich bewegendes, möglicherweise flüchtendes Tier.

Nichtsdestotrotz zeigen die Tests im Wolfcenter, ob eine potentielle Schutzmethode grundsätzlich funktionieren kann: Durch die starke Gewöhnung der Wölfe an die unterschiedlichsten Reize durch den Besucherbetrieb kann davon ausgegangen werden, dass eine bei ihnen erfolgreiche Methode auch bei wild lebenden Wölfen sehr wahrscheinlich Erfolg haben wird, weil eine mögliche Habituierung kaum oder nur langsam einsetzt. Polster et al. (2014) vertreten denselben Standpunkt.

Getestet wurden

- Geruchsbarrieren (olfaktorische Hindernisse): die Verstänkerungsmittel Hukinol, Animalit und synthetischer Bärenurin
- Optische Barrieren: Foxlight, Repellent Tape
- Akustischer Reiz in Form von Ultraschall
- Kombination: Verstänkerungsmittel Hagopur auf Aluminiumfahne

Geruchsbarrieren

Man sollte meinen, dass olfaktorische Barrieren die Wölfe vielleicht so beeindrucken könnten, dass sie sich davon fernhalten – zumal einige der Mittel schon für die menschliche Nase schlichtweg eine Tortur sind – aber diese Barrieren wurden von den Wölfen des Wolfcenters nicht als solche wahrgenommen. Beim Test mit Hukinol im Gehege der Hudson-Bay-Wölfe schnappte sich der Rüde das kleine Brett, das als Geruchsträger diente, legte es aber nach ca. einem Meter wieder ab. Derselbe Rüde wälzte sich später auch mit großer Begeisterung auf dem Brett mit Animalit. Beim synthetischen Bärenurin musste ein Interesse der Wölfe daran festgestellt werden, was im Vorfeld auch vermutet wurde.

Diese Missachtung der Geruchsbarrieren passt zu den Ergebnissen des Kapitels »Biofencing«. Zu demselben Resultat kommen auch die Tests der Technischen Universität Dresden an drei Gehege-Wölfen im Wildgehege Moritzburg. Man suchte dort nach Methoden, um Wölfe vor dem Verkehrstod zu schützen, indem man sie z.B. von Bahnstrecken fernhielt. Selbst der getestete Salmiakgeist, eine die Schleimhäute irritierende Substanz, schreckte die Wölfe nicht ab (Polster et al. 2014). Hier handelt es sich aber um eine Veröffentlichung von Zwischenergebnissen, aktuelle Ergebnisse stehen zur Zeit noch aus.

Wolski et al. (1984, in Blackshaw et al. 1990) suchten nach einem Mittel, um Briefträger und ähnliche Berufsgruppen vor Hunde-Angriffen zu schützen, kamen aber zu dem Schluss, dass ein Geruch allein die Hunde nicht abhält; der Hund müsste den Geruch mit negativen Konsequenzen verknüpfen können.

Auch das Verstänkerungsmittels Hagopur, das auf sich im Wind drehende Alufahnen aufgebracht wurde, also eine Kombination aus olfaktorischem und optischem Reiz, hielt die Wölfe nur kurz von dem angebotenen Köder fern.

Abbildung 386: Geruchsstoffe Animalit, synthetischer Bärenurin und Hukinol (v.l.n.r.)

Abbildung 387: Wolf reibt sich an einem auf einem Brett aufgebrachten Geruchsstoff

Sollte seitens eines Tierhalters dennoch Interesse an der Anwendung von Hagopur bestehen, empfehlen wir den Einbau einer leichtgängigen Drahle, um ein unerwünschtes Aufwickeln des Befestigungsbandes zu verhindern, was ein Wehen der Aluminiumfahne im Wind deutlich reduziert.

Fairerweise muss erwähnt werden, dass die ganzen Verstänkerungsmittel von Haus aus nicht gegen Wölfe per se eingesetzt werden sollten, sondern gegen »alle Wildarten, zum Schutz gegen Wildschäden und zur Kitzrettung« (Hukinol). Animalit vergrämt je nach Verdünnungsverhältnis »alle Wildarten, insbesondere Schwarz-

Abbildung 388: Hagopur – auf Aluminiumfahne aufgetragener Geruchsstoff

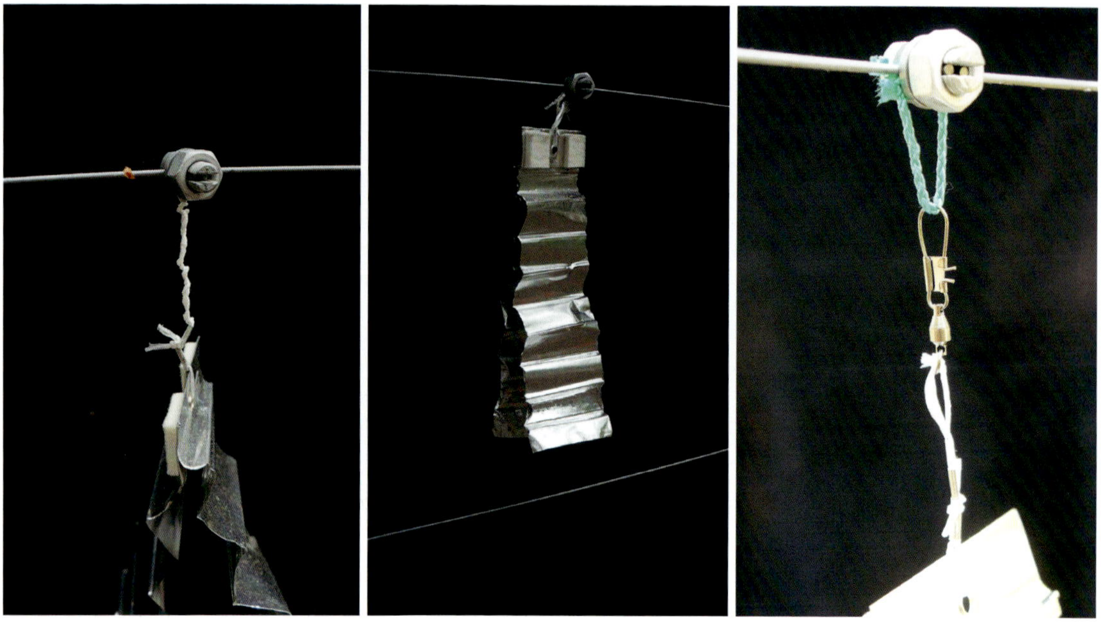

Abbildung 389: Aufhängung der Aluminiumfahne mit einer Drahle (rechts)

wild, Rotwild, Rehwild, Kaninchen, Marder, Fuchs, aber auch Wühlmäuse und Maulwürfe«. Hagopur soll laut ADAC-Test Wildunfälle um 76 % reduzieren, und Bärenurin soll Schalenwild vertreiben. Dass diese Mittel, die in Gefangenschaft lebenden und an starke Gerüche gewöhnten Wölfe, nicht erfolgreich vergrämen, ist insofern nicht wirklich verwunderlich.

Das Ausbringen von Chemikalien als geruchliche Abschreckung eines Beutegreifers könnte eine kostengünstige Methode sein, um mit wenig Arbeitsaufwand Beutegreifer von den eigenen Nutztieren fernzuhalten. Allerdings birgt diese Methode zwei Probleme: Nur weil die Chemikalie einen bestimmten Organismus nicht belastet, heißt das nicht, dass kein Organismus – sei es eine Pflanze oder ein Tier – durch diese Chemikalie Schaden nimmt. Außerdem ist noch keine Chemikalie gefunden worden, die eine ganz bestimmte Säugetierspezies abschreckt (Lehner 1987 in Shivik 2004) – im Gegenteil: Aufgrund der ähnlichen Physiologie der Säugetiersinne konnte bisher kein Stoff identifiziert werden, der Beutegreifer abschreckt, für andere Wildtiere, Nutztiere und Menschen aber unbedenklich ist (Shivik 2004). Gegen Herbivora (Pflanzenfresser) hingegen scheinen chemisch hergestellte Produkte wie künstlicher Fuchsurin (Lindgren et al., 1995), Hukinol (künstlich hergestellter, 1000fach konzentrierter Menschenschweiß), das wie ein Biozid zu handhabende Animalit und künstlicher Bärenurin zu funktionieren.

Trotzdem finden sich Mittel auf dem (nordamerikanischen) Markt, die eine erfolgreiche Abschreckung von Kojoten propagieren, eines davon ist Renardine, ein Produkt auf Knochenteer-Basis. Knochenteer entsteht bei der Herstellung von Knochenkohle. Bei diesem Vorgang werden Tierknochen grob zermahlen und entfettet und anschließend bei etwa 700°C unter Luftabschluss geglüht. Dabei entstehen die Knochenkohle, die bis zu Beginn des 20. Jahrhunderts unter anderem in Schuhwichse zu finden war, Ammoniak, verschiedene Gase und der Knochenteer.

Renardine wurde von dem National Wildlife Research Center der Utah State Universität an Gehege-Kojoten getestet – es wurde Futter im Napf mit doppeltem Boden angeboten, der obere Boden war perforiert, sodass der Geruch des Knochenteers vom unteren Boden aufsteigen konnte, aber die Kojoten verzehrten die angebotene Nahrung ohne Scheu (Zemlicka und Mason, 2000).

Visuelle Abwehrmechanismen

Rein optische Maßnahmen zur Abwehr von Wölfen umfassen unter anderem den bereits aus dem Mittelalter bekannten Lappenzaun und folgende im Wolfcenter getestete Produkte:

- Foxlight (Firma Gallagher)
- Repellent Tape (Firma Nite Guard)

Das Foxlight wird in den USA und in der Schweiz zur Abwehr von potentiellen Beutegreifern empfohlen, weshalb es in die Versuchsreihe im Wolfcenter mit aufgenommen wurde. Da es sich dabei um ein Blinklicht handelt, das sich tagsüber über einen Lichtsensor ausschaltet, und somit ab dem Zeitpunkt bis zum Einbruch der Dämmerung nutzlos ist, wurden zusätzlich lange Streifen des Repellent Tapes wie bei einem Lappenzaun an einen waagerecht gespannten Draht angebracht.

Das Repellent Tape ist mit holographischen Mustern bedruckt und wird an einem Ende in Bäumen oder an gespannten Drähten befestigt, sodass es in der Sonne und bei leichtem Wind wild blinkt, glitzert und manchmal metallisch knistert. Um beide Produkte beurteilen zu können, wurden die Köder einmal nachts und einmal tagsüber ausgelegt. In den Grauwolf-Gruppen dauerte es nicht lange und die Köder waren verspeist, die Produkte in diesem Versuch sind also durchgefallen. Bei den handaufgezogenen Hudson-Bay-Wölfen konnte der Versuch gar nicht erst gestartet werden, da die Wölfe bereits bei der Montage anfingen, an dem Repellent Tape zu zerren, also jegliche Scheu vermissen ließen.

Abbildung 390: Foxlight für Dämmerung und Nacht

Abbildung 391: Am Foxlight interessierter Gehgewolf

Abbildung 392: Repellant Tape, ähnlich dem Lappenzaun

Das Repellent Tape der Firma Nite Guard aus den USA wird auf der firmeneigenen Webseite für die Vertreibung von Vögeln angepriesen, soll aber auch Beutegreifer am Boden fernhalten (www.niteguard.com). Letzteres konnte in den Tests im Wolfcenter nicht bestätigt werden.

Das Foxlight soll laut Hersteller und Webseite durch sein zweifarbiges, unregelmäßiges Blinken den Eindruck erwecken, dass jemand mit einer Taschenlampe über das Feld geht, und so nächtliche Beutegreifer abschrecken. Es sind auf der Webseite natürlich viele positive Kommentare etlicher Kunden zu finden, und einem Video zufolge wurde das Foxlight auch schon in Nepal erfolgreich eingesetzt – zum Schutz einiger Yak-Herden vor Schneeleoparden.

Die Wölfe im Wolfcenter ließen sich vom Foxlight nicht abschrecken. Laut Hersteller ist eine gute Sichtbarkeit des Blitzes auf große Distanz Voraussetzung für den Erfolg. Zwar war im Testzeitraum die Vegetationsperiode noch nicht weit fortgeschritten, so dass der Blitz kaum durch Blätter o.ä. verdeckt war, aber die

Abbildung 393: Bei Sonneneinstrahlung und leichtem Wind erzeugt das Repellant Tape Lichtblitze und metallisches Knistern

vorgegebenen Größen der Gehege könnten vielleicht den Test negativ beeinflusst haben. Möglicherweise ist auch die Tatsache, dass die Wolfcenter-Wölfe blinkende Taschenlampen von Übernachtungsgästen her kennen, ursächlich für die Nicht-Beachtung des Foxlights.

Polster et al. (2014) beobachteten bei ihren Versuchen, dass LED-Blitze anfangs einen abschreckenden Effekt hatten, aber bereits nach wenigen Tagen eine Gewöhnung auftrat und die Wölfe keine erkennbare Reaktion mehr zeigten.

Vor dem Hintergrund der negativen Testergebnisse mit dem Foxlight wurde auf Tests mit den Gehegewölfen unter Anwendung des »Raubtierauges« der Firma Nite Guard verzichtet. Dieses soll in Nordamerika Kojoten von Nutztieren fernhalten, in dem es ein Raubtierauge simuliert. Bei Eintritt der Dunkelheit beginnt es automatisch rhythmisch zu blinken. Tagsüber speist eine kleine integrierte Solarzelle eine im Gehäuse eingebaute Batterie. Auch auf eine Untersuchung von anders gearteten Blinklichtern, wie sie z.B. aus dem Straßenbauwesen als Warnlampen bekannt sind, wurde im Wolfcenter bewusst verzichtet, weil das Foxlight bereits als wirkungslos festgestellt wurde.

Abbildung 394: Raubtierauge der Firma Nite Guard

Abbildung 395: Warnlampe

Abbildung 396: Ultraschallgerät

Akustische Abschreckung

Der Ultraschall zur akustischen Abschreckung wurde von den Gruppen HBW2 und GW6 nach einer gewissen Zeit ignoriert und der Köder gefressen, während in der Gruppe GW3 sich kein Wolf an den Köder heranwagte. Einer der beiden Rüden aus der Gruppe GW3 ist grundsätzlich ziemlich vorwitzig, sein Wurfbruder sehr vorsichtig und zurückhaltend, und die alte Fähe ist aufgrund ihrer Wahrnehmungseinschränkung entweder recht unbedarft oder sehr schreckhaft.

Es war aufgrund seines Charakters zu erwarten, dass der vorwitzige Rüde sich den Köder holt – umso überraschender war der erfolgreiche Testverlauf. Der permanente (24/7) Ultraschallton, der auf der genutzten Frequenz auch von etlichen Personen wahrgenommen werden konnte, sollte jetzt aber nicht als mögliche Lösung interpretiert werden, ohne in Betracht zu ziehen, dass die zwei Geräte, die diesen Schall erzeugten, eine Größe von etwa 40 cm x 35 cm x 35 cm haben und links und rechts neben dem Eingangsbereich des Versuchsaufbaus standen. Diese recht großen, auffällig silbernen Kisten könnten selbst der Grund für die Zurückhaltung der Wölfe sein, nicht die von den Kisten ausgehenden Geräusche. Hier könnte sich die Vorsicht gegenüber Neuem manifestiert haben – die Neophobie.

Weltweite Studien: Visuelle, akustische und olfaktorische Abschreckung; die Rolle der Neophobie

Bei allen sensorischen Vertreibungsmethoden – egal ob akustisch, visuell oder olfaktorisch – steht immer die Fragen im Hintergrund, wie gut und vor allem wie lange ein Produkt den gewünschten Erfolg hat. Bei vielen Tieren (und auch Menschen) zeigt sich in neuen Situationen oder bei Veränderungen die sogenannte »Neophobie« – die Angst vor Neuem (neo = griech. »neu«, phobos = griech. »Angst«).

Je nach Situation oder Charakter der einzelnen Versuchstiere und dem sensorischen Reiz können die Ergebnisse von Studien zur Dauer und Wirkung der Neophobie stark schwanken. Bei Versuchen mit in Gehegen lebenden Kojoten, denen man drei verschieden große

Holzwürfel mit Kantenlängen von 4 cm, 8 cm und 16 cm vorlegte, zeigte sich, dass die Kojoten in ihren eigenen Gehegen sich bereits von den kleineren Würfeln beeindrucken ließen und vorsichtiger um sie herumschlichen, als in neuer Umgebung (Windberg 1996). In einer früheren Studie wurde bereits beobachtet, dass neue Gegenstände in fremder Umgebung mit größerer Neugierde untersucht wurden, als in vertrauter Umgebung (Harris 1983, in Windberg 1996). Die großen Würfel lösten die größte Neophobie aus, egal ob sie in einer bekannten oder unbekannten Umgebung lagen (Windberg 1996). Parallel zu den Würfeln wurden auch die Reaktion der Kojoten auf Geruchsstoffe wie z.B. Urin und verflüssigter Kot fremder Kojoten sowie ein kommerzielles Kojoten-Lockmittel (W-U Lure) in vertrauter bzw. fremder Umgebung getestet, aber keiner der Kojoten zeigte Anzeichen von Neophobie bei der Untersuchung der Geruchsstoffe (Windberg 1996). Der Autor kommt daher zu dem Schluss, dass visuelle Reize bei Kojoten eher eine neophobische Reaktion auslösen als olfaktorische Reize (Windberg 1996).

Die Neophobie der Beutegreifer bei Gegenständen in vertrautem Terrain ermöglicht es dem Nutztierhalter theoretisch, als kurze Übergangslösung oder Unterstützung für andere Reize einen alten Anhänger o.ä. auf der Weide stehen zu lassen.

Dass der Charakter eines Tieres eine entscheidende Rolle spielt, wie stark es auf neue Stimuli reagiert, ist keine Überraschung. Ein wagemutiges Tier wird sich eher an diese Reize gewöhnen als ein scheues. Darrow und Shivik (2008) zeigten in ihren Untersuchungen, dass von fünf Kojoten-Pärchen sich vier an Geräusche gewöhnten und eines von fünf Pärchen sich an einen Lichtblitz habituierte, wobei das dominante, wagemutige Tier im jeweiligen Paar die Vorreiterrolle übernahm und den angebotenen Köder verzehrte. Allerdings gewöhnte sich keines der Paare an eine Kombination der beiden Reize aus Licht und Geräusch (Darrow und Shivik, 2008). Daher gehen die Forscher davon aus, dass visuelle Reize in Form von Licht einen größeren Schutz darstellen als akustische Reize, besser sind aber noch Kombinationen der beiden.

Auch Polster et al. (2014) stellten fest, dass die Kombination von Licht und Geräusch die in ihrem Versuch getesteten Wölfe – einer der wenigen Versuche an Wölfen – am effektivsten abschreckte. Von den allein überprüften Geräuschen erwies sich das »weiße Rauschen« (»white noise«) als das beste akustische Abschreckungsmittel. Zwei Studien aus Colorado beschäftigen sich unabhängig voneinander mit einem Abschreckungssystem gegen Kojoten, dass über einen Zeitgeber nachts alle 6 bis 13 Minuten ein etwa 10 Sekunden langes Spektakel aus trillernder Sirene und Stroboskoplicht auslöst. Die ältere Studie von Linhart (1984) beschreibt bereits einen Erfolg von 95 % weniger Rissen als im Vorjahr. In der zweiten Studie von Linhart et al. (1992) wurde ein Gerät namens »Electronic Guard« getestet, in dem alle Komponenten der Abschreckung aus der ersten Studie vereint wurden, um das Produkt erschwinglicher zu machen – interessanterweise konnte es 2017 im Internet nicht mehr gefunden werden. Die Erfolge des Electronic Guard decken sich aber mit jenen aus der Studie aus dem Jahr 1984 (Linhart et al. 1992).

Ein – laut der Autoren der entsprechenden Studie – für kleinere Weiden effektives Abwehrsystem stellt der »Radio-activated Guard« (RAD) dar. Das System besteht aus einem Abspielgerät, auf dem 30 verschiedene Geräusche gespeichert sind, und einem Stroboskop. Ausgelöst wird der RAD durch Senderhalsbänder am Beutegreifer – in dieser Studie handelte es sich dabei um frei lebende, besenderte Wölfe im US-Bundesstaat Idaho. Während der Testphasen wurden keine Kälber gerissen, und es konnte auch keine Gewöhnung der Wölfe an den RAD beobachtet werden (Breck et al. 2002).

Eine erweiterte Variante des RAD wurde in Wyoming an wild lebenden Kojoten geprüft: ein Abspielgerät kombiniert mit einem Stroboskop und einer Vogelscheuche, die plötzlich hochklappt. Aktiviert wird das Ganze durch einen Infrarot-Sensor, der wie eine Lichtschranke um die Weide aufgestellt wird. Laut der Autoren reagieren die Schafe nicht auf das Spektakel, wenn sie es auslösen, aber auf den so geschützten Weiden wurden keine Schafe gerissen. Daher scheint es, wie bei dem RAD, keine Habituierung der Kojoten an diese Vergrämungsmethode gegeben zu haben (VerCauteren et al. 2003).

So gut die Neophobie für den Herdenschutz auch ist – die Habituierung der potentiellen Beutegreifer an die Abschreckungssysteme macht alle Versuche, diese Raubtiere mit im Grunde harmlosen Mitteln wie Geräuschen, Licht und Gegenständen zu vertreiben, auf lange Sicht zunichte. Darin sind sich die Wissenschaftler der oben genannten Studien ziemlich einig: Diese Methoden können die Herden schützen, aber wenn es auf Dauer funktionieren soll, müssen die Geräte und deren Reize ständig gewechselt und neu kombiniert werden, um eine Gewöhnung der Beutegreifer an dieselben möglichst lange hinauszuzögern (Bomford und O´Brien 1990; Koehler et al. 1990; Linhart 1992).

Die Quintessenz der oben erwähnten Studien ist, dass eine Herdenschutzmaßnahme allein aus einer Kombination aus Licht und lautem Geräusch einen beachtlichen Erfolg haben kann – erweitert man diese Kombination durch z.B. Zäune und variiert regelmäßig die Kombination, scheint der Schutz sehr gut zu sein, wenn natürlich auch nicht hundertprozentig. Nun darf aber nicht übersehen werden, dass das Variieren der Reize, und sei es nur das Umplatzieren an der Weide, einen gewissen Arbeitsaufwand mit sich bringt und die Geräte zuerst einmal angeschafft werden müssen. Außerdem wurden diese Studien – wie fast alle aus dem nordamerikanischen Raum – in Bundesstaaten der USA durchgeführt, die eine wesentlich geringere Bevölkerungsdichte haben als Deutschland. Es gibt zwar etliche Menschen, die direkt an Autobahnen oder stark frequentierten Gleisen wohnen und sich an Licht und Lärm in der Nacht gewöhnt haben, aber eine die ganze Nacht hindurch tönende Sirene und Lichtblitze in direkter Nachbarschaft der Landbevölkerung – also dort, wo es tendenziell nachts eher ruhiger ist – wird auf Dauer wohl eher für Unmut in der Anwohnerschaft sorgen. Der Electronic Guard könnte, wenn überhaupt, nur an sehr abgeschiedenen Orten zum Einsatz kommen.

Der RAD entpuppt sich als unpraktisch, weil die Wölfe erst besendert werden müssen, damit der RAD auf die Präsenz des Beutegreifers reagieren kann. Wie in diesem Buch bereits erläutert, ist das Einfangen und Besendern wild lebender Wölfe unter Berücksichtigung aller rechtlicher Auflagen, Kosten und des Aufwandes kein leichtes Unterfangen. Da junge Wölfe zudem ihr Rudel nach ein bis zwei Jahren verlassen, würde eine Besenderung zum Einsatz eines RADs nur bei den dauerhaft sesshaften Elterntieren eines Rudels Sinn machen.

Die Installation des Geräts, das durch einen Infrarot-Sender ausgelöst wird, lässt sich dahingegen wesentlich leichter bewerkstelligen. Bei den dichten Wildbeständen stellt sich aber die Frage, wie oft so ein Fehlalarm ausgelöst werden würde – und ob der Wolf sich über die von Wild und Schafen ausgelösten Fehlalarme doch an die Reize gewöhnen könnte. Daher müsste die Installation wahrscheinlich so erfolgen, dass Rehe, Hasen und andere Wildtiere so selten wie möglich den Alarm auslösen.

Mit Sicherheit ist noch ein gewisser Forschungsspielraum bei diesem Ansatz des Herdenschutzes vorhanden. Diese nicht-tödliche Variante sollte genauer im Auge behalten werden, zumal es den Anschein hat, dass nicht-tödliche Herdenschutzmaßnahmen in der breiten Öffentlichkeit einen wesentlich besseren Anklang finden als tödliche.

13 Problemwölfe

Von Frank Faß

Auf den vorherigen Kapiteln aufbauend soll in diesem Kapitel der Begriff »Problemwolf« in Bezug auf die Nutztierhaltung untersucht und verschiedene Teilmaßnahmen zur Problembehebung beschrieben werden.

Grundsätzlich stellt sich die Frage, was einen Problemwolf eigentlich genau ausmacht. Ist ein Problemwolf etwa derjenige,

››› der gar nicht oder nur unzureichend geschützte Schafe reißt?

››› der am helllichten Tag Nutztiere erbeutet, anstatt in der Nacht?

››› der mehr als ein Schaf oder gar 10 Schafe reißt?

››› der auch ausgesprochen große Nutztiere reißt, wie z.B. eine ausgewachsene Kuh?

››› der sich nicht von Herdenschutzhunden beeindrucken oder vertreiben lässt und somit auch nicht von der Jagd auf Schafe abzuhalten ist?

››› der anerkannte wolfsabweisende Zäune immer wieder überwindet?

Im Kern der Beurteilung, ob es sich um einen Problemwolf in einer Region handelt oder nicht, ist immer wieder festzustellen, dass ein hoher Grad an Emotionalität die Grundlage dafür stellt. Doch gerade bei der Bewertung des Wolfes muss eine »nüchterne Bewertung und Entscheidung« das Fundament bilden, auf denen weitere Maßnahmen im Sinne des Wolfsmanagements festgelegt werden.

Es ist verständlich, dass ein Nutztierhalter einen Wolfsübergriff auf seine – wenn auch vielleicht gar nicht oder nur unzureichend geschützten – Tiere als Problem empfindet und infolgedessen im Wolf einen Problemwolf sieht. Tatsächlich handelt es sich bei dem in diesem Beispiel agierenden Wolf um keinen Problemwolf. Es muss also zwischen dem »gefühlten Problemwolf« und dem »echten Problemwolf« unterschieden werden.

Erste Beschreibungen mit Blick auf Problemwölfe und die Nutztierhaltung sind im BfN-Skript 201, 2007, Ilka Reinhardt & Gesa Kluth »Leben mit Wölfen/Leitfaden für den Umgang mit einer konfliktträchtigen Tierart in Deutschland« nachzulesen. Hier wird der Wolf richtigerweise nicht in der Gesamtheit aller seiner möglichen Verhaltensweisen als Problem beschrieben, sondern nur die Verhaltensweisen aufgeführt, die »problematisch« sind:

»Definition problematischen Verhaltens:

››› *Dreistes Verhalten, das zur Gefährdung eines Menschen führen kann.*

››› *Notorisches Verhalten (z.B. Wolf lässt sich durch Schutzmaßnahmen nicht abhalten), das zu Akzeptanzverlust führen kann und damit der gesamten Wolfspopulation schadet.*

››› *Problematisches Verhalten bedeutet fast immer, dass solch unerwünschtes Verhalten wiederholt und teilweise auch mit steigender Intensität gezeigt wird.«*

Wichtig ist an dieser Stelle zu betonen, dass der als »Problemwolf« bezeichnete Wolf problematisches Verhalten zeigt, was z.B. das Reißen von wolfsabweisend-geschützten Schafen bedeutet. Folgedessen ist es der Mensch, der die Beurteilung zwischen erwünschter und unerwünschter Verhaltensweise vornimmt. Der Wolf kann für sich selbst keine Schlüsse daraus ziehen, also nicht wissen, dass er unerwünschtes Verhalten zeigt. Die Eigenschaften des Wolfes, ein Generalist und gleichzeitig ein Oppertunist zu sein, entbehrt jeglicher

Grundlage, ihn deshalb zum Probelmwolf zu verurteilen. Dieses gilt in gleicher Weise für das Surplus Killing.

Grundsätzliche Möglichkeiten zur Beeinflussung des Wolfsverhaltens – genauer des Jagdverhaltens – sind in Kapitel 7 beschrieben.

Im BfN-Skript 201 wird weiterhin die Tabelle 7 »Wolfsverhalten: Hintergründe und Handlungsbedarf« aufgeführt, welche hier mit Bezug auf Nutztiere zitiert wird:

c) im Interesse der Volksgesundheit und der öffentlichen Sicherheit oder aus anderen zwingenden Gründen des überwiegenden öffentlichen Interesses, einschließlich solcher sozialer oder wirtschaftlicher Art oder positiver Folgen für die Umwelt;

d) zu Zwecken der Forschung und des Unterrichts, der Bestandsauffüllung und Wiederansiedlung und der für diese Zwecke erforderlichen Aufzucht, einschließlich der künstlichen Vermehrung von Pflanzen;

Verhalten		
Wolf tötet ungeschützte oder nicht ausreichend geschützte Nutztiere.		
Ursache	**Einschätzung**	**Handlungsempfehlung**
Wolf unterscheidet nicht zwischen erlaubten und unerlaubten Beutetieren.	*Akzeptanzproblem, wenn Wölfe häufig Erfolg haben und sich dadurch auf Nutztiere spezialisieren.*	*Spezifische Information. Nutztiere schützen.*
Verhalten		
Wolf tötet immer wieder sachgerecht geschützte Nutztiere. Findet stets einen Weg, den Schutz zu überwinden.		
Ursache	**Einschätzung**	**Handlungsempfehlung**
Wolf hat wiederholt Erfolg gehabt und gelernt, dass Nutztiere einfache Beute sind.	*Einzelner Wolf verursacht unverhältnismäßig hohen finanziellen und emotionalen Schaden. Ggf. großer Akzeptanzschaden*	*Sichere Schutzmethode suchen. Bei ausbleibendem Erfolg, Entfernen des Tieres.*

Tabelle 41: Wolfsverhalten: Hintergründe und Handlungsbedarf

Wie schon in Kapitel 10 beschrieben, muss jegliche Einflussnahme auf den Wolf in Einklang mit bestehenden und anzuwendenden Gesetzen stehen. Hierzu sei die EU-Richtlinie 92/43/EWG zur Erhaltung der natürlichen Lebensräume sowie der wild lebenden Tiere und Pflanzen (»Fauna-Flora-Habitatrichtlinie / FFH-RL«), Artikel 16 Absatz 1, zitiert:

> *»Sofern es keine anderweitige zufriedenstellende Lösung gibt und unter der Bedingung, dass die Populationen der betroffenen Art in ihrem natürlichen Verbreitungsgebiet trotz der Ausnahmeregelung ohne Beeinträchtigung in einem günstigen Erhaltungszustand verweilen, können die Mitgliedstaaten von den Bestimmungen der Artikel 12, 13 und 14 sowie des Artikels 15 Buchstaben a) und b) im folgenden Sinne abweichen:*
>
> ...

Mit Blick auf problematische Wölfe und die Nutztierhaltung dürften hier im Falle eines Falles die Buchstaben b) und c) des Artikels 16 Absatz 1 Berücksichtigung finden, welche ihrerseits durch das Bundesnaturschutzgesetz (BNatSchG) auf nationaler Ebene verankert sind. Die relevaten Paragraphen des Bundesnaturschutzgesetzes sind § 44, § 45 und/oder § 67.

Im Rahmen der Recherchearbeiten für dieses Buch sind keine konkreten Definitionsgrenzen für die FFH-RL Artikel 16 Absatz 1 b) und c) gefunden worden. Auch das Bundesnaturschutzgesetz definiert nichts Konkretes. Somit bleibt die Vermutung, dass bewusst ein Entscheidungsspielraum für die relevanten Behörden als Entscheidungsträger auf Länderebene gegeben ist.

Ein konkretes Resultat hierfür kann sein, dass die Anzahl von Übersprüngen eines Wolfes über anerkannte wolfsabweisende Schutzzäune in der Beurteilung des problematischen Verhaltens variiert. Während Bundesland »A« eine maximale Übersprungsanzahl »X« in einem definierten Zeitraum für sich festlegt, könnte Bundesland »B« zur Entscheidung für weiteres Vorgehen die maximale Übersprunganzahl »Y« anwenden.

Im Falle eines Falles

Die folgenden Darstellungen beschreiben, wie verschiedene Vorgehensweisen zur Behebung des »Problems«, aussehen können. Es ist an dieser Stelle allerdings nicht möglich, auf die unterschiedlichen Probleme im Detail einzugehen, so dass die Generalaussage »Da macht man dann ...« nur unseriös erscheinen kann. Tatsächlich muss jedes Problem individuell erfasst und beurteilt werden, um dann konkrete Vorgehensweisen definieren zu können.

Klare Kommunikation und Protokollierungen sind unerlässlich

Präsentieren sich im Laufe der Zeit Ereignisse in Bezug auf die Nutztierhaltung aufgrund unerwünschter Verhaltensweisen eines Wolfes, gilt es, die weitere Vorgehensweise zur Problembeobachtung und/oder -lösung unter den Beteiligten klar zu kommunizieren (Behörden, Wolfsberater, Tierhalter und -vertreter, Öffentlichkeit vor Ort etc.). Verschiedene Fragen sind zu untersuchen: Hat sich das Problem im Grunde genommen vielleicht schon vorher angekündigt? Wurde es noch nicht erkannt? Gibt es wirklich ein Problem? Hierfür gilt es, die in der Vergangenheit dokumentierten Wolfsübergriffe auf Nutztiere in der Region in der Gesamtheit auszuwerten. Grundsätzlich muss im Rahmen der Untersuchung zur Frage nach dem Verursacher jede Möglichkeit in Betracht gezogen werden – also nicht nur der Wolf allein.

Es ist unabdingbar, dass auch weiterhin eine lückenlose Dokumentation erstellt wird, die die verschiedenen Nutztierrisse dokumentiert. Entsprechende Protokolle müssen beschreiben, wann, wo, wie und bei wem genau der Übergriff geschah. Hierin sind u.a. auch die Haltungsbedingungen der Tiere detailliert festzuhalten. Es ist dabei auch von höchster Wichtigkeit, dass jeder Nutztierhalter Vorkommnisse meldet. Nur so kann ein genaues Bild des Problems entstehen.

Weiterhin muss untersucht werden, welche Wölfe grundsätzlich in der betroffenen Region in Frage kommen. Gibt es dort einen residenten Einzelwolf, ein Wolfspaar ohne Nachwuchs oder ein Rudel? Könnte es auch ein nur temporär anwesender Wolf sein? In jedem Fall ist es wichtig, zu wissen, mit welchem Wolf oder welchen Wölfen man es zu tun hat. Hier können nur DNA-Untersuchungen nach und nach Klarkeit bringen.

DNA-Untersuchungen

Ein wesentlicher Bestandteil des Wolfsmonitoring sind Analysen von DNA-Proben. Die ermittelten DNA-Ergebnisse lassen dabei Rückschlüsse auf einen Wolf, sein Geschlecht und auch die Herkunft (Abstammung, Elterntiere, Rudel, Territorium) zu.

Grundsätzlich gibt es verschiedene Möglichkeiten, an die DNA eines Wolfes zu gelangen. Diese können in der Praxis z.B. sein:

- Speichel aus dem Fang des Wolfes, welcher beim Biss auf den Wundbereich des Nutztieres übertragen und dort mit einem Tupfers abgestrichen werden kann
- Gefundene Haare, welche der Wolf an einem Zaun beim Untergraben, Durchdringen oder Überwinden abgestreift hat
- Frische Losung des Wolfes; Kothaufen, an dem noch frische, ausgeschiedene Darmzellen haften. Der Kot wurde als Markierung in der Nähe des Nutztierrisses abgesetzt.
- Urin (und ggf. Östrusblut einer Fähe) des Wolfes im Schnee, der als Markierung in der Nähe des Nutztierrisses abgesetzt wurde

Eine wesentliche Grundvoraussetzung für den Erfolg einer Genetik-Untersuchung ist, dass genug Probenmaterial zur Verfügung steht. So ist es also z.B. auch von großer Bedeutung, wie viel Wolfsspeichel beim Abstrich mit einem Tupfer aus einer Bissverletzung des betroffenen Nutztieres gewonnen werden kann. Die Schwierigkeit dabei ist, dass der Wolfsspeichel optisch nicht zu erkennen ist. Letztlich ist es also wichtig, mehrere Proben pro Nutztier zu entnehmen.

Die gewonnenen Genetik-Proben können parallel zwei verschiedene Analyseverfahren durchlaufen:

Mitochondriale Sequenzanalyse:

Bei dieser Analyse wird der Haplotyp bestimmt. In Deutschland gibt es in der zentraleuropäischen Flachlandpopulation zwei Haplotypen. Diese werden HW01 und HW02 genannt. Der HW02 ist bisher nur sehr selten in Deutschland festgestellt worden. Der HW01 überwiegt also deutlich. Ein gewisser Grad an Poplulationszugehörigkeit ist durch diese Analyse ebenfalls feststellbar. Diese Analyse ermöglicht außerdem die Unterscheidung, ob die DNA-Probe von einem Wolf, Hund, Fuchs oder einem anderen Tier stammt.

Mikrosatellitenanalyse:

Für ein erfolgreiches Analyseresultat ist hierbei »viel« genetisches Material erforderlich, um den genetischen Fingerabdruck ermitteln zu können. Der genetische Fingerabdruck stellt somit klar, um welches Wolfsindividuum es sich konkret handelt. Die Mikrosatellitenanalyse erlaubt neben der Individuumbestimmung auch die Ermittlung von verschiedenen Verwandtschaftsverhältnissen und somit auch der Bestimmung des Elternrudels.

Beratung vor Ort

Die Maßnahme »Beratung vor Ort« soll anhand eines konkreten Beispiels beschrieben werden. Ein in einer Region sesshafter Wolf überspringt immer wieder an verschiedenen Orten wolfsabweisende Zäune – hier konkret 90 cm hohe Elektronetzzäune. In diesem Fall ist es unerlässlich, dass in der gesamten Region (Territorium des Wolfes, soweit bekannt) der Zaungrundschutz erhöht wird (konkrete Beschreibung im Kapitel 12.1.6). Darüber hinaus ist es ebenso erforderlich, dass idealerweise bei allen Schaf- und Ziegenhaltern die Zaunbeschaffenheit überprüft wird. Es gilt, die Zäune, die nicht einmal den wolfsabweisenden Grundschutz erfüllen, in solche umzurüsten und auch gleich zu erhöhen. Diese Maßnahmen werden allerdings in vielen Fällen nicht von allein ergriffen. Hier muss also die fachliche Beratung der Schaf- und Ziegenhalter durch geschultes Personal geleistet werden. Es ist wirklich von hoher Bedeutung, dass die Schaf- und Ziegenhalter der gesamten betroffenen Region für die Errichtung zusätzlicher Maßnahmen gewonnen werden (egal, ob im Hobby-, Neben- oder Haupterwerb). Ansonsten kann sehr wahrscheinlich der entsprechende Wolf das unerwünschte Verhalten (Sprung über Zäune) weiterhin ausüben – und üben!

Letztlich gibt es in Deutschland allerdings noch eine andere »Hürde«, die zu nehmen sein wird: der Datenschutz. So wichtig die fachliche Beratung im Bedarfsfall auch ist, es wird nichts helfen, wenn die Berater aus Gründen des Datenschutzes keine Namen der Nutztierhalter bekommen. Es mag vielleicht für den Laien nicht nachzuvollziehen sein, doch tatsächlich darf Behörde »A« der anfragenden Behörde »B« nicht immer Adressdaten der Nutztierhalter aushändigen.

Bestimmung des betroffenen Wolfes als Verursacher

Es ist mit Blick auf die Problembeschreibung von großer Bedeutung zu wissen, über wen genau gesprochen wird – um welchen Wolf oder welche Wölfe als Individuen es sich genau handelt.

Die Auswertung von Monitoringdaten muss also die Frage beantworten, ob ein einzelner Wolf in einer Region territorial lebt, ob es ein Wolfspaar oder ein Rudel gibt. Mit dieser Fragestellung muss ebenfalls die zeitliche Problemfrequenz einhergehen. Wie oft wurde das unerwünschte Verhalten durch den oder die Wölfe in der Vergangenheit gezeigt? Ferner sind auch die Ergebnisse der DNA-Auswertungen dabei zu berücksichtigen. An dieser Stelle darf nämlich der allein durch eine Region ziehende Wolf nicht außer Acht gelassen werden, der sich wahrscheinlich nur für einen kürzeren Zeitraum in der Region aufhält.

Im Idealfall sollte relativ schnell herausgefunden werden, welcher Wolf oder welche Wölfe das Problem verursachen.

Gegenbenenfalls Besenderung des Wolfes

Kommt, in Anlehung an die Erkenntnisse des Wolfsmonitorings, mehr als ein Wolf potentiell als Problemverursacher in Frage, ist der Lebendfang des Wolfes zwecks Besenderung anzustreben. Der große Vorteil in der Besenderung des Wolfes liegt darin, dass seine stete Ortung möglich ist. Hierfür müssen zunächst alle erforderlichen Genehmigungen ausgestellt werden (Fangaktion [artenschutzrechtliche Genehmigung], Immobilisierung [Tierversuchsgenehmigung] etc.). Ferner ist ebenfalls zu prüfen, mit welcher Lebendfangmethode der/die Wolf/Wölfe gefangen werden dürfen. Bei erfolgter Fangaktion sollte zusätzlich zum GPS-Sendehalsband eine optische Markierung am Wolf bzw. am Sendehalsband beidseitig angebracht werden. Der Vorteil hierin ist, im Zweifelsfall eine Verwechslung mit einem anderen besenderten Wolf zu vermeiden. Wird versehentlich ein offensichtlich falscher Wolf gefangen, ist dieser wieder unverzüglich freizulassen.

Eine weitere wichtige Fragestellung ist, in welchem zeitlichen Intervall das GPS-Sendehalsband getaktet werden soll – wie oft also der Wolf pro Stunde seinen Standort preisgeben soll. Bei hoher Taktung wird die Kapazität der Batterien im GPS-Sendehalsband entsprechend schneller erschöpft.

Lassen Erkenntnisse des Wolfmonitorings die Auswertung der Protokollierungen und der DNA-Untersuchungen den Schluss zu, dass es nur einen residenten Wolf in der Region gibt, kann je nach Problemstellung auch auf eine Besenderung verzichtet werden. Möglicherweise macht aber auch dann eine Besenderung durchaus Sinn, um zu prüfen, ob es hochfrequentierte Wanderrouten (Pässe) des Einzelwolfes gibt und welches Raum-Zeit-Verhalten sich daraus ableiten lässt. Ereignen sich die meisten Übergriffe auf geschützte Nutztiere entlang einer Hauptwanderroute? Oder treten die Übergriffe eher willkürlich in der Region auf? Wird immer wieder derselbe Standort bzgl. Nutztierhaltung vom Wolf aufgesucht, ist auch in diesem Fall eine Besenderung im Vorfeld sinnvoll. Hier kann dann evtl. auf den Wolf gezielt eingewirkt werden, um ihn vom unerwünschten Verhalten abzubringen.

Letztlich muss betont werden, dass bei Besenderungen von Wölfen zunächst weitere Nutztierrisse bewusst in Kauf zu nehmen sein könnten, um mehr Erkenntnisse über den Wolf zu gewinnen bzw. die Problembeschreibung genauer fortschreiben zu können.

Maßnahmen nach der Besenderung

Jegliche Maßnahmen zur Problemlösung in Bezug auf den Wolf lassen sich in nicht-letal und letal aufteilen. Im Vordergrund steht dabei mit Blick auf den beschriebenen Schutzstatus des Wolfes die Anwendung der nicht-letalen Maßnahmen. Erst in letzter Instanz darf die letale Entfernung (auch Entnahme genannt) eines Wolfes aus der Natur erfolgen.

Unabhänigig von der ausgewählten Maßnahme muss für den Fall, im dem eine Wolfsfähe als Nachwuchs führendes Muttertier betroffen ist, ein Fang- bzw. Tötungsverbot bis in den Herbst gelten.

Beeinflussung des unerwünschten Wolfsverhaltens durch verbesserte Herdenschutzmaßnahmen

Mögliche Maßnahmen zur Etablierung oder Verbesserung von Herdenschutzmaßnahmen sind ausführlich in Kapitel 12 beschrieben.

An dieser Stelle soll zur Diskussion angeregt werden, wie hoch Schutzzäune, insbesondere mobile Elektrozäune (Netze oder Litzen), errichtet werden sollen. Reichen dauerhaft die an sich bewährten 90 cm hohen Elektronetzzäune aus, oder sollten bei Neuanschaffungen nur noch mindestens 105 cm hohe Elektronetzzäune zum Einsatz kommen? Ebenfalls stellt sich die Frage, ob nicht dann gleich 120-cm-Elektronetzzäune angeschafft werden sollten. Was ist dem Tierhalter, der diese mobilen Zäune ständig auf- und abbaut oder umsetzt, zuzumuten? Auf mobile Elektrozäune wird im Kapitel 12.1.6.2 ausführlich eingegangen.

Umsiedlung in andere Regionen

Den Wolf nach dem Lebendfang umzusiedeln, also fernab der Problemregion an einem anderen Ort wieder auszusetzen, kann unter Umständen nur eine Problemverschiebung auf der Landkarte bewirken. Ferner stellt sich die Frage, wer freiwillig solch einen problematischen Wolf bei sich in der Region ausgesetzt haben will. In echten Wildnisgebieten ist diese Vorgehensweise ratsam – in der Kulturlandschaft eher nicht. Ausführliche Informationen finden sich in Kapitel 12.12.

Unterbringung in Auffangstationen oder Schaugehegen

Auffangstationen für Wölfe sind keine üblichen Schaugehege, wie sie Besuchern aus Zoos und Wildparks bekannt sind. Auffangstationen erfüllen den Zweck, einzelne wild lebende, verletzte Wölfe aufzunehmen, sie bestmöglich gesund zu pflegen und sie danach wieder auszuwildern.

Die dauerhafte Unterbringung des Wolfes – der als sehr wahrscheinlich gesund einzustufen ist – in einer Wolfsauffangstation ist nach dem Tierschutzgesetz (TierSchG) als tierschutzwidrig einzustufen und deshalb strikt abzulehnen. Eine Begründung dafür liefert das Tierschutzgesetz im § 1:

TierSchG, § 1

Zweck dieses Gesetzes ist es, aus der Verantwortung des Menschen für das Tier als Mitgeschöpf dessen Leben und Wohlbefinden zu schützen. Niemand darf einem Tier ohne vernünftigen Grund Schmerzen, Leiden oder Schäden zufügen.

Eine dauerhafte Unterbringung von aus der freien Wildbahn entnommenen Problemwölfen in Auffangstationen oder Schaugehegen lehnen wir als Wolfcenter im Übrigen ab, wobei wir beide Unterbringungseinrichtungen besitzen. Man stelle sich jedoch vor, welches seelische Leid ein solcher Wolf über Jahre hinweg bis zu seinem natürlichen Tod zu ertragen haben könnte. Je nach Wolfsindividuum kann es sein, dass der betroffene Wolf sich in der Station oder im Gehege nicht wohlfühlt und entsprechendes Verhalten zeigt. Dieses Verhalten kann von mehrfachen Ausbruchsversuchen mit Selbstbeschädigung gepaart mit starker Unruhe bis hin zu völliger Apathie reichen und kann daher nicht mit dem Tierschutzrecht in Einklang stehen.

Letale Entnahme

Wird in letzter Konsequenz die letale Entnahme des identifizierbaren Wolfes aus der Natur entschieden, stehen hierfür grundsätzlich zwei Möglichkeiten zur Verfügung:

- Immobilisierung im Nahbereich mit anschließender Euthanasie
- Kugelschuss aus der Entfernung

Sollte eine Immobilisierung aus Distanzgründen nicht möglich sein, ist der Kugelschuss umzusetzen.

Selbstverständlich sind auch für diese Maßnahme relevante Artenschutzgesetze zu berücksichtigen und in Anlehung daran Begründungen zur endgültigen Entnahme zu formulieren.

Möglicherweise könnte die Auslegung des Tierschutzgesetzes, nach dem der vernünftige Grund für die Entnahme anzuführen ist, in Konkurrenz zum Artenschutzrecht stehen. Wahrscheinlich kann dies nur im Einzelfall abgewogen werden.

Problematische Wölfe durch Lernen am Modell?

Angenommen, es gibt ein Wolfsrudel in der Region und es wurde festgestellt, dass einer der beiden Elterntiere der Verursacher des Problems ist. Vielfach taucht dann die Frage auf, ob der Nachwuchs (Jährlinge und/oder Welpen) sich das (durch den Menschen als unerwünscht bewertete) Verhalten vom besagten Elternteil abguckt und dann selbst irgendwann das Verhalten (z.B. hohe Zäune überwinden oder große Nutztiere reißen) zeigt. Grundsätzlich ist es möglich, dass sich einzelne Welpen oder Jährlinge Verhaltensweisen von Elterntieren abgucken – diese Form des Lernens wird »Lernen am Modell« genannt. Es kann allerdings auch sein, dass der Nachwuchs dieses genau nicht macht und sich mehr am anderen Elternteil orientiert, der die unerwünschte Verhaltensweise vielleicht nicht zeigt. Zur Beantwortung dieser Frage können leider nur Vermutungen angestellt werden, und es kann nur in der Praxis beobachtet werden, ob am Modell unerwünschte Verhaltensweisen gelernt wurden oder nicht. Die Wahrscheinlichkeit, dass Welpen oder Jährlinge durch Lernen am Modell ebenfalls unerwünschtes Verhalten zeigen, dürfte deutlich steigen, wenn beide Elterntiere das problematische Verhalten zeigen.

Mut zur Entnahme?!

Eine Entscheidung zu treffen, die die Entnahme eines Wolfes oder gar mehrerer Wölfe aus der Natur zur Absicht hat, ist sicherlich schwierig. Im Zeitalter des Internets wird beispielsweise auf Social Media- und Foren-Plattformen zur Vorgehensweise um bekannt gewordene problematische Wölfe gestritten, was das Zeug hält. Ruckzuck werden Petitionen gestartet, die dem Wolf zum Überleben verhelfen sollen.

Teilweise wird, leider auch ohne dass Details über das Problem bekannt sind, sehr emotional gestritten, was ein weiterer Faktor dafür sein könnte, dass hier und da eine Geringschätzung des anonymen Gegenübers im Internet leicht fällt: Wer gegen eine Entnahme ist, gilt als Wolfskuschler, wer dafür ist, gilt als Mörder – beides wirkt befremdlich.

Mit Blick auf Schafe, Ziegen und Gehegewild ist immer klar gewesen, dass Wölfe es an diesen Tieren leicht haben, Beute zu machen, wenn sie nicht entsprechend vor ihnen geschützt werden. Sicherlich ist es richtig, dass auch in den Gebieten, wo ein wolfsabweisender Grundschutz erreicht werden könnte, dieses nicht immer und überall der Fall ist. Umso wichtiger ist es, dass wir gerade diese Tierhalter dazu ermutigen und dafür gewinnen, den wolfsabweisenden Grundschutz aufzubauen. Doch was tun, wenn ein Wolf gelernt hat, an verschiedenen Orten seines Territoriums wiederholt (!) den wolfsabweisenden Grundschutz zu überwinden? Soll dann noch weiter aufgerüstet werden oder sollte dann nicht eher über die Entnahme nachgedacht werden?

Diese Frage ist nicht schnell zu beantworten. Zunächst muss klar sein, welche Zäune überwunden wurden und wie sie beschaffen und in der Landschaft verteilt sind. Hierzu mehrere Beispiele:

Beispiel 1:
Ein Wolf dringt immer wieder durch Überklettern in dasselbe Damwildgehege ein und reißt entsprechend Nutztiere. Ansonsten macht er in seinem Territorium anscheinend keine Beute an anderen Nutztieren. In einem solchen Fall sollte das Damwildgehege nachträglich durch technische Maßnahmen, wie im Kapitel 12.1.7.3.1 beschrieben, wolfsabweisend ergänzt werden. Von einer Entnahme des Wolfes wäre in diesem Fall abzusehen.

Beispiel 2:
Zwei in der Region territorial lebende Wölfe überspringen immer wieder an verschiedenen stellen Elektronetzzäune, die jeweils 90 cm hoch sind und Schafe schützen sollen. Hier ist anzuraten, umgehend die Barriere auf 120 cm zu erhöhen, wie im Kapitel 12.1.7.3.2 beschrieben. Hierdurch konnte oft (unter den wenigen echten Überspringern in Deutschland) festgestellt werden, dass Abhilfe geleistet wurde und weitere Übersprünge ausblieben.

Beispiel 3:
Ein in der Region territorial lebender Wolf überspringt immer wieder an verschiedenen Stellen Elektronetzzäune, die jeweils 90 cm hoch sind. Die dadurch verursachten Nutztierrisse geschahen bei Vollerwerbsschäfern,

aber auch bei Hobbyschäfern. Obwohl die Schafhalter die Barriere auf 120 cm erhöht haben, wie im Kapitel 12.1.7.3.2 beschrieben, überspringt der Wolf auch weiterhin diesen an und für sich wolfsabweisenden Schutzzaun. Der Einsatz von Herdenschutzhunden konnte aus verschiedenen Gründen nicht bzw. nur teilweise bei den Vollerwerbsschäfern realisiert werden. Die Entnahme des Wolfes wäre hier anzuraten.

Mit Blick auf die untere Hälfte der Tabelle 41 aus dem BFN-Skript 201 ist zu erkennen, dass die Entnahme bzw. Entfernung nicht auszuschließen ist:

entnehmen müssen? Ist es wirklich die Sorge, dass es der Etablierung der Wolfspopulation schadet, obwohl diese sich nach wie vor stetig aufbaut? Ist es die Sorge, dass sich bei einer angeordneten Entnahme des Wolfes die Tierhalter freuen und fortan nur noch die Hände in den Schoß legen und erst recht keine wolfsabweisenden Herdenschutzmaßnahmen errichten, weil die Praxis ja zeigt, dass problematische Wölfe früher oder später doch abgeschossen werden? Fragen über Fragen.

Es soll noch ein anderer Aspekt zu Wolfsübergriffen auf Nutztiere beleuchtet werden: Übergriffe auf fast oder ganz ausgewachsene Rinder – also keine Kälber.

Verhalten		
Wolf tötet immer wieder sachgerecht geschützte Nutztiere. Findet stets einen Weg, den Schutz zu überwinden.		
Ursache	***Einschätzung***	***Handlungsempfehlung***
Wolf hat wiederholt Erfolg gehabt und gelernt, dass Nutztiere einfache Beute sind.	*Einzelner Wolf verursacht unverhältnismäßig hohen finanziellen und emotionalen Schaden. Ggf. großer Akzeptanzschaden*	*Sichere Schutzmethode suchen. Bei ausbleibendem Erfolg: Entfernen des Tieres.*

Doch was hemmt uns Menschen, die Entfernung eines Wolfes aus der Natur wirklich anzuordnen? Ist es die Tatsache, dass erst ausnahmslos alle Schafhalter den wolfsabweisenden Grundschutz perfekt errichtet haben müssen, um eine solide und rechtlich abgesicherte Begründung zur Entnahme zu ermöglichen? Sind es Bedenken, dass dann vielleicht sämtliche Wölfe, die gar keine echten problematischen Wölfe sind, aber dennoch Nutztiere reißen, nach Ansicht der Tierhalter ebenfalls entnommen werden sollen (was immer nur eine Behördenentscheidung sein kann)? Wäre hier also ein Dammbruch zu befürchten? Nein! Ist es die eigene Angst, in Mitleidenschaft (beruflich oder gar die eigene körperliche Unversehrheit bzw. von Hab und Gut) gezogen zu werden? Ist es die Sorge, um fehlende Zustimmung in der eigenen Wählerschaft, also parteipolitische Strategien, die der Entnahme im Wege stehen? Ist es die Sorge, dass das »wiederholte Über-Zäune-Springen« auch nur zweimal springen bedeutet? Hätte der Wolf vielleicht von alleine kein drittes Mal einen Schutzzaun übersprungen und man hätte ihn eigentlich gar nicht

Sind dies automatisch Problemwölfe? Im Wissen, dass Wölfe ausgewachsene Elche reißen können – auch wenn diese alt, krank oder schwach sind – sollte es einen eigentlich nicht wundern, dass auch Färsen und Milchkühe verschiedentlich in der niedersächsischen Region Cuxhaven (die Milchkammer Niedersachsens, entsprechend reich an Grünland) vom dort ansässigen Wolfsrudel gerissen wurden. Je nach dem wie man seine eigene Welt sieht, kann es sein, dass jemand in Folge eines Großrinderrisses die Lage für sich beurteilt: »Ja, ist eben so wie bei Schafen.« Andere Auffassungen denken vielleicht: »Seid Ihr wahnsinnig geworden, dass Ihr so etwas zulasst?«

Liegt es am höheren finanziellen Wert der Rinder im Vergleich zu Schafen und Ziegen oder daran, dass sie deutlich größer und schwerer als Schafe, Ziegen und Gehegedamwild sind, so dass mit mehr Emotionalität um die Entnahme der verursachenden Wölfe gestritten wird? Liegt es daran, dass es in Niedersachsen deutlich mehr Rinder als Schafe, Ziegen und Gehegewild gibt? Sehr wahrscheinlich an allem. Dies ist auch nachvollziehbar. Ohne Schafe, Ziegen und Gehegewild, so wie deren

Abbildung 397: Wolf auf einer Kuhweide. Im Hintergrund ist eine von sieben Färsen zu sehen

Halter, abwerten zu wollen, sollten wir allerdings doch bei Großnutztieren andere Maßstäbe zugrundelegen, wenn Herdenschutzmaßnahmen aus verschiedenen Gründen nicht ohne weiteres umsetzbar sind. Selbstverständlich geht es beiden, Schaf und Rind, gleich, wenn sie von einem oder mehreren Wölfen angegriffen werden: sie haben Angst vor dem Angreifer und erleiden Schmerzen bei der Attacke. Beide Tierhalter sind entsetzt beim Anblick ihrer toten und teilweise noch lebenden Nutztiere. Warum also einen Unterschied zwischen Klein- und Großvieh machen? Weil es Großvieh ist. Weil es durch einen Traktor mit Frontlader oder einem Radlader von der Weide geborgen werden muss – weil eben doch deutlich mehr Emotionalität daran gekoppelt ist. Und noch ein Aspekt sollte berücksichtigt werden: Die meisten Schafe, Ziegen oder Gehegedamhirsche sterben bei einem Wolfsangriff einen schnellen Tod. Sie werden am Hals durch das kraftvolle Zubeißen des Wolfes gewürgt bzw. erwürgt, gegebenenfalls muss der Wolf ein zweites Mal am Hals nachfassen. Hierdurch werden Luftröhre und/oder Halsschlagader(n) abgedrückt und das Schaf, die Ziege oder der Damhirsch (Gehegewild) erstickt. Bei einer Färse oder Milchkuh sieht das alles aufgrund der Körpergröße deutlich anders aus. So konnte in einigen Fällen festgestellt werden, das diese Beutetiere vom Wolf an der Nase gepackt wurden, während ebenso mehrfache (!) Zubisse am massigen Hals von Würgeversuchen zeugten. Weitere Verletzungen an anderen Körperpartien führten erst nach und nach zum Tod des Rindes. Stimmt, beim alten, kranken oder schwachen adulten Elch wäre das auch so. Die Natur ist hart. Aber sollen das neue Maßstäbe in der Großnutzviehhaltung werden? Diese Begründungen werden sicherlich streitbar sein ...

In den Jahren 2014 bis 2017 sind insbesondere im Landkreis Cuxhaven Kälber, Färsen und Milchkühe der Rasse Deutsche Holsteins durch Wölfe erbeutet worden. Wolfsübergriffe auf Färsen (junge weibliche Kühe ohne eigenen Nachwuchs) hat es in Niedersachsen erstmals im Jahr 2014 an zwei unterschiedlichen Zeitpunkten in derselben Herde im Landkreis Cuxhaven gegeben. Insgesamt waren dabei drei Färsen im Alter von neun bzw. zehn Monaten betroffen (zwei tote, eine verletzte; Gewicht: ca. 250 kg). Im Jahr 2016 kam in zwei verschiedenen Fällen in derselben Region je eine tragende Färse (ca. 450–500 kg) durch Wolfsangriffe zu Tode. Im Jahr 2017 wurden in der Region Cuxhaven erneut 18 große Kühe gerissen. Dazu kommen vier Kälber. Dass Wölfe von allein aufhören, Großnutztiere dieser Art zu erbeuten, ist derzeit nicht erkennbar.

Im Kapitel 12.1.7 sind verschiedene Zaunbauvarianten zur Errichtung des wolfsabweisenden Grundschutzes beschrieben worden. Auch für den Schutz von Rindern wurde entsprechende Zäune beschrieben. So sehr ein solcher Zaunbau in Hotspot-Gebieten auch zu empfehlen ist, werden wir dennoch festzustellen haben,

dass lange nicht alle Rinderhalter aus verschiedenen Gründen solche Zäune errichten werden bzw. können – weil es auch nicht mal ebenso geht (Zaunbauangebote einholen, Antrag auf Bezuschussungen erstellen und abgeben, behördliche Zustimmung zur Auszahlung von Zuwendungen abwarten, Zaunbauunternehmen beauftragen und Zäune errichten lassen). Die Denke »Dann haben die Rinderhalter eben Pech gehabt«, führt zu keiner Konfliktlösung. Im Gegenteil: hier wird die Zustimmung zu wild lebenden Wölfen schwinden, wahrscheinlich sogar ganz. Sollten wir nicht in Fällen, in denen immer wieder in einer Region mit hoher Milchkuhdichte mehrere Rinderrisse in der Altersklasse 8 Monate und älter vorkommen, die Entnahme anstreben, auch wenn diese im Vergleich zu Schafrissmengen geringer sind? Wenn wir uns solchen Gedanken versperren, kann es tatsächlich sein, dass die Milchviehhalter nach und nach ihr Jungvieh nicht mehr ab dem Frühjahr bis zum Herbst draußen weiden lassen – die Milchkühe erst recht nicht. Hier werden die Landwirte dann lieber auf wenige Cent Zuschlag pro Liter Milch aus Weidemilchprogrammen verzichten, die sie dann auch nicht in aufwendige Zäune investieren müssen. Absehbar käme dann also ein anderer Milchwagen, um die Milch abzuholen, als bisher.

Ist es in einer Region ein einzelnes Rind, was über einen längeren Zeitraum hinweg durch Wölfe gerissen wurde, steht die Einstufung zum Problemwolf nicht zur Debatte. Geschieht dies dann jedoch öfter, sollte dies als problematisches Verhalten erfasst werden – auch in Managementplänen. Natürlich sollten die weiter oben beschriebenen Maßnahmen (Protokollierung, Beratung vor Ort, Öffentlichkeitsarbeit, ggf. Besenderung, Untersuchungen auf Verursacherschaft etc.) umgesetzt werden. Selbstverständlich ist und bleibt es von höchster Bedeutung, welcher Wolf genau der Verursacher ist. Irgendeinen abzuschießen, ist sinnlos! Und doch wird

man sich am Ende mit der Frage der Entnahme auseinanderzusetzen haben. Was tun, wenn beide Elterntiere das problematische Verhalten aufzeigen? Beide entnehmen? Zu welchem Zeitpunkt? Im Herbst, wenn der Nachwuchs schon allein klarkommen könnte? Trainieren sich in der Zwischenzeit die Jährlinge das unerwünschte Verhalten ihrer Eltern an? Oder sollte man dann ausnahmslos alle Wolfsindividuen des Rudels entnehmen? Sicherlich keine leichte Entscheidung – und doch muss eine her. Zusehen und hoffen, wird für die Tierhalter vor Ort nicht funktionieren. Wenn Jährlinge eventuell nach dem Abwandern aus dem elterlichen Territorium selbst irgendwann, irgendwo Rinder reißen, wird es für die Nutztierhalter dort auch schwierig.

Mit Blick auf den Verlauf der letzten Jahre seit der selbstständigen Etablierung der Wolfspolulation in Deutschland konnte ein stetes Wachstum (Menge der Individuen) und eine stete geografische Ausbreitung festgestellt werden. Sollte hiermit dann nicht auch die Ausweitung eines Ermessensspielraumes zur Entnahme einhergehen? Hier könnte beispielsweise mit Blick auf wirklich problematische Wölfe in Bezug auf die Nutztierhaltung die Einführung einer Entnahme-»Kann-Quote« Sinn machen. Diese Kann-Quote wäre natürlich durch zuständige Behörden zu genehmigen. Die Kann-Quote muss dabei nicht erfüllt werden, wenn es keinen Bedarf zur Anwendung gibt. Es geht hier nicht um eine Quote im Sinne einer Bejagung des Wolfes! Sinn und Zweck ist, im Bedarfsfall flexibler und schneller entscheiden und eine erforderliche Entnahme anordnen zu können.

Ist es in einer Gesellschaft nicht auch ein Geben und ein Nehmen? Wir fordern von Nutztierhaltern (insbesondere Schaf-, Ziegen- und Gehegwildhaltern), dass sie ihre Tiere vor dem Wolf schützen – im Wissen, dass ihnen das nicht immer gefällt und auch nicht immer möglich ist. Wir sollten in Anlehnung an die hier zuvor dargelegten verschiedenen Schritte zur Problemanalyse und -lösung, allerdings auch nicht zögern, Wölfe zu entnehmen, wenn wolfsabweisende Schutzmaßnahmen immer wieder überwunden werden, um die Akzeptanz bei Nutztierhaltern nicht vollends schwinden zu lassen. Die Entscheidung für eine Entnahme des Wolfes darf nicht außer Acht gelassen werden, auch wenn es an sich eine unangenehme Entscheidung ist.

Ein konfliktarmes Zusammenleben mit Wölfen ist nach wie vor möglich. Allerdings sollten wir vor einzelnen Problemen nicht die Augen verschließen – dies würde letztendlich in unberechtigter Weise dem Ansehen aller Wölfe als Gesamtheit schaden.

14 Empfehlungen und Ausblick

Von Frank Faß

Wie kann es gelingen, Wölfe von Übergriffen auf landwirtschaftliche Nutztiere abzuhalten? Auf diese Frage liefert dieses Buch einige Antworten. Allerdings muss auch festgestellt werden, dass es noch weiterer Antworten bedarf, um diese Frage gänzlich zu beantworten. Es kann bei diesem komplexen Themenfeld nicht der Anspruch sein, auf jede Frage umgehend die passende Lösung aus einem einzigen Buch heraus zu liefern, selbst wenn vielleicht im Rahmen der Recherchearbeiten weitere effektive Herdenschutzmaßnahmen übersehen worden sein könnten. Deshalb sollte es allen Beteiligten ein Antrieb sein, nach weiteren Lösungen zu suchen bzw. Überlegungen dafür auf Machbarkeit zu untersuchen.

Alle in diesem Buch beschriebenen Herdenschutzmaßnahmen werden nochmals tabellarisch aufgelistet und in ihrer Wirksamkeit bewertet (siehe Tabelle Seite 374).

Die hier abschließend beschriebenen Anregungen leiten sich aus den vorangegangenen Kapiteln ab. Bei der Darstellung der Anregungen bzw. auch Fragestellungen mag bei manch einem Leser sofort der Gedanke im Kopf auftauchen: »Das klappt eh nicht.« Und doch ist es zunächst nur ein Gedanke, der uns allerdings nicht ausbremsen sollte, zu forschen. Nur so werden wir weiteren Erkenntnisgewinn erlangen. In diesem Zusammenhang stellt Scheitern übrigens auch einen Erkenntnisgewinn dar.

Elektrozäune und Zaunpflege

Neben den in Kapitel 12.1.7 beschriebenen Zäunen zur Errichtung des wolfsabweisenden Grundschutzes, sollen hier weitere Überlegungen hinzugefügt werden.

Nr.	Herdenschutzmaßnahme	Potentielle Wirksamkeit			Bemerkung
		geeignet	bedingt geeignet	wirkungslos	
1	Zäune	X			
2	Herdenschutztier: Hunde	X			
3	Herdenschutztier: Esel		X		Bedarf weiterer praktischer Untersuchungen.
4	Herdenschutztier: Alpaka, Lama			X	
5	Behirtung		X		
6	Abwehrverhalten der Nutztiere				Kann nur im Einzelfall bez. Rinder und Pferde beurteilt werden. Keine Methode bei Schafen, Ziegen, Gehegewild (Damwild).
7	Verändertes Nutztiermanagement				Kann nur im Einzelfall beurteilt werden.
8	Halbbänder am Nutztier			X	
9	Biofencing			X	
10	Geschmacksaversion			X	
11	Ablenkungsfütterungen			X	
12	Sterilisation o. Kastration			X	
13	Umsiedlung von Wölfen			X	
14	Verbotszonen				Rechtlich bisher nicht zulässig.
15	Optische Maßnahmen			X	Wenn überhaupt nur kurzfristige Möglichkeit.
16	Akustische Maßnahmen			X	Wenn überhaupt nur kurzfristige Möglichkeit.
17	Olfaktorische Maßnahmen			X	

Tabelle 42: Herdenschutzmaßnahmen und deren Wirksamkeiten

Abbildung 398: Anwendung des Smart-Fence-Litzenzaunes

Mit Blick auf die bereits am Markt erhältlichen Produkte stellt sich die Frage, ob es eine Möglichkeit sein kann, gewisse Regionen zu definieren, in denen Zaunkonfigurationen zugelassen werden, obwohl sie streng genommen nicht die Anforderungen vollständig erreichen.

Smart Fence

Herstellerseitig sind am Smart Fence vier Litzen verwendbar, wobei der Anwender die Wahl zwischen sechs Ösen als Installationshöhen hat: 17, 22, 37, 57, 77 und 97 cm. Die Regel der 20 cm-Teilung bis zur Bauhöhe 60 cm, ab da dann alle 30 cm eine Litze, führt entweder zu einer großen Lücke am Boden (37, 57, 77 und 97 cm) oder der Zaun ist mir zu niedrig (17, 37, 57 und 77 cm).

Dennoch sollte hinterfragt werden, ob ein solcher Zaun in Kombination mit Herdenschutzhunden nicht doch Anerkennung finden kann.

Untergrabeschutz in Damwildgehegen

Füchse, beider Geschlecht, sind echte Baubewohner. Deshalb haben ihre unterirdischen Höhlen teilweise mehrere Ein- und Ausgänge (Röhren).

Wölfe hingegen – hier ausschließlich Fähen – legen aus nur einem Grund einen Bau (bzw. manchmal auch mehrere Baue an verschiedenen Orten) an. Es handelt sich um ihre Wurfhöhle mit einer Röhre. Das Graben dieser Einrichtung geschieht vor dem Hintergrund des Brutpflegeverhaltens. Sobald die Fähe den Bau zur Welpenaufzucht nicht mehr braucht, wird dieser bis zum nächsten Jahr aufgegeben.

Es ergibt sich folgende Überlegung: Es sollte untersucht werden, ob es sinnvoll sein könnte, bei Damwildgehegen, wo außen am Zaun kein Unterwühlschutz nachrüstbar ist, einen Untergrabeschutz von innen, zu verlegen, unterirdisch am Gehegezaun entlang. Dieser

Abbildung 399: Halterungen an Metallpfählen nehmen jeweils einen Abweiser auf

sähe wie folgt aus: In den Boden leicht schräg (ca. 30°) liegenden Metallgeflechtzaun bzw. -matte einbringen, ca. 1,5 m breit. Die Matte muss von innen direkt am Gehegezaun anliegen und mindestens alle 30 cm mit diesem verbunden sein (Metallknoten, C-Clips, Edelstahl-Rödeldraht etc.). Wichtig ist, trotz handwerklichem Mehraufwand und z.B. Minibaggereinsatz, dass die Zaunmatte ins Erdreich eingegraben und das flächendeckend zuvor ausgehobene Erdreich erneut zugeschoben wird, damit sich das Damwild nicht an der Matte verletzt.

Warum sollte das funktionieren? Es ist nicht anzunehmen, dass Wölfe infolge des Jagdverhaltens eine längere Röhre unter dem innenliegenden Untergrabeschutz hindurchgraben, wie es vor dem Hintergrund des Brutpflegeverhaltens bekannt ist. Die praktischen Erfahrungen bei Einbrüchen in Damwildgehege zeigen, dass sich Wölfe von außen am Zaun hinuntergraben, um sich dann möglichst direkt unter dem Zaun mit Kontakt daran hindurchzuzwängen. Bei der hier vorgeschlagenen Idee würde der Wolf feststellen, dass es ihm nicht gelingt, sich wieder nach oben zwängen zu können, weil die schräg und unterirdisch im Erdreich liegende Zaunmatte ihn daran hindert.

Festinstallierte Zäune entlang an Flussufern

Es bestehen Verbote, mobile Elektrozäune an Ufern von Wasserstraßen 1. Ordnung entlang, zu errichten. Zu hoch ist das Risiko, dass bei Hochwasser der Zaun unter Umständen mitgerissen wird und sich in Schiffsschrauben oder anderen technischen Einrichtungen festsetzt. Der Aufbau von Stabil- bzw. elektrischen Kombizäunen ist dagegen nicht per se ausgeschlossen. Um eine enstprechende Betriebssicherheit gegen den Staudruck der Wasserströmung (oder ggf. auch Eisgang) herzustellen, sollten strömungs-

Abbildung 400: Stahlrohr als Untergrabeschutz

mechanische Untersuchungen unternommen werden, z.B. in einem Wasserkanal eines Institutes (Schiffsbau). Bei einem erfolgreichen Konzept dürfte dies zu einer Betriebserlaubnis durch die zuständige Behörde führen.

Modifikation von Pfählen als Bestandteil von Elektronetz- und Litzenzäunen

Die beiden Varianten des einfach und doppelt vorhandenen Spießes zur Befestigung der Pfähle im Boden bietet eine Verbesserungsmöglichkeit. So könnte anstatt des Doppelspießes ein einzelner Spieß, der jedoch ca. 50 cm lang ist, eine deutliche Steigerung der Statik des Zaunes bieten – hier und da auch im weichen oder nassen Boden. Wichtig ist, dass der Anwender den Spieß mit seinem Fuß und somit mit seinem Körpergewicht in den Boden treten kann. Deshalb muss es eine angeschweißte und entsprechend abgestrebte Trittstange geben, ähnlich wie sie vom Doppelspieß bekannt ist. Das Mehrgewicht dieser Konstruktion wäre im Vergleich zu Doppelspießen nur wenig höher, als bei bisherigen Zaungewichten, und sollte daher einer Erprobung nicht im Wege stehen.

Zusätzlich nachrüstbare Abweiser

Ein interessanter Prototyp einer nachträglich an einen Pfahl montierten Halterung ist in Abbildung 399 zu sehen. In diesem Fall gestattet die Halterung die Aufnahme eines mobilen Elektronetzzaunes mit Doppelspieß. Dieser zweite Elektronetzzaun dient als Abweiser und ragt nach außen. Das macht man, um einen Wolf am Überspringen des Zaunes zu hindern. Weitere Varianten an Halterungen sind vorstellbar und sollten industriell hergestellt werden.

Abbildung 401: Kunststoffrohr als Untergrabeschutz

Abbildung 402: Kamm als Untergrabeschutz

Prototypen für neue Zaunkonzepte

Anhand von Tests mit Gehegewölfen sind vom Wolfcenter Dörverden drei Prototypen von Zaunkonzepten ausprobiert worden, die Grund zur weiteren Untersuchung geben.

So konnte zunächst bestätigt werden, dass die alleinige Anwesenheit von drei Elektrostahldrahtzügen (je > 6.000 Volt mit 4,2 Joule Impulsenergie), die übereinander in den Höhen 40, 70 und 100 cm installiert waren, keine der drei geprüften Wolfsgruppen davon abhielt, unter dem ersten Draht hindurch an den Futterköder zu

Abbildung 403: Hängende Stromleiter

gelangen. Später wurde in einer weiteren Testreihe der gleiche Testaufbau nochmals errichtet und um ein am Boden festliegendes Stahlrohr im Querschnitt 5 x 5 cm^2 erweitert. Das Rohr befand sich unterhalb des ersten Elektrostahldrahtzuges. Abbildung 400 gibt einen Überblick. Die lichte Weite zwischen Rohr und erstem Elektrostahldrahtzug betrug ca. 35 cm. Überraschenderweise ist keine der drei Wolfsgruppen an den angebotenen Futterköder herangekommen, obwohl bei allen Gruppen unterschiedlich ausgeprägte Grabespuren am Boden direkt vor dem Rohr festgestellt wurden. Kann ein solches Rohr einen Untergrabeschutz darstellen? Könnte es sein, dass sich die Wölfe von dem biegesteifen Rohr beeindrucken ließen, obwohl die darüber liegende lichte Weite 35 cm anstatt der hier im Buch ansonsten empfohlenen 20 cm betrug?

Vor dem Hintergrund einer Wirtschaftlichkeitsbetrachtung wäre Stahl aufgrund der Zaunlängen vielleicht zu teuer. Es wurde eine weitere Testreihe der gleichen Art durchgeführt. Dabei sollte ein im Außendurchmesser 63 mm dickes Polyethylenrohr (Wandstärke 6 mm), anstatt des Stahlrohres als Untergrabeschutz dienen. Während sich zwei Grauwolfgruppen auch davon abhalten ließen, an den Futterköder zu gelangen, war es ein Individuum der Hudson Bay-Wolfsgruppe, der zwischen Kunststoffrohr und unterstem Elektrostahldrahtzug hindurchschlüpfte, und für seine Tat durch den Futterköder belohnt wurde.

Es wird an dieser Stelle ausdrücklich empfohlen, diese Zaunkonfiguration an weiteren Gehegewolfsgruppen zu testen, um die Ergebnismenge zu erhöhen. Bei weiteren erfolgreichen Testergebnissen sind Untersuchungen im Feld anzustreben.

In Abbildung 402 ist eine zweite Zaunkonfiguration zu sehen, die bei allen drei Wolfsgruppen erfolgreich getestet wurde. So wurde im Vergleich zur vorherigen

Prototypen-Zaunkonfiguration auf den in 40 cm Höhe befindlichen Elektrostahldrahtzug verzichtet. In dieser Höhe wurde stattdessen ein Kamm-ähnliches Bauteil (Gebrauchsmuster Nr. 20 2017 003 934 Deutsches Patent- und Markenamt) an die Zaunpfähle monitiert. 70 cm lange und im Abstand von 15 cm parallel angeordnete Stahlstangen wurden insgesamt ca. 30 cm in die Erde gedrückt. Zweierlei Vorteil hätte ein solcher Zauntyp in der Praxis: Es kann nachträglich ein Unterwühlschutz installiert werden, ohne großartig ins Erdreich eingreifen zu müssen. Ferner könnte größtenteils die ansonsten erforderliche Zaunpflege (Bewuchs mähen) minimiert werden. Die beiden Elektrostahldrahtzüge (70 und 100 cm hoch) sind elektrifiziert wie schon zuvor beschrieben.

Die durch ihre eigene Schwerkraft zum Hängen gebrachten Litzen eines umfunktionierten Elektronetzzaunes (Abbildung 403) konnten nur in einer der drei Testfälle Erfolg aufweisen. Dennoch sollte dieser Prototyp mit Engagement weiterentwickelt werden (Gebrauchsmuster Nr. 20 2017 003 897 Deutsches Patent- und Markenamt). Hier könnten, wenn auch auf den zweiten Blick, doch noch technische Potentiale herausgearbeitet werden. Der Vorteil einer solchen Lösung wäre die Bewuchsminimierung mit konventionellen Mähwerken.

Bewuchsreduktion bzw. -kompensation

Es kann gar nicht oft genug betont werden, dass es bereits gute und solide technische Lösungen für die Herstellung des wolfsabweisenden Grundschutzes gibt – an dieser Stelle unabhängig vom Errichtungsaufwand benannt.

Dennoch muss ehrlicherweise genauso oft betont werden, dass die Zaunpflege den bedeutenden Hindernisfaktor (neben finanzieller Investition) zur Umsetzung solcher elektrifizierter und bodennah installierter Vorhaben darstellt. Insofern wird an dieser Stelle erneut dazu aufgerufen, mehr fachliches Engagement zu initiieren. Es müssen nicht nur gute Zäune, sondern auch hoch effiziente Pflegemaßnahmen weiterentwickelt werden. Auch das zuvor beschriebene bemusterte Elektrozid-Verfahren gibt Anlass zur Hoffnung auf eine weitere Zaunpflegemaßnahme zur Bewuchsreduktion. Echte Erfahrungswerte sind zunächst noch abzuwarten.

Ein weiterer Baustein in der Entwicklung bezieht sich auf die Leistungsfähigkeit von Weidezaungeräten. Stromleiter, die in 20 cm Höhe installiert sind, werden im Sommerhalbjahr ständig von Bewuchs bedrängt. Es werden Untersuchungen empfohlen, die der Frage nachgehen, welche Zaunlängen im Kontakt mit dieser Art niedrigem Bewuchs noch diejenigen Parameter aufrechterhalten, die für den wolfsabweisenden Grundschutz erforderlich sind.

Herdenschutzhunde

Herdenschutzhunde werden zusammen mit den Nutztieren oft hinter wolfsabweisenden mobilen Elektronetzzäunen oder Litzenzäunen gehalten. Diese Zäune sollen an sich schon Wolfsübergriffe auf die Nutztiere verhindern oder unerwünschte und fremde Hunde fernhalten, während die Herdenschutzhunde einen weiteren Baustein zum Schutz der Nutztiere darstellen.

Es sollten Überlegungen und praktische Versuche angestellt werden, ob nicht hinsichtlich derjenigen Habitate oder Nutztierhaltungen, bei denen der wolfsabweisende Grundschutz in Zaunbauweise nicht erreicht werden kann, dennoch Herdenschutzhunde einsetzbar sind. Ein Beispiel zur Verdeutlichung: Ein Schäfer will Herdenschutzhunde bei seinen Schafen einsetzen. Die Schafe werden immer wieder von einer Weide zur nächsten umgesetzt. Gerade in Regenphasen und im Winter sind diese Weiden sehr nass und daher mit Fahrzeugen nicht befahrbar, weil dies die Grasnarbe erheblich beschädigen würde.

Die verschiedenen Weiden sind oft von Gräben und zusätzlich von ein- oder zweireihigen mobilen Elektrolitzen umgeben, damit die Schafe die Weide nicht verlassen. Wenn es gelingt, die Herdenschutzhunde derart auszubilden, dass sie – egal wie hoch die Reizlage außerhalb des Zaunes auch sein mag – definitiv hinter den ein- oder zweireihig errichteten Litzen auf der Weide bleiben, spräche nichts gegen den Einsatz dieser Herdenschutz-

Abbildung 404: Nicht befahrbare Winterweiden sind aufgrund von Nässe keine Seltenheit

hunde. Möglicherweise müsste der Tierhalter die Fähigkeit seiner Herdenschutzhunde dabei zuvor in einem Test unter Beweis stellen. Warum nicht, wenn es doch die Möglichkeit der Herdenschutzmaßnahmen erweitern könnte? Ein erkennbarer Nachteil dieses Einsatzverfahrens könnte sein, wenn sich ein fremder Hund auf die Weide begibt. Es ist die Aufgabe der Herdenschutzhunde, diesen fremden Hund als Eindringling von der Weide zu vertreiben. Würde sich der fremde Hund dabei gegen die Herdenschutzhunde stellen, sollte es allerdings auch nicht verwundern, dass sie ihn verletzen. In einer solchen Konstellation darf dem Schäfer kein rechtlicher Nachteil entstehen.

Herdenschutzesel

An die Eselhaltung werden im Allgemeinen spezielle Haltungsbedingungen gestellt. Diese gilt es natürlich einzuhalten. In Anlehnung an diese Rahmenbedingungen sollte diese – wenn auch umstrittene – Herdenschutzmethode dennoch weiter untersucht werden. Gerade in Gebieten, wo die Errichtung von wolfsabweisenden Zäunen nicht oder nur sehr schwer zu realisieren ist und auch Herdenschutzhunde nicht eingesetzt werden können bzw. dürfen, macht es Sinn, weitere Untersuchungen im Feld zu starten.

Untersuchungen zur Interaktion Wolf und Pferd – Der Arbeitskreis Pferd und Wolf

Die Datenlage über Interaktionen zwischen Pferden und Wölfen ist in Deutschland äußerst lückenhaft. Dieser Mangel ist geprägt von Sorgen, Vermutungen, Annahmen und auch Ängsten.

Um zu belastbaren Informationen zu kommen, hat sich der Arbeitskreis Pferd und Wolf gegründet, der als Fachbeirat der Pferdeland Niedersachsen GmbH fungiert. Dieser Arbeitskreis hat eine Studie in Angriff genommen, deren Ziel es ist, mit wissenschaftlicher Begleitung Informationen insbesondere für Pferdehalter zu erarbeiten.

Bildnachweis

AG TEWES: S. 49 u.li., 53 Mitte, 53 u.

ALHO007 fotolia.com: S. 274 Mitte re.

Amt für regionale Landesentwicklung Weser-Ems: S. 277 o., 277 u.li.

bennytrapp fotolia.com: S. 126

Bettina Diercks: S. 19 o.re., 113 u.li., 114 o.li., 114 u.li., 114 o.re., 115 o.li., 115 o.re., 115 u.li.

Birgit Thomsen: S. 50 o.li., 50 u.li.

Bundesverband Deutscher Fleischrindzüchter und -halter e.V.: S. 119, 120, 121 li.

Corine Geobasis-de, BKG 2012: S. 25 u.re., 26, 31, 33, 35, 350 o.li.

COUNTRYPIXEL © fotolia.com: S. 274 Mitte li.

Dr. Marcel Holy: S. 56 u.re., 100 u.re., 100 u.li., 101 u.li., 101 u.re., 110 u.re., 112, 115 Mitte re., 117 u.li., 121 re., 230, 231, 331, 350 o.re., 351

DragoNiku © fotolia.com: S. 125 o.re.

Frank Faß, Wolfcenter Dörverden: S. 11, 14, 17, 18, 19 Mitte re., 19 u.li., 21 o.re., 21 Mitte re., 21 u.re., 25 o.re., 27, 28, 29, 30, 32, 34, 37, 38, 39, 41, 42, 49 o.li., 49 o.re., 49 u.re., 50 o.re., 50 u.re., 51 u.li., 51 o.re., 51 u.re., 52, 53 o., 54, 55 o., 56 o.li., 56 u.li., 56 o.re., 57 Mitte, 57 u., 59, 60 o., 62, 63, 64, 65 u.li., 65 u.re., 67, 69, 72, 95, 98, 99, 100 o.li., 100 o.re., 101 o.li., 101 o.re., 102, 103 o.re., 104, 105, 106, 107, 108, 109, 110 o.li., 110 u.li., 110 o.re., 113 u.re., 114 Mitte li., 114 Mitte re., 114 u.re., 155 u.re., 116, 117 o.re., 117 u.re., 118, 123 o.re., 123 u.li., 123 u.re., 124 o.li., 127, 128, 130, 131, 132, 133, 134, 135, 136, 137, 138, 139, 147 o., 148 u., 149, 153 o.re., 153 u.re., 154, 157, 158, 163, 166, 168, 169, 172, 179, 190, 191, 193, 194, 195, 196, 197, 198, 199, 201, 204, 209, 211 o.li., 211 o.re., 212, 214, 216, 217, 218, 219 o., 219 Mitte, 220, 221, 222, 223, 224, 225, 226, 227 u.li., 227 o.re., 228, 229, 234, 235 u., 236, 237, 238, 239, 240 o.li., 240 u.li., 241 o., 242, 243, 244 u.re., 245, 246, 247, 248, 249, 250 o.li., 250 u., 251, 252 o.li., 252 u.li., 252 u.re., 253 o.li./li., 255, 256, 257, 258, 259, 260, 261, 262, 263, 264, 265, 266, 267, 268, 269 o.li., 269 o.re., 271, 272, 279, 280, 285, 286 o.re., 286 Mitte re., 287, 288, 289, 291, 298, 300, 305, 311, 321, 323, 324 Mitte re., 325, 326, 328, 329, 330, 333, 336, 352, 353, 354, 355, 356, 357, 358, 373, 375, 376, 377, 378, 379, 381

Franz Josef Fischer: S. 294

Friedrich-Loeffler-Institut: S. 167

Gesa Wölm, Wolfcenter Dörverden: S. 314, 315, 316, 317

Hergen Stühmer GmbH: S. 51 o.li.

Interessengemeinschaft der Deich- und Sielverbände e.V.: S. 61

Ipro Tech GmbH: S. 277 Mitte li., 277 u.re., 278

Jaco Delport, LifeTime Designs Business Trust: S. 334

Johann Müller: S. 65 o.re.

Jürgen Albrecht: S. 370

Kay Krogmann: S. 103 o.li.

Kneilmann Gerätebau e.K.: S. 275, 276 o.li.

Kseniya Abramova © fotolia.com: S. 125 u.li.

Landesjägerschaft Niedersachsen e.V.: S. 147 u., 148 o.

Luis Louro fotolia.com: S. 125 u.re.

Martin Holm, Highland Stall und Weide GmbH: S. 123 o.li., 124 u.li., 189, 200, 208, 210, 211 u.re., 219 u.re., 227 u.re., 241 u.li., 244 u.li., 250 o.re., 252 o.re, 253 u.re., 253 o.li./re., 254 Mitte li., 254 u.li., 273, 274 u.

Miriam Warwas: S. 202, 203, 253 o.re., 254 re., 269 Mitte re.

Nicola Gölzner, Wolfcenter Dörverden: Cover, S. 6, 7, 10, 143, 144, 153 li., 161, 162, 186, 188, 286 o.li., 341, 367, 368, 371, 372

Niedersächsischer Landesbetrieb für Wasserwirtschaft, Küsten- und Naturschutz: S. 57 o., 60 u.

Niedersächsisches Ministerium für Umwelt, Energie und Klimaschutz: S. 47

Rappa, Olaf Menzel: S. 235 oben

S. Fischer © fotolia.com: S. 125 o.li.

Sven Zwirner: S. 240 u.re.

TECSAG Innovation AG, Stefan Aschwanden: S. 335

Theo Grüntjens: S. 324 u.

Umweltkarten-Niedersachsen.de: S. 55 u.

VIENNAFRAME fotolia.com: S. 276 u.li.

Wir haben für dieses Buch einen **Online-Anhang** eingerichtet. Dort finden Sie das umfangreiche Literaturverzeichnis sowie einige interessante Links zum Thema Wolf.

Sie erreichen den Online-Anhang über den QTR-Code oder über die folgende URL:

http://www.mein.mueller-rueschlikon.de/42108/

WEITERE INTERESSANTE BÜCHER ZUM THEMA

Der Rothirsch ist ein faszinierendes Tier. Er ist die begehrteste Jagdbeute, der stolzeste Geweihträger und der kraftvollste Haremschef. Eine bildgewaltige, fesselnde und auch überraschende Reise zum Mythos im Revier.
176 Seiten, 163 Bilder
Format 230 x 265 mm
ISBN 978-3-275-02077-5
€ 29,90 / € (A) 30,80

Der bekannte Wildtier- und Naturfotograf Willi Rolfes nimmt den Leser mit auf einen atemberaubenden Pirschgang durch herbstliche Reviere in heimischer Natur.
176 Seiten, 195 Bilder
Format 230 x 265 mm
ISBN 978-3-275-02002-7
€ 12,99 /€ (A) 13,40

Ein Buch, das Lebensraum, Rehwildjagd und -hege zusammenfasst und damit für jeden Jungjäger Pflichtlektüre ist.
176 Seiten, 71 Bilder
Format 170 x 210 mm
ISBN 978-3-275-01845-1
€ 19,95 / € (A) 20,60

Peter Burkhardt nimmt (Neu-)Pächter an die Hand und begleitet sie durch viele Facetten der Führung und Betreuung eines Waldreviers.
208 Seiten, 108 Bilder
Format 170 x 210 mm
ISBN 978-3-275-01918-2
€ 19,95 / € (A) 20,60

Stand März 2018
Änderungen in Preis
und Lieferfähigkeit vorbehalten.

Überall, wo es Bücher gibt oder unter
WWW.MUELLER-RUESCHLIKON.DE
Service-Hotline: 0711 / 78 99 21 51

Müller Rüschlikon